"十二五"国家重点图书

化学工业出版社出版基金资助出版

电/化/学/丛/书

生物电化学

Bioelectrochemistry

卢小泉 王雪梅 郭惠霞 杜 捷 编著

化学工业出版社

·北京·

本书在编写过程中努力遵循“加强基础，趋向前沿，反映现代，注意交叉”的现代学科建设理念，从生物电现象及其研究范围、应用现状涉及的电化学基础知识出发，总结了现代生物电化学研究常用方法的基本原理。全书主要内容包括生物电化学基础、生物电现象及酶、微生物、DNA及免疫电化学生物传感器、生物环境、氧化还原自组装膜界面电子转移研究、数理基础、技术基础、生物电化学的研究领域、进展与应用。

本书可供化学、生命科学、环境科学及材料科学等相关领域科研人员阅读参考，也可作为高等院校相关专业的教学用书。

图书在版编目（CIP）数据

生物电化学/卢小泉等编著. —北京：化学工业出版社，2016.3（2018.1重印）
（电化学丛书）
ISBN 978-7-122-26144-1

Ⅰ.①生… Ⅱ.①卢… Ⅲ.①生物电化学 Ⅳ.①O646

中国版本图书馆CIP数据核字（2016）第014844号

责任编辑：成荣霞　　文字编辑：向　东
责任校对：战河红　　装帧设计：刘丽华

出版发行：化学工业出版社（北京市东城区青年湖南街13号　邮政编码100011）

印　　装：北京虎彩文化传播有限公司

710mm×1000mm　1/16　印张24¼　字数491千字　2018年1月北京第1版第2次印刷

购书咨询：010-64518888　　售后服务：010-64518899
网　　址：http://www.cip.com.cn
凡购买本书，如有缺损质量问题，本社销售中心负责调换。

定　　价：128.00元

序

《电化学丛书》的策划与出版，可以说是电化学科学大好发展形势下的“有识之举”，其中包括如下两个方面的意义。

首先，从基础学科的发展看，电化学一般被认为是隶属物理化学（二级学科）的一门三级学科，其发展重点往往从属物理化学的发展重点。例如，电化学发展早期从属原子分子学说的发展（如法拉第定律和电化学当量）；19 世纪起则依附化学热力学的发展而着重电化学热力学的发展（如能斯特公式和电解质理论）。20 世纪 40 年代后，“电极过程动力学”异军突起，曾领风骚四五十年。约从 20 世纪 80 年代起，形势又有新的变化：一方面是固体物理理论和第一性原理计算方法的更广泛应用与取得实用性成果；另一方面是对具有各种特殊功能的新材料的迫切要求与大量新材料的制备合成。一门以综合材料学基本理论、实验方法与计算方法为基础的电化学新学科似乎正在形成。在《电化学丛书》的选题中，显然也反映了这一重大形势发展。

其次，电化学从诞生初期起就是一门与实际紧密结合的学科，这一学科在解决当代人类持续性发展“世纪性难题”（能源与环境）征途中重要性位置的提升和受到期待之热切，的确令人印象深刻。可以不夸张地说，从历史发展看，电化学当今所受到的重视是空前的。探讨如何利用这一大好形势发展电化学在各方面的应用，以及结合应用研究发展学科，应该是《电化学丛书》不容推脱的任务。另一方面，尽管形势大好，我仍然期望各位编委在介绍和讨论发展电化学科学和技术以解决人类持续发展难题时，要有大家风度，即对电化学科学和技术的优点、特点、难点和缺点的介绍要“面面俱到”，切不可“卖瓜的只说瓜甜”，反而贻笑大方。

《电化学丛书》的编撰和发行还反映了电化学科学发展形势大好的另一重要方面，即我国电化学人才发展之兴旺。丛书各分册均由该领域学有专攻的科学家执笔。可以期望：各分册将不仅能在较高水平上梳理各分支学科的框架与发展，同时也将提供较系统的材料，供读者了解我国学者的工作与取得的成就。

总之，我热切希望《电化学丛书》的策划与出版将使我国电化学科学书籍跃进至新的水平。

查全性

（中国科学院院士）

二〇一〇年夏于珞珈山

前 言

生物电化学是通过应用电化学基本原理和实验方法来研究生物体系在分子和细胞水平上的电荷能量传输运动规律和它们对生物体系活性功能的影响，并通过这些研究反过来促进电化学理论和应用发展的边缘分支学科，即运用电化学的技术、原理和理论来研究生物学事件，同时也是多门学科交叉形成的一门新兴的独立学科。

本书是由国家重大科技计划项目支持的一部基础理论著作，首次从生物电现象及其研究范围、应用现状涉及的电化学基础知识出发，总结了现代生物电化学研究常用方法的基本原理，阐述了当代生物电化学研究中的应用与发展，对生物电现象与生物传感新技术的原理、方法进行了深入浅出的描述。本书主要内容包括生物电化学基础、生物电现象及酶、微生物、DNA及免疫电化学生物传感器、生物环境、氧化还原自组装膜界面电子转移研究、数理基础、技术基础、生物电化学的研究领域、进展与应用。本书素材来源于笔者十多年来在电分析化学与生命科学领域中教学实践与科学研究的经验及成果，并吸收了国内外最新的有关参考文献和近年来该领域发展的新成就。注重生物与电化学两部分的交叉结合，将各种生物电化学原理和技术在其他领域的应用进行了详细的介绍，拓展了生物电化学的研究领域。本书传承了与时俱进和“精、全、新”的编写原则，力求科学性、先进性、系统性、启发性和教育性的统一，反映生物电化学的时代特点。本书注重对基本原理、基础知识、基本概念和基本技能的深入阐述，着力培养学生主动学习获得新知识的能力、高层次思考问题的能力和勇于探索创新的意识，强调严谨细致的分析推理。

本书适合电化学分析工作者阅读，可供化学（包括化学生物学）、生命科学、环境科学及材料科学等相关领域的工作者参考，同时也可作为高等院校化学专业高年级学生和分析化学专业研究生的教材。参加本书编写工作的有卢小泉（第1、5、10章）、王雪梅（第4、6、9章）、郭惠霞（第2、3章）和杜捷（第7、8章），由卢小泉统稿完成。

限于笔者的水平，不足之处恐难避免，敬希读者不吝指正。

编著者

目 录

第1章 绪论

第2章 电化学理论基础

第3章 电化学技术基础

第 4 章 环境与生物电化学

第5章 电化学联用技术

第6章 电化学酶传感器

第7章 电化学微生物传感器和DNA传感器

第8章 电化学核酸传感器

第9章 电化学免疫型传感器

第10章 氧化还原自组装膜界面电子转移研究

第1章 绪论

生物电化学是20世纪70年代由电生物学、生物物理学、生物化学以及电化学等多门学科交叉形成的一门独立的学科；是用电化学的基本原理和实验方法，在生物体和有机组织的整体以及分子和细胞两个不同水平上研究或模拟研究电荷（包括电子、离子及其他电活性粒子）在生物体系和其相应模型体系中的分布、传输、转移及转化的化学本质和规律的一门新型学科；具体包括生物体内各种氧化还原反应（如呼吸链、光合链等）过程的热力学和动力学、生物膜及模拟生物膜上电荷与物质的分配和转移功能、生物电现象及其电动力学科学实验、生物电化学传感等电分析方法在活体和非活体中生物物质检测及医药分析、仿生电化学（如仿生燃料电池、仿生计算机等）等方面的研究；是生命科学最基础的学科之一。

1.1 生物电现象

生物体在生命活动过程中表现的电现象，称为生物电（Bioelectricity）现象。

电及电的利用人们早就熟知而且习以为常了。在冬天手冷了，只要双手互相使劲地搓就会产生电和热；若用一块毛皮摩擦一根金属棒，则在金属棒上会产生更多的电荷，此时用它碰碰小纸屑，小纸屑便可被吸引附着在金属棒上。至于现代化的家庭几乎样样都离不开电，电灯、电扇、电冰箱、电话、电视机等等。可是你可知道，人体也有电的产生与电的不断变化呢!

人体是由许多细胞构成的。细胞是机体最基本的单位，因为只有机体各个细胞均执行它们的功能，才使得人体的生命现象延续不断。同样的，若从电学的角度考虑，细胞也是一个生物电的基本单位，它们还是一台台的“微型发电机”呢。原来，一个活细胞，不论是兴奋状态，还是安静状态，它们都不断地发生着电荷的变化，科学家们将这种现象称为“生物电现象”。细胞处于未受刺激时所具有的电势称为“静息电位”；细胞受到刺激时所产生的电势称为“动作电位”[1]。而电位的形成则是由于细胞膜外侧带正电、细胞膜内侧带负电的原因。细胞膜内外带电荷的状态被医生们称为“极化状态”。

由于生命活动，人体中所有的细胞都会受到内外环境的刺激，它们也就会对刺激作出反应，这在神经细胞（又叫神经元）、肌肉细胞更为明显。细胞的这种反应，科学家们称为“兴奋性”[2]。一旦细胞受到刺激发生兴奋时，细胞膜在原来静息电位的基础上便发生一次迅速而短暂的电位波动，这种电位波动可以向它周围扩散开来，这样便形成了“动作电位”。

既然细胞中存在着上述电位的变化，医生们便可用极精密的仪器将它测量出来。此外，还由于在病理情况下所产生的电变化与正常时不同，因此，医生们可从中看出由细胞构成的器官是否存在着某种疾病。

有一种叫“心电描记器”的仪器，它便是用来检查人的心脏有无疾病的一种仪器。这种仪器可以从人体的特定部位记录下心肌电位改变所产生的波形图像，这就是人们常说的心电图。医生们只要对心电图进行分析便可以判断受检人的心跳是否规则，有无心脏肥大、有无心肌梗死等疾病。

同样的，人类的大脑也如心脏一样能产生电流，因此，医生们只要在人头皮上安放电极描记器，并通过脑生物电活动的改变所记录下来的脑电图，便知道人脑内是否有病。当然，由于比起心电来，脑电比较微弱，因此，科学家要将脑电放大100万倍才可反映出脑组织的变化，如脑内是否长肿瘤、受检查者是否可能发生癫痫（俗称羊癫风）等。科学家们相信，随着电生理科学以及电子学的发展，脑电图的记录将更加精细，甚至有一天这类仪器还可以正确地测知人们的思维活动。

图 1-1　伽伐尼

电在生物体内普遍存在。生物学家认为，组成生物体的每个细胞都是一台微型发电机。细胞膜内外带有相反的电荷，膜外带正电荷，膜内带负电荷，膜内外的钾离子、钠离子的不均匀分布是产生细胞生物电的基础。但是，生物电的电压很低、电流很弱，要用精密仪器才能测量到，因此，生物电直到1786年才由意大利生物学家伽伐尼（图 1-1）首先发现[3]。

人体任何一个细微的活动都与生物电有关。外界的刺激、心脏跳动、肌肉收缩、眼睛开闭、大脑思维等，都伴随着生物电的产生和变化。人体某一部位受到刺激后，感觉器官就会产生兴奋。兴奋沿着传入神经传到大脑，大脑便根据兴奋传来的信息做出反应，发出指令。然后传出神经将大脑的指令传给相关的效应器官，它会根据指令完成相应的动作。这一过程传递的信息——兴奋，就是生物电。也就是说，感官和大脑之间的“刺激反应”主要是通过生物电的传导来实现的。心脏跳动时会产生1～2mV的电压，眼睛开闭产生5～6mV的电压，读书或思考问题时大脑产生0.2～1mV的电压。正常人的心脏、肌肉、视网膜、大脑等的生物电的变化都是很有规律的。因此，将患者的心电图、肌电图、视网膜电图、脑电图等与健康人的作比较，就可以发现疾病所在（图 1-2）。

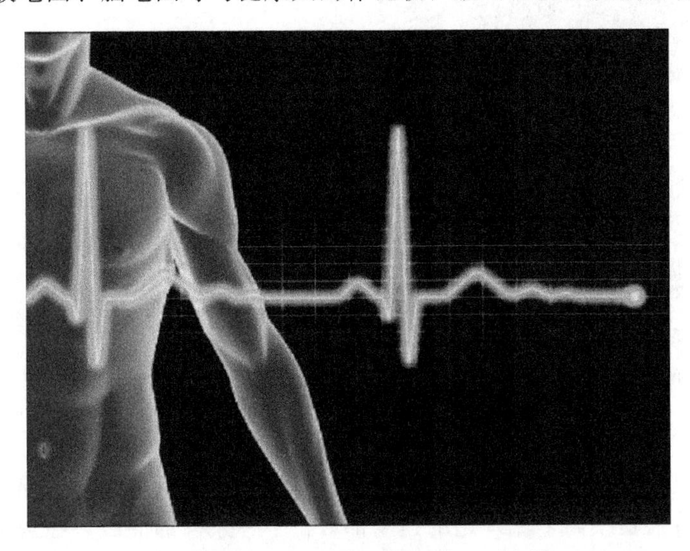

图 1-2　最常见的生物电测量——心电图

在其他动物中，有不少生物的电流、电压相当大。在世界一些大洋的沿岸，有一种体形较大的海鸟——军舰鸟，它有着高超的飞行技术，能在飞鱼落水前的一刹那叼住它，从不失手。美国科学家经过十多年的研究，发现军舰鸟的“电细胞”非常发达，其视网膜与脑细胞组织构成了一套功能齐全的“生物电路”，它的视网膜是一种比人类现有的任何雷达都要先进百倍的“生物雷达”，脑细胞组织则是一部无与伦比的“生物电脑”，因此，它们才有上述绝技。

还有一些鱼类有专门的发电器官。如广布于热带和亚热带近海的电鳐能产生 100V 的电压，足可以把一些小鱼击死。非洲尼罗河中的电鲶，电压有 400～500V。南美洲亚马孙河及奥里诺科河中的电鳗，形似泥鳅、黄鳝，身长 2m，能产生瞬间电流 2A、电压 800V，足可以把牛马甚至人击毙在水中，难怪人们说它是江河里的“魔王”。

植物体内同样有电。为什么人的手指触及含羞草时它便“弯腰低头”害羞起来？为什么向日葵金黄色的脸庞总是朝着太阳微笑？为什么捕蝇草会像机灵的青蛙一样捕捉叶子上的昆虫？这些都是生物电的功劳。如含羞草的叶片受到刺激后，立即产生电流，电流沿着叶柄以每秒 14mm 的速率传到叶片底座上的小球状器官，引起球状器官的活动，而它的活动又带动叶片活动，使得叶片闭合。不久，电流消失，叶片就恢复原状。在北美洲，有一种电竹，人畜都不敢靠近，一旦不小心碰到它，就会全身麻木，甚至被击倒。

此外，还有一些生物包括细菌、植物、动物都能把化学能转化为电能，发光而不发热，特别是海洋生物。据统计，生活在中等深度的虾类中有 70％的品种和个体、鱼类中 70％的品种和 95％的个体都能发光。一到夜晚，在海洋的一些区域，

图 1-3　会发光的水母

一盏盏生物灯大放光彩，汇合起来形成极为壮观的海洋奇景，会发光的水母如图1-3所示。

生物电现象是指生物机体在进行生理活动时所显示出来的电现象，这种现象是普遍存在的。

细胞膜内外都存在着电位差，当某些细胞（如神经细胞、肌肉细胞）兴奋时，可以产生动作电位，并沿着细胞膜传播出去。而另一些细胞（如腺细胞、巨噬细胞、纤毛细胞）的电位变化对于细胞完成种种功能也起着重要的作用。

随着科学技术的日益进展，生物电的研究取得了很大的进步。在理论上，单细胞电活动的特点、神经传导功能、生物电产生原理、特别是膜离子流理论的建立都取得了一系列的突破。在医学应用上，利用器官生物电的综合测定来判断器官的功能，给某些疾病的诊断和治疗提供了科学依据。

1.2 生物电化学及其研究范畴

近几十年来生物电化学的发展非常迅速，其研究分别在分子、细胞和生物组织等三个不同层次上进行。目前的研究领域主要有以下几个方面。

(1) 生物膜与生物界面模拟研究

主要研究膜的电化学热力学性质、物质的跨膜传输和生物电的传递等现象。

① SAM 模拟生物膜的电化学研究。SAM 是基于长链有机分子在基底材料表面强烈的化学结合和有机分子链间的相互作用自发吸附在固/液界面或气/固界面，形成的热力学稳定、能量最低的有序膜。在单分子层中，分子定向、有序、紧密地排列在一起，并且膜的结构和性质可以通过改变分子的头基、尾基以及链的类型和长度来调节。因此，SAM 成为研究各种复杂界面现象，如膜的渗透性、摩擦、磨损、湿润、黏结、腐蚀、生物发酵、表面电荷分布以及电子转移理论的理想模型体系。有关 SAM 的电化学主要是用电化学方法研究 SAM 的绝对覆盖量、缺陷分布、厚度、离子通透性、表面电势分布、电子转移等。利用 SAM 可研究溶液中的氧化还原物种与电极间的跨膜（跨 SAM）电子转移，以及电活性 SAM 本身与电极间的电子转移。在膜电化学中，硫醇类化合物在金电极表面形成的 SAM 是最典型的和研究最多的体系。因为长链硫醇类化合物在分子尺寸、组织模型和膜的自然形成三方面很类似于天然的生物双层膜，同时，它具有分子识别功能和选择性响应，且稳定性高，所以硫醇类化合物在金电极上形成的 SAM 对仿生研究有重要意义。例

如可用 SAM 表面分子的选择性来研究蛋白质的吸附作用；以烷基硫醇化合物在金上的 SAM 为基体研究氧化还原蛋白质中电子的长程和界面转移机理等；在硫醇 SAM 上沉积磷脂可以较容易地构造双层磷脂膜，以 SAM 来模拟双层磷脂膜的准生物环境和酶的固定化使酶进行直接电子转移已在生物传感器的研究中得到应用。如以胱氨酸或半胱氨酸为 SAM，通过缩合反应键合上媒介体（如 TCNQ、二茂铁、醌类等）和酶可构成测葡萄糖、谷胱甘肽、胆红素、苹果酸等的多种生物传感器[4~6]。

② 液/液界面模拟生物膜的电化学研究。所谓液/液（L/L）界面是指在两种互不相溶的电解质溶液之间形成的界面，又称为油/水（O/W）界面。有关 L/L 界面电化学的研究范围很广，包括 L/L 界面双电层、L/L 界面上的电荷转移机理及动力学、生物膜模拟以及电化学分析应用等[7,8]。卢等人用扫描电化学显微镜技术（SECM）模拟生物体系的有机相中铁卟啉与水相中抗氧化物之间的电子转移过程（图 1-4）。L/L 界面可以看作是与周围电解质接触的半个生物膜模型。生物膜是一种极性端分别朝细胞内和细胞外水溶液的磷脂自组装结构，磷脂的亲脂链形成像油一样的膜内层。因此，从某种意义上来说，吸附着磷脂单分子层的 L/L 界面非常接近于生物膜/水溶液界面。磷脂是非常理想的实验材料，它能很好地吸附在 L/L 界面上。电荷或电势和磷脂单分子层表面张力之间的偶联作用被认为是细胞和细胞中脂质运动的基本驱动力。可见，L/L 界面生物电化学是一个很有生命力的研究领域，将继续受到人们的广泛重视。

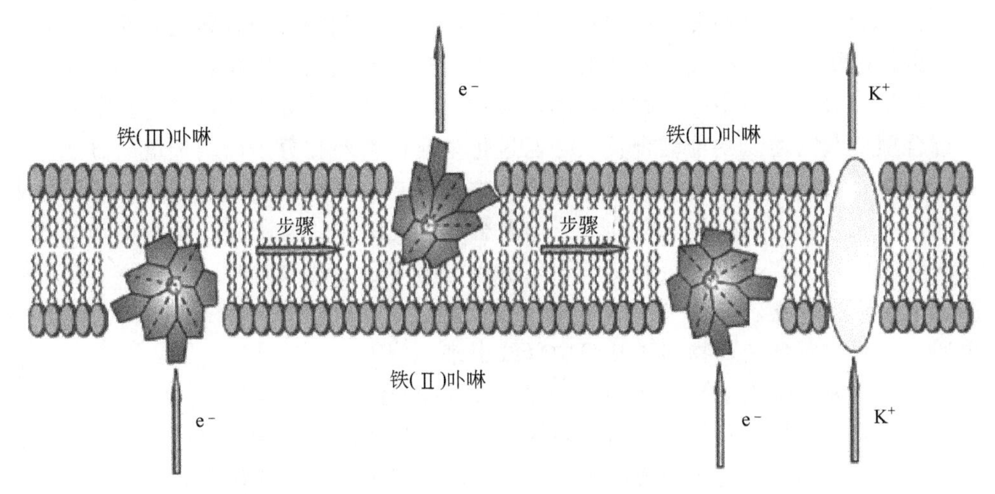

图 1-4　生物体系的有机相中铁卟啉与水相中抗氧化物之间的电子转移过程

(2) 生物电化学应用技术

由于生命现象与电化学过程密切相关，因此，电化学方法在生命科学中得到了广泛的应用，主要有：电脉冲基因直接导入、电场加速作物生长、癌症的电化学疗法、电化学控制药物释放、在体研究的电化学方法、生物分子的电化学行为、血栓和心血管疾病的电化学研究、骨骼的电生长、心电图和脑电图的研究、生物电池等。

电脉冲基因直接导入是基于带负电的质粒 DNA 或基因片段在高压脉冲电场的作用下被加速“射”向受体细胞，同时在电场的作用下细胞膜的渗透率增加（介电击穿效应），使基因能够顺利地导入受体细胞。由于细胞膜的电击穿的可逆性，除去电场，细胞膜及其所有的功能都能恢复。此法已在分子生物学中得到应用。细胞转化效率高，可达每微克 DNA 10^{10} 个转化体，是用化学方法制备的感受态细胞的转化率的 10～20 倍。

电场加速作物生长是很新的研究课题。Matsuzaki 等报道过玉米和大豆苗在含 0.5mmol/L K_2SO_4 培养液中培养，同时加上 20Hz、3V 或 4V（峰-峰）的电脉冲，6d 后与对照组相比，秧苗根须发达，生长明显加速。其原因可能是电场激励了生长代谢的离子泵作用。

癌症的电化学疗法是瑞典放射医学家 Nordenstrom 开创的治疗癌症的新方法[9]。其原理是：在直流电场的作用下，引起癌灶内一系列的生化变化，使其组织代谢发生紊乱，蛋白质变性、沉淀坏死，导致癌细胞破灭。一般是将铂电极的正极置于癌灶中心部位，周围扎上 1～5 根铂电极作为负极，加上 6～10V 的电压，控制电流为 30～100mA，治疗时间为 2～6h，电量为每厘米直径癌灶 100～150C。此疗法已推广用于肝癌、皮肤癌等的治疗，对体表肿瘤的治疗尤为简便、有效。

控制药物释放技术是指在一定时间内控制药物的释放速度、释放地点，以获得最佳药效，同时，缓慢释放有利于降低药物毒性。电化学控制药物释放是一种新的释放药物的方法，这种方法是把药物分子或离子结合到聚合物载体上，使聚合物载体固定在电极表面，构成化学修饰电极，再通过控制电极的氧化还原过程使药物分子或离子释放到溶液中。药物在载体聚合物上的负载方式分为共价键合型负载和离子键合型负载两类。共价键合负载是通过化学合成将药物分子以共价键的方式键合到聚合物骨架上，然后利用涂层法将聚合物固定在固体电极表面形成聚合物膜修饰电极，在氧化或还原过程中药物分子与聚合物之间的共价键断裂，使得药物分子从膜中释放出来。离子键合负载是利用电活性导电聚合物如聚吡咯、聚苯胺等在氧化或还原过程中伴随着作为平衡离子的对离子的嵌入将药物离子负载到聚合物膜中，再通过还原或氧化使药物离子从膜中释放出来。

在体研究是生理学研究的重要方法，其目的在于从整体水平上认识细胞、组织、器官的功能机制及其生理活动规律。由于一些神经活性物质（神经递质）具有电化学活性，因此，电化学方法首先被用于脑神经系统的在体研究。当采用微电极插入动物脑内进行活体伏安法测定获得成功后，立即引起了人们极大的兴趣。该技术经过不断的改善，被公认为在正常生理状态下跟踪监测动物大脑神经活动最有效的方法。通常可检测的神经递质有多巴胺、去甲肾上腺素、5-羟色胺及其代谢产物。微电极伏安法成为连续监测进入细胞间液中的原生性神经递质的有力工具。在体研究一般采用快速循环伏安法（每秒上千伏）和快速计时安培法。快速循环伏安法还被用于研究单个神经细胞神经递质的释放，发展成为所谓的“细胞电化学”。

生物分子的电化学行为研究是生物电化学的一个基础研究领域，其研究目的在于获取生物分子氧化还原电子转移反应的机理以及生物分子电催化反应的机理，为正确了解生物活性分子的生物功能提供基础数据，所研究的生物分子包括小分子如氨基酸、生物碱、辅酶、糖类等和生物大分子如氧化还原蛋白、RNA、DNA、多糖等[10~13]。

(3) 电化学生物传感器和生物分子器件

传感器与通信系统和计算机共同构成现代信息处理系统。传感器相当于人的感官，是计算机与自然界及社会的接口，是为计算机提供信息的工具。

传感器通常由敏感（识别）元件、转换元件、电子线路及相应的结构附件组成。生物传感器是指用固定化的生物体成分（酶、抗原、抗体、激素等）或生物体本身（细胞、细胞器、组织等）作为敏感元件的传感器。电化学生物传感器则是指由生物材料作为敏感元件，电极（固体电极、离子选择性电极、气敏电极等）作为转换元件，以电势或电流为特征检测信号的传感器。由于使用生物材料作为传感器的敏感元件，所以电化学生物传感器具有高度选择性，是快速、直接获取复杂体系组成信息的理想分析工具。一些研究成果已在生物技术、食品工业、临床检测、医药工业、生物医学、环境分析等领域获得实际应用。

根据敏感元件所用生物材料的不同，电化学生物传感器分为酶电极传感器、微生物电极传感器、电化学免疫传感器、组织电极与细胞器电极传感器、电化学DNA 传感器、微型活体电化学传感器等。

① 酶电极传感器。以葡萄糖氧化酶（GOD）电极为例简述其工作原理。在GOD 的催化下，葡萄糖（$C_6H_{12}O_6$）被氧化生成葡萄糖酸（$C_6H_{12}O_7$）和过氧化氢。根据上述反应，显然可通过氧电极（测氧的消耗）、过氧化氢电极（测 H_2O_2 的产生）和 pH 电极（测酸度的变化）来间接测定葡萄糖的含量。因此，只要将GOD 固定在上述电极表面即可构成测葡萄糖的 GOD 传感器，这便是所谓的第一代酶电极传感器。这种传感器由于是间接测定法，故干扰因素较多。第二代酶电极传感器是采用氧化还原电子媒介体在酶的氧化还原活性中心与电极之间传递电子。第二代酶电极传感器可不受测定体系的限制，测量浓度线性范围较宽，干扰少。现在不少研究者又在努力发展第三代酶电极传感器，即酶的氧化还原活性中心直接和电极表面交换电子的酶电极传感器[14]。

目前已有的商品酶电极传感器包括 GOD 电极传感器、L-乳酸单氧化酶电极传感器、尿酸酶电极传感器等。

② 微生物电极传感器。将微生物（常用的主要是细菌和酵母菌）作为敏感材料固定在电极表面构成的电化学生物传感器称为微生物电极传感器。其工作原理大致可分为三种类型：其一，利用微生物体内含有的酶（单一酶或复合酶）系来识别分子，这种类型与酶电极类似；其二，利用微生物对有机物的同化作用，通过检测其呼吸活性（摄氧量）的提高，即通过氧电极测量体系中氧的减少间接测定有机物的浓度；其三，通过测定电极敏感的代谢产物间接测定一些能被厌氧微生物所同化

的有机物。

微生物电极传感器在发酵工业、食品检验、医疗卫生等领域都有应用。例如：在食品发酵过程中测定葡萄糖的佛鲁奥森假单胞菌电极；测定甲烷的鞭毛甲基单胞菌电极；测定抗生素头孢菌素的 *Citrobacter freudii* 菌电极等。微生物电极传感器由于价廉、使用寿命长而具有很好的应用前景，然而它的选择性和长期稳定性等还有待进一步提高。

③ 电化学免疫传感器。抗体对相应的抗原具有唯一性识别和结合功能。电化学免疫传感器就是利用这种识别和结合功能将抗体或抗原和电极组合而成的检测装置。电化学免疫传感器从结构上可分为直接型和间接型两类。直接型的特点是在抗体与其相应的抗原识别结合的同时将其免疫反映的信息直接转变成电信号。这类传感器在结构上可进一步分为结合型和分离型两种，前者是将抗体或抗原直接固定在电极表面上，传感器与相应的抗体或抗原发生结合的同时产生电势改变；后者是用抗体或抗原制作抗体膜或抗原膜，当其与相应的配基反应时，膜电势发生变化，测定膜电势的电极与膜是分开的。间接型的特点是将抗原和抗体结合的信息转变成另一种中间信息，然后再把这个中间信息转变成电信号。间接型传感器在结构上也可进一步分为结合型和分离型两种类型，前者是将抗体或抗原固定在电极上；而后者的抗体或抗原和电极是完全分开的。间接型电化学免疫传感器通常是采用酶或其他电活性化合物进行标记，将被测抗体或抗原的浓度信息加以化学放大，从而达到极高的灵敏度。

电化学免疫传感器的例子有：诊断早期妊娠的 HCG 免疫传感器；诊断原发性肝癌的甲胎蛋白（AFP）免疫传感器；测定人血清蛋白（HSA）免疫传感器；还有 IgG 免疫传感器、胰岛素免疫传感器等[15,16]。

④ 组织电极与细胞器电极传感器。直接采用动植物组织薄片作为敏感元件的电化学传感器称为组织电极传感器，其原理是利用动植物组织中的酶，优点是酶活性及其稳定性均比离析酶高，材料易于获取，制备简单，使用寿命长等；但在选择性、灵敏度、响应时间等方面还存在不足。

动物组织电极主要有肾组织电极、肝组织电极、肠组织电极、肌肉组织电极、胸腺组织电极等。植物组织电极敏感元件的选材范围很广，包括不同植物的根、茎、叶、花、果等。植物组织电极的制备比动物组织电极更简单，成本更低并易于保存。细胞器电极传感器是利用动植物细胞器作为敏感元件的传感器。细胞器是指存在于细胞内的被膜包围起来的微小"器官"，如线粒体、微粒体、溶酶体、过氧化氢体、叶绿体、氢化酶颗粒、磁粒体等等，其原理是利用细胞器内所含的酶（往往是多酶体系）。

⑤ 电化学 DNA 传感器。电化学 DNA 传感器是近几年迅速发展起来的一种全新思想的生物传感器。其用途是检测基因及一些能与 DNA 发生特殊相互作用的物质。电化学 DNA 传感器是利用单链 DNA（ssDNA）或基因探针作为敏感元件固定在固体电极表面，加上识别杂交信息的电活性指示剂（称为杂交指示剂）共同构

成的检测特定基因的装置。其工作原理是利用固定在电极表面的某一特定序列的ssDNA与溶液中的同源序列的特异识别作用（分子杂交）形成双链DNA（dsDNA）（电极表面性质改变），同时借助一能识别ssDNA和dsDNA的杂交指示剂的电流响应信号的改变来达到检测基因的目的。

⑥ 微型活体电化学传感器。毛兰群课题组完善全脑缺血和局灶性缺血的动物模型，在此基础上，发展活体在线以及活体原位技术，为脑神经过程的电分析化学方法学的研究提供了基础。利用所建立的抗坏血酸活体在线电化学分析方法，建立了2-VO全脑缺血/再灌注模型和左侧大脑中动脉栓塞的局灶性脑缺血/再灌注模型，研究了大鼠纹状体脑区抗坏血酸浓度在不同脑缺血/再灌注过程中的变化差异，并发现了该脑区中抗坏血酸的浓度在不同缺血/再灌注模型中不同的变化规律[18]。

田阳课题组在毛兰群课题组的基础上继续发展，设计并构建了超灵敏的、高选择性的电化学传感器检测老鼠大脑的pH值变化[19]，可以帮助研究人员进一步研究生物的脑部生理及病理过程。

（4）生物能学和代谢过程

包括酶催化的氧化还原反应的力能学、线粒体呼吸链、光氧化还原反应和光合作用。光合作用作为整个过程，包括了吸收光子后的电子激发过程、膜电位的产生、电子和质子的转移过程，以及随后的一系列代谢反应。

生物电化学的研究手段目前除了采用传统的电化学方法外，电化学紫外可见光谱、电化学现场红外光谱、电化学现场拉曼光谱、X射线衍射、扫描探针技术、电化学石英晶体微天平等方法得到了广泛的应用。

1.3 生物电化学的应用现状及展望

电荷传递是生命运动的基本过程之一，电化学的方法在生命科学中的应用为相关生命现象的研究提供了一个有效而独特的物理化学视角，并带来超出常规生物学检测的丰富信息。随着生物电化学研究的不断扩展和深化，已从早期的分子生物电化学研究深入向细胞水平发展。如今，生物电化学的发展仍然是社会研究的热点，已经在仿生学、食品安全、环境分析检测和医药医疗诊断等方面有了广泛的应用，与人们的生活产生密不可分的联系。

（1）新的检测手段

随着扫描电化学显微镜、石英晶体微天平、电致化学发光等电化学设备和技术的使用和不断发展，越来越多的电化学手段与生物学检测相结合。如利用扫描电化学显微镜进行单细胞的成像，研究物质（过氧化氢等）在细胞内外的跨膜运输过程；将电致化学发光技术与酶联免疫技术相结合，对目标蛋白、DNA等生物大分子进行检测等等。

（2）纳米材料

纳米材料是指在三维空间中至少有一维处于纳米尺度范围（1～100nm）或由

它们作为基本单元构成的材料，其理化性质既不同于微观的分子和原子，也不同于宏观的本体物质，具有表面效应、量子效应、小尺寸效应和宏观量子隧道效应等特征，并由此表现出一系列与本体物质性质有显著差异的独特的光学、磁学、热学、力学、电学、良好的生物兼容性以及催化性能，因此在诸多领域得到了日益广泛的应用。纳米科学的迅速发展，渗透到不同学科，纳米尺度上的生物电化学是当今国际生物分析领域研究的前沿和发展方向之一，其研究重点将电化学手段引入生物学领域，利用纳米生物材料的优点和电化学高效、快捷、低成本的优势，将电化学和纳米技术应用于生物分析。在生物分子的标记和检测、纳米生物电化学传感器、纳米生物芯片等技术的开发和应用方面已取得重要进展。

21 世纪生命科学日新月异，生物电化学也正蓬勃发展，越来越多的生物物质（包括无机离子、一氧化氮、葡萄糖、神经递质、蛋白质、核酸等）可被直接或间接检测；研究体系囊括模拟生物体系及各层次的生命体系，如活细胞、体液、组织、器官和活体等；研究尺度也已从宏观水平向微观水平（如单细胞、亚细胞甚至单分子水平）拓展，同时更加关注微观水平生命单元间的关联性研究。生物电化学迅猛发展，逐步成为电化学研究的前沿，并引领电化学仪器设备的研发方向[20]。通过各种联用技术，单细胞水平的检测将越来越便捷。高选择性、高灵敏度、快速的响应以及便携的设备，将成为未来生物电化学检测的发展方向。而对生命现象的机理探索，也会在电化学的支持下日臻完善。

参 考 文 献

[1] 徐玉东，王建红. 人体解剖生理学. 北京：人民卫生出版社，17-18.

[2] 朱大年. 生理学. 北京：人民卫生出版社：34.

[3] Bresadola M. Medicine and science in the life of Luigi Galvani. Brain Res Bull, 1998, 46 (5): 367-380.

[4] Liu X H, Nan Z H, Qiu Y, Zheng L C, Lu X Q. Hydrophobic ionic liquid immoblizing cholesterol oxidase on the electrodeposited Prussian blue on glassy carbon electrode for detection of cholesterol. Electrochim Acta, 2013, 90: 203-209.

[5] Wang J F, Gong J X, Xiong Y S, Yang J D, Gao Y, Liu Y L, Lu X Q, Tang Z Y. Shape-dependent electrocatalytic activity of monodispersed gold nanocrystals toward glucose oxidation. Chem Commun, 2011, 47: 6894-6896.

[6] He H X, Du J, Hu Y Q, Ru J, Lu X Q. Detection of glutathione based on nickel hexacyanoferrate film modified Pt ultramicroelectrode by introducing cetyltrimethylammonium bromide and Au nanoparticles. Talanta, 2013, 115: 381-385.

[7] Xia H, Qin D D, Zhou X B, Liu X H, Lu X Q. Ion transport traversing bioinspired ion channels at bionic interface. J Phys Chem C, 2013, 117 (45): 23522-23528.

[8] Lu X Q, Ma J Y, Sun R P, Nan M N, Meng F F, Du J, Wang X Y, Shang H. Substituent effects of iron porphyrins: Structural, kinetic, and theoretical studies. Electrochim Acta, 2010, 56: 251-256.

[9] Nordenstrom Bjorn E W. Survey of mechanisms in electrochemical treatment (ECT) of cancer. European Journal of Surgery, 1994, 574: 93-109.

[10] Du J, Xu Q F, Lu X Q, Zhang C Y. A Label-Free Bioluminescent Sensor for Real-Time Monitoring Polynucleotide Kinase Activity. Anal Chem, 2014, 86 (16): 8481-8488.

[11] Zheng L C, Liu X H, Zhou M, Ma Y J, Wu G F, Lu X Q. Ultrasensitive determination of DNA sequences by flow injection chemiluminescence using silver ions as labels. Anal Chim Acta, 2014, 848: 67-73.

[12] Luo D, Huang B M, Wang L, Idris A M, Wang S X, Lu X Q. Cathodic electrochemiluminescence of meso-tetra (4-carboxyphenyl) porphyrin/potassium peroxydisulfate system in aqueous media. Electrochim Acta, 2015, 151: 42-49.

[13] Jiang H, Zhang D X, He Z F, Lian Q W, Xue Z H, Zhou X B, Lu X Q. A Novel Sensitive Electrochemical Sensor for the Simultaneous Determination of Hydroquinone and Catechol using Tryptophan-Functionalized Graphene. Anal Lett, 2015, 48 (9): 1426-1436.

[14] Wang Y F, Du J, Li Y Y, Shan D L, Zhou X B, Xue Z H, Lu X Q. A amperometric biosensor for hydrogen peroxide by adsorption of horseradish peroxidase onto single-walled carbon nanotubes. Colloid Surface B, 2012, 90: 62-67.

[15] Singh A, Kaushik A, Kumar R, Nair M, Bhansali S. Electrochemical Sensing of Cortisol: A Recent Update. Appl Biochem Biotech, 2014, 174 (3): 1115-1126.

[16] 王广凤，朱艳红，陈玲，王伦. 功能性纳米材料在电化学免疫传感器中的应用. 分析化学，2013，41 (4): 608-615.

[17] Zhang Y, Lu X Q, Liao T L, Cheng Y N, Liu X H, Zhang L M. Studies on interaction of porphyrin and its complexes with DNA at interface on gold electrode modified by thiol-porphyrin self-assembled monolayer. J Solid State Electr, 2007, 11 (9): 1303-1312.

[18] Liu K, Lin Y, Yu P. Mao L Q. Dynamic regional changes of extracellular ascorbic acid during global cerebral ischemia: studied with in vivo microdialysis coupled with on-line electrochemical detection. Brain Res. 2009, 1253: 161-168.

[19] Zhou J, Zhang L M, Tian Y. Micro Electrochemical pH Sensor Applicable for Real-Time Ratiometric Monitoring of pH Values in Rat Brains. Anal Chem, 2016, 88: 2113-2118.

[20] 胡仁，朴春晖，林昌健，詹东平，任斌，Amatore Christian，田中群. 生物电化学仪器的发展现状与展望. 电化学，2013，19 (2): 97-102.

第2章 电化学理论基础

2.1 电极反应与电极电势

2.1.1 电极

电化学（Electrochemical）是研究化学现象和电现象之间关系的科学，或者说是研究化学能与电能之间相互转换关系的科学。它所研究的对象包括第一类导体、第二类导体、两类导体的界面性质以及界面上所发生的一切变化。根据传导电流的电荷载体（载流子）的不同，一般可以将导体分为两类：第一类导体和第二类导体。凡是依靠物体内部自由电子的定向运动而导电的物体，即载流子为自由电子（或空穴）的导体称为第一类导体或电子导体。属于这类导体的物质有金属、合金、石墨、碳以及某些金属的氧化物（如 PbO_2、Fe_3O_4）和碳化物（如 WC）等。凡是依靠物体内的离子运动而导电的导体称为第二类导体或离子导体，电解质溶液、熔融电解质和固体电解质都属于第二类导体。事实上，除了以上两种导体外，还有一类称为混合导体的材料，在这类材料中，既有电子导电也有可以自由移动的离子导电，有些场合也用混合导体作为电极，如用作固体氧化物燃料电池的阴极、阳极和电解质[1~3]。如果一个系统由两个相组成，其中一个相是电子导体，称为电子导体相，而另一个相是离子导体，称为离子导体相，而且在这个系统中有电荷从一个相通过两个相的界面转移到另一个相，这个系统就叫作电极系统。

电极反应过程是一个异相催化的氧化还原过程。这种反应是在电极表面进行的，其主要特征是伴随着电荷在两相之间的转移，不可避免地会同时在两相界面上发生化学反应。

电极（Electrode）是实施电极反应的场所，是与电解质溶液或电解质接触的电子导体或半导体，为多相体系。电化学体系借助于电极实现电能的输入或输出。在电极反应过程中，电极所起的作用一方面是提供电子给氧化体或是接受来自还原体的电子；另一方面是它的表面是进行电极反应的场所。

根据组成电极物质的状态，可以把电极分为三类。第一类电极是金属电极和气体电极，如丹尼尔电池中的锌电极和铜电极，还有标准氢电极。第二类电极是金属-金属难溶盐电极及金属-金属难溶氧化物电极，如 Ag-AgCl 电极。第三类电极是氧化还原电极（任一电极皆为氧化还原电极，这里所说的氧化还原电极是专指参加电极反应的物质均在同一溶液中），如 Fe^{3+} 、Fe^{2+} 溶液组成的电极。

2.1.2 电极反应

电解池中所发生的总化学反应，是由两个独立的半反应（Half Reaction）构成的，它们描述两个电极上真实的化学变化。电极上发生的反应是一种异相的氧化还原反应，即在相界面上发生了电荷的转移。图 2-1 简单地表示了电子在电极/溶液界面上发生转移的趋向性。

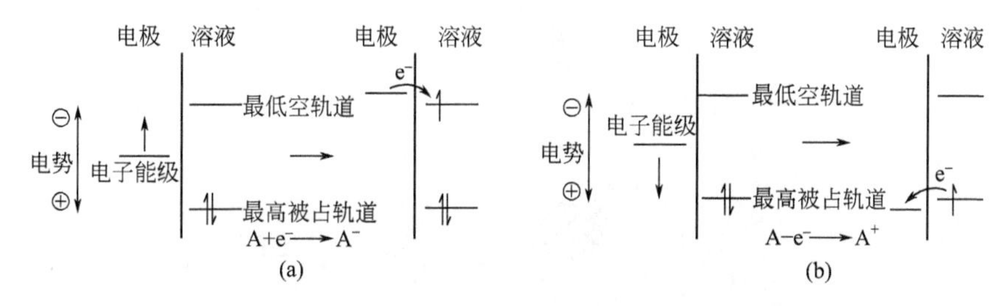

图 2-1 异相氧化还原反应中电子相对能量的表示

当电极达到更负的电势时（例如，将工作电极与一个电池或电源的正端接在一起），电子的能量升高。当此能量升高到一定程度时，电子就从电极迁移到电解液中物种 A 的最低空轨道上［见图 2-1(a)］。在这种情况下，电极失去电子发生氧化，而溶液中的物种 A 得到电子而发生还原。同理，通过外加负电势使电子的能量降低，当达到一定程度时，电解液中物种 A 的电子将会发现有一个更合适的即能量更低的能级存在，就会转移到那里，如图 2-1(b) 所示。

由于电极反应具有上述基本特征，这类反应的动力学规律也是比较特殊的。大致说来，有关电极反应的基本动力学可分为两大类。①影响异相催化反应速率的一般规律。这是经典化学动力学的研究内容，包括传质过程动力学（反应离子移向反应界面及反应产物移离界面的规律）、反应表面的性质对反应速率的影响（如真实表面积，活化中心的形成，表面吸附及表面化合物的形成）、生成新相的动力学等。②表面电场对电极反应速率的影响。这是电极反应的特殊规律，这两类规律并不是截然无关的。例如，若电极电势不同（表面电场不同），则同一电极的表面状态也往往不同。反过来，改变了电极的表面状态，也会影响电极/溶液界面上电场的分布情况，进而影响电极反应速率。在电化学体系中，常常用“电流密度”反映电子转移的快慢，即电化学反应速率的大小。

为了使电极表面发生的溶液中溶解的氧化态 O 转化为还原态 R 的过程能持续

进行，在发生电子转移的同时，还经常伴随有其他基本过程（又称子过程、子步骤），如图 2-2 所示，电极总过程一般包括下列几种基本过程。

① 液相传质过程。反映粒子向电极表面扩散。

② 前置的表面转化过程。反映粒子在电极表面上（或表面附近薄液层中）进行“反应前的转化过程”，如脱水、表面吸附、先行化学反应等。

③ 电子转移过程。电极/溶液界面上的电子传递（电化学步骤）。

④ 随后的表面转化过程。反应产物在电极表面（或表面附近薄液层中）进行“反应后的转化过程”，如表面脱附、复合反应、分解、歧化等后续化学反应。

⑤ 反应后的液相传质过程。产物形成新相（如生成气泡或固相沉积），并向溶液（或电极内部）扩散。

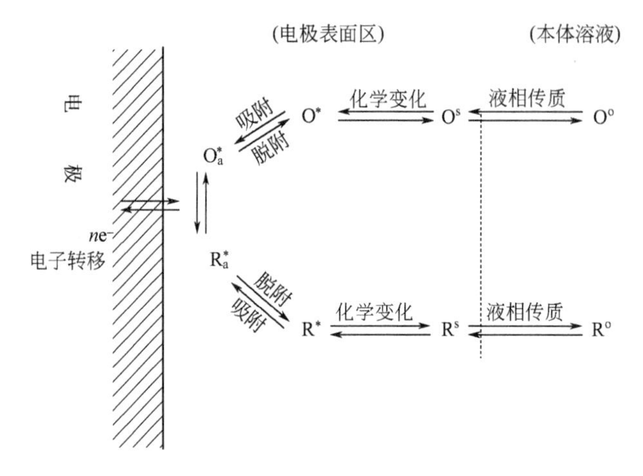

图 2-2　电极反应过程

2.1.3　电极电势

在电极反应中，电极电势对反应过程有很大的影响，电极电势是电化学科学中最基础的概念之一。为了阐明电极电势的概念，有必要先从电化学势谈起。

已知真空中任何一点的电势等于一个单位正电荷从无穷远处移至该处所做的功，如孤立相 M 是良导体组成的球体，电荷均匀分布（如图 2-3 所示）。将单位正电荷从无穷远处移至距离球面 $10^{-4} \sim 10^{-5}$cm 处，电荷与球体之间只有库仑力（长程力）起作用，所做的功（W_1）相当于球体所带静电荷与试验电荷之间由库仑相互作用所引起的全部电势，这一电势称为球体的外部电势，用 ψ 表示，也就是球体所带净电荷引起的电势，试验电荷克服电场力所做的功 W_1 为

$$W_1 = \psi \tag{2-1}$$

然后考虑试验电荷越过球面到达球的内部，克服表面电场力所做的功 W_2 为

$$W_2 = \chi \tag{2-2}$$

式中，χ 为球的表面电势。

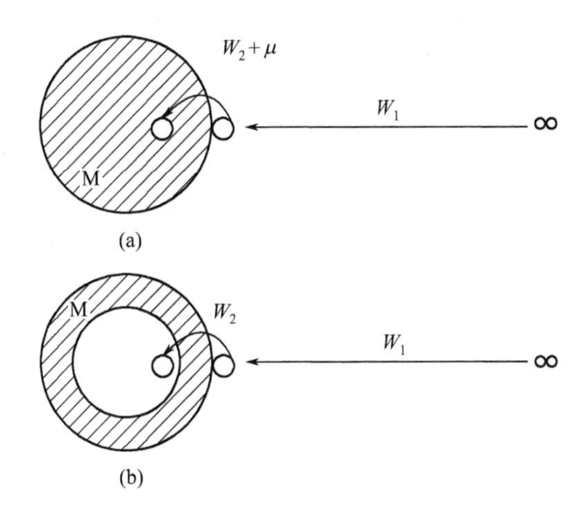

图 2-3 单位正电荷从无穷远处移至实物相内部时所做的功

如果球所带静电荷为零，当试验电荷靠近球表面时，其表面层的分子会因受力不均匀等各种原因而使球表面形成一偶极子层，产生一个诱导电势差。所以试验电荷穿越球的表面进入球内部时，同样要克服表面电势做功。

将试验电荷自无穷处移至球内部所做的电功为 W_1+W_2，相对应的电势为

$$\varphi=\psi+\chi \tag{2-3}$$

式中，φ 为带电球体的“内部电势”。

如果进入 M 相的不是单位正电荷，而是 1mol 带电粒子，其所做的化学功为其在 M 相中的化学位 μ_i。若该粒子的荷电量为 n_{e0}，则 1mol 粒子所做的电功为 $nF\varphi$，F 为法拉第常数，则有

$$\bar{\mu}_i=\mu_i+nF\varphi \tag{2-4}$$

式中，$\bar{\mu}_i$ 为 i 粒子在 M 相中的电化学位。显然

$$\bar{\mu}_i=\mu_i+nF(\psi+\chi) \tag{2-5}$$

电化学势不仅取决于 M 相所带的电荷数量和分布情况，还与该粒子及 M 相物质的化学本性有关，通常将物种 i 在 A 相中的电化学势表示为 $\bar{\mu}_i^A$。此外，电化学势具有能量的量纲。

带电粒子在两相中的平衡条件就是电化学位相等，即

$$\bar{\mu}_i^A=\bar{\mu}_i^B \tag{2-6}$$

按照孤立相中几种电势的定义，对相间电势可定义为以下几类。

① 外电势差，又称伏打（Volta）电势差 $\psi^B-\psi^A$，直接接触的两相间的外电势差又称为接触电势差 $\Delta^B\psi^A$，是可直接测量的参数。

② 内电势差，又称伽尔伐尼（Galvani）电势差 $\varphi^B-\varphi^A$，相异物质组成的两相间的内电势差不可直接测量。直接接触的两相间的内电势差用 $\Delta^B\varphi^A$ 表示，此时 $\Delta^B\varphi^A=\varphi^B-\varphi^A$。

③ 电化学位差，定义为 $\bar{\mu}_i^B-\bar{\mu}_i^A$。

如果在相互接触的两个导体相中，一个是电子导电相，另一个是离子导电相，并且在相界面上有电荷转移，这个体系就称为电极体系，有时也称电极。

在电极体系中，两类导体所形成的相间电势，即电极材料和离子导体（溶液）的内电势差称为电极电势。电极电势的产生是由于界面层中离子双电层的形成。以锌电极（锌插入硫酸锌溶液所组成的电极体系）为例来说明离子双电层的形成过程。金属锌中 Zn^{2+} 的化学势大于溶液中 Zn^{2+} 的化学势，则锌不断溶解到溶液中，而电子留在锌片上。最后出现如下结果：金属带负电，溶液带正电，形成双电层；双电层的形成建立了相间的电势差，电势差排斥 Zn^{2+} 继续进入溶液；金属表面的负电荷又吸引 Zn^{2+}，达到动态平衡，相间平衡电势-平衡电极电势。

电极反应平衡条件的通式为：

$$\varphi^{M}-\varphi^{S}=\frac{\sum \upsilon_{i}\mu_{i}}{nF}+\frac{\mu e}{F} \tag{2-7}$$

式中，υ_i 为 i 物质的化学计量数，规定还原态物质的 υ 取负值，氧化态物质的 υ 取正值；n 为电极反应中涉及的电子数目；$\varphi^{M}-\varphi^{S}$ 为金属与溶液的内电势差，它就是金属与溶液间的相间电势，即电极电势。

2.1.4 液接界电势

当两种不同的电解质溶液或相同的电解液但组分浓度不同的两种溶液相接触时，离子从浓度高的一边向浓度低的一边扩散，阴阳离子由于淌度不同，即运动速率不同，在界面两边就会有过剩的电荷积累，产生电势差，这种电势差称为液接界电势（Liquid Junction Potential），用 φ_j 表示。

Lingane 把液接界电势分为三种类型。

① 组成相同但浓度不同的两种溶液，如图 2-4(a) 所示，高浓度向低浓度扩散，造成左边正离子过剩，右边负离子过剩，因而形成双电层，产生液接界电势。

② 浓度相同但组成不同的两种电解质溶液，如图 2-4(b) 所示，相同 Cl^- 浓度

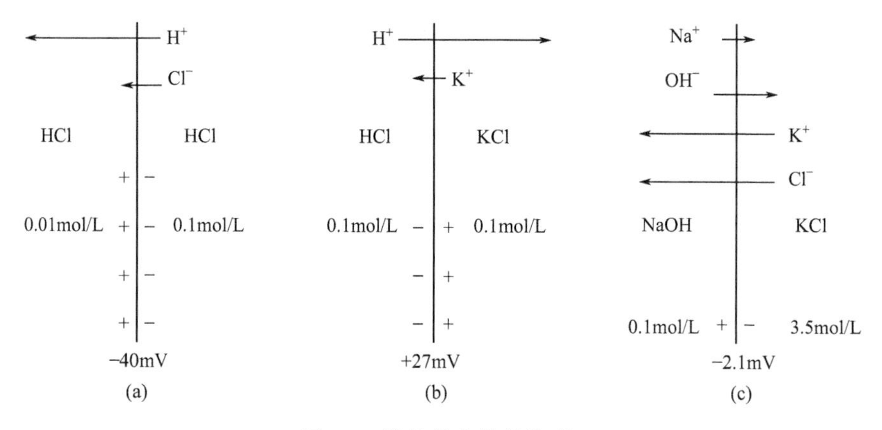

图 2-4 液接界电势的类型

不会扩散；H^+ 和 K^+ 扩散，造成界面右边为正离子过剩，界面左边为负离子过剩，因静电吸引，形成双电层，产生液接界电势。

③ 不满足上述两种情况的两种溶液，如图 2-4(c) 所示。

为了减小液接界电势，通常在两种溶液之间连接一个高浓度的电解质溶液作为"盐桥"。盐桥溶液要高浓度、正负离子的迁移速率尽量接近。

2.2 双电层

在电极上有两种过程发生，一种就如前面所讨论的，在这些反应中，电荷（如电子）在金属/溶液界面上转移，电子转移引起氧化还原反应。由于这些反应遵守法拉第定律（因电流通过引起的化学反应的量与所通过的电量呈正比），所以称为法拉第过程（Faradaic Process）。另一种是在某些条件下，对于一个给定的电极/溶液界面，在一定的电势范围内，由于热力学或者动力学方面的不利因素，没有发生电荷转移反应，而是发生了其他过程，如吸脱附过程等，这些过程称为非法拉第过程（Non-Faradaic Process）。在非法拉第过程中，电极/溶液界面的结构可以随电势或溶液组成的变化而变化。当发生电极反应时，法拉第过程和非法拉第过程均发生。

无论外部所加电势如何，都没有发生跨越金属/溶液界面的电荷转移的电极称为理想极化电极（Ideal Polarized Electrode，IPE）。没有真正的电极能在溶液可提供的整个电势范围内表现为 IPE，但是一些电极/溶液体系在一定的电势范围（电势窗，Potential Window）内可以接近理想极化，例如，汞电极与除氧的氯化钾溶液所构成的电极体系在 2V 的电势范围内就接近于一个 IPE 的行为。

一般地，在金属/溶液界面上的核电荷物质和偶极子的定向排列称为电解质双电层（Electrolyte Double Layer Region），简称双电层（Electrical Double Layer）。

2.2.1 电极/溶液界面的性质及其研究方法

电化学中，"电极/溶液界面"实际上是指两相之间的一个界面层，即与任何一相基体性质不同的相间过渡区域，因而电化学所研究的界面结构主要是指在这一过渡区域中剩余电荷和电势的分布以及与电极电势的关系。界面性质则主要指界面层的物理化学特性，尤其是电性质。

(1) 电毛细曲线

电毛细现象是指界面张力随电极电势的变化而变化，界面张力与电极电势之间的依赖关系的现象。电极电势 φ 和界面张力值 σ 的关系曲线称为电毛细曲线。

若将理想极化电极极化至不同电势（φ），同时测出相应的界面张力值（σ），就得到所谓的"电毛细曲线"。通常用毛细管静电计测量液态金属电极的电毛细曲线，其装置如图 2-5 所示。测量时在每一个电势下调节汞柱高度（h），使倒圆锥形

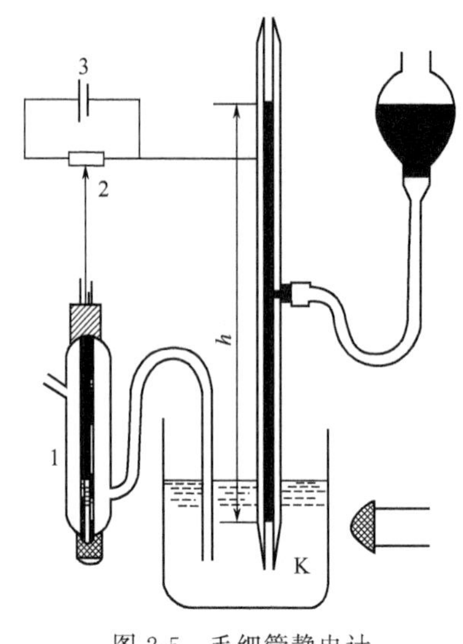

图 2-5 毛细管静电计

1—参比电极；2—可变电阻；3—电源

的毛细管（K）内汞弯月面的位置保持一定，因此，界面张力与汞柱的高度呈正比，由汞柱高度可以计算出汞/溶液界面的张力。用测得的界面张力与对应的电极电势做得电毛细曲线（σ-φ）。

理想电极界面上没有化学变化，所以物质组成不变，

$$d\mu_i = 0 \tag{2-8}$$

则 Lippman 公式表述如下：

$$\partial\sigma = -q\,\partial\varphi \text{ 或 } q = -(\partial\sigma/\partial\varphi)_{\mu_i} \tag{2-9}$$

式中，q、φ 和 σ 的单位分别是 C/cm^2、V 和 J/m^2。

图 2-6 所示为 σ-φ 关系曲线。抛物线形状分析：Hg 本身有表面张力，其单位面积上有过剩电荷，它们彼此排斥，尽可能扩大其表面，有反抗界面张力、收缩其表面的作用。电荷密度越大，排斥力越大，界面张力越小。电荷密度 q 的大小取决于电极电势的大小。电极表面带过剩正电荷，曲线向左边下降；电极表面带过剩负电荷，曲线向右边下降，得到抛物线形状的电毛细曲线。

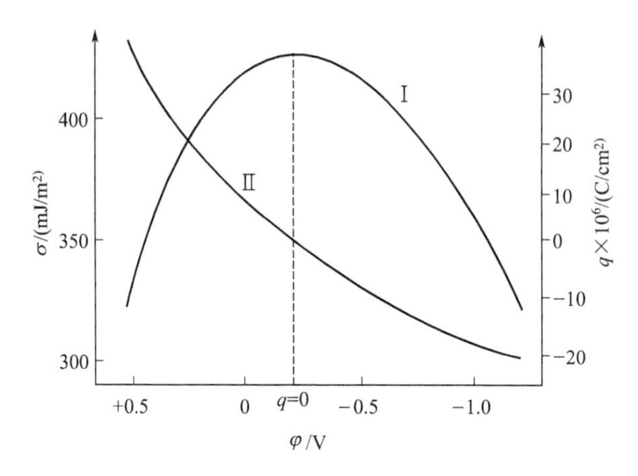

图 2-6 汞电极上的电毛细曲线（Ⅰ）和表面剩余电荷密度-电势曲线（Ⅱ）

在曲线的最高点即 $q=0$ 时的电极电势（φ_0）或电极表面不带有剩余电荷时的电极电势为零电荷电势。此时，电极/溶液界面上不会出现由于表面剩余电荷而引起的离子双电层。这是研究电极/溶液界面性质的一个基本参考点。同一电极在不同的阴离子体系中 φ_0 不同，阴离子的吸附引起 φ_0 负移，表面活性愈强的阴离子，φ_0 负移的程度愈大。电极表面发生 H_2 的吸附，φ_0 较负；发生 O_2 的吸附，φ_0 较正。在汞电极上，一些常见的阴离子特性吸附的顺序为：$S^{2-} > I^- > Br^- > Cl^- >$

$OH^- > F^-$。这一顺序大致与 Hg_2^{2+} 和这些离子所生成的难溶盐的溶解度顺序相似，显示导致这些离子在汞电极上特性吸附时涉及的相互作用可能与形成化学键时涉及的相互作用相似。

(2) 微分电容法

已知一个电极体系中，界面剩余电荷的变化将引起界面双电层电势差的改变，因而电极/溶液界面具有储存电荷的能力，即具有电容的特性。由此可知，理想极化电极上没有电极反应发生，可以等效成一个电容性元件，如图 2-7 所示。

如果把理想极化电极作为平行板电容器处理，也就是说，把电极/溶液界面的两个剩余电荷层比拟成电容器的两个平行板，那么由物理学可知，该电容器的电容值为一个常数，即

$$C=\frac{\varepsilon_0\varepsilon_r}{l} \tag{2-10}$$

式中，ε_0 为真空中的介电常数；ε_r 为实物相的相对介电常数；l 为电容器两平行板之间的距离，cm；C 为电容，$\mu F/cm^2$。

但实验表明，界面双电层的电容并不完全像平行板电容器那样是恒定值，而是随着电极电势的变化而变化的。因此，应该用微分形式来定义界面双电层的电容，称为微分电容，即

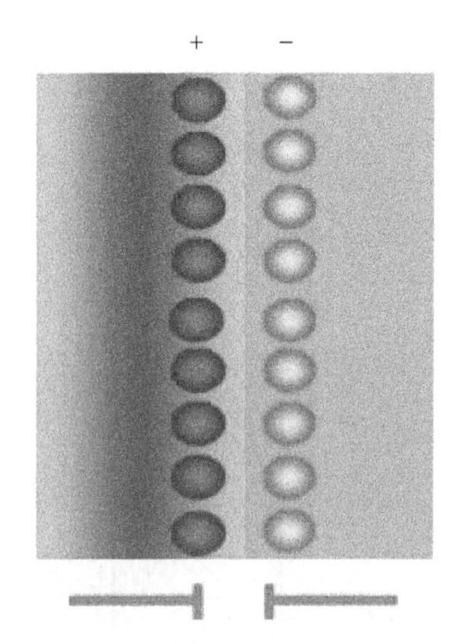

图 2-7　理想化电极的电容特性

$$C_d=\frac{dq}{d\varphi} \tag{2-11}$$

式中，C_d 为微分电容。它表示引起电极电势微小变化时所需要引入电极表面的电量，从而也表征了界面上电极电势发生微小变化时所具备的储存电荷的能力。

根据微分电容的定义和李普曼（Lippman）方程，很容易从电毛细曲线求得微分电容值，根据式(2-9)，为

$$C_d=-\frac{\partial^2\sigma}{\partial\varphi^2} \tag{2-12}$$

已知可以根据电毛细曲线确定零电荷电势 φ_0，从而可以利用式(2-9) 求得任一电极电势下的电极表面剩余电荷密度 q，即

$$q=\int_0^q dq=\int_{\varphi_0}^{\varphi} C_d d\varphi \tag{2-13}$$

因此可以计算从零电荷电势 φ_0 到某一电势 φ 之间的积分电容 C_i

$$C_i=\frac{q}{\varphi-\varphi_0}=\frac{1}{\varphi-\varphi_0}\int_{\varphi_0}^{\varphi} C_d d\varphi \tag{2-14}$$

从上式可以看出微分电容与积分电容之间的关系。

微分电容 C_d 既可以用交流电桥法精确地加以测量，也可以由阻抗技术求得。但交流电桥法仅适用于液体电极，而阻抗技术可以应用于固体电极。

为了求得给定电极电势下的电极表面剩余电荷密度 q，根据微分电容的定义，式(2-11) 积分后可得到

$$q=\int_{\varphi_1}^{\varphi} C_d d\varphi + \text{const} \tag{2-15}$$

由于 φ_0 时 $q=0$，以此作为边界条件代入上式，则

$$q=\int C_d d\varphi \tag{2-16}$$

因此，电极电势为 φ 时的 q 值相当于图 2-8 中的阴影部分。

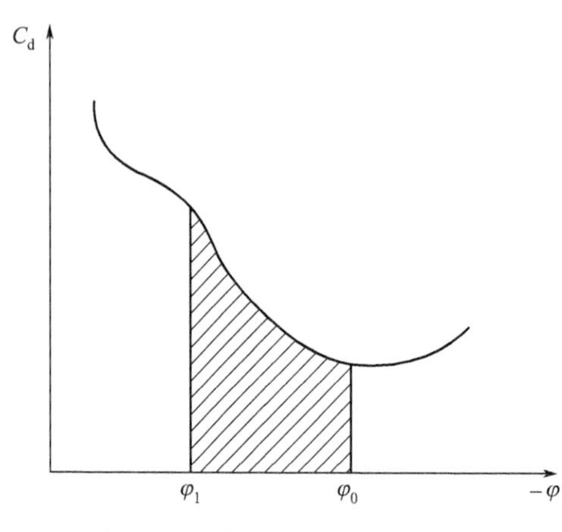

图 2-8　微分电容曲线与 q 的计算

微分函数比积分函数更灵敏地反映原函数的细微变化，所以微分法更灵敏。此外，迄今为止，电毛细曲线的直接测量只能在液态金属（汞、镓等）电极上进行，而微分电容的测量还可以在固体电极上直接进行，所以在实际工作中，微分电容法的应用较为广泛一些。不过，应用微分电容法时，往往需要用电毛细曲线法来确定零电荷电势，因而微分电容法和电毛细曲线法都是研究界面结构与性质的重要实验方法。

2.2.2 双电层的结构

双电层的微观结构即双电层模型的建立经历了很长的历史发展过程。第一个双电层模型是 Helmholtz 提出的 Helmholtz 模型[4~6]（也称为紧密型双电层，Compact Double Layer)，该模型是基于刚性界面两侧正负电荷的规则排列考虑的，如图 2-9 所示，认为双电层的厚度是离子半径。在浓溶液中，特别是在界面电势差较大时，用 Helmholtz 模型计算的电容值能很好地符合实验结果，表明该模型在一定条件下反映了双电层的真实结构。但由于忽略了离电极稍远处的溶液成分的作用以及溶液浓度的影响，使得该模型与实际情况不相符。

到 20 世纪初，Gouy 和 Chapman 提出了 Gouy-Chapman 模型[7~9]（又称为分散双电层，Diffuse Double Layer)，电极和溶液两相中的荷电粒子都不是静止不动的，而是处于不停的热运动中。热运动促使荷电粒子倾向于均匀分布，从而使剩余电荷不可能完全紧贴着电极表面分布，而具有一定的分散性，形成所谓的分散层。这样，在静电作用和粒子热运动的矛盾作用下，电极/溶液界面的双电层将由紧密层和分散层两部分组成，如图 2-10 所示。Stern[10] 将 Helmholtz 模型和 Gouy-

Chapman 模型结合起来[11~13]，认为形成的双电层紧靠电极处是紧密层，接下来是分散层，延伸到溶液本体。由于这一模型对于分散层的讨论比较深入细致，对紧密层的描述比较简单，并且采用了与 Gouy-Chapman 模型相同的数学方法处理分散层中剩余电荷和电势的分布及推导出相应的数学表达式（双电层方程式），所以现代电化学中又常将 Stern 模型称为 Gouy-Chapman-Stern 模型或 GCS 分散层模型。该模型能较好地解释微分电容最小值的出现和电容随电极电势的变化，但理论计算的微分电容值却比实验测定值大得多，而且解释不了微分电容曲线上“平台区”的出现。

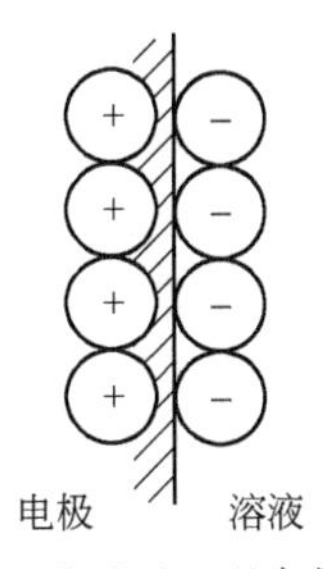

图 2-9　Helmholtz 双电层模型图

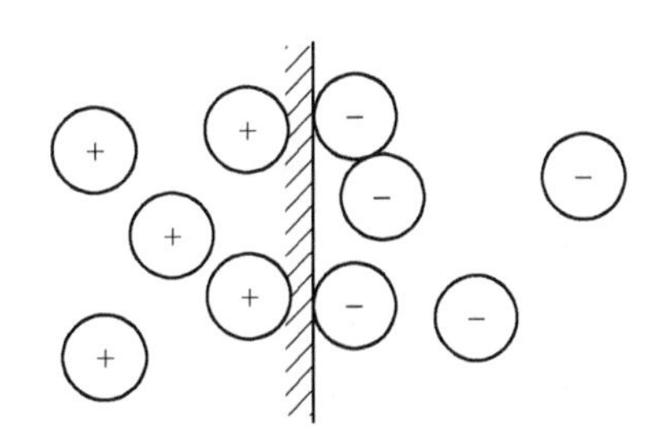

图 2-10　考虑了热运动干扰时的电极/溶液界面分散双电层结构

1947 年，Grahame[14]提出了分三个区域的概念，与 Stern 模型不同的是，考虑了特性吸附的存在。此后，Bockris 等[15]提出了考虑溶剂化作用的 Bockris 模型，认为当紧密层与电极表面之间的电场强度较大时，紧密层中包含了一层水分子偶极层，这层水分子在一定程度上定向吸附在电极表面上。除了静电力之外，在电极和溶液的界面上还存在非静电力，发生离子或分子在电极上的非静电的特性吸附，存在特性吸附的双电层结构。特性吸附离子电中心的位置称为内 Helmholtz 面(Inner Helmholtz Plane，IHP)，通过吸附的溶剂化离子层的中心面称为外 Helmholtz 面（Outer Helmholtz Plane，OHP)，OHP 以外是分散层。图 2-11 和图 2-12

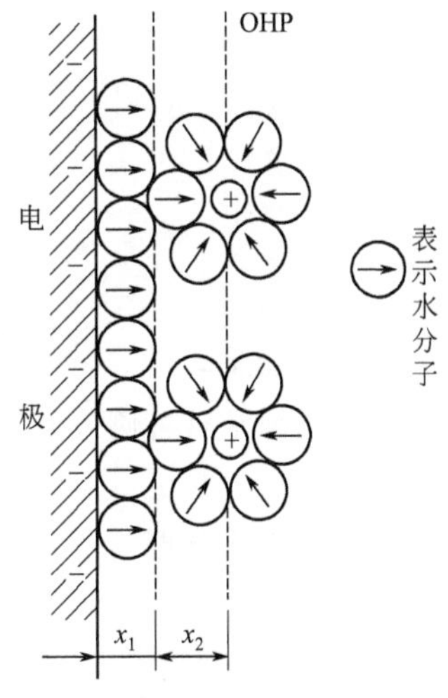

图 2-11　外紧密层结构

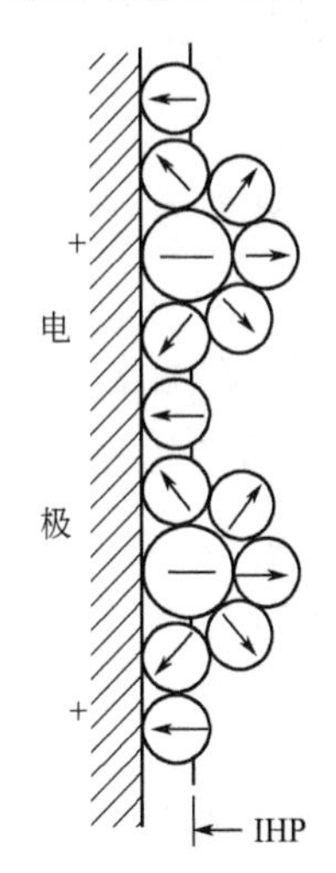

图 2-12　内紧密层结构

分别为外紧密层和内紧密层的结构示意图。

2.3 电化学过程热力学

众所周知，通过对一个体系的热力学研究能够知道一个反应在指定的条件下可进行的方向和达到的限度。化学能能够转变为电能或者电能能够转变为化学能，如果一个化学反应设置在电池中进行，通过热力学研究同样能够知道该电池反应对外电路所能提供的最大能量，这就是电化学热力学的主要研究内容。

2.3.1 Gibbs 自由能变与电动势

同一相中，一个离子如 Zn^{2+} 处在有电场和无电场两种不同的状态时，其内能、焓、Gibbs 自由能等热力学状态函数是不同的，因此，发生相变、化学变化时其后果也不相同，试比较两种不同状态下的同一化学反应：

$$Zn+Cu^{2+} \rightleftharpoons Zn^{2+}+Cu$$

在无电场作用下，不产生有序的电子流动，即不做电功，但有热效应。

在有电场作用下，产生有序的电子流动，做电功，同时也有热效应。

根据电学原理，处于电势 φ^{a} 的 1mol 荷电粒子 i，其电势能为 $z_{i}F\varphi^{a}$，其热力学基本方程为

$$\mathrm{d}\overline{G^{a}}=-S^{a}\mathrm{d}T^{a}+V^{a}\mathrm{d}p^{a}+\sum(\mu_{i}^{a}+z_{i}F\varphi^{a})\mathrm{d}n_{i}^{a} \tag{2-17}$$

式中，$\overline{G^{a}}$ 为电化学体系 a 相的 Gibbs 自由能；φ 为广义的力；$Q=z_{i}F\mathrm{d}n_{i}$ 为广义位移。

$$\left(\frac{\partial\overline{G^{a}}}{\partial n_{i}^{a}}\right)_{T,p,n_{j\neq i}}=\mu_{i}^{a}+z_{i}F\varphi^{a}=\overline{\mu_{i}^{a}} \tag{2-18}$$

在化学体系中相平衡条件为

$$\mu_{i}^{a}=\mu_{i}^{\beta} \tag{2-19}$$

化学平衡条件为

$$\sum\nu_{i}\mu_{i}=0 \tag{2-20}$$

由此得到，在电化学体系中相平衡条件应为

$$\mu_{i}^{a}+z_{i}F\varphi^{a}=\mu_{i}^{\beta}+z_{i}F\varphi^{\beta}-\Delta_{a}^{\beta}G_{m}=\mu_{i}^{a}-\mu_{i}^{\beta}=z_{i}F\Delta_{a}^{\beta}\varphi \tag{2-21}$$

式中，$\Delta_{a}^{\beta}\varphi$ 为平衡电极电势，是界面两侧的电势差，即界面右侧电势 φ^{β} 与界面左侧电势 φ^{a} 之差，$\Delta_{a}^{\beta}\varphi=\varphi^{\beta}-\varphi^{a}$，记做 φ。

以电池 $Zn|ZnSO_4\|CuSO_4|Cu$ 为例，当电池达到电化学平衡时，

$$\mu(Zn^{2+}+2e^{-})_{a}+\mu(Cu^{2+})_{\beta}=\mu(Zn^{2+})_{\beta}+\mu(Cu^{2+}+2e^{-})_{\gamma} \tag{2-22}$$

由式(2-22) 有：

$$(\mu_{Zn^{2+}}^{a}+2F\varphi^{a})+\mu_{Cu^{2+}}^{\beta}=\mu_{Zn^{2+}}^{\beta}+(\mu_{Cu^{2+}}^{\gamma}+2F\varphi^{\gamma}) \tag{2-23}$$

即

$$2F(\varphi^{\gamma}-\varphi^{a})=(\mu^{a}_{Zn^{2+}}-\mu^{\beta}_{Zn^{2+}})+(\mu^{\beta}_{Cu^{2+}}-\mu^{\gamma}_{Cu^{2+}}) \tag{2-24}$$

$$-\Delta_r G_m=2F(\varphi^{\gamma}-\varphi^{a})=2FE \tag{2-25}$$

记作普遍的公式则为

$$-\Delta_r G_m=nFE \tag{2-26}$$

式中，n 为电化学反应中的电子转移数；$E=\varphi^{\gamma}-\varphi^{a}$ 为可逆电池的电动势。

2.3.2 可逆电化学过程热力学

电池（Cell）由电极（Electrode）和电解质溶液组成。可逆电池（Reversible Cell），即按照热力学可逆的方式将化学能转化为电能的装置。研究可逆电池不仅可以建立热力学与电化学的联系，而且可以为热力学研究提供方法和手段。

已知在恒温、恒压的条件下，体系 Gibbs 函数的减小$-(\Delta_r G_m)_{T,p}$等于体系对外所做的最大有效功 W'_r。电功 $W'_r=-QE$ 是一种重要的有效功。如果反应过程中电子转移的物质的量为 n，则通过电化学装置的电荷量 $Q=nF$。在可逆情况下，电池两电极间的电势差最大，称为该电池的可逆电池电动势（Electromotive Force，E），所以

$$-(\Delta_r G_m)_{T,p}=W'_r=-nFE \tag{2-27}$$

该式将热力学参数（$\Delta_r G_m$）$_{T,p}$ 与电化学参数（E）联系起来，是沟通电化学和热力学的桥梁和最重要的基本关系：

$$E>0,\ \Delta G_{T,p}<0 \tag{2-28}$$

电池反应自发进行；

$$E<0,\ \Delta G_{T,p}>0 \tag{2-29}$$

电池反应不能自发进行。

可逆电池电动势的测定有多方面的应用[16~19]，根据测定数据计算化学反应的热力学函数变化值、化学反应的平衡常数、电池的标准电动势及标准电极电势、电解质溶液的离子平均活度系数、难溶盐的活度积和弱酸的解离平衡常数、溶液的 pH 值、溶液中离子的迁移数和反应速率常数。

所谓的电池的热力学可逆，包含两方面的内容：反应可逆和过程可逆。所谓反应可逆，是指同一个电极在发生氧化反应或还原反应时，其反应式相同但反应方向相反；所谓过程可逆，是指不存在任何不可逆过程（如扩散过程），且电池电动势（E）与外加电压（V）之差无限小，从而使流经电池的电流强度为零或者无限小。其中，过程可逆多数易于人为控制，而反应可逆则主要由体系自身的性质决定，要构成可逆电池必须采用可逆电极（Reversible Electrode）。

可逆电极必须满足单一电极（Single Electrode）、反应可逆和处于电化学平衡三个条件。所谓单一电极是指只发生一种电化学反应的电极。将 Zn 片插入硫酸，则 Zn 片上发生 $Zn \longrightarrow Zn^{2+}+2e^-$ 和 $2H^+ + 2e^- \longrightarrow H_2$ 两个反应，因此，

$Zn(s)|H^+(m)$ 电极就不是单一电极。同理，$Na(s)|Na^+(aq, m)$ 和 $Fe(s)|Fe^{3+}(m)$ 均不是单一电极，因而也就不可逆。而如果电极未达到电化学平衡，则电极必然发生不可逆的变化而破坏电极的可逆性。

可逆电极电势，也称为平衡电势或平衡电极电势：

$$O + ze^- \underset{i_a}{\overset{i_k}{\rightleftharpoons}} R \tag{2-30}$$

式中，O 代表氧化态；R 代表还原态。

根据能斯特公式，电极的平衡电极电势可写成下列通式，即

$$\varphi_{(Ox|Red)} = \varphi^{\ominus}_{(Ox|Red)} - \frac{RT}{zF}\ln\frac{a_{Red}}{a_{Ox}} = \varphi^{\ominus}_{Ox|Red} - \frac{RT}{zF}\ln\prod_B a_B^{\nu_B} \tag{2-31}$$

式中，$\varphi^{\ominus}_{Ox|Red}$ 为标准状态下的平衡电势，叫做该电极的标准电极电势，对一定体系为常数，可查；z 为参加反应的电子数。

当 $T=298K$ 时

$$\varphi_{(Ox|Red)} = \varphi^{\ominus}_{Ox|Red} - \frac{0.059}{z}\ln\prod_B a_B^{\nu_B} \tag{2-32}$$

如有电极 $Cl^-(a_{Cl^-})|AgCl(s)|Ag(s)$，电极的还原反应为

$$AgCl(s) + e^- \longrightarrow Ag(s) + Cl^-(a_{Cl^-})$$

电极电势的计算式为

$$\varphi_{Cl^-|AgCl|Ag} = \varphi^{\ominus}_{Cl^-|AgCl|Ag} - \frac{RT}{zF}\ln\frac{a_{Ag}a_{Cl^-}}{a_{AgCl}}$$

$$= \varphi^{\ominus}_{Cl^-|AgCl|Ag} - \frac{RT}{F}\ln a_{Cl^-} \tag{2-33}$$

在膜两边由于某离子浓度不等可产生电势差，这就是膜电势。

$$\text{电解液}(\alpha), M^+(\alpha) \parallel \text{电解液}(\beta), M^+(\beta)$$

半透膜

膜两边的电势差为

$$\Delta\varphi(\alpha,\beta) = \varphi(\alpha) - \varphi(\beta) = \frac{RT}{F}\ln\frac{a_{M^+}(\beta)}{a_{M^+}(\alpha)} \tag{2-34}$$

将细胞的内、外液组成如下电池（细胞膜）：

$AgCl(s)|KCl(aq)|$内液$(\beta)\parallel$外液$(\alpha)|KCl(aq)|AgCl(s)|Ag(s)$

$$E = \varphi_{右} - \varphi_{左} \tag{2-35}$$

$$E = \Delta\varphi(\alpha,\beta) = \varphi_\alpha - \varphi_\beta = \frac{RT}{F}\ln\frac{a_{K^+}(\beta)}{a_{K^+}(\alpha)} \tag{2-36}$$

在生物化学中，习惯表示为

膜电势 $$\Delta\varphi = \varphi_{内} - \varphi_{外} = \frac{RT}{F}\ln\frac{a_{K^+}(外)}{a_{K^+}(内)} \tag{2-37}$$

维持了细胞膜内外的电势差，就维持了生命。

2.3.3 不可逆及准可逆电化学过程热力学

实际上，只要电池中的化学反应以可察觉的速率进行，则充电时外界对电池所做的电功就大于放电时电池对外界所做的电功。经过充放电循环后，正、逆过程所做的电功不能互相抵消，外界环境不能复原。只有当电流 I 无限小时，正、逆过程所做的电功可相互抵消，外界能复原。设在等温等压下发生的化学反应在不可逆电池中，则体系状态函数的变化量 ΔG、ΔH、ΔS、ΔU 皆与反应在相同始末状态下在可逆电池中发生时相同，但过程函数 W 与 Q 却发生变化。

实际电化学过程一般为不可逆过程，当放电时电池的端电压为 V 时，不可逆过程的电功 $W_{i,f}$可表示为：

$$W_{i,f}=zFV \tag{2-38}$$

根据热力学第一定律：

$$Q_i=\Delta_r U_m+W_{i,f}=zFT\left(\frac{\partial E}{\partial T}\right)_p-zF(E-V) \tag{2-39}$$

式中，$zFT\left(\frac{\partial E}{\partial T}\right)_p$ 为电池可逆放电的热效应；$zF(E-V)$ 为由于电化学极化、浓差极化以及电极和溶液电阻等引起的电压降的存在，过程克服各种阻力放出的热量。

2.4 电极反应动力学

对于一个给定的电极过程，在某些电势区没有电流产生，而在其他电势区有不同程度的电流流过。反应速率强烈地依赖于电势，因此，为了精确地描述界面电荷转移动力学，需要建立与电势相关的速率常数。

2.4.1 动力学基本理论

(1) 动态平衡

假设两种物质 A 和 B 之间进行着简单的单原子基元反应，

$$\mathrm{A}\underset{k_b}{\overset{k_f}{\rightleftharpoons}}\mathrm{B} \tag{2-40}$$

两个基元反应始终都在进行，正反应的速率 v_f[mol/(L·s)]为

$$v_f=k_f c_A \tag{2-41}$$

而逆反应的速率 v_b [mol/(L·s)] 为

$$v_b=k_b c_B \tag{2-42}$$

速率常数 k_f 和 k_b 的量纲为 s^{-1}，从 A 转化为 B 的净速率为

$$v_{net}=k_f c_A-k_b c_B \tag{2-43}$$

平衡时的净转化速率为零，即

$$\frac{k_f}{k_b}=K=\frac{c_B}{c_A} \tag{2-44}$$

式中，K 为化学反应的平衡常数。

由式(2-44) 可知，在体系达到平衡时，动力学理论和热力学一样，可预测出恒定的浓度比值。动力学描述了贯穿整个体系的物质流动的变化情况，包括平衡状态的达到和平衡状态的动态保持两个方面。一方面，热力学仅描述平衡态，动力学的观点和热力学的观点对于平衡态性质的描述是一致的，否则两者之间至少有一个是不合理的。

另一方面，热力学不能提供保持平衡态所需要的机理方面的信息，而动力学可以定量地描述复杂的平衡过程。在上述基元反应中，平衡时从 A 转化为 B 的速率（反之亦然）并非为零，而是相等的。有时称为反应的交换速率 v_0：

$$v_0=k_f(c_A)_{eq}=k_b(c_B)_{eq} \tag{2-45}$$

交换速率的思想在处理电极动力学方面发挥着重要的作用。

(2) Arrhenius 公式

实验事实表明，在溶液相中的大多数反应，其速率常数随温度变化有一共同的模式，即 $\ln k$ 与 $1/T$ 几乎都呈线性关系，Arrhenius 首先认识到这种行为的普遍性，提出速率常数可表达为

$$k=A\mathrm{e}^{-E_A/RT} \tag{2-46}$$

式中，E_A 具有能量的单位，称为活化能（Activation Energy），表示从反应物生成产物所必须越过的能垒高度；A 为指数因子，暗示着利用热能去克服一个高度为 E_A 的能垒的可能性，A 与企图达到此可能性的频率有关，因此一般称为频率因子（Frequency Factor）。

活化能的概念可导出势能沿着反应变化的反应途径，如图 2-13 所示。

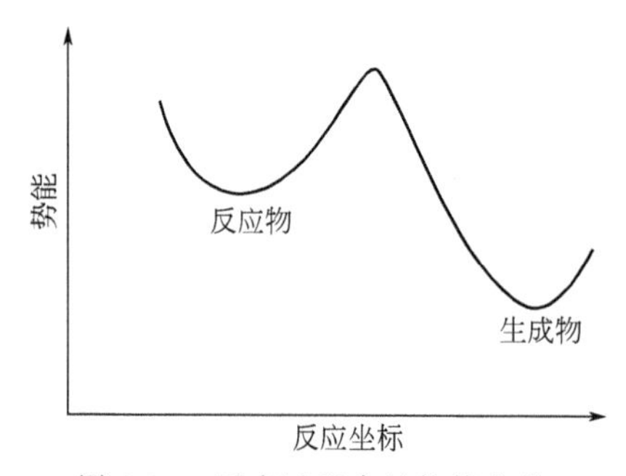

图 2-13　反应过程中的势能变化

(3) 过渡态理论

已经发展了多个动力学理论以阐述控制反应速率的因素，这些理论的主要目的是根据特定的化学体系从定量的分子性质来预测 A 和 E_A 的值。对于电极动力学，广泛采用的一个重要的通用理论是过渡态理论（Transition State Theory），也称为绝对速率理论（Absolute Rate Theory）或活化配合物理论（Activated Complex Theory）。

此方法的中心思想是反应通过一个相当明确的过渡态或活化配合物来进行，如图 2-14 所示。从反应物到活化配合物的标准自由能的变化为 $\Delta G_f^{\neq}$，而从产物到活化配合物的标准自由能的变化为 $\Delta G_b^{\neq}$，这样可以得到速率常数：

$$k_f=\frac{kT}{h}\exp\left(-\frac{\Delta G_f^{\neq}}{RT}\right) \tag{2-47}$$

$$k_b = \frac{kT}{h}\exp\left(-\frac{\Delta G_b^{\neq}}{RT}\right) \tag{2-48}$$

式中，k 为玻尔兹曼（Boltzman）常数；h 为普朗克（Planck）常数。

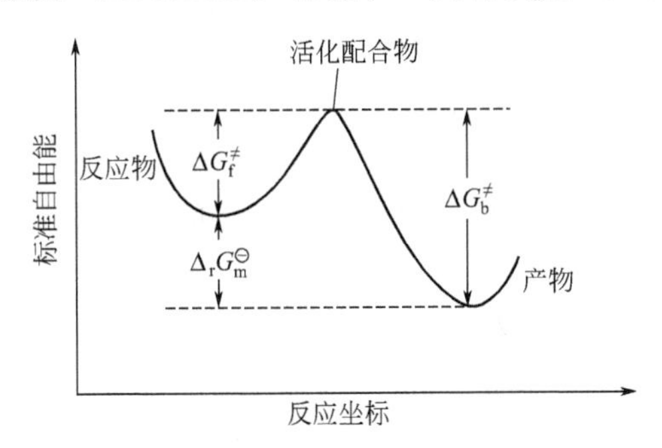

图 2-14 反应过程中的自由能的变化（$\Delta G_m^{\ominus}$）

2.4.2 电极过程的 Butler-Volmer 模型

考虑可能的最简单的电极过程，用 O 和 R 分别表示一个氧化还原电对中的氧化态物种和还原态物种，在此 O 和 R 仅参与界面上的单电子转移反应，而没有其他任何化学步骤：

$$O \underset{k_b}{\overset{k_f}{\rightleftharpoons}} R$$

还假设标准自由能沿着反应坐标的剖面图具有抛物线的形状，如图 2-15 所示。图 2-15(a) 画出了从反应物到产物的全路径，图 2-15(b) 是在过渡态附近区域的放大图。在这里以在所考虑条件下的电对的形式电势作为参比点，假设电极电势为 $\varphi^{\ominus}$，阴极和阳极的活化能分别是 $\Delta G_a^{\neq}$ 和 $\Delta G_c^{\neq}$，下标 a、c 分别表示阳极反应和阴极反应。

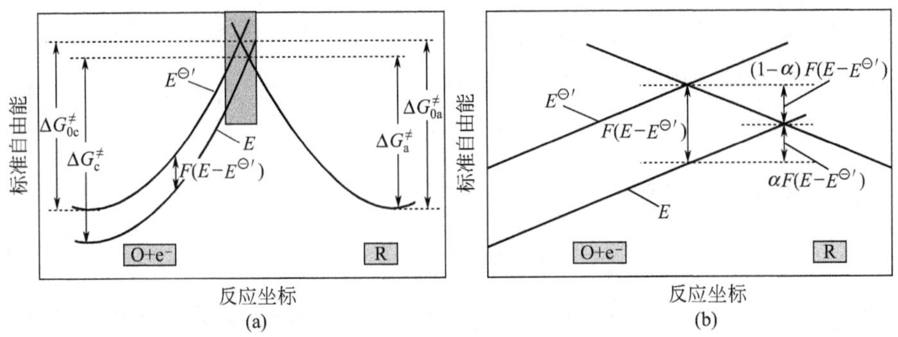

图 2-15 电势的变化对于氧化反应和还原反应的标准活化自由能的影响

（b）图是（a）图阴影部分的放大图

如果将电极电势变化 $\Delta\varphi$ 到一个新值 φ（$\varphi = \varphi^{\ominus\prime} + \Delta\varphi$），并假设分散层的电势没有变化，电极电势的变化主要发生在紧密层，$\Delta\varphi$ 全部用于改变即将参加电化学反应的粒子的活化能，而没有作用于分散层。这样，电极上的电子的相对能量变化为$-F\Delta\varphi<0$，因此，$O+e^-$的曲线将下移这一数值。显然，氧化的能垒值的变化（$\Delta G_a^{\neq}-\Delta G_a^{\neq\ominus}$）比总能量变化小一个分数，该分数称为$1-a$，$a$为传递系数（Transfer Coefficient），其值可从0到1，与交叉区域的形状有关。故

$$\Delta G_a^{\neq}=\Delta G_a^{\neq\ominus}-(1-a)F\Delta\varphi \tag{2-49}$$

此图反映了阴极反应能垒较电势变化前高出$aF\Delta\varphi$，因此

$$\Delta G_c^{\neq}=\Delta G_c^{\neq\ominus}+aF\Delta\varphi \tag{2-50}$$

从式(2-49)、式(2-50)可以看出，电极电势的正移使氧化反应的活化能$\Delta G_a^{\neq}$减小，有利于氧化反应的进行。

现在假设速率常数k_f和k_b有Arrhenius的形式，可表示为

$$k_f=A_f\exp(-\Delta G_c^{\neq}/RT) \tag{2-51}$$

$$k_b=A_b\exp(-\Delta G_a^{\neq}/RT) \tag{2-52}$$

将式(2-49)和式(2-50)所表示的活化能代入，得到

$$k_f=A_f\exp\left(-\frac{\Delta G_c^{\neq\ominus}}{RT}\right)\exp\left(-\frac{aF\Delta\varphi}{RT}\right) \tag{2-53}$$

$$k_b=A_b\exp\left(-\frac{\Delta G_a^{\neq\ominus}}{RT}\right)\exp\frac{(1-a)F\Delta\varphi}{RT} \tag{2-54}$$

考察一种特殊情况，界面处于平衡状态，溶液中$c_O^B=c_R^B$。在此情况下，$\Delta\varphi=0$以及$k_fc_O^B=k_bc_R^B$，所以$k_f=k_b$。该处的速率常数值称为标准速率常数k_s（Standard Rate Constant），有时也称为固有速率常数。在其他电势时的速率常数可简单地通过k_s来表示：

$$k_f=k_s\exp\left(-\frac{aF\Delta\varphi}{RT}\right) \tag{2-55}$$

$$k_b=k_s\exp\frac{(1-a)F\Delta\varphi}{RT} \tag{2-56}$$

正向的反应以速率v_f进行，将距离电极表面x处、在时间t时O的浓度表达为$c_O(x,t)$，则表面浓度为$c_O(0,t)$，有

$$v_f=k_fc_O(0,t)=\frac{i_f}{F} \tag{2-57}$$

同理，对于逆反应有

$$v_b=k_bc_R(0,t)=\frac{i_b}{F} \tag{2-58}$$

这里v_f和v_b分别是同一电极上总体电流密度（单位面积电极上通过的电流）中的阳极和阴极部分。电极的净反应速率为

$$v_{net}=v_f-v_b=k_fc_O(0,t)-k_bc_R(0,t)=\frac{i}{F} \tag{2-59}$$

对于整个反应有

$$i=i_f-i_b=F[k_fc_O(0,t)-k_bc_R(0,t)] \tag{2-60}$$

将式(2-45)和式(2-46)代入上式，可得到电流-电势特征关系式：

$$i=i_f-i_b=Fk_s\left[c_O(0,t)\exp\left(-\frac{aF\Delta\varphi}{RT}\right)-c_R(0,t)\exp\frac{(1-a)F\Delta\varphi}{RT}\right] \quad (2\text{-}61)$$

该公式非常重要，它或通过它所导出的关系式可用于处理几乎每一个需要解释的异相动力学问题。这些结果和由此所得出的推论通称为 Butler-Volmer 电极动力学公式，以纪念该领域的两位开创者。

特别指出的是，上式中的 i_f 和 i_b 即通常所谓的内部电流密度，是不可直接测量的；而 i 即所谓的外电流密度，既可以是氧化电流也可以是还原电流，它与电极上物种的消耗或生成的速率相对应，是可以通过电流计或相应的仪器测量的。

2.4.3 标准速率常数和传递系数

k_s 的物理阐述是很直观的，它可以简单地理解为氧化还原电对的动力学难易程度的量度。一个具有较大 k_s 值的体系将在较短的时间内达到平衡，而 k_s 值较小的体系达到平衡将很慢。一些涉及形成汞齐的电极过程［例如 $Na^+/Na(Hg)$、$Cd^{2+}/Cd(Hg)$ 和 Hg_2^{2+}/Hg］相当快；涉及与电子转移相关的分子重排的复杂反应，例如将分子氧还原成过氧化氢或水，或将质子还原成分子氢，可能会很慢。

传递系数 a 是能垒对称性的度量。可用图 2-16 作一说明。

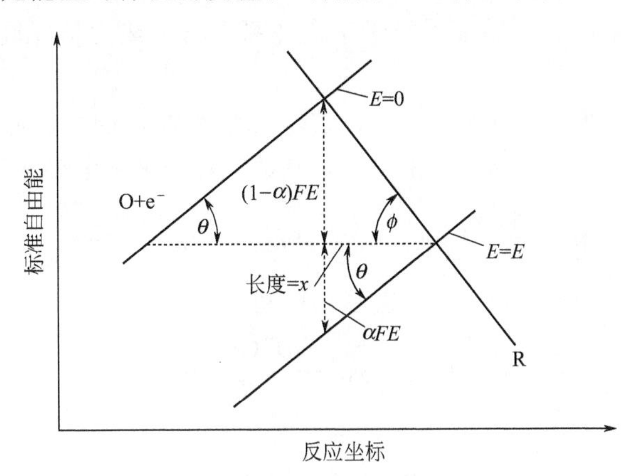

图 2-16 传递系数与反应自由能曲线对称性的关系

假设自由能曲线为直线，则角 θ 和角 ϕ 可以由下式确定：

$$\tan\theta=aFE/x \quad (2\text{-}62)$$

$$\tan\phi=(1-a)FE/x \quad (2\text{-}63)$$

因此

$$a=\frac{\tan\theta}{\tan\phi+\tan\theta} \quad (2\text{-}64)$$

当 $\theta=\phi=45°$时，$a=0.5$，这意味着活化配合物在反应坐标中位于反应物和生成物的中间，其结构对应于反应物和生成物是等同的。对于其他情况，$0 \leqslant a \leqslant 1$。对于大多数体系，$a$ 值为 0.3～0.7，在没有确切的测量时，通常将之近似为 0.5。

如果在所研究的电势区内自由能曲线不是直线，那么 a 就是一个与电势有关的因子，因为角 θ 和角 ϕ 取决于交点的具体位置，而交点的位置本身又受电势的影响。

2.4.4 交换电流密度

在平衡（$\varphi=\varphi_e$）时净电流为零，对于式(2-61)有：

$$Fk_s c_O(0,t)\exp\left(-\frac{aF\Delta\varphi}{RT}\right)=Fk_s c_R(0,t)\exp\frac{(1-a)F\Delta\varphi}{RT} \tag{2-65}$$

将 $\Delta\varphi=\varphi_e-\varphi^{\ominus\prime}$代入上式，由于是在平衡态，O 和 R 的本体浓度与表面浓度相等，所以

$$\frac{c_O^*}{c_R^*}=\exp\frac{F(\varphi_e-\varphi^{\ominus\prime})}{RT} \tag{2-66}$$

转换成对数表达式，即

$$\varphi_e=\varphi^{\ominus\prime}+\frac{RT}{F}\ln\frac{c_O^*}{c_R^*} \tag{2-67}$$

这表明，由 Butler-Volmer 动力学理论得到的平衡电势与 O 和 R 的本体浓度的关系遵守 Nernst 公式，验证了对于平衡体系而言，热力学理论和动力学理论的一致性。

即使在平衡时净电流为零，仍然存在电化学活性，这可以通过交换电流密度 i_0（Exchange Current Density）来表示，其数值等于平衡电势下的 i_a 或者 i_c，即

$$i_0=Fk_s c_O^*\exp\left[-\frac{aF(\varphi_e-\varphi^{\ominus\prime})}{RT}\right]=Fk_s c_R^*\exp\frac{(1-a)F(\varphi_e-\varphi^{\ominus\prime})}{RT} \tag{2-68}$$

对式(2-66)两边同乘以$-a$幂次方，得到

$$\left(\frac{c_O^*}{c_R^*}\right)^{-a}=\exp\frac{-aF(\varphi_e-\varphi^{\ominus\prime})}{RT} \tag{2-69}$$

将式(2-69)代入式(2-68)中，可得

$$i_0=Fk_s(c_O^*)^{(1-a)}(c_R^*)^a \tag{2-70}$$

该式表明，交换电流密度 i_0 与 k_s 呈正比，在动力学公式中经常可用 i_0 代替 k_s。将式(2-70)代入式(2-61)，用交换电流密度表示反应速率，有

$$i=i_0\left\{\exp\left[-\frac{aF(\varphi-\varphi_e)}{RT}\right]-\exp\frac{(1-a)F(\varphi-\varphi_e)}{RT}\right\} \tag{2-71}$$

更一般的，将电流密度表示为过电势 η 的函数。过电势是表征电化学体系偏离平衡状态的程度，其数值取正值。当电极发生还原反应时，η 为阴极过电势，$\eta=\varphi_e-\varphi$；当电极发生氧化反应时，η 为阳极过电势，$\eta=\varphi-\varphi_e$。对于阳极反应有

$$i=i_0\left\{\exp\frac{aF\eta}{RT}-\exp\left[-\frac{(1-a)F\eta}{RT}\right]\right\} \tag{2-72}$$

对于阴极反应有

$$i=i_0\left[\exp\left(-\frac{aF\eta}{RT}\right)-\exp\frac{(1-a)F\eta}{RT}\right] \tag{2-73}$$

2.4.5 多电子步骤机理

前面的讨论只涉及一个电子转移到单电子反应，实际上，绝大部分电极反应都有两个以上的电子参加，常将这种反应称为多电子电极反应。

多电子的电极总是分成好多个步骤进行，其中有电子转移步骤，也有表面转化步骤。在动力学处理时，一般假设在每个电子转移步骤中只有一个电子参加，而且在许多连续进行的步骤中，常常会有一个是速率控制步骤。

对于反应

$$\mathrm{O}+n\mathrm{e}^- \underset{k_b}{\overset{k_f}{\rightleftharpoons}} \mathrm{R}$$

假定第 j 步骤为速率控制步骤。

近似地认为速率控制步骤以外的各步骤均处于平衡，这样一方面可以利用各步骤的平衡常数来求算速率控制步骤中各物种的浓度，还可将处于平衡条件的各电子转移步骤前后的表面转化步骤均并入电子转移步骤，进行合并处理。在上述反应中，每消耗一个 O 离子需要 n 个电子。而速率控制步骤只消耗 1 个电子，因为在稳态下各个单元步骤的速率均与速率控制步骤相等，故电极上通过的总电流密度应当是速率控制步骤的净电流密度的 n 倍。

经过推导可得

$$i=ni_0\left\{\exp\left[-\frac{(a+n-j)F\Delta\varphi}{RT}\right]-\exp\frac{(j-a)F\Delta\varphi}{RT}\right\} \tag{2-74}$$

为了简单，令

$$a+n-j=na_c$$

$$j-a=na_a$$

则有

$$na_c+na_a=n$$

为了方便，常将 n 个电子参加的电极反应的电极动力学公式表示为

$$i=i_0\left[\exp\left(-\frac{a_c nF\Delta\varphi}{RT}\right)-\exp\frac{a_a nF\Delta\varphi}{RT}\right] \tag{2-75}$$

以过电势 η 表示更普遍的电化学动力学公式

$$i=i_0\left[\exp\left(-\frac{a_c nF\eta}{RT}\right)-\exp\frac{a_a nF\eta}{RT}\right] \tag{2-76}$$

式中，当电极发生阴极极化时，$\eta=\varphi_e-\varphi$，电极发生阳极极化时，$\eta=\varphi-\varphi_e$。

2.5 电极体系中的传质过程

2.5.1 物质传递的形成

在构成电极反应的各个分步步骤中，液相中的传质步骤往往进行得比较慢，因而常形成控制整个电极反应速率的限制性步骤。例如，对于大多数涉及金属离子的电极反应，电化学步骤及其他表面转化步骤往往进行得比较快，几乎除了热力学限制外就总是由液相传质速率决定整个电极反应的进行速率。即使某些电极反应的电化学步骤在平衡电势附近进行得比较慢，只要加强电场对界面活化反应的活化作用——增大极化电势，就可以使这一步骤的反应活化能降低而速率大大加快，因而最后剩下的最慢步骤往往仍是液相中的传质步骤。

在电化学生产过程中，液相传质步骤也常是反应速率的限制性步骤，若提高这一步骤的进行速率，就可以增大设备的生产能力。根据估计，如果反应离子与电极表面的每一次碰撞都能引起电化学反应，则在反应离子浓度为 1mol/L 时，电极反应的最大速率有可能达到 $10^5 A/cm^2$，但是，实际生产过程中采用的最高电流密度也只有每平方厘米几安，两者之间差 5 个数量级以上，表示电极表面的反应潜力还远远没有被充分利用。

在研究电极的过程中，也往往由于液相中传质速率的限制，致使人们无法观测一些快速分步步骤的动力学特征，这时整个电极反应只显示液相传质步骤的动力学特征。研究液相传质动力学的重要目的之一在于寻求提高这一步骤进行速率的方法，借此消除由于这一步骤进行缓慢而带来的各种限制。即使不能完全做到这一点，掌握了液相传质过程的动力学规律对研究电极过程也是很有用处的。例如，当反应处于混合区时，可以利用这些规律来矫正液相传质步骤的影响；还可以利用由液相传质速率所控制的电极过程来测量扩散系数和组分浓度等。

当电极反应进行时，如果反应物是溶液中的某一组分，那么随着它在电极反应中的不断消耗，它就必须不断地从溶液深处传输到电极表面的溶液层中，才能保证电极反应不断进行下去。同样的，在多数情况下，电极反应的产物也要不断地通过传质离开电极表面。总之，伴随着电极反应的进行，在溶液中不免有传质过程同时进行。

溶液中的传质过程可以依靠三种方式进行：对流、电迁移和扩散。

所谓对流（Convection），是一部分溶液与另一部分溶液之间的相对流动。根据产生对流的原因不同，可将对流分为强制对流和自然对流。局部浓度、温度的不同导致液体内部局部密度存在差异，形成自然对流。如果反应的过程中有气体生成，气体的析出对溶液造成搅拌，通常也纳入自然对流的范围。当传质过程仅以对流的方式进行时，反应物或产物随溶液一起流动，粒子和溶液之间不存在相对运动。

强制对流是用外力搅拌溶液引起的。搅拌溶液的方式有很多种，例如，在溶液中通入压缩空气引起的搅拌叫做压缩空气搅拌；在溶液中采用棒式、桨式搅拌器或采用旋转电极引起的搅拌叫做机械搅拌。这些搅拌方法均可引起溶液的强制对流。此外，采用超声波振荡器等振动的方法，也可引起溶液的强制对流。

荷电粒子在电场的作用下，受带有相反电荷的电极的库仑力的吸引而形成的定向运动称为电迁移（Electrical Migration）。通常，在测定电流-电势曲线时，由于使用相当高浓度的支持电解质，所以通过电迁移而传输的物质可以忽略不计。但是，当支持电解质的浓度较稀时，电迁移对物质的传输也起很大的作用。

应该指出，通过电迁移作用而传输到电极表面附近的离子，有些是参与电极反应的，有一些则不参加电极反应，而只起到传导电流的作用。

如果某一物质在溶液相中的浓度不是均匀分布的，如果没有别的力的作用，物质自发地从化学位高的区域向低的区域传输，直到其化学位的数值在各处都一样而达到平衡为止，这一过程与该粒子是否带电没有直接的关系。这种由于某一物质的浓度的差异而引起其从浓度高的区域向浓度低的区域的传质过程，叫作扩散（Diffusion）过程。

当溶液中的某一物质因为参加电极反应而不断消耗，致使电极表面该物质的浓度低于溶液深处的浓度值时，该物质不断地从溶液深处向电极表面扩散。如果溶液的体积足够大，电极的速率不是很快，那就近似地可以认为溶液深处的浓度是不变的。另外，由于溶液的搅拌或者自然对流的作用，还可以认为溶液深处的浓度是均匀的。但在靠近电极表面处有一层厚度为 δ 的滞流层。这一层的厚度与溶液的搅拌情况有关。一般来说，搅拌越强烈，δ 的数值越小。室温下，在没有搅拌而只有溶液的自然对流的情况下，达到稳态时 δ 的数值约为 10^{-2}cm。当电极上有大量气体析出时，δ 可减小约一个数量级。但是，即使很猛烈地搅拌溶液，在一般情况下，δ 的有效值也不会小于 10^{-4}cm，这相当于几千个分子层的厚度。在这里，滞流层包括全部溶液处于静止状态的情况，也包括溶液本体中虽有对流但表面液层中对流传质速率可以忽略的场合。通常认为滞流层中主要靠扩散进行物质传递。

设在浓度梯度（空间位置改变单位值时浓度的变化量）为$\dfrac{\partial c_i}{\partial x}$的等浓度表面上，单位时间内通过单位面积的扩散的物质 i 的物质的量是 J_i，在这两者之间存在着一个关系式，这就是 Fick（菲克）第一定律：

$$J_i = -D_i \frac{\partial c_i}{\partial x}$$

式中，J_i 为浓度为 c_i 的组分 i 在 x 方向上的通量；c_i 为扩散物质（组元）的体积浓度（原子数/m^3 或 kg/m^3）；$\dfrac{\partial c_i}{\partial x}$为浓度梯度；$D_i$ 为通量与浓度梯度之间的比例因子，称为扩散系数（Diffusion Coefficient），负号表示扩散的方向与浓度梯度的方向相反，cm^2/s。D_i 数值取决于扩散物质的粒子大小、溶液的黏度和温度。

在同样的温度条件下，扩散粒子的半径愈大，溶液的黏度愈大，扩散系数就愈小。表2-1给出了室温下各种粒子在无限稀释时的扩散系数，可以看出，大多数无机离子在水溶液中的扩散系数一般在$1\times10^{-5}cm^2/s$左右，这主要是由于水化过程对离子半径起了平均化作用。H^+与OH^-这两种离子在水溶液中的扩散系数比其他离子大得多，是因为它们在水溶液中的扩散机制不同。

表2-1 无限稀释时离子的扩散系数（25℃）

离子	$D/(cm^2/s)$	离子	$D/(cm^2/s)$	离子	$D/(cm^2/s)$
H^+	9.34×10^{-5}	Zn^{2+}	0.72×10^{-5}	$CHCOO^-$	1.09×10^{-5}
Li^+	1.04×10^{-5}	Cu^{2+}	0.72×10^{-5}	BrO_3^-	1.44×10^{-5}
Na^+	1.35×10^{-5}	Ni^{2+}	0.69×10^{-5}	SO_4^{2-}	1.08×10^{-5}
K^+	1.98×10^{-5}	OH^-	5.23×10^{-5}	CrO_4^{2-}	1.07×10^{-5}
Pb^+	0.98×10^{-5}	Cl^-	2.03×10^{-5}	$Fe(CN)_6^{3-}$	0.76×10^{-5}
Cd^+	0.72×10^{-5}	NO_3^-	1.92×10^{-5}	$C_6H_5COO^-$	0.86×10^{-5}

2.5.2 物质传递普遍方程的推导

扩散和电迁移是由于一个化学势$\bar{\mu}$的梯度所引起的。对流是由作用于溶液的不平衡力所引起的。

考虑连接溶液中的r和s两点的一个无穷小的溶液单元（见图2-17），对于确定的物质i，$\bar{\mu}_i(r)=\bar{\mu}_i(s)$。在该距离上$\bar{\mu}_i$有此差异（一个电化学势梯度）是由于对于物质i有浓度（活度）差（一种浓度梯度），或因为存在一个φ值差（一个电场或电势梯度）。通常，物质i的流动会消除该差值。流量J_i [$mol/(s\cdot cm^2)$] 与$\bar{\mu}_i$的梯度呈正比：

$$J_i\propto \mathrm{grad}\,\bar{\mu}_i \text{ 或 } J_i\propto\nabla\bar{\mu}_i \tag{2-77}$$

这里的grad或∇是一个矢量算符。对于线性一维物质传递，$\nabla=i(\partial/\partial x)$。式中，$i$为沿轴向的单位矢量；$x$为距离。对于在三维笛卡儿空间的物质传递有：

$$\nabla=i\frac{\partial}{\partial x}+j\frac{\partial}{\partial y}+k\frac{\partial}{\partial z} \tag{2-78}$$

在式(2-77)中的比例常数是$-\frac{c_iD_i}{RT}$，因此有

$$J_i=-\frac{c_iD_i}{RT}\nabla\bar{\mu}_i \tag{2-79}$$

对于线性的物质传递公式为

$$J_i=-\frac{c_iD_i}{RT}\frac{\partial\bar{\mu}_i}{\partial x} \tag{2-80}$$

这些公式中的负号是因为流量的方向与$\bar{\mu}_i$增加的方向相反。

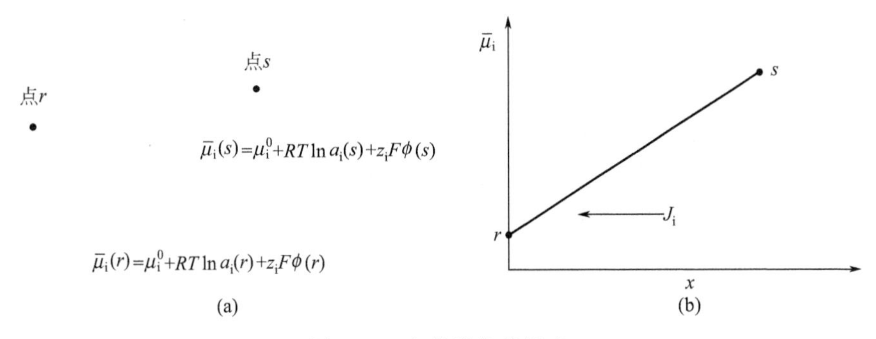

图 2-17　电化学势的梯度

如果除了该$\bar{\mu}_i$梯度外，溶液也在运动，这样的溶液的一个单元体［浓度为$c_j(s)$］从s点以速率v运动，那么在流量公式中就得附加一项：

$$J_i=-\frac{c_iD_i}{RT}\nabla\bar{\mu}_i+c_iv \tag{2-81}$$

对于线性的物质传递公式为

$$J_i(x)=-\frac{c_iD_i}{RT}\frac{\partial\bar{\mu}_j}{\partial x}+c_iv(x) \tag{2-82}$$

当$a_j\approx c_j$时，能得到能斯特-普朗克（Nernst-Planck）方程，可写为

$$J_i(x)=-\frac{c_iD_i}{RT}\left[\frac{\partial}{\partial x}(RT\ln c_i)+\frac{\partial}{\partial x}(z_iF\varphi)\right]+c_iv(x) \tag{2-83}$$

$$J_i(x)=-D_i\frac{\partial c_i(x)}{\partial x}-\frac{z_iF}{RT}D_ic_i\frac{\partial\phi(x)}{\partial x}+c_iv(x) \tag{2-84}$$

或一般的写法为

$$J_i(x)=-D_i\nabla c_i-\frac{z_jF}{RT}D_ic_i\nabla\phi+c_iv(x) \tag{2-85}$$

静止条件下，即在不搅拌或没有密度梯度的静止溶液中，溶液的对流速率v是零，流量的通用公式(2-85）变为

$$J_i(x)=-D_i\nabla c_i-\frac{z_iF}{RT}D_ic_i\nabla\phi \tag{2-86}$$

对于线性物质传递有

$$J_i(x)=-D_i\frac{\partial c_i(x)}{\partial x}-\frac{z_iF}{RT}D_ic_i\frac{\partial\phi(x)}{\partial x} \tag{2-87}$$

这里右边各项分别代表扩散和迁移对于总物质传递的贡献。

如果物质 i 带电荷，流量J_i等价于电流密度。考察物质流动方向垂直、横截面积为A的线性体系。这样，$J_i=-i_i/z_iFA$（$C\cdot cm^2/mol$），这里i_i是由于物质 i 的流动在任何x处的电流。公式(2-87）可写为

$$-J_i=\frac{i_i}{z_iFA}=\frac{i_{d,i}}{z_iFA}+\frac{i_{m,i}}{z_iFA} \tag{2-88}$$

$$\frac{i_{d,i}}{z_iFA}=D_i\frac{\partial c_i}{\partial x} \tag{2-89}$$

$$\frac{i_{m,i}}{z_iFA}=\frac{z_iF}{RT}D_ic_i\frac{\partial \phi}{\partial x} \tag{2-90}$$

式中，$i_{d,i}$和$i_{m,i}$分别为物质i的扩散和迁移电流。

在电解过程中，在溶液中的任何位置，总电流i是由所有物质的贡献所组成的，即$i=\sum i_i$，或

$$i=\frac{F^2A}{RT}\times\frac{\partial \phi}{\partial x}\sum z_i^2D_ic_i+FA\sum z_iD_i\frac{\partial c_i}{\partial x} \tag{2-91}$$

式中，每种物质在其位置的电流都是由迁移部分（第一项）和扩散部分（第二项）所组成的。

2.5.3 扩散

电极体系由于电化学反应消耗了反应产物，使其在溶液中发生扩散，很复杂，可分为稳态扩散（Steady State Diffusion）和非稳态扩散（Nonsteady State Diffusion）。

设阴极反应，反应粒子可溶，反应产物不溶。由于反应消耗反应物，在垂直电极方向x上产生了浓度差，即浓度梯度$\frac{dc_i}{dx}$，在此扩散推动力的作用下，溶液本体中的反应粒子开始向电极表面层中扩散。

反应初期，反应粒子的浓度变化不太大，浓度梯度较小，扩散较慢，扩散发生范围主要在离电极较近的区域，随着反应的进行，扩散过来的反应粒子的数量远小于电极反应的消耗量，梯度较大，扩散范围也增大，反应粒子的浓度随时间和电极表面距离的变化而不断变化。

扩散层中各点的反应粒子浓度是时间和距离的函数，即$c_i=f(x,t)$，反应浓度随x和t不断变化的扩散过程是一种不稳定的扩散传质过程。这个阶段内的扩散称非稳态扩散或暂态扩散，反应粒子是x与t的函数。

随着反应的进行，扩散补充的反应粒子数与电极反应所消耗的反应粒子数相等，则可达到一种动态平衡状态，即扩散速率与电极反应速率相平衡。此时，反应粒子在扩散层中各点的浓度分布不再随时间的变化而变化，而仅仅是距离的函数，即$c_i=f(x)$。此时，有浓度差的范围即扩散层的厚度不再变化，离子的浓度梯度是一常数，整个过程处于稳定状态，此阶段的扩散过程就称为稳态扩散。

(1) 理想状态下的稳态扩散

为了不使问题一开始就具有很复杂的形式，讨论只局限于一维的、稳态的扩散过程。所谓一维的扩散过程是指只在一个坐标轴的方向上存在着浓度梯度。

因为扩散到电极界面物质的物质的量n参加电化学反应，所对应的电量Q根据Faraday定律等于nFN，所以极化电流i与扩散到电极界面的物质速率有如下的关系：

$$i=\frac{\mathrm{d}Q}{\mathrm{d}t}=nF\left(\frac{\mathrm{d}N}{\mathrm{d}t}\right)_{x=0}=nFD_{\mathrm{i}}\left(\frac{\mathrm{d}c_{\mathrm{i}}}{\mathrm{d}x}\right)_{x=0} \tag{2-92}$$

由于对流作用，除了电极界面很薄的液层可以认为是静止不动的以外，扩散层的其余区域同时存在扩散和对流的传质过程（忽略电迁移时）。定义不考虑对流作用的扩散层的有效厚度为

$$\delta=\frac{c^{\mathrm{B}}-c^{\mathrm{S}}}{(\mathrm{d}c/\mathrm{d}x)_{x=0}} \tag{2-93}$$

在一般情况下，很难严格区分对流和扩散这两种传质过程的作用范围，因为总是存在一段两种传质过程交叠作用的空间区域。设想有一种理想的实验装置，如图 2-18所示，扩散传质区（简称“扩散区”）和对流传质区（简称“对流区”）可以截然分开。与此同时，人们还假设溶液中存在大量的惰性电解质，因此可以忽视电迁移的传质作用。

在图 2-18 中，电解池由容器 A 及侧方长度为 l 的毛细管组成，两个电极则分别装在毛细管末端和容器 A 中。由于采用了搅拌设备，可以认为容器 A（对流区）中各物质的浓度分布均匀，又由于溶液的总体积较大，因此，只要电解持续的时间不太长，可以近似地认为容器中反应的粒子的浓度不随时间变化，即恒等于初始浓度 $c_{\mathrm{i}}^{\mathrm{B}}$。与此相反，可以认为毛细管中的液体总是静止的，因而其中仅存在扩散传质过程。

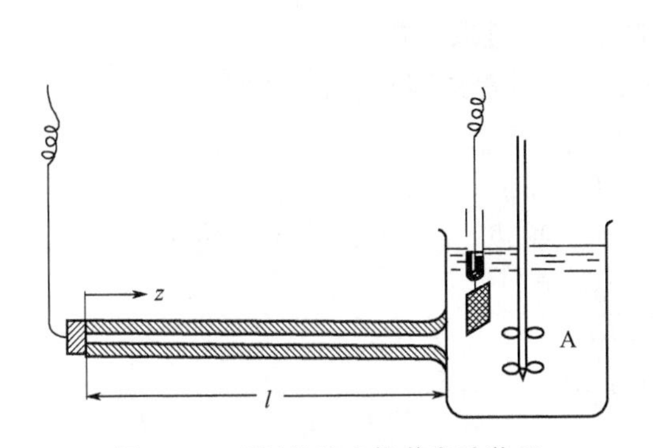

图 2-18　理想的稳态扩散实验装置

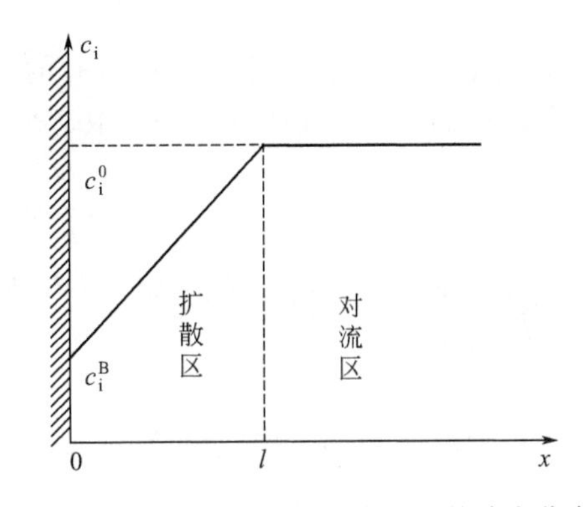

图 2-19　图 2-18 装置中反应粒子的浓度分布

设通过电流时反应粒子 i 能在位于毛细管末端的电极上作用，则该电极附近将出现 i 粒子浓度极化，并不断向 x 增大的方向发展。但是，由于对流区中的传质速率很快，出现浓度极化的空间范围不会超过 l。当体系达到稳定后，在扩散途径中每一点的通量都相等。这就是说，沿着 x 轴，对于每一个垂直于 x 轴的平面来说，各个瞬间自右方扩散进来的物质 i 的量应与向左方扩散出去的物质 i 的量相等。因为只有这样才能保持相应于各个平面的浓度不随时间改变而处于稳态。如果 D_{i} 是不随 x 改变的常数，此时有 $\frac{\mathrm{d}c_{\mathrm{i}}}{\mathrm{d}x}$=常数，这意味着毛细管内反应粒子的浓度是随着 x 值线性地变化的，如图 2-19 所示。毛细管内的浓度梯度为

$$\frac{dc_i}{dx}=\frac{c_{i(x=l)}-c_{i(x=0)}}{l}=nFD_i\frac{c_i^B-c_i^S}{l} \tag{2-94}$$

即该理想实验装置中的毛细管长度 l 相当于普通电极表面的滞流层厚度，亦即扩散层的有效厚度 δ，代入式(2-92) 中，即得相应的稳态扩散电流密度 i。

$$i=nFD_i\frac{c_i^B-c_i^S}{\delta} \tag{2-95}$$

当 $c_i^B \rightarrow 0$（称为“完全浓度极化”），i 将趋近于最大极限值，这一极限电流密度值习惯上称为“极限扩散电流密度”（i_d）。

$$i_d=nFD_i\frac{c_i^B}{\delta} \tag{2-96}$$

将式(2-96) 代入式(2-95)，可得

$$c_i^S=c_i^B\left(1-\frac{i}{i_d}\right) \tag{2-97}$$

式(2-95) 和式(2-97) 适用于电极反应的反应物。对于电极反应的产物，它们应是

$$i=nFD_i\frac{c_j^S-c_j^B}{\delta} \tag{2-98}$$

$$c_j^S=c_j^B\left(1+\frac{i}{i_d}\right) \tag{2-99}$$

这里 i_d 是设想电极反应逆向进行时的极限电流，且取正值。

对于简单反应 $O+ne^- \rightleftharpoons R$，当电子传递过程达到平衡时

$$\varphi=\varphi^{\ominus}+\frac{RT}{nF}\ln\frac{c_O^S}{c_R^S} \tag{2-100}$$

假定反应开始前，溶液内部没有产物 R，即 $c_R^B=0$，由式(2-96) 可得

$$c_R^S=\frac{i\delta_R}{nFD_R} \tag{2-101}$$

对于反应物 O，由式(2-95)、式(2-97) 有

$$c_O^S=\frac{i_d\delta_O}{nFD_O}\left(1-\frac{i}{i_d}\right) \tag{2-102}$$

由式(2-101)、式(2-102) 代入式(2-100) 得出

$$\varphi=\varphi^{\ominus}+\frac{RT}{nF}\ln\frac{\delta_O D_R}{\delta_R D_O}+\frac{RT}{nF}\ln\frac{i_d-i}{i} \tag{2-103}$$

当 $i=\frac{1}{2}i_d$ 时，式(2-103) 右边第三项为零，这种条件下的电势称为半波电势 $\varphi_{1/2}$。

稳态扩散时，δ_O 和 δ_R 均为常数，多数情况下，D_O、D_R 随 c_O 和 c_R 的变化很小，也可以视为常数，因此，半波电势与物质的浓度无关，只是取决于反应物和产物的特性，这一点已经广泛用于无机离子的电化学分析中。因溶液组成与浓度在

一定程度上对形式电势、扩散系数有影响，所以在具体的分析中要标明基底溶液的组成和浓度。

(2) 实际情况下的稳态对流扩散过程

如果液相中只出现扩散传质过程，则平面电极上的液相传质过程不可能达到稳态。在具有其他形状的电极表面上，实际上也不存在仅由于扩散作用而引起的稳态过程。对流，包括自然对流及人工搅拌，是出现稳态液相传质过程的必要前提。

由于水溶液的黏度一般不大，因此其中很容易出现对流现象。在化学电池及大多数工业用电解池中，只要适当地安排电极位置，则依靠液体密度差及气体产物上升所引起的自然对流现象已足以维持常用的液相传质速率和电流密度。根据报道，在失重的条件下，银锌电池的容量下降到正常值的20%左右。根据这一事实，可以体会到在常用电化学设备中自然对流现象起了不大受人注意的巨大作用。当然，如果采用搅拌装置，则液相传质速率更是大大提高。

在解决实际问题中，首先要处理“扩散层厚度”的概念。Nernst 曾经假设，在电极表面附近存在一层“静止的液体”，其厚度 δ 随着溶液中对流现象的加剧而减小，他还认为，在 $x \leqslant \delta$ 的静止液层内部只出现扩散传质过程；在 $x > \delta$ 处，则由于对流作用较强，不会出现浓度极化现象。这种假说可以用来定性地解释搅拌对液相传质速率的影响以及极化曲线的形式等。在电化学发展过程中曾起过一定的有益作用。例如，根据极限扩散电流的数值可以算出，当不搅拌溶液时，δ 的有效值为 $(1\sim5)\times10^{-2}$cm（与电流密度及其他实验条件有关）。当电极上有大量气体析出时，δ 可减小约一个数量级。但是，即使很猛烈地搅拌溶液，在一般情况下，δ 的有效值也不会小于 10^{-4}cm，这约相当于几千个分子层的厚度。很难想象，具有这种厚度的表面液层在搅拌溶液时完全保持静止。人们也无法解释，为什么这处液流速率会有着突然的变化。事实上，目前已有方法可以直接观察在距电极表面仅约 10^{-5}cm 处的液流运动，这就直接证明了所谓静止液层的概念是与客观实际不符的。

液体的流动有两种基本方式：层流和湍流。后一种流动方式的数学处理极为复杂，因而人们主要注意液体按层流方式流动时的对流传质过程。处理这类过程一般分两步进行：首先计算液体流速的分布情况，然后计算流动着的液体中实现的传质过程。处理液流问题的基本出发点是 Navier-Stoke 公式。

$$\rho\frac{d_v}{d_t}=-\nabla P+\eta\nabla^2\nabla+f \tag{2-104}$$

式中，左侧表示单位体积液体所受的力（ρ 为液体的密度）；右侧第一项压力散度表示这一体积单元所受的净压力；右侧第二项表示当存在流速差异时液体黏度引起的液层间的摩擦力；右侧第三项表示重力，当存在密度差别时就引起自然对流。自然对流的定量处理也极其复杂，而且它的传质能力一般小于人工搅拌作用，因此，处理时往往略去这一因素的影响。换言之，人们主要处理在不出现湍流的前提下人为引起的按确定方式对流的液体中的传质过程。有人首先由流体动力学的基本方程出发，成功地处理了异相界面附近的液流现象以及与此联系的传质过程，使人们对电极表面附近的液相传质过程有了较深刻的了解。

(3) 非稳态扩散

电极表面上稳态传质过程的建立，必须先经历一段非稳态阶段。通过研究非稳态扩散过程可以进一步认识建立稳态扩散过程的可能性以及所需要的时间，还可以直接利用非稳态过程来实现化学反应或研究电极过程。

分析非稳态扩散过程时，首先要找到非稳态浓度场的表示式，即各处粒子浓度随时间的变化，这就是 Fick 第二定律。

$$\frac{\partial c}{\partial t}=D\ \nabla^2 c \tag{2-105}$$

式中，∇^2为拉普拉斯算符$\left(\frac{\partial^2}{\partial x^2}+\frac{\partial^2}{\partial y^2}+\frac{\partial^2}{\partial z^2}\right)$。

对于平面电极而言，Fick 第二定律可表示为

$$\frac{\partial c_i(x,t)}{\partial t}=D_i\frac{\partial^2 c_i(x,t)}{\partial x^2} \tag{2-106}$$

该式是一个二阶偏微分方程，因此，只有在确定了初始条件及两个边界条件后才有具体的解。一般求解时，我们常作下列假定：

① D_i＝常数，即扩散系数不随粒子浓度的改变而变化；

② 开始电解前，扩散粒子完全均匀地分布在液相中，此即为初始条件，

$$c_i(x,0)=c_i^B \tag{2-107}$$

③ 距离电极表面无穷远处始终不出现浓度变化，这可以作为边界条件之一，可以认为

$$c_i(\infty,t)=c_i^B \tag{2-108}$$

该条件不应只理解为溶液体积为无限大时才能实现，事实上，只要液相的体积足够大，以致在非稳态扩散过程实际进行的时间内，在远离电极表面的液层中不会发生可察觉的浓度极化，就可用最后一个式子，这种条件称为“半无限扩散条件”。所谓“半”无限扩散条件是指扩散只在“电极与溶液”界面的溶液侧进行。

另一个边界条件取决于电解时在电极表面处所维持的具体极化条件。正是由于这一条件的不同，电极表面附近液层中的非稳态扩散过程才具有不同的形式。在这里只给出电极界面区不同时间反应粒子的浓度分布示意图（见图 2-20）。

仅考虑一维浓度差的简单情况，对于各方向都存在浓度差的情况，Fick 第二定律可改写为

$$J_i=-D_i\left(\frac{\partial c_i}{\partial x}i+\frac{\partial c_i}{\partial y}j+\frac{\partial c_i}{\partial z}k\right) \tag{2-109}$$

式中，i、j 和 k 分别为 x、y 和 z 方向上的单位向量。

对于任意几何形状的电极，Fick 第二定律的一般式是

$$\frac{\partial c_i(r,t)}{\partial t}=D_i\nabla^2 c_i \tag{2-110}$$

式中，∇^2为拉普拉斯算符。

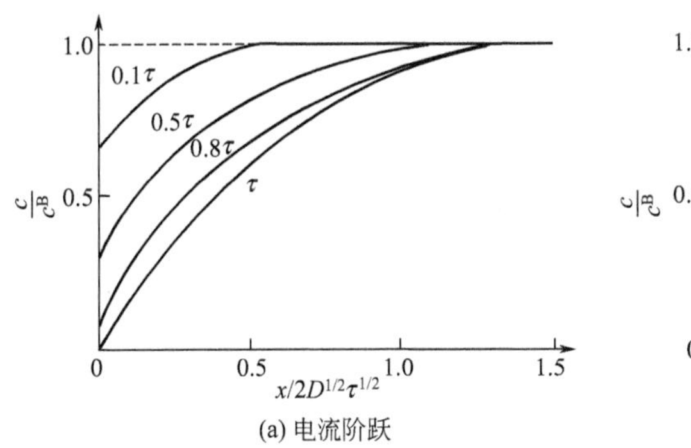

(a) 电流阶跃

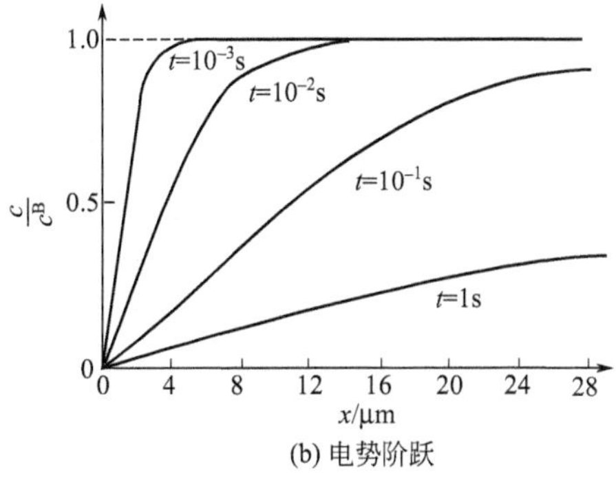

(b) 电势阶跃

图 2-20　电极表面附近粒子浓度分布在不同扰动下随时间的变化

下面通过例子来说明平面电极上非稳态扩散过程的处理方法以及基本性质：反应离子表面浓度为定值时的非稳态扩散过程，这种极化方式称为“浓度阶级法”。极化开始前后表面反应粒子的浓度变化如图 2-21 所示。

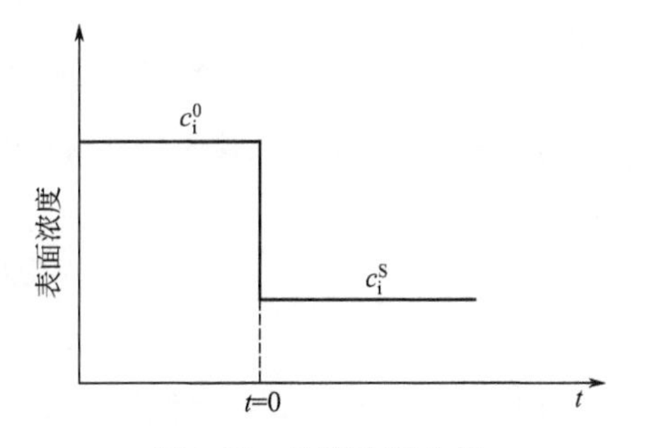

图 2-21　浓度阶跃曲线

实现这种极化条件主要有两种途径：首先，如果电极反应中只涉及一种可溶性粒子，而通过电流时电极表面上的电化学平衡又基本上没有受到破坏，则只要维持一定的电极电势就可以使反应粒子的表面浓度保持不变。其次，如果在电极上加上足够大的极化电势，以及反应粒子的表面浓度与 c_i^0 相比较总是小到可以忽略不计，那么，即使并不精确地将电极电势保持在某一定值也可以导致

$$c_i(0,t)=0 \tag{2-111}$$

即在电极表面上保持“完全浓度极化”条件。

由此可见，浓度阶跃往往是通过极化电势的阶跃来实现的，因此，这种极化方法又常称为“电势阶跃法”。实验研究中常用阶跃波发生器及快速恒电势仪来实现浓度阶跃，同时用快速记录仪器来观测暂态持续过程中的电流变化。

由计算得出

$$c_i(x,t)=c_i^0\,\mathrm{erf}\left(\frac{x}{2\sqrt{D_i t}}\right) \tag{2-112}$$

“erf”代表误差函数，其定义为

$$\mathrm{erf}(\lambda)=\frac{2}{\sqrt{\pi}}\frac{\delta y}{\delta x}\int_0^{\lambda}\mathrm{e}^{-y^2}\mathrm{d}y \tag{2-113}$$

其中 y 只是一个辅助函数，在积分上下限代入后即不再出现。erf(λ) 的数值在一般数学用表中可以得到，其基本性质可用图 2-22 来表示。

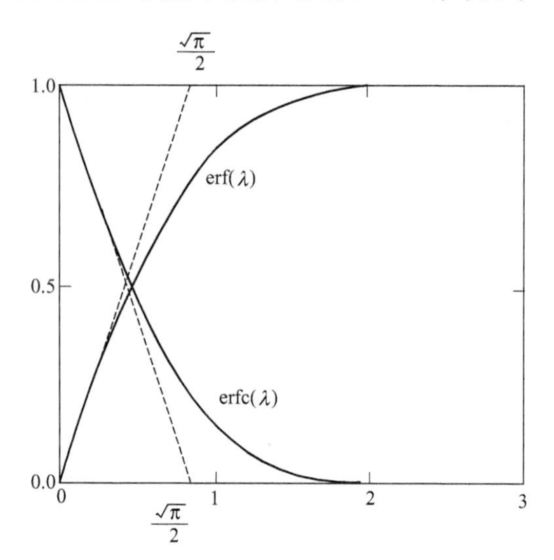

图 2-22　误差函数及其共轭函数的形式

这一函数重要的性质是：当 $\lambda=0$，$\mathrm{erf}(\lambda)=0$；当 $\lambda\geqslant 2$，$\mathrm{erf}(\lambda)\approx 1$。曲线在起始处的斜率为

$$\left[\frac{\mathrm{d\,erf}(\lambda)}{\mathrm{d}\lambda}\right]_{\lambda=0}=\frac{2}{\sqrt{\pi}} \tag{2-114}$$

因此，在 $\lambda<0.2$ 处近似地有 $\mathrm{erf}(\lambda)=\dfrac{2\lambda}{\sqrt{\pi}}$。

掌握了误差函数的基本特征性质，就可以进一步分析给定极化条件下非稳态扩散过程的特征。为了简便起见，暂时只讨论式(2-113)。图 2-23 中画出了任一瞬间电极表面附近液层中反应粒子浓度分布的具体形式。

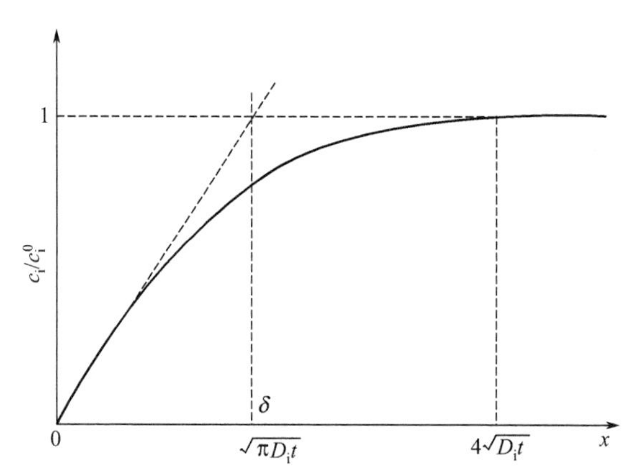

图 2-23　电极表面液层中反应粒子的暂态浓度分布

由图 2-23 中可以看到，在 $x=0$ 处，$c_i=0$；而在 $\frac{x}{2\sqrt{D_i t}}\geqslant 2$，即 $x\geqslant 4\sqrt{D_i t}$ 处，$c_i\approx c_i^0$。换言之，可以粗略地认为其中出现了浓度极化的扩散层"总浓度为" $4\sqrt{D_i t}$。在任一瞬间扩散层的有效厚度（δ）则可按下式求得：

$$\delta=\frac{c_i^0}{\left(\frac{\partial c_i}{\partial x}\right)_{x=0}}=\sqrt{\pi D_i t} \tag{2-115}$$

用 $D_i=10^{-5}\mathrm{cm}^2/\mathrm{s}$ 代入式(2-115)，可以求出平面电极上扩散层厚度随时间的变化，如表 2-2 所示。

表 2-2　随时间变化的扩散层厚度

开始反应后经历的时间(t)/s	1	10	100	1000
扩散层的"总厚度"/cm	1.3×10^{-2}	4.0×10^{-2}	1.3×10^{-1}	4.0×10^{-1}
扩散层的有效厚度(δ)/cm	0.6×10^{-2}	1.8×10^{-2}	6.0×10^{-2}	1.8×10^{-1}

由此可见，扩散层的延伸速率是比较慢的。

若将不同时间下的浓度分布曲线画在同一图中，就得到图 2-24 中的一簇曲线。

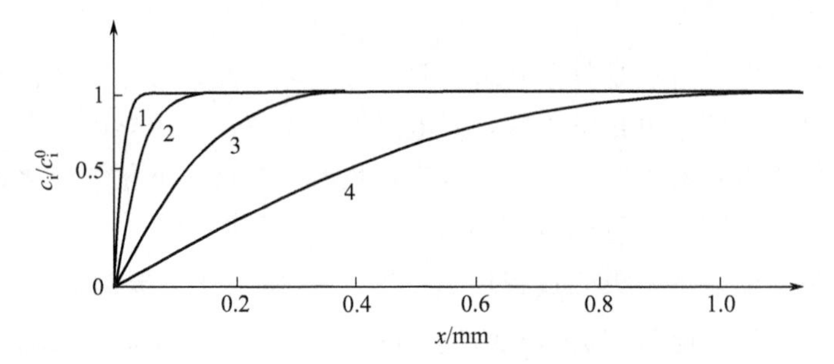

图 2-24　电极表面液层中反应粒子极化的发展

开始极化后经历的时间 1—0.1s；2—1s；3—10s；4—100s

这些曲线比较形象地表示了浓度极化的发展过程。任何一点的 c_i 都是随时间而不断减小的，而且，当 $t\rightarrow\infty$ 时，任何一点的 $c_i(x,\infty)\rightarrow c_i^0\mathrm{erf}(0)=0$，表示在平面电极上单纯由于扩散作用不可能建立稳态传质过程。

任一瞬间的非稳态扩散电流为

$$I=\frac{nF}{v_i}c_i^0\sqrt{\frac{D_i}{\pi t}} \tag{2-116}$$

上式表示非稳态扩散电流是随着反应时间的延长而减小的，而且，当 $t\rightarrow\infty$ 时，有 $I\rightarrow 0$，因此，这种电流不具有稳定值。如果 $c_i^0\neq 0$，可导出非稳态电流的表示式：

$$I=\frac{nF}{v_i}(c_i^0-c_i^s)\sqrt{\frac{D_i}{\pi t}} \tag{2-117}$$

由上面几个式子可以看出，由于在电极反应开始后最初一段时间内扩散层的有效厚度还比较薄，因而液相传质速率和扩散电流密度可以具有较高的数值，也就是电化学反应有可能较快地进行。还需要指出，上面说过在平面电极上不可能建立稳态电流，但在绝大多数情况下，液相中的对流现象总是存在的，因此，单纯由于扩散作用而导致的传质过程不会延续很久。一旦$\sqrt{\pi D_i t}$的数值接近或达到由于对流作用所造成的扩散层的有效厚度，则电极表面上的传质过程逐渐转为稳态。当溶液中仅存在自然对流时，稳态扩散层的有效厚度约为10^{-2}cm。非稳态扩散层达到这种厚度只需要几秒钟，表示非稳态过程的持续时间是很短的，上面四个式子只在开始电解后的几秒钟之内适用。如果采取搅拌措施，则非稳态过程的持续时间还要更短一些。然而，如果电解电流的密度很小，且不生成气相产物，则在小心避免振动和保持恒流的情况下，非稳态过程可能持续达10min以上。在凝胶电解池中或在失重的条件下，非稳态过程的持续时间还要更长。

2.6 电极过程动力学

2.6.1 过电势公式

众所周知，电极过程是复杂和多步骤的过程，因此，极化类型也有许多种。对于只有四个基本步骤（电化学步骤，双电层充电步骤，离子导电步骤和反应物、产物粒子的扩散步骤）的电极过程，共有三种类型的极化：电化学极化是由电子得失迟缓造成的，电化学极化过电势用η_e表示；浓差极化是由反应物、产物粒子的扩散速率迟缓造成的，浓差极化过程用η_c表示；电阻极化主要是由溶液对粒子导电的阻力造成的，其过电势用η_L表示，η_L的实质是溶液的欧姆电压降。

通电时，所测得的电极电势的变化一般包括三部分，即电化学极化过电势、浓差极化过电势、电阻极化过电势，可表示为：$\eta=\eta_e+\eta_c+\eta_L$。

为了便于讨论，假定电化学反应为简单的电荷传递反应：

$$\mathrm{O}+n\mathrm{e}^- \rightleftharpoons \mathrm{R}$$

式(2-73)只考虑了电化学极化，而尚未考虑浓差极化。考虑浓差极化时，v_f和v_b应该分别乘上校正因子c_O^S/c_O^B和c_R^S/c_R^B，式(2-73)可以变为

$$i=i_0\left[\frac{c_O^S}{c_O^B}\exp\left(-\frac{\alpha nF\eta}{RT}\right)-\frac{c_R^S}{c_R^B}\exp\frac{\beta nF\eta}{RT}\right] \tag{2-118}$$

对于稳态系统扩散电流密度，

$$c_i^S=c_i^B\left(1-\frac{i}{i_d}\right) \tag{2-119}$$

$$c_j^S=c_j^B\left(1+\frac{i}{i_d}\right) \tag{2-120}$$

得出

$$\frac{c_{\mathrm{O}}^{\mathrm{S}}}{c_{\mathrm{O}}^{\mathrm{B}}}=1+\frac{i}{(i_{\mathrm{d}})_{\mathrm{O}}} \tag{2-121}$$

$$\frac{c_{\mathrm{R}}^{\mathrm{S}}}{c_{\mathrm{R}}^{\mathrm{B}}}=1+\frac{i}{(i_{\mathrm{d}})_{\mathrm{R}}} \tag{2-122}$$

将式(2-121) 和式(2-122) 代入式(2-118) 中得出

$$i=i_{\mathrm{c}}-i_{\mathrm{a}}=i_0\left\{\left[1-\frac{i}{(i_{\mathrm{d}})_{\mathrm{O}}}\right]\exp\left(-\frac{\alpha nF\eta}{RT}\right)-\left[1+\frac{i}{(i_{\mathrm{d}})_{\mathrm{R}}}\right]\exp\frac{\beta nF\eta}{RT}\right\} \tag{2-123}$$

式(2-123) 中同时包含电化学极化和浓差极化的关系式，既适用于不可逆电极，也适用于可逆电极，对各种程度的极化（从平衡电势→弱极化→强极化→极限电流）均适用。图 2-25 描述了公式(2-123) 中所预测的行为。

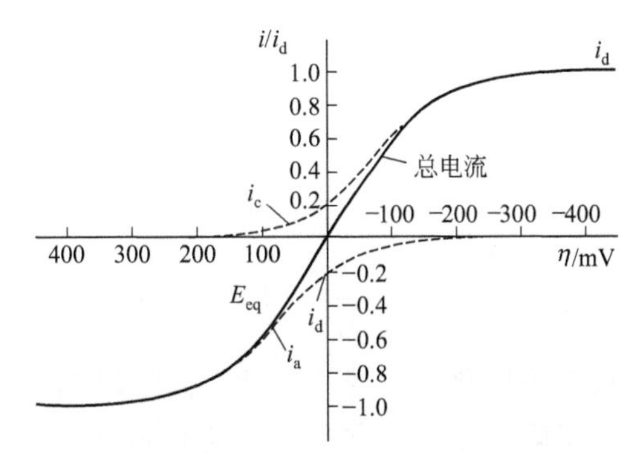

图 2-25 体系 $\mathrm{O}+n\mathrm{e}^- \rightleftharpoons \mathrm{R}$ 的 i-η 曲线

$a=0.5$，$T=298\mathrm{K}$，$c_{\mathrm{O}}=c_{\mathrm{R}}$，$i_0=0.2i_{\mathrm{d}}$

实线显示的是实际的总电流密度，它是 i_{a} 和 i_{c} 的总和。对于较大的阴极过电势，阳极部分可以忽略，因而总的电流曲线与 i_{c} 重合。对于较大的阳极过电势，阴极部分可以忽略，总的电流基本上与 i_{a} 一样。电势向正负两个方向移动时，电流值迅速增大，这是因为指数因子占主导地位，但是对于极端的 η 值，电流趋于稳定。在这些电流保持不变的区域，电流是由物质传递过程所决定的。

式(2-123) 中的 i_0 和 i_{d} 分别是表示电化学极化和浓差极化的参量。在 $c=c_{\mathrm{O}}=c_{\mathrm{R}}$ 的情况下：

$$i_0=nFk_{\mathrm{s}}c \tag{2-124}$$

这时

$$i_{\mathrm{d}}=\frac{nFDc}{\delta} \tag{2-125}$$

因此

$$i_0:i_{\mathrm{d}}=\frac{k_{\mathrm{s}}\delta}{D} \tag{2-126}$$

$i_0:i_{\mathrm{d}}$ 这个比值决定了电极的可逆性，但是“可逆”一词的用法不同于热力学上的用法。这里所谓的电极反应“可逆”是指电化学步骤正、负方向的交换速率非常快。一个电化学体系，如果其界面电荷的转移步骤总是处于平衡状态，称为可逆体系。电荷迁移速率很快，电流的大小由物质传输过程决定。不可逆或者准可逆，表示电荷迁移速率慢，电极表面上即使有电化学反应活性物质存在，也难以完全进行反应。比值越大，电极的可逆程度越好，当 $i_0 \to \infty$ 时，电极电势不可能因通过外电流而改变，又称为理想不极化电极。

(1) 浓差极化控制下的可逆电极过程

当 $i_0 : i_d \gg 1$，即 $k_s \gg \frac{D}{\delta}$ 时

$$\frac{i}{i_0}=\left[1-\frac{i}{(i_d)_O}\right]\exp\left(-\frac{\alpha nF\eta}{RT}\right)-\left[1+\frac{i}{(i_d)_R}\right]\exp\frac{\beta nF\eta}{RT} \tag{2-127}$$

因 $i_0 \gg i_d > i$，故 $\frac{i}{i_0}$ 趋近于零，即

$$\left[1-\frac{i}{(i_d)_O}\right]\exp\left(-\frac{\alpha nF\eta}{RT}\right)=\left[1+\frac{i}{(i_d)_R}\right]\exp\frac{\beta nF\eta}{RT} \tag{2-128}$$

整理后

$$\eta=\frac{RT}{nF}\left\{\ln\left[1-\frac{i}{(i_d)_O}\right]-\ln\left[1+\frac{i}{(i_d)_R}\right]\right\}=\eta_c \tag{2-129}$$

此时过电势与表征电极反应电化学活性的交换电流密度 i_0 无关，完全由浓度差引起，表现为可逆电极。在此类电极过程中，浓差总是占主导地位的。在这种情况下，要想从稳态极化曲线研究电化学极化或电化学反应速率是不可能的。

(2) 不可逆电极过程

当 $i_0 : i_d \ll 1$ 时，表现为不可逆电极。这样的电极在不同的过电势范围表现出不同的极化过程。

① 强极化条件　强极化条件即过电势 η 较大的情况，也称为高场近似（High-field Approximation）。当 $\eta > \frac{RT}{\alpha nF}$ 时，逆反应可以忽略，因此

$$i=i_0\left[1-\frac{i}{(i_d)_O}\right]\exp\left(-\frac{\alpha nF\eta}{RT}\right) \tag{2-130}$$

整理后得

$$-\eta=\frac{RT}{\alpha nF}\ln\frac{i}{i_0}+\frac{RT}{\alpha nF}\ln\frac{(i_d)_O}{(i_d)_O-i} \tag{2-131}$$

等号右边两项分别表示电化学极化过电势 η_e 和浓差极化过电势 η_c，即

$$\eta_e=\frac{RT}{\alpha nF}\ln\frac{i_0}{i} \tag{2-132}$$

$$\eta_c=\frac{RT}{\alpha nF}\ln\frac{(i_d)_O-i}{(i_d)_O} \tag{2-133}$$

若 $i \ll (i_d)_O$，由上式得 $\eta_c \approx 0$，故 $\eta \approx \eta_e$，即

$$\eta=\frac{RT}{\alpha nF}\ln\frac{i_0}{i}=\frac{RT}{\alpha nF}\ln i_0-\frac{RT}{\alpha nF}\ln i \tag{2-134}$$

令 $a=\frac{RT}{\alpha nF}\ln i_0$，$b=-\frac{RT}{\alpha nF}$，则得

$$\eta=a+b\ln i \tag{2-135}$$

这就从理论上导出了 Tafel 经验公式。以 $\lg i$-η 作图，可以得到 Tafel 曲线。

② 弱极化条件　弱极化也称为低场近似（Low-field Approximation），即在平衡电势附近的情况，这时 $\eta\ll\frac{RT}{nF}$，因此，式(2-123) 的方括号内的指数项可以展开为级数，只保留前两项，略去 $i\eta$ 各项，整理后得

$$-\eta=\frac{RT}{nF}\times\frac{1}{i_0}i \tag{2-136}$$

它表明在 φ_e 附近较窄的电势范围内，净电流与过电势有线性关系。$|\eta/i|$ 有电阻的量纲，常称为电荷传递电阻 R_{ct}（Charge Transfer Resistance），则有

$$R_{ct}=\frac{RT}{nFi_0} \tag{2-137}$$

该参数是 i-η 曲线在原点处的斜率的倒数，R_{ct} 可作为衡量动力学难易程度的参数，可以看出当 i_0 很大时，R_{ct} 接近于零；当 i_0 很小时，R_{ct} 则很大，说明反应难以进行。R_{ct} 可以从一些实验如阻抗实验中直接得到。

在过电势较小的情况下，同时考虑活化过电势和浓差过电势的作用，可以得到

$$\frac{\eta}{i}=\frac{RT}{nF}\left[\frac{1}{i_0}+\frac{1}{(i_d)_O}+\frac{1}{(i_d)_R}\right] \tag{2-138}$$

可以看出，在平衡电势附近 i-η 曲线出现线性。这里，把有浓差极化存在下的斜率 $\frac{d\eta}{di}$ 称为极化电阻 R_p（Polarization Resistance），R_p 可视为三个电阻 $\frac{RT}{nF}\times\frac{1}{i_0}$，$\frac{RT}{nF}\times\frac{1}{(i_d)_O}$ 和 $\frac{RT}{nF}\times\frac{1}{(i_d)_R}$ 的串联。对于可逆电极，即 i_0 远大于 $(i_d)_O$ 和 $(i_d)_R$ 时，取决于后两项稳态浓差极化电阻 $R_{mt,O}$ 和 $R_{mt,R}$。

2.6.2 复杂电极过程

迄今为止主要讨论电化学步骤和扩散过程的动力学。然而，不少电极反应的历程要复杂得多。反应粒子的主要存在形式（初始反应粒子）往往并不直接参加电化学反应，而是经过某些转化步骤才能直接参加电化学反应的物种。同样的，在电化学步骤中形成的初始反应产物也往往要经过一些转化步骤才能形成最终的反应产物。这些转化反应主要在电极/溶液界面上或电极表面附近的薄层溶液中发生，因此成为表面转化步骤。

例如，当溶液的 pH 值比较高时，大多数有机酸主要以阴离子（A^-）的形式

存在。然而，在带有负电荷的电极表面上，中性有机酸分子（HA）的还原反应速率常数要比相应的阴离子大得多，因此，有机酸的还原反应往往按下列方式进行：

$$A^- + H^+ \rightleftharpoons HA \xrightarrow{ne^-} \text{反应产物}$$

其中包括由 H^+ 与 A^- 复合形成酸分子的表面转化步骤。又如当 H^+ 还原为氢分子并在电极上析出时，直接在电化学反应中形成的是吸附在电极表面上的氢原子。因此，反应历程中就必然包括原子氢自电极表面脱附并复合为氢分子的表面转化步骤。

表面转化步骤可以是化学步骤，如离解、复合、异构化反应等，也可以是吸附、脱附步骤，或是生成新相的步骤。这类步骤的共同特点是它们的反应速率常数一般与电极电势无关。为了讨论上的方便，习惯上常将各种表面转化步骤按下面的两种方式分类。

首先，按照发生转化的地点，可以将表面转化反应分为“均相反应”和“异相反应”。所谓“均相反应”（Homogeneous Chemical Reaction），是指那些在电极表面附近薄层溶液中进行的反应。这些反应虽然名为“表面反应”，实际上仍是液相中的反应。前面提到的有机酸离子的复合反应就是“均相反应”的一个例子。所谓“异相反应”（Heterogeneous Chemical Reaction），是指直接在电极表面上发生的反应。例如吸附、脱附过程，吸附层中不涉及电子交换的转化反应以及其他有被吸附粒子参加的反应等。本来，反应产物的结晶步骤也应列入后一类，但是，由于结晶过程的动力学规律与一般表面转化步骤颇不相同，暂不讨论结晶步骤对电极过程动力学的影响。

这些反应或是在电化学反应之前产生了电活性物质的称为前置转化步骤（Preceding Reaction），或是随后于电化学反应把初始电化学反应产物转变为最终产物的称为随后转化步骤（Following Reaction），化学反应也能与电荷转移平行进行的称为平行转化步骤（Parallel Reaction）。在电化学文献中常用 E 表示电子交换步骤，而用 C 表示化学转化步骤。因此，包含有前置转化步骤的电极过程常称为 CE 型过程，而用 EC 表示涉及随后转化步骤的过程。

当电极过程中存在表面转化步骤时，若表面转化步骤的速率较其他步骤较慢，就有可能出现由于这一步骤进行得缓慢而引起的极化现象。在极端的情况下，表面转化步骤的速率比都小得多，外电流通过时既不出现电化学极化，也不出现浓度极化，却能够引起“表面转化极化”。由于表面转化步骤为速率控制步骤而引起的过电势，称为反应过电势。

在这里只考虑一种简单的情况，即电化学步骤是可逆的，所有的均相反应都发生在距电极表面一定距离的反应层中，且假设反应层厚度较扩散层厚度要小得多，两层可以认为是独立的。在表面转化反应速率较慢而电化学步骤很快的反应体系，在曲线上会出现一极限电流密度（不是由于扩散引起的），称为极限动力电流密度。

(1) 前置转化步骤

溶液相 $$A_1 \underset{k_b}{\overset{k_f}{\rightleftharpoons}} A_2 \qquad K=\frac{k_f}{k_b}$$

电极 $$A_2 \pm ne^- \longrightarrow A_3$$

A_2 的浓度比不存在化学步骤时的要低，其值与 K 的大小有关。根据曲线上电流的减小［如图 2-26(a) 所示］确定 k_f 和 k_b 的值。在电势坐标轴上，极化曲线的位置不受均相反应步骤的影响。

(2) 平行转化步骤

溶液相 $$A_1 \underset{k_b}{\overset{k_f}{\rightleftharpoons}} A_2 \qquad K=\frac{k_f}{k_b}$$

电极 $$A_2 \pm ne^- \longrightarrow A_1$$

这是一个催化过程，由于 A_2 不断通过平行转化反应得到补充，电流比没有均相反应时的大［如图 2-26(b) 所示］。

在 Fe^{3+}/Fe^{2+} 体系的影响下，H_2O_2 的催化还原反应是均相平行转化步骤的经典例子，其反应式为

电极反应：$Fe^{3+} + e^- \longrightarrow Fe^{2+}$

液相反应：$Fe^{2+} + \frac{1}{2}H_2O_2 \rightleftharpoons Fe^{3+} + OH^-$

在这个例子中，虽然 H_2O_2/H_2O 电对的热力学平衡电势很高，但是由于 H_2O_2 直接在电极上还原时需要很高的活化能，因此在 Fe^{3+}/Fe^{2+} 体系的平衡电势附近实际上不可能发生 H_2O_2 的直接还原。

(3) 随后转化步骤

溶液相：$A_1 \underset{k_b}{\overset{k_f}{\rightleftharpoons}} A_2 \qquad K=\frac{k_f}{k_b}$

电极：$A_3 \pm ne^- \longrightarrow A_1$

化学步骤减小了电极表面 A_1 的量，所以导致伏安波更正（氧化反应）或更负（还原反应）。电势的移动［如图 2-26(c) 所示］与均相反应动力学直接相关。

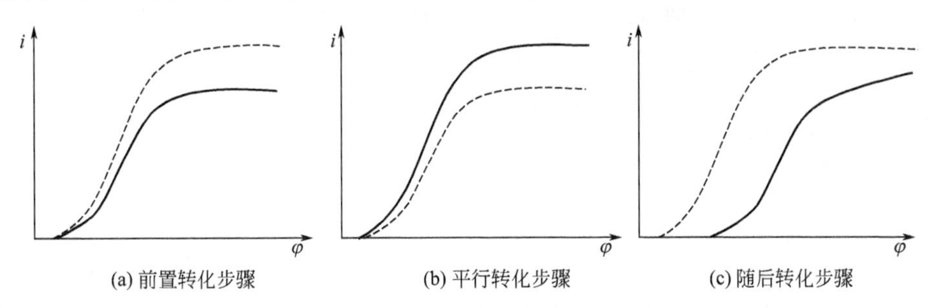

图 2-26 均相化学反应对电极反应的影响

虚线：不含均相步骤；实线：含均相反应

当金属电极在含有配合物的溶液中发生阳极溶解时，往往先生成的是一些配位

数较低的配离子，然后通过随后转化反应生成最稳定的配离子。

对表面转化步骤的深入研究表明，若电极过程仅由表面转化步骤控制，其他步骤均处于平衡，则整个过程的动力学仍可用这个式子来表示，只是其中传递系数的数值及物理意义有所改变，详细推导可参考文献[20,21]。

$$i=i_0\left[\frac{c_O^S}{c_O^B}\exp\left(-\frac{\alpha nF\eta}{RT}\right)-\frac{c_R^S}{c_R^B}\exp\frac{\beta nF\eta}{RT}\right]$$

除了上述均相化学反应外，在实际电极体系中，也经常有涉及表面脱附过程的异相转化步骤。当多电子反应过程中包含有这些转化步骤时，反应过程的特征、各步骤的动力学信息的求解及控制就更加复杂。

因为改变速率控制步骤的速率就可以改变整个电极过程的速率，所以在电极过程中找出它的速率控制步骤显然是一个很重要的任务。只有通过实验才能解决这个问题。首先通过实验对每个单元控制步骤的动力学特征分别进行研究，或者是使其他单元步骤的影响变成已知的，可以定量地修正它对人们需要研究的步骤的各种影响因素。应当注意，当电极过程受到几个步骤的共同控制时，其过电势并不等于这几个步骤独自作为控制步骤时所得出的各个过电势的总和。

在电化学反应的动力学研究中，在已经掌握了反应各单元步骤的动力学特征参量后，就可以分析由实验得到的需要研究的电极过程动力学特征。例如极化曲线上有极限电流，表明浓度极化是由于慢的扩散或化学反应所引起的。极限扩散电流取决于流体动力学条件，而极限动力电流不是这样的，以此可以区别这两个过程。极限动力电流有高的温度系数，因为化学反应速率常数随温度而强烈的变化，一般比扩散系数的变化还要大。如果限制步骤是电子转移步骤，电流达不到极限值，而主要取决于电极电势。

参 考 文 献

[1] 史翊翔，蔡宁生. 固体氧化物燃料电池阴极数学模型与性能分析. 中国电机工程学报，2006，26 (4)：82-87.

[2] 单耕，等. 固体氧化物燃料电池阳极结构研究进展. 电源技术，2005，29 (7)：488-490.

[3] 马桂林，等. $Ba_{0.95}Ce_{0.9}Y_{0.1}O_{3-\alpha}$固体氧化物的离子导电性及其燃料电池性能. 电化学，2002，8 (3)：321-326.

[4] Helmholtz H L F V. Ann Physik，1853，89：211.

[5] Quincke G. Pogg Ann，1861，113：513.

[6] Helmholtz H L F V. Ann Physik，1879，7：337.

[7] Gouy G. J Phys Radium，1910，9：457.

[8] Gouy G. Compt Rend，1910，149：654.

[9] Chapman D L. Phil Mag，1913，25：475.

[10] Stern O. Z Electrochem，1924，30：508.

[11] Mohilner M. Electroanal Chem，1966，1：241.

[12] Grahame D C. Annu Rev Phys Chem，1955，6：337.

[13] Parsons R. Adv Electrochem Electrochem Engr，1961，1：1.

[14] Grahame D C G a. Chem Rev，1947，41：441.

[15] Bockris J OM，Reddy A K N. Modern Elect rochemistry. 2nd ed. New York：Plenum，1998.

[16] 郁彩虹，虞大红，等. NaCl 在聚电解质溶液中活度系数的实验测定. 化工学报，2001，52（8）：738-741.

[17] Bard A J，Parsons R，Jordan J. Standard Potentials in Aqueous Solutions. New York：Marcel Dekker，1985.

[18] Bard A J，Lund H. Encyclope dia of Electroch emistry of the Elements. New York：Marcel Dekker，1973-1980.

[19] 王卫东，周素珍. KCl 在 1,2-丙二醇非水溶剂中热力学性质的研究. 商丘师范学院学报，2005，21（5）：117-120.

[20] ［美］阿伦J巴德，拉里R福克纳. 电化学方法原理和应用. 第2版. 邵元华，朱果逸，董献堆，等译. 北京：化学工业出版社，2005.

[21] Bard A J，Faulkner L R. Electrochemical methods fundamentals and Application. 2nd ed. New York：John Wiley &Sons，2001.

第3章 电化学技术基础

3.1 电化学测量体系组成

3.1.1 三电极体系

电化学体系借助于电极实现电能的输入或输出。一般电化学体系为三电极体系，相应的三个电极为工作电极、参比电极和辅助电极。化学电源分为正极、负极；电解池则分为阴极、阳极。在原电池或电解池的两个电极中，电势较高的电极叫做正极；而电势较低的电极叫做负极。反应物于其上获得电子的电极，即发生还原反应的电极叫做阴极；而能接受反应物给出的电子的电极，即发生氧化反应的电极叫做阳极。特别要注意，在原电池中正极是阴极，而负极是阳极；在电解池中恰与此相反，正极是阳极，而负极是阴极。分别介绍如下。

工作电极（Working Electrode，WE），又称研究电极，所研究的反应在该电极上发生。工作电极可以是固体也可以是液体。采用固体电极时，为了保证实验的重现性，必须注意建立合适的电极预处理步骤。液体电极中常用汞或汞齐电极，它们均有可重现的均相表面。对于工作电极有如下要求：①所研究的电化学反应不因电极自身发生的反应受到影响，能在较大的电势区域中测定；②电极不与溶剂、电解液组分发生反应；③电极面积不宜太大，表面均一、平滑，容易表面净化。

辅助电极（Counter Electrode，CE），又称对电极，其作用是与工作电极组成回路，使工作电极上的电流畅通，以保证所研究的反应在工作电极上发生并且不影响研究电极上的反应。与工作电极相比，辅助电极应具有较大的表面积使得外部所加的极化主要作用于工作电极上，辅助电极本身的电阻要小。对于辅助电极有如下要求：有较大的表面积，使极化作用主要作用于工作电极上；电阻小，不容易极化，对形状、位置有要求。

参比电极（Reference Electrode，RE），是指一个已知电势的接近于理想的不极化的电极，参比电极上基本没有电流通过，用于测定研究电极的电极电势。参比电极应具有如下性能：可逆性好，电极电势符合 Nernst 方程；交换电流密度高，流过微小的电流时电极电势能迅速恢复原状；具有良好的电势稳定性和重现性等。水溶液体系常用的参比电极有饱和甘汞电极（SCE）、Ag/AgCl 电极、标准氢电极（SHE 或 NHE）、氧化汞电极等。对于非水溶液，一般选用非水参比电极，如 Ag/Ag^+（乙腈）电极。由于参比电极的组成固定不变，因而它的电势是恒定的。这样，电池中的电势变化都归结于工作电极。当讲观测或控制工作电极相对于参比电极的电势时，也就等于说观测或控制工作电极内电子的能量[1,2]。在使用参比电极时，为了防止溶液间的相互作用和玷污，常使用同种离子溶液的参比电极。如在 NaCl 溶液中采用甘汞电极，在 H_2SO_4 溶液体系中采用硫酸亚汞电极，在碱性体系中采用氧化汞电极，而在中性氯化物溶液中则采用氯化银电极等。在测量工作电极的电势时，参比电极内的溶液与被研究体系的溶液的组成往往不同，为降低或消除液接电势，常用盐桥将参比电极与被测溶液连接起来；为减少未补偿的溶液电阻，常使用鲁金（Luggin）毛细管。盐桥的主要作用是：当参比电极室和研究电极室相通，两室内的电解质溶液发生交换时，参比电极一侧的电解质将参与研究电极上的反应而使得参比电极室内的浓度发生变化（如饱和的溶液变为非饱和的溶液），故而要隔开这种离子交换，由于表面张力的作用，鲁金毛细管可以使参比电极与工作电极尽可能的接近，从而降低溶液的电势降 iR，使工作电极上的电势的测定尽可能的准确。

当研究电极的面积非常小时，极化回路中的极化电流不能引起辅助电极的极化，即辅助电极的电势在测量中始终保持一稳定值，此时辅助电极可以作为测量电路中的电势基准，即参比电极。也就是说，当研究电极为（超）微电极时，用两电极体系就可以完成极化曲线的测量。许多有关微电极的研究工作也确实是这样完成的[3,4]。此外，为了方便地控制或测量阴阳极间的电势，电沉积[5]、电致变色[6]等研究中也常常采用两电极体系。

3.1.2 电解质溶液

电解质溶液是电极间电子传递的媒介，由溶剂、电解质盐（支持电解质，Supporting Electrolyte）、电活性物质组成，分成三类：水溶液体系、有机溶剂体系、熔融盐体系。水是最常用的溶剂，尽管有时也用非水溶剂，如乙腈和二甲基亚砜等，在某些特定的场合也可能采用混合溶剂[7,8]。若采取适当的预防措施，则电化学实验几乎有可能在任何介质中进行。如在混凝土[9~12]、玻璃[13,14]，甚至活体生物中[15]进行的实验已有报道。

电解质（固体、液体、气体）分为四种：①作为电极反应的起始物质，与溶剂相比，其离子优先参加电化学反应，在电化学体系中起导电作用和反应物作用；②只起导电作用，在所研究的电势范围内不发生电化学反应（支持电解质）；③固体电解质，具有离子导电性的晶态、非晶态物质，如聚环氧乙烷；④熔盐电解质，具有①、②的性质，多用于电化学方法制备碱金属、碱土金属及其合金。

作为有机溶剂应具有如下条件：①可溶解足够量的支持电解质；②具有足够使支持电解质离解的介电常数（一般希望在10以上）；③常温下为液体，并且其蒸气压不大；④黏性不能太大；⑤毒性小；⑥可以测定的电势范围（电势窗口）大；⑦溶剂精制容易，特别是已有确定的除水方法；⑧价格便宜，容易买到。溶剂须仔细纯化，离子交换水进行2次、3次蒸馏后使用；有机溶剂经化学处理后常压、减压蒸馏提纯。非水溶剂去水方法：分子筛交换→CaH_2吸水→蒸馏。

3.1.3 隔膜

将电解槽分隔为阳极区和阴极区，保证阴极、阳极上的反应物、产物不互相接触和干扰。可以采用玻璃滤板隔膜、盐桥、离子交换膜等，离子可以透过隔膜。工业上常使用多孔膜、离子交换膜（阳离子交换膜、阴离子交换膜）等。原电池示意图见图3-1。

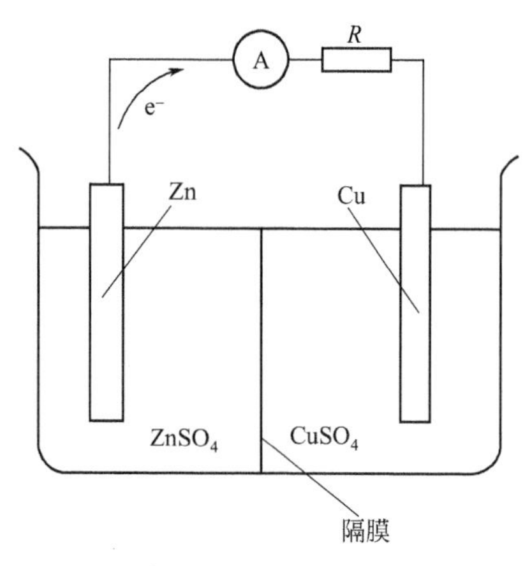

图3-1 原电池示意图

3.1.4 盐桥

当两种组成不同的溶液接触时，由于正负离子扩散的速率不同而产生液接电势差，从而影响电动势的准确测量，为了消除液接电势差的影响，在电池电动势中经常使用盐桥。所谓盐桥就是用于原电池中，沟通两个半电池、消除液接电势、保持电荷平衡的装置。常见的盐桥是一种充满盐溶液的玻璃管，管的两端分别与两种溶液相连接。通常盐桥做成U形，充满盐溶液后，把它置于两溶液间，使两溶液导通。在盐桥内充满凝胶状的电解液，也可以抑制两边溶液的流动。所用的凝胶物质有琼脂、硅胶等，一般常用琼脂。但高浓度的酸、氨都会与琼脂作用，从而破坏盐桥，污染溶液。若遇到这种情况，不能采用琼脂盐桥。由于琼脂微溶于水，也不能用于吸附研究试验中。

为了尽量减小被测溶液、盐桥溶液及参比电极溶液间的彼此污染，应减小盐桥内溶液的流动速率和离子扩散速率。为此曾设计和制备了各种形式的盐桥。有的盐桥用玻璃磨口活塞（其中不要用凡士林作润滑剂，以免污染溶液），有的盐桥两端用多孔烧结玻璃或多孔陶瓷封结。这些多孔材料的孔径要很小。连接时可直接在喷灯火焰上熔接，也可用聚四氟乙烯或聚乙烯套接，也可用石棉绳封结盐桥管口。常见的几种盐桥如图 3-2 所示。

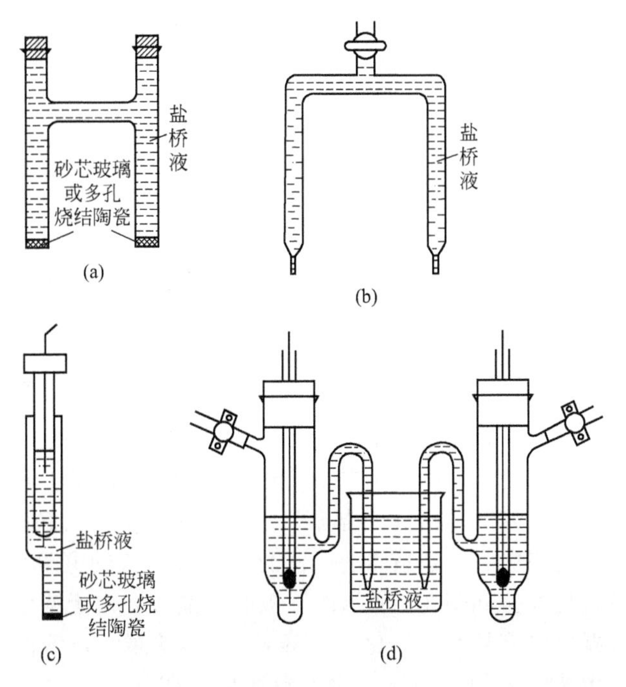

图 3-2　常见的几种盐桥

常用盐桥（质量分数为 3%的琼脂-饱和 KCl 盐桥）的制备方法如下：将盛有 3g 琼脂（应选择凝固时呈白色的琼脂）和 97mL 蒸馏水的烧瓶放在水浴上加热（不能直接加热），直到完全溶解。然后，加 30g KCl，充分搅拌。KCl 完全溶解后，立即用滴管或虹吸管将此溶液装入已制作好的 U 形玻璃管（U 形管中不可夹有气泡）中，静置，待琼脂冷却凝成冻胶后，制备即完成。多余的琼脂-KCl 用磨口瓶塞盖好，用时可重新在水浴上加热。温度降低后，随着琼脂的凝固，溶于琼脂中的 KCl 将部分析出，玻璃管中出现白色斑点。这种装有凝固了的琼脂的玻璃管就叫盐桥。将此盐桥浸于饱和 KCl 溶液中，保存待用。

因为采用磨口玻璃或烧结玻璃封口的盐桥的内阻大多较大，在实际测量中，尤其是快速测量中，必须注意选择内阻较小的盐桥，否则容易引起电势振荡，并将增加响应时间。

3.1.5 鲁金毛细管

在极化测量过程中，为了减小研究电极与参比电极间溶液欧姆电势降对电势测量和控制的影响（见图 3-3），通常要用鲁金毛细管。鲁金毛细管由玻璃管或塑料管做成，其一端拉得很细，极化测量中将此端靠近被测电极；另一端与参比电极相通。

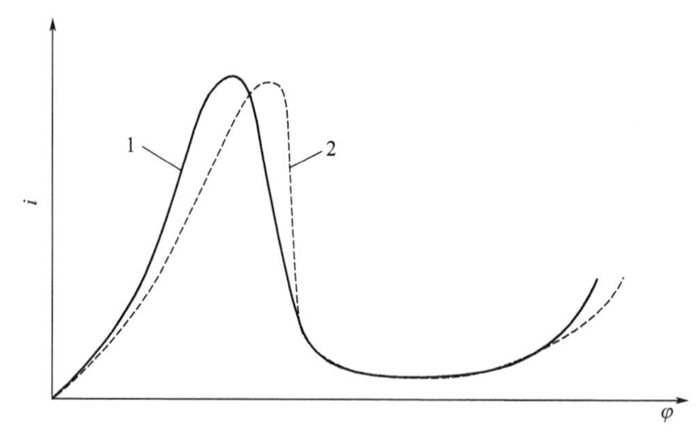

图 3-3　溶液欧姆电势降对阳极极化曲线的影响

1—真实的阳极极化曲线；2—被溶液欧姆降歪曲的阳极极化曲线

极化测量时，有电流通过电解池。因此，溶液中各点到研究电极的电势降不同。鲁金毛细管口的位置不同，测得的研究电极的电势就不同。因为研究电极与参比电极的鲁金毛细管口之间，由极化电流和这段溶液的电阻引起的欧姆电势降将附加到测量或控制的电势中去，造成误差。极化电流和溶液的电阻越大，由溶液欧姆电势降引起的误差越大。如图 3-3 所示的阳极极化曲线，由于溶液欧姆降引起极化曲线的歪曲，可看出电流越大（活化电流峰处），偏差越大。溶液欧姆电势降对塔费尔直线段、三角波电势扫描曲线在大电流区域有明显的歪曲。在方波电势实验中，由于电势突跃时双电层充电电流很大，因此，溶液的欧姆电势降很大，使真正的电势偏离了方波形状。所以，在电势的精确测量和控制中，必须尽量减少溶液的欧姆电势降。

对于平板电极，由于电流均匀分布，则距电极表面为 l 的区间内，溶液的欧姆电势降由式(3-1) 得到。如果鲁金毛细管尖嘴与电极表面的距离为 l，则此电势降 $\Delta\varphi$ 将对电势测量或控制带来误差。例如，在中等电流密度 $i=10\text{mA/cm}^2$ 下，$l=0.5\text{cm}$，$x=0.05\Omega^{-1}\cdot\text{cm}^{-1}$，即溶液的电阻率为 $20\Omega\cdot\text{cm}$，按上式计算可得 $\Delta\varphi=10\times0.5/0.05=100\text{mV}$。如此大的误差是不允许的，而且此欧姆降 $\Delta\varphi$ 随着 i、l 的增大及 x 的减小而增大。利用式(3-1) 的计算结果来校正测量值往往是十分困难的。因为一方面电流 i 往往是变化值，l 也不易准确测定；另一方面，式(3-1) 本身也是近似的。

$$\Delta\varphi=\frac{il}{x} \tag{3-1}$$

式中，i 为电流密度；x 为电解液的电导率。

因此，减小欧姆电势降最常用的办法是采用鲁金毛细管，使其尽量靠近研究电极表面，以缩短距离 l。但是，如果鲁金毛细管口无限靠近研究电极表面，则将使该处电极表面的电力线受到屏蔽，而且改变了该处溶液的对流情况，也会歪曲实验结果。因此，毛细管必须十分细，如外径 0.01～0.05cm。鲁金毛细管口离电极表面的距离不小于毛细管口的直径，这样不但免于造成屏蔽效应，又可降低欧姆电势降。譬如在上述例子中，若 l 变为 0.02cm，则 $\Delta\varphi$ 降至 4mV。如果溶液浓度较大，或者在允许的情况下加入大量的惰性电解质，以提高溶液的导电性，则欧姆电势降会减小。例如，$x=0.2\Omega^{-1}\cdot cm^{-1}$（约相当于 2mol/L KCl 溶液的电导率），$l=0.02cm$，$i=10mA/cm^2$，则溶液欧姆降 $\Delta\varphi$ 为 $10\times0.02/0.2=1mV$，这样误差就可忽略不计。

几种常见的鲁金毛细管的形式和位置如图 3-4 所示。图 3-4(a) 是最常用的一种，制备和安装都较简单，即一段拉成 0.1～0.5mm 的毛细管，其管口正面靠近电极，与电极表面的距离约等于毛细管的外径。图 3-4(b) 的玻璃细管的端头是平的，其边缘有一小孔。

使用时把它直接靠在平板电极表面。由于小孔在边缘，边缘区的电力线分布仍是均匀的，因此，测量误差很小。这种鲁金毛细管的制法是在细玻璃管的一端与共轴线呈 45°角处，在喷灯下封入一段金属丝，然后磨平此端头，用酸溶去封入的金属丝即可。这种毛细管探头对溶液的对流有一定的影响，而且制备较麻烦。图 3-4(c) 的鲁金毛细管是从电极背后插入电极的，并在电极表面露出一个小孔。毛细管通常用细的聚四氟乙烯管，管子要细、管壁要薄，而且管壁要紧贴着电极的孔壁，不得有缝隙。这种毛细管对电力线无屏蔽作用，对溶液的对流也无影响。但这种毛细管制作麻烦，而且毛细管口电力线分布的微小变化仍会带来一定的误差，孔径越小，误差越小。

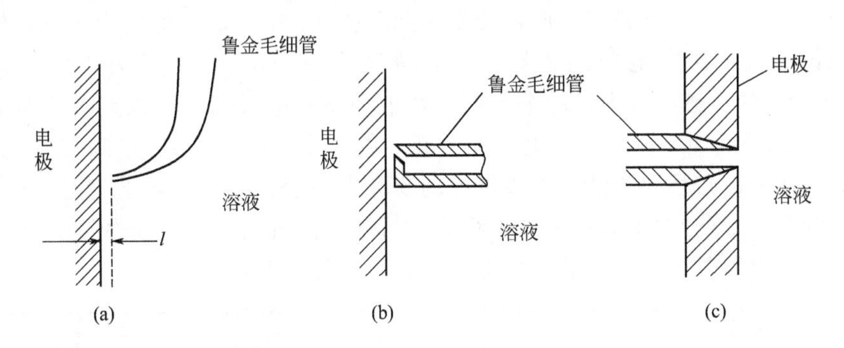

图 3-4 几种常用的鲁金毛细管的形式和位置

测量极化时，鲁金毛细管的放置位置也很重要。对于平板电极，应放在电极的中央部分，因为边缘部分的电力线分布不均匀。对于球形电极（如汞滴），毛细管口应放在球形电极的侧上方，以减少对电流分布不均匀的影响。

对于极稀的溶液或低电导的溶液以及大电流下的极化测量，使用鲁金毛细管仍不能解决问题，这时必须采用其他方法来减少溶液欧姆电势降的影响。这些方法有以下三种。

① 用运算放大器实现溶液电阻补偿。

② 采用电桥平衡电路对溶液电阻进行补偿，多用于控制电流法。

③ 采用断电流法。

3.1.6 电解池

电解池的结构和电极的安装对电化学测量有很大的影响。因此，正确设计和安装电解池体系是电化学测试中非常重要的环节。设计和安装电解池时应考虑下列因素。

① 便于精确地测定研究电极的电势。为此，除了电流非常小（＜0.1mA）的情况下，所有的实验都采用三电极电解池。为了减小溶液的欧姆电压降对电势测量或控制的影响，应采用鲁金毛细管与参比电极连接，而且鲁金毛细管的位置必须选择适当。

② 应使研究电极表面上的电流密度分布均匀，从而也使电势分布均匀。为此，要根据电极的形状和安装方式正确选择辅助电极的位置。a. 研究电极为平面电极时，辅助电极也应是平面电极，而且两电极的工作面应相对平行，电极背面要绝缘。如果研究电极两面都工作，则应在其两侧各放一辅助电极。b. 研究电极为丝状电极或滴状电极时，辅助电极应做成长圆筒形，其直径要比研究电极的直径大得多，而且研究电极要放在圆筒形辅助电极的中心。此外，还要注意鲁金毛细管的安装位置对电流分布的影响。

辅助电极的形状和安放位置是很重要的，由图 3-5 可以看出，由于辅助电极的形状和位置不当，研究电极表面各处与辅助电极间的距离不同，电极表面的电流分布不均匀，从而也引起各点的电势分布不同。图 3-5 中，研究电极为铂片，辅助电极为小铂球，在研究电极的一端附近，溶液为 0.1mol/L H_2SO_4 + 0.005mol/L Fe^{2+} 于 70%的乙醇溶液中，图中各点的数值为研究电极相对于该点参比电极的电势（V）。如果按图中所示安放电极，名义上测量或控制的电势是 −0.628V，实际上，离参比电极较远而离辅助电极较近的研究电极表面附近的电势却在 −0.7～−0.9V 之间，显然会对实验结果产生很大的影响。由此可见，测得的研究电极的电势既与参比电极鲁金毛细管的位置有关，又与辅助电极的位置有关。

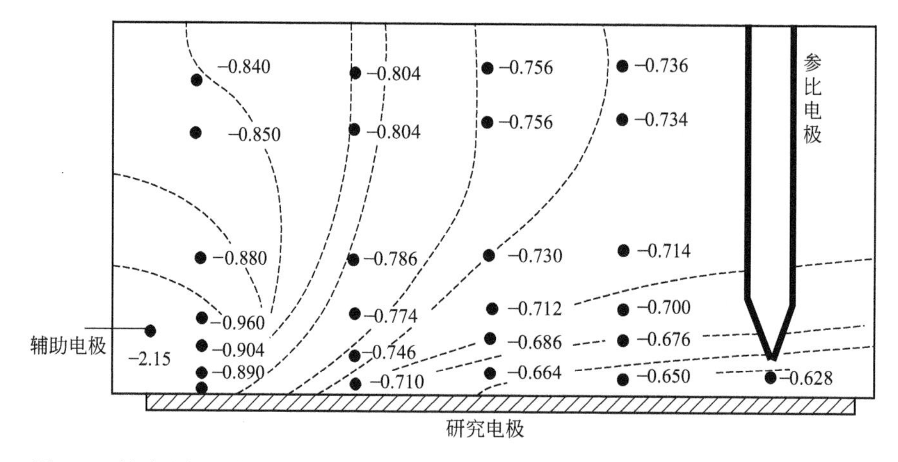

图 3-5 辅助电极形状及位置不当，引起研究电极表面附近的电势分布（单位：V）

辅助电极与研究电极表面的距离增大，可提高电流分布的均匀性。如果辅助电极与研究电极间用烧结多孔玻璃隔板或磨口活塞隔开，可得到均匀的电流分布。但在溶液电阻较大的情况下，这样会增大研究电极与辅助电极间的电阻，不但可能影响恒电势仪的输出电流，而且在大电流极化时可能使溶液加热而升温。因而辅助电极与研究电极间的距离，在允许的情况下要尽量靠近。

③ 电解池的体积要适当，而且要考虑电极面积的大小以及电极面积与溶液体积之比。电解池体积太大，消耗溶液太多，造成浪费。体积太小，在较长时间的稳态极化测量中，会引起溶液成分的明显变化，从而影响实验结果。但在快速测量中影响不大。

电极面积的大小主要根据研究目的、设备条件（如恒电势仪的输出功率）等因素综合考虑。因为，同样的电流密度下，电极面积越大，电流强度越大。而电流强度的选择除了考虑仪器的输出功率是否允许外，还要考虑电流大小对测量精度的影响。电流强度越大，溶液的欧姆电压降越大，它对电势测量和控制的影响越大。另外，大电流工作时恒电势仪的响应速率差。

电极面积与溶液体积之比，对不同实验的要求不一样。譬如在电解分析中，为了在尽可能短的时间内使溶液中的反应物基本上电解反应完毕，就要求电极面积与溶液体积之比足够大。但在电结晶或金属腐蚀研究中，为了避免过快地消耗溶液，即防止溶液组分变化太快，电极面积与溶液体积之比就不能太大，一般每 $1cm^2$ 电极面积要求 50mL 以上的溶液。对于要求实验过程中溶液整体浓度基本不变的情况，电极面积与溶液体积之比要更小。

为了使辅助电极不发生显著的极化，通常采用大面积的辅助电极。

④ 电化学测试中应尽量减少局外物质对电极体系的影响。用装有研究溶液的盐桥可减少参比电极溶液的干扰。为了防止辅助电极上发生氧化（或还原）反应的产物对研究电极的影响，通常在研究电极室与辅助电极室之间用烧结微孔玻璃板隔开。但这会增大两电极间的电阻，是不利的。

⑤ 如果测量需要在一定的气氛中进行，电解池必须有进气和排气管子。进气管口应在电解池下部，常接有烧结玻璃板，使通入的气体易于分散并在溶液中饱和。排气管口应有水封，以防空气进入。为了使电极和电解液能方便地加入或除去，又能保持电解池的密封，电解池应有带水封的有一定锥度的磨口玻璃盖。有时溶液需要搅拌，可在电解池底部放一根封有铁棒的玻璃管，通过电解池外磁力搅拌器产生的旋转磁场可使玻璃棒转动而搅拌溶液。

⑥ 实验目的和实验技术不同，对电解池的要求也不同。暂态法对电解池的要求就比稳态法严格。恒电势暂态实验中，由于电解池构成了恒电势仪运算放大器的反馈回路，因此，电解池对恒电势仪的动态特性，特别是响应速率和稳定性有很大的影响。这时采用低电阻的盐桥和低电阻的参比电极，并且尽量减少参比电极和研究电极或辅助电极间的杂散电容。电解池中鲁金毛细管的位置必须安装正确。如果管口离研究电极表面太远，则欧姆电势降增大，电势控制误差大；但若靠得太近，

则会引起测量不稳定，甚至会发生振荡。用于恒电势测量的电解池的总电阻应尽量降低，研究电极的面积应较小，而且应使电流均匀分布。

根据电化学测量技术与实验目的的不同，电解池有各种形式，图 3-6 所示的 H 形电解池是用于三电极体系极化测量的最简易的形式。其中研究电极 A 和辅助电极 B 间用多孔烧结玻璃板隔开。参比电极可直接插在参比电极管 C 中，该管前端的鲁金毛细管口靠近研究电极表面。三个电极管的位置可做成以研究电极管为中心的直角，这样有利于电流的均匀分布和电势的测量，也有利于电解池的稳妥放置。研究电极若用平板状电极，其平面要绝缘或封于绝缘材料中，使其工作面与辅助电极相对平行，使表面电流能均匀分布。研究电极和辅助电极室的塞子可用带水封的磨口玻璃塞，也可用聚四氟乙烯加工而成，若溶液需要搅拌，在电解池底部放入磁力搅拌棒，用电磁搅拌器进行搅拌。

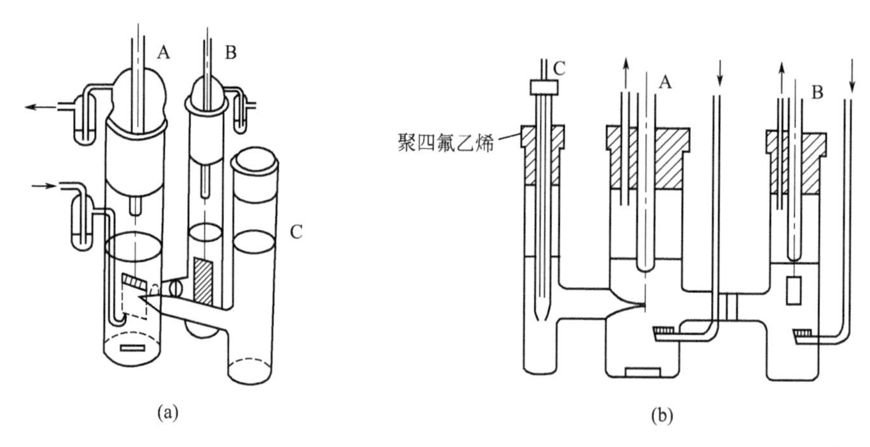

图 3-6　H 形电解池

A—研究电极；B—辅助电极；C—参比电极

如图 3-7 所示为适于腐蚀研究的电解池，它是美国材料试验协会（ASTM）推荐的。电解池为圆瓶状，中间为研究电极，有两个对称的辅助电极，使电流分布均匀，用带鲁金毛细管的盐桥与外部的参比电极相连。

对于某些特殊的电化学测试，要求设计各种专用的电解池。例如有的适于滴汞电极测量，有的适于恒电势暂态研究，有的适于电解分析。对于高温高压水溶液体系的电解池要解决耐温耐压及密封等问题。对于应力腐蚀和熔盐研究用的电解池也有其特殊设计的问题。

制备电解池最常用的材料是硬质玻璃，其热膨胀系数小。例如国产 GG17 玻璃软化温度为 820℃，20～300℃间的线膨胀系数为 $3.2\times10^{-6}℃^{-1}$；九五玻璃软化温度为 750℃，其线膨胀系数为 $3.9\times10^{-6}℃^{-1}$。玻璃除了在 HF 和浓碱液中以及碱性熔盐中不稳定外，在大多数无机和有机电解液中是稳定的。

除了玻璃外，有时还用聚四氟乙烯、聚三氟氯乙烯、有机玻璃、聚乙烯、聚苯乙烯等塑料加工成电解液或电解池中的某些零部件。其中用得最多的是聚四氟乙烯，因为它的化学稳定性最好，在王水和浓碱中也不起变化，也不溶于已知的任何有机溶剂，比玻璃都稳定。其温度适用范围也很宽，为－195～250℃。聚四氟乙烯无热塑性，在415℃时分解。可利用机械加工的方法把聚四氟乙烯棒料加工成电解池容器或零件，可用聚四氟乙烯管制作参比电极管。由于聚四氟乙烯是一种较软的固体，在压力下可变形，因此常用作电极的封装绝缘材料。

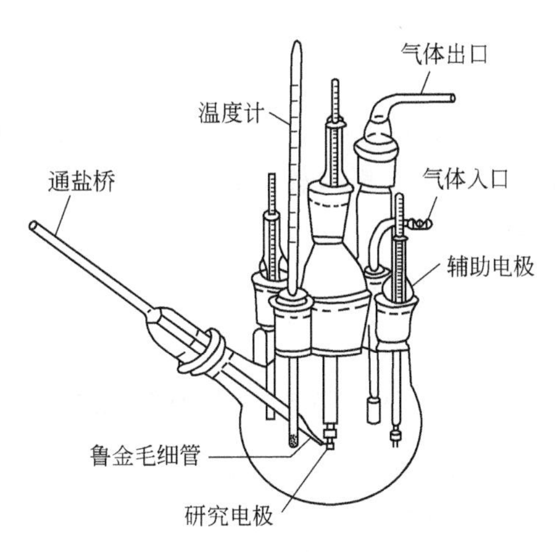

图 3-7　一种用于腐蚀研究的电解池

聚三氟氯乙烯的化学稳定性比聚四氟乙烯差些。它不受浓碱、浓酸、HF的作用，但在浓的氧化性酸和浓碱液中不稳定，能溶于丙酮、氯仿、二氯乙烷、乙醚、四氯化碳、乙酸乙酯以及乙酸等溶剂中。有机玻璃容易受热变形，并在200℃以上开始分解。作为电解池的材料，它只能用于低于70℃的场合。

3.2 稳态测量技术

3.2.1 稳态过程

在指定的时间范围内，如果电化学系统的参量（如电极电势、电流密度、电极界面附近液层中粒子的浓度分布、电极界面状态等）变化甚微或基本不变，那么这种状态称为电化学稳态，稳态系统的特点是由达到稳态的条件所决定的。稳态的条件是电极电势、电流密度、电极界面状态和电极界面区的浓度分布等参数基本不变。

首先，电极界面状态不变意味着界面双电层的荷电状态不变，所以用于改变界面荷电状态的双电层充电电流为零。其次，电极界面状态不变意味着电极界面的吸附覆盖状态也不变，所以吸脱附引起的双电层充电电流也为零。稳态系统既然没有上述两种充电电流，那么稳态电流就全部用于电化学反应，计划电流密度就对应着电化学反应的速率，这是稳态的第一个特点。如果电极上只有一个电极反应发生，那么稳态电流就对应着多个电极反应总的进行速率。

稳态系统的另一个特点是电极界面上的扩散层范围不再发展，扩散层厚度δ恒定，扩散层内反应物和产物粒子的浓度只是空间位置的函数，而和时间无关。这时，在没有对流和电迁移影响下的扩散层内，反应物和产物的粒子处于稳态扩散状态，扩散层内各处的粒子浓度均不随时间改变，这时电极上的扩散电流i也为恒定值，即

$$i = nFAD_0 \left(\frac{dc_0}{dx}\right)_{x=0} = nFAD_0 \frac{c_0^* - c_0^s}{\delta} \tag{3-2}$$

式中，δ 为扩散层的有效厚度。若反应物的表面浓度 $c_0(0, t)$ 下降至零，电流达到极限，称为极限扩散电流 i_d。在稳态条件下，稳态极限扩散电流也为恒定值。

$$i_d = nFAD_0 \frac{c_0^*}{\delta} \tag{3-3}$$

3.2.2 恒电流稳态与恒电势稳态测量

稳态极化曲线的测量分为控制电流法测量与控制电势法测量。

控制电流法是利用恒电流仪或者经典电流电路来控制电流密度，使其依次恒定在不同的数值，同时测定相应的稳定电极电势。然后把测得的一系列不同电流密度下的稳定电势画成曲线，就得到了控制电流法稳态极化曲线。电流的改变可用手动逐点调节，也可以通过阶梯波信号控制恒电流仪来实现。如果用慢速扫描信号控制恒电流仪，则可用 X-Y 记录仪自动测绘稳态极化曲线。总之，控制电流法必须通过恒电流仪或经典恒电流电路才能实现。

经典恒电流电路是利用一组高电压直流电源串联一高阻值可变电阻构成的。由于电解池内阻的变化相对于这一高阻值电阻来说是微不足道的，即通过电解池的电流主要由这一高阻值电阻控制。因此，当此串联电阻调定后，电流即可维持不变。在电流不大的情况下，可用一个或数个 45V 的干电池串联一组不同阻值的电势器，就可得到数十毫安以内可调的、误差不大于 0.5%的恒流电源。这是早期常用的简单易行的恒电流装置。

由于电子技术的迅速发展，现在多用电子恒电流仪来控制电流。由于恒电流仪可自动维持通过电解池的电流恒定或按指令信号发生变化，而不受电网电压及电解池内阻变化的影响，因此比经典恒电流法更精确、更方便。

控制电势法是利用电子恒电势仪或经典恒电势器来控制电极电势，使其依次恒定在不同的数值，同时测量相应的稳态电流密度；然后把测得的一系列不同电势下的稳态电流密度画成曲线，就得到控制电势法稳态极化曲线。同样，若用阶梯波或满扫描信号来控制恒电势仪，也可自动测绘稳态极化曲线。总之，控制电势法必须通过恒电势仪或经典恒电势器来实现。

经典恒电势器是早期用来控制电势的装置。它是用大功率蓄电池并联低阻值滑线电阻作为极化电源，测量时要用手动或机电调节装置来调节滑线电阻，使给定电势维持不变。这种方法虽简单易行，但精度差，现在很少采用。

电子恒定电势仪控制电势，不但精度高、响应速率快、输入阻抗高、输出电流大，而且易于调节，可实现计划曲线的自动测绘。因此，现在得到广泛的应用。

恒电势仪的电路结构多种多样，但从原理上可分为差动输入式和反向串联式。差动输入式的原理如图 3-8 所示，电路中包含一个差动输入的高增益电压放大器，其同向输入端接基准电压，反相输入端接参比电极，而研究电极接公共地端。

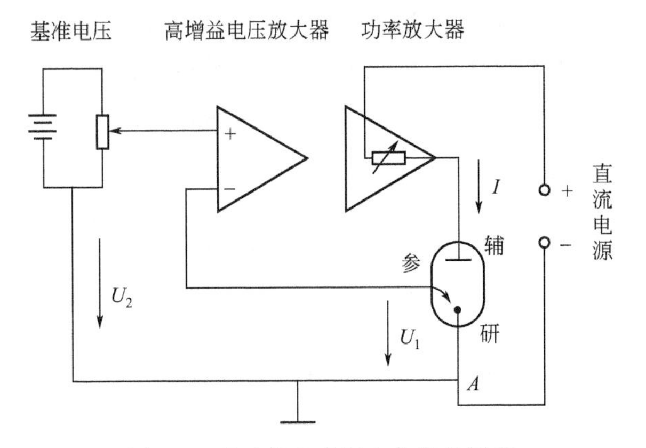

图 3-8 差动输入式恒电势仪的原理

基准电压 U_2 是稳定的标准电压，可根据需要进行调节，所以也叫给定电压。参比电极与研究电极的电势差 $U_1=\varphi_{参}-\varphi_{研}$，与基准电压 U_2 进行比较，恒电势仪可自动维持 $U_1=U_2$。如果由于某种原因使二者发生偏差，则误差信号 $U_0=U_2-U_1$ 便输入到电压放大器进行放大，进而控制功率放大器，及时调节通过电解池的电流，维持 $U_1=U_2$。例如，欲控制研究电极相对于参比电极的电势为 -0.5V，即 $U_1=\varphi_{参}-\varphi_{研}=+0.5$V，则需调基准电压 $U_2=+0.5$V，这样恒电势仪便可自动维持研究电极相对于参比电极的电势为 -0.5V。因参比电极的电势稳定不变，故研究电极的电势被维持恒定。如果取参比电极的电势为 0V，则研究电极的电势被控制在 -0.5V。如果由于某种原因（如电极发生钝化）使电极电势发生变化，即 U_1 与 U_2 之间发生偏差，则此误差信号 $U_0=U_2-U_1$ 便输入到电压放大器进行放大，继而驱动功率放大器迅速调节通过研究电极的电流，使之增大或减小，从而使研究电极的电势又恢复到原来的数值。由于恒电势仪的这种自动调节作用很快，即频率响应快，因此，不但能维持电势恒定，而且当基准电压 U_2 为不太快的线性扫描电压时，恒电势仪也能使 $U_1=\varphi_{参}-\varphi_{研}$ 按照指令信号 U_2 发生变化，因此可使研究电极的电势发生线性变化。

反相串联式恒电势仪的原理如图 3-9 所示，与差动输入式不同的是，U_1 与 U_2 是反向串联，输入到电压放大器的误差信号仍然是 $U_0=U_2-U_1$，其他工作过程并无区别。

不同的实验对恒电势仪性能的要求不同。好的恒电势仪应具有控制精度高、输入阻抗大、频率响应快、输出功率较高、温漂和时漂小等指标。这些性能指标间互有制约，很难同时达到高指标，可根据实验要求选择不同性能的恒电势仪。

控制电流法和控制电势法各有特点，要根据具体情况选用。对于单调函数的极化曲线，即对应于一个电流密度只有一个电势，或者对应于一个电势只有一个电流密度的情况下，控制电流法与控制电势法可得到同样的稳态极化曲线。在这种情况下用哪种方法都行。由于控制电流法仪器简单、易于控制，因此，应用较早，也较普遍。但近十年来，随着电子技术的迅速发展，控制电势法的应用越来越广泛。

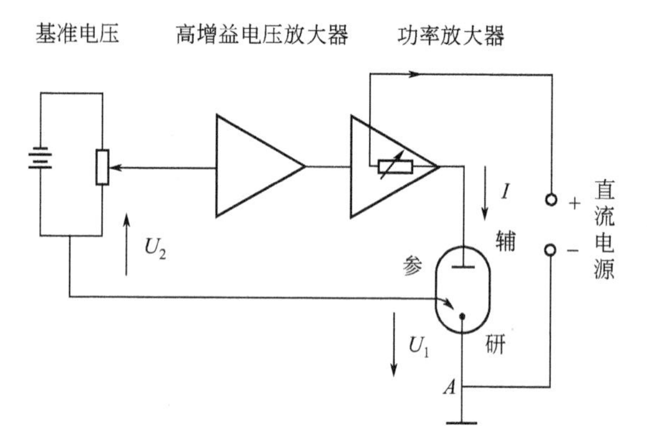

图 3-9　反向串联式恒电势仪的原理

对于极化曲线中有电流极大值的情况，只能用恒电势法。例如测定具有钝化行为的阳极极化曲线时，由于这种极化曲线具有 S 形，如图 3-10 所示，对应一个电流有几个电势值。若用恒电流法只能测得正程曲线 $ABEF$ 或返程曲线 $FEDA$，不能测得真实完整的极化曲线。用恒电势法则可测得完整的阳极极化曲线。这种极化曲线可分为四个区域：AB 区，电流随着电势的升高而增大，称为活化溶解区；BC 区，电流急剧下降，处于不稳定状态，很难测得各点的稳定值，称为活化-钝化过渡区；CD 区，随着电势的升高，电流只有很小的变化或几乎不变，称为钝化区或稳定钝化区；DE 区，电流再次随着电势的升高而增大，称为过钝化区。这可

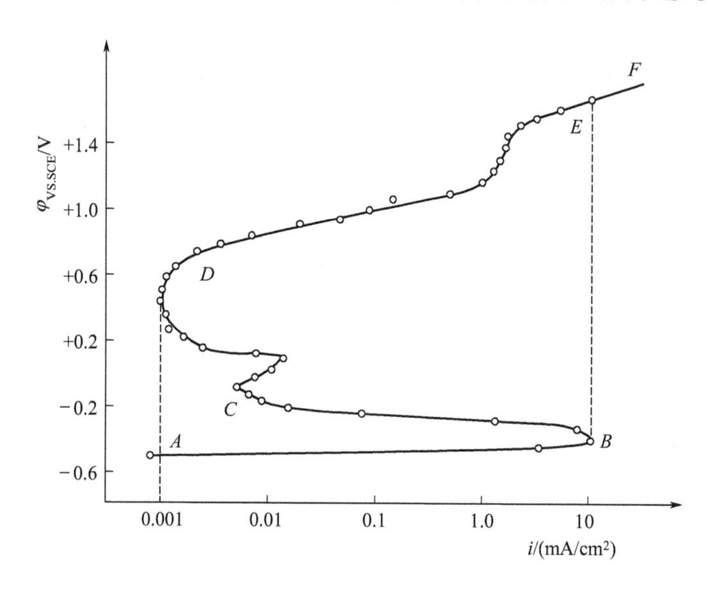

图 3-10　具有钝化行为的阳极极化曲线

能是由于阳极溶解形成高价离子，使金属溶解速率重新增大了或者发生了其他的阳极反应，如 OH^- 在阳极上放电而析出氧气。有些情况下，这两种过程同时发生。图 3-10 中相应 B 点的电流称为临界电流或致钝电流，该点的电势称为临界电势或致钝电势。CD 区称为钝化电势范围，该区内的电流称为维钝电流。可见控制电势法测得的具有钝化行为的阳极极化曲线可得到这么一些重要的参数。所以，控制电势法是研究金属钝化的重要手段，是判断金属是否发生钝化的有效方法。反之，如果极化曲线中有电势极大值，则应选用控制电流法。

3.2.3 稳态极化曲线的测定

测量极化曲线的具体实验方法很多，根据自变量的不同，可将各种方法分为两类，即控制电流法（恒电流法）和控制电势法（恒电势法）。恒电流法就是给定电流密度，测量相应的电极电势，从而得到电势与电流密度之间的关系曲线（极化曲线）。其中，电流密度是自变量，电极电势是因变量，其函数关系为 $\varphi=f(j)$。这种测量方法设备简单，容易控制，但不适合于出现电流密度极大值的电极过程和电极表面状态发生较大变化的电极过程。恒电势法则是控制电极电势，测量相应的电流密度值而作出极化曲线，其函数关系为 $j=f(\varphi)$。该测量方法的适用范围较广泛。

稳态法是测量电极过程达到稳定状态后电流密度与电极电势的关系。此时电流密度与电极电势不随时间改变，外电路就代表反应速率。以经典恒电流法为例，基本测量路线如图 3-11 所示。图中左半部分为极化回路：B 为电源，可用 45V 干电池或蓄电池组；$R_0 \sim R_3$ 为一组不同阻值的可变电阻（如 $R_0=1\text{k}\Omega$，$R_1=10\text{k}\Omega$，$R_2=100\text{k}\Omega$，$R_3=1\text{M}\Omega$），与电源 B 串联组成恒电流源；调节可变电阻值可获得不同数值的恒定电流；mA 为毫安表；S 为单刀开关。“研”为研究电极（或工作电极），“辅”为辅助电极（或称对电极），二者共同置于带隔膜的 H 形容器中组成电解池。借助于辅助电极，电流可通过整个电解池而使研究电极极化。

为了测量电极在给定电流密度下的电极电势，还需要一个辅助电极——参比电极（见图 3-11 中的“参”）与研究电极组成测量回路，如图 3-11 所示的右半部分。参比电极通过中间容器 F、盐桥 G 和鲁金毛细管 L 与研究电极连接，由电势差计 P 测量电极电势的数值。这个回路与前面介绍的测量电极电势（或电动势）的路线大体相同。增添鲁金毛细管 L 是为了减少通电后溶液欧姆降对测量结果的影响，所以，鲁金毛细管的尖嘴应尽量靠近研究电极表面。

由上可知，整个测量极化曲线的路线是由两个回路组成的。其中极化回路中有电流通过，用以控制和测量通过研究电极的电流密度。测量回路用以测量研究电极的电势，该回路中几乎没有电流通过。根据所测出的一系列电流密度与电极电势值，就可作出研究电极上所进行的电极过程的极化曲线了。

用恒电势法测定极化曲线时，为了控制电势，需用恒电势仪取代恒电流源，其

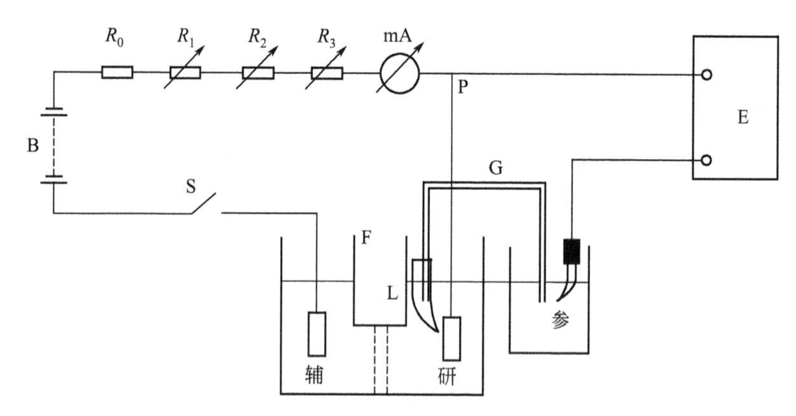

图 3-11　经典法极化曲线测量线路

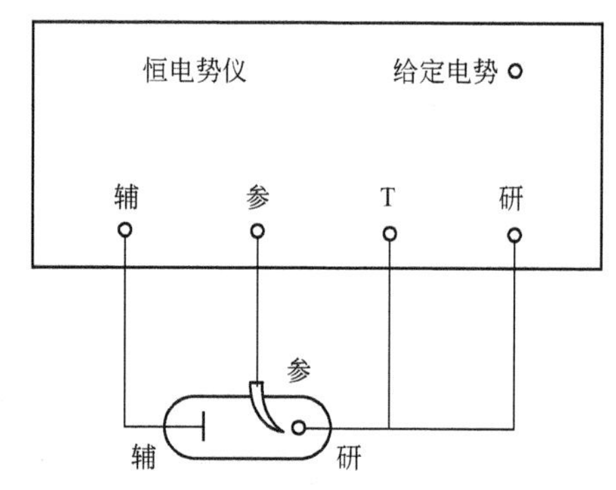

图 3-12　恒电势法测量极化曲线的基本线路

基本路线如图 3-12 所示。该基本路线也是用极化回路和测量回路组成的。极化回路是由研究电极引出导线接到恒电势仪的“研”端，通过仪器内部的直流极化电源，再由“辅”端引出导线与辅助电极相连接所组成的回路。测量电路是由研究电极引出导线与恒电势仪的“T”形端相连接，再由“参”端与参比电极相连接所组成的。电极电势通过恒电势仪予以控制。所需要给定的电势值可以用恒电势仪上的“给定电势”旋钮手动调节，也可以用恒电势仪外界信号发生器自动调节。不同的给定电势值和相应的电流值分别从恒电势仪上的电压表和电流表上读出。

如果函数$\varphi=f(j)$和$j=f(\varphi)$都是单值函数，恒电流法和恒电势法测量的结果大致相同。若两个函数关系中有一个是多值函数，另一个是单值函数，则两种测量方法得出的结果有时可能相差很多，这在选择测量方法时需要加以注意。

文献［16，17］论述了在利用极化曲线进行动力学计算时扫描速率的影响。在某些情况下，特别是固体电极，测量时间越长，电极表面状态及其表面积变化的积累越严重。在这种情况下，为了比较不同电极体系的电化学行为，或者比较各种因素对电极过程的影响，就不一定非测稳态极化曲线不可，可选适当的扫描速率测定非稳态极化曲线或准稳态极化曲线进行对比，但必须保证每次的扫描速率相同。由于线性扫描法可自动测绘，迅速省时，而且扫描速率可控制一定，不像手动逐点调节那样“稳态值”的确定因人而异，因此，测量结果的重现性好，特别适于对比实验。

3.3 暂态测量技术

3.3.1 暂态过程

稳态是在指定的时间范围内，电化学系统的参量基本不变的状态。暂态是相对稳态而言的。当极化条件改变时，电极会从一个稳态向另一个稳态转变，其间要经历一个不稳定、变化的过渡阶段，这一阶段称为暂态。我们知道，电极过程有许多基本过程没有达到新的稳态都会使整个电极过程处于暂态过程之中，如双电层充电过程、电化学反应过程、扩散传质过程。某一个基本过程没有达到稳态界面，双电层的电荷分布状态、电极界面的吸附覆盖状态、扩散层中的浓度分布、电极电势和计划电流都可能处在变化之中，至少其中之一处于变化之中。总之，当电极极化条件改变时，电极会从一个稳态向另一个稳态转变，其间所经历的不稳定的、电化学参量显著变化的阶段就称为暂态过程。其特点如下：

① 暂态过程具有暂态电流，即双电层充电电流 i_c；

② 在暂态下，电极附近液层中的反应粒子浓度、扩散层厚度及浓度梯度等均随时间变化，反应粒子浓度不仅是空间的函数，还是时间的函数；

③ 暂态阶段电极电势、极化电流、电极界面的吸附覆盖状态、双电层结构等均可能随时间变化。

暂态法按照控制自变量的不同，可分为控制电流法和控制电势法。按照极化波形的不同，可分为阶跃法、方波法、线性扫描法和交流阻抗法等。按照研究手段的不同，可分为两类：一类应用小幅度扰动信号，电极过程处于传荷过程控制，采用等效电路的研究方法；另一类应用大幅度扰动信号，浓差极化不可忽略，通常采用方程解析的研究方法，而不能采用等效电路的研究方法。

在小幅度暂态测量方法中，由于测量信号符合小幅度条件（$|\Delta E|\leqslant 10\text{mV}$），且单向极化持续时间很短，浓差极化可以忽略，电极处于传荷过程控制，可以采用等效电路的方法进行研究。同时，由于控制电极电势在一个小的范围内变化，等效电路的各个元件参数，如 R_{ct}（电荷传递电阻）、C_d 可视为不变，因而可求出在该电势下等效电路元件的参数值，进而得到相关的动力学参数。

在大幅度暂态测量方法中，浓差极化不能忽略，扩散过程的等效电路是一个均匀分布参数的传输线，而无法简化为集中参数的等效电路，采用这种电路研究浓差极化，不能使研究过程得到简化。另外，采用大幅度信号时，求等效电路的元件暂态法不采用等效电路的方法，而是采用方程解析法。

由于暂态过程比稳态过程更加复杂，因为暂态测量往往能比稳态测量给出更多的信息。暂态法具有如下特点。

① 暂态法能够测量 R_{ct}，由 R_{ct}进而计算 i、k 等动力学参数[18~20]。要使测量既不受浓差极化的影响，又不受双电层充电的影响，就必须选择足够小的极化幅值

和合适的极化时间。

② 暂态法还能同时测量双层电容 $C_d R_u$[21,22]和溶液电阻[23~25]。

③ 暂态法可研究快速电化学反应[26~28]。它通过缩短极化时间，代替旋转圆盘电极的快速旋转，降低浓差极化的影响。当测量时间 $t<10^{-5}$ s 时，暂态扩散电流的密度高达每平方厘米几十安培，这就不至于影响快速电化学反应的研究。

④ 暂态法有利于研究表面状态变化快的体系[29]，如电沉积[30~33]、金属腐蚀[34~37]等过程。因为在这些过程中，反应产物能在电极上积累，或者电极表面在反应时不断受到破坏，因而用稳态法很难测得重现性良好的结果。

⑤ 暂态法有利于研究电极表面的吸脱附和电极的界面结构[38~41]，也有利于研究电极反应的中间产物和复杂的电极过程[42,43]。这是因为，由于暂态的时间短，液相中的杂质粒子来不及扩散到电极表面上。

3.3.2 控制电流暂态测量技术

控制电流暂态测量技术，习惯上也叫做恒电流法，是指控制流过研究电极的电流按一定的具有电流突跃的波形规律变化，同时测量电极电势随时间的变化（称计时电势法），进而分析电极过程的机理，计算电极的有关参数或电极等效电路中各元件的数值。

在控制电流阶跃暂态测量方法中，流过电极的电流的波形有很多种，但是它们都有一个共同的特点，即在某一时刻电流发生突跃，然后在一定的时间范围内恒定在某一数值上。下面以单电流阶跃极化下的电势-时间响应曲线（E-t 曲线）为例来讨论控制电流阶跃暂态过程的特点。当电极上流过一个单阶跃电流时，电流-时间曲线（i-t 曲线）及相应的电势-时间响应曲线（E-t 曲线）如图 3-13 所示。

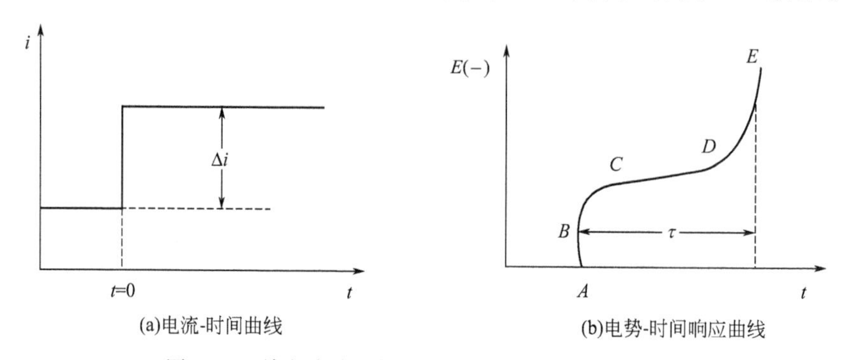

图 3-13 单电流阶跃极化下的控制信号和响应信号

电极电势随时间变化的原因分析如下。

① AB 段。在电流突跃瞬间（即 $t=0$ 时刻），流过电极的电量极小，不足以改变界面的荷电状态，因而界面电势差来不及发生改变。或者可以认为，电极/溶液界面的双电层电容对突变电信号短路，而欧姆电阻具有电流跟随性，其压降在电流突跃 10～12s 后即可产生，因此，电极等效电路可简化为只有一个溶液电阻的形

式，如图 3-14(a) 所示。因此可以说，电势-时间响应曲线上 $t=0$ 时刻出现的电势突跃是由溶液 0Ω 电阻引起的，该电势突跃值即为溶液 0Ω 压降 $\eta_{t=0}=\eta_R=-iR_a$。

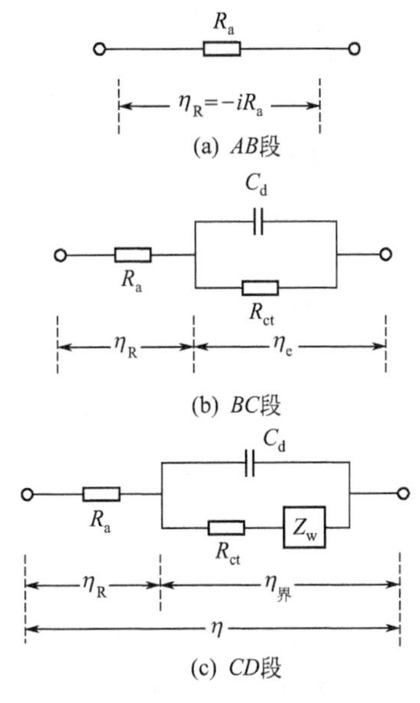

(a) *AB*段

(b) *BC*段

(c) *CD*段

图 3-14　电极电势随时间的变化

② *BC* 段。当电极/溶液界面上通过电流后，电化学反应开始发生。由于电荷传递过程的迟缓性，引起双电层充电，电极电势发生变化。此时引起电势初期不断变化的主要原因是电化学极化。这时相应的电极等效电流包括溶液电阻和界面上的等效电路，如图 3-14(b) 所示。

③ *CD* 段。随着电化学反应的进行，电极表面上的反应物粒子不断消耗，产物粒子不断生成，由于液相扩散传质过程的迟缓性，电极表面反应物粒子浓度开始下降，产物粒子浓度开始上升，浓差极化出现。并且这种浓差极化状态随时间由电极表面向溶液本体深处不断发展，电极表面上粒子的浓度持续变化。因此，这一阶段电势-时间响应曲线上电势变化的主要原因是浓差极化。此时相应的电极等效电路还包括电极界面附近的扩散阻抗 Z_w，如图 3-14(c) 所示。

由上述分析可知，电阻极化（即溶液欧姆压降）、电化学极化和浓差极化这三种极化对时间的响应各不相同。电阻极化 η_R 的响应最快，电化学极化 η_e 的响应较慢，浓差极化 η_c（$\eta_界$）的响应最慢。换而言之，电极极化经历的顺序是：电阻极化、电化学极化和浓差极化。由于三种极化对时间的响应不同，因而可以通过控制极化时间的方法使等效电路得以简化，突出某一电极基本过程，从而对其进行研究。

④ *DE* 段。随着电极反应的进行，电极表面上反应物粒子的浓度不断下降，当电极反应持续一段时间后，反应物的表面浓度下降为零，即 $c_0^a=0$，达到了完全浓差极化。此时，电极表面上已无反应物粒子可供消耗，在恒定电流的驱使下到达电极界面上的电荷不能再被电荷传递过程所消耗，因而改变了电极界面上的电荷分布状态。也就是对双电层进行快速充电，电极电势发生突变，直至达到另一个电荷传递过程发生的电势为止。习惯上，人们把从对电极进行恒电流极化到反应物表面浓度下降为零、电极电势发生突跃所经历的时间称为过渡时间，用 τ 表示。在控制电流阶跃暂态测量中，τ 是一个非常有用的量。

3.3.3　常见的阶跃电流波形

控制电流阶跃的波形有如图 3-15 所示几类。

(1) 单电流阶跃

在开始实验前，电流为 0；实验开始时（$t=0$ 时），电流由 0 突越到某一数值，直至实验结束。电流波形如图 3-15(a) 所示。

(2) 断电流

在开始暂态实验前，通过电极的电流是某一个恒定的值，当电极过程达到稳态之后，实验开始（$t=0$）时，电极电流 i 突然切断为零，电流波形如图 3-15(b) 所示。在电流切断的瞬间，电极的欧姆极化则消失为零。

(3) 方波电流

电极电流在某一指定恒值 i_1 下，在持续 t_1 时间后，突然就跃变为另一个指定恒值 i_2，持续 t_2 时间后，又突变回 i_1 值，再持续 t_1 时间。这样反复多次，形成方波电流。当 $t_1=t_2$，$i_1=-i_2$ 时，该方波被称为对称方波，在电化学实验中，采用更多的是对称方波。其波形如图 3-15(c) 所示。

(4) 双脉冲电流

在暂态实验开始以前，电极电流为 0，实验开始（$t=0$）时，电极电流突然跃变到某一个较大的指定恒值 i_1，持续 t_1 时间后，电极电流突然跃变到另一个较小的指定恒值 i_2（电流方向不变）直到实验结束。通常 t_1 很短（0.5～1μs），$i_1>i_2$。电流波形如图 3-15(d) 所示。一般情况下，双脉冲电流法可以提高电化学反应速率的测量上限，此时所测得标准反应速率常数可达到 $k^{\ominus}=10$cm/s。

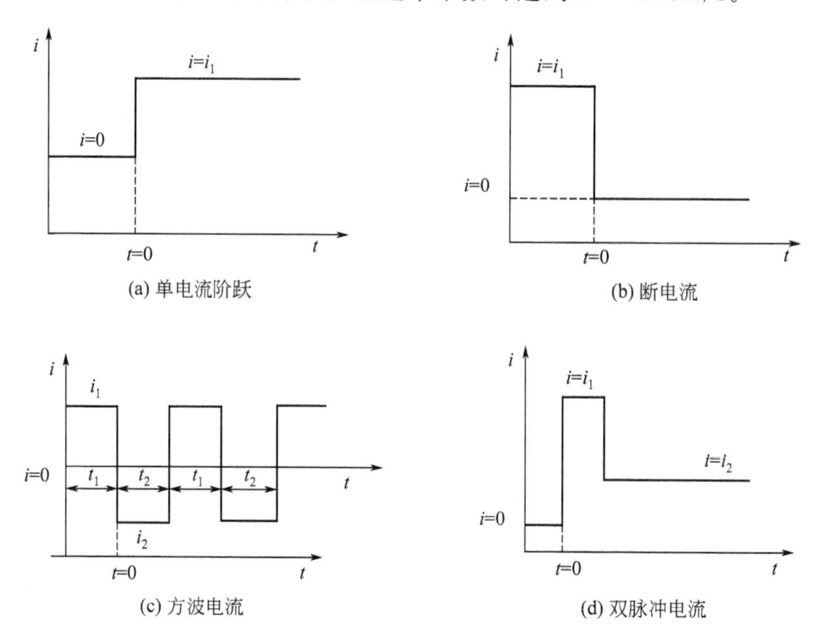

图 3-15 几种常用的控制电流波形

3.3.4 控制电流技术的应用

3.3.4.1 恒电流法测量电极过程动力学参数

经典恒电流的方法是由一组高压直流电源串联一高阻值的可变电阻构成，由于电极极化、钝化等原因引起的电解池等效电阻的变化，对于电路中这一高阻是微不足道的，电流主要是由这一高阻来控制，电阻调完后电流可维持不变，这是最简便的恒流电源，图 3-16 是这个过程的原理示意图。

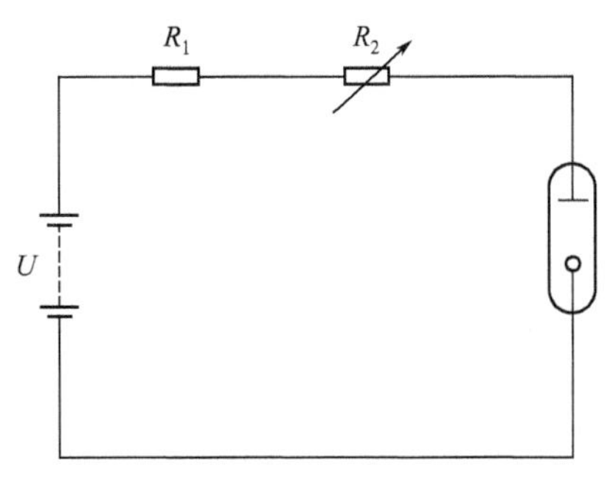

图 3-16　经典恒电流电路原理图

图 3-16 中，R_1 和 R_2 均为大电阻，其电阻之和记为 $R_大$，远大于电解池的等效电阻 $R_池$，即 $R_大 \gg R_池$。根据，可得 $i \approx \frac{U}{R_大}$，从而起到恒电流的作用。

恒电流法是经典的三电极法，待测电极可以是静止式，也可以是非静止式。恒电流极化曲线测量原理如图 3-17 所示。对应于每一个极化电流 i，可测量出其电极电势 E。较好的恒电流极化曲线测量，应当保障电流数值有 3 个数量级的大小差别，也就是说极化电流的最大值与最小值的比值不小于 10^3。

根据实验直接测量得到的极化电极电势 E 和极化电流 i 的数据便可以绘出恒电流极化曲线，如图 3-18 所示。比较两条曲线可得出，当极化电流相同时，后一条曲线的极化更大一些，因而半波电势也更负一些（阴极极化时）。

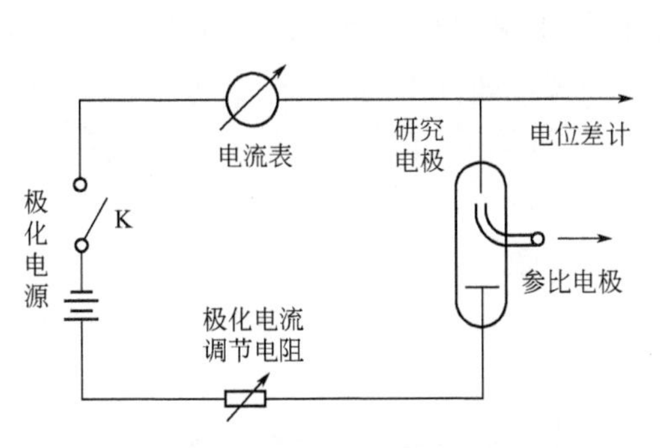

图 3-17　恒电流极化曲线测量原理示意图

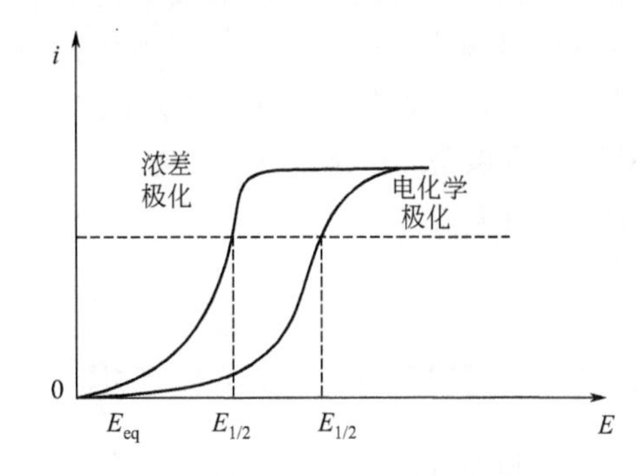

图 3-18　恒电流极化曲线示意图

3.3.4.2　恒电流暂态研究氢在铂电极上的析出机理

关于氢的析出机理已进行了大量的研究。在不同的金属上氢的析出机理是不同的，可用控制电流暂态法来研究。

(1) 析出机理分析

氢的析出反应历程中可能出现的表面步骤主要有以下步骤。

① 电化学步骤　　$H^+ + e^- \longrightarrow MH$

② 复合脱附步骤　　$MH + MH \longrightarrow H_2$

③ 电化学脱附步骤　　$H^+ + MH + e^- \longrightarrow H_2$

若电化学步骤是控制步骤，则电极表面吸附氢原子的浓度应该很小，氢原子的吸附覆盖度 θ_H 应远小于 0.01，此时就符合“迟缓放电机理”。如果复合脱附步骤或电化学脱附步骤是控制步骤，则应有 $0.1<\theta_H<1$，也就是氢原子的吸附覆盖度比较大，此时也符合“复合机理”。

(2) 实验

实验先以一定的电流密度对铂电极进行阴极极化，即铂电极以一定的速度发生氢原子的吸附反应。当反应达到稳态时，用快速电子开关把电极从稳态阴极极化切换至阳极极化。换向时间很短（不超过 10^{-6}s），以保证电流换向时间内的表面氢原子浓度来不及发生明显变化，与此同时，记录下电势随时间变化的波形。它的电流换向阶跃实验中的电流信号与相应的电势-时间响应曲线外形和图 3-13 一样，从响应曲线上便可以测出过渡时间为 τ。

因此，单位电极面积上，吸附氢离子溶液所需要的电量是

$$Q_\theta=it \tag{3-4}$$

当知道单位面积上的铂原子数目 N，假设每个铂原子是一个氢的吸附位，则有$\theta=Q_\theta/nqN$，便可求得其覆盖度，进而确定其析出机理。

控制电流暂态测量技术引起误差的因素主要是双电层电流。由于控制的电极电流中包括双电层充电电流，当电极电势变化比较慢时，双电层充电电流小，电极电势突变瞬间将有相当大的双层充电电流，它会引起时间-电势波形的畸变。另外，由于考虑双电层充电电流的数学处理相当复杂，因而一般在理论分析中，把控制电流近似当作法拉第电流。在过渡时间内，电极电势变化不快，这样处理还是允许的。因此，在控制电流实验中，欧姆压降较易观察和校正，但双电层充电电流的影响却造成误差。这是该方法在电化学分析中没有得到广泛应用的原因之一。但是，目前控制电流暂态测量技术不论在理论研究[44,45]还是分析应用[46,52]上均有了很大的发展。

3.3.5 控制电势暂态测量技术

控制电势暂态测量实验中，电势波形的产生和控制是由快速响应的恒电势仪配以适当的波形发生器完成的。恒电势仪是测量线路的中心环节。暂态电流 i 或电量 Q 的测量和记录由示波器或记录仪完成。控制电势暂态测量技术较控制电流暂态测量技术的应用更为广泛，可用于表征研究电极的基本特征参数，或计算电极过程的有关参数或电极等效电路有关元件的数值等[53~59]。

在控制电势阶跃实验中，通常是要记录电流与时间的关系曲线，这个方法称为计时安培法（Chronoamperometry）或计时电流法；但有时候也会记录电流对时间的积分随时间变化的关系曲线，由于该积分表示通过的电量，故这种方法称为库仑法（Coulometry）。库仑法中，最基本的就是计时库仑法（或者称为计时电量法，Chronocoulometry），以及双电势阶跃计时库仑法（或称做双电势阶跃计时电量法，Double Potential Step Chronocoulometry）。

电势阶跃或方波电势法中，电势从一个恒定电势φ_1 跃变到另一个恒定电势φ_2

并不是瞬间完成的，它受到方波发生器的上升时间、恒电势仪的响应速率、稳定性和输出功率以及电极体系的时间常数 R_nC_d 等因素的限制，如图 3-19 所示：(a) 为信号发生器输出的阶跃波形；(b) 表示溶液电阻 $R_1=0$ 时电极电势的响应波形，可看到阻尼振荡，使电势上升时间拉长了；(c) 表示电极时间常数 10^{-4}s 时电极电势的响应，虽无振荡，但上升时间也增加了。为了缩短电势阶跃和方波电势的上升时间，要求恒电势仪有大的输出电流，一边在电势跃变瞬间能提供大的双电层充电电流；而且恒电势仪要有快的响应速率，即高的响应频率。在恒电势仪线路设计和元件选用上要考虑这一问题。由于电解池构成了恒电势仪的反馈回路，因此，上升时间还与电解池的电化学性质有关，或者说与电极体系的时间常数有关。其中影响上升时间和电势控制精度的主要因素是研究电极与参比电极间的欧姆电势降，它等于这部分溶液的电阻与计划电流的乘积。由于电势跃变的最初阶段电流很大，故此欧姆电势降是相当大的。也就是说，电势跃变的最初阶段，真实电势与给定的控制电势之间的偏差可能是很大的，这部分时间占了上升时间的大部分。使用鲁金毛细管并使其尖嘴尽量靠近研究电极表面，虽可降低欧姆电势降的影响，但由于暂态电流很大，仍不能消除它。因此，在恒电势仪中常设有溶液欧姆电势降补偿电路。但是，如果进行完全补偿，特别是过补偿时会发生振荡，同样延长了上升时间，也影响恒电势仪的稳定性。因此，宁可采用欠补偿，即留有一定的欧姆电阻，对恒电势仪的稳定性是有利的。

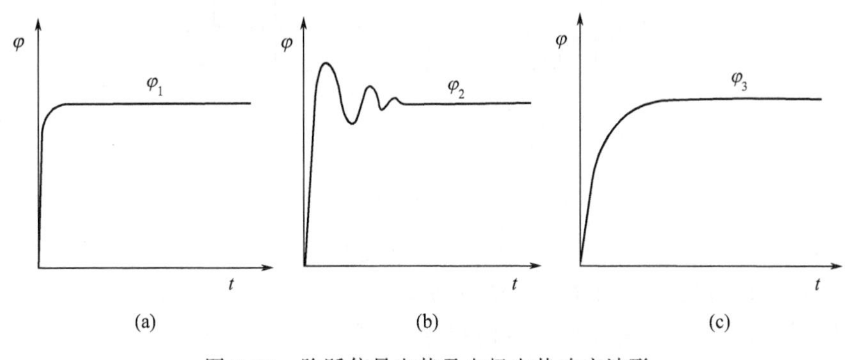

图 3-19　阶跃信号电势及电极电势响应波形

其他因素如电极面积、溶液浓度等也影响上升时间。因为电极面积大，溶液反应物质的浓度高，则电流强度就大，产生的欧姆电势降就大，因此，反应物浓度不宜过高，电极工作面积要尽量小，但为了符合所要求的线性扩散条件，电极面积也不能太小。如果允许的话，可加入大量的惰性电解质，以降低溶液的欧姆电势降。在极稀的溶液中或非水溶液中，由于介质的电阻更大，其上升时间更长。

实验的精确性与所加的电势阶跃幅值的大小也有很大的关系。例如，为了研究电荷传递反应，往往用小幅度的电势阶跃，而且持续时间较短，这时即使有欧姆电势降引起不大的电势控制误差也会给暂态实验数据带来较大的相对误差。在这种情况下，则要求仪器和电解池设计上有更短的上升时间。

控制电势暂态法实验线路如图 3-20 所示。其中恒电势仪除了要求有足够的精度和输出功率外，还必须有足够快的响应速率，使电势阶跃的上升时间最好达到微秒级。恒电势仪应具有“参比输出”端。即参比电极经电压跟随器到“参比输出”，然后与示波器的 Y_1 轴输入端连接，以便观察电势波形。即使示波器的输入阻抗低于 $10^{-7}\Omega$，但由于恒电势仪内有电压跟随器 A，可使流过参比电极的电流足够小，可提高电势测量和控制精度。恒电势仪有取样电阻 R_1 串接在极化回路中，因此，从取样电阻两端——“电流信号”输出端接到示波器 Y_2 轴的输入端，可供观察和记录电流波形。示波器最好用差动输入式双迹示波器，如 SBR-1 型。如果只有单端式单线示波器，且恒电势仪没有电流信号输出端，则可用图 3-21 的实验线路，这时取样电阻 R_1（可用标准电阻或电阻箱）串联在研究电极与恒电势仪“研”接线柱之间。如果示波器为差动输入式，取样电阻也可串接在辅助电极线路中。总之，应使整个测量电路只有一个公共地端。

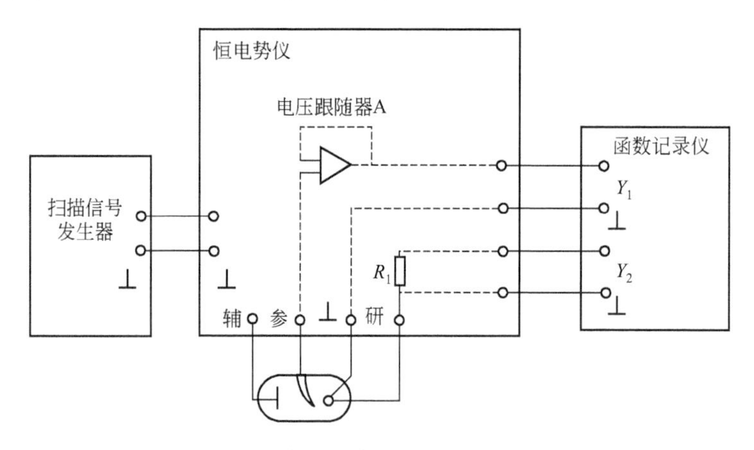

图 3-20　控制电势暂态法实验线路 1

信号发生器 G 是为了得到电势阶跃或方波电势波形作为恒电势仪的指令信号。根据实验要求选择适当的低电平和高电平，使电极电势从 φ_1 跃变到 φ_2，这就确定了阶跃的幅值。还要选择阶跃的方向和持续时间。对于方波电势法要选择适当的频率。频率太高，双电层充电效应大，而且在半周期内电流尚达不到稳态就换向了，因此，测得的 R_1 不准（偏低）；频率太低，则浓差极化和电极表面状态变化的影响增大。频率是否合适可通过示波器观察暂态波形看出，正确的频率得到的波形如图 3-21 所示，即电流波形在半周期结束时趋于水平。

示波器应有足够快的响应速率。测量时应选择适当的量程灵敏度及 X 轴的坐标，以便确定示波屏上的坐标刻度。如果没有量程灵敏度选择开关，在测量前应对示波器 Y 轴用已知电压进行标定，调节相应的“衰减”和“增益”旋钮，使示波器 Y 轴每格相当于某毫伏数，此值被取样电阻 R_1 除，就得到 Y 轴每格相当于多少电流。为了验证线路和测量仪器的可靠性，可在正式实验前先用图 3-21 所示的等效电路进行预实验，以观察波形并测得数据看是否与给定值符合，从而验证测量仪器的可靠性。

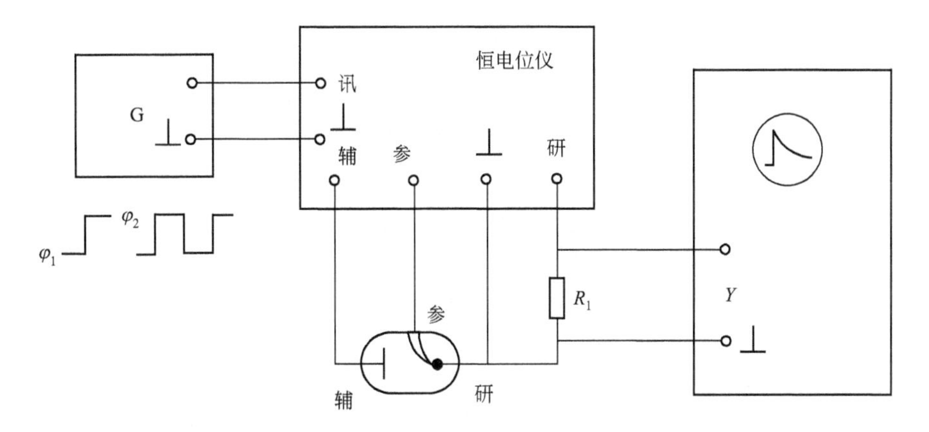

图 3-21　控制电势暂态法实验线路 2

3.4 线性电势扫描伏安技术

线性电势扫描法，就是控制电极电势φ以恒定的速率变化，即 $d\varphi/dt$＝常数，同时测量通过电极的相应电流。这种方法在电化学分析中常称为伏安法。伏安法又分为单程动电势扫描法，三角波电势扫描法（周期伏安法、循环伏安法、循环扫描法、CV 法）和连续三角波电势扫描法（如图 3-22 所示）。伏安法获得的电流-电势曲线称为动电势扫描曲线、伏安曲线、循环伏安曲线（Cyclic Voltammogram）、连续循环伏安曲线（Consecutive Cyclic Voltammogram）。动电势扫描法也是暂态法的一种，扫描速率对暂态极化曲线图的形状和数值的影响很大。只有当扫描速率足够慢时，才可得到稳态极化曲线。

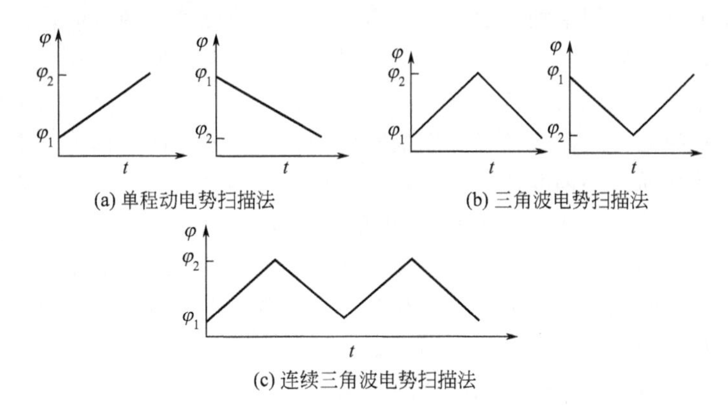

图 3-22　电分析化学中伏安法的三种类型

3.4.1 线性电势扫描过程中相应电流的特点

一般情况下，线性扫描所得的电流是双电层充电电流 i_c 与电化学电流 i_r 之和：

$$i=i_c+i_r=C_d\frac{d\varphi}{dt}+(\varphi-\varphi_z)\frac{dC_d}{dt}+i_r \tag{3-5}$$

式中，C_d 为双电层的微分电容；φ 为电极电势；φ_z 为零电极电势。

在电势扫描法中，电势总是以恒定的速率变化，因此，总要有电流对双电层充电；同时，由于过电势的改变也会引起反应速率的改变。由于双电层电容 C_d 是随着电极电势的变化而变化的，虽然在扫描过程中 $d\varphi/dt$=常数，但一般而言 i_c 并不是常数，尤其是在表面发生活性物质吸脱附时，双电层电容发生急剧变化而使得 i-φ 出现吸脱附峰。反应电流 i_r 与过电势有关，在某电势范围内有某反应发生，具有相应的反应电流。如果在某电势范围内基本上无电化学反应发生，即相当于理想极化电极，则 i-φ 曲线主要反映双电层电容与电势的关系。当存在电化学反应时，扫描速率越快，i_c 相对越大；扫描速率越慢，i_c 相对越小。只有当扫描速率足够慢时，i_c 相对于 i_r 才可以忽略不计，这时得到的 i-φ 曲线才是稳态极化曲线，才能真正说明电极反应速率与电势的关系，才可以利用稳态法的公式计算动力学参数（没有浓差极化的情况下）。

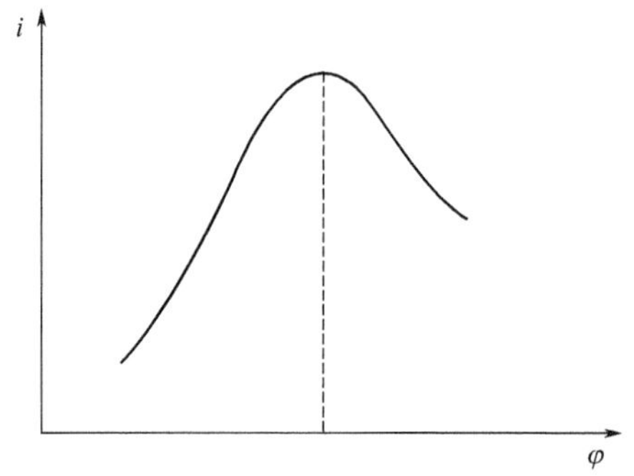

图 3-23　线性电势扫描伏安曲线

当电势从平衡电势开始向阴极方向线性扫描时，电流逐渐增大，通过极大值后开始下降（如图 3-23 所示）。电流的极大值称为峰值电流。出现峰值电流是由于两个相反的因素共同作用的结果。当对处于平衡电势的电极加一个大幅度的线性扫描电压时，一方面，电极反应速率随着所加电势的增加而增加，反应电流增加；另一方面，电极反应的结果使电极表面附近反应物的浓度下降。这两个相反的影响因素产生了电流峰值。峰值前，过电势的变化起主导作用，峰值后，反应物的流量起主导作用。随着时间的延长，扩散层的厚度增大，扩散流量降低，故电流下降。扫描速率不同，峰值电流不同，i-φ 曲线的形状和数量也不相同，所以线性电势扫描实验中，扫描速率的选择十分重要。

线性电势扫描分小幅度运用和大幅度运用。小幅度运用时扫描电势的幅度一般在 10mV 以内，主要用来测定双电层电容和反应电阻，一般为电化学控制。大幅度运用时，电势扫描范围较宽，一般为扩散控制，常用来对电极体系作定性和半定量的观测，判断电极过程的可逆性及控制步骤，观察整个电势范围内可能发生哪些反应，研究吸附现象及电极反应中间产物（特别是在有机电极过程中常用），在金属腐蚀和电结晶研究中也得到了广泛的应用。

3.4.2　电化学极化下的动电势扫描法

从平衡电势开始以小幅度三角波动电势［图 3-24(a)］扫描时，电极过程一般为电化学极化，而且通常处于线性极化区，所以可用这种方法测定极化电阻 R_r，进而计算电极反应的交换电流。另外，在小幅度电势范围内可近似认为 C_d 为常数，不随电势改变，因此，也可用这种方法测定双电层电容 C_d。

① 在扫描电势范围内没有电化学反应（即 $R_r=\infty$）且 R_l 可忽略时，电极等效电路为单一双电层电容 C_d 而在小幅度电势范围内被认为是常数，电流波形如图 3-24(b) 所示。

② 在扫描电势范围内有电化学反应，但溶液电阻及浓差极化可忽略时，电极等效电路为 C_d 和 R_r 的并联。因为电势线性变化时，流经的电流即反应电流 i_r 也按线性变化，但双电层充电电流 i_c 为常数，所以电流 i 是线性变化的，波形如图 3-24(c) 所示。扫描换向的瞬间，电势未变，则反应电流不变，显然电流的突跃是双电层电容先放电接着又充电，使双电层改变极性引起的。

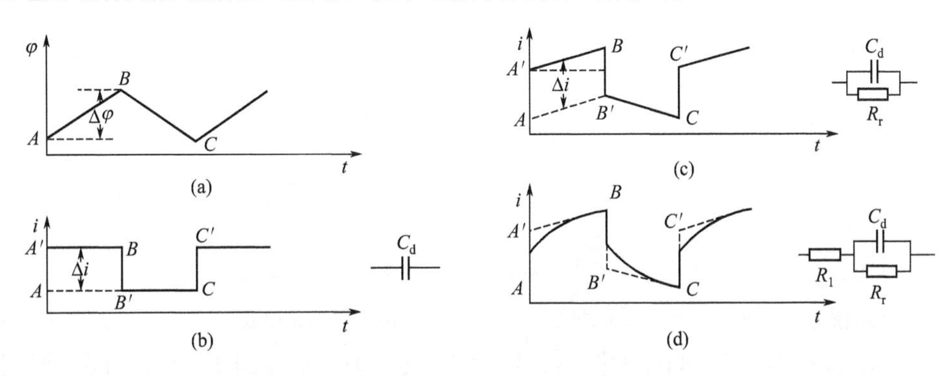

图 3-24　小幅度三角波电势法的电势和电流波形

③ 当溶液电阻不可忽略时，电流波形如图 3-24(d) 所示。可利用作图外推得 A'、B'、C'等点。图中实线 AB 与虚线 $A'B$ 之差是由 R_l 引起的。这时的计算同前，但 R_r 的计算公式为

$$R_r=\frac{\Delta\varphi}{i_B-i'_A}-R_l \tag{3-6}$$

如果恒电势仪有溶液电阻补偿电路，将 R_l 补偿后可得图 3-24(c) 的波形，减少了外推的困难，则可用式（3-7）直接计算 R_r。

$$R_r=\frac{\Delta\varphi}{i_B-i'_A} \tag{3-7}$$

3.4.3　循环伏安法

采用的电势控制信号为连续的三角波信号，即控制电极的电势以速率 v 从 E_i 向电势负方向扫描，到 $t=\lambda$（相应电势 E_λ）时电势改变方向扫描，以相同的速率回归至起始电势，然后电势再次换向，反复扫描。记录下的 i-E 曲线称为循环伏安曲线（cyclic voltammogram），如图 3-25 所示，该测量的方法称为循环伏安法（cyclic voltammetry，CV）。

电势扫描信号可表示为

$$E(t)=E_i-vt \quad (0\leqslant t\leqslant\lambda) \tag{3-8}$$

$$E(t)=E_i-vt+v(t-\lambda)=E_i-2v\lambda+vt \quad (t>\lambda) \tag{3-9}$$

式中，λ 为换向时间；$E_\lambda=E_i-v\lambda$ 为换向电势。对于电化学反应 $O+ne^- \rightleftharpoons R$，正向扫描时，发生阴极反应 $O+ne^- \longrightarrow R$；反向扫描时，则发生正向扫描过程中生成的反应产物R的重新氧化的反应 $R \longrightarrow O+ne^-$，这样反向扫描时也会得到峰状的 i-E 曲线。

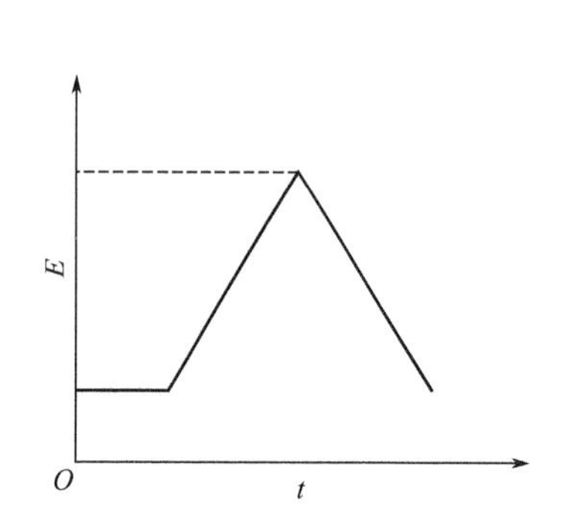

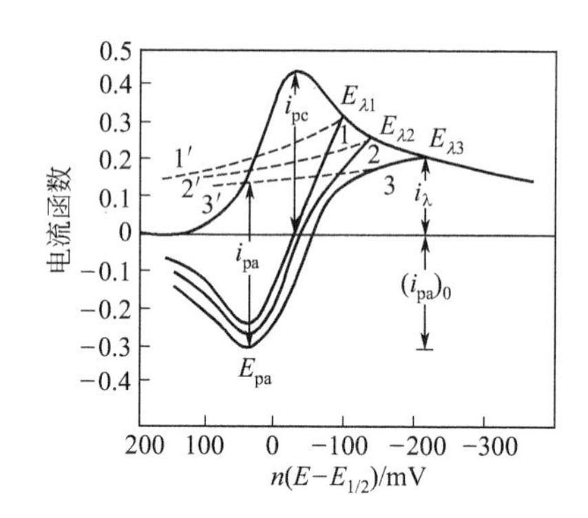

图 3-25 三角波电势扫描信号及循环伏安曲线

循环伏安法的理论在 $t\leqslant\lambda$ 期间，正扫的循环伏安曲线规律与单扫伏安法完全相同；在 $t>\lambda$ 期间，回扫的伏安曲线与 E_λ 值有关，但是当 E_λ 控制在越过峰值 E_p 足够远时，E_λ 对回扫伏安曲线形状的影响被忽略。通常情况下，E_λ 都要控制在超过 E_p（$100/n$）mV以上。具体说，对于可逆体系，E_λ 至少要超过 E_p（$35/n$）mV；对于准可逆体系，E_λ 至少要超过 E_p（$90/n$）mV。循环伏安曲线上有两组重要的测量参数：阴极、阳极峰值电流 i_{pc}、i_{pa} 及其比值 i_{pa}/i_{pc} 和阴极、阳极峰值电势差值 $|\Delta E_p|=E_{pa}-E_{pc}$。

在循环伏安曲线上测定阴极峰值电流 i_{pc} 比阳极的峰值电流 i_{pa} 方便。这是因为正向扫描时是从法拉第电流为零的电势开始扫描的，因此 i_{pc} 可根据零电流基线得到；而在反向扫描时，E_λ 处阴极电流还没有衰减到零，因此测定 i_{pa} 时应以 E_λ 之后正扫描的阴极电流衰减曲线为基线，而不能以零电流作为基准来求算，但在电势换向时，阴极反应达到了完全浓差极化状态，此时阴极电流为暂态的阴极扩散电流，按照 i 正比于 $t^{-1/2}$ 的规律衰减，即符合Cottrell方程。在反向扫描的最初一段电势范围内，R 的重新氧化反应尚未开始，此时的电流仍为阴极电流的衰减曲线。因此可在图上画出阴极电流衰减曲线的延长线，以其作为求反向扫描曲线的电流基线，如图3-25所示。在图中，当分别在三个不同的换向电势 $E_{\lambda1}$、$E_{\lambda2}$ 和 $E_{\lambda3}$ 下回扫时，所得三条回归曲线各不相同，应以各自的阴极电流衰减曲线（图中虚线）为基线计算得到 i_{pa}。若难以确定 i_{pa} 的基线，可采用下式计算

$$\left|\frac{i_{pa}}{i_{pc}}\right|=\left|\frac{(i_{pa})_0}{i_{pc}}\right|+\left|\frac{0.485i_\lambda}{i_{pc}}\right|+0.086 \tag{3-10}$$

式中，$(i_{pa})_0$ 是未校正的相对于零电流基线的阳极峰值电流；i_λ 为电势换向处的阴极电流。

实际的循环伏安曲线中，法拉第电流是叠加在近似为常数的双电层充电电流上的，通常可以以双电层充电电流为基线对 i_{pc}、i_{pa}进行相应的校正。

(1) 可逆体系

对于产物稳定的可逆体系，$|i_{pa}=i_{pc}|$，即 $\left|\frac{i_{pa}}{i_{pc}}\right|=1$，并且与扫描速率 v、换向电势 E_λ、扩散系数 D 等参数无关；$|\Delta E_p|=E_{pa}-E_{pc}\approx\frac{2.3RT}{nF}$或$|\Delta E_p|=E_{pa}-E_{pc}\approx\frac{59}{n}$mV(25℃)，尽管$|\Delta E_p|$与换向电势 E_λ 稍有关系（精确$|\Delta E_p|$见表 3-1)，但$|\Delta E_p|$基本保持一致。由于单程电势扫描时，可逆体系的峰电势就不随 v 的变化而变化，因此$|\Delta E_p|$不随扫描速率 v 的变化而变化。

表 3-1　25℃不同 E_λ 值时可逆体系循环伏安曲线的峰值电势差 $|\Delta E_p|$

$n(E_{pc}-E_\lambda)$/mV	$n\|\Delta E_p\|$/mV	$n(E_{pc}-E_\lambda)$/mV	$n\|\Delta E_p\|$/mV
71.5	60.5	271.5	57.8
121.5	59.2	∞	57.0
171.5	58.3		

(2) 准可逆体系

对于准可逆体系循环伏安曲线，$|i_{pa}|\neq|i_{pc}|$；$|\Delta E_p|$ 比可逆体系的大，$|\Delta E_p|=E_{pa}-E_{pc}>\frac{59}{n}$ (mV) 伴随着扫速 v 的增大而增大。由上节可知，不可逆体系进行单程线性电势扫描时随着扫描速率增大，峰值电势向扫描的方向移动，即阴极峰电势 E_{pc}向电势负方向移动，因此$|\Delta E_p|$随扫速的增大而增大。

$|\Delta E_p|$值以及$|\Delta E_p|$随扫描速率的变化特征是判断电极反应是否可逆反应和不可逆反应的重要判据。如果$|\Delta E_p|\approx\frac{2.3RT}{nF}$，且不随 v 变化，说明反应可逆；如果$|\Delta E_p|>\frac{2.3RT}{nF}$，且随 v 的增大而增大，则为不可逆反应，且$|\Delta E_p|$比$\frac{2.3RT}{nF}$大得越多，反应的不可逆程度越大。

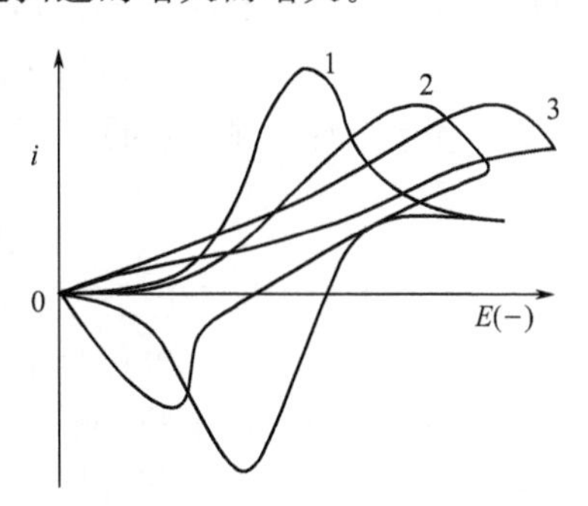

图 3-26　不同可逆性的循环伏安图
1—可逆；2—准可逆；3—完全不可逆

(3) 完全不可逆体系

电极反应为完全不可逆体系时，逆反应十分迟缓，正向扫描产物来不及发生反应就扩散到了溶液内部，因此在循环伏安图上观察不到反向扫描的电流峰。

对可逆体系、准可逆体系及完全不可逆体系的循环伏安曲线的比较如图 3-26 所示。

3.4.4 薄层伏安法

在 20 世纪 80 年代末，Bard 等提出并发展了一种新型的扫描电化学显微镜技术（Scanning Electrochemical Microscopy，SECM），这一实验技术的诞生使得科学工作者可以更深入地研究液/液界面的电子转移过程，从而更加有力地促进了液/液界面电子转移理论的发展。随后 Anson 等在 1998 年提出了薄层循环伏安法（Thin-layer Cyclic Voltammetry），它是今年发展起来的一种简单地测定异相电子转移反应动力学参数的方法，该方法与 SECM 相比，具有数据处理简单、药品消耗少、实验仪器简单等优点，为研究一些产率低的难溶化合物的界面行为提供了一种有利的分析手段。

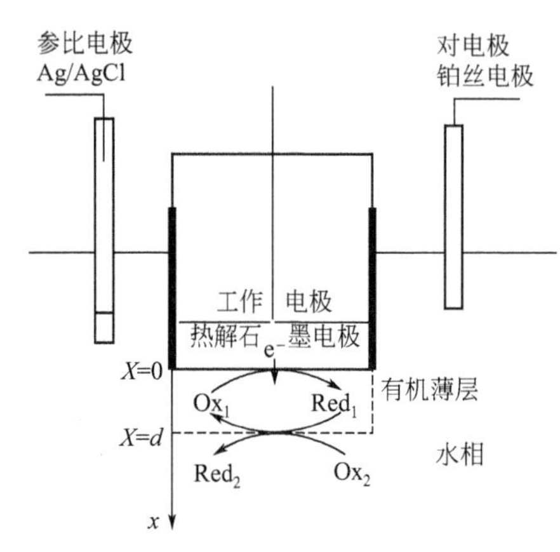

图 3-27 薄层伏安法实验装置

(1) 薄层伏安法实验装置

实验装置如图 3-27 所示，电池由三电极组成，参比电极（Ag/AgCl）和对电极（铂丝电极）均置于水相中，工作电极是打磨光滑的热解石墨电极（EPG），其具有憎水性。将微量的有机溶液滴加在其工作电极的表面，有机溶液会迅速地铺展成有机薄层（厚度 0～100μm）并且黏附在电极表面，迅速地将工作电极倒置，垂直浸入到已经配好的水相中，这时便形成两互不相溶的界面（ITIES）。

(2) 薄层伏安法实验的基本原理

若有机相中含有氧化态电活性物质 Ox_1，水相中含有另一种氧化态电活性物质 Ox_2，当把黏附有 Ox_1 薄层的电极浸入水相中时，Ox_2 并不能直接在电极表面发生氧化还原反应。如果在还原态活性物质 Red_1 和氧化态电活性物质 Ox_2 之间能发生氧化还原反应，则在电极和液/液界面上便会发生如下反应：

$$Ox_1 + e^- \longrightarrow Red_1 \qquad (EPG)$$

$$Red_1 + Ox_2 \longrightarrow Ox_1 + Red_2 \qquad (ITIES)$$

ITIES 上发生的反应是电子在互不相溶的两相中 Red_1 和 Ox_2 之间的转移，称作异相电子转移反应。电极反应生成的 Red_1 扩散到液/液界面，与 Ox_2 发生双分子氧化还原反应，产生的 Ox_1 再扩散到电极表面，使得电极电流迅速升高，这样就在薄层中产生一个循环过程。如若选取的有机相电导率足够大，平台电流将代替峰电流产生。

3.4.5 大幅度线性电势扫描法的特点与应用

(1) 电化学反应可否发生的判定

对于溶液，可判别其是否可以发生电化学反应，并可判定何时发生。对于合金或金属，可以判别选择性腐蚀可否发生，如发生时可进行相分离。

(2) 定性和定量分析

电分析化学上通常称其为示波极谱。

(3) 比较各种因素对电极过程的影响程度

不管电极反应是否可逆，峰值电流 i_p 的大小与 n、D、c^0 和 v 等因素有关。当其他因素不变时，i_p 与扫速速率的平方根 $v^{1/2}$ 呈正比，即扫描速率影响极化曲线的测量。在给定电势下，电流密度随着扫描速率的增大而增大，极化曲线的斜率也随扫描速率而变化。因此，在利用极化曲线比较各种因素对电极过程的影响时，必须在相同的扫描速率下进行才有意义。

(4) 判断反应物的来历

相应于电流峰的电量 Q 可以由 i 对 t 积分而得：

$$Q=\int_1^2 i\,\mathrm{d}t=\int_{\varphi_1}^{\varphi_2}\frac{i}{v}\mathrm{d}\varphi=c^0\sqrt{\frac{D}{v}}\int_{\varphi_1}^{\varphi_2}\phi\,\mathrm{d}\varphi \tag{3-11}$$

式中，ϕ 为φ的函数，$i=\phi c^0\sqrt{Dv}$，因 i 与 c^0 呈正比，故电量 Q 仍与 c^0 呈正比，但却与$\sqrt{v}$呈反比，由此可判断反应物的来历。

一般来说，电势扫描速率越慢，所需电量越大，这是因为溶液中的反应物来得及更多地补充到电极表面的缘故。如果反应物吸附在电极表面上，由于吸附反应物的数量固定，所以反应物消耗完毕所需的电量 Q 为固定值，与扫描速率无关。

(5) 判断电极反应的可逆性

根据动电势扫描曲线的形状、i_p 和φ_p 可以判断电极反应的可逆性。虽然它们的峰值电流 i_p 都与扫描速率的平方根呈正比，但它们的曲线形状不同：对于不可逆反应，在波形的根部与扫描速率无关，而且与稳态极化曲线相同。可逆反应的 φ_p 与扫描速率无关；不可逆反应的φ_p 随扫描速率而改变。

随着计算机技术的快速发展和软件的开发应用，线性电势扫描技术在可逆体系和不可逆体系的研究中均将起到越来越重要的作用[60~62]。

3.5 脉冲伏安技术

脉冲伏安法于1960年由巴克尔（G. C. Barker）等提出。在普通伏安法中，影响灵敏度的主要因素是充电电流，而此方法是在研究消除充电电流的基础上发展起来的一种新的极谱技术。这种技术具有灵敏度高、分辨力强等特点。脉冲极谱是在滴汞生长的后期才在滴汞电极的直流电压上叠加一个周期性的脉冲电压，脉冲持续的时间较长，并在脉冲电压的后期记录极谱电流。每一滴汞只记录一次由脉冲电压所产生的电流，而该电流基本上是消除电容电流后的电解电流。一方面这是因为加入脉冲电压后，将对滴汞电极充电，产生相应的充电电流 i_c，这像对电容器充电一样，充电电流会很快衰减至零；而另一方面，如果加入的脉冲电压使电极的电极电势足以引起被测物质发生电极反应时，便同时产生电解电流（即法拉第电流）i_f。i_f 是受电极反应物质的扩散所控制的，它将随着反应物质在电极上的反应而慢慢衰减，但速度比充电电流的衰减慢得多。理论研究及实践均说明，在加入脉冲电压约 20ms 之后，i_c 已几乎衰减到零，而 i_f 仍有相当大的数值，因此，在施加脉冲电压的后期进行电流取样，则测得的几乎是电解电流。由于脉冲极谱法使充电电流和毛细管噪声电流充分衰减，提高了信噪比，使脉冲极谱法成为极谱方法中灵敏度较高的方法之一。在电化学中，虽然脉冲伏安法近年来也用于反应机理的研究[63～65]，但主要还是用于分析领域，并且由于其极高的检测灵敏度多用于痕量分析[66～70]。

按照施加脉冲电压及记录电解电流的方式不同，脉冲极谱法可分为常规脉冲极谱和微分（示差）脉冲极谱两种。

3.5.1 常规脉冲伏安法

常规脉冲伏安法应用在滴汞电极（Dropping Mercury Electrode，DME）上时称为常规脉冲极谱法（Normal Pulse Polarography，NPP）；应用在固体电极或静态滴汞电极上时，该方法称为常规脉冲伏安法（Normal Pulse Voltammetry，NPV）。

常规脉冲极谱法是在设定的直流电压上，在每一滴汞的末期施加一个矩形脉冲电压。脉冲的振幅随时间而逐渐增加，振幅可在 0～2V 间选择，脉冲宽度 τ 为 40～60ms，两个脉冲之间的电压回复至起始电压，如图 3-28(a) 所示。图中脉冲宽度 τ 为 40ms，加脉冲 20ms 后测量电流，如图 3-28(b) 所示，此时充电电流 i_c 很快衰减，几乎趋近于零，毛细管噪声电流也较快地衰减。测得的电解电流经放大后记录，所得的常规脉冲极谱波呈台阶形，与直流极谱波相似，如图 3-28(c) 所示。

可逆常规脉冲极谱波的极限电流可用 Cottrell 方程表示：

$$i_1 = nFAc\sqrt{\frac{D}{\pi t_m}} \tag{3-12}$$

式中，t_m 为加脉冲与测量电流之间的时间间隔，t_m 比汞滴的滴落时间要小得多；D 为被测物质在溶液中的扩散系数；n 为电子转移数；A 为滴汞表面积。该式也适用于不可逆过程。对于可逆过程，还原极限电流与氧化极限电流之比等于 1，因此，利用该关系可以区别可逆过程与不可逆过程。

常规脉冲极谱法的灵敏度比直流极谱法高约 7 倍，即

$$\frac{i_1}{i_d} = \left(\frac{3t}{7t_m}\right)^{1/2} \tag{3-13}$$

若 $t=4s$，t_m 为 40ms，则 i_1/i_d 等于 7。

可逆常规脉冲极谱波方程与直流极谱波相似：

$$\phi = \varphi_{1/2} + \frac{0.0592}{z}\lg\frac{i_1 - i}{i} \tag{3-14}$$

$$\varphi_{1/2} = \varphi^{0'} + \frac{0.0592}{z}\lg\sqrt{\frac{D_R}{D_O}} \tag{3-15}$$

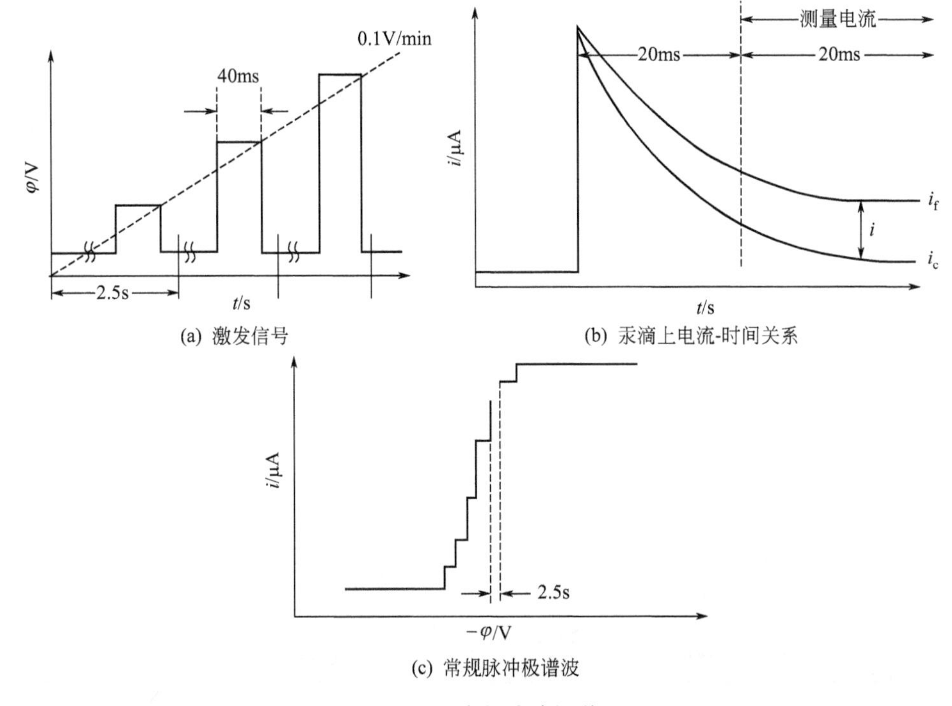

(a) 激发信号
(b) 汞滴上电流-时间关系
(c) 常规脉冲极谱波

图 3-28　常规脉冲极谱

3.5.2　微分脉冲极谱法

微分脉冲极谱法（Differential Pulse Polarography，DPP）是在有机物和无机物的痕量水平测量中非常有用的一种技术。微分脉冲极谱法是在线性变化的直流电压上，在每一滴汞的末期叠加一个振幅 ΔE 为 5～100mV、持续时间为 40～80ms 的矩形脉冲电压，如图 3-29(a) 所示。在脉冲加入前 20ms 和终止前 20ms 内测量电流，如图 3-29(b) 所示。当脉冲电压叠加在直流极谱波的残余电流或极限扩散电流部分的电势时，都不会使电流产生很大的变化，两次测得的电解电流差值 Δi 的变化很小。当脉冲电压叠加在直流极谱波的$\varphi_{1/2}$附近时，由脉冲电压所引起的电势变化将导致电解电流发生很大的变化。两次测得的电解电流差值 Δi 的变化很大，在$\varphi_{1/2}$处达到峰值，其极谱波如图 3-29(c) 所示。

微分脉冲极谱峰电流的最大值为：

$$i_{\max}=\frac{n^2F^2}{4RT}A\Delta\varphi c\sqrt{\frac{D}{\pi t_{\mathrm{m}}}} \tag{3-16}$$

式中，$\Delta\varphi$ 为脉冲振幅。

微分脉冲极谱波的峰电势：

$$\varphi_{\mathrm{P}}=\varphi_{1/2}\pm\frac{\Delta\varphi}{2} \tag{3-17}$$

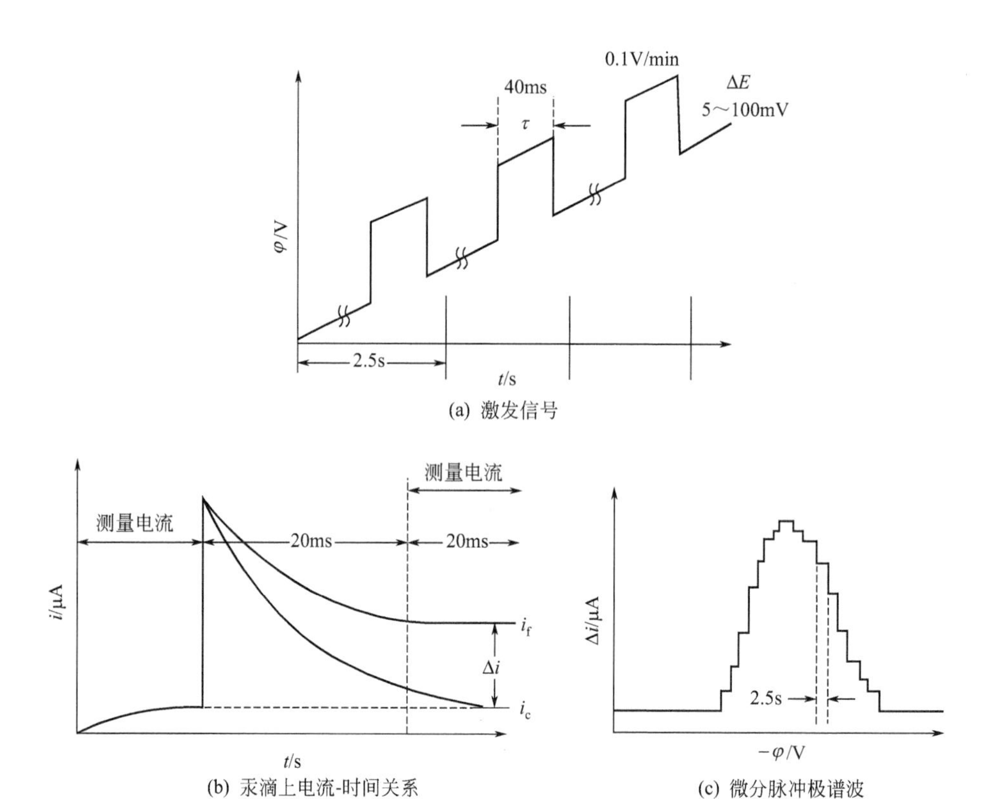

图 3-29 微分脉冲极谱

峰电流一半处的峰宽称为半峰宽 $W_{1/2}$，对可逆波：$W_{1/2}=3.52\dfrac{RT}{nF}$。298K 时，$W_{1/2}=\dfrac{90}{n}$(mV)。测定微分脉冲极谱波的半峰宽可以判断可逆波与不可逆波$\left(W_{1/2}>\dfrac{90}{n}\text{mV}\right)$。

微分脉冲极谱法的灵敏度高，检测限约 10^{-8} mol/L，还可使用较低浓度的支持电解质，有利于痕量物质的测定。由于微分脉冲极谱波呈峰形，前还原物质的允许量可达 5000∶1。分辨率高，两物质的峰电势之差达 25mV 即可分开。

3.5.3 脉冲极谱的充电电流和毛细管噪声电流

脉冲极谱的充电电流为：

$$i_c=\frac{\Delta E}{R}e^{-\frac{t}{RC}} \tag{3-18}$$

式中，R 为电解池内阻；C 为双电层电容；ΔE 为脉冲振幅。充电电流取决于电解池的 RC 特性和叠加脉冲后测量电流的时间 t。

当汞滴下滴时，引起毛细管内汞的收缩，使电解液进入毛细管，并在管壁上形成一层液膜。当滴汞电极的电势突然改变时，由于汞线表面充电而产生的微小电流称为毛细管噪声电流 i_N，它按 $t^{-n}\left(n>\frac{1}{2}\right)$衰减。

脉冲极谱电解池的总电流主要包括电解电流 i_f、充电电流 i_c 和毛细管噪声电流 i_N。i_f 按 $t^{-\frac{1}{2}}$衰减；i_c 按 $t^{-\frac{t}{RC}}$衰减；而 i_N 按 t^{-n}衰减，介于充电电流和电解电流之间。在脉冲极谱中，脉冲持续的时间通常为 40～80ms，比方波极谱的几毫秒长。在脉冲后期测量电流，可使充电电流和毛细管噪声电流几乎衰减至零，测得的主要是电解电流，从而提高了脉冲极谱法测定的灵敏度，巧妙地克服了充电电流和背景电流！

脉冲极谱法的特点和应用如下。

① 由于对可逆物质可有效减小充电电流及毛细管的噪声电流，所以灵敏度高，可达 10^{-8}mol/L。对不可逆的物质，亦可达 10^{-6}～10^{-7}mol/L。如果结合溶出技术，灵敏度可达 10^{-10}～10^{-11}mol/L。

② 由于微分脉冲极谱波呈峰状，所以分辨力强，两个物质的峰电势只要相差 25mV 就可以分开；前放电物质的允许量大，前放电物质的浓度比被测物质高 5000 倍，亦不干扰。

③ 若采用单滴汞微分脉冲极谱法，则分析速率可与单扫描极谱法一样快。

④ 由于它对不可逆波的灵敏度也比较高，分辨力也较好，故很适合于有机物的分析。

3.5.4 差示脉冲伏安法

差示脉冲伏安法（Differential Pulse Voltammetry，DPV）就是在线性扫描伏安法的线性电位上，再加上一个重复脉冲电压信号。差示脉冲伏安法的电势波形如图 3-30(a) 所示；差示脉冲伏安曲线如图 3-30(b) 所示，是一个峰形的曲线。

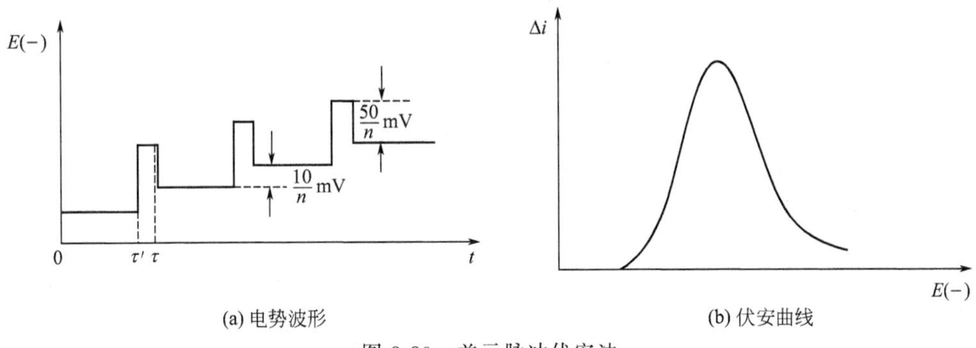

图 3-30 差示脉冲伏安法

3.5.5 旋转电极脉冲伏安法

脉冲伏安法对于搅拌对流传质过程不灵敏，同样，当能斯特扩散层厚度小于对流所建立的截断层时，可以预计，脉冲伏安法不受电极旋转速度的影响，但在很高的旋转速度时这个结论不成立，有关旋转电极脉冲伏安法的理论处理已有过讨论。

如果脉冲旋转速度低、持续时间短，电流将遵从 Cottrell 方程。若脉冲旋转速度高、持续时间长电流将遵从旋转盘电极电流公式——Levich 方程。

$$i_{1,c}=0.62nFAD_{O}^{2/3}\omega^{1/2}\nu^{-1/6}c_{O}^{*} \tag{3-19}$$

式中，ω 为旋转速度；ν 为动力学黏度；$i_{1,c}$为阴极极限电流；D_O 为氧气扩散系数；A 为电极表面积。

在对流贡献较小时，常规脉冲伏安极限电流为：

$$i_{d}=nFAD_{O}c_{O}^{*}\left\{\frac{1}{[\pi(\tau-\tau')]^{1/2}}+\frac{1.02\omega^{3/2}(\tau-\tau')}{\nu^{1/2}}\right\} \tag{3-20}$$

式中，第一项为 Cottrell 电流，第二项是旋转电极的贡献，要想使第二项的贡献小于 Cottrell 电流的 10%，$\omega(\tau-\tau')$（r · s/s）必须小于 1.4。在实际中，在湍流或在旋转电极（层流）条件下进行脉冲伏安法不是很普遍。它主要的优点是在搅拌和旋转速度较低的实验条件下，电流不受湍流的影响，其分析应用具有一定的价值。对于旋转电极，差示脉冲电流的值为常规脉冲电流乘以因子 $(1-\sigma)(1+\sigma)$，故旋转速度的影响同常规脉冲伏安法。

3.5.6 方波伏安法

方波伏安法（Square Wave Voltammetry，SWV）是一种多功能、快速、高灵敏度和高效能的电分析方法。最初在 1957 年由 Barker 提出，当时的电极使用的是汞滴电极。使用这种电极，实验中的电极的表面积一直在变，所以对数学建模的要求较高才能分析数据。随着仪器的不断进步，它已成为一种较重要的分析技术。其激发波形如图 3-31 所示，它是由一个双向脉冲波形（方波）加载在一个阶梯波上构成的。方波与阶梯波的周期是一致的。

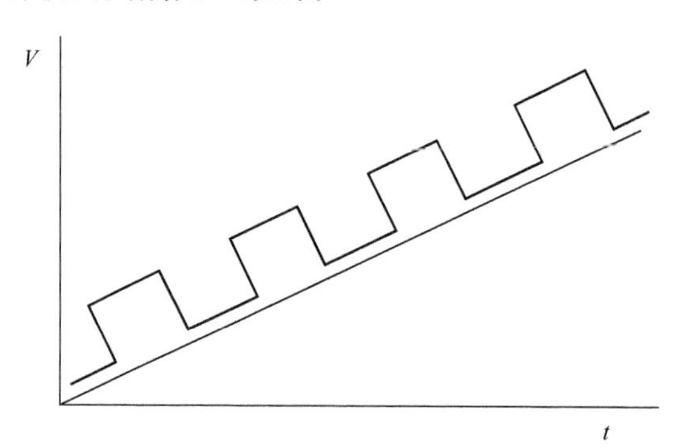

图 3-31　方波极谱法的激发信号

阶梯波的初始电势同样选择足够正的电势，在此电势下无电化学反应发生，在正向脉冲结束前和反向脉冲结束前分别采集电流信号，记为 i_1 和 i_2，净电流输出信号为 $\Delta i=i_1-i_2$。典型的方波伏安曲线如图 3-32 所示。由于电流的差减作用，

SWV 的双电层充电电流也可被有效地扣除。SWV 的检测灵敏度略高于 DPV，检测限可达到 10^{-8} mol/L。

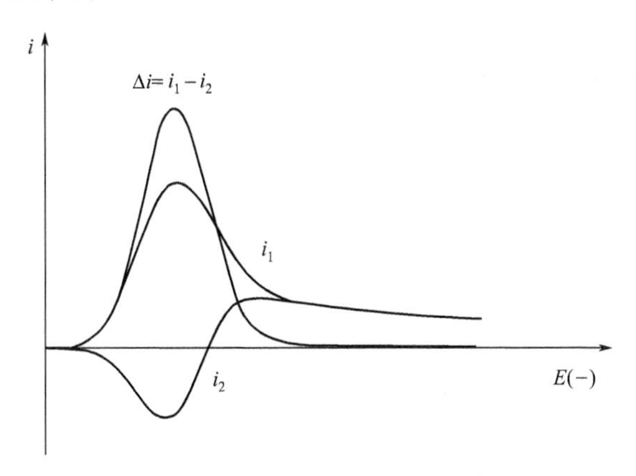

图 3-32　典型的方波伏安曲线

虽然 NPV 与 DPV 的有效扫描速率的作用可达到 1～10mV/s，但 SWV 可达到 1mV/s。SWV 由于在较高的速率下扫描，溶液中的低浓度溶解氧也来不及扩散到电极表面发生反应，因此，无需通氮除氧，简化了试验装置与操作。SWV 的优点是分析速率快，与 DPV 相比，其电活性组分消耗量低，并减轻了电极表面的封闭问题。由于电流是在负向脉冲和正向脉冲中取样的，所以，在同一个实验中，可得到与电极表面上电活化组分与质量传递区域极限电流相一致的电压下的差电流为 0。在分析中这非常有用，特别是对于除去由于溶解的氧的还原而产生的电流。

SWV 可采用各式电极，如汞膜电极、小圆盘电极、圆柱形微电极、镀汞玻璃碳电极、玻璃碳旋转圆盘电极等。SWV 广泛应用于物质的定量分析和动力学研究。

SWV 由于其较好地抑制了背景电流，扫描速率快，提高了信噪比和高的灵敏度，使其在实际研究工作中成为脉冲伏安法的最佳选择。SWV 传统上应用于吸附溶出、阳极溶出，用于重金属的检测，如 Cd^{2+}、Pb^{2+}、Cu^{2+}。Gang Li 等在低浓度 I^- 的存在下，诱导 Pb^{2+} 积聚在电极表面，在 −0.90V 被还原。在 −0.90～−0.30V方波扫描电势下，还原的 Pb 被氧化，在 −0.56V 出现了良好形状的溶出峰。作为一种灵敏检测 Pb^{2+} 的方法，其线性范围为 2.0×10^{-6}～4.0×10^{-8} mol/L，其最低检测浓度估计可为 6.0×10^{-9} mol/L。

3.5.7　脉冲伏安法的应用

脉冲技术，因为它的灵敏度高，尤其是在由于溶解氧而产生背景电流的情况下，被广泛地应用于电活性物质的检测。方波伏安法和差示脉冲伏安法是最灵敏的检测浓度的方法，广泛地应用于痕量物质的分析工作中，常常要比分子或原子吸收光谱、大部分色谱方法灵敏。它们同样也可以提供有关分析物化学形态的信息，可以确定氧化态、检测配合作用等。在环境检测中，薄膜汞电极上的阳极溶出伏安法可以检测出许多重金属离子，这种技术对多种金属离子都很灵敏，可以进行多成分分析，如对 Zn、Cd、Pb、Cu 等的分析。

下面就脉冲技术近几年在不同领域的发展进行介绍。

(1) 脉冲电化学表面处理

现代工业的发展对工件表面质量提出了更高的要求，工件表面质量不仅影响产品的外观效果，还直接影响产品的使用性能和使用寿命，而工件表面质量与工件的最后光整加工工艺密切相关。脉冲电化学光整加工是采用脉冲电流代替直流电流，利用非线性电解液（中性无机盐水溶液），工具阴极与工件阳极之间保持较小的间隙，且阴极和阳极两极之间无进给的一种工件表面整平加工方法。由于阴极和阳极之间保持无相对进给运动，设计和操作简单，既可用于规则表面的加工，以可用于不规则表面的加工，因此具有很大的灵活性，而且加工后的工件表面无附加残余应力，其机械性能具有独特的优势，并且环境污染小，因此脉冲电化学光整加工是一种很有发展前途的光整加工方法。

(2) 脉冲电镀常规金属镀层

脉冲电镀单金属，尤其是贵金属电镀是近年来脉冲电镀研究的重点，其中双脉冲电镀的应用更显现其优越性。双脉冲电镀的反向脉冲电流改善了镀层的厚度分步，镀层厚度均匀，整平性好；反向脉冲的阴极溶解使阴极表面金属离子浓度迅速回升，这就有利于随后的阴极周期使用高的脉冲电流密度，而高的脉冲电流密度又使晶核的形成速度大于晶体的生长速度，因而镀层致密、光亮、孔隙率低；反向脉冲的阴极剥离使镀层中的有机杂质（含光亮剂）的夹附大大减少，因而镀层纯度高，抗变色能力增强，这一点在镀银中尤其突出；周期性的反向脉冲电流使镀件表面一直处于活性状态，因而可得到结合力更好的镀层；反向脉冲有利于减薄扩散层的实际厚度，提高阴极电流效率，因而合适的脉冲参数会使镀层的沉积速度进一步加快。脉冲镀贵金属是一种提高镀层质量减少贵金属消耗的有效方法，在达到规定技术指标要求的前提下，与直流电镀相比较，可节省 15%～20%的贵金属。我国国内一电子封装研究室，应用此技术于镀镍、镀金，由于镀层质量高、产品销量极好，其封装外壳年产值达千万元，经济效益十分显著。

3.6 电化学阻抗谱技术

电化学阻抗法是一种十分重要的暂态电化学技术，由于使用小幅度对称交流信号（一般小于 10mV）对电极进行极化，当频率足够高时，每半周期持续时间很短，不会引起严重的浓差极化及表面状态化。在电极上交替进行着阴极过程与阳极过程，同样不会引起极化的积累性发展，避免了对体系产生过大的影响。其次，由于可以在很宽的频率范围内测量得到阻抗谱，因而电化学阻抗技术能比其他常规的电化学方法得到更多的电极过程动力学信息和电极界面结构信息。近十年来的发展非常迅速，应用范围已经超出了传统的电化学领域。在电极过程动力学、各类电化学体系（如电沉积、腐蚀、化学电源）、生物膜性能、材料科学，包括表面改性、电子元器件和导电材料的研究中得到了越来越广泛的应用[71~74]。

电化学阻抗谱的设计基础和前几节讨论的控制电势和控制电流技术基本类似，也是给电化学系统施加一个扰动电信号，然后来观测系统的响应，利用响应电信号分析系统的电化学性质。所不同的是，EIS 给电化学系统施加的扰动电信号不是直流电势或电流，而是一个频率不同的小振幅的交流正弦电势波，测量的响应信号也不是直流电流或电势随时间的变化，而是交流电势与电流信号的比值，通常称之为系统的阻抗，随着正弦波频率 ω 的变化，或者是阻抗的相位角随频率的变化。可以更直观地从示意图 3-33 来看，利用波形发生器，产生一个小幅正弦电势信号，通过恒电势仪施加到电化学系统上，将输出的电流/电势信号经过转换，再利用锁相放大器或频谱分析仪，输出阻抗及其模量或相位角。通过改变正弦波的频率，可获得一系列不同频率下的阻抗、阻抗的模量和相位角，作图即得电化学阻抗谱，这种方法就称为电化学阻抗谱（Electrochemical Impedance Spectroscopy，EIS）法。由于扰动电信号是交流信号，所以电化学阻抗谱也叫做交流阻抗谱。将电化学阻抗谱技术进一步延伸，在施加小幅正弦电势波的同时，还伴随着一个线性扫描的电势，这种技术称之为交流伏安法。本章只介绍电化学阻抗谱技术。

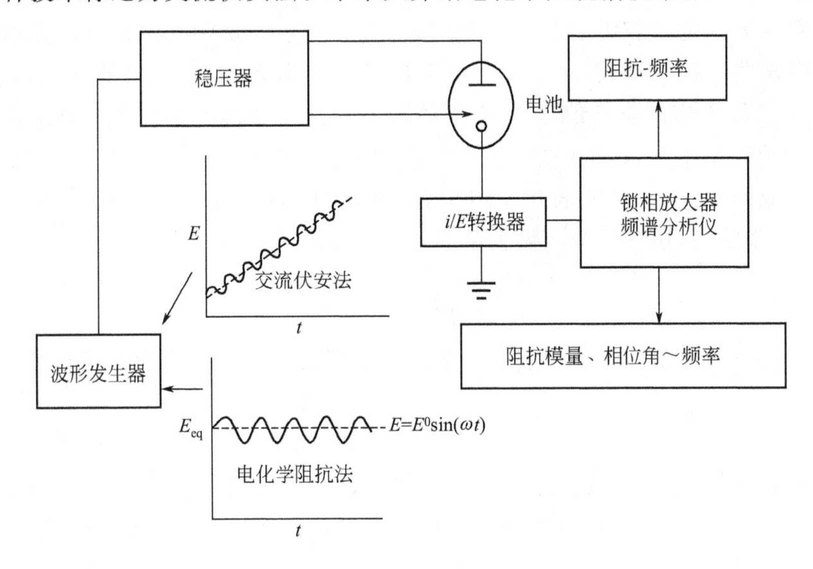

图 3-33　电化学阻抗谱技术

利用电化学阻抗谱研究一个电化学系统时，它的基本思路是将电化学系统看作是一个等效电路，该等效电路是由电阻（R）、电容（C）、电感（L）等基本元件按照串联或并联等不同的方式组合而成的，通过 EIS 可以定量地测定这些元件的大小，利用这些元件的电化学含义来分析电化学系统的结构和电极过程的性质。

3.6.1 电化学阻抗谱的基础知识

首先介绍有关电化学阻抗谱的一些基础知识和基本概念。图 3-34 将内部结构未知的电化学系统当作一个黑箱 M，给黑箱输入一个扰动函数（激励函数）X，黑箱就会输出一个响应信号 Y。用来描述扰动与响应之间关系的函数称为传输函数 $G(\omega)$。传输函数是由系统的内部结构决定的，因此，通过对传输函数的研究，就可以研究系统的性质，获得有关系统内部结构的信息。如果系统的内部结构是线性的稳定结构，则输出信号就是扰动信号的线性函数，有关系式（3-21）成立。

$$Y=G(\omega)X \tag{3-21}$$

即

$$Y/X=G(\omega) \tag{3-22}$$

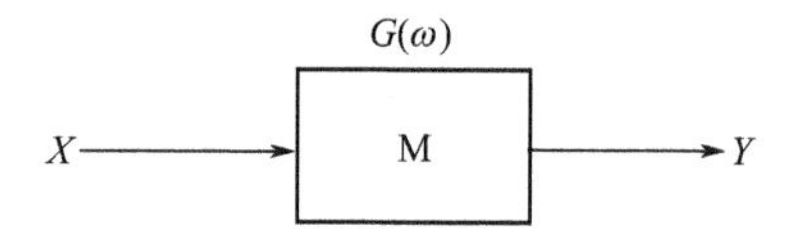

图 3-34　电化学阻抗谱技术原理

如果施加扰动信号 X 为角频率为 ω 的正弦波电流信号，则输出响应信号 Y 即为角频率也为 ω 的正弦电势信号，此时，传输函数 $G(\omega)$ 也是频率的函数，称为频率响应函数（频响函数），这个频响函数就称之为系统 M 的阻抗（Impedance），用 Z 表示。如果施加扰动信号 X 为角频率为 ω 的正弦波电势信号，则输出响应信号 Y 既为角频率也为 ω 的正弦电流信号，此时，频响函数 $G(\omega)$ 就称为系统 M 的导纳（Admittance），用 Y 表示。阻抗和导纳统称为阻纳（Immittance），用 G 表示。显然，阻抗和导纳互为倒数关系。

$$Y=\frac{1}{Z} \tag{3-23}$$

先熟悉一下正弦波信号的表示方法。一个正弦波极化值的大小可以用式(3-24)表示：

$$\Delta E=|\Delta E|\sin(\omega t+\phi) \tag{3-24}$$

式中，$|\Delta E|$ 为正弦波极化值信号的幅值；ϕ 为正弦波交流信号的初相位，也就是在时间 $t=0$ 时正弦波极化值的相位。ω 为角频率，也称圆频率，它与正弦波交流信号的频率 f 及周期 T 的关系是：

$$\omega=2\pi f=\frac{2\pi}{T} \tag{3-25}$$

为简单起见，一律假定初相位为 0。于是一个正弦波极化值的交流信号为：

$$\Delta E=|\Delta E|\sin(\omega t) \tag{3-26}$$

故 ΔE 的数值既与频率 f 或 ω 有关，也与时间 t 有关。ωt 是正弦波极化值 ΔE 的相位。当一个模值为 $|\Delta E|$ 的矢量从水平方向（指初相位等于 0）开始以均匀的

角速度按逆时针方向旋转时，这个矢量在纵轴上的投影即为正弦函数。如这一矢量旋转一周需要的时间为 T，则在 $t=t_1$ 时，该矢量在纵轴上的投影为

$$\Delta E_1 = |\Delta E| \sin \frac{2\pi t_1}{T} = |\Delta E| \sin(\omega t_1) \tag{3-27}$$

此时，这个模值为 $|\Delta E|$ 的矢量逆时针方向旋转了角度 ωt_1。

由于正弦波交流信号具有矢量的特性，可以用表示矢量的方法来表示正弦波信号。在一个复数平面中，如以 1 表示单位长度的水平矢量，以虚数 $j=\sqrt{-1}$ 表示单位长度的垂直矢量，则对于一个模值为 $|\Delta E|$ 而从水平位置起旋转了角度 ωt 的矢量 ΔE，在复数平面中可以表示为

$$\Delta E = |\Delta E| \cos(\omega t) + j|\Delta E| \sin(\omega t) \tag{3-28}$$

式中，$|\Delta E|\cos(\omega t)$ 为这个矢量在实轴（水平方向）上的投影，$|\Delta E|\sin(\omega t)$ 为这个矢量在虚轴（垂直方向）上的投影。

根据欧拉（Euler）公式，式(3-28) 表示的矢量也可以写成指数表示式：

$$\Delta E = |\Delta E| \exp(j\omega t) \tag{3-29}$$

式中，$|\Delta E|$ 为幅值；ωt 为幅角。

线性系统的特征之一是对于正弦波扰动信号所作出的相应信号也好似正弦波信号。对于电信号来说，电阻应该是最简单的线性元件。根据电工学知识，在将式(3-29) 所示的正弦波交流电压信号加到一个电阻值为 R 的纯电阻两端时，该纯电阻的阻抗为

$$Z_R = R \tag{3-30}$$

导纳为

$$Y_R = \frac{1}{Z_R} = \frac{1}{R} \tag{3-31}$$

除了纯电阻外，一般的线性元件或线性元件组合的电路对正弦波扰动信号所作出的响应虽然也是正弦波的信号，而且频率与扰动信号相同，但是相位角不一样。例如，如果电路由一个电容值为 C 的理想电容器构成，则在式(3-29) 所示的正弦波交流电压信号加到这一电路上时，该电容的阻抗为

$$Z_C = -j\frac{1}{\omega C} \tag{3-32}$$

而电容的导纳为

$$Y_C = \frac{1}{Z_C} = j\omega C \tag{3-33}$$

对于一个电感值为 L 的“纯”电感器来说，同样可以得到电感的阻抗为：

$$Z_L = j\omega L \tag{3-34}$$

其倒数即为电感的导纳。

在一般情况下，如果加到一个由线性元件组成的电路上的电压为式(3-29) 所示的正弦波信号，则流过电路的电流可以写成：

$$I=|I|\exp[j(\omega t+\varphi)] \tag{3-35}$$

式中，φ 为线路中的电流与加到线路上的电压之间的相位差。如果 $\varphi>0$，电流的相位超前于电压的相位；如果 $\varphi<0$，电流的相位迟后于电压的相位。这个线性电路的阻抗为：

$$Z=\frac{\Delta E}{I}=\frac{\Delta E}{|I|}\exp(-j\varphi)=Z\exp(-j\varphi) \tag{3-36}$$

一个线性电路的阻抗也是一个矢量，这个矢量的模值为：

$$|Z|=\frac{|\Delta E|}{|I|} \tag{3-37}$$

幅角为 $-\varphi$。

将式(3-36) 按照欧拉公式展开，得到：

$$Z=|Z|(\cos\varphi-j\sin\varphi)=Z_{\mathrm{Re}}-jZ_{\mathrm{Im}} \tag{3-38}$$

式中，Z_{Re}为阻抗的实部；Z_{Im}为阻抗的虚部。可以看出：

$$Z_{\mathrm{Re}}=|Z|\cos\varphi \tag{3-39}$$

$$Z_{\mathrm{Im}}=|Z|\sin\varphi \tag{3-40}$$

容易证明，该线性电路的导纳为：

$$Y=|Y|\exp(j\varphi)=|Y|(\cos\varphi+j\sin\varphi) \tag{3-41}$$

同样，令 Y_{Re}为导纳的实部，Y_{Im}为导纳的虚部，则有：

$$Y_{\mathrm{Re}}=|Y|\cos\varphi \tag{3-42}$$

$$Y_{\mathrm{Im}}=|Y|\sin\varphi \tag{3-43}$$

导纳的幅角为 φ，而其模值为：

$$|Y|=\frac{l}{|Z|}=\frac{|I|}{|\Delta E|} \tag{3-44}$$

由以上各式可以得到：

$$|Z|=\sqrt{Z_{\mathrm{Re}}^2+Z_{\mathrm{Im}}^2} \tag{3-45}$$

$$|Y|=\sqrt{Y_{\mathrm{Re}}^2+Y_{\mathrm{Im}}^2} \tag{3-46}$$

$$\tan\varphi=\frac{Z_{\mathrm{Im}}}{Z_{\mathrm{Re}}}=\frac{Y_{\mathrm{Im}}}{Y_{\mathrm{Re}}} \tag{3-47}$$

故测量一个线性系统的阻纳时，可以测定其模值和幅值，也可以测定阻纳的实部和虚部。

总的来说，一个电化学系统必须满足如下三个基本条件才能保证测量的阻抗谱具有意义。

① 因果性条件（Causality）。输出的响应信号只是由输入的扰动信号引起的。也就是说，测量信号和扰动信号之间存在唯一对应的因果关系，任何其他干扰信号都必须排除。如果充分注意了电化学系统环境因素（比如温度等）的控制，这个条件比较容易满足。

② 线性条件（Linearity）。输出的响应信号与输入的扰动信号之间存在线性关

系。通常情况下，电化学系统的电流与电势之间是不符合线性关系的，而是由体系的动力学规律决定的非线性关系。但是，当采用小幅度的正弦波电势信号对系统进行扰动时，作为扰动信号的电势和响应信号的电流之间可以近似看作呈线性关系，从而可以近似地满足线性条件。通常作为扰动信号的电势正弦波的幅度在5mV左右，一般不超过10mV。

③ 稳定性条件（Stability）。扰动不会引起系统内部结构发生变化，当扰动停止后，体系能够回复到原先的状态。对于可逆反应来说，稳定性条件比较容易满足；对于不可逆的电极过程，只要电极表面的变化不是很快，当扰动幅度小、作用时间短、扰动停止后，系统也能够恢复到离原先状态不远的状态，可以近似地认为满足稳定性条件。对于非常快速的电极反应，或者是扰动的频率低，作用时间长时，稳定性条件的满足较困难，所以EIS研究快速不可逆反应有一定的困难。

除了上述三个基本条件外，被测系统还必须满足有限性条件，即在整个频率范围内所测定的阻抗或导纳值是有限的。

和前面讨论的测量方法相比，EIS法具有如下的特点。

① 由于采用小幅度的正弦电势信号对系统进行微扰，当在平衡电势附近测量时，电极上交替出现阳极和阴极过程，二者的作用相反，即使扰动信号长时间作用于电极，也不会导致极化现象的积累性发展和电极表面状态的积累性变化（对电极表面状态的破坏作用较小）。因此，EIS法是一种“准稳态方法”。

② 由于电势-电流间存在线性关系，测量过程中电极处于准稳态，使得测量结果的数学处理大大简化。

③ EIS是一种频率域测量方法，可测定的频率范围很宽，因而比常规方法得到更多的动力学信息和电极界面结构信息。

3.6.2 复合元件的阻纳

进行电化学阻抗谱测量时，人们是将整个系统看作一个等效电路，给这个电路施加一个正弦波电势扰动信号来测量电路的响应。电路是由若干个电阻、电容、电感等基本元件组成的，所以先来讨论上述三种元件中的两种通过串联或并联组成的简单电路对扰动电势信号的响应情况及其阻抗谱特征，为下一步讨论电化学系统的复杂的等效电路打下基础。为了简单起见，按照表3-2中所列的符号表示这三个基本电学元件。

表3-2 三个基本电学元件的表示方法

元件名称	符号	参数	图示方法
电阻	R	R	—▭—
电容	C	C	—||—
电感	L	L	—ꝏꝏ—

人们约定，如果简单地将不同元件的符号并列在一起，就表示这些元件互相串联；如果将不同元件的符号并列在一个括号中，就表示这些元件互相并联，如用符号 RC、RL 或 RQ 表示了 R 与 C、L 或 Q 串联组成的复合元件；用符号（RC）、（RL）或（RQ）表示了 R 与 C、L 或 Q 并联组成的复合元件。如果将没有括号看作是第 0 个括号，而把 0 也算作偶数的话，就可以总结复合元件的这种表示方法：在次序数为奇数的括号中，各个电学元件或复合元件互相并联，在次序数为偶数的括号中（包括没有括号的情况），各个电学元件或复合元件互相串联，这种表示复合元件的方法即形成电路描述码（Circuit Description Code，CDC）。图 3-35 表示了几种简单的复合元件。

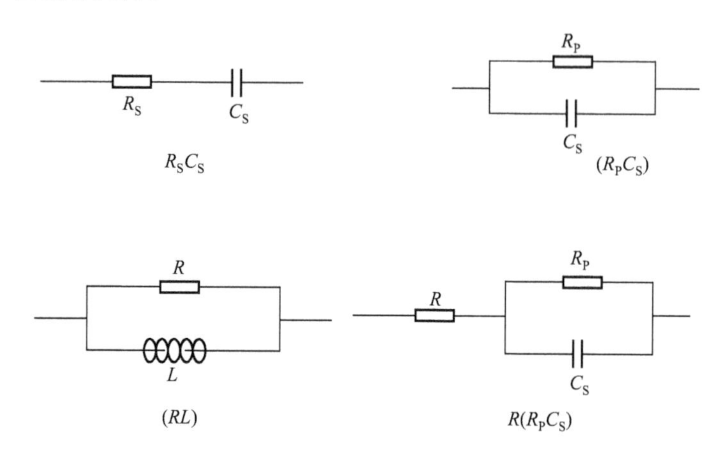

图 3-35　几种简单的复合元件

所有复合元件同单个元件一样，都必须有两个端点。

在计算复合元件的阻抗和导纳时，一般遵循如下原则：由串联的元件组成的复合元件，计算复合元件的阻抗最为方便；由并联的元件组成的复合元件，计算复合元件的导纳最为方便。得到了一个复合元件的阻抗，其倒数即为该复合元件的导纳；同理亦成立。

由一个电路在不同频率下的阻抗绘制成的曲线，称为这个电路的阻抗谱；同理，由一个电路在不同频率下的导纳绘制成的曲线，称为这个电路的导纳谱。一般只是考虑某一电路的阻抗谱。下面讨论几个简单的复合元件的阻抗谱，以便了解一个电路的阻抗谱的计算方法和表示方法。

(1) 电阻 R 和电容 C 并联的复合元件（RC）

根据前面的介绍，对于并联电路，计算其导纳最为方便。故复合元件（RC）的导纳为：

$$Y=\frac{1}{Z}=\frac{1}{R}+j\omega C=\frac{1+j\omega RC}{R} \tag{3-48}$$

所以，复合元件（RC）的阻抗为：

$$Z=\frac{R}{1+j\omega RC}=\frac{R}{1+(\omega RC)^2}-j\ \frac{\omega R^2C}{1+(\omega RC)^2} \tag{3-49}$$

这个复合元件的阻抗的实部和虚部分别为：

$$Z_{\mathrm{Re}}=\frac{R}{1+(\omega RC)^2} \tag{3-50}$$

$$Z_{\mathrm{Im}}=\frac{\omega R^2C}{1+(\omega RC)^2} \tag{3-51}$$

由此得到

$$|Z|=\sqrt{Z_{\mathrm{Re}}^2+Z_{\mathrm{Im}}^2}=\frac{R}{1+(\omega RC)^2} \tag{3-52}$$

$$\tan\varphi=\frac{Z_{\mathrm{Im}}}{Z_{\mathrm{Re}}}=\omega RC \tag{3-53}$$

从以上两式可以看出，对于电阻 R 和电容 C 并联的复合元件（RC）来说：

① 在高频时，由于 ω 很大，$\omega RC\gg 1$，于是 $|Z|\approx 1/\omega C$，故 $\lg|Z|\approx-\lg C-\lg\omega$，在 $\lg|Z|$-$\lg\omega$ 坐标系统中，是斜率为 -1 的直线；在 $\omega\to\infty$ 时，$|Z|\to 0$，$\varphi\to\pi/2$，该复合元件的阻抗相当于一个电容元件的阻抗。

② 在低频时，由于 ω 很小，$\omega RC\ll 1$，$|Z|\approx R$，$\lg|Z|\approx\lg R$，与频率无关，此时 $\varphi\to 0$，该复合元件的阻抗相当于电阻 R 的阻抗。

处于高频和低频之间有一个特征频率 ω_c，其值为 $\omega_c=1/RC$。当 $\omega=\omega_c$ 时，$\varphi=\pi/4$。特征频率的倒数 RC 称为这一复合元件的时间常数，即

$$\frac{1}{\omega_c}=RC \tag{3-54}$$

以 $\lg|Z|$ 和幅角 φ 为纵轴，以 $\lg\omega$ 为横轴的坐标系统对阻抗谱作图，称为波特（Bode）图，如图 3-36 所示。复合元件（RC）的阻抗谱的 Bode 图高频部分的直线的斜率为 -1。它的延长线与低频部分的水平直线的延长线的交点所对应的横坐标

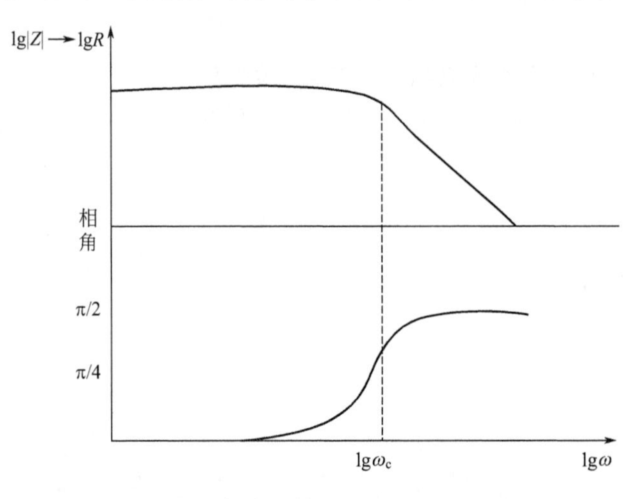

图 3-36 复合元件（RC）的 Bode 图

即为 $\lg\omega_c$。低频部分的水平线所对应的纵坐标为 $\lg R$，由此可以求出 ω_c 和 R 的数值，从而可以从式(3-54) 得到电容 C 的数值。

如果将式(3-53) 代入式(3-49)，就可以得到：

$$Z_{Re}^2 - RZ_{Re} + Z_{Im} = 0 \tag{3-55}$$

在上式等号两侧各加上$\left(\frac{R}{2}\right)^2$，上式成为：

$$\left(Z_{Re} - \frac{R}{2}\right)^2 + Z_{Im}^2 = \left(\frac{R}{2}\right)^2 \tag{3-56}$$

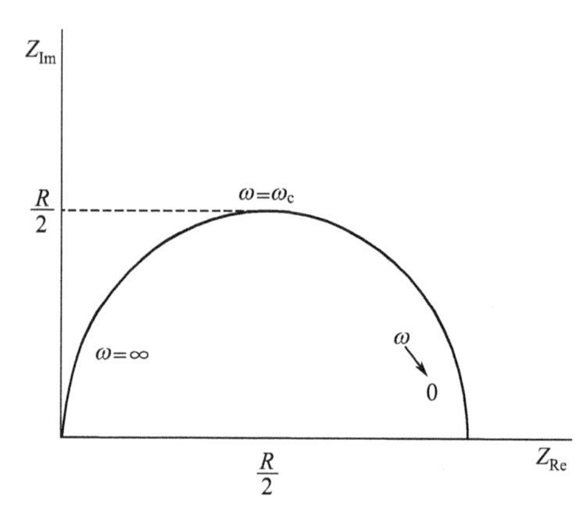

图 3-37　复合元件（RC）的 Nyquist 图

这是一个圆的方程式。如以横轴表示阻抗的实部 Z_{Re}，以纵轴表示阻抗的虚部 Z_{Im}，则这个圆的圆心在横轴上，圆心的坐标为 $(R/2, 0)$；圆的半径为 $R/2$。但由于 $Z_{Im}>0$，式(3-56) 实际上只代表第一象限中的一个半圆，如图 3-37所示。像这种表示 Z_{Im} 和 Z_{Re} 两者关系的图形叫做奈奎斯特（Nyquist）图，是阻抗谱测量结果的另一种表示方法。

图 3-37 表明，对于复合元件（RC），其 Nyquist 图是一个第一象限中的半圆，半圆的直径等于电阻元件的电阻值 R。在 $\omega\to 0$ 时，半圆与实轴相交于 $Z_{Re}=R$ 处；在 $\omega\to\infty$ 时，半圆与实轴相交于原点。在半圆的最高点，$\tan\varphi=1$，$\varphi=\pi/4$，故相应于这一点阻抗的角频率 ω 即为真正频率 ω_c。从半圆测定了 R 和 ω_c 后，即可根据下式求出电容 C 的数值。

$$C = \frac{1}{\omega_c R} \tag{3-57}$$

(2) 电阻 R 和电容 C 串联的复合元件 (RC)

由于是串联电路，所以直接将电阻的阻抗与电容的阻抗相加，就得到了这个复合元件的阻抗：

$$Z = Z_R + Z_C = R - j\frac{1}{\omega C} \tag{3-58}$$

故对于该复合元件，

$$Z_{Re} = R \tag{3-59}$$

$$Z_{Im} = \frac{1}{\omega C} \tag{3-60}$$

由此得到

$$|Z| = \sqrt{R^2 + \frac{1}{(\omega C)^2}} = \frac{\sqrt{1+(\omega RC)^2}}{\omega C} \tag{3-61}$$

$$\tan\varphi=\frac{1}{\omega RC} \tag{3-62}$$

从以上两式可以看出，对于电阻 R 和电容 C 串联的复合元件（RC）来说：

① 在高频时，由于 ω 很大，$\omega RC \gg 1$，于是 $|Z| \approx R$，$\tan\varphi \approx 0$，亦即 $\varphi \approx 0$，电流与电压的相位接近相等，此时，该复合元件相当于仅由电阻元件组成；

② 在低频时，由于 ω 很小，$\omega RC \ll 1$，于是 $|Z| \approx 1/\omega C$，$\tan\varphi \approx \infty$，亦即 $\varphi \approx \pi/2$，电流和电压的相位接近于超前 $\pi/2$，整个电路相当于仅由电容 C 组成。

特征频率 ω_c 处于高频和低频之间，当 $\omega=\omega_c$ 时，$\tan\varphi=1$，$\varphi=\pi/4$。同样，特征频率的倒数称为这一复合元件的时间常数。

对式(3-62) 等号两侧取对数，得到：

$$\lg|Z|=\frac{1}{2}\lg[1+(\omega RC)^2]-\lg\omega-\lg C \tag{3-63}$$

复合元件（RC）的阻抗谱的 Bode 图见图 3-38。

由于复合元件（RC）的阻抗的实部只是电阻 R 的数值，与频率无关，而虚部与频率的倒数呈正比，在 $\omega \to \infty$ 时，$Z_{Im} \to 0$，而在 $\omega \to 0$ 时，$Z_{Im} \to \infty$。所以复合元件（RC）的阻抗的 Nyquist 图只是在第一象限中的一条垂直线，这条垂直线与横轴即 Z_{Re} 轴的交点在 $Z_{Re}=R$ 处。图 3-39 为复合元件（RC）的 Nyquist 图。

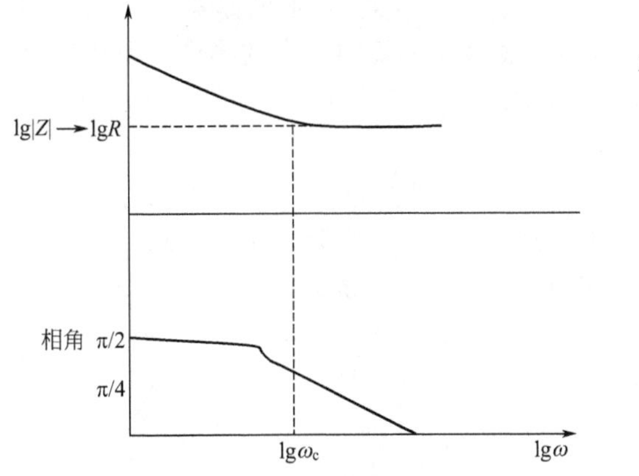

图 3-38 复合元件（RC）的 Bode 图

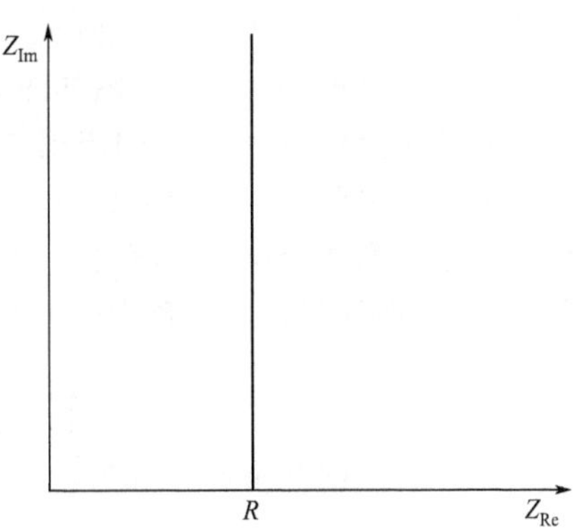

图 3-39 复合元件（RC）的 Nyquist 图

(3) 电阻 R 和电感 L 并联的复合元件（RL）

该复合元件的导纳为

$$Y=\frac{1}{R}+\frac{1}{j\omega L}=\frac{1}{R}-j\frac{1}{\omega L} \tag{3-64}$$

于是可以得到其阻抗为

$$Z=\frac{1}{Y}=\frac{R}{1+\left(\frac{R}{\omega L}\right)^2}+j\frac{\frac{R^2}{\omega L}}{1+\left(\frac{R}{\omega L}\right)^2} \tag{3-65}$$

因此，该复合元件的阻抗的实部和虚部分别为：

$$Z_{\mathrm{Re}}=\frac{R}{1+\left(\frac{R}{\omega L}\right)^2} \tag{3-66}$$

$$Z_{\mathrm{Im}}=-\frac{\frac{R^2}{\omega L}}{1+\left(\frac{R}{\omega L}\right)^2} \tag{3-67}$$

于是，就有

$$|Z|=\frac{R}{\sqrt{1+\left(\frac{R}{\omega L}\right)^2}} \tag{3-68}$$

$$\tan\varphi=-\frac{R}{\omega L} \tag{3-69}$$

将式(3-69) 代入式(3-65)，并经过适当的处理，就会得到以下关系式：

$$\left(Z_{\mathrm{Re}}-\frac{R}{2}\right)^2+Z_{\mathrm{Im}}^2=\left(\frac{R}{2}\right)^2 \tag{3-70}$$

这个等式看起来同式(3-56) 完全一样，是一个圆心坐标为（0，$R/2$）、半径为 $R/2$ 的圆的方程式，但实际上式(3-56) 由于 $Z_{\mathrm{Im}}\geqslant 0$，表示的是第一象限的半圆；而在式(3-70) 的情况下，由于 $Z_{\mathrm{Im}}\leqslant 0$，表示的是第四象限的半圆。所以这个复合元件的阻抗谱的 Nyquist 图如图 3-40 所示。

(4) 复合元件 $R_S(RC)$ 的阻抗谱

这是一个电阻与一个复合元件（RC）串联而组成的包含三个电学元件的复合元件。为了区别两个电阻，将与复合元件（RC）串联的电阻用 R_S 表示，其电阻值为 R_S。在前面讨论的基础上，复合元件 $R_S(RC)$ 的阻抗为：

$$Z=R_S+\frac{R}{1+(\omega RC)^2}-j\frac{\omega R^2C}{1+(\omega RC)^2} \tag{3-71}$$

因此，其实部与虚部分别为：

$$Z_{\mathrm{Re}}=R_S+\frac{R}{1+(\omega RC)^2} \tag{3-72}$$

$$Z_{\mathrm{Im}}=\frac{\omega R^2C}{1+(\omega RC)^2} \tag{3-73}$$

不难证明存在下列关系式：

$$\left[Z_{\mathrm{Re}}-\left(R_S+\frac{R}{2}\right)\right]^2+Z_{\mathrm{Im}}^2=\left(\frac{R}{2}\right)^2 \tag{3-74}$$

这是圆心为（$R_S+R/2$，0）的圆的方程式。由于 $Z_{\mathrm{Im}}\geqslant 0$，表示的是第一象限的半圆。因此，这个复合元件的阻抗的 Nyquist 图如图 3-41 所示。在低频的一端，半圆与实轴的相交点的横坐标值为 R_S+R；而在高频的一端，半圆与实轴的相交点的横坐标值为 R_S。一般情况下，求得 R_S 后，可以将 Z_{Re}减掉 R_S，得到不包含

R_S 的新的 Z_{Re}数值，然后像处理（RC）复合元件的阻抗数据那样处理该复合元件的阻抗数据。

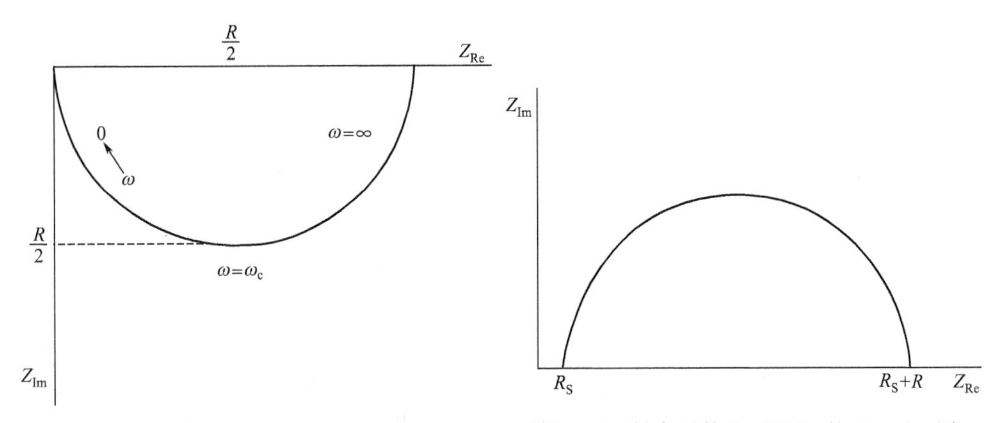

图 3-40　复合元件（RL）的 Nyquist 图

图 3-41　复合元件 $R_S(RC)$ 的 Nyquist 图

根据定义式还可以列出该复合元件的模值和幅值的表达式，从而得到这个复合元件的阻抗的 Bode 图，这部分内容可参考相关文献。

3.6.3 电极过程的等效电路

交流阻抗谱的解析一般是通过等效电路来进行的。如果能用前面讨论过的电学元件构成一个电路，它的阻抗谱同测得的电极过程的电化学阻抗谱一样，那么就称这个电路为该电极过程的等效电路，而所用的电学元件就叫作等效元件。基本的元件即为：纯电阻 R、纯电容 C、纯电感 L 和常相位角元件 Q。

如果电极过程由电荷传递过程（电化学反应步骤）控制，扩散过程引起的阻抗可以忽略，则电化学系统可简化为如图 3-42 所示的等效电路：即电荷传递电阻与电极溶液界面双电层电容并联，然后与欧姆电阻串联，欧姆电阻包括了测量回路中的溶液的电阻，对于三电极体系就是工作电极与参比电极之间的溶液的电阻，对于两电极电池就是两电极之间的溶液的电阻。

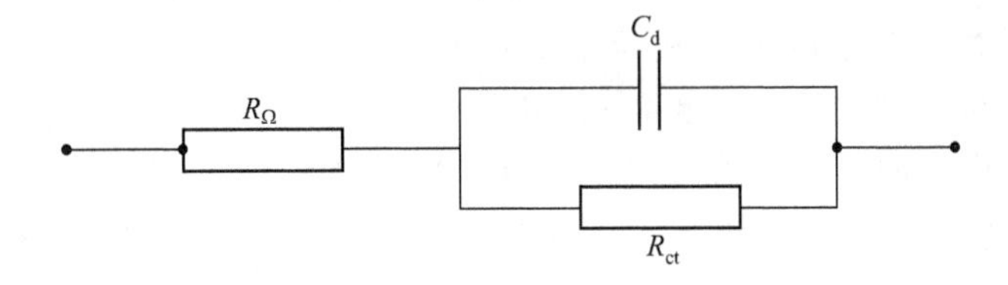

图 3-42　电荷传递过程的 EIS 等效电路图

利用前面讨论的知识可以知道，这个等效电路的阻抗的 Nyquist 图如图 3-43 所示。电极过程的控制步骤为电化学反应步骤时，Nyquist 图为半圆，据此可以判断电极过程的控制步骤。另外，从 Nyquist 图上可以直接求出 R_Ω 和 R_{ct}，并由半

圆顶点的 ω 可求得 C_d。

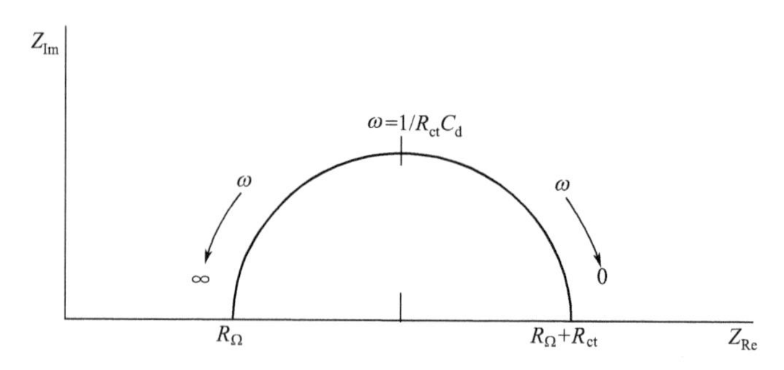

图 3-43　电荷传递过程的 EIS 等效电路的 Nyquist 图

在固体电极的 EIS 测量中发现，曲线总是或多或少地偏离半圆轨迹而表现为一段圆弧，因此被称为容抗弧，这种现象被称为“弥散效应”，产生弥散的原因还不十分清楚，一般认为同电极表面的不均匀性、电极表面的吸附层及溶液的导电性差有关。它反映了电极双电层偏离理想电容的性质，也就是说，把电极界面的双电层简单地等效为一个物理纯电容式是不够准确的。由此而形成一个等效元件，用符号 CPE 表示，其阻抗为

$$Z=\frac{1}{T}(j\omega)^{-p} \tag{3-75}$$

CPE 的阻抗由两个参数来定义，即 CPE-T 和 CPE-P。根据欧拉公式，CPE 元件的阻抗 Z 可以表示为

$$Z=\frac{1}{T\omega^{p}}\left(\cos\frac{-p\pi}{2}+j\sin\frac{-p\pi}{2}\right) \tag{3-76}$$

这一等效元件的幅角为 $\varphi=-p\pi/2$，由于它的阻抗的数值是角频率 ω 的函数，而它的幅角与频率无关，故文献上把这种元件称为常相位角元件（Constant Phaseangle Element，CPE）。

实际上，当 $p=1$ 时，如果令 $T=C$，则有 $Z=1/(j\omega C)$，此时 CPE 相当于一个纯电容，Bode 图上为一正半圆，相应电流的相位超过电势正好 90°；当 $p=-1$ 时，如果令 $T=1/L$，则有 $Z=j\omega L$，此时 CPE 相当于一个纯电感，Bode 图上为一反置的正半圆，相应电流的相位落后电势正好 90°；当 $p=0$ 时，如果令 $T=1/R$，则 $Z=R$，此时 CPE 完全是一个电阻。

一般当电极表面存在弥散效应时，CPE-P 值总是在 1～0.5 之间，阻抗波特图表现为向下旋转一定角度的半圆图。可以证明，弥散角 $\varphi=\pi/2(1-\text{CPE-P})$。

特别有意义的是，当 CPE-P=0.5 时，CPE 可以用来取代有限扩散层的 Warburg 元件，Warburg 元件是用来描述电荷通过扩散穿过某一阻挡层时的电极行为。在极低的频率下，带电荷的离子可以扩散到很深的位置，甚至穿透扩散层，产生一个有限厚度的 Warburg 元件，如果扩散层足够厚或者足够致密，将导致即使在极限低的频率下，离子也无法穿透，从而形成无限厚度的 Warburg 元件，而 CPE 正

好可以模拟无限厚度的 Warburg 元件的高频部分。当 CPE-P＝0.5 时，$Z=\frac{1}{2T\sqrt{\omega}}(\sqrt{2}-j\sqrt{2})$，其阻抗图如图 3-44 所示。

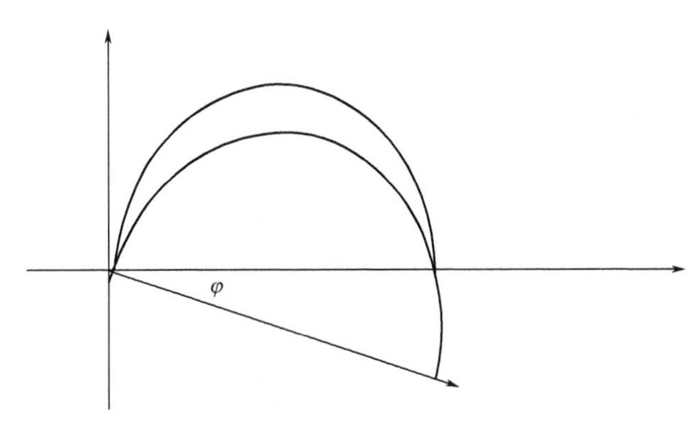

图 3-44　具有弥散效应的阻抗图

对阻抗的解析是一个十分复杂的过程，这不单是一个曲线拟合的问题，事实上，可以选择多个等效电路来拟合同一个阻抗图，而且曲线吻合得相当好，但这就带来了另外一个问题，哪一个电路符合实际情况呢，这其实也是最关键的问题。需要有相当丰富的电化学知识，需要对所研究的体系有比较深刻的认识，而且在复杂的情况下，单纯依赖交流阻抗是难以解决问题的，需要辅以极化曲线以及其他暂态试验方法。

3.6.4　电化学阻抗谱的测量技术

电化学阻抗谱测量技术分频率域和时间域测量技术两类，前者用正弦波简谐激励信号，后者用特定时间函数波形做激励信号。时间域测量技术的典型方法是快速傅里叶变换（FFT）法。频率域测量技术又可分为间接法和直接法两种。各种交流电桥技术属间接法，应用电桥平衡技术从已知阻抗臂确定待测的电极体系阻抗。直接频率域测量技术有李沙育图法、选相调辉法、锁相放大法等，它用特定电子技术直接测量电极电势和极化电流的交流信号值，进而确定阻抗值。

3.6.4.1　交流电桥法

交流电桥如图 3-45 所示，用电桥平衡的原理，在所研究的电解池和可变阻构成的电桥达成平衡。再研究电极过程中可变阻抗通常由一个可变电阻 R_S 和一个可变电容 C_S 串联组成。其阻抗为：$Z_S=R_S-\frac{i}{\omega C_S}$　(3-77)

电化学池的阻抗为：
$$\frac{Z_{cell}}{R_1}=\frac{Z_S}{R_2} \tag{3-78}$$

在电桥平衡时
$$Z_{cell}=\frac{R_S R}{R_2}-\frac{iR_1}{\omega C_S R_2}=R_{cell}-\frac{i}{\omega C_{cell}} \tag{3-79}$$

也就是
$$Z_{cell}=\frac{R_S R_1}{R_2} \tag{3-80}$$

$$C_{cell}=C_S R_2/R_1 \tag{3-81}$$

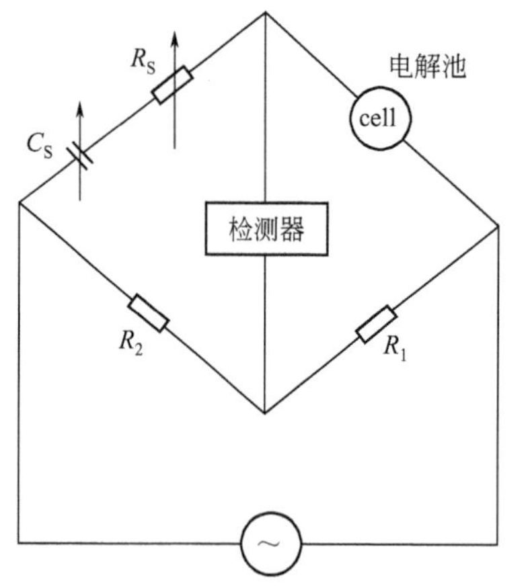

图 3-45　交流电桥法测电解池的阻抗（当检测器的电流为零时电极平衡）

电容只由工作电极产生，然而电阻包括所有产生阻力的部分、电极过程和溶液的电阻等。有些情况下也有用电阻和电容并联的组合，在这种情况下用导纳 Y 来进行分析很容易进行。

当除了交流扰动外还需要在电化学池上加直流电势的时候，用恒电势仪很方便，可以加电势和检测同时进行，这种方法称为恒电势电桥法。用这种方法需要所加的电势具有非常好的稳定性，所加的扰动频率在很大的范围内有很好的精确性。

对于非常高的频率，电桥的精确性依赖于电解池的设计，高频开始出现 Debye-Falkenhagen 效应。这一效应通常在频率高于 10MHz 时才出现，由于离子运动的速度快，高于离子氛重排所需要的时间，所以粒子运动把离子氛甩在后面，电解池的电阻降较低，如果频率在正常范围内，这种技术还是非常准确的，但需要的时间比较长。这种技术的不利之处是，测量的是整个电池的电阻，而在研究电极过程时通常只对一个电极的性质感兴趣，可以用大面积的辅助电极减小辅助电极对阻抗的贡献，还可以将电解池的阻抗通过外延到频率无穷大以清除溶液电阻的贡献。

3.6.4.2　相敏检测器和函数变换分析仪

相敏检测器用于比较所加信号和系统响应信号，给出相位差和幅度的比值，其工作原理见图 3-46。信号的施加是通过恒电势仪，需要减去工作电极和参比电极之间的电阻，这一工作可以由电子仪器装置进行。很容易记录电流随电势的变化响应，或相位差随所加电势的变化，这些信息在交流伏安法中都是非常重要的。这种方法可使频率下限达到 1Hz 左右，而且可以保证高次谐波和噪声的干扰。

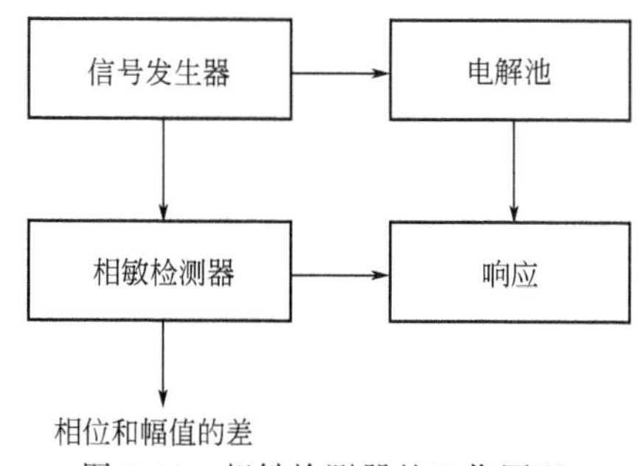

图 3-46　相敏检测器的工作原理

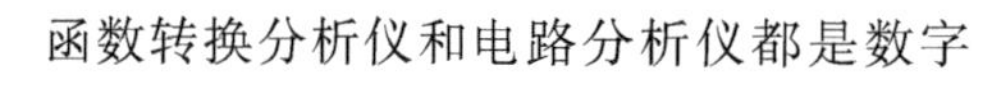

函数转换分析仪和电路分析仪都是数字分析仪，其工作原理是由电子控制与传统的相敏检测仪不同，但得到的信息是相似的而且应用的频率宽，在 $10^{-4}\sim10^{6}$ Hz。仪器是由微处理器控制的，可以进行自动分析，也可以进行适当的信号处理以改善信噪比。但是由于信号处理是一个复杂的过程，如果不能正确进行，将会导致奇怪的和错误的结果。

3.6.4.3　直接法

把正弦波电压信号和正弦波电流响应分别输入示波器（高频时）或 X-Y 记录

仪（低频时）的 X 轴或 Y 轴，由于电压信号和电流信号之间的相位差，在示波器屏幕或 X-Y 记录仪上出现一个椭圆图形——Lissajous 图形。如果 X 轴输入的电压信号为：

$$e(t)=|E|\sin(\omega t)=u_{\mathrm{m}}\sin(\omega t) \tag{3-82}$$

Y 轴输入的电流信号为：

$$i(t)=\frac{|E|}{|Z|}\sin(\omega t+\varphi)=I_{\mathrm{m}}\sin(\omega t+\theta) \tag{3-83}$$

如图 3-47 所示，变量的值可以从 Lissajous 图中直接得到。

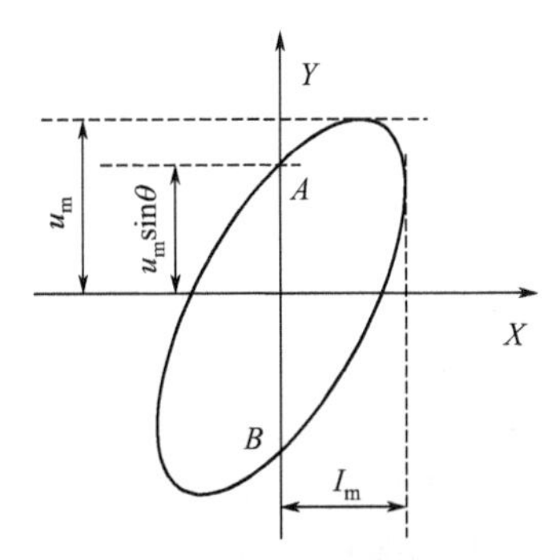

图 3-47　阻抗测量的 Lissajous 曲线

3.7 电化学噪声技术

电化学噪声（Electrochemical Noise，EN）是指电化学动力系统演化过程中，其电学状态参量（如电极电势、外测电流密度等）的随机非平衡波动现象。在此所说的波动是指研究电极的界面发生不可逆电化学反应而引起的电极表面的电势和电流的自发变化。电化学噪声产生于电化学系统本身，而不是来源于控制仪器的噪声或其他的外来干扰（当然，在噪声信号采集的时候，不可避免地包含了仪器自身以及外界噪声等干扰信号，这可以通过仪器的适当改进和相应的数学处理方法实现滤除）。这种波动信号提供了大量的系统演化信息[75,76]，包括系统从量变到质变的信息。目前，电化学噪声已经与电势扫描法、循环伏安法、控制电流法和电化学阻抗谱等常规的电化学测量方法相结合，广泛地应用于工业电化学（包括金属的腐蚀与防护、化学电源和金属电沉积）和生物电化学等诸多学科领域的研究工作中[17,71,77~79]。特别是在微生物腐蚀领域，由于电化学噪声在测量过程中不需要对被测体系施加扰动信号，不会对微生物的生长繁殖产生干扰，可以实现长时间连续在线监测[80]。

电化学噪声技术有很多优点。首先，它是一种原位无损的监测技术，在测量过程中无需对被测电极施加可能改变腐蚀电极腐蚀过程的外界扰动；其次，它无需预先建立被测体系的电极过程模型；再次，它无需满足阻纳的因果性、线性和稳定性等基本条件；最后，检测设备简单，且可以实现远距离监测。

3.7.1 电化学噪声分类

根据测量信号性质的不同，电化学噪声可以分为电流噪声和电势噪声。电流噪声是指系统电极界面发生电化学反应引起的两工作电极之间外测电流的波动；电势噪声是指系统的工作电极（研究电极）表面的电极电势波动。但是，目前电化学噪声更广泛的分类方法是根据电化学噪声的来源进行分类，可以分为热噪声、散粒效应噪声和闪烁噪声三类。下面逐一介绍这三类噪声。

(1) 热噪声

热噪声，也称为平带噪声或白噪声，它由研究电极中的自由电子的随机热运动而产生，是最常见的一类噪声。电子的随机热运动带来一个大小和方向都不确定的随机电流，它们流过导体则产生随机的电压波动。但在没有外加电场存在的情况下，整个体系处于电中性，由于自由电子的运动是随机的，因此，这些随机波动信号的净结果为零。最早关于热噪声的研究为1928年贝尔实验室的J. B. Johnson等人，他们对热噪声进行了详细的实验研究。随后，H. Nyquist根据热力学原理，在理论上对其进行了大量的探讨。大量的实验结果和理论研究表明，热噪声的噪声功率是均匀地分配在整个频谱范围内的，就像白光均匀分布在可见光谱范围内一样。因此，体系的电阻中热噪声电势的均方值（噪声源的功率密度）正比于其本身的阻值大小（R）及体系的热力学温度（T）：

$$E_n=\sqrt{4k_B TR\Delta B} \tag{3-84}$$

式中，E_n为热噪声电势的均方值，V；k_B为Boltzmann常数，$k_B=1.38\times10^{-23}$J/K；ΔB为频带宽，Hz。上式在直到10^{13}Hz的频率范围内都有效，超过此频率范围后自由电子的量子力学效应开始起作用。此时，功率谱将按量子理论预测的规律而衰减。从式（3-84）可以知道，由于Boltzmann常数很小，所以自由电子产生的热噪声的功率谱密度一般很小，在一般情况下，在电化学噪声的测量过程中，热噪声的影响可以忽略不计。热噪声值决定了待测体系的待测噪声的下限值，因此，当后者小于监测电路的热噪声时，就必须采用前置信号放大器对被测体系的被测信号进行放大处理。

(2) 散粒效应噪声

散粒效应噪声是采用子弹射入靶子时所产生的噪声命名的，故它又称为散弹噪声或颗粒噪声，最早Schottky于1918年研究此类噪声。对于电化学噪声体系，散粒噪声是来源于电极表面发生电极反应而产生的随机电流对局部平衡的影响而产生的噪声。如果电极反应为完全可逆且达到平衡的体系，可以认为随机流过体系的总和为零，也就是流过电极任何一个微小局部的各个方向的电流相等，净电流为零。可以认为体系的局部平衡仍没有被破坏，体系的散粒效应噪声可以忽略不计。如果电极反应不可逆或者远离平衡状态，如腐蚀体系，由于腐蚀电极存在着局部阴阳极反应，整个腐蚀电极的Gibbs自由能$\Delta G<0$，所以流过体系的随机电流不为零(外测电流可以为零)，必然会对电极表面产生影响，散粒效应噪声也就不能忽略。

Schottky 从理论上证明了散粒噪声符合以下关系：

$$I_n = \sqrt{2eI_0\Delta B} \tag{3-85}$$

式中，I_n 为散粒噪声电流的均方值，A；e 为电子电荷，$e=1.59\times10^{-23}$J/K；I_0 为净电流，A。上式只有当频率小于 10^7Hz 的范围内成立。值得注意的是，对于电化学噪声体系的电荷 e 应该用某一局部单位发生反应时整个电极所消耗或增加的电量 q 代替。从上式可以看出，散粒效应噪声的功率谱密度与温度无关。

(3) 闪烁噪声

闪烁噪声，又称为 $1/f^n$ 噪声，最早关于闪烁噪声的研究为 Tohnson 于 1925 年在真空管中观察到了 $1/f^n$ 噪声。该噪声所引起的功率谱密度正比于 $1/f^n$，即在功率谱密度图中采用双对数坐标，会出现斜率为 $-n$ 的特征：

$$I_n = \sqrt{m\frac{I^a}{f^n}\Delta B} \tag{3-86}$$

式中，m 为一个与器件有关的因子；a 为常数 0.5～2；n 一般为 1、2、4，也有取 6 或更大值的情况。

目前，闪烁噪声的来源机理尚不完全清楚，但在半导体、金属薄膜、电解液中均出现闪烁噪声，甚至还以非电子形式出现在机械和生物系统中。对于电化学体系与散粒噪声一样，闪烁噪声也是由电流流过待测电化学体系而引起的，与电化学反应过程中电极对电荷的吸收和释放有关。不同的是，引起散粒噪声的局部阴阳极反应所产生的能量耗散掉了，且其外测电势表现为零或某一稳定值，而闪烁噪声的外测电势则表现为具有各种瞬态过程的变量[81,82]。

电化学系统中所测量到的许多噪声谱表明，热噪声和散粒效应噪声在时间域内均服从 Gaussian 分布，对于电化学噪声的频域谱，它们主要影响了功率谱密度曲线的水平部分；闪烁噪声主要影响频域谱中功率谱密度曲线的高频（线性）倾斜部分。

3.7.2 电化学噪声测定

电化学噪声一般是测量体系的电流噪声和电势噪声，其中电流噪声是测量系统的电极界面发生电化学反应而引起的两个工作电极之间的外测电流的波动数值；电势噪声则是测量系统的工作电极（研究电极）表面的电极电势的波动数值（一般相对于参比电极）。

根据测量信号和测量装置的不同，电化学噪声的测量方法通常分为以下四种。

(1) 控制电流法

此方法最早为 Iverson 所采用。在某一恒电流条件下或开路电势下测量研究电极表面电势随时间的变化，其装置如图 3-48(a) 所示。它的优点是装置简单，适合长时间测量，不会丢失直流段信号；缺点是测量灵敏度低，不适用于小振幅噪声，需引入外电路信号，从而失去了电化学噪声特有的无损测量的优点。目前主要应用在电沉积领域。

(2) 控制电势法

指在恒电势的条件下，对研究电极与对电极之间的电流进行测量，通常在开路电势下测量，其装置如图 3-48(b) 所示。此方法与控制电流法极为相似，只是此时控制的是电势而非电流。它的优点是装置简单，适合长时间测量，不会丢失直流段信号；缺点是测量灵敏度低，不适用于小振幅噪声，需引入外电路信号。

(3) 三电极的电势和电流噪声独立测量

此方法采用经典的三电极两回路电化学测量体系，采用参比电极测量工作电极 WE1 的电势噪声，工作电极 WE2 为对电极测量电流噪声。两者分别测量，互不干扰也互不影响，其测量装置如图 3-48(c) 所示。此方法的优点是灵敏度高，自动抑制信号偏离，只记录变化部分；缺点是丢失噪声信号的直流部分，电流电势信号独立，无法关联研究。由于得到的两个信号相对独立，导致数据分析比较困难，故该测试方法较少采用。

(4) 电势和电流噪声的同时相关测量

这是目前电化学噪声最常用的测量方法，指在测量工作电极的电势信号的同时也测量了电流信号，其测量装置如图 3-48(d) 所示。此方法的优点是灵敏度高，自动抑制信号偏离，可得到关联的电流噪声和电势噪声，因此，可以根据所测得的数据进行各种计算，如噪声电阻、功率谱密度和噪声阻抗等参数；缺点是对测量设备的性能要求比较高。

在实际测量过程中，选择合适的取样频率十分关键，这直接关系到测量结果的真实可靠性。电化学噪声取样的最佳取样的频率取决于产生噪声的过程及其采用的分析方法，一般根据被测体系可能产生噪声的来源而进行选择。如果频率设置过高，测量得到的电化学噪声将会被系统的固有噪声所淹没而无法获得电极表面的有用信息；采样频率过低，许多有意义的噪声信号将会丢失。

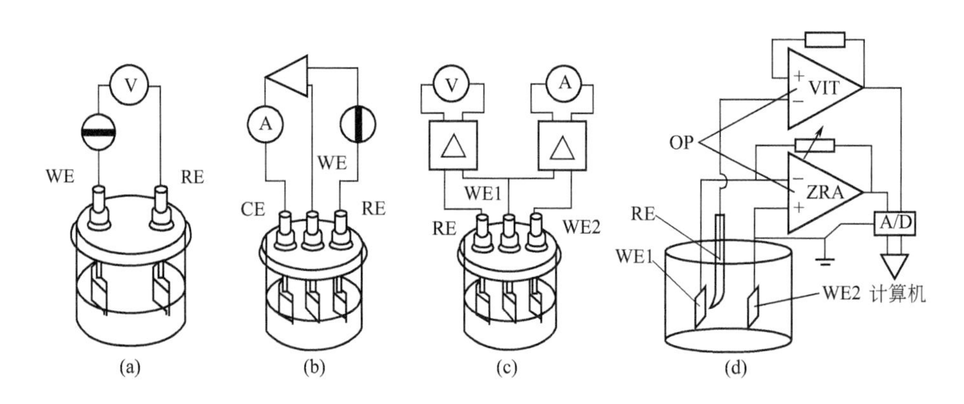

图 3-48　四种电化学噪声测量方法装置图

3.7.3 电化学噪声分析

电化学噪声分析（Electrochemical Noise Analysis，ENA）是指采用各种数学手段或模型对电化学噪声数据进行合理的解析，排除干扰数据（干扰噪声），获取有关电化学过程的特征的有效信息（电化学特征值）。电化学噪声分析的方法包括频域分析法和时域分析法。

(1) 频域分析法

电化学噪声技术发展的初期主要采用频谱变换的方法处理噪声数据，即将电流或电势随时间变化的规律（时域谱）通过某种技术转变为功率谱密度（SPD）曲线（频域谱），然后根据SPD曲线的水平部分的高度（白噪声水平）、曲线转折点的频率（转折频率）、曲线倾斜部分的斜率和曲线没入基底水平的频率（截止频率）等SPD曲线的特征参数来表征噪声的特性，探寻电极过程的规律[78,83]。常见的频域分析时的时频转换技术有快速傅里叶变换（Fast Fourier Transform，FFT）、最大熵值法（Maximum Entropy Method，MEM）、快速小波变换（Fast Wavelets Transform，FWT）。特别是其中的小波变换，它是傅里叶变换的重要发展，既保留了傅氏变换的优点，又能克服其不足，因此，它代表了电化学噪声数据时频转换技术的发展方向。在进行噪声的时频转换之前应剔除噪声的直流部分，否则SPD曲线的各个特征将变得模糊不清，影响分析结果的可靠性。

① 傅里叶变换（FFT）。傅里叶变换是时频变换最常用的方法，假设信号为$s(t)$，则由该信号经Fourier变换后得到频谱$s(\omega)=\frac{1}{\sqrt{2\pi}}\int s(t)\mathrm{e}^{-j\omega t}\mathrm{d}t$，及其相应的能量密度频谱（频率密度）$P(\omega)=|s(\omega)|^2$，根据信号瞬变过程的不同特征，$s(t)$有不同的表达形式，从而得到具有不同噪声指数$\alpha$的$1/f^{\alpha}$噪声。

② 最大熵值法（MEM）。最大熵值法频谱分析法相对于其他频谱分析法（如FFT）具有很多优点：a. 对于某一特定的时间序列而言，MEM在时间（空间）域上具有较高的分辨率；b. MEM特别适用于分析有限时间序列的特征，无须假定该时间序列是周期性的或假定有限时间序列之外的所有数据均为零。

根据MEM的原理，某一有限时间序列的功率P_E为：

$$P_E=\frac{p\Delta t}{E\Gamma^* \Gamma E^*} \tag{3-87}$$

式中，$\Gamma=\mathrm{col}(1 r_1 r_2 \cdots r_{n-1})$；$\Delta t$为采样周期；$E=\mathrm{col}[1\mathrm{e}^{\mathrm{j}\lambda}\mathrm{e}^{\mathrm{j}2\lambda}\cdots\mathrm{e}^{\mathrm{j}\lambda(N-1)}]$；$p$和$r_i$由$R\Gamma^*=P$迭代得到。式中，$P$为列矩阵$P=\mathrm{col}(p\ 0\ 0\ 0\ 0\ 0)$；$R$为过程的$N\times N$自相关矩阵。

③ 快速小波变换（FWT）。1984年，A. Grossman和J. Morlet又共同引入了积分小波变换（Integral Wavelet Transform，IWT）。IWT具有所谓的变焦距性质，它对于只在瞬间出现的高频信号具有很窄的时间窗口；在低频段具有很宽的时间窗口。严格地说，小波（母函数）$\Psi_{(t)}$是指满足一定条件的且具有零均值的

窗函数：

$$\int_{-\infty}^{+\infty} |\hat{\Psi}_{(\omega)}|^2 |\omega|^{-1} d\omega < +\infty \quad [\hat{\Psi}_{(\omega)} \text{ 指 } \Psi_{(t)} \text{ 的傅里叶变换}] \tag{3-88}$$

由此，小波母函数通过平移和伸缩而得到的连续小波函数族 $\Psi_{a,b(t)}$ 为：

$$\Psi_{a,b(t)} = |a|^{-1/2} \Psi_{\left(\frac{x-b}{a}\right)} \qquad a, b \in R, a \neq 0 \tag{3-89}$$

于是，对于某一信号 $f(t)$，以小波 $\Psi(t)$ 作为窗函数的小波变换定义为：

$$W_{\Psi f(b,a)} = \frac{1}{\sqrt{a}} \int f(t) \overline{\Psi_{\left(\frac{x-b}{a}\right)}} \mathrm{d}t \equiv \langle \Psi_{a,b} f \rangle \qquad a, b \in R, a \neq 0 \tag{3-90}$$

上式称为 $f(t)$ 的连续小波变换，a 和 b 分别称为伸缩平移因子。

小波函数已将函数 $f(t)$ 窗口化，中心在 $t_0 = b$，宽度为 $2a\Delta\Psi$，得到 $f(t)$ 时-频（t-ω）局部化；其在 t-ω 平面上的时频窗口为

$$(b - a\Delta\Psi, b + a\Delta\Psi) \times \left(\frac{\omega_0}{a} - \frac{1}{a}\Delta\hat{\Psi}, \frac{\omega_0}{a} + \frac{1}{a}\Delta\hat{\Psi}\right) \tag{3-91}$$

通过小波变换后，可以得到电化学噪声的时频相平面图。它以时间为横轴，归一化为1，纵轴为尺度变量的倒数的对数值（代表频率）。

尺度较小时，时频相平面图左右两端的阴影部分为边缘效应，此处结果不正确；当尺度较大时，只含几个频率成分，随着放大倍数的增加，噪声信号中所包含的频率成分也增多，并显现出复杂的分岔结构，最后出现无限多个周期，进入混沌状态。从大尺度周期状态到小尺度混沌状态只要几次分岔即可达到。

(2) 时域分析法

由于仪器的缺陷（采样点数少、采样频率低等）和时频转换技术本身的不足（如转换过程中某些有用信息的丢失、难于得到确切的电极反应速率等），一方面迫使电化学工作者不断探索新的数据处理手段，以便利用电化学噪声频域分析的优势来研究电极过程机理；另一方面又将人们的注意力部分转移到时域谱的分析上，从最原始的数据中归纳出电极过程的一级信息。在电化学噪声时域分析中，标准偏差（Standard Deviation）S、噪声电阻 R_n 等是最常用的几个基本概念。

① 标准偏差。标准偏差又分为电流的标准偏差和电势的标准偏差两种，它们分别与电极过程中电流或电势的瞬时（离散）值和平均值所构成的偏差呈正比。

$$S = \sqrt{\sum_{i=1}^{n} \left(x_i - \sum_{i=1}^{n} x_i / n\right)^2 / (n-1)} \tag{3-92}$$

式中，x_i 为实测电流或电势的瞬态值；n 为采样点数。对于腐蚀研究来说，一般认为随着腐蚀速率的增加，电流噪声的标准偏差 S_I 随之增加，而电势噪声的标准偏差 S_V 随之减少。

② 噪声电阻 R_n。噪声电阻 R_n 在满足以下条件时：a. 阴阳极反应均为活化控制，b. 研究电极电势远离阴阳极反应的平衡电势；c. 阴阳极反应处于稳态，与线性极化电阻 R_P 一致。噪声电阻被定义为电势噪声与电流噪声的标准偏差比值，即

$$R_n = S_V / S_I \tag{3-93}$$

③ Hurst 指数（H）。Hurst 指数（H）是 E. H. Hurst 于 1956 年采用标度变换技术（R/S）研究分维 Brownian 运动（fBm）的时间序列时提出来的。时间序列的极差 $R(t,s)$ 与标准偏差 $S(t,s)$ 之间存在着下列关系：

$$R(t,s)/S(t,s)=S^{H} \qquad 0<H<1 \tag{3-94}$$

式中，t 为选定的取样时间；s 为时间序列的随机步长（某种微观长度）；H 为 Hurst 指数。H 与闪烁噪声 $1/f^{\alpha}$ 的噪声指数 α 之间存在着 $\alpha=2H+1$ 的函数关系；同时，H 的大小反映了时间序列变化的趋势。一般而言，当 $H>1/2$ 时，时间序列的变化具有持久性，而当 $H<1/2$ 时，时间序列的变化具有反持久性，当 $H=1/2$ 时，时间序列的变化表现为白噪声且增量是平稳的（在频域分析中，H 也可以由频域谱求出）。

另外，根据分形理论可知，时间序列的局部分维 D_{fl} 与 Hurst 指数 H 之间存在着下列关系，

$$D_{fl}=2-H(0<H<1) \tag{3-95}$$

D_{fl} 越大，特别是系统的局部分维 D_{fl} 与系统的拓扑维数 D_t 之差（$D_{fl}-D_t$）越大，则系统的非规则性越强，说明电极过程进行得越剧烈。

④ 非对称度 Sk 和突出度 Ku。Sk 是信号分布对称性的一种量度，它的定义如下：

$$Sk=\frac{1}{(N-1)S^3}\sum_{i=1}^{N}(I_i-I_{\text{mean}})^3 \tag{3-96}$$

Sk 指明了信号变化的方向及信号瞬变过程所跨越的时间长度。如果信号时间序列包含了一些变化快且变化幅值大的尖峰信号，则 Sk 的方向正好与信号尖峰的方向相反；如果信号峰的持续时间长，则信号的平均值朝着尖峰信号的大小方向移动，因此 Sk 值减小；$Sk=0$，则表明信号时间序列在信号平均值周围对称分布。

Ku 值给出了信号在平均值周围分布范围的宽窄、指明了信号峰的数目多少及瞬变信号变化的剧烈程度。$Ku>0$ 表明信号时间序列是多峰分布的，$Ku=0$ 或 $Ku<0$ 则表明信号在平均值周围很窄的范围内分布，当时间序列服从 Gaussian 分布时，$Ku=3$，如果 $Ku>3$，则信号的分布峰比 Gaussian 分布峰尖窄，反之亦然。Ku 可用下式表达：

$$Ku=\frac{1}{(N-1)S^4}\sum_{i=1}^{N}(I_i-I_{\text{mean}})^4 \tag{3-97}$$

在电化学噪声的时域分析中，除了上述方法外，应用得较多的还有统计直方图（Histogram Representation），它分为两种，第一种统计直方图是以事件发生的强度为横坐标，以事件发生的次数为纵坐标所构成的直观分布图。实验表明，当腐蚀电极处于钝态时，统计直方图上只有一个正态（Gaussian）分布；而当电极发生孔蚀时，该图上出现双峰分布。另一种是以事件发生的次数或事件发生过程的进行速率为纵坐标，以随机时间步长为横坐标所构成的。该图能在某一个给定的频率（如取样频率）将噪声的统计特性定量化。

参 考 文 献

[1] Bard A J，Faulkner L R. Electrochemical Methods：Fundamentals and Applications. New York：John Wiley & Sons，1980.

[2] Faulkner L R. Physical Methods in Modern Chemical Analysis：Vol 3. New York：Academic，1983.

[3] Bartlett P N，et al. Voltammetry and determination of metronidazole at a carbon fiber microdisk electrode. Talanta，2005，66（4）：869-874.

[4] 宋永红，尤金跨，林祖赓. 异丙醇在Pt微盘电极上的电化学氧化. 电源技术，1998，22（3）：93-95.

[5] Xiang J，et al. A Self-Terminated Electrochemical Fabrication of Electrode Pairs with Angstrom-Sized Gaps. Electrochemistry Communications，2006，8（4）：577-580.

[6] Chen L C，Ho K C. Interpretations of voltammograms in a typical two-electrode cell：application to complementary electrochromic systems. Electrochimica Acta，2001，46（13-14）：2159-2166.

[7] 李斐，等. 2-甲基吡啶在丙酮-水混合溶剂中的电氧化. 精细化工，2006，23（8）：788-792.

[8] 伍远辉，李滑兵，金茜. 电导法测定醋酸在H_2O和THF混合溶剂中的活度系数. 遵义师范学院学报，2006，8（4）：57-59.

[9] Bertolini L，Carsana M，Pedeferri P. Corrosion behaviour of steel in concrete in the presence of stray current. corrosion science，2007，49（3）：1056-1068.

[10] Cairns J，Du Y，Law D. Influence of corrosion on the friction characteristics of the steel/concrete interface. Construction and Building Materials，2007，21（1）：190-197.

[11] Ouglova A，et al. Mechanical properties of an iron oxide formed by corrosion in reinforced concrete structures. Corrosion Science，2006，48（12）：3988-4000.

[12] Hansson C M，Poursaee A，Laurent A. Macrocell and microcell corrosion of steel in ordinary Portland cement and high performance concretes. Cement and Concrete Research，2006，36（11）：2098-2102.

[13] Kamada K，et al. Selective substitution of alkali cations in mixed alkali glass by solid-state electrochemistry. Journal of Solid State Chemistry，2004，177（1）：189-193.

[14] Strycker J D，Westbroek P，Temmerman E. Electrochemical behaviour and detection of Co(Ⅱ) in molten glass by cyclic and square wave voltammetry. Electrochemistry Communications，2002，4（1）：41-46.

[15] Cogan S F. et al. Over-pulsing degrades activated iridium oxide films used for intracortical neural stimulation. Journal of Neuroscience Methods，2004，137（2）.

[16] Rocchini G. The influence of the potential sweep rate on the computation of the polarization resistance. Corrosion Science，1996，38（12）：2095-2109.

[17] 胡会利，李宁. 电化学测量. 北京：国防工业出版社，2007.

[18] Bieniasz L K，et al. Use of sensitivity analysis methods in the modelling of electrochemical transients：Part 2. Model expansion and model reduction. Journal of Electroanalytical Chemistry，1998，447（1-2）：173-186.

[19] Bieniasz L K，Speiser B. Use of sensitivity analysis methods in the modelling of electrochemical transients：Part 3. Statistical error/uncertainty propagation in simulation and in nonlinear least-squares parameter estimation. Journal of Electroanalytical Chemistry，1998，458（1-2）：209-229.

[20] Wang H，Jusys Z，Behm R J. Electrochemical oxidation kinetics and mechanism of ethylene glycol on a carbon supported Pt catalyst：A quantitative DEMS study. Journal of Electroanalytical Chemistry，2006，595（1）：23-36.

[21] Frackowiak E. Electrochemical polarization of activated carbons for the reversible sorption of lithium ions. Fuel，1998，77（6）：571-575.

[22] Andreas H A，Conway B E. Examination of the double-layer capacitance of an high specific-area C-cloth electrode as titrated from acidic to alkaline pHs. Electrochimica Acta，2006，51（28）：6510-6520.

[23] Jin X，Zhuang L，Lu J. Determination of the ionic resistance in a porous electrode using chronocoulometry. Journal of Electroanalytical Chemistry，2002，519（1-2）：137-144.

[24] Boyer C，et al. Measurements of proton conductivity in the active layer of PEM fuel cell gas diffusion electrodes. Electrochimica Acta，1998，43（24）：3703-3709.

[25] Jin X，Lu J. Simplified methods for determining the ionic resistance in a porous electrode using linear voltammetry. Journal of Power Sources，2001，93（1-2）：8-13.

[26] Marković N M, et al. Surface electrochemistry on an epitaxial palladium film on Pt (111): surface microstructure and hydrogen electrode kinetics. Surface Science, 2000, 465 (1-2): 103-114.
[27] Petukhov A V, et al. Kinetics of electrooxidation of a CO monolayer at the platinum/electrolyte interface. Surface Science, 1998, 402-404: 182-186.
[28] Otto A, Güther V. Development of fast kinetics metal hydride alloys and battery electrodes for high power applications. Journal of Alloys and Compounds, 1999, 293-295: 734-736.
[29] Jarzabek G y, Borkowska Z. On the real surface area of smooth solid electrodes. Electrochimica Acta, 1997, 42 (19): 2915-2918.
[30] Giridhar P, et al., Electrochemical behavior of uranium (VI) in 1-butyl-3-methylimidazolium chloride and thermal characterization of uranium oxide deposit. Electrochimica Acta, 2007, 52 (9): 3006-3012.
[31] Bauer A, Gyenge E L, Oloman C W. Electrodeposition of Pt-Ru nanoparticles on fibrous carbon substrates in the presence of nonionic surfactant: Application for methanol oxidation. Electrochimica Acta, 2006, 51 (25): 5356-5364.
[32] Cheng T T, Gyenge E L. Electrodeposition of mesoscopic Pt-Ru on reticulated vitreous carbon from reverse emulsions and microemulsions: Application to methanol electro-oxidation. Electrochimica Acta, 2006, 51 (19): 3904-3913.
[33] Nagarajan N. Humadi H, Zhitomirsky I. Cathodic electrodeposition of MnOx films for electrochemical supercapacitors. Electrochimica Acta, 2006, 51 (15): 3039-3045.
[34] Zhu B, Lindbergh G, Simonsson D. Comparison of electrochemical and surface characterisation methods for investigation of corrosion of bipolar plate materials in molten carbonate fuel cell: Part I. Electrochemical study. Corrosion Science, 1999, 41 (8): 1497-1513.
[35] Cabrera-Sierra R, et al. Electrochemical characterization of the different surface states formed in the corrosion of carbon steel in alkaline sour medium. Corrosion Science, 2001, 43 (12): 2305-2324.
[36] Wu P Q, Celis J P. Electrochemical noise measurements on stainless steel during corrosion-wear in sliding contacts. Wear, 2004, 256 (5): 480-490.
[37] 郭惠霞，等. 镁合金微弧氧化膜在 Na_2SO_4 溶液中的腐蚀行为. 硅酸盐学报，2013，41 (3)：382-387.
[38] Pakula M, et al. The influence of nonpolar organics adsorption on the electrochemical behaviour of powdered activated carbon electrodes in aqueous electrolytes. Applied Surface Science, 2007, 253 (11): 5143-5148.
[39] Yuan S, Hu C, Hu S. Intercalation of methylene blue in n-alkanethiolated self-assembled monolayers: Versatile electrochemical platforms for characterizing surfactant adsorption on hydrophobic surfaces. Electrochimica Acta, 2006, 51 (25): 5274-5285.
[40] Arenz M, et al. The effect of specific chloride adsorption on the electrochemical behavior of ultrathin Pd films deposited on Pt (1 1 1) in acid solution. Surface Science, 2003, 523 (1-2): 199-209.
[41] Sumi T, Wano H, Uosaki K. Electrochemical oxidative adsorption and reductive desorption of a self-assembled monolayer of decanethiol on the Au (111) surface in KOH+ethanol solution. Journal of Electroanalytical Chemistry, 2003, 550-551: 321-325.
[42] Steudel E, Posdorfer J, Schindler R N. Intermediates and products in the electrochemical reduction of nitrosobenzene. A spectroelectrochemical investigation. Electrochimica Acta, 1995, 40 (11): 1587-1594.
[43] Savéant J M, Severin M G, Isse A A. Compared selectivities of redox-catalyzed and direct electrochemical processes Part 1. Reactions in which product selection involves competition between dimerization and first-order reactions. Journal of Electroanalytical Chemistry, 1995, 399 (1-2): 157-162.
[44] Molina Á, González J, Abenza N. Application of chronopotentiometry and derivative chronopotentiometry with an alternating current to the study of a slow charge transfer in a surface confined redox system. Electrochimica Acta, 2006, 51 (21): 4358-4366.
[45] Chen L, et al. Study of reversible electrode processes with unsymmetrical cyclic reciprocal derivative chronopotentiometry. Electrochimica Acta, 2006, 51 (25): 5548-5555.
[46] Birbilis N, Nairn K M, Forsyth M. On the electrochemical response and interfacial properties of steel-$Ca(OH)_2$ and the steel-concrete system measured using galvanostatic pulses. Electrochimica Acta, 2004, 49 (25): 4331-4339.
[47] Larchet C, Nouri S, Nikonenko V. Application of chronopotentiometry to study the diffusion layer thickness adjacent to an ion-exchange membrane under natural convection. Desalination, 2006. 200 (1-3): 146-148.

[48] Serrano N, et al. Adsorptive accumulation in constant current stripping chronopotentiometry as an alternative for the electrochemical study of metal complexation by thiol-containing peptides. Journal of Electroanalytical Chemistry, 2006, 591 (1): 105-117.

[49] Matarese Palmieri R, et al. Simultaneous determination of Cd(Ⅱ), Cu(Ⅱ), Pb(Ⅱ) and Zn(Ⅱ) by derivative stripping chronopotentiometry in Pittosporum tobira leaves: a measurement of local atmospheric pollution in Messina (Sicily, Italy). Chemosphere, 2005, 59 (8): 1161-1168.

[50] González J A, et al. On-site determination of corrosion rate in reinforced concrete structures by use of galvanostatic pulses. Corrosion Science, 2001, 43 (4): 611-625.

[51] 卢小泉，薛中华，刘秀辉. 电化学分析仪器. 北京：化学工业出版社，2010.

[52] 卢小泉. 配合物电分析化学. 北京：中国石化出版社，2000.

[53] Montella C. Discussion of three models used for the investigation of insertion/extraction processes by the potential step chronoamperometry technique. Electrochimica Acta, 2005, 50 (18): 3746-3763.

[54] Nishiumi T, Abdul M M, Aoki K. Determination of the number of electrons by chronoamperometry at small electrodes. Electrochemistry Communications, 2005, 7 (12): 1213-1217.

[55] Kertesz V, Chambers J Q, Mullenix A N. Chronoamperometry of surface-confined redox couples. Application to daunomycin adsorbed on hanging mercury drop electrodes. Electrochimica Acta, 1999, 45 (7): 1095-1104.

[56] García-Jareño J J, et al. Chronoamperometry of prussian blue films on ITO electrodes: ohmic drop and film thickness effect. Electrochimica Acta, 1999, 44 (26): 4753-4762.

[57] Jaworski A, Donten M, Stojek Z. Chronoamperometry of uncharged species in the presence of a very low concentration of supporting electrolyte: A simulation. Journal of Electroanalytical Chemistry, 1996. 407 (1-2): 75-81.

[58] Kishioka S y, Yamada A. Simultaneous determination of charge number and diffusion coefficient of 2-chloro-1,4-dimethoxybenzene in acetonitrile using potential-step chronoamperometry. Bioelectrochemistry, 2004, 64 (1): 109-112.

[59] Hui-xia G, et al. Corrosion behavior of MAO coating on AZ91D magnesium alloy in NaCl solutions with different concentrations. Transactions of Nonferrous Metals Society of China, 2012, 22 (07): 1786-1793.

[60] Mocak J, Bond A M. Use of MATHEMATICA software for theoretical analysis of linear sweep voltammograms. Journal of Electroanalytical Chemistry, 2004, 561 (0): 191-202.

[61] Arun Prasad M, Sangaranarayanan M V. Analysis of the diffusion layer thickness, equivalent circuit and conductance behaviour for reversible electron transfer processes in linear sweep voltammetry. Electrochimica Acta, 2004, 49 (3): 445-453.

[62] Prasad M A, Sangaranarayanan M V. Formulation of a simple analytical expression for irreversible electron transfer processes in linear sweep voltammetry and its experimental verification. Electrochimica Acta, 2004, 49 (16): 2569-2579.

[63] Galvez J. Modes of triple-pulse voltammetry for a slow charge transfer reaction: Analysis of the zeroth-order solution for these modes. Journal of Electroanalytical Chemistry, 2001, 503 (1-2): 78-91.

[64] Galvez J. Analysis of the double pulse response for the following chemical reaction in the EC mechanism. Journal of Electroanalytical Chemistry, 1998, 452 (1): 19-32.

[65] Gálvez J. Filter functions for reversible charge transfer reactions in pulse techniques. Journal of Electroanalytical Chemistry, 2002, 536 (1-2): 151-160.

[66] Oliveira-Brett A M, et al. Voltammetric determination of all DNA nucleotides. Analytical Biochemistry, 2004. 332 (2): 321-329.

[67] de la Fuente C, et al. Voltammetric determination of the phenolic antioxidants 3-tert-butyl-4-hydroxyanisole and tert-butylhydroquinone at a polypyrrole electrode modified with a nickel phthalocyanine complex. Talanta, 1999, 49 (2): 441-452.

[68] Teixeira M F S, et al. Differential pulse anodic voltammetric determination of lithium ions in pharmaceutical formulations using a carbon paste electrode modified with spinel-type manganese oxide. Journal of Pharmaceutical and Biomedical Analysis, 2003, 31 (3): 537-543.

[69] Beni V, Ghita M, Arrigan D W M. Cyclic and pulse voltammetric study of dopamine at the interface between two immiscible electrolyte solutions. Biosensors and Bioelectronics, 2005, 20 (10): 2097-2103.

[70] Piedade J A P, et al. Voltammetric determination of γ radiation-induced DNA damage. Analytical Biochemistry, 2006, 355 (1): 39-49.

[71] 曹楚南. 腐蚀电化学原理. 北京：化学工业出版社，2004.
[72] Orazem M E，Tribollet B. Electrochemical Impedance Spectroscopy. 2008.
[73] 曹楚南. 电化学阻抗谱导论. 北京：科学出版社，2004.
[74] Bard A J，Lund H. Encyclope dia of Electrochemistry of the Elements. New York：Marcel Dekker，1973-1980.
[75] U B，H F. Noise analysis applied to electro chemical systems. Corrosion，1995，51 (2)：131-144.
[76] 张鉴清，等. 电化学噪声的分析与应用Ⅰ—— 电化学噪声的分析原理. 中国腐蚀与防护学报，2001，21 (5)：310-320.
[77] Roberge P R. Analysis of electrochemical noise by the stochastic process detector method. Corrosion，1994，50 (7)：502-512.
[78] 张鉴清，等. 电化学噪声的分析与应用Ⅱ——电化学噪声的应用. 中国腐蚀与防护学报，2002，8 (4)：241-248.
[79] 董泽华，等. 用电化学噪声研究16Mn钢的亚稳态孔蚀特征. 腐蚀科学与防护技术，2001，13 (4)：195-198.
[80] 吴建华，等. 海洋微生物腐蚀的电化学研究方法. 腐蚀与防护，1999，20 (5)：231-237.
[81] F C J，B W F. Electrochemical emissionspect roscopy for monit oringuniform and localized corrosion. Corrosion，1996，52 (10)：753-785.
[82] U I H，I Y. Current and potential transients during localized corrosion of stainless steel. journal of electrochemistry socienty. 132 (6)：1288-1293.
[83] Cottis R A，A A M A，Pettiti A. Electrochemical noise measurements for corrosion studies. Materials Science Forum，1998，289-292 (2)：741-754.

第4章

环境与生物电化学

能源也称为能量资源，是指可以产生各种能量或者可以做功的物质的总称，包括：煤、石油、天然气、水能、风能、太阳能等一次能源和电能、成品油等二次能源，以及其他新能源和可再生能源。能源作为人类生存、发展的物质基础和社会发展的基本动力，其开发和使用在人类社会的历史进程中一直扮演着极其重要的角色。能源利用的每一次里程碑式的发展，都使人类社会产生了巨大的变革和飞跃。火的使用是人类从茹毛饮血的原始生活迈向文明的第一步，增强了人类征服自然的能力，是使人类从动物界中最终分化出来的推动力之一。托马斯·纽科门在1712年发明了蒸汽机，使人类走进了以蒸汽动力来代替古老的人力、风力和水力的新时代，掀开了工业文明的序幕。瓦特在1781年发明了改良蒸汽机，使得煤炭能源得以大规模地使用，从此人类进入了日新月异的工业革命时代。此后，以煤炭、石油、天然气等为主的化石能源照亮了人类社会两百多年的发展。

当今世界，无论是在工业、农业还是第三产业和高新技术产业等方面，都处于人类历史上发展最快的一个阶段。经济的发展、社会的进步和人口的不断增长使得人类对能源的需求越来越大。随着人们的开采使用，地球上不可再生的化石能源的储量越来越少，全球性的能源缺口加大，能源危机问题日趋突出。1996年的诺贝尔化学奖得主 Smalley R. 说：“能源问题是人类面临的最严峻的也是唯一的挑战。”[1]能源是维持和发展社会经济、人类生活及物质文明的基本要素，人们的各种活动和日常生活都离不开能源。随着人类社会的发展，能源消耗不断增加。近一百多年来，产业革命后工业的大发展及全世界人口的增长，使得人类对能源的依赖达到了空前的程度。可以毫不夸张地说，一个国家的生产力能够得到迅速发展和人民生活水平的提高，都要依靠足够的能源来保证。从18世纪的第一次产业革命开始，人类便开始大规模应用各种矿物资源。但是当前由于化石能源（煤、石油、天然气等）的日益减少，能源紧张和危机开始突显。同时，由于利用化石能源带来的环境污染加剧，使地球环境不断恶化。进入21世纪，人类已经面临十分严重的能源问题，解决能源短缺和能源开发利用中引起的环境污染问题将是人类可持续发展的关键所在。为了缓解能源需求的压力，兼顾经济增长和环境保护，能源格局的更新、新能源和可再生能源的开发利用已经成为大势所趋。21世纪下半叶，随着石油和天然气的枯竭，太阳能和生物质能将获得迅速发展。因此，以化石燃料为主体的世界能源系统将转化为以太阳能和生物质能等可再生能源为主体的世界能源系统。

在各种能源中，具有广泛使用价值的能源是生物质能，大力开发与有效利用生物质能，对促进自然界生态环境向着良性循环发展具有极大的潜力。生物质能是自然界中有生命的可以生长的各种有机物质，包括动物、植物和微生物，其本身具有一定的能量，并可以转化成不同形式的能量。生物质能具有很多优点：①分布广泛，可以不断再生；②从生物质能资源中提取或转化得到的能源载体更具有市场竞争力；③开发生物质能资源可以促进经济发展，提高就业机会，具有经济和社会的双重效益；④更有利于环境保护。由于生物质能具有这些优点，其开发与利用也越来越受到重视。它不仅可以缓解由于经济发展所带来的能源短缺问题，还可以同环境协调发展，具有独特的环境效应。

优质可靠的能源供给是保证社会、经济持续发展的必要条件，严重的环境污染给人们的生命财产带来了重大损失，使国家的经济、社会和政治结构受到严重影响。因此，降低污染物的产量以及减少对资源的索取是建设可持续发展社会的先决条件。在污水处理领域中，这两个目标可以同时实现。通过对污水的资源化再利用，在消除污染的同时又达到资源化的目的。污水资源化是指将生产和生活的废弃用水经合理分类和科学处理后加以综合利用。除了可以对污水进行综合治理、直接排放和加以回用外，对其中有价值的成分可以加以回收利用。这样不仅解决了环境污染，而且能够产生额外的经济效益[2]。

4.1 生物电化学系统

生物电化学系统（Bioelectrochemical Systems，BES）是指利用生物催化剂在电化学系统的阳极和阴极表面发生氧化还原反应，其目标是在降解废弃物的过程中回收生物能和其他一些具有附加值的化学产品[3]。最早的 BES 以微生物燃料电池（Microbial Fuel Cell，MFC）的概念出现。2005 年，美国宾夕法尼亚州立大学的 Burce Logan 教授拓展了其应用范围，发现通过生物阳极从有机物中回收的能量可以内在驱动阴极的析氢反应，从而大大降低了电解制氢的能耗，这项技术一开始被称作生物电化学辅助微生物反应器（Bioelectrochemical Assisted Microbial Reactor，BEAMR），后来改为目前大家所熟知的微生物电解池（Microbial Electrolysis Cell，MEC）。随后，越来越多的基于微生物电催化原理但实现不同目标的新技术如雨后春笋般出现，因此，BES 这个概念成为了囊括这些技术的概称。最近人们将 MFC 和 MEC 归为一类，统称为生物电化学系统（Bioelectrochemical

Systems，BES)。经过10多年的发展，将BES依据其功能的不同主要可以划分为3个方向，包括产电、生物质能源（有价物质的合成，如产氢、产甲烷、产碱以及糖类合成等）的产生以及污水处理（如COD去除、脱氮、脱硫、脱氯以及偶氮染料脱色等)。在环境领域中，BES中的微生物统指系统中可以利用并承担一定生态功能的所有微生物。

4.1.1 BES的基本工作原理

(1) 阳极和阴极的半电池反应

在BES系统中，阳极半电池反应的目的是提供电子，发生的是底物（作为电子供体）氧化反应。这些反应中有些可以不借助微生物的催化作用（如硫化物和氢气的氧化)，而大部分反应则需要通过电化学活性微生物的代谢作用在氧化底物的同时将电子传递到电极表面。阴极半电池反应的目的是接受电子，发生的是底物（作为电子受体）的还原反应，同阳极半电池反应类似，有的反应容易直接发生，有的则需要在微生物的催化作用下触发（或加速)。图4-1[4]为BES系统中常见的阳极和阴极的半电池反应，图中描述的电极反应有些是需要系统中浮游或是生物膜上微生物催化的反应过程，有些是直接的电化学催化过程。表4-1[5]列出了这些阳极反应和阴极反应的半电池反应式以及标准电极电位。

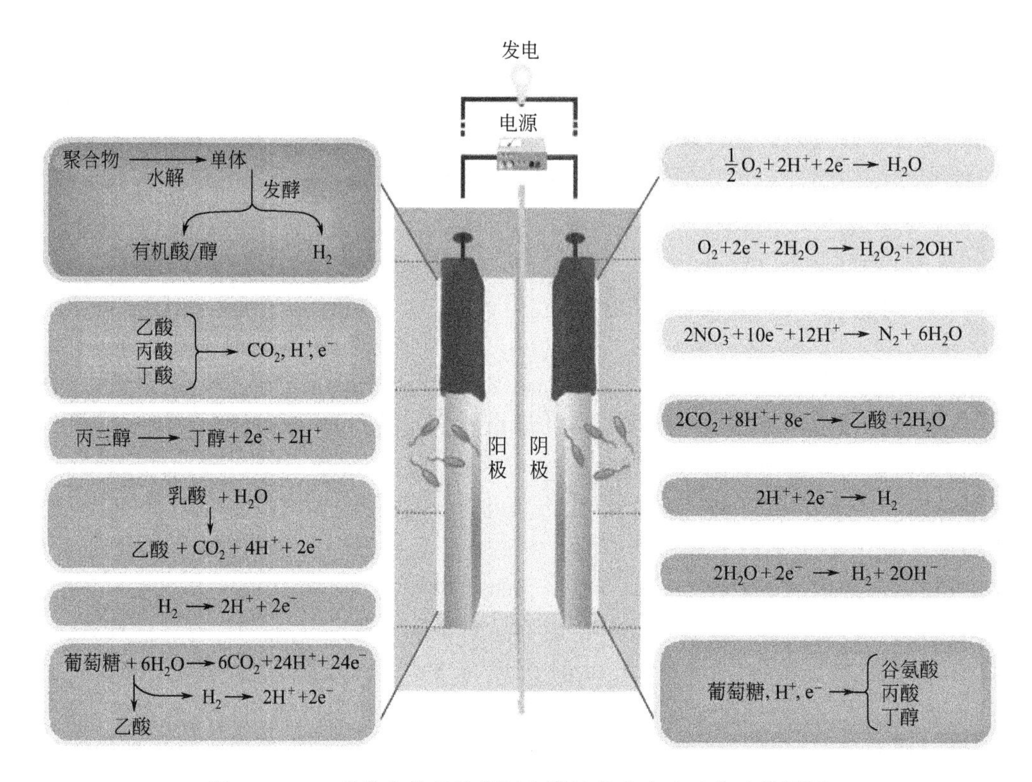

图4-1 BES系统中常见的阳极和阴极的半电池反应示意图[4]

表 4-1 BES 系统常见的阳极和阴极的半电池反应标准电位

电子供体/受体		半电池反应	$E^{\ominus}$/V	参考文献
阳极反应	乙酸	$CH_3COO^- + 4H_2O \longrightarrow 2HCO_3^- + 9H^+ + 8e^-$	−0.187	[5]
	葡萄糖	$C_6H_{12}O_6 + 12H_2O \longrightarrow 6HCO_3^- + 30H^+ + 24e^-$	0.104	[5]
	甘油	$C_3H_8O_3 + 6H_2O \longrightarrow 3HCO_3^- + 17H^+ + 14e^-$	0.118	[5]
	苹果酸	$C_4H_5O_5^- + 7H_2O \longrightarrow 4H_2CO_3 + 11H^+ + 12e^-$	0.01	[5]
	柠檬酸	$C_6H_5O_7^{3-} + 11H_2O \longrightarrow 6H_2CO_3 + 15H^+ + 18e^-$	0.022	[5]
	甘氨酸	$C_2H_5NO_2 + 4H_2O \longrightarrow 2HCO_3^- + 7H^+ + NH_4^+ + 6e^-$	0.131	[5]
	丝氨酸	$C_3H_7NO_3 + 6H_2O \longrightarrow 3HCO_3^- + 12H^+ + NH_4^+ + 10e^-$	0.105	[5]
	硫	$HS^- \longrightarrow S + H^+ + 2e^-$	−0.062	[5]
阴极反应	氧气	$O_2 + 4H^+ + 4e^- \longrightarrow 2H_2O$	1.229	[5]
		$O_2 + 2H^+ + 2e^- \longrightarrow H_2O_2$	0.694	[5]
	质子	$2H^+ + 2e^- \longrightarrow H_2$	0	[5]
	碳酸氢盐	$HCO_3^- + 9H^+ + 8e^- \longrightarrow CH_4 + 3H_2O$	0.227	[5]
	乙酸盐	$CH_3COO^- + 5H^+ + 4e^- \longrightarrow CH_3CH_2OH + H_2O$	0.128	[5]
	铁氰化物	$Fe(CN)_6^{3-} + e^- \longrightarrow Fe(CN)_6^{4-}$	0.361	[6]
	高锰酸盐	$MnO_4 + 4H^+ + 4e^- \longrightarrow MnO_2 + 2H_2O$	1.7	[6]
	硝酸盐	$NO_3^- + 2e^- + 2H^+ \longrightarrow NO_2^- + H_2O$	0.35	[7]
		$NO_2^- + e^- + 2H^+ \longrightarrow NO + H_2O$	0.433	[7]
		$2NO + 2e^- + 2H^+ \longrightarrow N_2O + H_2O$	0.175	[7]
		$N_2O + 2e^- + 2H^+ \longrightarrow N_2 + H_2O$	1.355	[7]

(2) 微生物的电子传递过程

目前，对微生物电子传递机理的研究有三种可能的途径，如图 4-2 所示[6]，包括：①通过细胞色素 C 或是其他还原性蛋白进行的电子传递；②通过具有电传导性的纳米导线的电子传递；③通过微生物自身分泌的电子穿梭体电子传递。然而研究表明，BES 系统中微生物的电子传递过程往往并不是单一的传递过程，而是上述三种电子传递相互交织在一起形成的电子传递路径，将电子传递给电极。

① 细胞色素 C 电子传递。细胞色素 C 是广泛存在于微生物体内含有亚铁血红素的蛋白质，现已证实是产电微生物在产电过程中起着电子传递作用的一种重要的蛋白质。*S. oneidensis* MR-1 有 42 个细胞色素 C，并且 80%位于细胞外膜，覆盖细胞表面 8%～34%[7]。CymA 是一个 N 末端附着在细胞内膜，C 末端暴露于周围的细胞色素 C，其参与大多数的 *Shewanella* 厌氧呼吸过程。在研究 *Shewanella* 电极还原过程时，发现敲除 CymA 基因时可引起产电能力降低 80%以上[8]。研究认为 CymA 能够直接与周围的许多末端还原酶作用，如延胡索酸还原酶（FR）和硝酸盐还原酶，CymA 作为主要的电子传递导管将电子传递到周围，与周围的还原性蛋白作用，形成暂时的蛋白复合体[9]，Ross 等人以电极作为电子供体，利用 *S. oneidensis* MR-1 还原延胡索酸，结果表明，85%的电子通过 CymA 转移给 FR，15%通过 MtrA，说明在周围形成了一个 CymA-FR-MtrA 复合体[10]。MtrABC 复合体作为电子导管被认为是周围复合体的一个扩展分支，在电极和细胞间电子流出之间扮演着重要的角色[11]。

② 纳米导线电子传递。Reguera 等人在研究利用 *G. sulfurreducens* 还原

Fe(Ⅲ) 氧化物时发现了具有电传导性的菌毛[12]，以及之后研究者也在 *S. oneidensis* MR-1 和其他的细菌以及在不同细菌菌种间发现了纳米导线，这些发现意味着细菌电传导性附器的广泛存在，从此纳米导线作为一种新型的电子传递途径被广泛研究。纳米导线通过横穿直径或是沿着导线长度的电传导性已被证实，研究发现 *S. oneidensis* MR-1 纳米导线的电阻率为 1Ω/cm，介于半导体的范围内；电子转移速率常数为 $1\times10^{9}s^{-1}$，整个细胞的电子转移速率常数为 $2.6\times10^{6}s^{-1}$，均比 OMCs 的电子转移速率常数高几个数量级，这些研究结果说明从热动力学角度分析纳米导线是微生物胞外电子传递过程中最有利的传递途径[13]。

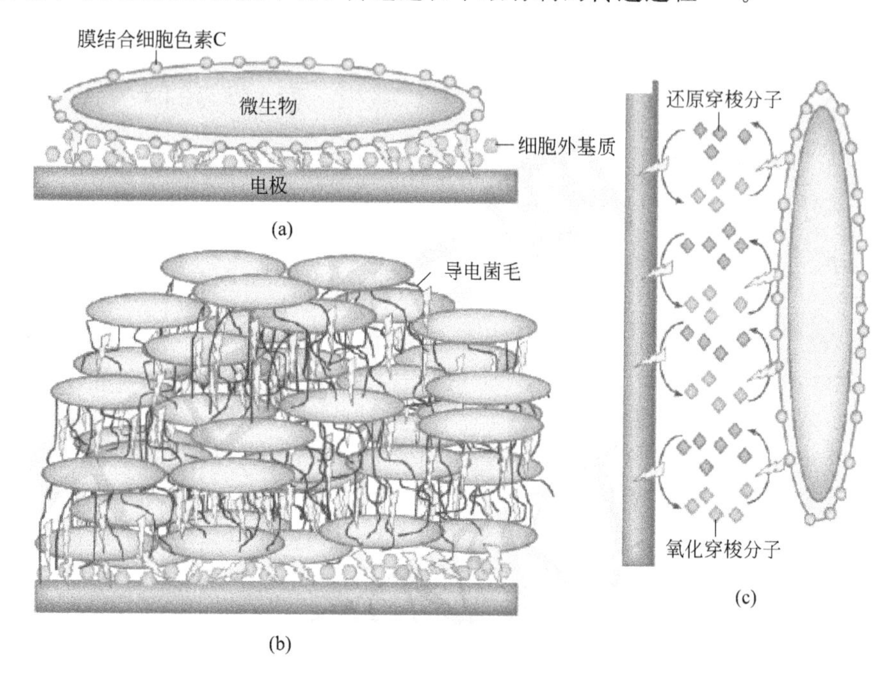

图 4-2　微生物电子传递的可能途径[6]

③ 电子穿梭体电子传递。在 BES 系统中，许多细菌，大多数是革兰氏阴性细菌，都能够分泌电子穿梭体，如表 4-2 所示。在 BES 系统中，*Shewanella* 内生分泌的黄素主要为核黄素（RF）和黄素单核苷酸（FMN）且已证实是电子穿梭体[14]。RF 是细胞质中黄素腺嘌呤二核苷酸（FAD）合成时作为引物而生成的，然后 FAD 被输送到周围空间，UshA 水解 FAD 产生 FMN 和 AMP。FMN 通过外膜自由扩散，然后在细胞外空间再被转换成 RF，而 RF 则不能被输送回 *Shewanella* 周围[15]。动力学测试分析表明，纯化的 *S. oneidensis* MR-1 OMCs 对不溶解性铁矿物的电子转移速率要比整个细胞低 100～1000 倍，而加入黄素后提高的还原效率与整个细胞相当[16]。*S. oneidensis* MR-1 生成的微克水平的黄素分泌物能够使电子传递效率提高超过 3.7 倍，而产生黄素分泌物所消耗的 ATP 与系统产生能量效益相比是微不足道的[14]。实验估算的吸附在电极上的黄素电子转移速

率常数（$<0.7s^{-1}$）要比 OMCs 电子转移速率常数小两个数量级[17]。*Shewanella* Mtr 复合体在黄素还原过程中起着重要的作用，MtrC 占黄素还原活性的 50%，在它的同族体 MtrF 中发现了两个黄素键合的区域[18]。另外，除了细胞色素 C，*Shewanella* 其他的还原蛋白也可能参与黄素的还原，对电流的输出起着作用[19]。虽然在许多的生物体中都能观察到黄素分泌物，然而由于其具有光可降解性，以及可被一些细菌作为碳源利用，使其在 BES 系统中作为电子穿梭体的作用受到限制[20]。

表 4-2　BES 系统中细菌分泌的电子穿梭体

细菌	Gram+/−	穿梭体	电势/mV
Shewanella sp.	G^-	RF，FMN	−208，−219
Lactococus lactis	G^+	2-氨基-3-二羧基-1，4-萘醌	−71
Pseudomonas aeruginosa	G^-	绿脓素	−32
Pseudomonas sp. CMR12a	G^-	吩嗪-1-甲酰胺	−150
P. alcaliphila MBR	G^-	吩嗪-1-羧酸	−275
Klebsiella pneumoniae	G^-	2，6-二叔丁基-对苯醌	−475
Klebsiella sp. ME1	G^-	醌	−296
E. coli K-12	G^-	对苯二酚	−45
Bacillus subtilis	G^+	未知	−13
Geothrix fermentans	G^-	未知	−200，300

4.1.2　BES 的产电过程

BES 是阳极生物膜上的产电菌氧化有机底物，将其氧化成二氧化碳、质子和电子，电子通过微生物不同的胞外电子传递方式首先传递到阳极上，然后通过外电路传递到阴极，而质子通过中间的离子交换膜转移到阴极。在阴极，质子和电子与氧气结合生成水，或与其他电子受体（铁氰化钾、硝酸盐等）在催化的作用下结合，完成产电过程［见图 4-3(a)］。

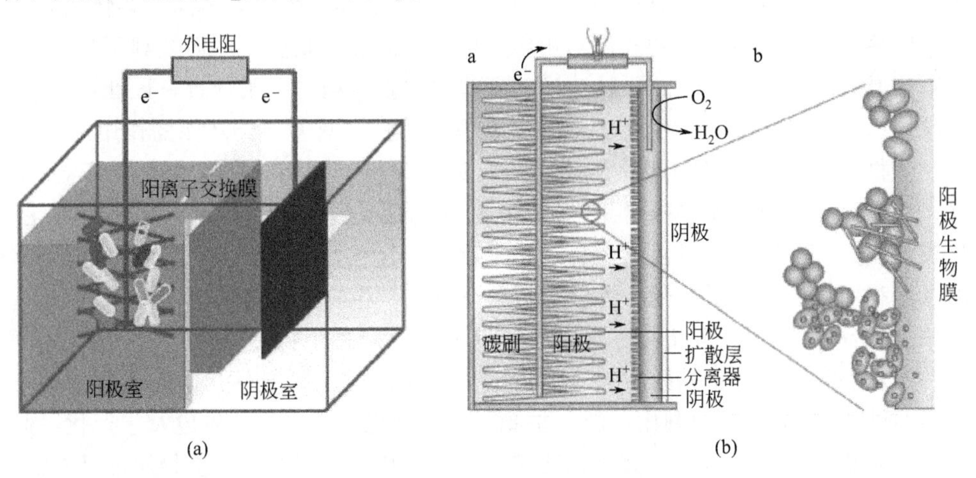

图 4-3　生物电化学系统产电示意图[5]

在这里，产电菌指能进行胞外电子传递的微生物，也称作阳极呼吸菌、电化活性菌、导电菌。阳极生物膜上不同的产电菌，其电子传递方式不同。主要的传递方式是细胞利用电极的呼吸作用和细胞之间的电子传递作用。如图 4-3(b) 所示，阳极生物膜上绿色的产电菌是通过细胞外膜的细胞色素接触直接进行电子传递，这种产电菌不需要电子介体；紫色的产电菌是通过胞外产生的纳米导线进行电子传递的；蓝色的产电菌是通过微生物自身代谢产生的电子介体进行电子传递的；棕色的指阳极生物膜上存在的其他不能产电的微生物[5]。

4.1.3 生物质能源的产生

可支撑人类发展的能量模式应该逐渐向多元化和高效化发展，应该向多维方向发散扩展，而不是仅仅停留在目前的一个平面上。现有的太阳能、地热能、风能、核能和生物质能技术在未来的能源需求中是非常必需的。目前，需要尽快开发出新的能源来支撑我国经济的迅速发展，实现能源和环境的可持续发展。热化学转换、直接燃烧和生物化学转换是利用生物质能的主要途径，也就是有机物质（例如植物秸秆等）用来作为燃料，通过气体收集、气化（化固体为气体）、燃烧和消化作用（只限湿润废物）等技术产生能源[21]。只要适当地执行，生物质能也是一种宝贵的可再生能源，但要看生物质能燃料是如何产生出来的。

生物质燃料的燃烧过程可以分为两个阶段：挥发组分的析出、燃烧及残余焦炭的燃烧、燃尽[22]。此燃烧过程具有耗时长、烟气多、热损失高、悬浮燃烧的比例较大、热量低、残留碳较多等缺点，主要原因是生物质燃料的含碳量和灰分比煤的小，可挥发组分比煤的要高，所以其热值远远小于煤的热值。为了解决这些问题，目前已经研究了不同类型的燃烧技术，生物质燃烧技术按其形态的不同可分为生物质成型燃料的燃烧技术、生物质成捆燃烧技术、生物质粉碎燃烧技术和生物质燃气燃烧技术等[23]，这些燃烧技术的出现使生物质燃烧具有生产效率高、燃烧效果好、易推广等优点，使生物质的燃烧利用成为可能。当前，我国生物质能利用的方式仍以直接燃烧为主，而国家新农村建设的项目之一就是推广节柴灶台，该灶台的热效率较传统烧柴高 10%～20%，且技术简单利于推广，具有节能环保的作用。

生物质的热化学转换过程是指在一定的催化剂、滞留时间、温度、压力、湿度、酸碱度、升温速率等条件下[24]，生物质原料经过气化、炭化、热解和催化液化等处理方法，最终获得液态燃料、化学物质和气态燃料的技术。其中热化学转化的具体利用方法又包括气化、燃烧和热解等方法。生物质热解的燃料能源转化率可达 95.5%，最大限度地将生物质能量转化为能源产品，物尽其用，而热解也是燃烧和气化必不可少的初始阶段。生物质热化学转换的主要产品是固态炭、可燃气、生物油等[25]。生物油的利用广泛，主要可用于燃烧供热、燃烧发电及生产化学品，相对于天然气、醇类燃料、液化石油气、氢气等其他代用燃料，生物质油具有低污染性及可再生性的优点[21,26]。但是生物质的热化学转换也存在很多瓶颈，例如制造生物油的成本较高，与传统的矿物质油不相容；生物油的制造需要专用的设备，不利于技术推广；生物油中含有较高的氧，导致其化学性质不稳定；具有腐蚀性，对容器的要求较高。以上几点都阻碍了生物油高效、规模化的利用[27]。

生物质的生物化学转换方法主要有生物质-乙醇转换和生物质-沼气转换两种。生物质-乙醇转换是指纤维素、糖质、淀粉等原料经发酵作用获得乙醇的过程。生物质-沼气转化是在厌氧条件下，生物质所含有的有机物质经过发酵产生沼气的过程。近年来，利用生物质来生产可再生材料受到了极大的重视，这主要是由不可再生的化石燃料储量的减少和价格的升高导致的。生物质能源的开发和利用技术逐渐成为热门的研究课题，在目前的生物质能源的研究中所占的比重有增大的趋势。许多国家已经在从可再生生物质能源中获得化学品、建材、代用燃料方向花费了很大的精力[28]。许多国家均开展了生物质能源的研究工作，如美国进行了能源农场计划，巴西开展了生物质制酒精的研究，日本正在进行生物质能的阳光计划，印度进行了生物质绿色能源工程等。中国已经开发出多种生物质能的利用技术，每年从木屑、稻壳、树枝、秸秆等生物质材料获得近 2000 万立方米的燃气。19 世纪 70 年代之前，甘蔗主要用来生产糖类和配制饮料所用的酒精，目前甘蔗不仅用来生产以上产品，还能用来生产生物乙醇作为汽车燃料。但是随着温室效应、油价上涨、化石燃料储存量急剧减少、粮食危机等一系列问题的出现，用甘蔗来生产汽车燃料显得颇为奢侈。这一系列问题也迫使大家提出第二代生物燃料的理念：从木质纤维素等生物质残留物中获得生物燃料[29]。

目前，有些国家的生物质能技术已经突破了瓶颈问题，达到了大规模生产的程度，一些生物质能的应用技术和装置已经能够达到大规模的商业化应用，例如瑞典、美国和奥地利的生物质能源的消耗量已经占到能源消耗总量的 16%、4%和 10%。生物质能属于绿色能源，它能够代替不可再生能源，是可再生能源的重要组成部分，生物质中的化学能转化成电能，作为一种新兴的能源，获得了众多学者的关注。燃烧生物质能也会产生二氧化碳，这点固然是和化石燃料相同的，不过生物能源是从大自然中不断吸取二氧化碳作为原料，故可成为重复循环的再生能源，达到抑制二氧化碳浓度增长的效果。

(1) 生物质产氢

利用生物质制取氢气是现有技术条件下最可行的一种可再生制氢方法。生物质是指一切直接或间接利用绿色植物光合作用形成的有机物质。其中蕴含的化学能来源于太阳能，因此，是真正意义上的可再生能源。狭义的生物质主要是指农作物除果实外的秸秆和树木等木质纤维素，而广义的生物质概念包括所有的植物、微生物和以植物、微生物为食物的动物及其产生的废弃物。生物质制氢方法可分为生物法和物理化学法。生物法主要是在微生物的代谢作用下，利用生物质中的有机成分产生氢气，而物理化学法主要是将生物质在高温下裂解气化从而获得氢气。利用生物质进行生物制氢，虽然不能完全消除碳足迹（微生物代谢有机物的同时释放 CO_2），但可以达到碳中性，即不向环境中释放额外的 CO_2，因为这部分生物代谢

产生的 CO_2 可以通过植物的光合作用又再次回到生物质中。高温裂解生物质所需的热能通常来自于传统能源，因此，在大多数情况下，此种方法制氢并不是碳中性的。以生物质为制氢原料的另一大优势是，其在地球上的数量十分巨大，获取方便且成本在多数条件下可忽略不计（如有机废水、禽畜粪便和废弃秸秆等）。据估算，地球陆地每年生产 1000 亿～1250 亿吨生物质，海洋每年生产 500 亿吨生物质，其蕴含的能量相当于 20 世纪 90 年代初全世界总能耗的 3～8 倍。2010 年，我国可开发为能源的生物质资源达 3 亿吨。生物质的这些特点，使得利用其发电（可进而用其制氢）的成本在几种可再生能源中是相对较低的（见图 4-4）。

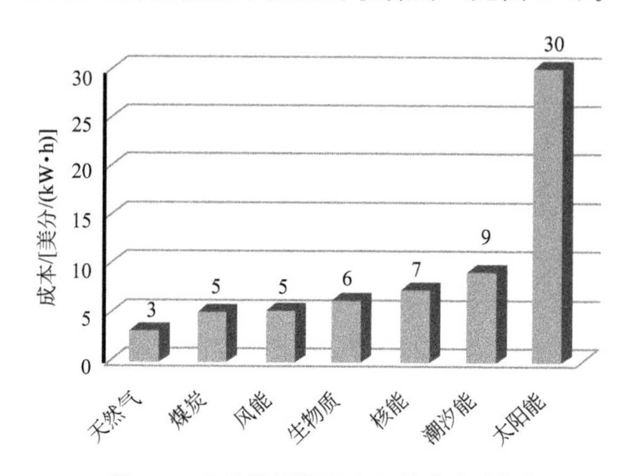

图 4-4　几种能源转化为电能的成本[30]

对于大多数以废弃物形式存在的生物质，人们在加以利用的同时还能实现污染处理，可谓产能与治污相结合，一举两得。如果将以废水和有机废物为原料的生物制氢作为一种治污技术来看的话，产生的氢能可极大地补偿处理过程中的能耗。以美国为例，一方面传统生活污水好氧处理每年消耗整个国家 1.5% 的总电量[31]；但另一方面生活污水中所蕴含的能量又被白白浪费掉了，这部分能量是处理其所需能耗的 9.3 倍[32]。

利用生物质进行碳中性-可持续的生物制氢，还可通过微生物电解产氢技术来完成[33]。典型的微生物电解产氢装置是微生物电解池（Microbial Electrolysis Cell，MEC），其工作原理为：生长在 MEC 阳极表面的产电微生物（无需外源电子介体而具有胞外电子传递能力的微生物的统称，Exoelectrogens），主要是产电细菌氧化有机物，产生电子、质子和 CO_2，电子被阳极收集后通过外电路到达阴极，在那里与质子结合产生氢气（见图 4-5）。

MEC 的阳极反应与微生物燃料电池（Microbial Fuel Cell，MFC）相同，阴极反应与电解水产氢一致。MFC 一般以氧气作为在阴极的电子受体，而氧气得电子的氧化还原电位比阳极反应的高，因而外电路中电子的流动是自发的。而在 MEC 中，阴极上质子还原的氧化还原电位比阳极反应的低，电子是不能自发流动的。为了克服此能量壁垒，使析氢反应得以进行，需外加一个理论值为 0.13～0.14V 的电压（见表 4-3）。在实际反应中，由于过电位的产生，此外加电压一般为 0.3～0.8V，但仍小于电解水产氢过程中所需的电压（1.8～2.0V）[34]。通过 MEC 从生物质中产氢，获得的氢能与所输入的电能的比值往往介于 100%～400%[30,35]。多出输入电能的这部分能量即为 MEC 从生物质中获取的能量收益。正是由于这个特性，使得 MEC 成为一种兼具产能和治污（利用有机废水或废物）的新型工艺。

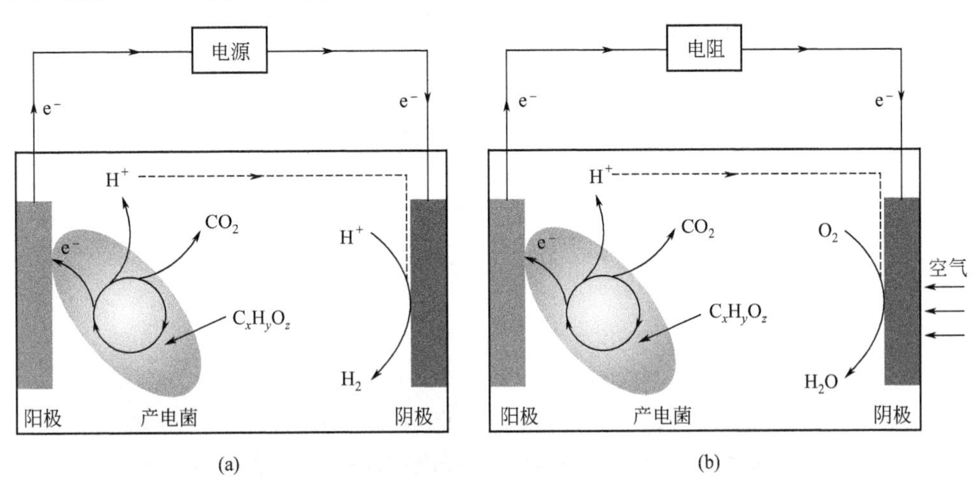

图 4-5　MEC（a）与 MFC（b）的原理

表 4-3　几种工艺标准条件下的电极反应和电位

工艺	阳极反应,电位	阴极反应,电位	电位差/V
MEC	$CH_3COO^- + 4H_2O \longrightarrow 2HCO_3^- + 9H^+ + 8e^-$ $E = -0.279V$	$2H^+ + 2e^- \longrightarrow H_2$ $E = -0.414V$	−0.135
	$CH_3COO^- + 3H_2O \longrightarrow CO_2 + HCO_3^- + 8H^+ + 8e^-$ $E = -0.284V$	$2H^+ + 2e^- \longrightarrow H_2$ $E = -0.414V$	−0.13
MFC	$CH_3COO^- + 4H_2O \longrightarrow 2HCO_3^- + 9H^+ + 8e^-$ $E = -0.279V$	$O_2 + 4H^+ + 4e^- \longrightarrow 2H_2O$ $E = 0.806V$	1.085
电解水	$2H_2O \rightarrow O_2 + 4H^+ + 4e^-$ $E = 0.82V$	$2H^+ + 2e^- \longrightarrow H_2$ $E = -0.414V$	−1.22

MEC 通常被设计为双室结构[33,36～41]，阳极和阴极被隔膜分开，形成两个腔室（见图 4-6）。可以用于充当隔膜的材料有质子交换膜（Proton-Exchange Membrane，PEM）[33]、阳离子交换膜（Cation-Exchange Membrane，CEM）[37]、阴离子交换膜（Anion-Exchange Membrane，AEM）[38,42]、双极膜（Bipolar Membrane）和荷电镶嵌膜（Charge-Mosaic Membrane）[43]。双室结构的优点是将阳极反应和阴极产氢分隔开来，可获得较为纯净的氢气，极大地减小了阴极产生的氢气向阳极扩散而被电极微生物（嗜氢甲烷菌、产电菌和同型产乙酸菌）消耗，同时防止阴极催化剂受到污染而失活。缺点是隔膜会影响质子和氢氧根离子在两电极之间的自由传输，造成双室间的 pH 值梯度变化（阳极室 pH 值降低，阴极室 pH 值升高），这不但会损害产电菌的活性，还会造成较高的内阻。MEC 内阻的增大将

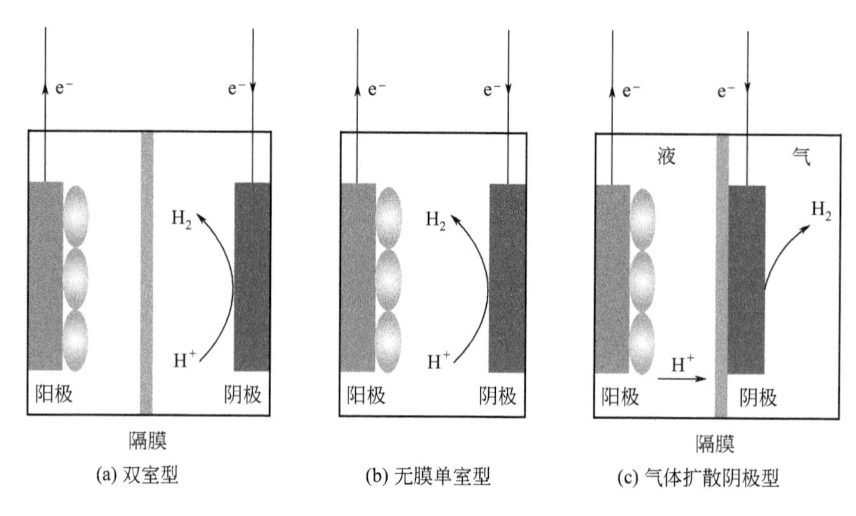

图 4-6　MEC 的主要构型

直接导致电流密度的下降，从而降低产氢速率，增加能耗。

为了进一步降低反应器的内阻，无膜单室 MEC 被开发出来（见图 4-6）[35,44～46]。在单室系统中，阳极和阴极被浸泡在同一个腔室的溶液中，取消了离子交换膜，但也有反应器在电极间加装了绝缘的多孔分隔材料以防止短路。单室结构的最大优点是消除了由交换膜引起的内阻，使电流密度能够达到 4.2～12A/m^2[35,44～50]，而在双室 MEC 中，电流密度一般在 0.4～3.3A/m^2[33,36～42,51]，与之相对应的是产氢速率的大幅提高和能耗的降低。此外，简化的结构还有利于降低建造成本和运行成本。遇到的最大挑战是在混菌反应器中阳极微生物产甲烷。虽然一般情况下，产电菌氧化乙酸的半最高反应速率浓度比嗜乙酸甲烷菌的低，在对乙酸的竞争中胜出[52,53]，但这并不能阻碍嗜氢甲烷菌对氢的利用。产甲烷的后果是 MEC 的阴极氢转化率和总的氢产率急剧下降[35,44]。

针对单室 MEC 或双室 MEC 存在的问题，具有气体扩散阴极的 MEC 被开发出来，结合了以上两种构型的特点（见图 4-6）。此种反应器有一个液体腔室和一个气体腔室，阴极为膜电极复合结构[42]（将交换膜和电极热压贴合到一起）或无膜结构[54～56]（用绝缘多孔材料分隔电极），可将产生的氢气直接扩散到收集室的气相中。此种构型的优势是能快速回收氢气，从而减少了氢气向阳极的扩散，避免了其被微生物消耗；同时，可以将两电极之间的距离设计得很近，以降低内阻。对于有交换膜的气体扩散阴极，膜产生的电势损耗依然存在，只是相较于传统双室结构有所降低；而无膜的扩散阴极面临的最大挑战是电解液的渗漏和电极的阻塞。

(2) 生物质制备甲烷

甲烷是一种极其重要的能源，并且在行星的物理现象中扮演着重要的角色[57]。甲烷在地球上的总量较丰富，但是已探明的储量仅占总量的一小部分，随着全球能源越来越紧张，人们把视线转移到高浓度有机废水中的残存生物质，尝试用各种方法从这些废水中制取甲烷等气体。目前，从生物质材料中获得甲烷的主要方法是厌氧发酵，厌氧发酵反应的主要影响因素有体系的 pH 值、原料配比、温度、碱度、氧化还原电位等，这些因素的变化都会影响产甲烷菌的活性。厌氧发酵从底物、反应器构型、实验条件的优化等方面都有很多的研究成果。厌氧消化是将纤维素废弃物转化成甲烷和氢气的一种非常有效的技术。由于热处理能够很好地抑制耗氢细菌的活性，Lay C H 等人用经过热处理的活性污泥来生产甲烷和氢气[58]。华中农业大学以腐烂的柑橘果实为材料进行了腐烂柑橘厌氧发酵产沼气实验[59]，研究了不同料液浓度与接种率对厌氧发酵产甲烷过程的影响。实验过程中，用石灰水对料液的 pH 值进行调节，添加尿素来调节碳氮比，当腐烂柑橘添加量为 30%（即接种率为 70%）、料液浓度为 8%时，系统的性能最优，不需要对 pH 值进行二次调节，产气过程长达 30d，产气率为 595mL/g(TS)，收集到的气体中的甲烷平均含量为 50.3%。

近年来，中国湖泊的富营养化程度越来越高，蓝藻藻浆厌氧发酵技术产甲烷也有广阔的发展前景[60]。水葫芦与蓝藻联合厌氧发酵所得到的气体中的甲烷含量最高可达 70%，高于单一水葫芦厌氧发酵产沼气的甲烷含量。另外，高固体含量有机垃圾、猪场养殖废水、鸡粪废水等有机含量较高的废水均可作为厌氧发酵的底物来生产甲烷[61~63]。

现阶段，主要的厌氧发酵主要采用两相厌氧反应器如产甲烷相反应器（UASB）、产酸相反应器（CSTR），或者是采用升流式厌氧固体反应器（USR）来处理高悬浮物有机废水。Sutton P M 和 Rittmann B E 等人研制了一种整合了物理化学单元的生物处理污水流程，该污水处理技术能够将污水中的有机物质转换成甲烷，同时达到污水脱氮除磷的目的，而处理后的水质能够达到回用的标准[64]。在整个污水处理流程中，有机物主要通过厌氧消化处理。厌氧消化系统主要由脉冲聚焦耦合到厌氧膜生物反应器处理（MBRs），计算机建模与仿真结果用于优化设计系统，能源系统和成本得到了最大程度的降低。

但是厌氧发酵工艺也有其不可忽略的缺点，例如厌氧发酵反应器的启动时间较长、不具备脱氮除磷的作用（有时还需要额外投加氮、磷）、产甲烷菌对温度和有毒物质较敏感、出水不能达标排放等。所以，目前厌氧发酵工艺主要用来处理可生物降解 COD 浓度较高、温度较高的工业废水，而对于 COD 浓度较低、温度较低、出水水质要求较高的废水（如城市生活污水）来说，好氧工艺是更好的选择。

4.2 微生物燃料电池

一般的，微生物燃料电池（Microbial Fuel Cell，MFC）是一种能够将有机物中的化学能在微生物的作用下直接转化为电能的装置。作为高效催化剂，微生物能够将有机物氧化，并将氧化过程释放出来的电子转移到电极材料上，进而以电流的形式从外电路输出。微生物的生长环境必须是厌氧的，这样才能保证最终电子受体是电极而不是氧气，否则电子将直接参与氧气的化学还原生成水。特别的，如果将有机废水作为 MFC 阳极的底物，废水中的有机物也同样能够被微生物降解，这样便完成了有机物的氧化分解和电流转化。从能源和环境保护的角度来看，这样一个过程实际上实现了污染物向电能的直接转化，同时，污染物又被分解，使废水不但被处理，而且“变废为宝”。

4.2.1 微生物燃料电池的发展历史

人类历史上首次发现生物电这一现象可以追溯到公元 18 世纪 80 年代。当时，意大利解剖和生物学家 Galvani 教授在试验中发现，电击可以导致青蛙腿的抽搐。经过多次的试验和论证，他认为，电击时青蛙腿肌肉中储存的电释放时肌肉就活动，他把这种电叫做“动物电”，并在 1791 年发表了题为《关于电在肌肉运动中作用的备忘录》一文[65]。1839 年，英国律师兼物理学家 Grove 发现电解水的过程是可逆的，即在特定的装置中氢气和氧气可以重新化合成水，同时产生电流，这也是人类历史上最早期的燃料电池[66]。1910 年，英国达拉谟大学的植物学家 Potter 教授发现利用大肠杆菌（*E. coli*）作为微生物催化剂可以在半电池的 Pt 电极上将酵母氧化，并获得电流输出[67]。这种电池就是人们今天所说的 MFC 的雏形。但是，这一发现在相当长的一段时间内并没有引起人们的广泛重视，主要原因是电池的功率输出和发电效率太低。直到 20 世纪 80 年代，研究人员才发现可以通过向阳极额外投加电子中介体来加速电子从底物向电极表面的转移，进而提高电池的功率输出。这些中介体一般是化学染料类物质，如中性红[68]、吩嗪[69]、硫堇[70]等。

2001 年，Reimers 等人发现将两个 Pt 或炭电极分别置于海底沉积淤泥和表面海水的界面上，并用导线将电极连接起来，能够在外电路获得低水平的电流和功率输出，开路电压为 0.7V，最大功率为 $10mW/m^2$[71]，该发现发表在 2001 年的《EST》上，这也是在近年来能够查到的有关沉积物 MFC 的第一篇报道。随后不久，美国麻省大学的 Bond 等人发现，在双池 MFC 中，*Geobacteraceae* 属的微生物 *D. acetoxidans* 能够通过氧化有机物获得能量来支持自身的生长和繁殖，并以电极作为最终电子受体将电子进行还原，这一发现于 2002 年发表在权威的《Science》杂志上[72]。几乎同时，Chaudhuri 和 Lovley 发现，从沉积物中分离出来的一株金属还原细菌 *Rhodoferax ferrireducens* 能够在不额外投加可溶性电子中介体的条件下连续稳定地将葡萄糖和一些其他的有机物氧化，电子回收效率（库仑效率）可高达 80%以上[73]。Schroder 和 Scholz 在著名的《Nature-Biotechnology》杂志上对这一发现进行了专题报道和评论[74]，认为这项研究成果具有开创性的意义，原因在于：①葡萄糖在 MFC 中的转化效率达到了 80%，这在先前的研究中是从未有过的；②和大多数研究相比，在阳极去掉了可溶性电子中介体，这对生物燃料电池来说是一项重大的突破；③MFC 中的微生物能够氧化多种有机底物，比如乳酸、乙酸、葡萄糖、果糖、蔗糖和木糖等，电流输出能够持续长达 600h。

这些发现让世界范围内的科学家和研究人员看到MFC在实际中应用的可能性，使人们再次将目光集中到MFC上。随后的研究陆续开展起来，主要集中在MFC的基础理论和实际应用的研究上，比如改进电池的设计、开发高效廉价的电极材料、优化电池的运行参数等。自2002年起，大量有关MFC的报道和科技论文开始如雨后春笋般的出现，功率密度也在不断提高。1999年到2002年这一期间，功率密度的数值从$<0.01mW/m^2$提高到$500mW/m^2$，提高了近4个数量级；而在后续的5年内，提高到$4000mW/m^2$，又继续提高了1个数量级。但是目前还无法对MFC功率密度将来的发展趋势做出准确的估计和预测。著名的《Nature》和《Science》杂志多次对MFC进行了报道和宣传。

在能源紧张和环境问题日益突出的今天，MFC的研究也为环境工程和能源技术领域的研究人员提供了新的机遇和发展空间。目前从事MFC产电技术的研究机构和小组遍布世界各地，详情见国际MFC官方网站 www. Microbialfuelcell. org[75]。

4.2.2 微生物燃料电池的分类

虽然有大量的课题组在从事微生物燃料电池的研究，但是到目前为止，国际上对微生物燃料电池的分类方法尚无统一的标准。根据不同的划分依据可以将微生物燃料电池分为不同的种类。

(1) 双室型和单室型

根据电池的结构不同，可以将微生物燃料电池分为双室型[76]和单室型[77]，其中双室型又可分为普通双室[78~81]、上流式（Up-flow Microbial Fuel Cell，UMFC)[82]和平板式（Flat Plate Microbial Fuel Cell，FPMFC)[83]等。

普通双室型微生物燃料电池（见图4-7）主要由阳极室和阴极室构成，中间用质子交换膜隔开，这是为了实现氧气和细菌的隔离，防止氧气渗入阳极室影响细菌产电。同时，质子交换膜可以将细菌分解有机物产生的质子及时传递到阴极室，保持阳极室和阴极室的电荷平衡和酸度平衡。细菌及培养基等置于阳极室，细菌种类的不同和阳极材料的差异对阳极产电效率有较大的影响。阴极及阴极液置于阴极室。阴极反应受电子受体的种类和催化剂的催化活性的影响。

质子膜是影响微生物燃料电池功率输出的一个重要因素，必须具备如下性质：①要有良好的质子电导率；②水分子在质子膜中的电渗透作用要小；③尽可能小的气体渗透性；④稳定性要高；⑤干湿转换性要好；⑥要有一定的机械强度；⑦价格要合适，要尽可能降低成本；⑧可加工性要好，方便制成合适的厚度和形状。现在运用最普遍的是美国杜邦公司生产的Nafion 117膜，结构式如图4-8所示。Nafion是全氟化磺酸酯的全称，是一种高分子聚合物，在微观上由两部分构成，一部分是含有大量磺酸基团的离子基团群，它可以提供游离的质子，同时又能吸引水分子；另一部分是具有良好的化学稳定性和热稳定性的憎水骨架聚四氟乙烯。该膜的导电性良好，是一种性质优良的阳离子交换剂，它排斥中性分子和阴离子，只能与阳离子发生选择性交换，具有良好的离子交换特性。

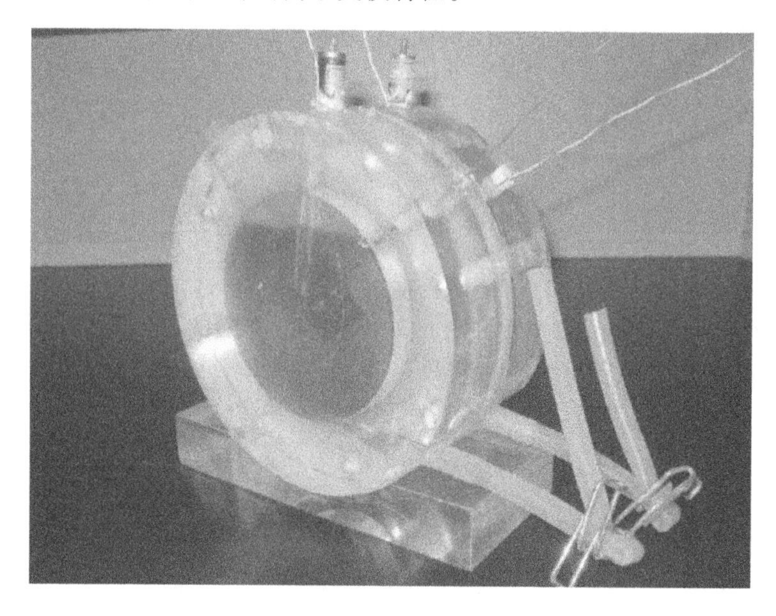

图 4-7　普通双室型微生物燃料电池的结构

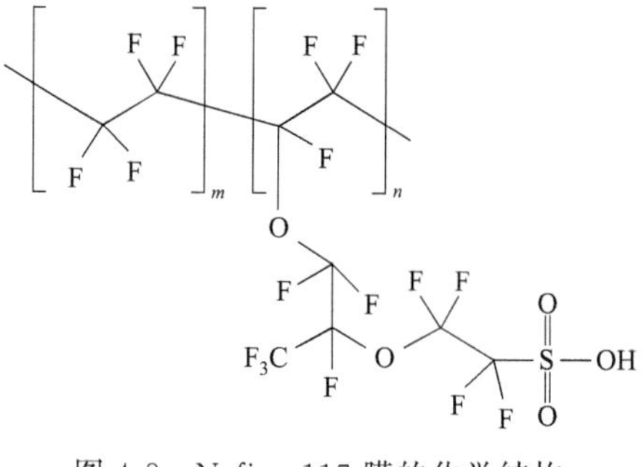

图 4-8　Nafion 117 膜的化学结构

双室型由于构建方便、操作简单，是当前实验室水平下使用最多的一种电池构型，广泛应用于微生物燃料电池性能的基础研究，但是由于阴阳两极间存在一定的距离，并且有质子交换膜的存在，导致这种构型的电池内阻往往较大，输出功率密度较低，降低了其潜在的应用价值。

UMFC 是由上流式厌氧污泥床反应器改造而得的，图 4-9 是由两个直径为 6cm 的圆筒形有机玻璃管上下对接构成的，阴极室位于上端，高度为 9cm，溶液体积为 $250cm^3$。阳极室位于下端，高度为 20cm，溶液体积为 $520cm^3$。两室由质子交换膜隔开，质子交换膜的安装角度为水平 15°，这是为了防止阳极室里有气体聚集。阴极和阳极都采用比表面积较大的网状玻璃碳，并且阳极玻璃碳的孔径要比阴极的大，这主要是为了防止生物膜堵塞孔径，影响微生物的生长和活性。该电池持续工作了 5 个月，最大功率密度为 170mW/m^2，化学需氧量（Chemical Oxygen Demand，COD）去除率高于 90%。假如以此电池为标准，即最大输出功率密度为 170mW/m^2，阳极面积为 51m^2/m^3，构建一个体积为 7500m^3 的 UMFC 生物反应器，全天 24h 运行，可以得到 1530kW・h/d 的电能。具有结构简单、体积负荷高、成本低等优点的 UMFC 有可能在以后的废水处理中得到广泛的应用。

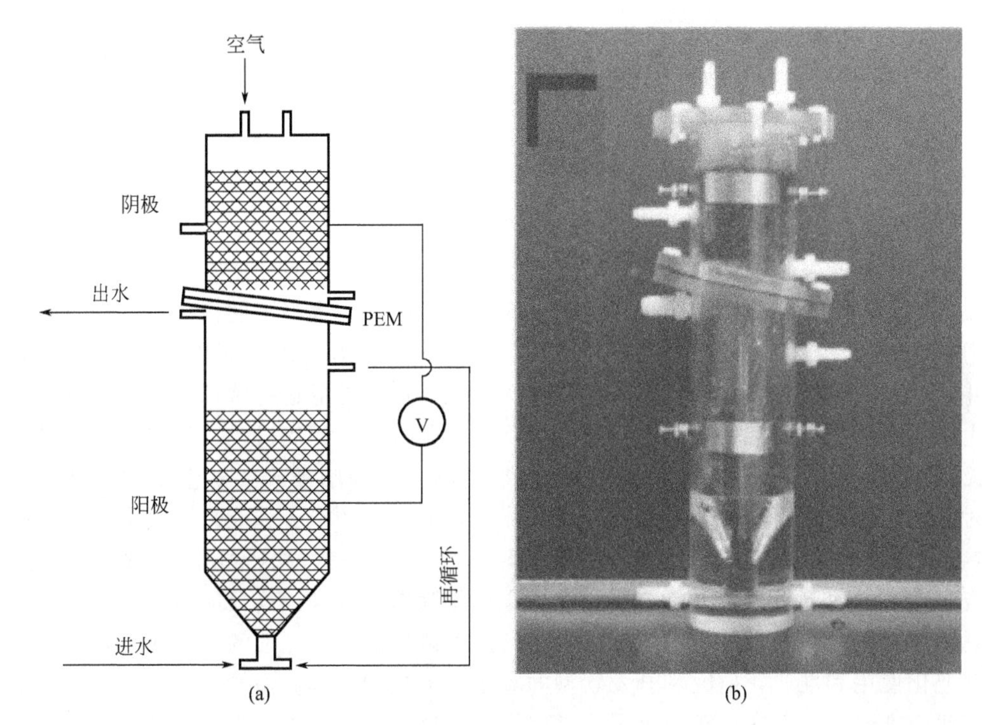

图 4-9 UMFC 的示意图（a）和实物照片（b）[82]

FPMFC 的设计理念来源于氢燃料电池。如图 4-10 所示，FPMFC 由两块不导电的聚碳酸酯绝缘板（宽 15cm，长 15cm，高 2cm）构成。每块板都刻出宽 0.7cm、深 0.4cm 的迂回蛇形渠道，总表面积为 55cm^2，总体积为 22cm^3，即 250m^2/m^3。这两块板用橡胶垫圈密封，用螺钉拧紧。电极置于两板之间，其中阳极为 10cm×10cm 的多孔碳纸，阴极为单面修饰铂为 0.5mg/cm^2 的碳布。质子交换膜 Nafion 117 热压在阴极上，然后置于阳极之上，形成三明治式的结构。如果只以生活废水为原料，在液体流速为 0.39mL/min、水力停留时间为 1.1h 的条件下，该装置取得的最大功率密度为 72mW/m^2，COD 的去除率为 42%。如果水力停留时间加长到 4.0h，电池的功率为 43mW/m^2，COD 的去除率为 79%。该装置的优点是将阴阳两极和质子膜平放，使细菌在重力作用下富集到阳极上，增加阳极面上的活性微生物数量。并且质子膜和阴阳极压在一起，大大减小了电极间的距离，可以降低电池内阻，增大输出功率。同时，该装置可以实现连续进出水，无需搅拌，简化了装置，降低了运行成本。

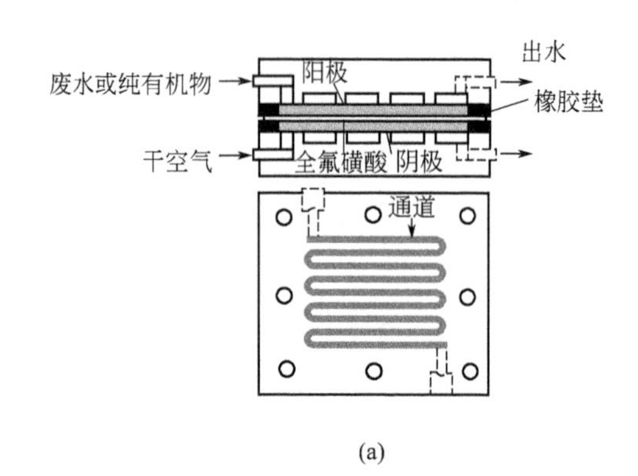

(a)

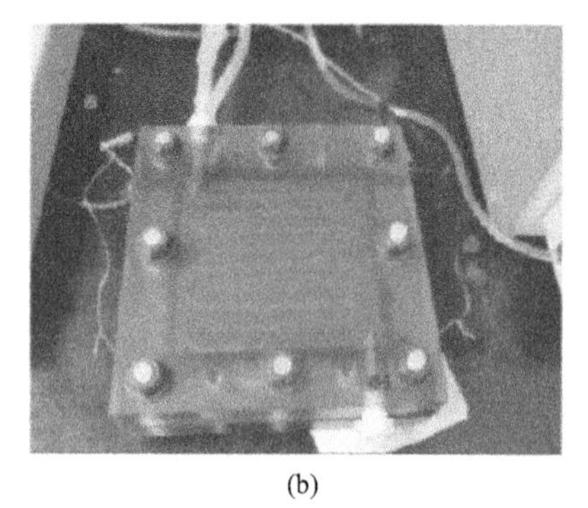

(b)

图 4-10 FPMFC 的示意图（a）和实物照片（b）

单室型微生物燃料电池省略了阴极室，将阴极和质子膜压制在一起，阳极和阴极间的距离缩小，减小了质子在阴极室内的传递阻力，提高了阴极传质速率，其欧姆电阻要远小于双室型微生物燃料电池。这种类型的电池占地面积小，结构简单，并且以氧气作为直接电子受体，无需曝气，从而可以降低运行费用。但是单室型微生物燃料电池也存在一些缺点：①由于阳极和阴极间的距离过小，氧气容易透过阴极到达阳极室，使阳极室中的溶解氧水平增高，影响阳极厌氧微生物的活性，同时，氧气可以作为产电微生物的电子受体，降低电池的电子和能量回收率，从而影响微生物燃料电池的库仑效率和功率输出[84～86]；②在常温、常压下，氧气还原反应的动力学速率较慢，常常需要铂等贵金属作为催化剂来提高反应速率，但是，铂属于贵金属，储量低、价格昂贵，大大增加了微生物燃料电池的运行成本，不利于工业化使用和推广，研究和开发新型的氧还原催化剂是单室型微生物燃料电池的重点研究方向之一；③由于取消了质子交换膜，这样催化剂直接与电解液接触，废水中存在的大量有害物和污染物很容易造成阴极催化剂的中毒，导致电池的输出功率降低，甚至影响到电池的整体运行，使系统瘫痪；④从目前来看，单室型微生物燃料的阴极制备过程复杂，机械强度不高，很难实现整个系统的放大。总之，作为微生物燃料电池中的新兴一员，单室型以其独特的构型设计引起越来越多研究者的关注，许多集中于其适应性和性能改进的工作正在进行。

(2) 直接型和间接型

根据电子转移方式的不同，可将微生物燃料电池分为直接型微生物燃料电池[73,87～89]和间接型微生物燃料电池[90]。直接型微生物燃料电池也称作无介体型微生物燃料电池，是指阳极室中的微生物能够分泌细胞色素、醌类等电子传递体，能将微生物催化氧化燃料分子产生的电子直接传递给电极[73]，也就是不需要人为添加电子中介体就可以实现电子的直接传递。这类细菌主要有 *Geobacteraceae*、*Clostridium butyricum*、*Alcaligenes faecalis*、*Rhodoferax ferrireducens*、*Pseudomonas aeruginosa* 和 *Shewanella putrefaciens* 等[72,88,91,92]。间接型微生物燃料电池也称作介体型微生物燃料电池。在间接型微生物燃料电池中，电活性基团存在于微生物细胞中，细胞膜含有肽键等不导电物质，不利于电子的传递，使氧化燃料分子产生的电子很难直接转移到电极上，因此，需要向阳极室内人工添加电子中介体，在细胞和电极表面之间搭建起桥梁，达到传递电子的目的。其中，直接型微生物燃料电池是研究的重点。通过与基因工程的结合，有可能培养、筛选和设计出具有高效电子传递能力的微生物，从而大幅度提高微生物燃料电池的输出功率。

(3) 异养型、光能自养型和沉积物型

依据微生物营养类型的不同，微生物燃料电池可分为异养型、光能自养型和沉积物型[72,93~96]。异养型是指厌氧菌或者兼氧菌代谢有机底物产生电子，将产生的电子传递到电极上，经外电路形成回路，是到目前为止研究和利用最多的一类；光能自养型是指藻青菌或者其他感光微生物等利用碳源作为底物，以电极作为电子受体，将光能转换为电能[97]；沉积物型是利用沉积物相与液相间的电势差来产生电能。海底的沉积物中含有很多复杂的物质，如糖类、有机酸等，这些物质可以被沉积物中的微生物氧化分解。海水表层则含有大量的溶解氧。将阳极置入厌氧的海洋沉积物中，阴极置于表层海水中，并将两部分用导线连接，细菌分解沉积物中的有机物产生的电子可以传递到阳极，然后经过导线传递到阴极，质子和电子在阴极区结合还原成水，从而完成整个回路，如图 4-11 所示。沉积物型微生物燃料电池可以实现海水发电，具有底物丰富、免维护、持续发电和环境友好等优点，非常有希望作为能源装置为偏远海域提供电能。

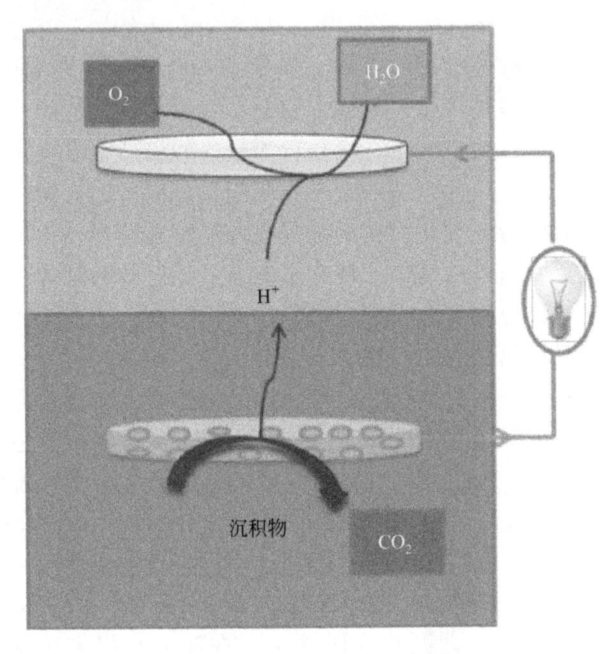

图 4-11　沉积物型 MFC 的原理

(4) 有膜型和无膜型

根据有无质子交换膜可将微生物燃料电池分为有膜型和无膜型。通常用的双室型微生物燃料电池的阳极室和阴极室需要质子膜隔开，属于有膜型微生物燃料电池。常用的质子膜是Nafion膜，价格昂贵，不利于微生物燃料电池的产业化，并且质子膜很容易受到污染，不利于质子传递和电荷转移。为了降低微生物燃料电池的成本和提高电池效率，使之更具有可操作性和实际应用价值，Liu和Logan等设计了单室空气阴极无膜型微生物燃料电池[39]。该电池直接以空气作为电子受体，省去了质子交换膜，电池的内阻降低，功率由262mW/m^2提高到494mW/m^2。所以，无膜型微生物燃料电池具有功率高、内阻小、设计简单、成本低、可操作性强等优点，是真正意义上具有可持续性的电池构型。

(5) 间歇型和连续型

根据电池的运行模式分类，可分为间歇型微生物燃料电池和连续型微生物燃料电池。需要定期更换培养液的构型为间歇型构型。该类型的微生物燃料电池可以提高实验操作的灵活性，在测试阴阳极材料的性能、质子交换膜的特性、催化剂的催化活性、微生物细菌的活性等基础性研究方面很有优势。但是定期更换培养液使间歇型微生物燃料电池在实际应用上受到很大程度的限制，不利于产业化。在大规模的废水处理中，更多采用的是连续型微生物燃料电池。连续型微生物燃料电池是通过蠕动泵不停地实现阳极液的循环，处理量大，容易工业化操作。

(6) 纯菌型和混合菌型

根据阳极产电微生物种类的多少分类，可分为纯菌型微生物燃料电池和混合菌型微生物燃料电池，如：*Rhodoferax*是从缺氧的沉积物中分离出的一种细菌，可以完全降解葡萄糖，产电效率可达90%。纯菌型的优点是有较高的电子传递效率，生长速率快，接种后不需要经过长时间的驯化，可以实现电池的快速启动，但是它们对底物的专一性很强，并且即使在净化台上操作，仍然很难实现与外界的完全隔离，比较容易受到污染。因此，一般只用于实验室研究。混合菌一般是从海底沉积物或污水处理厂的活性污泥驯化而得的。混合菌型与纯菌型相比，接种时不需要严格的消毒杀菌环境，操作条件简单，抗冲击能力强，底物降解效率和能量输出效率都比较高，所以采用混合菌型微生物燃料电池是研究的大方向。

(7) 非生物阴极型和生物阴极型

根据阴极是否有微生物参加反应，可将微生物燃料电池分为非生物阴极型和生物阴极型。非生物阴极型是利用催化剂（如铂、碳纳米管等）或电子传递介质将电子传递给电子受体，如：Feng等[98]利用氮掺杂的碳纳米管作为催化剂，用于阴极电子受体氧气的还原反应，得到的最大功率输出为（1600±50）mW/m^2，显示了很好的稳定性，电池构型如图4-12(a)所示。生物阴极型是利用微生物参与阴极反应，将电子传递给电子受体，如Zhang等[99]采用三室型电池构型［见图4-12(b)］，中间为阳极室，两边为阴极室。在两个阴极室中接种微生物细菌，该电池的最大输出功率为（13.2±1.7）W/m^3，COD去除率为40.8%±9.0%，库伦效率为19.4%±4.3%。生物阴极型微生物燃料电池可以免去电极的修饰和处理，可以降低成本和简化工艺，更有利于微生物燃料电池的产业化。

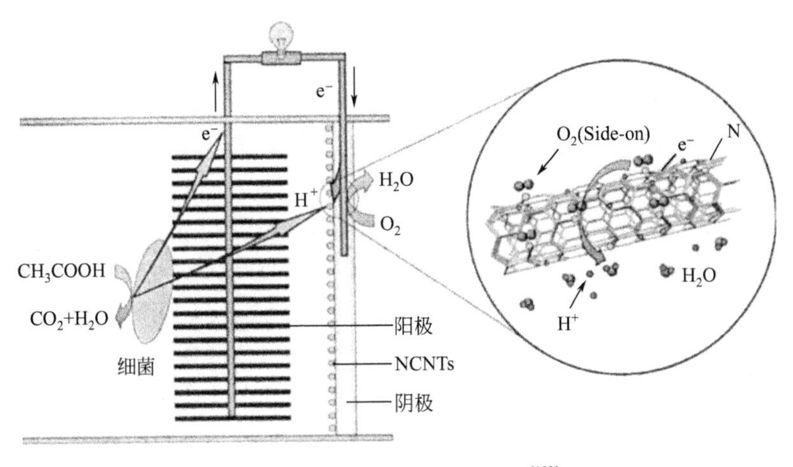

(a) 氮掺杂的碳纳米管微生物燃料电池[102]

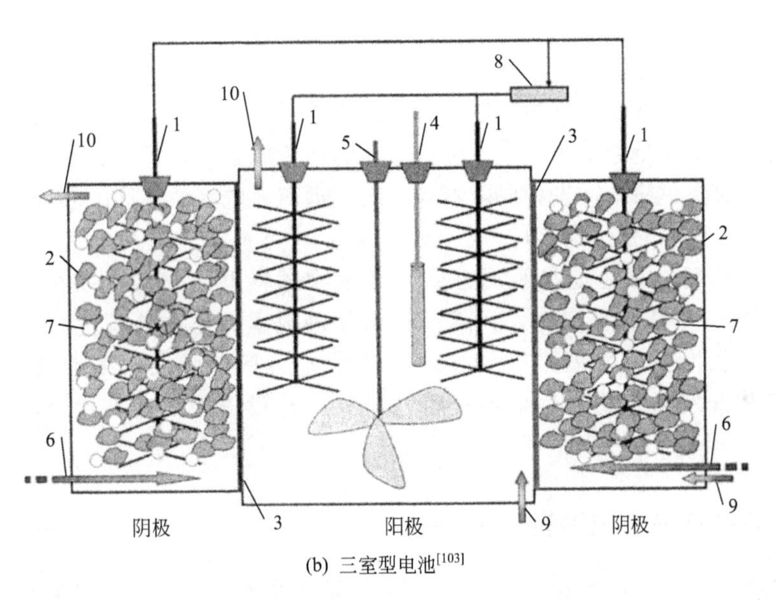

(b) 三室型电池[103]

图 4-12 微生物燃料电池和三室型电池构型

1—石墨纤维刷；2—石墨颗粒；3—质子交换膜（PEM）；4—Ag/AgCl 参比电极；

5—桨式搅拌器；6—空气；7—气泡；8—外电阻；9—入口；10—出口

4.2.3 微生物燃料电池的优点

微生物燃料电池作为一种新兴的能源工艺，可以利用工业废水和生活污水作为燃料，利用微生物将这些废水中的有机物氧化分解产生电子，这些电子以电流的形式向外输出，也就是说，在处理这些废水的过程中可以直接产生电能，这就为合理解决环境污染和能源匮乏问题提供了切实可行的解决方案。与其他能源相比，微生物燃料电池具有它们不可比拟的优点。①不需要经过燃烧，可以直接将储存在底物中的化学能转化为电能，理论上具有很高的能量转换效率。②原料来源十分广泛，可以利用各种有机物和无机物，如农作物秸秆、木柴、树叶，甚至动物粪便、生活污水和工业废水等作为燃料，实现原料的无成本或低成本获取。③不同于现有的热转换法处理生物质能，其在近中性的常温、常压条件下就能够有效运作，操作条件温和，使得电池维护成本低、安全性增强。④环保、无污染。一般的火力发电过程排出的气体含有高浓度的二氧化硫等，这些气体是形成酸雨的罪魁祸首之一，会对环境产生严重的污染。而微生物燃料电池产生的主要气体是二氧化碳，对环境无污染，并可以在植物的光合作用中被吸收利用，无需处理。⑤生物兼容性好。人体内存在大量的微生物，比如肠道里寄生的大肠杆菌。以这些寄生在人体内的微生物作为生物催化剂，以人体血液中的葡萄糖和氧气作为燃料，有可能在体内搭建起微生物燃料电池，成为植入人体的微型电源，为人造器官等设备提供能量，实现这些设备的长久运行。⑥寿命长。微生物细菌的生命力顽强并可以不断繁殖，从理论上来说，如果环境适合、养料充足，微生物燃料电池可以实现自我更新、反复利用、长久使用，不用担心电池的能量枯竭问题。⑦采用氧气作为电子受体，可以显著降低成本。氧气广泛存在于大气中，取之不尽用之不竭。如果采用空气阴极，则微生物燃料电池不需要能量的输入，大大降低电池的运行成本，显示其成本优势。⑧微生物燃料电池的搭建简单，设备要求不高，对于远离大电网的偏远山区和缺少发电设备的地方存在很大的市场潜力。

作为一种新的绿色能源利用方式，微生物燃料电池技术可以在处理废水等污染物的同时获得电能，能大大降低污水处理成本和解决能源危机。对于像我国这样污染较严重的发展中国家，这项技术尤其具有巨大的发展潜力。因此，大力研究和开发微生物燃料电池技术，是我国建设资源节约型社会的一项重要措施。

4.2.4 微生物燃料电池存在的问题

微生物燃料电池是涉及生物、化学以及材料等多学科且具有创新性的前沿课题。它的研究仍处于起步阶段，如何提高输出功率密度，满足方便、高效、长寿命的电源性能需要，使其优势为人类所充分利用，仍需不断的努力、持续研究。到目前为止，虽然研究者们对微生物燃料电池进行了大量有意义的研究，但是仍处于实验室基础研究阶段，离实际的工业化应用还有一定的距离，主要存在以下问题。

(1) 电池的输出功率密度低，比传统电池要低好几个数量级，离实际应用还有很大的距离，有待进一步提高

提高微生物燃料电池的输出功率密度要从多方面着手。①开发高效的产电微生物。微生物作为微生物燃料电池的核心，也是其区别于其他燃料电池的主要特征。微生物氧化燃料分子产生的电子传递到电极上速率的快慢是影响其输出功率大小的一个重要因素。目前已知的产电菌种类有限，并且与电极之间的电子传递速率缓慢，严重影响了微生物燃料电池的输出功率，因此，需要对其进行深入的研究，开发高效的产电微生物来提高微生物的电子传递效率。②电极材料的选择对输出功率的大小有着决定性的影响。产电微生物附着在阳极上，因此，阳极不仅影响着产电微生物的附着量，还影响着电子从微生物向阳极的传递效率，所以阳极材料的选择对微生物燃料电池性能的改善有着十分重要的影响，应选择吸附性强、导电率高、比表面积大、无腐蚀性，同时生物兼容性好的电极材料。在阴极，氧气是最常用的电子受体，但是其还原反应的动力学过程差，严重影响了微生物燃料电池的功率输出。因此，需要寻找高效的催化剂或者寻找具有高的氧化还原电位的电子受体来提高电池的功率密度。

(2) 成本较高，不利于产业化

①对于一般的微生物燃料电池来说，质子需要从阳极迁移到阴极，以形成回路，并且这个速度要足够快，否则大量的质子积累在阳极会降低阳极的 pH 值，对产电微生物产生抑制作用。目前最常用的质子膜是杜邦公司生产的 Nafion 膜，该膜对质子的选择性好，并且膜的内阻小、性质稳定。但是其价格昂贵，不利于实际生产，所以需要开发价格便宜同时又能高效传递质子的新型质子膜。②使用的电子传递体价格昂贵。为了提高电子的传递效率，常需要添加电子中介体，这些电子传递体价格昂贵，并且不能回收，使微生物燃料电池的运行费用大大增加，同时也带来了不容忽视的污染问题。③由于氧气的过电势较高，因此，常需要铂等贵金属作为催化剂，增加电池的运行成本，严重地影响了其作为最终电子受体的使用，所以需要寻找对氧有良好的催化效果并且价格低廉的催化材料。

(3) 扩大规模存在技术瓶颈，需要研发适合废水处理的工艺

当前报道的微生物燃料电池无论是从结构上还是运行特点上均不适用于大规模废水处理工艺。比如双室型微生物燃料电池中需要使用质子膜，但是质子膜的存在会提高电池内阻，影响质子的有效扩散和化学物质的输送，从而降低系统的产电效果。同时，质子膜存在易受污染、价格昂贵、模型放大困难等缺点，并不适合大规模的废水处理。所以单室型微生物燃料电池的研究备受关注，但是其存在阴极制作过程繁琐复杂、电池的库仑效率低等缺点，同样不利于实际应用。沉积型微生物燃料电池虽然具有很好的应用前景，但是在目前的实验条件下功率密度低，离产业化还有一定的距离。因此，需要对微生物燃料电池的构型进行深入的研究，开发出适合实际处理废水的反应器。

(4) 微生物燃料电池中微生物的驯化时间过长

阳极微生物接种到电池正常运行需要几天甚至几十天，这个产电驯化周期相当长，不利于工业化应用。

总之，微生物燃料电池虽然还有很多地方需要完善，但是作为一门新兴的技术，已经显示了不可比拟的优越性，该技术一旦可以产业化应用，将会产生不可估量的社会效益和环境效益。

4.2.5 微生物燃料电池的应用前景

在资源短缺和能源危机的大背景下，生物质能的利用研究日益受到重视。微生物燃料电池以其独特的产电方式成为绿色能源的研究热点，有着广泛的应用前景。

(1) 植入人体内的微型电池

随着诸如心脏起搏器等低能耗人造器官设备使用数目的增加，需要寻找为这些电子元件提供稳定、可靠并能长时间使用的工作电源。微生物燃料电池能利用有机物和氧气作为燃料产生电能，而在人类的血液中同时存在葡萄糖和溶解氧，所以可以在体内搭建微生物燃料电池。从理论上来说，电池运行的最终结果是将葡萄糖彻底氧化成二氧化碳和水，对人体没有毒害，跟人体有很好的生物兼容性，并且可以终身使用。

(2) 作为移动电源

有机物和氧气在自然界中广泛存在，可以利用微生物燃料电池作为机器人的电源，电量不足时，机器人可以随时从自然界获取原料，补充电能。这样微生物燃料电池就可以作为具有独立生存能力、“自给自足”的机器人的移动电源。

(3) 光合作用产电

植物通过光合作用可以产生蔗糖和其他低分子糖类。茎可以将这些糖类运输到植物体内各处，如果将这些糖类直接运输到固定安装的微生物燃料电池，则可以作为电池的燃料，同时将微生物氧化这些分子排出的矿物质输送给植物，可以被植物回收利用，最后达到光合作用产电的目的。如果这种方法能够实现，那么森林将是一个持续的绿色能源提供系统，可以源源不断地将光能转化为电能。

(4) 用于生物修复

由于微生物能以有机废物为燃料，同时可以以高价态氧化离子为电子受体，所以有可能实现废水里的有害有机物和高价有害离子的去除，实现生物修复[100]。Anderson[101]等发现利用 *G. metallireducens* 可以有效降解甲苯。Gregory[102]等使用 *Geobacter metallireducens* 在完全厌氧的条件下实现了用生物阴极进行原位硝酸盐的生物修复。Gregory 和 Lovley[103]向阴极施加－0.5V 的电压，可以使可溶性的 U(Ⅵ) 还原为不溶的 U(Ⅳ)。利用此系统可将溶液中的可溶性 U 富集到电极上，移去电极即可去除 U，从而达到生物修复的目的。

(5) 生物传感器

细菌如果受到有害物质的影响，活性就会下降，传递到电极表面的电子数目就会减少，从而引起电压的变化，这是生物传感器的工作原理。生物传感器在指示湖泊、河流中污染物质方面极具价值，可以用于有机污染物的在线监控[104,105]，也可以安装在污水处理厂的入口处来检测污染物的排放，或者用来确定污染发生的地点。如果可降解的有机物在微生物燃料电池中产生的电信号和有机物浓度在一定的浓度范围内具有线性相关性，就可以实现生化需氧量（Biochemical Oxygen Demand，BOD）的在线监测。Kim 等构建的微生物燃料电池测定废水运行 5 年之久，监测的准确性和重复性均优于传统的 BOD_5 检测法[106]，利用微生物燃料电池测定有机废水 BOD 具有不需要其他生化试剂、受环境温度影响小、耗时短、精确度高、稳定性和可重现性好等优点。

(6) 用于偏远地区发电和支持远海及河口处用电

我国的偏远山区远离大电网，架设高压输电线路比较困难并且耗费巨大。近年来，我国农村大面积焚烧农作物秸秆的现象十分普遍，造成了十分严重的大气污染，并且很容易引起火灾，存在很大的安全隐患。这些秸秆或者其他农林废弃物中含有大量的有机物，可以作为微生物的燃料，用来生物发电，这样既可以减少环境污染，又可以充分利用资源，满足偏远农村的用电需求。大型发电站与这种分散性的电源相结合可以减少在输配线路上的投资与损耗，使整个电力系统更加经济安全。利用沉积型微生物燃料电池可实现海水的发电，用于支持远海及河口处发电设备的运转。

(7) 处理有机废水并同步发电

污水处理的社会效益和环境效益显著，但是其能耗大、运行成本高，经济效益并不明显，是一项投入大、产出少的行业。微生物燃料电池可以利用废水中的有机物作为燃料，在发电的同时降解废水中的有机污染物[107~110]。与传统的废水处理工艺相比，其在结构和功能上都有十分明显的优势[111]，体现在：①能量利用率高，传统的厌氧处理工艺是将废水中的有机物转化成甲烷或者氢气，再利用甲烷或氢气作为燃料间接发电，这种间接的发电方式的能量利用率较低，会浪费总能量的30%以上，而微生物燃料电池直接将有机物转化成电能，减少了中间过程的能量损失，极大地提高了发电效率。②剩余污泥量小，传统的废水处理会产生大量的污泥，处理这些污泥需要花费大量的资金；微生物燃料电池产生的剩余污泥量很少，处理起来比较容易。③干净环保，无有害气体产生，传统的厌氧处理工艺在处理废水的过程中常伴随着硫化氢等气体的产生，直接排放这些废气会污染环境，所以常需要后续处理程序，增加费用；而在微生物燃料电池中，电子以电流的形式传向外电路，所以很难生成这些有害气体，不会污染环境。④可以省去曝气环节，节约能量，传统的污水处理需要曝气来氧化其中的有机废物，而曝气需要消耗大量的电能，费用昂贵，对于空气阴极型微生物燃料电池，大气中的氧气足以满足阴极反应的需氧量，可以省去曝气过程，从而解决了污水处理厂普遍存在的三高（投资高、电耗高、运行费用高）问题，使大部分企业因承担不起高昂的废水处理费而导致的偷排、乱排问题得到解决。

(8) 制备氢气

有机废水资源化的一个重要途径是厌氧发酵法生物产氢，在本章的第一节已经详述。但是该方法发酵产氢的速率慢、产量低。这主要是由于在有机废水发酵过程中，存在一个称之为“发酵障碍”的现象，即细菌不能将废水中所含的有机物完全地分解，反应产物只能生成少量氢，大多则转化为乙酸和酪酸等。将微生物燃料电池的阳极有机物氧化和阴极产氢耦合，可以实现高效率的氢气制备。

由于微生物燃料电池具备以上特点，将在环保、航空、移动装置、备用电力设备、医学等领域显示出显著的优势，是一项具有广阔应用前景的绿色能源技术。

4.3 微生物电解电池

微生物电解电池（Microbial Electrolysis Cells，MEC）是在微生物燃料电池（MFC）的基础上改进的一种产能装置[112]，之前也被称为生物催化电解电池（Biocatalyzed Electrolysis Cells，BEC）和生物电化学辅助微生物反应器（Bioelectrochemically Assisted Microbial Reactor，BEAMR）[33,38]，它在微生物燃料电池的阴极去除氧气的同时在外电路加一个电源（>0.2V）[113,114]，从而克服热力学障碍，实现质子和电子在阴极生成氢气的过程[115,116]。MEC 结合了微生物燃料电池、电化学及生物学的技术手段，实现了生物能、化学能及电能之间的相互转化，是一种新型的生物质能利用方式。MECs 是集微生物学、电化学、材料、环境工程等多种学科交叉渗透的典型课题。

4.3.1 微生物电解电池与微生物燃料电池的差异

MEC 与 MFC 系统存在很多相似的地方，因此，将 MFC 系统中发现的提高电能输出的方法用于提高 MEC 系统的产气量。然而，考虑到气体回收率等诸多问题，这两个系统存在明显的差异。

① 以 MEC 产氢过程为例，氢气的损失是由氢气通过膜扩散到阳极室以及阴极室生长的细菌的降解作用而造成的，所以产氢过程需要保证产出的氢气不再扩散回阳极室。但在 MFC 系统中不存在类似的问题，因为阴极的氧化产物为水。此外，MEC 系统还需要控制利用氢气的细菌来减少氢气损失。

② 在无膜的 MFC 系统中，由于扩散到阴极的质子都生成了水，故系统的电荷是平衡的。但在 MEC 系统中，需要各种膜作为减少氢气损失的屏障。在一些 MFC 中，用阳离子交换膜（CEM）进行极室间的质子交换，但实际上是 Na^+、K^+、Ca^{2+} 而不是质子充当了阳离子交换的主体，造成了阴极质子的损失。在 MEC 系统中，高浓度的质子是保证氢气产出的前提。

③ 在 MFC 系统中，底物可以透过膜到达阴极。但在 MEC 系统中，这就意味着为阴极的细菌提供生长的底物。接下来，这些细菌就会利用氢气，降低氢气产率。因此，在两个水相极室的 MEC 中，需要严格控制以防底物通过扩散而透过膜。在使用空气阴极的 MFC 中[117]或者是单室的 MEC 反应器中[85]，并没有考虑底物扩散阴极的损失（除非某些物质有挥发性）。

④ 在 MFC 系统中，氧气扩散到阳极会导致大量底物的流失。但在 MEC 系统中是不存在这个问题的，因此，氢气库仑效率（RCE）要比 MFC 的库仑效率高很多。例如，在 Liu 等人的一个研究中，MEC 系统的 RCE 在 60%～78%之间[33]，

在另外一个使用乙酸盐的研究中，氢气库仑效率高达 92%。但对于 MFC 系统来说，混菌系统利用乙酸盐为底物时，库仑效率在 10%～78%之间（基于反应器的构型和内阻）[86,118]。

优化 MFC 构型、减小内阻的方法对改进 MEC 的性能是有好处的。然而，上述比较说明 MFC 与 MEC 系统的确存在很大的差异，这些差异会导致它们的设计向不同的方向发展。此外，气体的获取和纯化过程复杂且需要外加能量，这将影响该方法作为持续产气的经济性。

4.3.2 微生物电解电池的优点

微生物电解电池首先是以产氢气为主要目的出现的，微生物电解电池的理论产氢效率远高于发酵产氢，同时，MEC 制氢所需的理论最小电压（0.114V）远小于电解水制氢气所需要的理论最小电压（1.23V）[114,115]。微生物燃料电池的出现为从可生物降解、具有还原性的化合物中生产能源提供了一个可行的机会。微生物电解电池作为一种新兴的能源工艺，具有其他能源不可比拟的优点：①MEC 具有极高的生物量转化效率和库仑效率，产生的氢气纯度较高，能量利用率高[119]；②MEC底物广泛，可以利用糖类、蛋白质、脂质，甚至是发酵产氢的副产物有机酸和某些无机物（例如 CO_2、碳酸盐类等）作为底物，还可以作用于诸如污水中的复合性底物；③非贵金属阴极能够代替铂作为 MEC 反应器中的阴极催化剂，并获得比铂更好的产氢能力，市场应用前景广泛，有些 MEC 的阴极甚至可以不用催化剂而仅使用微生物酶的催化作用就能获得很好的效果；④MEC 反应器的操作条件温和，构造的单室 MEC 不存在阴极、阳极 pH 梯度差的问题，反应在中性 pH 条件下完成，使得电池具有维护成本低、安全性强、寿命长等优点；⑤良好运行的 MEC 产生的气体不需要对其进行处理，环保无污染，生物相容性好[114]；⑥无膜的单室 MEC 能够在室温条件下利用低浓度的有机废水如厌氧消化液来产生 CH_4，可以作为污水深度处理的一种方法[119]；⑦随着机理及工艺研究的不断成熟，MEC 有大规模应用的可能性，可以扩大目前的燃料形式以满足人们的能量需求。随着技术工艺的逐渐成熟、机理的不断完善，微生物电解电池将成为世界各国研究的热点之一。然而目前 MEC 的研究还处于起步阶段，研究的底物多限于简单有机酸和少量复杂底物。MEC 中的功能微生物及其代谢模式有别于传统生物过程，加之结合了电化学反应的优点，在很多情况下可以克服一些反应的能量壁垒，突破热力学的限制；完成一些微生物所不能实现的反应途径；对环境条件的要求低。MEC 的这些优势，可以作为在特殊条件下对发酵法产氢的一个补充和增强手段。

4.3.3 微生物电解电池的局限性

虽然 MEC 能直接利用可发酵底物（如糖类）产氢，但往往给电极微生物群落带来较大的代谢压力，导致①发酵细菌大量增长，造成底物（电子供体）损失，同时减少产电菌在电极上的比例，造成电子由底物向电极转移效率的下降；②有机酸在发酵过程中的积累，导致 MEC 中 pH 值的下降，最终给产电菌带来不可逆的破坏；③发酵底物产氢，将给其他非产电微生物（如甲烷菌）提供电子供体，造成底物的损失，从而导致 MEC 氢气产率的下降。因此，可将 MEC 置于暗发酵制氢后端，使二者作为一个体系梯级产氢。对于更复杂的生物质，如秸秆、林业废弃物、城市污水处理厂剩余污泥和牲畜粪便等，对其的直接发酵产氢效率较低，这时发酵可作为一种生物预处理手段，以产生可溶性小分子有机物，然后再通过 MEC 强化作用回收氢气。

4.3.4 微生物电解电池的研究现状

MEC 系统是最近几年发展起来的，根据 MEC 系统中是否有离子交换膜，可将 MEC 系统分为有膜 MEC 和无膜 MEC 两大类，根据不同的形状和特点又可以分为圆柱状反应器、立方体反应器、H 型反应器及升流式反应器等类型[114]。

第一个报道的产氢系统是由 Liu 等设计的双室小瓶型反应器（310mL）。每个极室有 200mL 电解液，由一小片阳离子交换膜隔开，两极室中间由管子相连（见图 4-13）。阳极是普通的碳布，阴极为载有 $0.5mg(Pt)/cm^2$ 的碳纸。该系统使用乙酸钠为底物，平均氢气产量为 $2.9mol(H_2)/mol$（乙酸盐），理论产率是 $4mol(H_2)/mol$（乙酸盐）。外加电压是 0.25V 时，这里的能量输入相当于 0.5mol 的氢气。在这个系统中，乙酸盐的电子回收率很高。在不同的外加电压条件下，产氢库仑效率在 60%～78%之间，电路电子回收与氢气的比率则大于 90% [116]。

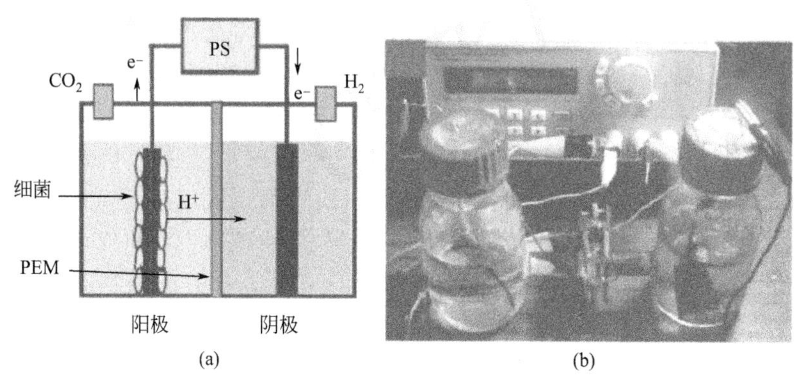

图 4-13　辅助微生物反应器生物电化学（BEAMR）的示意图（a）和照片（b）

Liu 等在单室立方体反应器的中部插入阳离子交换膜转化为双室反应器。反应器中部由长为 4cm、直径为 3cm 的圆柱相连，两侧均密封隔绝空气。阴极气体释放到一根管子中，管子的另一头与密封的集气瓶（120mL）相连，周期性地测量氢气浓度。这个系统的库仑效率与其他双室系统相同，但整体氢气回收率(60%～

73%）较低。

Rozendal等构建了圆柱形双室MEC系统，该系统由两个大型盘状阳极和阴极组成，中间用阳离子交换膜隔开，每个极室长5cm，直径为29cm（容积为3.3L）。阳极材料为石墨毡，阴极材料为镀铂的钛丝网（铂含量为50g/m^2）。当外加电压为0.5V时，他们获得了高达92%±6.3%的库仑效率，但氢气回收率仅为53%±3.5%[(2.11±0.14)mol(H_2)/mol（乙酸盐）]。该课题组后期在试验中将阴极转移到阳离子交换膜上，形成一个气体扩散电极，但氢气的整体回收率（23%）仍然很低[42,116]。

除了用来从生物质中获得氢气、甲烷等气体燃料外，MEC还逐渐被用来作为水处理的一种辅助或强化过程。如Tom Hennebe和Jessica Benner等人利用MEC反应器来强化地表水中的二乙酰氨基三碘苯甲酸盐和三氯乙烯等持久性有机污染物。二乙酰氨基三碘苯甲酸盐和三氯乙烯等持久性有机污染物的去除用生物钯纳米颗粒作为催化剂，而氢气是这一脱卤过程的限制性因素。Tom和Jessica等人所用的MEC系统阴极为活性炭颗粒，每克活性炭颗粒表面涂有5mg生物Pd以增强催化性能。反应器外加−0.8V的电压，三氯乙烯的处理效率可达48g/(g·d)，该值远大于其他处理系统，结果可见MEC系统能够提供持续、稳定的氢气来实现脱卤过程[120]。

4.4 生物电化学与环境监测

随着社会生产的发展和生活水平的提高，环境问题日趋严重，世界各国对环境保护问题开展了大量的研究。环境监测（Environmental Monitoring）是环境保护的基础，其目的是准确、及时、全面地反映环境质量现状及发展趋势，为环境管理、污染控制和环境规划等提供科学依据。传统的环境监测方法主要是物理监测和化学监测。目前，人类使用化学物的品种、数量正以惊人的速度增长。传统的理化监测，无论是在成本还是效率上，已不能满足监测的需要；再者，理化分析只能对化学物精确定量，却不能反映其对生物体的效应。因此，迫切需要其他监测方法作为补充。20世纪70年代，经过无数科学家的互相合作，一门独立的学科——生物电化学在电生物学、生物物理学、生物化学以及电化学等多门学科的交叉地带产生[121]。应用生物电化学技术测定环境中的一些物质的含量既快速又准确、操作简单，是一种有发展前途的监测手段。本章重点介绍生物电化学传感器、生物芯片和生物电化学反应器在环境监测中的应用，并提出了生物电化学今后的发展方向。

4.4.1 生物电化学传感器与环境监测

现代传感技术包括信息交换、信息处理及接口技术三部分，其中以信息交换为核心内容——所谓的传感器（Sensor）。作为电化学传感器核心部件之一的电极的发展对各种电化学传感器的发展起到了关键的作用，如何使电极能够有选择性地进行人们所期望的反应并提供更快的电子转移速率是电化学家们希望解决的问题。化学修饰电极（CME）的出现为此问题的解决带来了可能。1975 年 CME 问世以来，已成为整个化学界瞩目的非常活跃的电化学研究新领域，推动了电化学及电分析化学研究的发展，是近代电分析化学领域中一个重要的研究方向。

化学修饰电极用于定量分析是一种把分离、富集和测定三者合而为一的理想体系，在提高选择性和灵敏度方面具有独特的优越性。由于其具有选择性好、灵敏度高、分析速率快、成本低、能在复杂体系中进行在线连续监测的特点，已在生物、医学、环境监测、食品、医药及军事医学等领域显示出广阔的应用前景，引起了世界各国的极大关注。环境监测对于环境保护非常重要。传统的监测方法有很多缺点：分析速率慢、操作复杂且需要昂贵的仪器，无法进行现场快速监测和连续在线分析。生物传感器的发展和应用为其提供了新的手段。

生物电化学传感器是指以生物材料（如酶、抗原、抗体、激素等）或者生物本身（细胞、细胞器、组织等）作为敏感元件，电极（固体电极、离子选择电极等）作为换能元件，以电流和电势信号响应输出的传感器[122]。一方面，用电极充当电子的给予体或者接受体，可以模拟生物体系电子传递机理和代谢过程，测定热力学和动力学参数；另一方面，利用生物反应的特异性和电分析方法的灵敏性以及实时检测性，制备生物电化学传感器，为生物物质的检测提供强有力的手段。

生物电化学传感器这种新的检测手段与传统的分析方法相比具有如下优点：①它是由选择性好的生物材料构成的分子识别元件，因此，一般不需要样品的预处理，它利用优异的选择性把样品中被测组分的分离和检测统一为一体，测定时一般不需加入其他试剂；②由于它的体积小，可以实现连续在线监测；③响应快，样品用量少，且由于敏感材料是固定化的，可以反复多次使用；④传感器连同测定仪的成本远低于大型的分析仪器，因而便于推广普及。

(1) 生物电化学传感器的分类

根据敏感元件的分类，可分为电化学酶传感器、电化学微生物传感器、电化学免疫传感器、电化学 DNA 传感器、电化学组织传感器。根据相应信号的分类，可分为电位型、电流型、电容型和电导型。根据修饰的功能材料的分类，可分为纳米电化学生物传感器、导电聚合物传感器。根据电极尺寸和形状的不同，分为常规尺寸和超微电极，常规尺寸分别有圆盘电极、球形电极、柱形电极、条形电极、圆环形电极等，这些电极的直径或者宽度属于毫米级的则被称为常规电极，它的电化学理论是建立在线性扩散的基础之上的。常规电极因其商品化早，易于获得，因此被用于大多数的电化学生物传感器的研究中。超微电极是指电极的一维尺寸为微米级（10^{-4}cm）或纳米级（10^{-7}cm）的电极，它的电化学理论建立在多维扩散的基础之上，具有常规微电极无法比拟的许多优良的特性，在 20 世纪 80 年代末开始作为伏安探针在生物体系中探索细胞化学电极尺寸降为微米级后，已经成为电化学研究中的一个重要分支。

(2) 电化学生物传感器的制备方法

随着电化学修饰电极的研究与应用的逐步开发，其制备方法也得到了极大的发展。在对电化学传感器表面进行修饰时需要知道基底电极的种类是金属电极还是炭电极，并且需要知道该电极上表面基团的情况，才能有目的地进行电极处理和引入可供键合的基团，然后通过共价键合或者物理吸附等方法制备需要的电化学传感器表面。目前电化学传感器的制备大致可以分为共价键合法、吸附法、聚合物薄膜法、滴涂法、包埋法、自组装法以及组合法等。

(3) 电化学生物传感器的表征

电化学传感器制备后，其表面微观结构的变化需要借助于各种仪器手段来进行表征，从而探索传感器表面结构对其电化学性能的影响，以便进一步优化电极表面结构和设计更灵敏、响应迅速的电极。电化学传感器的微型化越来越需要更好地对其表面形貌进行表征，目前修饰电极首先用到的表征方法即为电化学方法，主要包括循环伏安法和交流阻抗法，再就是电极表面各种形貌表征方法如显微镜学表征、光谱法、表面能谱法等，其中显微镜学表征包括透射电子显微镜法、扫描电子显微镜、扫描隧道显微镜、原子力显微镜和扫描电化学显微镜，光谱法包括紫外-可见分析法、红外以及拉曼光谱法等，而表面能谱法则包括 X 射线光电子能谱法等。与此同时，显微镜与电化学技术联用可以实时地观测到电极表面形貌的变化。

(4) 电化学生物传感器与环境监测

自从 Divies 利用溶解氧电极制备的第一支测量乙醇的微生物传感器问世以来，随着生物技术的发展，生物传感器技术取得了可喜的进展，用于不同测量目的的生物传感器相继出现。生物传感器是一种将生物敏感元件与物理元件相结合制成的分析仪器，其基本原理[122]是将生物敏感元件发生的特异性反应及信号经由物理元件（换能器）转变为光、电、声等易检测信号，从而间接地获知待测物的有关信息。

生物传感器可测量 50 多种物质和数种酶的活性，而且还可对废水中可降解的有机物及其毒性进行综合评价，其在环境监测中的应用归纳起来主要有以下六个方面。

① 现场测试工具。这类测试工具主要用于现场测量重金属离子、细菌总数、微量水、农药及其他分析物。

经过化学修饰改造后的铁蛋白能用于储存各种微量重金属离子[123,124]。而用含有发光基因的重组质粒的受体也能测量重金属离子，因为该受体在重金属离子的诱导下能产生荧光素酶，从而改变发光强度，而发光强度的变化与重金属离子的浓度呈线性关系[125]。为了更快速、准确地测量细菌的数目，还有研究者研制成功了一种新型伏安型细菌总数生物传感器，通过对电极及其辅助测定装置的设计，可使测定下限达 3×10^4 个细胞，测定周期在半小时左右[126]。另外，对于非流体介质中的微量水也能够用酶电极来测量[127]。

利用免疫分析原理制成的生物传感器已促使各种检测农药和除草剂的简便仪器即农药传感器不断产生，这是一类基于免疫分析技术的仪器。目前已实现了对阿特拉津除莠剂（持久性除草剂）、西玛津选择性除草剂、异丙基类除草剂、虫螨威（多种作物杀虫剂）、百草枯[128]等物质的检测。

② 在线测试工具。在线生物传感器分析仪器主要有生物耗氧量（Biologiecl Oxygen Demand，BOD）生物传感器、诱变剂传感器、pH生物传感器、光纤生物传感器、毒性检测仪、大气生物传感器等。目前，国内外已研制出多种微生物BOD传感器，其在环境监测与评价中得到了广泛的实际应用。其他的生物传感器则正处于初步研究阶段。其中BOD生物传感器的原理是：当生物传感器置于恒温缓冲溶液中，在不断搅拌下，溶液被氧饱和，生物膜中的生物处于内源呼吸状态，溶液中的氧通过微生物的扩散作用与内源呼吸耗氧达到平衡，传感器输出一个恒定电流。当加入样品时，微生物由内源呼吸转入外源呼吸，呼吸活性增强，导致扩散到传感器的氧减少，使输出的电流减小，几分钟后，又达到一个新的平衡。在一定条件下，传感器输出电流值与BOD浓度呈线性关系。国外普遍采用的BOD生物传感器对水环境进行监测，一般是将微生物夹膜固定在溶解氧探头上，当样品溶液通过传感器检测系统时，渗透通过多孔膜的有机物被固定化的微生物吸收消耗氧，引起膜周围溶解氧减少，使氧电极电流随时间急剧减小。通过对电流的测定，与标准曲线对比来测定BOD值。但由于在线生物传感器测试结果的稳定性与再现性等问题，使其在固定水质场合的应用受到限制。

③ 生物传感器在农药分析中的应用。将化学修饰电极应用于环境分析的早期实验是将固定化酶即丁酰胆碱酯酶与铂电极连接，作为换能器。农药（如对氮磷）对酶会产生抑制作用，因此可检测空气或水中有无农药存在。这一仪器被称作连续性水监控器，可以在没有抑制剂存在的情况下使用三天，但其分析能力仅限于10^{-6}水平，而且缺乏特异性。

应用于农药检测的酶主要是乙酰胆碱酯酶（AChE）和酪氨酸酶。酪氨酸酶常用于检测苯、氯酚、氰化物、碳酸盐和莠去净，其他一些酶可用于检测另外一些环境污染物，如硝酸盐、硫、磷、重金属和苯。

目前已开发出了AChE的替代物以提高其敏感性，而且使用了不同的换能器。通过铂厚膜电极上硫胆碱的电化学氧化作用，可以对酶活性进行检测。由于能够检测H_2O_2也可将AChE和胆碱氧化酶结合起来，测定AChE的抑制作用。Femando等人[129]用鳗鲡AChE作为生物传感材料对有机磷和氨基甲酸抗胆碱酯酶进行了检测，可以检测到10nmol/L水平的对氧磷，而敌敌畏和焦磷酸四乙酯等农药的检测下限则更低，其主要优点是快速（几分钟内可以同时检测8个样品）、准确、可重复使用。Starodub等[130]分别用AChE和丁酸胆碱酯酶（BChE）作为敏感材料，制作了离子敏场效应晶体管酶传感器，两种传感器均用于蔬菜等样品中有机磷农药DDvP和伏杀磷等的测定，检测限为$10^{-7}\sim10^{-6}$ mol/L。Lei等[131]报道了一种灵敏度高、选择好、直接快速检测有机磷农药的方法，该方法可检测出0.28×10^{-9}对氧磷、0.26×10^{-9}甲基对硫磷、0.29×10^{-9}对硫磷。该传感器只对邻位取代的硝基苯类化合物响应灵敏，可用于在线分析，在快速检测环境中的有机磷方面有很好的应用前景。

另外，Bi 等[132]在石英晶体微天平的芯片上通过自组装硫醇分别制得两种新烟碱类杀虫剂分子印迹单层膜（MIM）吡虫啉和噻虫啉，并实时检测芹菜汁中的吡虫啉和噻虫啉。该方法对 1μmol/L 的吡虫啉和噻虫啉仍可检测出来，选择性好，灵敏度高。

④ 生物传感器在重金属测定中的应用。环境中微量的 Pb^{2+}、Cd^{2+}、Hg^{2+} 是环境中主要的重金属污染物，与 Cr、As 合称为“五毒”，当进入生物链后，危害人体的正常生长发育，故而建立高灵敏度、高选择性的方法来检测它们备受关注。

Deivasigam Prabhakaran 等[133]通过 LB 膜技术在显微镜的载玻片上制作了一个可逆的肉眼即可检测的低于每升几毫摩尔 Cd^{2+} 的传感器。此传感器可被可见光透过，Cd^{2+} 在 0.04～44.5μmol/L 范围内呈现出从橙红到略带桃色的光带，并成功检测了水样中的 Cd^{2+}，选择性好，灵敏度高。向伟等[134]利用多壁碳纳米管-石墨糊电极测定了水中的 Pb^{2+}，在 HAc-NaAc 缓冲溶液中，Pb^{2+} 的检出限为 3×10^{-8} mol/L。Xinsheng Ren 等[135]使用寡聚核苷酸-DNA 嵌入共轭高聚物建立了一种高灵敏度、高选择性的检测 Hg^{2+} 的方法。该方法成本低，材料易得，使用方法简便，对 Hg^{2+} 的最低检测限是 0.27nmol/L，远低于美国 EPA 对应用水中的 Hg^{2+} 的标准。

⑤ 生物传感器在测定阳离子及其化合物的应用。亚硝酸根离子广泛存在于废水及食物中，*N*-亚硝基化合物对人类有致癌的危险性，对亚硝酸根离子的测定方法进行研究具有重要的实际意义。修饰电极由于可以降低 NO_2^- 氧化的过电位而具有良好的响应。姜灵彦等[136]报道的一种对 NO_2^- 具有高灵敏度、高选择性的壳聚糖-碳纳米管修饰电极可直接富集和测定水样中的 NO_2^-，检测下限达到 1×10^{-7} mol/L。由于壳聚糖酸溶液中的 NH_4^+ 可以吸附 NO_2^-，因此，NO_2^- 可聚集在电极的表面，从而提高了其在电极上的灵敏度。工业废水排放溴离子可使环境水中的 Br^- 含量增加，其含量过高会对人体有毒害作用，曾艳等[137]用壳聚糖-碳纳米管改性膜修饰电极，实现了高选择性的测定水中的 Br^- 含量，线性范围为 3.6×10^{-7}～1.4×10^{-5} g/mL，大多数离子对测定无干扰。

⑥ 生物传感器在有机污染物测定中的应用。硝基苯类化合物及其衍生物由于其本身的毒性和诱导有机体突变，严重威胁环境和人类健康，因此，需要建立灵敏的检测硝基苯类化合物的方法。Sabahudin Hrapovic 等[138]使用不同的金属纳米材料（Pt、Au、Cu）与溶于 Nafion 的单壁碳纳米管和多壁碳纳米管制得生物传感器，通过吸附溶出伏安法来检测 TNT 和其他硝基苯类化合物。结果表明：nano Cu-单壁碳纳米管传感器对 TNT 和硝基苯类化合物的灵敏度最高。该传感器对 TNT 的检测限是 1×10^{-9}，线性范围达 3 个数量级，而且重现性好，响应信号稳定，可用于管道水、河水和被污染土壤的测定。吕少仿[139]探讨了利用多壁碳纳米管修饰电极测定环境水样中的微量苯酚，由于 MWCNT 具有很大的比表面积和强的吸附特性，一方面对苯酚表现出强的富集效率；另一方面，MWCNT-DHP 膜修

饰电极与裸玻炭电极相比，电极面积显著增加，从而使苯酚在修饰电极上的氧化峰电流显著增加。李明齐[140]用循环伏安法和交流阻抗技术研究了对苯二酚和邻苯二酚在 MWCNT 修饰电极上的电化学行为，分析和比较了修饰电极对这两种酚的催化反应。该修饰电极实现了对 HQ 和 CC 的同时测定，检出限分别为 1.0×10^{-5} mol/L 和 8.0×10^{-5} mol/L。

胺类污染物不容忽视，它同样是美国 EPA 规定的监测种类之一。α-萘胺对细胞和基因均具有毒害作用，是强致癌物质。大量排放含 α-萘胺的废水对水质的污染已引起人们的普遍关注[141]。瞿万云[142]研究了 α-萘胺在多壁碳纳米管-DHP 膜修饰电极上的电化学行为，并建立了一种直接测定 α-萘胺的高灵敏度电分析方法，其检出限为 2.0×10^{-7} mol/L，该法已用于长江水样中 α-萘胺的测定，回收率为 97.5%～104.2%。

4.4.2 生物芯片与环境监测

随着生物信息学、生物技术、计算机技术的发展，将硅片或玻片与生命材料结合制成的第四代生物传感器——生物芯片已经出现，它是一种高通量的 DNA 分析技术，在一张大约 $2cm^2$ 的芯片上集成了几万个甚至几十万个基因或探针，进行一次试验就可以得到过去数月才能得到的结果，并且数据的均一性很好。例如在环境微生物学中，生物芯片具有一次试验就可筛选饮用给水中几百种病原体的潜在能力，这将会为环境监测提供更为强大的分析检测工具。目前，利用 DNA 探针设计的生物芯片已成为一个新的研究热点。

在环境保护上，生物芯片有着广泛的用途：一方面可以快速检测污染微生物或有机化合物对环境、人体、动植物的污染和危害；另一方面也能够通过大规模的筛选寻找保护基因，制备防治危害的基因工程药品或治理污染源的基因产品。1996 年，有研究者用一束光学纤维阵列作为 DNA 分子杂交的支持物，并用灵敏且定量的荧光检测技术监控微量样品的杂交反应，从而快速（<10min)、灵敏（10nmol/L）地同时监测多重 DNA 序列的杂交[143]，这表明生物芯片技术正朝着多样性的方向发展。1998 年，有文献[144]报道了将生物大分子探针附于多孔硅表面进行生物分子的检测，这种生物传感芯片具有超高灵敏度，可检测到飞克（fg，10^{-15}g）级的靶分子，还可用于检测各种生物大分子如抗原抗体、酶底物等的相互作用。这些用作生物传感器的芯片不仅为微量检测提供了新工具，也给生物芯片的发展开辟了新的方向。接着纳米金标记 DNA 芯片[145]诞生，它能够监测一些环境中的污染物，其优点在于耐用、可靠，具备更好的稳定性和专一性，而且转化为光学信号时受环境的影响较小，易操作。此外，还有文献[146]报道了一种新颖的可提供潜在的高通量信息的细胞芯片和组织芯片，与基因芯片和蛋白质芯片相比，可以提供更多的、复杂的应答信息，为应用于环境监测提供了可能。

目前，环境科学家已经意识到将生物芯片技术引入环境科学研究中的重大意义，尤其是在环境监测中的重要应用意义。虽然当前生物芯片在环境监测中的应用还处于刚起步阶段，但其发展前景是不容忽视的。

4.4.3 生物电化学反应器与环境监测

生物电化学反应器，即将生物传感器或生物芯片、电化学系统及其他一些辅助仪器结合成一个化学反应器，用以进行生化反应，以达到某一目的。比如说，将透析袋、硒、铁蛋白、恒流泵、电导仪、磁力搅拌器及电化学系统等构成硒-铁蛋白电化学反应器[147]，该反应器可直接用于监测流动水体中的含磷化合物递增速率，评价污染程度及分析赤潮成因。另外有文献[148]报道了采用挂膜培养以及 PVA 包埋的方法，将异养反硝化菌固定在 ACF 电极表面，制成 ACF 涂层电极。包埋了反硝化细菌的 PVA 凝胶能牢固地黏附在活性炭纤维表面，可制成 PVA 凝胶涂层电极。在生物电化学反应器中，涂层电极中的异养反硝化菌经过驯化培养后，能够利用氢作为电子供体进行反硝化作用，去除地下水中的硝酸盐氮。此外，Morton [149]设计了一个作为环境监测系统的生物电化学装置，能够使水样符合已设定的健康、安全标准。该装置内含有一个可自己选择的传感器，一般是根据要测的水样从 pH 传感器、温度传感器、金属传感器、细胞组织传感器和生物传感器中选择。

4.4.4 生物电化学的发展方向

生物传感器、生物芯片和生物电化学反应器在各方面已取得了一定的进展，随着科学技术的发展，生物电化学的应用前景将非常广阔。纵观其发展趋势，今后的研究可以从以下几个方面深入：①不断向商品化方向发展，实现环境污染物的在线检测；②利用基因技术，创造出检测能力更强的生物传感器和生物芯片；③与其他精密分析仪器充分结合，向多功能、集成化、智能化、微型化的方向发展。

参 考 文 献

[1] Smalley R E. Testimony to the senate committee on energy and natural resources; hearing on sustainable, low emission, electricity generation. www. americanenergyindependence. com/energychallenge. html. April 27th, 2004.

[2] Tchobanoglous G, Burton F L. Wastewater Engineering: Treatment, Disposal and Reuse. 3rd ed. NewYork: Metcalf & Eddy, McGraw-Hill, 1991.

[3] Rabaey K. Bioelectrochemical systems: From extracellular electron transfer to biotechnological application. International Water Assn, 2010.

[4] Logan B E, Rabaey K. Conversion of wastes into bioelectricity and chemicals by using microbial electrochemical technologies. Science, 2012, 337 (10): 686-690.

[5] Hamelers H V M, Ter Heijne A, Sleutels T H J A, et al., New applications and performance of bioelectrochemical systems. Appl Microbiol Biotechnol, 2010, 85 (6): 1673-1685.

[6] Lovley D R. Annual Review of Microbiology. Electromicrobiology, 2012, 66: 391-409.

[7] Lower B H, Hochella M F, Lower S K. Putative mineral-specific proteins synthesized by a metal reducing bacterium. American Journal of Science, 2005, 305 (6-8): 687-710.

[8] Coursolle D, Gralnick J A. Modularity of the Mtr respiratory pathway of Shewanella oneidensis strain

MR-1. Mol Microbiol, 2010, 77 (4): 995-1008.
[9] Borloo J, Desmet L, Van Beeumen J, et al. Bacterial two-hybrid analysis of the Shewanella oneidensis MR-1 multi-component electron transfer pathway. Journal of Integrated OMICS, 2011, 1 (2): 260-267.
[10] Ross D E, Flynn J M, Baron D B, et al. Towards electrosynthesis in shewanella: energetics of reversing the Mtr pathway for reductive metabolism. PloS One, 2011, 6 (2): e16649.
[11] Hartshorne R S, Reardon C L, Ross D, et al. Characterization of an electron conduit between bacteria and the extracellular environment. Proceedings of the National Academy of Sciences of the United States of America, 2009, 106 (52): 22169-22174.
[12] Reguera G, McCarthy K D, Mehta T, et al. Extracellular electron transfer via microbial nanowires. Nature, 2005, 435 (7045): 1098-1101.
[13] Bouhenni R A, Vora G J, Biffinger J C, et al. The Role of Shewanella oneidensis MR-1 outer surface structures in extracellular electron transfer. Electroanalysis, 2010, 22 (7-8): 856-864.
[14] Marsili E, Baron D B, Shikhare I D, et al. Shewanella secretes flavins that mediate extracellular electron transfer. Proceedings of the National Academy of Sciences of the United States of America, 2008, 105: 3968-3973.
[15] Covington E D, Gelbmann C B, Kotloski N J, et al. An essential role for UshA in processing of extracellular flavin electron shuttles by Shewanella oneidensis. Mol Microbiol, 2010, 78 (2): 519-532.
[16] Ross D E, Brantley S L, Tien M. Kinetic characterization of OmcA and MtrC terminal reductases involved in respiratory electron transfer for dissimilatory iron reduction in Shewanella oneidensis MR-1. Applied and Environmental Microbiology, 2009, 75 (16): 5218-5226.
[17] Okamoto A, Nakamura R, Ishii K, et al. In vivo electrochemistry of c-type cytochrome-mediated electron-transfer with chemical marking. Chembiochem, 2009, 10 (14): 2329-2332.
[18] Coursolle D, Baron D B, Bond D R, et al. The Mtr respiratory pathway is essential for reducing flavins and electrodes in Shewanella oneidensis. J Bacteriol, 2010, 192 (2): 467-474.
[19] Coursolle D, Gralnick J. Reconstruction of extracellular respiratory pathways for iron (Ⅲ) reduction in Shewanella Oneidensis strain MR-1. Frontiers in microbiology, 2012, 3: 56.
[20] Grininger M, Staudt H, Johansson P, et al. Dodecin is the key player in flavin homeostasis of Archaea. J Bio Chem, 2009, 284 (19): 13068-13076.
[21] 吕元，田文栋，肖云汉. 生物质快速热解技术原理及发展现状//中国工热物理学会 2008 年燃烧学学术会议. 西安：中国工程热物理学会和国家自然科学基金委，2008：084287.
[22] 刘建禹，翟国勋，陈荣耀. 生物质燃料直接燃烧过程特性的分析. 东北农业大学学报，2001，32 (3)：290-294.
[23] 刘圣勇，刘小二，王森. 不同形态生物质燃烧技术现状和展望. 新能源产业，2007，4：23-28.
[24] 潘丽娜. 生物质快速热裂解工艺及其影响因素. 应用能源技术，2004，2：7-8.
[25] 赵廷林，王鹏，邓大军，等. 生物质热解研究现状及展望. 新能源产业，2007，4：54-60.
[26] 李守伟，李巍. 生物质能源的开发和利用. 应用能源技术，2007，11：40-42.
[27] 翟秀静，刘奎仁，韩庆. 新能源技术. 北京：化学工业出版社，2005：266-271.
[28] Gao Zhenhua, Yu Guoping, Bao Yihong, et al. Whey-protein based environmentally friendly wood adhesives. Pigment & Resin Technology, 2011, 40 (1): 42-48.
[29] Alonso-Pippo W, Luengo Carlos A, Fonseca Felfli F, et al. Energy recovery from sugarcane biomass residues: Challenges and opportunities of bio-oil production in the light of second generation bio fuels. Journal of Renewable and Sustainable Energy, 2009, 1 (6): 063102.
[30] 刘文宗. 有机废水微生物电解产氢研究及电极微生物功能解析 [D]. 哈尔滨：哈尔滨工业大学，2011.
[31] Logan B E. Microbial Fuel Cells, Hoboken. New Jersey: John Wiley& Sons, 2008.
[32] Selembo P A, Perez J M, Lloyd W A, et al. High hydrogen production from glycerol or glucose by electrohydrogenesis using microbial electrolysis cells. Int J Hydrogen Energy, 2009, 34 (13): 5373-5381.
[33] Liu H, Grot S, Logan B E, Electrochemically assisted microbial production of hydrogen from acetate. Environ Sci Technol, 2005, 39 (11): 4317-4320.
[34] Kinoshita K. Electrochemical Oxygen Technology. New York: Wiley, 1992.
[35] Call D, Logan B E. Hydrogen production in a single chamber microbial electrolysis cell lacking a membrane. Environ Sci Technol, 2008, 42 (9): 3401-3406.
[36] Ditzig J, Liu H, Logan B E, Production of hydrogen from domestic wastewater using a bioelectrochemically assisted microbial reactor (BEAMR). Int J Hydrogen Energy, 2007, 32 (13): 2296-2304.

[37] Rozendal R A, Hamelers H V M, Euverink G J W, et al. Principle and perspectives of hydrogen production through biocatalyzed electrolysis. Int J Hydrogen Energy, 2006, 31 (12): 1632-1640.
[38] Cheng S, Logan B E. Sustainable and efficient biohydrogen production via electrohydrogenesis. Proceedings of the National Academy of Sciences of the United States of America, 2007, 104 (47): 18871-18873.
[39] Jeremiasse A W, Hamelers E V M, Buisman C J N. Microbial electrolysis cell with a microbial biocathode. Bioelectrochemistry, 2010, 78 (1): 39-43.
[40] Rozendal R A, Jeremiasse A W, Hamelers H V M, et al. Hydrogen production with a microbial biocathode. Environ Sci Technol, 2008, 42 (2): 629-634.
[41] Chae K J, Choi M J, Lee J, et al. Biohydrogen production via biocatalyzed electrolysis in acetate-fed bioelectrochemical cells and microbial community analysis. Int J Hydrogen Energy, 2008, 33 (19): 5184-5192.
[42] Rozendal R A, Hamelers H V M, Molenkmp R J, et al. Performance of single chamber biocatalyzed electrolysis with different types of ion exchange membranes. Water Res, 2007, 41 (9): 1984-1994.
[43] Rozendal R A, Sleutels T H J A, Hamelers H V M, et al. Effect of the type of ion exchange membrane on performance, ion transport, and pH in biocatalyzed electrolysis of wastewater. Water Sci Technol, 2008, 57 (11): 1757-1762.
[44] Hu H Q, Fan Y Z, Liu H. Hydrogen production using single-chamber membrane-free microbial electrolysis cells. Water Res, 2008, 42 (15): 4172-4178.
[45] Lee H S, Torres C I, Parameswaran P, et al. Fate of H_2 in an upflow single-chamber microbial electrolysis cell using a metal-catalyst-free cathode. Environ Sci Technol, 2009, 43 (20): 7971-7976.
[46] Hu H, Fan Y, Liu H. Hydrogen production in single-chamber tubular microbial electrolysis cells using non-precious-metal catalysts. Int J Hydrogen Energy, 2009, 34 (20): 8535-8542.
[47] Call D F, Merrill M D, Logan B E. High surface area stainless steel brushes as cathodes in microbial electrolysis cells. Environ Sci Technol, 2009, 43 (6): 2179-2183.
[48] Wagner R C, Regan J M, Oh S E, et al. Hydrogen and methane production from swine wastewater using microbial electrolysis cells. Water Res, 2009, 43 (5): 1480-1488.
[49] Lalaurette E, Thammannagowda S, Mohagheghi A, et al. Hydrogen production from cellulose in a two-stage process combining fermentation and electro-hydrogenesis. Int J Hydrogen Energy, 2009, 34 (15): 6201-6210.
[50] Selembo P A, Merrill M D, Logan B E. The use of stainless steel and nickel alloys as low-cost cathodes in microbial electrolysis cells. J Power Sources, 2009, 190 (2): 271-278.
[51] Sun M, Sheng G P, Zhang L, et al. An MEC-MFC-coupled system for bio-hydrogen production from acetate. Environ Sci Technol, 2008, 42 (21): 8095-8100.
[52] Lee H S, Parameswaran P, Kato-Marcus A, et al. Evaluation of energy-conversion efficiencies in microbial fuel cells (MFCs) utilizing fermentable and non-fermentable substrates. Water Res, 2008, 42 (6-7): 1501-1510.
[53] Freguia S, Rabaey K, Yuan Z G, et al. Electron and carbon balances in microbial fuel cells reveal temporary bacterial storage behavior during electricity generation. Environ Sci Technol, 2007, 41 (8): 2915-2921.
[54] Tartakovsky B, Manuel M F, Neburchilov V, et al. Biocatalyzed hydrogen production in a continuous flow microbial fuel cell with a gas phase cathode. J Power Sources, 2008, 182 (1): 291-297.
[55] Tartakovskya B, Manuela M F, Wangb H, et al. High rate membrane-less microbial electrolysis cell for continuous hydrogen production. Int J Hydrogen Energy, 2009, 34 (2): 672-677.
[56] Manuel M F, Neburchilov V, Wang H, et al. Hydrogen production in a microbial electrolysis cell with nickel-based gas diffusion cathodes. J Power Sources, 2010, 195 (17): 5514-5519.
[57] Gao Guoying, Oganov Artem R, Ma Yanming, et al. Dissociation of methane under high pressure. The Journal of Chemical Physics, 2010, 133 (14): 144508.
[58] Lay C H, Chang F Y, Chu C Y, et al. Enhancement of anaerobic biohydrogen/methane production from cellulose using heat-treated activated sludge. Water Sci Technol, 2011, 63 (7): 1849-1854.
[59] 赵红，张衍林，王媛媛，等. 腐烂柑橘厌氧发酵产沼气适宜的接种率与料液浓度组合. 中国沼气，2009，28 (1)：10-13.
[60] 朱晓燕，吕锡武，朱光灿. 蓝藻藻浆厌氧发酵技术研究现状及展望. 中国科技论文在线，2009，4 (5)：362-366.

[61] 张晓明，程海静，郭强，等. 高含固率有机垃圾厌氧发酵生物反应器研究现状. 中国资源综合利用，2010，28（2）：51-54.
[62] 刘明轩，杜启云，王旭. USR在养殖废水处理中的实验研究. 天津工业大学学报，2007，26（6）：36-38.
[63] 周孟津，杨秀山，张维来，等. 升流式固体反应器处理鸡粪废水的研究. 环境科学，1996，17（4）：44-46.
[64] Sutton P M，Rittmann B E，Schraa O J，et al. Wastewater as a resource：a unique approach to achieving energy sustainability. Water Sci Technol，2011，63（9）：2004-2009.
[65] Galvani L. De bononiensi scientiarum et artium instituto atque academia. Comentarrii. 1791，7：363-418.
[66] Grove W R. On voltaic series and the combination of gases by platinum. Philos Mag Ser，1839，3：127-130.
[67] Potter M C. Electrical effects accompanying the decomposition of organic compounds. Proc R Soc London Ser B，1911，84：260-276.
[68] Park D H，Zeikus J G，Electricity generation in microbial fuel cell using neutral red as electronophore. Appl Environ Microbiol，2000，66：1292-1297.
[69] Siebel D，Bennetto H P，Delaney G M，et al. Electron-transfer coupling in microbial fuel cells. Ⅰ. Comparison of redox-mediator reduction rates and respiratory rates of bacteria. J Chem Technol Biotechnol，1984，34B：3-12.
[70] Delaney G M，Bennetto H P，Mason J R，et al. Electron-transfer coupling in microbial fuel cells. Ⅱ. Performance of fuel cells containing selected microorganism-mediator combinations. J Chem Technol Biotechnol，1984，34B：13-27.
[71] Reimers C E，Tender L M，Fertig S，et al. Harvesting energy from the marine sediment-water interface. Environ Sci Technol，2001，35：192-195
[72] Bond D R，Holmes D E，Tender L M，et al. Electrode-reducing microorganisms that harvest energy from marine sediments. Science，2002，295：483-485.
[73] Chaudhuri S K，Lovley D R. Electricity generation by direct oxidation of glucose in mediatorless microbial fuel cells. Nat Biotechnol，2003，21：1229-1232.
[74] Schröder U，Scholz F，Bacterial batteries. Nat Biotechnol，2003，21：1151-1152.
[75] www. microbialfuelcell. org.
[76] Liu X Y，Du X Y，Wang X，et al. Improved microbial fuel cell performance byencapsulating microbial cells with a nickel-coated sponge. Biosensors & Bioelectronics，2013，41：848-851.
[77] Wang Y Q，Li B，Zeng L Z，et al. Polyaniline mesoporous tungsten trioxide composite as anode electrocatalyst for high-performance microbial fuel cells. Biosens Bioelectron，2013，41：582-588.
[78] Rhoads A，Beyenal H，Lewandowski Z. Microbial fuel cell using anaerobic respiration as an anodic reaction and biomineralized manganese as a cathodic reactant. Environ Sci Technol，2005，39（12）：4666-4671.
[79] Min B K，Cheng S A，Logan B E. Electricity generation using membrane and salt bridge microbial fuel cells. Water Res，2005，39（9）：1675-1686.
[80] Logan B E，Murano C，Scott K，et al. Electricity generation from cysteine in a microbial fuel cell. Water Res，2005，39（5）：942-952.
[81] Kim J R，Min B，Logan B E，Evaluation of procedures to acclimate a microbial fuel cell for electricity production. Appl Microbiol Biotechnol，2005，68（1）：23-30.
[82] He Z，Minteer S D，Angenent L T，Electricity generation from artificial wastewater using an upflow microbial fuel cell. Environ Sci Technol，2005，39（14）：5262-5267.
[83] Min B，Logan B E. Continuous electricity generation from domestic wastewater and organic substrates in a flat plate microbial fuel cell. Environ Sci Technol，2004，38（21）：5809-5814.
[84] Liu H，Logan B E. Electricity generation using an air-cathode single chamber microbial fuel cell in the presence and absence of a proton exchange membrane. Environ Sci Technol，2004，38（14）：4040-4046.
[85] Liu H，Cheng S A，Logan B E. Power generation in fed-batch microbial fuel cells as a function of ionic strength，temperature，and reactor configuration. Environ Sci Technol，2005，39（14）：5488-5493.
[86] Cheng S，Liu H，Logan B E. Increased power generation in a continuous flow MFC with advective flow through the porous anode and reduced electrode spacing. Environ Sci Technol，2006，40（7）：

2426-2432.
[87] Kim B H, Ikeda T, Park H S, et al. Electrochemical activity of an Fe (Ⅲ)-reducing bacterium, Shewanella putrefaciens IR-1, in the presence of alternative electron acceptors. Biotechnol Tech, 1999, 13 (7): 475-478.
[88] Kim H J, Park H S, Hyun M S, et al. A mediator-less microbial fuel cell using a metal reducing bacterium, Shewanella putrefaciense. Enzyme Microb Technol, 2002, 30 (2): 145-152.
[89] Park H S, Kim B H, Kim H S, et al. A novel electrochemically active and Fe (Ⅲ)-reducing bacterium phylogenetically related to Clostridium butyricum isolated from a microbial fuel cell. Anaerobe, 2001, 7 (6): 297-306.
[90] Park D H, Laivenieks M, Guettler M V, et al. Microbial utilization of electrically reduced neutral red as the sole electron donor for growth and metabolite production. Appl Environ Microbiol, 1999, 65 (7): 2912-2917.
[91] Rabaey K, Boon N, Siciliano S D, et al. Biofuel cells select for microbial consortia that self-mediate electron transfer. Appl Environ Microbiol, 2004, 70 (9): 5373-5382.
[92] Bond D R, Lovley D R, Electricity production by Geobacter sulfurreducens attached to electrodes. Appl Environ Microbiol, 2003, 69 (3): 1548-1555.
[93] Lowy D A, Tender L M, Harvesting energy from the marine sediment-water interface Ⅲ, Kinetic activity of quinone-and antimony-based anode materials. J Power Sources, 2008, 185 (1): 70-75.
[94] Lowy D A, Tender L M, Zeikus J G, et al. Harvesting energy from the marine sediment-water interface Ⅱ-Kinetic activity of anode materials. Biosens Bioelectron, 2006, 21 (11): 2058-2063.
[95] Wilcock W S D, Kauffman P C, Development of a seawater battery for deep-water applications, J Power Sources, 1997, 66 (1-2): 71-75.
[96] Tender L M, Reimers C E, Stecher H A, et al. Harnessing microbially generated power on the seafloor. Nature Biotechnology, 2002, 20 (8): 821-825.
[97] Rosenbaum M, Schroder U, Scholz F. In situ electrooxidation of photobiological hydrogen in a photobioelectrochemical fuel cell based on Rhodobacter sphaeroides. Environ Sci Technol, 2005, 39 (16): 6328-6333.
[98] Feng L Y, Yan Y Y, Chen Y G, et al. Nitrogen-doped carbon nanotubes as efficient and durable metal-free cathodic catalysts for oxygen reduction in microbial fuel cells. Energy Environ Sci, 2011, 4 (5): 1892-1899.
[99] Zhang G D, Zhao Q L, Jiao Y, et al. Efficient electricity generation from sewage sludge using biocathode microbial fuel cell. Water Res, 2012, 46 (1): 43-52.
[100] Weiner J M, Lovley D R, Anaerobic benzene degradation in petroleum-contaminated aquifer sediments after inoculation with a benzene-oxidizing enrichment. Appl Environ Microbiol, 1998, 64 (2): 775-778.
[101] Anderson R T, Lovley D R, Ecology and biogeochemistry of in situ groundwater bioremediation. Advances in Microbial Ecology, 1997, 15: 289-350.
[102] Gregory K B, Bond D R, Lovley D R, Graphite electrodes as electron donors for anaerobic respiration. Environ Microbiol, 2004, 6 (6): 596-604.
[103] Gregory K B, Lovley D R, Remediation and recovery of uranium from contaminated subsurface environments with electrodes. Environ Sci Technol, 2005, 39 (22): 8943-8947.
[104] Chang I S, Jang J K, Gil G C, et al. Continuous determination of biochemical oxygen demand using microbial fuel cell type biosensor. Biosens Bioelectron, 2004, 19 (6): 607-613.
[105] Chang I S, Moon H, Jang J K, et al. Improvement of a microbial fuel cell performance as a BOD sensor using respiratory inhibitors. Biosens Bioelectron, 2005, 20 (9): 1856-1859.
[106] Kim B H, Chang I S, Gil G C, et al. Novel BOD (biological oxygen demand) sensor using mediator-less microbial fuel cell. Biotechnol Lett, 2003, 25 (7): 541-545.
[107] Logan B E. Simultaneous wastewater treatment and biological electricity generation. Water Sci Technol, 2005, 52 (1-2): 31-37.
[108] Rozendal R A, Hamelers H V M, Rabaey K, et al. Towards practical implementation of bioelectrochemical wastewater treatment. Trends Biotechnol, 2008, 26 (8): 450-459.
[109] Song Y C, Yoo K S, Lee S K. Surface floating, air cathode, microbial fuel cell with horizontal flow for continuous power production from wastewater. J Power Sources, 2010, 195 (19): 6478-6482.
[110] Sun J, Hu Y Y, Bi Z, et al. Improved performance of air-cathode single-chamber microbial fuel cell

for wastewater treatment using microfiltration membranes and multiple sludge inoculation. J Power Sources, 2009, 187 (2): 471-479.
[111] Min B, Kim J R, Oh S E, et al. Electricity generation from swine was tewater using microbial fuel cells. Water Res, 2005, 39 (20): 4961-4968.
[112] Douglas Call, Bruce E Logen. Hydrogen production in a single chamber Microbial Eletrolysis Cell lacking a membrane. Environ Sci Technol, 2008, 42 (9): 3401-3406.
[113] Wang Aijie, Liu Wenzong, Cheng Shaoan, et al. Source of methane and methods to control its formation in single chamber microbial electrolysis Cells. Int J Of hydrogen energy, 2009, 34: 3653-3658.
[114] 郭坤，张京京，李浩然，等. 微生物电解电池制氢. 化学进展，2010，22 (4)：748-753.
[115] Logan B E, Bruce Logan Research-Microbial Electrolys is Cell Research. http: //www. engr. psu. edu/ce/enve/logan/bioenergy/research _ mec. htm, 2010, 6: 27.
[116] Bruce E Rittmann. Environmental biotechnology in water and wasterwater treatment. J Environ Eng, 2010, 136 (4): 348-353.
[117] Liu H, Cheng S, Logan B E. Production of electricity from acetate or butyrate in a single chamber microbial fuel cell. Environ Sci Technol, 2005, 39 (2): 658-662.
[118] Oh S, Min B, Logan B E. Cathode performance as a factor in electricity generation in microbial fuel cells. Environ Sci Technol., 2004, 38 (8): 4900-4904.
[119] Peter Clauwaert, Willy Verstraete. Methanogenesis in membraneless microbial electrolys is cells. Biotechnological products and process engineering, 2009, 82: 829-836.
[120] Tom Hennebel, Jessica Benner, Peter Clauwaert, et al. Dehalogenation of environmental pollutants in microbial electrolysis cells with biogenic palladium nanoparticles. Biotechnol Lett, 2011, 33: 89-95.
[121] 金文睿，汪乃兴，彭图治等. 生物电分析化学. 山东：山东大学出版社，1994.
[122] Pohanka M, Skladal P, Kroca M. Biosensors for biological warfare agent detection. Def Sci J, 2007, 57: 185-193.
[123] Huang H Q, Lin Q M, Lou Z B. Construction of a ferritin reactor: An efficient means for trapping various heavy metal ions in flowing sea water. J Protein Chem, 2000, 19 (6): 441-447.
[124] Hainfeld J F. Uranium-loaded apoferritin with antibodies attached: Molecular design for uranium neuron-capture therapy. ProcNatl Acad Sci USA, 1992, 89: 11064-11068.
[125] Tuariainen K M, Chang W. Luminescent bacterial sensor for cadmium and lear. Biosens Bioelectron, 1998, 13 (9): 931-938.
[126] 韩数波，李新，郭光美，等. 伏安型细菌总数生物传感器的研究与应用. 化学通报，2000，63 (2)：49-51.
[127] Wang J. Organic-phase enzyme electrode for the determination of trace water in nonaqueous media. Anal Chem, 1993, 65: 845-847.
[128] 阎军. 水质检测传感器的开发应用. 仪器仪表与分析检测，1995，(2)：41-45.
[129] Femando J C, Rogers K R, Anis N A, et al. Rapid detection of anticholinesterase insecticides by a reusable light addressable potentiometric biosensor. J Agric Food Chem, 1993, 41 (3): 511-516.
[130] Starodub N F, Starodub V N. Mycotoxin T-2 effect on intensity of bacteria bioluminescence. Ukr Biokhim Zh, 2003, 75 (3): 37-44.
[131] Yu Lei, Priti Mulchandani, wang Joseph, et al. Highly Sensitive and Selective Amperometric Microbial Biosensor for Direct Determination of p-Nitrophenyl-Substituted Organophosphate Nerve Agents. Environ Sci Technol, 2005, 39 (22): 8853-8857.
[132] Bi Xinyan, Yang Kun-Lin. On-Line Monitoring Imidacloprid and Thiacloprid in Celery Juice Using Quartz Crystal Microbalance. Anal Chem, 2009, 81 (2): 527-532.
[133] Deivasigamani Prabhakaran, Ma Yuehong, Hiroshi Nanjo, et al. Naked-Eye Cadmium Sensor: Using Chromoionophore Arrays of Langmuir-Blodgett Molecular Assemblies. Anal Chem, 2007, 79 (11): 4056-4065.
[134] 向伟，李将渊，王玉春，等. MWNT-石墨糊电极阳极溶出伏安法测定铅. 西华师范大学学报（自然科学版），2006，27 (2)：209-213.
[135] Ren Xinsheng, Xu Qing-Hua. Highly Sensitive and Selective Detection of Mercury Ions by Using Oligonucleotides, DNA Intercalators, and Conjugated Polymers. Langmuir, 2009, 25 (1): 29-31.
[136] Sun H D, Tang Z K, Chen J, et al. Synthesis and raman characterization of mono-sized single-well carbon nanotubes in one-dimensional chennels of AlPO4-5 crystals. Appl Phys A, 1999, 69 (4): 381-384.

[137] Zeng Y, Zhu Z H. Lu G H, Electrochemical determination of bromide at a multiwall carbon nanotubes-chitosan modified electrode. Electrochimica Acta, 2005, 51: 649-654.
[138] Sabahudin Hrapovic, Ehsan Majid, Liu Yali, et al. Metallic Nanoparticle-Carbon Nanotube Composites for Electrochemical Determination of Explosive Nitroaromatic Compounds. Anal Chem, 2006, 78 (15): 5504-5512.
[139] 吕少仿. 水中微量苯酚的碳纳米管化学修饰电极测定法. 环境与健康杂志, 2004, 21 (2): 104-106.
[140] 李明齐, 何晓英, 蔡铎昌. 碳纳米管修饰电极对对苯二酚和邻苯二酚的电催化研究. 分析科学学报, 2006, 22 (3): 229-232.
[141] 金利通, 鲜跃仲, 毛蓝群, 等. 修饰电极化学振荡计时电流法应用于苯胺的检测. 分析化学, 1996, 24 (8): 896-901.
[142] 瞿万云. α-萘胺在多壁碳纳米管-DHP膜修饰电极上的电化学行为及其测定. 分析科学学报, 2006, 22 (1): 55-58.
[143] Ferguson J A, Boles T C, Adams C P, et al. Fiber-optic DNA biosensor micro-array for the analysis of gene expression. Nat Biotechnol, 1996, 14 (12): 1681-1684.
[144] Lin V S, Motesharei K, Dancil K S, et al. A porous silicon-based optical interferemetric biosensor. Science, 1997, 278 (5339): 840-843.
[145] Fritzsche W. DNA-gold conjugates for the detection of specific molecular interactions reviews in molecular. Biotechnology, 2001, 82 (1): 37-46.
[146] Rudolph A S, Reasor J. Cell and tissue based technologies for environmental detection and medical diagnostics. Biosens Bioelectron, 2001, 16 (7-8): 429-431.
[147] 黄河清, 吴楠, 林庆梅, 等. 硒-铁蛋白电化学反应器储存含磷化合物的研究. 生物物理学报, 2001, 17 (3): 554-560.
[148] 谭佑铭, 王萌, 罗启芳. 固定化反硝化菌涂层电极及模拟脱氮装置的研制. 卫生研究, 2004, 33 (4): 407-409.
[149] Morton S G. Method and apparatus for detecting and classifying contaminants in ater. US patent, 1997, 5 (646): 863.

第5章

电化学联用技术

电化学技术是一种简便、快速、准确、灵敏度高的分析、检测及表征手段，在科研和生产中有很重要的地位。随着科学的发展，单一的电化学仪器的使用已经不能满足研究者的需求，因此一些与电化学体系联用的非电化学技术（如各种形式的光谱学）引起了学者们极大的兴趣。基础电化学技术我们已经在第3章中做了描述，本章简单介绍一些联用技术，例如光谱电化学技术、电致发光（ECL）、扫描电化学显微镜（SECM）、电化学石英晶体微天平和磁共振方法等。

5.1 光谱电化学技术[1]

20世纪60年代初发展起来的光谱电化学（Spectroelectrochemistry）是电化学技术与光谱技术相结合的一门学科。1960年，Adams R. N. 教授观察到电极反应同时伴随有颜色变化，这是他在指导其研究生 Kuwana. T. 进行邻二苯胺衍生物电化学氧化时发现的，于是他试着提出了一种新的设想：能否设计出一种能“看穿”的电极，然后利用光谱学的研究方法来识别其所形成的有色物质呢？这个设想在1964年由研究生 Kuwana. T. 实现了。他在玻璃片上镀了一薄层掺杂 Sb 的 SnO_2，这是他第一次使用的光透电极（Optically Transparent Electrodes，OTE），这种具有导电性的玻璃被称为 Nesa 玻璃，它不仅可以当作电极使用，还可以用来测量电解池液层中电活性物质的浓度对光的吸收情况，从而创建了光谱电化学。

50多年来，光谱电化学开始迅速发展，它主要的过程是将研究对象从稳定的电化学界面结构和表面吸附扩展至反应的动态过程和表面吸附，不仅可以配合电化学暂态技术（如快速循环伏安法或电位阶跃法）开展时间分辨率为 ms 或 μs 级的研究，以在分子水平上揭示电化学反应的动力学规律，而且可以采用超短脉冲激光技术在固定电位下研究界面结构和表面物种的亚稳态等现象，就是从原子或分子水平上研究电化学界面动力学。目前，它已经成了电化学领域中一个新的重要的分支学科。各种新的光谱技术与电化学结合紧密，在同一电解池内可获得光谱学和电化学信息，使该方法成为研究电极表面特性、电极过程的机理、产物、检测反应中间体及测定电化学动力学和热力学参数的新方法。

光谱电化学技术按测试方式可分为现场（in situ）和非现场（ex situ）两种。现场光谱电化学技术是能够在电极反应的同时，采用光谱技术研究电化学反应能够获得分子水平的实时信息，得到快速和正确的结果；非现场电化学技术是在电化学反应发生之前和之后对反应物和产物的结构信息和界面信息进行探测，由于某些中间体和电化学产物存在不稳定性，在电极从电解池取出的状态下或终止电化学反应后其界面性质和结构等都可能发生变化，因此，这个方法不利于对电化学反应机理的研究。

按照光学性质的不同，光谱电化学技术还可以分为红外光谱、紫外-可见光谱、电子自旋共振（ESR）波谱、激光拉曼（Raman）光谱、X射线吸收光谱、光热和光声光谱、圆二色光谱、荧光光谱等光谱电化学技术[2]。

5.1.1 现场光谱电化学技术[3]

一束电子直接照射到电极表面上而发生透射、散射、衍射、反射等现象并获得信息的一种技术被称为现场光谱电化学技术。透射仅限制在半透明材料和透明材料中，透明电极无论是在光学还是电化学上都与整体材料制得的电极行为不同，因而透射技术用于研究聚合均相反应和简单的电子转移反应是很成功的，却不适合研究表面反应和表面性质。而反射法可以使用常规电极，具有这方面的优越性。现场光谱电化学技术主要利用的就是反射技术。

5.1.1.1 反射光谱（Reflection）[4]

电磁辐射是由两互相垂直的矢量——磁场矢量 H 和电场矢量 E 共同垂直于光子的透射方向而形成的。反射光谱技术就是依据这样的事实产生的，见图 5-1。

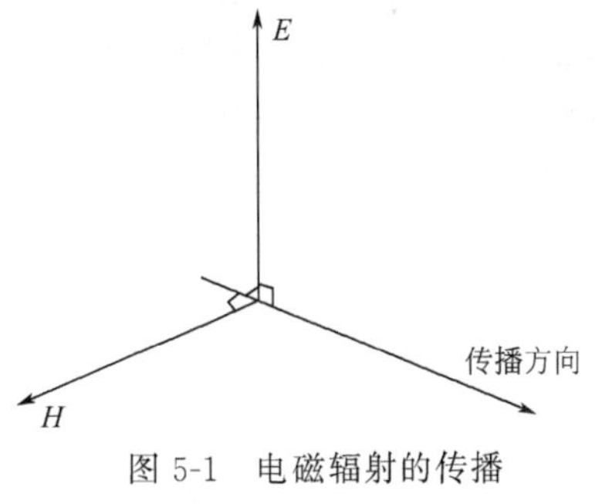

图 5-1　电磁辐射的传播

H 为磁分量；E 为电分量

在非偏振辐射中，这些矢量的方向没有在同一条直线上，所以它们的合矢量为零；而在线性偏振辐射中，所有矢量在同一直线上并且同一方向，在部分偏振辐射中，则部分矢量在同一条直线上。垂直于入射平面的矢量称为 s 偏振；平行于入射平面的矢量称为 p 偏振。

(1) 镜面反射

镜面反射也可称为外反射。光从溶液一侧照射电极，测反射率的变化 ΔR 与一些变量的关系，这些变量可以是波长、浓度、电势和时间等。测量所用的电解池是带有一个透明窗口的电解池，上面有一薄层溶液，窗口下是电极表面，入射光从窗口进入，计算时需要考虑窗口折射的光。

反射光和入射光强度的比值是反射率 R。绝对反射率没有必要测量，在实验中仅测量反射光的强度 I_R 就可以了，影响因素介绍如下。

① 光强的调制（光反射）：

$$\frac{\Delta R}{R}=\frac{\Delta I_R}{R} \tag{5-1}$$

② 电势的调制（电反射）：

$$\frac{1}{R}\frac{\Delta R}{\Delta E}=\frac{\Delta I_R}{I_R \Delta E} \tag{5-2}$$

式中，ΔR 为反射率的变化；ΔI_R 为反射光的变化。在电化学体系中遇到的 $\Delta R/R$ 一般很小，数值多在 $10^{-2}\sim10^{-4}$，有的甚至小到 10^{-6}。提高灵敏度最简单有效的方法是适当增加反射的总次数，相互平行地安装两个用导线连接的工作电极，让光束在它们之间进行多次反射。但是在多次反射过程中，光强度急剧衰减，最后会达到与散射光强度相当的程度，所以反射次数过多对信噪比不利。还可以用电势调控法提高测量灵敏度。一般用方波周期性地调制电极电势，有时也用正弦波，并利用锁相放大器检测所产生的反射率的微小变化。对于一个设计完善的体系，可检测反射率小到 10^{-6}的变化。其实验装置见图 5-2[5]。

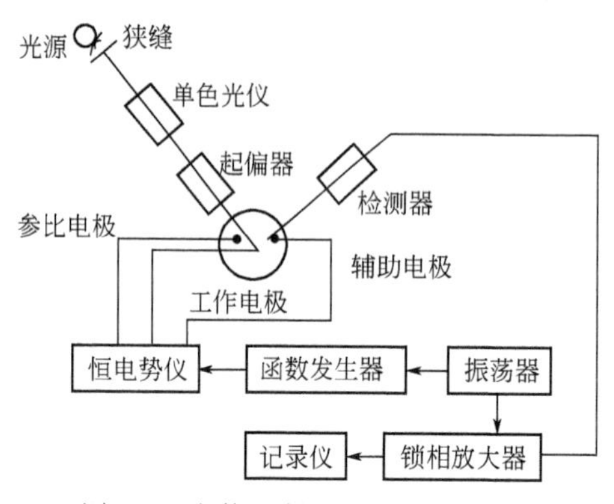

图 5-2　电势调制反射光谱示意图

可由测入射光频率的方法来测量电势调制所引起的电极表面改变，并能得到与电子的结构、膜信息、吸附等相关的结论，所得曲线如图 5-3 所示。一般测量现场紫外-可见光谱就是利用电化学现场反射光谱法，现场紫外-可见光谱是采用紫外-可见光区的单色平面偏振光（即偏振面平行于入射面的 p 偏振光或垂直于入射面的 s 偏振光）以确定入射角激发受电极电势调制的电极表面，然后测量电极表面相对反射率变化（$\Delta R/R$）随入射光波长（或能量）、电极电势或时间的变化关系。

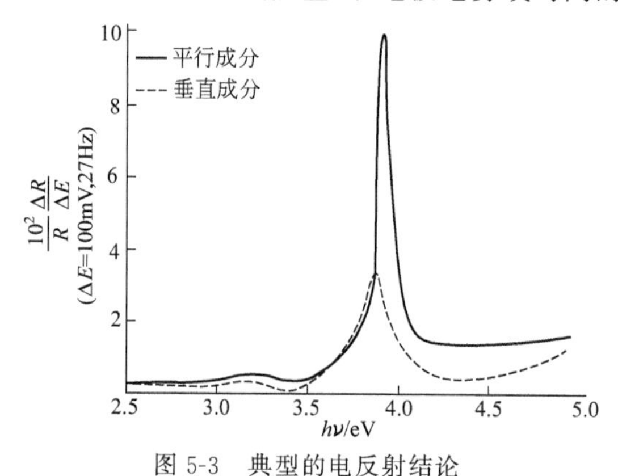

图 5-3　典型的电反射结论

Ag 在 1.0mol/L $NaClO_4$ 中（$E_{dc}=-0.5V$ 对于 SCE）

现场紫外-可见光谱的应用[6]主要有以下几个方面：一是电极表面吸附行为的

研究；二是电极/电解液界面的研究；三是电极表面膜的研究，利用电化学现场紫外-可见光谱可现场研究电极表面薄膜的化学成分和性质。例如，在CO饱和酸性溶液中，在360nm处Pt电极吸附CO形成的亚单分子层会引起很大的反射变化，溶液中的CO在此波上几乎不吸收。电化学现场紫外-可见光谱应用于研究有机分子吸附时，可以提供判别吸附是否发生、吸附分子的鉴别、吸附分子之间的相互影响、吸附速率以及电极表面与吸附分子相互作用的微观图像等相关信息。另外，对染料分子在电极表面上吸附的研究也特别有用。在适当的条件下，许多金属阳极极化会生成薄氧化膜，这种单分子层膜常常会引起反射率相当大的变化，特别是许多具有半导电性质的金属阳极氧化膜，因此，利用电化学现场紫外-可见反射光谱来研究膜的电子结构和电学性质就具有优越性。某些较厚的金属阳极氧化膜具有显著的电显色效应，电化学现场紫外-可见反射光谱检测电沉积的金属膜的厚度变化可确定金属电沉积层沉积到具有体相光学性质时所需的最小沉积电量。此外，还可用来了解薄金属电沉积层的结构和性质，例如薄层是以连续的形式还是以原子簇的形式沉积在基地上等。电化学现场紫外-可见反射光谱还可应用于电极反应中间物的检测和反应机理的研究，并可作为化学修饰膜表征的手段之一。

(2) 内反射 (Internal Reflection)[4]

一个电极（或其他的透明材料如光纤）辐射的入射角大于临界角就会发生内部反射。溶液中没有折射光束，通常会用棱镜控制反射光线和入射光线（见图5-4）。尽管光束在电极/溶液界面发生反射，但实际上光束仍然会穿透溶液而到达距离几百纳米的地方，若溶液相吸收光，出射光就会衰减。因此，测量内反射光束的强度，就可以检测靠近电极的薄层吸光度。由于光束的穿透深度接近或小于电极表面扩散层的厚度，所以对于检测电极上或靠近电极处的吸光物种，内反射法具有优势。吸光度测量能测得电活性物质的浓度，如果这个过程很短，能判定在电极表面上浓度纵断面的发展情况。辐射可以在可见区，对吸附组分来说在红外区。辐射在固/液界面发生光化学相互作用而被反射，实际上，电磁波的电场延伸至溶液，并符合下列关系：

$$\langle E^2 \rangle = \langle E_0^2 \rangle \exp(-x/\delta) \tag{5-3}$$

式中，δ 为穿透深度；$\langle E_0 \rangle$ 为在 $x=0$ 及界面上的矢量值；$\langle E^2 \rangle$ 为在溶液内部的 x 方向上电场矢量振幅平方的平均值。

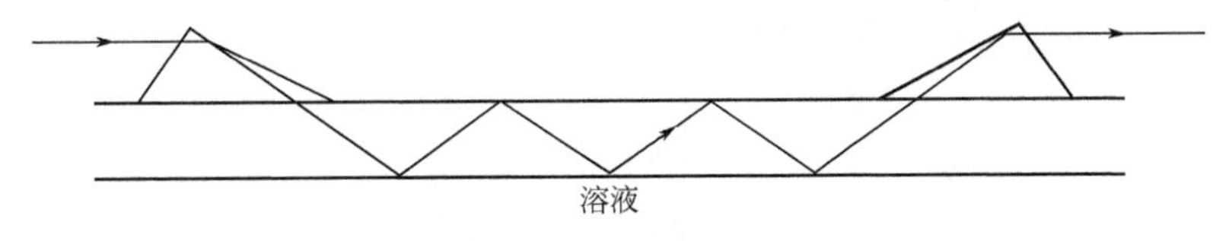

图5-4　内部反射示意图

穿透深度定义了光作用于溶液的距离，穿透深度与入射光的波长有关：

$$\delta = \frac{\lambda}{4\pi \mathrm{Im}\xi} \tag{5-4}$$

式中，λ 为入射光的波长；$\mathrm{Im}\xi$ 为$\sqrt{n_3^2-n_1^2\sin^2\theta_1}$，$n_3$ 为溶液的复折射率，θ_1 为基底区域内的入射角，n_1 为基底的折射率。

对于简单的可逆电极反应：$O+ne^- \rightleftharpoons R$，若仅 R 吸收光，它的吸收率可表示为：

$$A(t)=N_{\mathrm{eff}}\varepsilon_{\mathrm{R}}\int_0^{\infty} c_{\mathrm{R}}(x,t)\exp\left(\frac{-x}{\delta}\right)\mathrm{d}x \tag{5-5}$$

式中，参数 N_{eff}与电极/基底装置所用的材料、光束的几何形状和偏振态有关。通常 N_{eff}必须通过经验的方式得到，其数值为 50～100。如果电解的时间超过 1ms，扩散层远比 δ 大，因此，在所有的 x 处，$c_{\mathrm{R}}(x,t)\approx c_{\mathrm{R}}(0,t)$，指数因子有较大的值。

$$A(t)=N_{\mathrm{eff}}\varepsilon_{\mathrm{R}}\delta c_{\mathrm{R}}(0,t) \tag{5-6}$$

(3) 椭圆偏振[4]

一束线性偏振光子经表面反射后电磁矢量方向和振幅发生变化，提供了表面结构信息的正是反射光和入射光的这些差别，因为它们依赖光束与表面的电子分布及表面定域的电磁场的相互作用。矢量的相和振幅变化在平行于入射平面的差别大于入射平面垂直方向上的差别，在传播过程中矢量沿着螺线传播，称为椭圆偏振（见图 5-5）。在精密的仪器中，反射光束通过一组偏振器被连续地调节至光束彻底分开。这些结果通常用平行强度相对于垂直强度作图来表示。该方法特别适用于电极表面膜生长的研究。

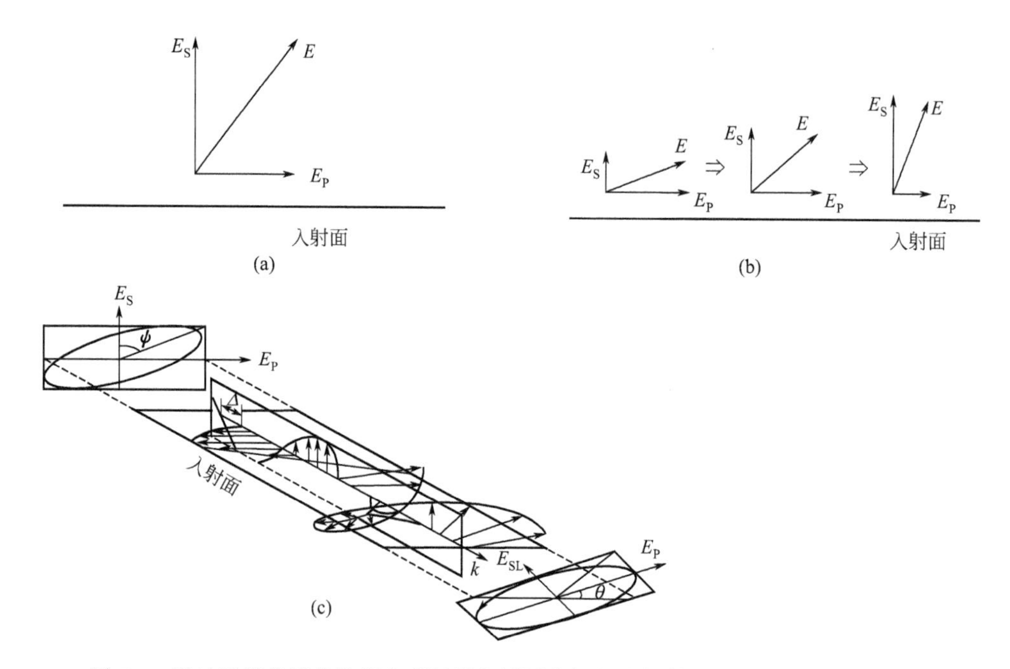

图 5-5 通过反射使线性偏振电磁辐射向椭圆偏振电磁辐射的转变（考虑电场矢量）

(a) 垂直和平行于入射平面的组分中 E 的分解；

(b) 反射后的例子：矢量按逆时针移动；(c) 用三维描述

5.1.1.2 透射光谱 (Transmission)[3]

电化学透射光谱以光透明薄层电极（Optically Transparent Thin-Layer Electrode，OTTLE）或透明电极（Optically Transparent Electrode，OTE）为研究电极，控制电极电势，测量入射光束垂直横穿电极及溶液以后或掠射过平行电极表面的扩散层后的吸收光谱，并检测电极附近溶液中的光吸收光谱。光透电极构成的电解池有半无限扩散型和薄层型。

(1) 光透电极

Kuwana 等人设计出的 OTE 电极和电解池满足了半无限扩散的条件。采用光透电极（OTE）做研究电极的光谱电化学体系的构造，如图 5-6 所示。入射光垂直透过 OTE 电极，依次经过电极附近的扩散层、本体溶液和出光窗口，被光谱仪所探测。光在通过上述路径时，强度被吸光物质削弱，电极附近扩散层吸光物质的光谱性质、浓度随时间的变化被记录下来。因此，OTE 必须有良好的透光性，电极有较低的电阻。

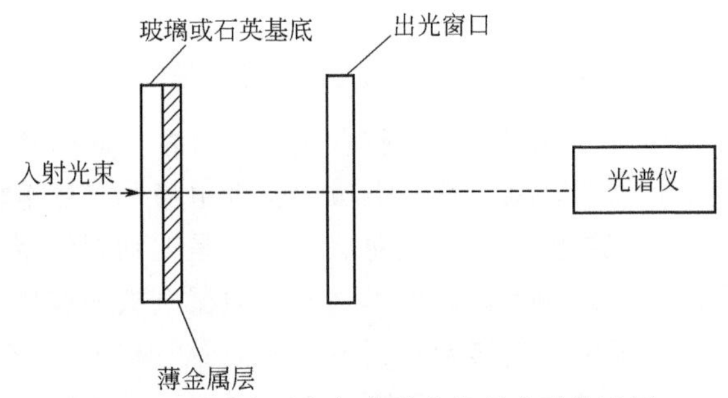

图 5-6 采用光透电极光谱电化学实验构造图

在玻璃片上镀了一薄层掺杂 Sb 的 SnO_2 是最早使用的 OTE，导电性差、重现性不好。后来的电极一般用溅射或蒸镀的方法在玻璃基体上沉积厚度为 10～100nm 的金属层，为增强附着力，往往先在基体上附着一层薄的金属氧化物。当然，除玻璃基体外，还使用石英和聚酯片，金属薄膜材料还使用 Ag、Cu、Au、C、Hg 等。

当电极不在平衡电势时，对于半无限扩散型光透电极，溶液中电化学活性物质的浓度在 x 方向是不均匀的。此时溶液中 i 粒子引起的光吸收为：

$$A_i(\lambda, t) = \varepsilon_i(\lambda) \int_0^{\infty} c_i(x, t) \mathrm{d}x \tag{5-7}$$

式中，$\varepsilon_i(\lambda)$ 为粒子 i 在波长 λ 下的摩尔吸光系数；$c_i(x, t)$ 为粒子 i 在 x 处、t 时刻的浓度。

对于简单的可逆电极反应：$O + ne^- \rightleftharpoons R$，如果最初仅有 O 存在，且 R 是在检测波长 λ 下仅有的光吸收物质，则在反应势扩散控制的电势阶跃实验中，可以通过 Cottrell 方程得到 $A(\lambda, t)$：

$$A(\lambda, t) = \frac{2\varepsilon_R c_O^* D_O^{1/2} t^{1/2}}{\pi^{1/2}} \tag{5-8}$$

上式表明吸光度与浓度有线性关系，可用该式测定扩散系数。

(2) 光透薄层电极

在 Kuwana 之后，Murray[7] 等提出了一种光透薄层电极（OTTLE），主要应用是测可逆氧化还原体系的标准平衡电势和反应涉及的电子数。此方法常用于测生物化学物质和有机化合物的平衡电势。光透薄层电极光谱电化学体系如图 5-7 所示。

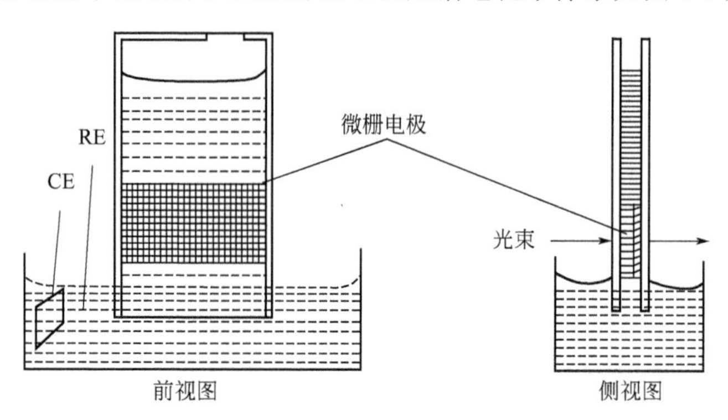

图 5-7 光透薄层电极光谱电化学体系

光透薄层电极在厚度 1.0×10^{-4}m 胶合垫片集合在一起的两块显微镜载物玻片间封有一片薄的金微孔栅膜。金属微栅电极同辅助电极和参比电极一起置于电解液中，可以通过两种方法使溶液充满电极薄层内。一是毛细管作用；二是在上部抽真空。它的底部浸于溶液中几纳米，光束垂直通过微栅电极和玻片，网栅的透光性来自于电极中的微孔，电极的金属框架是不透光的，这种电极在整个紫外-可见-红外波段内的透光性可基本维持稳定，在较宽的光谱范围内都可以使用。

电极材料除了用 Au 外，还用 Ni、Cu、Ag 等金属。其他 OTTLE 电极体系在相关文献中有综述[8]。

(3) 光谱电化学池

光谱光学薄层电解池按光的入射方式可分为平行入射式（长光程）薄层电解池和垂直入射式薄层电解池两种。图 5-8 和图 5-9 分别为垂直入射式薄层光谱电解池和平行入射式长光程薄层光谱电解池。以前的电解池难以排气，垂直入射式薄层光谱电解池采用 Kuwama[9] 和 Strojek 提出的夹层设计方法，利于抽真空的方法排气。除石英和玻璃外，电解池材料还有玻璃陶瓷材料和塑料。另外也有光程可调的长光程薄层光谱电解池。

薄层光谱电解池的特点有：①电解池内电解液的体积小，试剂用量少；②电活性物质因电解作用而耗尽，电解时间短；③适合于检测电极反应中间体。对于弱吸光物质，必须多次重复实验以得到数字平均值，然后得到满意的信噪比，所以采用长光程薄层电解池有利于提高光学灵敏度。薄层电解池的厚度应在 0.1～0.2mm，小于 0.1mm 时，通光量较少，信噪比降低明显，通常不利于光谱测量。如果厚度过大，薄层中的溶液完全电解需要的时间会增长，也不利于反应中间体的检测。还有一种光透电解池是满足半无限扩散条件的电解池。半无限扩散光谱电解池可用于

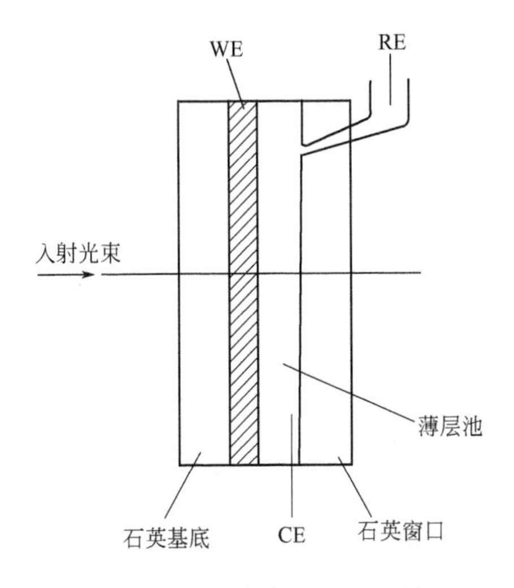

图 5-8 垂直入射式薄层光谱电解池示意图

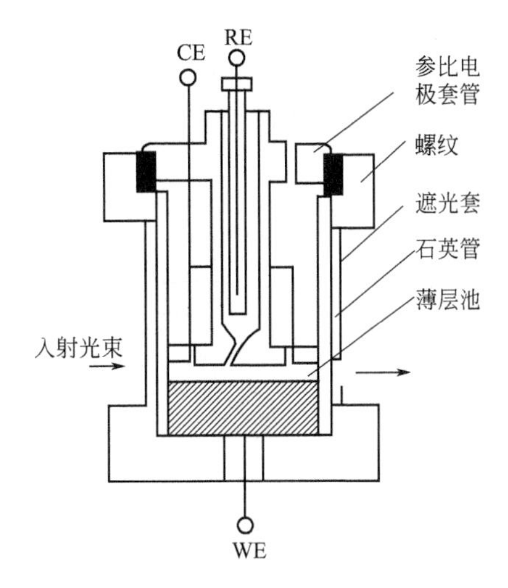

图 5-9 平行入射式长光程薄层光谱电解池示意图

研究二级催化反应、电极过程动力学、表面反应过程等。

对于薄层电解池，如果外加电激励信号的时间过短，电极反应和形成的扩散层厚度远小于溶液的厚度，即使用薄层电解池，其光谱电化学性质也接近于半无限扩散。如果电解时间较长，则使用溶液厚度较大的电解池，由于扩散层接近溶液厚度，因此，光谱电化学性质也接近于耗竭性电解。在一般薄层光谱电化学实验中，延长激励时间可以使电活性物质消耗完全。如果采用线性扫描法，则扫描速率应较慢；如果采用电势阶跃法，阶跃时间应较长。对于半无限光谱电化学实验，由于电解时间较长时存在因浓度梯度引起的溶液对流效应，所以常采用较短的电激励时间。

5.1.1.3 拉曼（Raman）光谱[10]

利用物质分子对入射光频率发生较大变化的散射现象，将单色入射光（包括线偏振光和圆偏振光）激发受电极电势调制的电极表面，通过测定散射回的拉曼光谱信号（频率、强度和偏振性能的变化）与电极电势或电流强度等的变化关系的方法被称为电化学现场拉曼光谱法。

(1) 拉曼效应及拉曼位移

拉曼光谱是一种基于分子振动的光谱，当频率为 ν_0 的单色辐射光照射到样品时，大部分入射光透过物质或被物质吸收，只有一小部分光被样品分子散射，这些散射光会产生两种情况：一种是弹性碰撞，即入射光子与物质的分子没有能量交换，光子仅改变运动的方向，称为瑞利散射；另外一种情况是非弹性碰撞，入射光子不仅改变了运动方向，而且与物质分子发生能量交换，这就是拉曼散射效应。在散射光中，除了与入射光频率相同的瑞利散射光外，还有一些强度比瑞利散射光弱得多，通常是瑞利光强的 10^{-4}、入射光的 10^{-8} 的一系列不同频率并且对称分布在瑞利散射光两侧的散射光。如图 5-10 所示，其中频率比瑞利光频率小的拉曼散射光($\nu_0-\nu$) 称为“斯托克斯线” (Stokes)；频率比瑞利光频率大的拉曼散射光($\nu_0+\nu$) 称为“反斯托克斯线”(Anti-Stokes)。

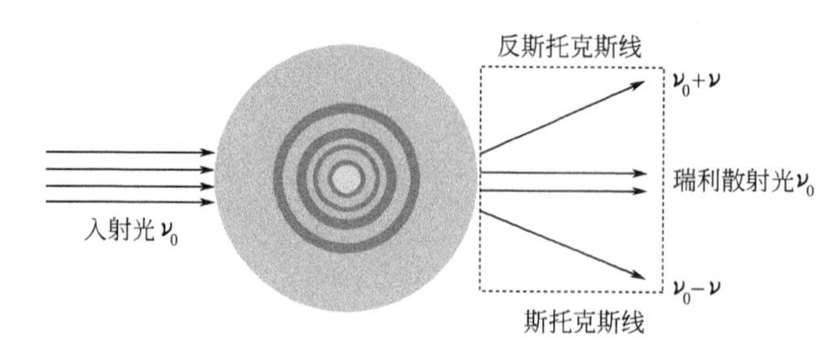

图 5-10 光散射过程

斯托克斯线和反斯托克斯线与入射光之间的频率差称为“拉曼位移”。

$$\nu=(\nu_0+\nu)-\nu_0=\nu_0-(\nu_0-\nu)=(G_1-G_0)/h$$

(2) 电化学现场拉曼光谱仪

现场拉曼光谱法的测量装置主要包括两个部分，分别为拉曼光谱仪和原位电化学拉曼池（如图 5-11 所示)，其中拉曼光谱仪由激光源、收集系统、分光系统和检测系统四部分构成，光源一般采用功率密度高、能量集中的激光；收集系统由透镜组构成；分光系统采用光栅或陷波滤光片结合光栅以滤除瑞利散射光和杂散光；检测系统采用半导体阵检测器、光电倍增管检测器或多通道的电荷藕合器件。原位电化学拉曼池一般具有工作电极、辅助电极和参比电极以及通气装置。为了避免仪器被腐蚀，拉曼池须配备光学窗口的密封体系。在实验条件允许的情况下，为了尽量避免溶液信号的干扰，应采用薄层溶液（电极与窗口间距为 0.1～1mm)，溶液层或光学窗片太厚会导致显微系统的光路改变，使表面拉曼信号的收集效率降低，这对于显微拉曼系统很重要。电极表面粗化的最常用方法是电化学氧化-还原循环（Oxidation-Reduction Cycle，ORC）法，一般可进行原位或非原位 ORC 处理。

目前电化学原位拉曼光谱法测定的研究进展的应用主要有：①通过分析电极表面吸附物的结构、取向及对象的 SERS 光谱与电化学参数的关系，对电化学吸附现象作分子水平上的描述；②通过表面增强处理把检测体系拓宽到过渡金属和半导体电极；③通过改变调制电位的频率，可以得到在两个电位下变化的“时间分辨谱”，以分析体系的 SERS 谱峰与电位的关系，解决了由于电极表面的 SERS 活性位随电位变化而带来的问题。例如 Weaver 等[11] 研究了电沉积金电极上的 MnO_2 和 $Mn(OH)_2$ 薄膜的氧化还原过程中的反应机理和结构的变化，他们利用的就是电化学原位拉曼光谱法；李五湖等人采用原位时间分辨拉曼光谱来研究电化学氧化还原和吸附过程。电化学原位拉曼光谱法还可用于研究金属腐蚀过程和缓蚀剂的作用机理、电池的电极材料、氧化还原机理、电聚合过程和分子的自组装膜、电催化研究、生物膜的修饰电极。

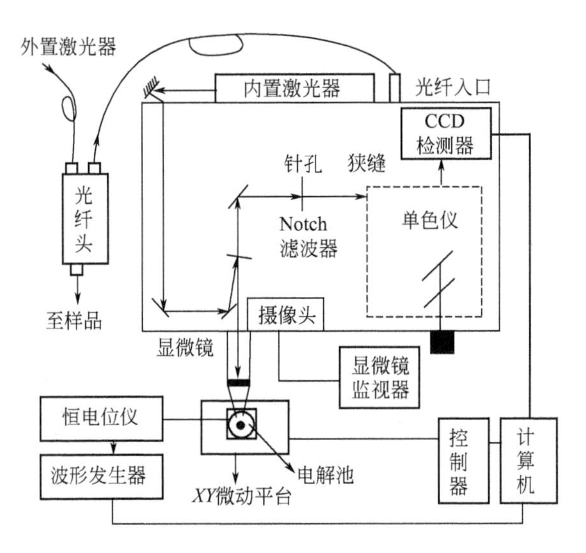

图 5-11　电化学拉曼光谱系统框图

5.1.1.4　X 射线吸收光谱

(1) X 射线吸收光谱方法的原理

任何物质的 X 射线吸收谱都是以入射 X 射线光子的特定能量上吸收系数的突然增长为特征的，特定的吸收能量和特定的吸收元素是相对应的。这种吸收系数的突然增长称为吸收边，其能量对应于将吸收原子中的芯电子激发到连续态（Continuum State）产生一个光电子（Photoelectron）所需的能量。X 射线吸收光谱方法的原理是：X 射线照射到样品中某元素的原子上时，其内层电子 1s（K 吸收边）或 2s、2p（L 吸收边）的电子吸收能量后被逐出，X 射线的强度则因吸收有所衰减，对能量更高的 X 光子激发出连续光谱。当 X 射线透过厚度为 d 的样品时，其透射强度 I 与入射 I_0 的关系满足[12]

$$I = I_0 \exp(-\mu_d) \tag{5-9}$$

式中，μ_d 为样品的总吸收系数，反映了该物质吸收 X 射线的能力。

在吸收系数对入射波长的曲线图中，不同元素在特定波长处会出现跳变（元素的吸收边），吸收边高能量侧曲线的起伏振荡现象被称为 X 射线吸收精细结构（XAFS）。相邻原子通过背散射对 X 射线吸收能量谱的调制，吸收系数在吸收边高能量一侧 30～1000eV 的精细结构被称为广延 X 射线吸收精细结构（Extended X-ray Absorption Fine Structure，EXAFS），吸收边附近约 50eV 范围内的精细结构被称为 X 射线吸收近边结构（X-ray Absorption Near Edge Structure，XANES）。EXAFS 和 XANES 现象只取决于短程有序的作用，振荡结构反映了吸收原子周围环境的结构信息，通过调节入射 X 射线的能量，可得到吸收原子以及近邻配位原子的种类、距离、配位数和无序度因子等结构信息。

X 射线吸收法对测定轻元素中的重元素是很有价值的方法，其应用非常广泛，比如在表面与吸附结构、非晶态材料与溶液、磁性等方面都有重大研究进展[13]。

用于X射线检测的原子的吸收系数μ随着X射线能量（频率）的增加而降低，直到与核芯电子的光致电离值相符为止，然后μ值快速增加，称为一个吸收边缘，由于原子的核电层不同，所以会产生几个吸收边缘，分别为：K（1个边缘），L（3个边缘），M（5个边缘）。对于一个孤立的单个原子，发射的光电子之间的相互作用会导致背景散射。它能导致吸收系数的振荡，这种振荡是短程原子级别的探针[4]。

吸收边缘外，吸收系数的变化可以分成两个区。若光电子的能量超过吸收边40～50eV，就近似认为吸收系数的振动频率与中心吸收体和相邻的吸收体之间的距离有关。反之，信号的振幅是由吸收体与相邻原子之间的距离和相邻原子的种类及浓度决定的，这个区域为广延X射线吸收精细结构（EXAFS）区，从中可知键长、配位数，且能鉴定原子[4]。

若吸收原子的电子环境间的相互作用力较大且光电子能量较低，就不能单独研究每个原子。X射线吸收近边结构（XANES）区，图5-12为Ti_2O_3的Ti-K边界光谱。EXAFS区的数据分析是很复杂的。由于谐振频率与键长的相关性，更广泛的应用要借助于傅里叶。大部分应用数据在EXAFS区内，使用高强度光子流可以在合理的时间内得到足够强的信号，而这种高强度光子流可在回旋加速器装置中实现。

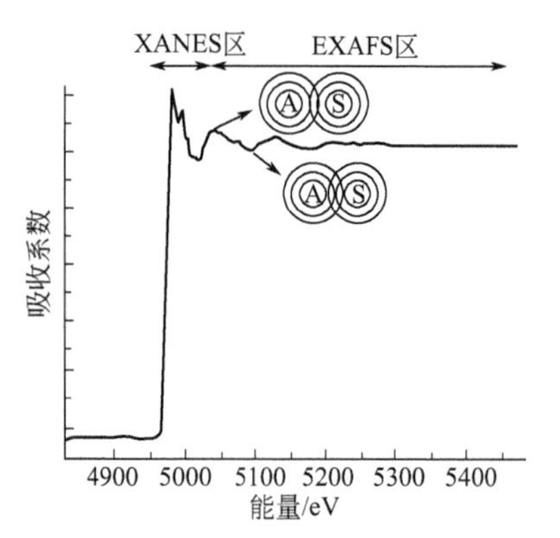

图5-12 Ti_2O_3的Ti-K边界光谱

反射（如荧光检测）形式比透射更常用，在任何相下都可进行实验。重要的是使用原位电极表面探针。

其他X射线表面探针方法可用来研究电极/溶液界面。X射线衍射（X-ray Diffraction Techniques，XRD）是涉及一束单色X射线从一个单晶电极表面的散射，测量表面的反射率或测量衍射的图案。这些图案可提供表面结构及表面结构改变的过程，如在一个单晶电极表面的重构或欠电势沉积过程中金属单层膜的形成[4]。

(2) X射线吸收分析法的优势和局限

X射线吸收分析法的优势是[14]：①分析速率快；②样品用量少，不破坏样品；③X射线的吸收只取决于样品中元素的种类及其含量，与其存在的物理状态和化学状态无关；④能分析气体、液体和固体等各种状态的样品。与X射线荧光分析法相比，基体效应较小。局限是：①测定灵敏度比X射线荧光分析法低；②采用双波长进行测定时，选择被测元素波长吸收限两侧吸收陡变最大的两特征谱线为分析线可以提高分析灵敏度，但是效果不明显，灵敏度还是低，尽管在单色X射线吸收分析中使用单一波长进行测定，选择波长处于被测元素吸收限的短波侧强度大的特征谱线为分析线。

5.1.2 非现场光谱技术[5]

非现场光谱技术被用于研究固体电极表面[16]。与现场技术相比，用于轰击电极的光子或电子的能量较高，实验要在真空条件下进行，需要穿透的辐射线能量更高。电极固定在光谱议中，而不在电解池内。经过研究发现，电极经过浸泡过程后放到光谱仪中双电层保持完整，使非现场技术不局限于研究电极表面的吸附物质，还使研究双电层成为可能。几种电化学研究中重要的非现场技术如下。

(1) X 射线光电子能谱（X-ray Photo-electron Spectroscopy，XPS）

XPS 用 X 射线激发，即用 X 射线作用到原子上，使原子中的电子电离，这时原子处于激发态。原子中的电子具有不同的能量，分别占在原子不同能级的原子轨道（s、p、d、f 等）上。由于光电子能谱仪所用的 X 射线的能量较高，它既可以激发价电子、也可以激发内层电子成为光电子。X 射线激发源必须产生单色 X 射线。主要由灯丝、栅极和阳极靶构成，灯丝发射的电子被阳极高压电场加速，打到阳极靶上而产生 X 射线，X 射线的能量由靶材料决定，依赖于研究工作的需求。常用 Mg K1′2、Al K1′2 和 Cu K 的 X 射线的能量分别为 1254eV、1487eV 和 8048eV，其能量都在几千电子伏特以上，能量较高。它既能电离价电子，也能电离内层电子，甚至最内层 1s 的电子都能电离出来。由于内层电子一般不参与成键，所以内层电子的电离能主要取决于原子核的作用，因而不同元素内层轨道的能量各不相同，各元素都具有特征的电离能。例如，400eV 附近的峰可以肯定有氮原子存在，而 530eV 附近的峰必然为来自氧原子 1s 轨道的光电子。因此，X 射线光电子能谱能够鉴定样品所含有的各种元素，用于定性分析。表 5-1 列出某些原子 1s 轨道的电离能。

表 5-1　某些原子 1s 轨道的电离能

原子	电离能/eV	原子	电离能/eV
Li	50	Na	1070
Ba	110	Mg	1305
B	190	Al	1560
C	280	Si	1840
N	400	P	2150
O	530	S	2470
F	690	Cl	2823
Ne	867	Ar	3203

如果轰击原子或离子的光子具有足够高的能量就能够引起电子的发射，对于一阶近似有：

$$h\nu=\frac{1}{2}m_{\mathrm{e}}v^{2}-E_{\mathrm{i}} \tag{5-10}$$

式中，$\frac{1}{2}m_{\mathrm{e}}v^{2}$ 为发射电子的动能；E_{i} 为其电离能（见图 5-13）。

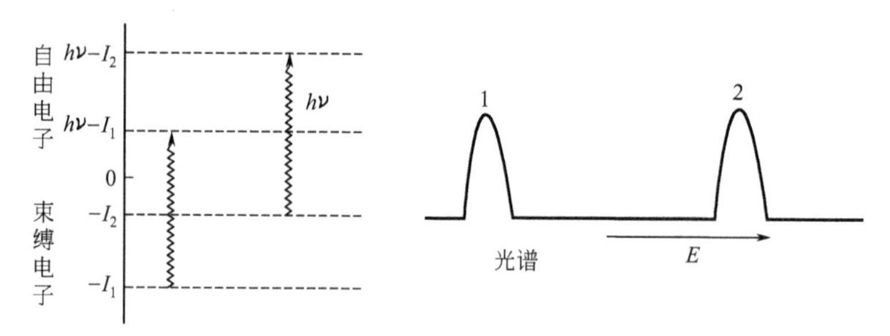

图 5-13　孤立原子的光电子能谱用单色光源作为电磁辐射，检测器进行能量扫描[17,18]

X 射线光电子具有元素的特性，与原子所处的环境无关，可以与靠近核的电子相互作用，因此常常用于研究表面。这项技术也称为化学分析电子能谱（Electron Spectroscopy for Chemical Analysis，ES-CA），也称为 XPS。由于 X 射线穿透固体的厚度是 5nm，因此，XPS 仅能给出表面结构信息。它主要用于检测修饰电极的表面、阳极氧化膜和电沉积后的电极表面。

(2) 俄歇电子能谱（Auger Electron Spectroscopy，AES）[19]

在 XPS 中，光子或电子对原子的轰击使原子内的电子发射，从而在近核处产生一个空位，这个空位可能会被离核较远的电子填充。多余的能量通过如下的方式消耗。

① 发射第二个电子（Auger 电子）。像在 XPS 中一样，Auger 电子具有发射组分的特性。用电子轰击能提供高强度的辐射，增加 Auger 电子的数量，有利于提高检测的灵敏度，因此 AES 谱应用于电化学中，通常用电子轰击。但值得注意的是，与光子相比，电子对表面结构具有更大的破坏作用，是一种不适合研究双电层的技术。Auger 电子产生示意图如图 5-14 所示。

② 在 X 射线区发射光子（荧光）。

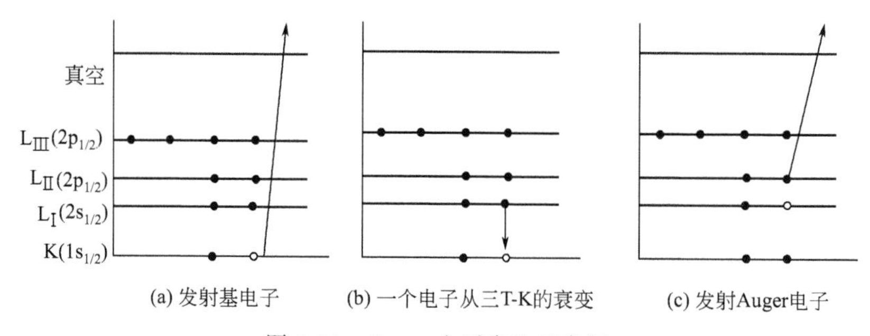

图 5-14　Auger 电子产生示意图

AES 谱主要用于研究固体结构的深层构型。特别适用于研究金属阳极，例如 Ni 或 Al 上形成的多孔膜或无孔膜。实验过程包括记录一个 Auger 电子能谱，用高能离子（例如 Ar^+ 轰击表面）除去一些表面的原子，再记录另一个 Auger 电子能谱等。

(3) 电子能量损失谱（Electron Energy Loss Spectroscopy，EELS）[20]

与光轰击一样，轰击表面的电子通常是非弹性散射，能够进行能量转换，可以引起光子发射（X 射线荧光）或第二次电子发射（Auger 电子），并给出结构信息。EELS 是检测反射或透射的入射电子束，给出能量损失或动量转移的信息，这些信息与元素组成相关。轻元素由于低的 X 射线截面，用 X 射线荧光检测不到，因此，该技术特别用于检测轻元素。

EELS 可以用于研究吸附物质的振动光谱。通常在采用透射方式检测薄层样品时是在高的电子动能区（高于 10^5eV），采用反射方式是在低电子动能区（<1eV）。

(4) 电化学质谱（Electrochemical Mass Spectrometry，ECMS）**和二次离子质谱**（Secondary Ion Mass Spectrometry，SIMS）

质谱（MS）是气相技术，原子或分子在气体室中电离后，加上电磁场的轨道，按它们的质荷比进行分离。而后基于将待测组分提取到气相中的一些方法的发展，又使 MS 能够用于分析固相和液相中的组分。这些方法包括等离子解吸、离子轰击、热喷雾和电喷雾电离和激光解吸。

作为对电化学研究的补充，在电解池（EC）和质谱（MS）之间发明了如下两种形式的界面：热喷雾界面（测溶液中极性并且是非挥发性的化合物）和多孔界面（多孔电极或膜，用于分析电极反应的气体产物）。

在热喷雾界面上，溶液进入到一个连接到电解池的汽化器探针中，由电阻加热器使其迅速汽化并通过真空吸入到质谱仪中。如果这些吸附物可通过高能等离子束轰击从表面转移下来，那么也就可用质谱分析仪（见图 5-15）来检测在固体表面的吸附物质，转移下来的组分称为二次离子，这一技术称为二次离子质谱，其灵敏度较高。这种技术也存在缺陷，会在固体中植入轰击离子，并且对固体表面层的破坏较大。ECMS 不仅用于机理的分析，还用于电池、电催化、传感器和腐蚀等领域。

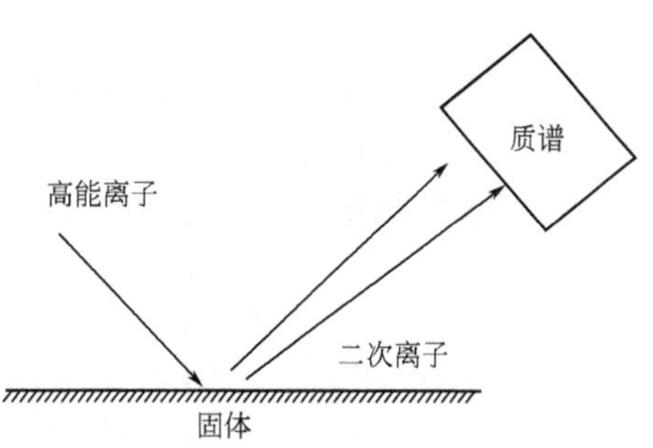

图 5-15　二次离子质谱原理

(5) 低能电子衍射（Low-Energy Electron Diffraction，LEED）**和反射高能电子衍射**（Reflection High-Energy Electron Diffraction，RHEED）[21]

用高能电子轰击表面则引起 X 射线和 Auger 电子的发射。但如果是低能量的电子，在 10～500eV 时，电子的波长为 0.05～0.4nm，与原子间的距离在同一个数量级，并且存在弹性散射，相长干涉和相消干涉在二维图上给出衍射光点，分析这些数据能够给出表面结构和吸附物质的信息，这就是低能电子衍射（LEED）（见图 5-16）。

在保证电极完全在同一位置的前提下，可以检测到电极在电化学实验前后的 LEED 特性，根据电化学实验前后电极 LEED 谱的差异可以给出吸附或原子在电极表面移动的信息。

由高能电子束（40keV）反射得到的衍射图，需要在样品的不同位置做实验，

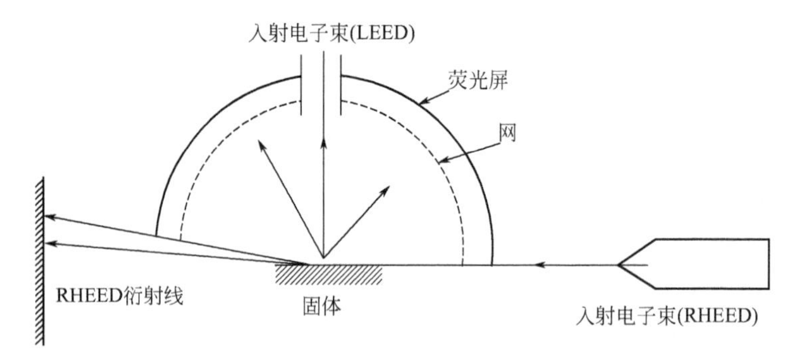

图 5-16 低能电子衍射（LEED）和反射高能电子衍射（RHEED）仪

因为它是某个特定实验得到的一个晶向的信息。LEED 的优点主要是由于入射光与电极表面较低的相互作用，可以忽略多重散射效应而使数据分析简单化。

5.1.3 现场显微技术

近年来用局域探针现场描绘固体表面的成像技术已经形成，这是显微技术一个新的组成部分。运用局域探针可使分辨率达到原子水平，因此，探针的大小和在固体表面移动控制的精确度是这一技术的关键。在实验进行的同时，探针通常位于测试样品几个原子大小的距离并且不受介质的影响，现场监测表面形貌随时间的变化。通过使用压电装置（即压电晶体改变的大小随所加电势差作线性变化）对表面进行精确扫描。压电装置安装在 x、y 和 z 方向（见图 5-17），通常随 y 的变化在 x 方向上连续扫描，这样就能记录下一系列的 x-z 曲线并通过计算机处理这些数据，绘出灰色或彩色标度的图。

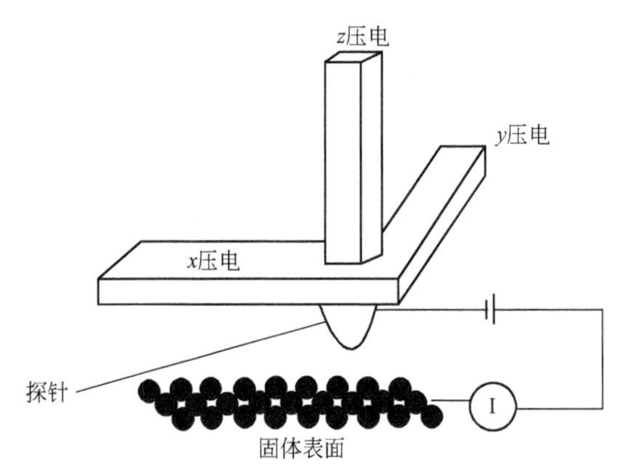

图 5-17 扫描局域探针显微镜压电装置示意

这些技术中最重要的是 Binning 和 Rohrer 发明的扫描隧道显微镜（STM），其次是原子力显微镜，具有电化学性质的其他局域探针技术［扫描电化学显微镜（SECM）和扫描离子导电显微镜（SICM）］也依赖于这一技术。

5.2 电致化学发光技术

电致化学发光（Electrogenerated Chemiluminescence），又称为电化学发光（Electrochemiluminescence，ECL），是化学发光与电化学相结合的产物，是指通

过一定的电压进行化学反应，在电极表面产生一些电生的物质，然后这些电生物质之间或电生物质与体系中某些组分之间通过电子传递形成激发态，由激发态返回到基态而产生的一种发光现象。该技术集成了发光分析高灵敏度和电化学电位可控性的优点，已经成为分析化学工作者十分感兴趣的研究领域之一[22]。电致化学发光（ECL）与电致发光（EL），还有化学发光（CL）的相似之处在于：发光反应的组分体系之间都进行了电子能量转移；而具有差异的地方在于：电致化学发光的前提条件是电压的施加，化学发光是由试剂的单纯混合所导致，而电致发光是通过加在两电极的电压产生电场，被电场激发的电子碰击发光中心，而引起电子阶级的跃进、变化和复合而导致发光的一种物理现象[23～27]。总之，电致化学发光既具有电化学分析的特点，又具有化学发光的优点，使得电致化学发光得到了普遍的关注与研究[28～30]。

5.2.1 电致化学发光的特点

由化学发光和电化学结合带来的电致化学发光有许多独特的优点，如快速、高灵敏度以及简化的光学装置等[31]。作为一种分析新方法，电致化学发光不需要使用任何外部的光源。因此，散射光与荧光的杂质伴随问题是不存在的，这使得可以在低的光背景噪声下进行高灵敏度分析。很多的研究成果显示，电化学发光分析除具备荧光分析和化学发光分析的一些特征以外，同时还具有电化学的一些特色。

因此，电致化学发光分析方法的主要特点[22]为：

① 电致化学发光高的灵敏度和宽的检测范围，能够用来检测低浓度的待测物。

② 可以通过改变施加电压的方式、电极的材料及其位置和尺寸，能实现对反应的控制，这有利于信号的捕捉和分析，而且对反应机理的研究也有着十分重要的意义。

③ 由于发光试剂的激发态寿命十分短暂，可瞬间释放出光信号，因此分析速度较快。另外，其仪器是由电化学工作站和光电倍增管构成，结构简单，可自行组装。

④ 进行电化学发光实验所使用的检测池通常都十分小巧，只需几百微升溶液便可操作，试剂用量较少，可节约试剂。

⑤ 在电致化学发光反应中，电化学反应和光反应是同时发生并且是同时被记录的，这对于研究体系的反应历程是十分有效的。

⑥ 能与多种技术联用，如流动注射、高效液相色谱和毛细管电泳等，可以实现对复杂样品的同时分离与检测，扩大其应用范围。

5.2.2 电致化学发光的仪器结构

典型的电致化学发光检测系统主要包括：电信号发生装置、电化学发光反应池

（电解池）、光电转换装置和记录系统。电信号发生装置一般采用普通的电化学仪器（方波、正弦波、三角波）和多种脉冲信号（如线性扫描、正矩形扫描、双阶跃脉冲等）。常用的光电转换装置一般采用光电倍增管（PMT）、电感耦合装置（CCD）等，它们是整个检测系统的关键部分，直接影响到仪器的检测性能。其中光电倍增管因其暗电流小、测光灵敏度较高而得到广泛应用。电感耦合装置常用来记录电化学发光强度的局部变化，例如：用来研究各种电极表面和高分子覆盖电极的表面特征等。

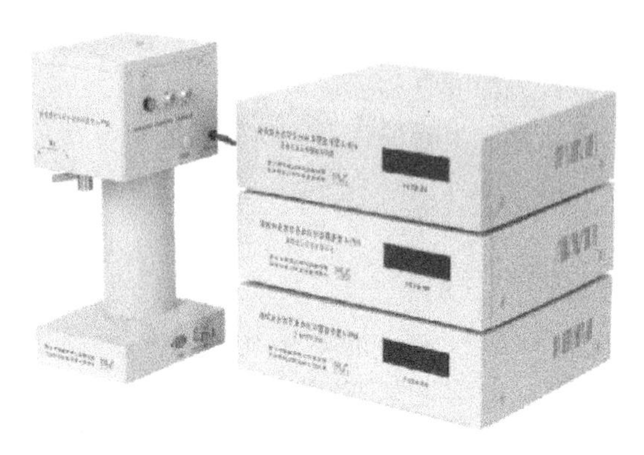

图 5-18　MPI-A 型毛细管电泳电致化学发光检测仪

实验室常用的 MPI-A 型毛细管电泳电致化学发光检测仪如图 5-18 所示。该检测仪是基于 Windows 操作平台的高性能分析测试装置，可进行静态注射化学发光、毛细管电泳化学发光、毛细管电泳电致化学发光等化学发光检测，并可单独当作电化学工作站使用。在研究有关电致化学发光课题期间，笔者课题组研制出一适合于该仪器的反应池[32]（如图 5-19 所示），其结构为：1—检测池体、2—底板、3—螺钉、4—贮液池、5—光学玻璃窗、6—透光孔、7—橡胶垫圈、8—工作电极、9—排气孔、10—固定圈、11—参比电极、12—参比电极安装孔、13—辅助电极和 14—辅助电极安装孔。它的检测池体与底板之间是用螺钉连接，检测池体中心装有注液池，其底部与光学玻璃窗相对，光学玻璃窗与检测池体用橡胶圈密封；底板中心装有透光孔；参比电极安装孔和辅助电极安装孔与贮液池分别相连通；沿贮液池两侧设置有排气孔，分别与贮液池、参比电极安装孔和贮液池、辅助电极安装孔相连通。有效避免了现有仪器的存在体积大、工作电极位置不固定等缺点，具有提供所需溶液少、工作电极位置固定、易拆卸清洗和通用性

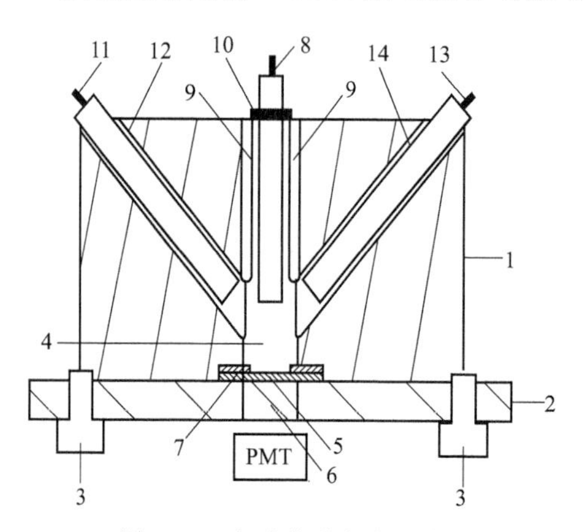

图 5-19　电致化学发光反应池

强等优点。

5.2.3 电致化学发光的基本反应机理

电致化学发光是电化学反应和化学发光反应的结合，但又是一种不完全相同的新型反应。电致化学发光反应主要有两个过程[22]：电化学反应过程和化学发光反应过程。电化学反应过程是为了提供电压以生成发生化学发光反应的自由基离子，而化学发光反应是这些自由基离子之间或自由基离子与体系中其他物质之间发生化学反应产生激发态分子的过程，这些激发态分子回到基态时伴随着发出光子的现象。几乎所有的电致化学发光体系都涉及分子激发态的能量以光的形式释放从而回到基态，然而其发光机制却不尽相同。

电致化学发光的测试方法主要利用电化学三电极体系，通过对工作电极施加一定的电压，使溶液中的电活性物质之间发生电子的得失，在电极表面形成激发态并产生光辐射，利用光检测器捕获并经过计算机处理得到电致化学发光信号。由于三联吡啶钌配合物 $[Ru(bpy)_3]^{2+}$ 已被成功应用于多种电致化学发光的机理研究，因此，将以 $[Ru(bpy)_3]^{2+}$ 为例，按照电活性物质激发态产生条件的不同，将三联吡啶钌电致化学发光反应的机理主要归纳为以下 3 种。

(1) 湮灭型电致化学发光反应机理

当对电极施加双阶跃正负脉冲电位时，物质 $[Ru(bpy)_3]^{2+}$ 在电极附近分别被氧化和还原为氧化态自由基 $[Ru(bpy)_3]^{3+}$ 和还原态自由基 $[Ru(bpy)_3]^{+}$，这两种物质经过扩散接触后，会发生氧化还原反应，生成激发态 $[Ru(bpy)_3]^{2+*}$，$[Ru(bpy)_3]^{2+*}$ 衰减返回至基态时会释放出光子。这类反应通常被称为“湮灭”反应，整个过程遵循单重态电化学发光路径，其机理如下：

$$[Ru(bpy)_3]^{2+} - e^- \longrightarrow [Ru(bpy)_3]^{3+} \tag{5-11a}$$

$$[Ru(bpy)_3]^{2+} + e^- \longrightarrow [Ru(bpy)_3]^{+} \tag{5-11b}$$

$$[Ru(bpy)_3]^{3+} + [Ru(bpy)_3]^{+} \longrightarrow [Ru(bpy)_3]^{2+*} \tag{5-11c}$$

$$[Ru(bpy)_3]^{2+*} \longrightarrow [Ru(bpy)_3]^{2+} + h\nu(610nm) \tag{5-11d}$$

(2) 共反应剂型电致化学发光反应机理

共反应剂型电致化学发光机理与湮灭型电致化学发光机理不同，它只需对电极施加单一方向的电位即可。共反应剂是指一些在氧化或还原时可产生强还原性或强氧化性中间体的物质，并且产生的中间体能和电化学发光体系的发光体反应生成激发态分子[22]。通常，这个反应发生在共反应剂化学键断裂形成强氧化物或强还原物时。三丙氨（TPrA)、草酸根离子（$C_2O_4^{2-}$）和过硫酸根离子（$S_2O_8^{2-}$）是三联吡啶钌体系最常用的共反应剂。

目前 TPrA 是研究最充分、应用最广泛的共反应剂，当在电极上施加一个合适的氧化电位时，$[Ru(bpy)_3]^{2+}$ 在电极表面被氧化产生 $[Ru(bpy)_3]^{3+}$，而 TPrA 在电极表面被氧化生成 $TPrA^{+\cdot}$，它脱去质子后会形成强还原性的 $TPrA^{\cdot}$，

TPrA· 可将 $[Ru(bpy)_3]^{3+}$ 还原而得到激发态，$[Ru(bpy)_3]^{2+*}$ 返回基态时，会释放出光子，其机理如图 5-20 所示。

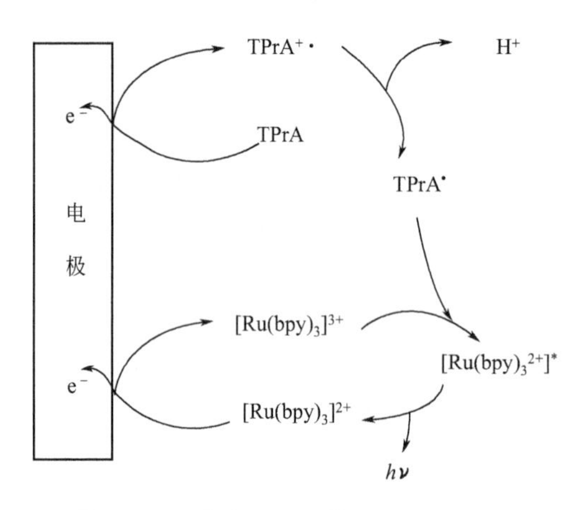

图 5-20 $[Ru(bpy)_3]^{2+}$/TPrA 体系电致化学发光机理图

其反应过程为：

$$[Ru(bpy)_3]^{2+} - e^- \longrightarrow [Ru(bpy)_3]^{3+} \quad (5\text{-}12a)$$

$$TPrA - e^- \longrightarrow TPrA^{+\cdot} \longrightarrow TPrA^{\cdot} + H^+ \quad (5\text{-}12b)$$

$$[Ru(bpy)_3]^{3+} + TPrA^{\cdot} \longrightarrow [Ru(bpy)_3]^{2+*} + TPrA^+ \quad (5\text{-}12c)$$

$$[Ru(bpy)_3]^{2+*} \longrightarrow [Ru(bpy)_3]^{2+} + h\nu(610nm) \quad (5\text{-}12d)$$

(3) 氧化物修饰的阴极电致化学发光反应机理

在某些氧化物修饰的金属电极如铝、钽、钛、锰及铟上，可观察到阴极电化学发光现象，这类电极被称为半导体。阴极电化学发光机理完全不同于上面提到的两种电化学发光反应机理，它不是在电极表面直接形成激发态，而是通过电化学反应生成的反应物进行电子传递的一种化学反应。与金属电极不同，它在溶液中进行阴极氧化时，能够向溶液中释放热电子，这种热电子具有很强的还原性，它能在电极表面的特有微环境中与溶液中的氧化组分发生反应，使反应物在阴极产生强氧化性的自由基。由于热电子是一种非常强的还原剂，因此采用半导体材料充当工作电极，在一定条件下提供热电子，能够还原氧化产生的 $[Ru(bpy)_3]^{3+}$ 生成激发态的 $[Ru(bpy)_3]^{2+*}$，反应机理如下：

$$[Ru(bpy)_3]^{2+} - e^- \longrightarrow [Ru(bpy)_3]^{3+} \quad (5\text{-}13a)$$

$$[Ru(bpy)_3]^{3+} + e_{hot} \longrightarrow [Ru(bpy)_3]^{2+*} \quad (5\text{-}13b)$$

$$[Ru(bpy)_3]^{2+*} \longrightarrow [Ru(bpy)_3]^{2+} + h\nu \quad (5\text{-}13c)$$

5.2.4 电致化学发光的基本类型

我们知道，许多试剂都具有电致化学发光的性质，按照发光试剂的种类，电致化学发光体系可以分为以下六类[22]：金属配合物体系｛如 $[Ru(bpy)_3]^{2+}$｝、酰肼类化合物体系、半导体纳米晶体（量子点）体系、吖啶类化合物体系、多环芳香烃类化合物体系和过氧化草酸酯类化合物体系。

(1) 金属配合物体系

在这个体系中，化学工作者对三联吡啶钌 {$[Ru(bpy)_3]^{2+}$} 及其一系列衍生物的研究是最为广泛的，因为它们易溶于水，且发光效率较高，尤其是在和共反应剂三丙胺（TPrA）同时使用时，它的发光是非常稳定的，同时具有检测灵敏度高和线性范围较宽等优点，在基础的电致化学发光领域的研究中发挥了不可或缺的作用。例如：Smith 小组[33]就利用微碳电极研究了 $[Ru(bpy)_3]^{2+}$ 在水溶液中的电致化学发光，如图 5-21 所示。在 $[Ru(bpy)_3]^{2+}$ 的浓度大于 1mmol/L 且置于产生/收集偏压模式下时，可以在室内正常的照明下用肉眼能够清晰地观察到它的电致化学发光现象。

(2) 酰肼类化合物体系

酰肼类化合物在电致化学发光的研究中极为常见，因为它具有高的发光效率、试剂稳定、易溶于水等特点。在这个体系中，最具代表性的化合物是鲁米诺（Luminol）及其衍生物，其电致化学发光的机理研究已十分成熟。鲁米诺电致化学发光的研究，已有超过 100 年的历史了，从最初鲁米诺的合成到化学发光行为的观察[34]，再到鲁米诺电化学发光现象的成功发现[35]，一直到现在研究者们已经将其熟练地运用于一些重金属、过氧化酶含量及毒物的分析及检测等，这个过程凝结了一代又一代科学家的辛勤汗水。

Luminol 在碱性溶液中先离解成负离子，然后在电极上被氧化成叠氮化合物，后者在 H_2O_2 存在时会继续在电极上氧化，产生激发态的 3-氨基邻苯二甲酸盐，当其返回基态时会发射出 ECL（425nm）。Luminol 发光之所以需要在碱性条件下进行，是因为只有在碱性条件下电极表面才能产生发光不可缺少的共反应剂 H_2O_2[36]。H_2O_2 和溶液中溶解的氧都能增强 Luminol 的 ECL 信号，又是生物体内许多底物（如胆碱、乳酸和葡萄糖等）及其相应酶的代谢产物，因此 Luminol-H_2O_2 体系的酶促 ECL 反应是分析检测生物酶反应底物的有效方法[37]。Sun[38]通过利用鞣酸（Tannic）抑制鲁米诺的电致发光强度的现象来测定鞣酸的含量。此外，他们还发现了儿茶酚（Catechol）的衍生物对鲁米诺氧化物的 ECL 强度有抑制作用，据此，他们测定了一些儿茶酚的衍生物[39]。

(3) 半导体纳米晶体（量子点）**体系**

半导体纳米材料（NPs），也称纳米晶体或量子点（quantum dots，QDs），它通常具有非常小的直径，这就给予了量子点好的荧光性能。2002 年首次报道了半导体材料 Si 在乙腈溶液中的自身湮灭发光和在共反应试剂 $C_2O_4^{2-}$、$S_2O_8^{2-}$ 存在时的电致化学发光[40]，图 5-22 是电极表面的量子点电致化学发光的反应机理。此外，除单一半导体元素材料如 Si 和 Ge 具有电致化学发光的性质之外，许多半导体化合物，如 CdSe、CdS 和 CdTe 也可以产生电致化学发光现象。与光致化学发光相比，半导体纳米材料的电致化学发光的最大特征是其对应波长出现了红移，说明

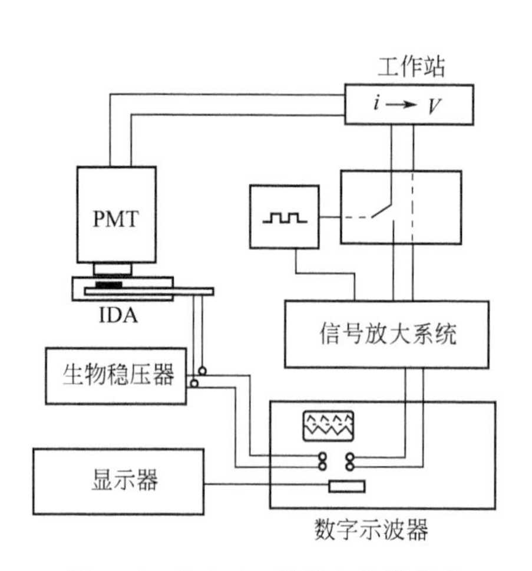

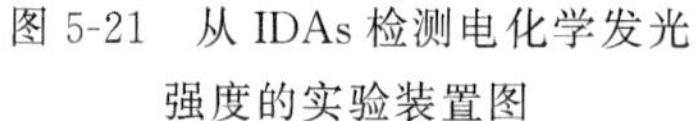
图 5-21　从 IDAs 检测电化学发光强度的实验装置图

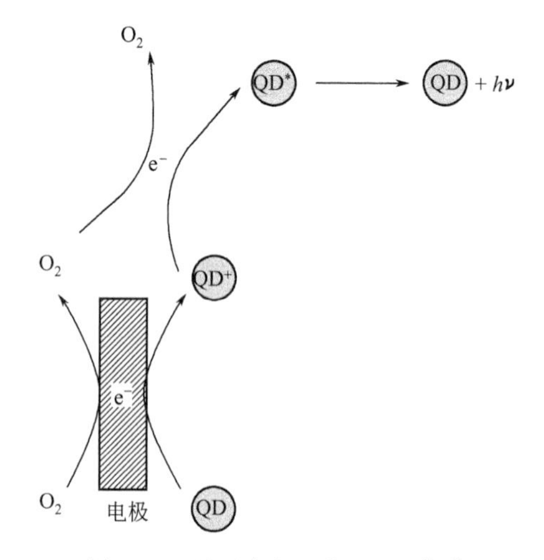

图 5-22　量子点的电化学发光[40]

了半导体纳米材料的电致化学发光和光致化学发光产生激发态的过程是不同的。光致化学发光主要是探测材料内部情况，提供材料键合能量带的电子转移信息，但电化学和电致化学发光的研究主要针对颗粒表面，电致化学发光对半导体纳米颗粒表面的化学成分和表面状态极为敏感，这一现象已通过 Cd-Se/ZnSe 核壳型半导体纳米颗粒电致化学发光的研究被证实[41]。用 ZnSe 钝化的 CdSe 半导体纳米颗粒在光致化学发光波长带的边缘有一个大的 ECL 峰，它比光致化学发光的波长红移了约 200nm，说明 ECL 是一种有效探测半导体纳米颗粒表面状态的技术。

(4) 吖啶类化合物体系

吖啶类化合物的发光试剂具有信噪比高、背景低以及不需要催化剂存在等优点，人们已经发现并研究较为广泛的是：吖啶酯类化合物（Acridinium，AE）和光泽精(Lucigein)。其中吖啶酯类化合物常用于标记 DNA，在实际应用中已经取得了一定的进展，而光泽精（*N*,*N*-二甲基-9,9′-联吖啶二硝酸盐）是研究最广泛的一种发光试剂，它参与的反应对溶液 pH 值的要求很高，但其电致化学发光反应持续的时间较长。此外，光泽精的反应产物不溶于水，易沉积在样品池内部，这会影响其电致化学发光的信号。但是，Ohsaka 小组[42]对这种问题做了很好的解决，他们在光泽精的反应溶液中加了一定的表面活性剂，并提高了它的灵敏度和重现性。

(5) 多环芳香烃类化合物体系

在有机电化学发光物质中，多环芳香烃是研究最多的一类化合物，它的发光是由于高能量的电子转移反应而产生。此外，多环芳烃还是空气、土壤及水中的主要环境污染物，它们主要是由有机物如矿物染料等工业废物的不完全燃烧而产生。在可以发生电化学发光反应的多环芳烃中，最有代表性的是 9,10-二苯基蒽(DPA)[43,44]。DPA 的发光效率相对来说比较高，且试剂化学性质稳定，因此，它的电化学发光现象受到广泛关注，是典型的湮灭电致化学发光[45]。对于多环芳香烃类化合物研究，一般都集中在研究其发光机理和检测新物质方面[46]。

(6) 过氧化草酸酯类化合物体系

过氧化草酸酯（Peroxyoxalate，PO）的化学发光反应被认为是当前最有效的非生物化学发光反应，该反应的最大量子产率可达 34%。Bard 课题组[47]在 1987 年报道了双-(2,4,6-三氯苯基)草酸酯（TCPO）在乙腈和苯的混合溶剂中的 ECL 现象，但具有溶解度差、噪声强、发光强度受影响因素多等不足。Nieman 等[48]发现在乙腈溶液中，PO 能够在－1.5～－1.9V 的电位下被激发产生电致化学发光现象。化学发光反应的催化剂——咪唑，会干扰此电化学过程，而 H_2O_2 可以增强体系的电致化学发光强度，且电致化学发光灵敏度低于化学发光。

5.2.5 电致化学发光的应用

近几年，电致化学发光以其灵敏度高、线性范围宽、检测线低、仪器设备简单、操作方便和分析速度快等优点，已成为分析化学中一个十分活跃的研究热点，且和众多学科相互交叉，其研究领域和应用范围越来越广泛。

(1) 在分析测定中的应用

电化学发光分析检测的物质可以分为三类：首先是电化学发光反应的反应物；其次是电化学发光反应中的催化剂、增敏剂或抑制剂；最后是偶合反应中的反应物、催化剂或增敏剂等。通过使用这三种物质标记的其他材料，还可以检测一些别的物质，进一步扩大了电化学发光分析的应用领域。Martin 等[49]首次报道了固定葡萄糖脱氢酶酶促反应用于葡萄糖含量的测定，该方法基于在酶促反应中产生的 NADH 对 $[Ru(bpy)_3]^{2+}$ 电化学发光强度的影响。

(2) 在免疫分析中的应用

电化学发光免疫分析，是利用发光分析的手段实现在免疫领域方面的应用。如图 5-23 所示，Zhang 等[50]构建了一种具有生物活性和稳定性的抗体免疫传感器，他们利用了 CdSQDs 通过与 PDDA 功能化的 CNTs 结合可以使电化学发光强度显著地增大。这种方法结合了电化学发光的灵敏性和免疫技术的高选择性，由于具备了简单、快速、稳定的优点，它在以后的临床蛋白质检测中有着巨大的潜力。

(3) 在传感器中的应用

传感器是由多种方法和多种学科构成的一类实验设计的总称。在电化学发光的研究过程中，电化学发光传感器是一种很常见的实验装置，它是将参加实际发光反应的试剂经过物理或化学的方法修饰在电极上而设计的。因为电化学发光传感器降低了贵重试剂的损耗，并且具有简单的实验装置，越来越多的研究者开始关注此类型的实验。但是如果发光试剂没有固定在电极上而是以溶液的形式存在于样品池中，它就有一个缺点是因为发光试剂是逐渐消耗的，所以需要发光剂的不断供给。近些年来，笔者实验室利用电致化学发光技术实现了对多种样品的检测，具有线性

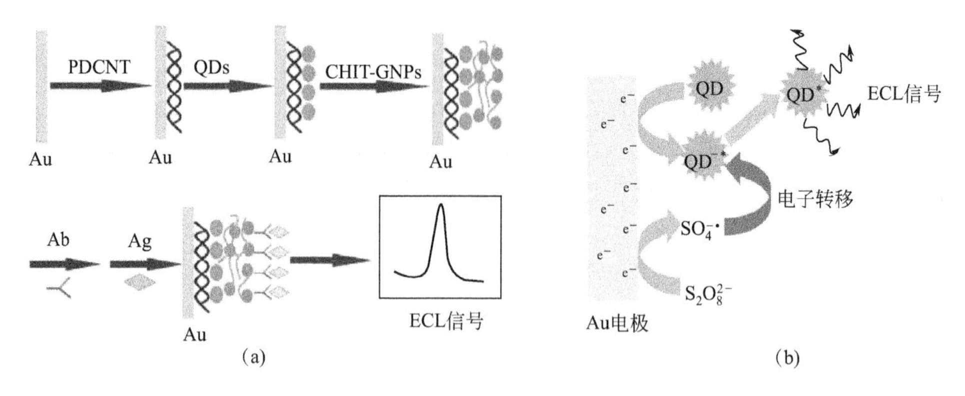

图 5-23 电化学发光免疫传感器的制作步骤（a）和 CdS 量子点的发光机理（b）

范围宽、检测限低等优点。

如图 5-24 所示，这是由笔者实验室研究的一种新的固定 $[Ru(bpy)_3]^{2+}$ 的方法[51]。我们发现，$[Ru(bpy)_3]^{2+}$ 和 Au 纳米粒子修饰的 Au 电极可以在酸性的磷酸盐缓冲溶液中反应，并且反应时可以产生一个阴极的电化学发光，通过刚才这个过程，就可以把 $[Ru(bpy)_3]^{2+}$ 修饰在电极表面，形成一个固态修饰电极。为了更好地把 $[Ru(bpy)_3]^{2+}$ 固定在电极表面，反应进行完后在电极表面滴涂了一层 Nafion膜，这样就形成了一个 $[Ru(bpy)_3]^{2+}$-AuNPs/Nafion 固态电化学发光传感器。随后，我们又利用相似的方法通过 $[Ru(bpy)_3]^{2+}$ 分别和 AgNPs、CuNPs 的反应也可以将其固定在电极表面[52]。

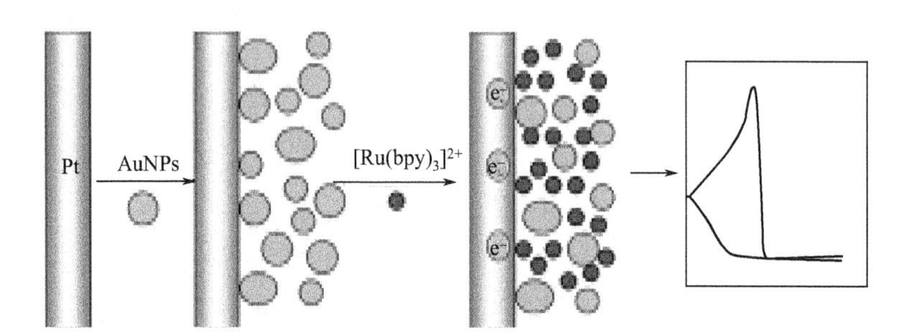

图 5-24 $[Ru(bpy)_3]^{2+}$-Au NPs/Nafion 固态电化学发光传感器的制备步骤

如图 5-25 所示，这是笔者实验室研究的孔雀石绿（MG）和结晶紫（CV）对 $[Ru(bpy)_3]^{2+}$/TPA 体系电致化学发光的猝灭机理图[53]，共振能量从激发态的 $[Ru(bpy)_3]^{2+*}$ 转到基态的孔雀石绿和结晶紫上，电化学发光猝灭过程被认为是动力学上的猝灭。通过紫外-可见吸收光谱、循环伏安、电化学发光、荧光等一系列实验对电化学发光的猝灭机理进行了详细研究，发现孔雀石绿的猝灭效率比结晶紫的高。我们还观察到当孔雀石绿的浓度为 $8\times10^{-10}\sim8\times10^{-7}$ mol/L，结晶紫的浓度为 $3.46\times10^{-9}\sim5.5\times10^{-7}$ mol/L 时，电致化学发光猝灭的强度与孔雀石绿和结晶紫的浓度呈反比例关系，其检测限分别为孔雀石绿：1.0×10^{-10} mol/L，结晶紫：1.1×10^{-10} mol/L，如图 5-26 所示，图（a）是孔雀石绿对 $[Ru(bpy)_3]^{2+}$/ TPA 体系的猝灭线性图，图（b）是结晶紫对 $[Ru(bpy)_3]^{2+}$/TPA 体系的猝灭线性图。同时也发现，孔雀石绿对电致化学发光的猝灭效果比结晶紫的要好，因为 $[Ru(bpy)_3]^{2+}$ 和孔雀石绿的光谱重叠比 $[Ru(bpy)_3]^{2+}$ 和结晶紫的更多。因此，$[Ru(bpy)_3]^{2+}$/TPA体系电化学发光的猝灭可以用来检测孔雀石绿和结晶紫的浓度，而且这种方法既简单又灵敏。

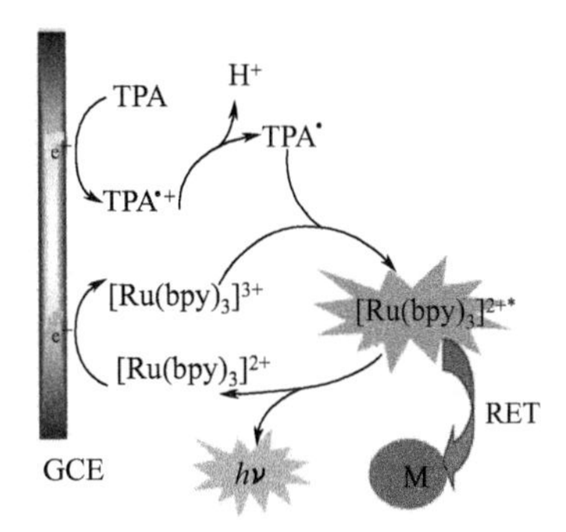

图 5-25 $[Ru(bpy)_3]^{2+}$/TPA 体系电致化学发光猝灭机理图

M—孔雀石绿或结晶紫

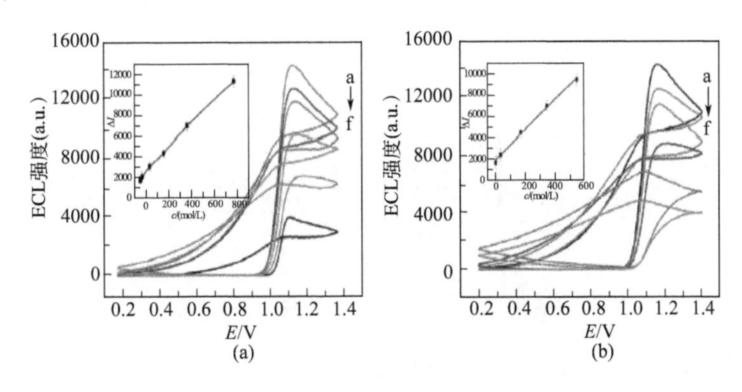

图 5-26 发光图

(4) 在核酸杂交分析中的应用

近 20 年以来，研究人员已经吸收了核酸（DNA）探针杂交分析的优势和电化学发光技术，将它们结合起来用于实际检测，已经应用于临床医学分析及环境检测中。如图 5-27 所示，Zhu 等[54]基于量子点-电致化学发光构建了一个 DNA 传感器用于检测酶类物质。另外，如图 5-28 所示，Chen 课题组[55]利用电化学发光方法基于双重纳米粒子标记的探针检测了单核苷酸的多态性。

(5) 在成像技术中的应用

在成像技术领域，电致化学发光逐渐也显现了它的优越性。成像的原因是在电化学发光反应中，电致化学发光体系中产生的激发态物质回到基态时会释放光子进而产生发光现象。而研究者就可以根据此现象来观察电极表面分布的电化学强度，电极表面的活性在一定程度上起决定性作用，因此这种分析方法可以直观地展现反应物的状态，为微观研究提供了参考的价值。

经过几十年的发展，电致化学发光的研究取得了很大的进展。目前，电致化学发光的应用已深入到环境分析、食品分析、免疫分析、药物分析和核酸杂交分析等

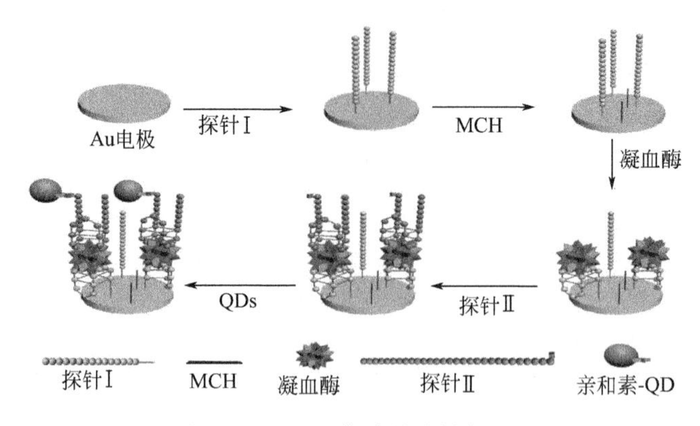

图 5-27 DNA 传感器的制备过程

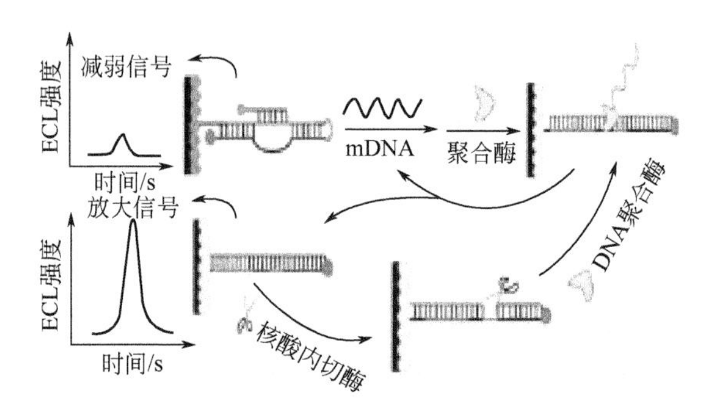

图 5-28 DNA 传感器的反应示意图

众多分析科学领域，并已形成热门的产业，极大地推动了生命科学的研究，因此，电致化学发光将成为一个独具魅力的研究方向。

(6) 在纳米技术领域中的应用

随着纳米科学技术的日益发展，人们已经将关注的兴趣放在了纳米尺寸内的自然世界。其中，量子点（也被称作半导体纳米材料）作为一种可以产生电致化学发光的试剂，因其独特的化学性质和物理性质，已逐渐成为一个多学科交叉的研究领

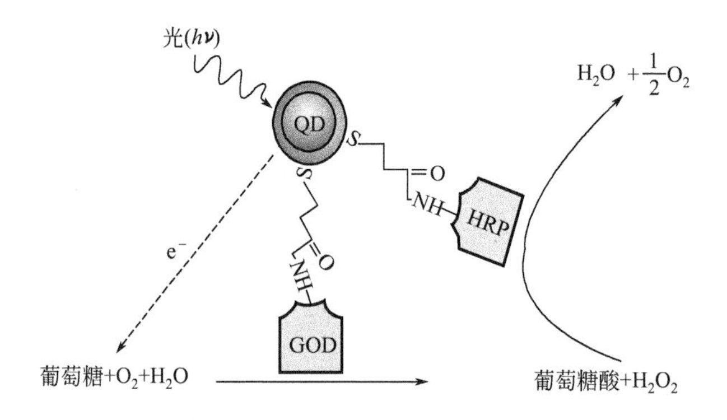

图 5-29 葡萄糖与 CdSe/ZnS 量子点反应的示意图

域，并且现在的研究已不再局限于单一的量子点[56]，而开始向核壳结构的量子点、其他元素掺杂的量子点，甚至是石墨烯量子点等方向发展。如图 5-29 所示，Rhee 小组[57]利用 CdSe/ZnS 量子点作为能量转移的供体去检测了葡萄糖。

5.3 扫描电化学显微镜

5.3.1 SECM 简介

20 世纪 90 年代，著名化学家 Bard 课题小组开创并发展了扫描电化学显微镜（SECM）技术，现如今已经发展为研究异相电子转移反应的有力的电分析化学工具[58]，解决了许多传统的电化学技术难以解决的问题，例如 iR 降、充电电流以及电子转移与离子转移的差别。有关 SECM 的应用已经被大量报道。作为高价值分析技术的重要组成部分，由 A. J. Bard 小组研制和开发出来的一种电化学扫描探针技术——扫描电化学显微镜（SECM）。SECM 可以解决电子转移、界面间动力学、界面表征及复杂软件和数据处理等方面的问题，它是借助于超微电极（Ultra-mieroelectrodes，UME）和扫描隧道显微镜（Scanning Tunneling Microscope，STM）的理论以及原理而衍变出来的电化学实时检测新技术。自 UME 出现之后，其在电化学研究领域显示出十分独特的优势。到目前为止，SECM 发展迅速，由于其可以提供纳米级别的电极表面原位实时高分辨率图像，所以在很多科研领域都得到了广泛的应用，例如生物动力学、不同修饰界面上的微结构测量、化学活性成像。该技术驱动工作电极（探针）逐渐接近基底，在基底上方进行扫描，基底上的样品可以是任何物质，例如：导体、绝缘体或者半导体，由此获得样品表面的相关信息。包括 Bard、Girault、Mirkin、Uwin、Wittstock、邵元华、夏兴华、卢小泉等在内的国内外很多课题小组都致力于研究 SECM 的原理并且不断地拓展其应用领域，并且取得了一定的成绩。Mirkin 课题组介绍了异相化学过程并研究了在液/液和固/固界面上高分辨率的表征。Bard 小组对一些其他的纳米电化学技术和纳米尺寸的探针微电极进行了非常详细的研究。Wittstock 小组对 SECM 异相反应直接成像速率常数和局部修饰基底的表征进行了研究。毛秉伟课题组对 SECM 的工作原理、仪器设备、实验特点及其应用作了简要的总结。1999 年，邵元华课题组进一步对 SECM 的研究进展和发展前景作了详细的介绍[59]。2004 年，卢小泉等人总结了在界面电化学中 SECM 的研究以及应用[60]。随着 SECM 技术的持续发展，它的侧重点将转移用来研究更为复杂的体系，所以 SECM 正在朝着自动化、同步化的方向发展，与其他技术的联用也势必更加广泛。

5.3.2 SECM 的实验装置

扫描电化学显微镜（SECM）是一种电化学现场检测技术。该技术使用驱动非常小的电极（探针）在靠近样品处进行扫描，样品可以是金属、半导体、高分子、生物基底等材料。SECM 具有化学灵敏性，可测量微区内物质氧化或还原所产生的电化学电流，从而获得对应的微区电化学及其相关信息。它主要由电化学部分（电解池、探头、基底、各种电极和双恒电位仪器），用来精确地控制、操作探头和基底位置的位移驱动器，以及用来控制操作、获取和分析数据的计算机（包括接口）等三部分组成，SECM 系统原理如图 5-30 所示。扫描探头（UME）和微纳米管等，把探头固定在由三维马达控制的爬行器上，使探头在基底上方沿 x、y、z 轴三个方向精确移动，精度可以达到纳米级。仪器的操作和数据的采集、分析都通过与仪器相连的计算机来完成。

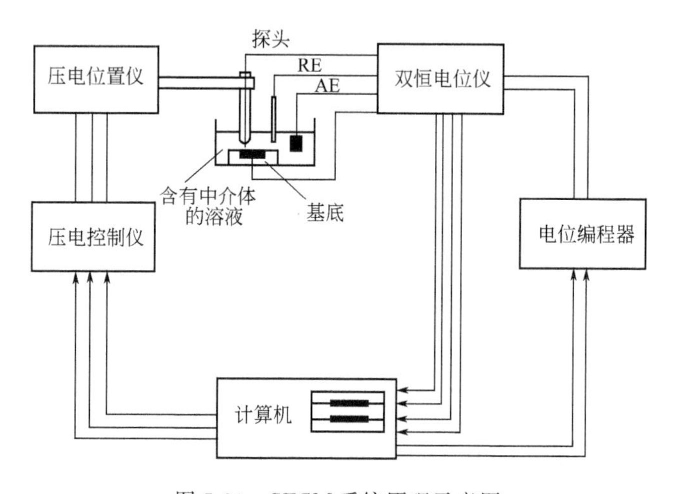

图 5-30　SECM 系统原理示意图

SECM 的分辨率主要取决于探针的尺寸、形状和它与基底的间距 d，而绝大多数情况下，SECM 工作处于“恒高度”下，因此探针的制备就显得尤为重要。要建立理想的电化学反馈，探针顶端必须是平面或半球面，因为锥形顶端的探针电流不随 d 而改变，因此不能产生反馈效应。常用的探针材料为铂丝或碳纤维（0.2～50μm），更小的探针可以通过电化学腐蚀制取，并将其包封在玻璃管内，同时，根据不同的实验需要，可以制作不同材料和尺寸的探针。随着 SECM 技术的不断发展，一些化学修饰微电极、离子选择微电极、微纳米管等都可用作 SECM 的探针。为避免实验中探针向基底逼近时因玻璃屏蔽层首先碰撞基底表面而无法获得较小的探针与基底的间距 d 的情况，探针顶端部位周围的玻璃屏蔽层必须用砂纸和金刚石粉等小心地磨成锥形，或者通过加热使玻璃层后缩而使探针电极突出于该玻璃层，同时探针端面必须尽可能与基底表面保持平行。为此，实验装置最好配有机械微调装置这可使探针和基底作相对平行性调整，这一点对提高 SECM 的分辨率是必需的。进入电化学反馈后探针的逼近和平行性调整应反复交叉地进行，以保证探针顺利到达预定范围。同时，影响 SECM 分辨率的因素还有扫描速度、仪器参数等。

5.3.3 SECM 的工作模式

SECM 是一种以电化学原理为基础的扫描探针新技术，广泛应用于基底形貌和固/液、液/液界面的电化学性质等方面的研究[61,62]。随着 SECM 技术应用范围的不断扩大，SECM 的工作模式也随之增加，并不断完善。目前，SECM 的工作模式主要包括以下几种：反馈模式（FB）、探针产生/基底收集模式（TG/GC）、基底产生/探针收集模式（SG/TC）、穿透模式、离子转移反馈模式、电位测定模式、恒电流模式、恒高模式、恒距离模式、氧化还原竞争模式、直接模式等，下面对其中的几种模式进行简单描述。

(1) 反馈模式 (Feedback Mode)[63]

电流反馈模式是 SECM 实验常用模式，可用来研究化学反应动力学。UME 探头作为工作电极，施加一定的电位，测量探头和对电极之间的电流。所研究的样品通常称为基底，在此情况下，一个双恒电位仪可用于控制探头和基底的电位。当电极放在含有电活性中心介体的溶液中（如还原型 R)，样品固定在基底上，在探头上施加足够正的电位，则有如下反应发生：

$$\mathrm{R}-n\mathrm{e}^{-}\longrightarrow \mathrm{O} \tag{5-14}$$

此反应的速率受 R 向探头的扩散控制，当探头离基底很远时，探头上的稳态扩散电流可由下式计算：

$$i_{\mathrm{T},\infty}=4nFDc_0a \tag{5-15}$$

式中，n 为反应式(5-14) 中的电子转移数；F 为法拉第常数；D 为电活性物质 R 的扩散系数；c_0 为电活性物质 R 的本体浓度；a 为探针电极的半径；∞表示探头与基底间距离很大。该公式是根据超微圆盘电极，由 Saito 等人于 1968 年推导得出的。当探针电极不断靠近基底时，探针上的电流 i_T 将随基底性质的不同以及探针与基底间距的变化而发生改变。若基底是导体 [图 5-31(b)]，反应式(5-14) 中产生的氧化产物 O 在基底上发生还原反应式(5-16) 再生成 R，物质 R 扩散至探头继续进行反应式(5-14)。

$$\mathrm{O}+n\mathrm{e}^{-}\longrightarrow \mathrm{R} \tag{5-16}$$

随着探针向基底的逼近，探针的电流随探针与基底间距的减小而增大（即 $i_\mathrm{T}>i_{\mathrm{T},\infty}$)，出现“正反馈”(Positive Feedback) 现象。反之，若基底是绝缘体，探针电极上反应产生的物质 O 不能在其表面发生如式(5-16) 的反应，随着探针向基底的逼近，阻碍了本体溶液中物质 R 向探针电极表面的扩散，因而探针电流随着距离的减小而减小（即 $i_\mathrm{T}<i_{\mathrm{T},\infty}$)，这种现象称为“负反馈”(Negative Feedback)[图 5-31(c)]。氧化性物质 O 在基底上被还原的速率决定了探针电极电流变化的程度，通过记录探针电极电流（i_T）随着探针与基底间距（d）变化获得的渐近曲线 (Approach Curve)(图 5-32)，可以获得有关基底本质方面和反应动力学过程的信息。这两种简单的反馈原理奠定了扫描电化学显微镜工作原理的基础。

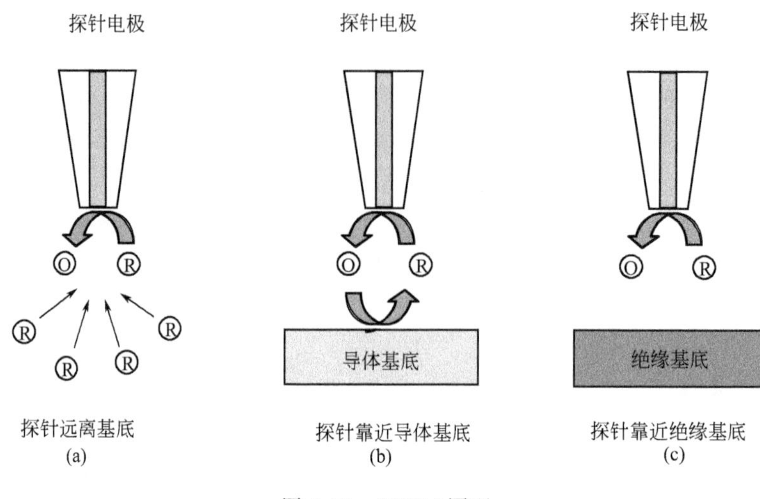

图 5-31 SECM 原理

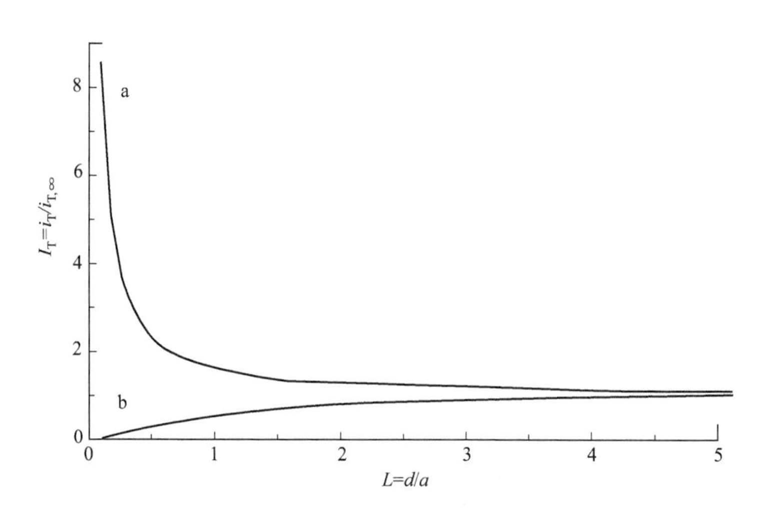

图 5-32 SECM 的稳态渐近曲线

a—正反馈曲线；b—负反馈曲线

(2) 产生/收集模式（Generation/Collection mode）

在产生/收集模式［图 5-33(a)］中，探针电极和基底电极都可作为工作电极，其中一个电极发生反应，另一个电极对其产物进行检测。当基底电极检测在探针电极上施加电位产生物质的引起电流变化的方法称为探针产生/基底收集模式（TG/SC），这一模式通常用于研究均相化学反应过程，如溶液中的物质 R 在探针上发生反应引起基底电流的减小。反之，当探针电极检测在基底电极上施加电位产生的物质引起电流变化的方法称为基底产生/探针收集模式（SG/TC），该工作模式可以用于研究非电化学活性的物质（如碱金属离子等），或者在基底电极表面通过不可逆的氧化还原反应产生的物质（如葡萄糖等）的浓度梯度和流量变化，据此来获得相关化学信息；也可以通过探头电流 i_T 及收集效率 i_T/i_S（S 表示基底电流）检测基底产物的流量，绘制浓度剖面图。利用这一模式进行相关研究时，探头的运动范围不得超出基底产物的扩散层，当基底上不发生反应时，探针电极的响应信号为零。

在产生收集模式的基础上，Lin 等人提出了微管传送基底收集（Micropipet Delivery-Substrate Collection，MD-SC）模式，它是可溶于两相溶液的电活性物质自发转移通过微管电极所构成的两互不相溶界面，电活性物质在基底电极上发生电化学或电催化反应引起响应电流的变化，通过对这一信号的分析来研究中性物质电化学过程。该模式用于不能通过电化学生成的中性物质的电催化反应的电化学及其成像研究。他们应用这一模式研究了在铂微电极上电中性物质羟甲基二茂铁、甲酸的氧化反应以及苯醌的还原反应，获得了高分辨的反应过程形貌图。

(3) 穿透模式（Penetration Mode）

在穿透模式［图 5-33(b)］中，利用非常小的 SECM 探针电极穿透微结构获取电化学信息。比如，利用 SECM 探针穿透一个几微米厚的含有电活性中介体或者吸附有氧化还原中介体的高分子膜，可以获得关于膜内物质的浓度变化、动力学、热力学以及传质等参数的相关分布变化信息。当探针刺入膜中且距离膜下面的导体或绝缘体较远时，探针电极上的固态伏安响应的研究方法类似于传统的研究溶液体系中的伏安方法。

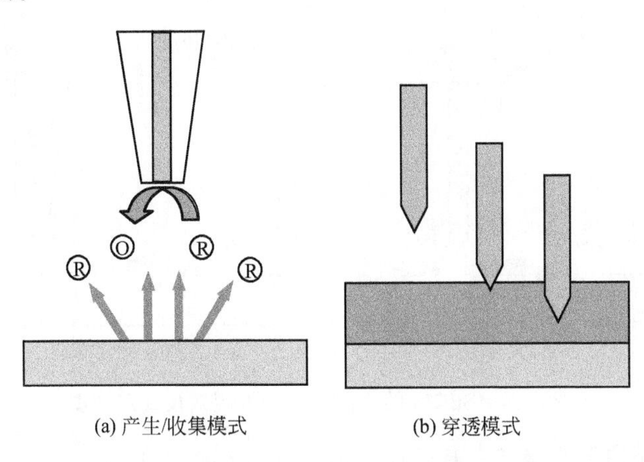

图 5-33　SECM 工作模式示意图

当高分子膜是均匀的导体膜，探针刺入膜中且探针电极在距离膜下面的导体或绝缘体较近时，探针电流与距离曲线类似于反馈曲线。探针穿透膜以后，探针电极与膜下导体或绝缘体的距离小于 1nm，探针电极上的电流响应表现明显的隧穿效应。SECM 的穿透模式被用于研究与生物相关的体系，如：无损条件下研究大的细胞核、巨脂质体、哺乳动物细胞等等。

(4) 恒高模式（Constant High Mode）

在恒高模式［图 5-34(a)］中，探针电极距离始终保持一个恒定的值（一般设置为探针电极的直径），探针沿着 X-Y 平面扫描，记录不同位置的探针电流，经过简单的处理可以获得样品表面成像及其他相关的化学信息。该模式常用于酶活性、修饰基底、腐蚀过程以及表面催化过程等相关体系的研究。Lu 等人[64]利用该模式对金电极表面形成巯基卟啉自组装膜的过程进行了成像研究，获得了组装过程中膜结构的变化信息。值得注意的是，如果在成像过程中探针电极的初始高度设置不当，基底的电活性不均匀，将得不到清晰且信息全面的图像或损坏探针和研究样品。因此在实验之前，结合渐进曲线设定一个较为合理的探针与基底间距显得至关重要。

(5) 恒距离模式 (Constant Distance Mode)

与前一种工作模式相近，但不同的是恒距离模式［图 5-34(b)］中探针电极到样品之间的距离始终保持不变，探针的高度随着测量样品的电化学性质不均而发生相应的变化，避免了用恒高模式研究过程中样品表面信息的丢失，又不损坏探针和样品。它是一种无损操作模式，通常用于单细胞成像或酶活性成像等研究。Oyamatsu 等人利用该模式对固定有硫辛酰胺脱氢酶的金阵列电极进行了成像研究，结果表明，探针经过固定化酶区域时，由于酶催化反应使溶液中的中介体分子再生，响应电流信号增加，但当探针移动到非活性区域时，因探针阻碍了溶液中的中介体分子扩散导致响应电流信号减弱，这一成像方法为生物材料及活细胞的研究提供了有效的方法。

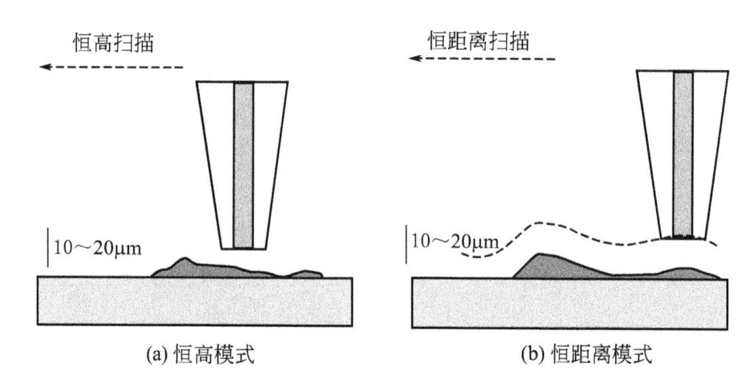

图 5-34　SECM 的恒高模式和恒距离模式示意图

(6) 氧化还原竞争模式 (Redox Competition Mode)

Schuhmann 等人首次提出了扫描电化学显微镜技术的氧化还原竞争模式［图 5-35(a)］，它是一种双恒电位实验，施加一恒定电压于 SECM 探针电极和基底电极，同一被分析物质在探针电极和基底样品表面上发生竞争反应。如果探针电极和基底电极非常接近活性催化位点，探针电极上的电流响应减弱。响应信号明显受到样品背景电流的影响，这一事实限制了该方法的分辨率。氧化还原竞争模式不依赖于样品的大小，减小探针电极的尺寸可以有效地提高 SECM 的分辨率。该模式可用于研究在玻碳电极表面沉积铂纳米颗粒上的氧化还原反应，也可用于能源产品电化学过程及金属材料表面腐蚀等方面的研究。Nagaiah 等人利用该模式结合循环伏安法对电沉积 Pt-Ag 催化剂在氧化还原反应中的催化性能进行了直观的研究，取得了与用旋转圆盘电极研究催化剂活性一样的结果。

(7) 直接模式 (Direct Mode)

在扫描电化学显微镜的直接模式中，法拉第电流流经探针微电极和沉积在电极上包含氧化还原物质的离子导体聚合物薄膜之间，并保持一个恒定值来控制探针电极与样品表面之间的接触面积。通过选择恰当的探测法拉第电流，可以保持很小的接触面，因此电化学反应实际发生在微小的区域。直接模式通常使用两电极体系（探针电极、对电极）[图 5-35(a) 和(b)] 或者三电极体系（探针电极、参比电极、对电极）[图 5-35(c)] 进行研究，这一模式不仅可以用于微区加工，还应用在溶液或空气中获得导体材料表面亚微米级分辨率的形貌成像及其他相关信息。Sugimura 等人首次成功应用直接模式在电解质溶液中通过控制探针和基底电位实现了普鲁士蓝膜的表面形貌成像研究，并详细讨论了 SECM 成像空间分辨率的影响因素。

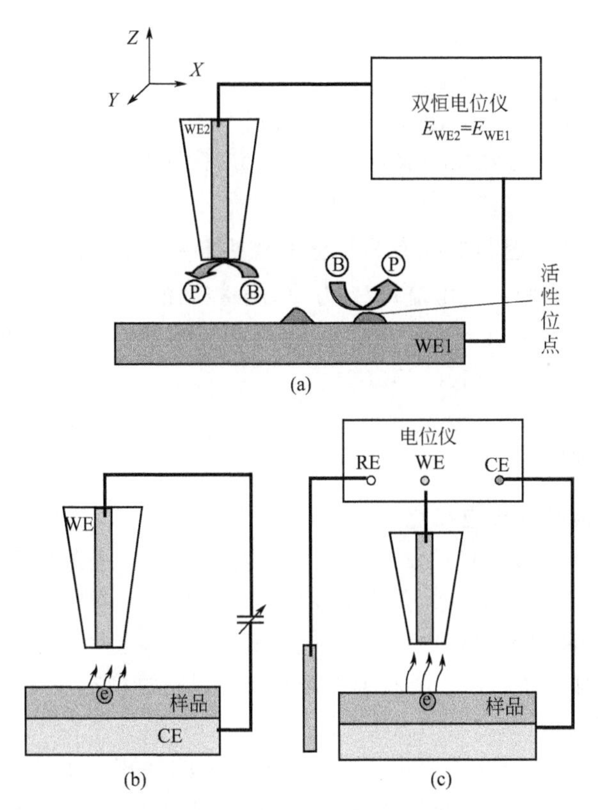

图 5-35 SECM 的氧化还原竞争模式和直接模式示意图

总的来说，扫描电化学显微镜具有众多不同的工作模式，但很难独立应用一种模式研究复杂体系。通常情况下，需要同时利用几种工作模式或者与其他分析检测技术联用研究复杂体系。

5.3.4 SECM的定量分析理论

SECM定量分析理论对于均相和异相反应系统以及扫描探针UME的尺寸大小，还有基底的不同形貌及导电性而各不相同。并且在不同的电化学反应过程中，Fick定律的应用也会产生不相同的边界条件来对反应过程中的分析理论进行限制。若电极为超微圆盘电极，我们首先假设其基底面积已经足够的大。那么在稳态条件下，探头的归一化电流 I_T 为：

$$I_T = i_T / i_{T,\infty} \tag{5-17}$$

式中，$i_{T,\infty}$ 为稳态扩散电流，又称为极限电流；i_T 为探头电流。

归一化距离 L 可用下式来进行计算：

$$L = d/a \tag{5-18}$$

式中，d 为探头到基底的垂直距离；a 为扫描探针半径[65]。

$$I_T^c = 0.68 + 0.78377/L + 0.3315\exp(-1.0672/L) \tag{5-19}$$

$$I_T^{ins} = 1/\{0.15 + 1.5358/L + 0.58\exp(-1.14/L) + 0.0908\exp[(L-6.3)/(1.071L)]\} \tag{5-20}$$

$$I_S^k = 0.78377/[L/(1+1/\Lambda)] + [0.68 + 0.3315\exp(-1.0672/L)]/[1+F(L,\Lambda)] \tag{5-21}$$

$$I_T^k = I_S^k(1 - I_T^{ins}/I_T^c) + I_T^{ins} \tag{5-22}$$

式中，I_T^c 为扩散控制的基底为导体的探头归一化电流；I_T^{ins} 为扩散控制的基底为绝缘体时的探头归一化电流；I_S^k 为动力学控制的基底电流；I_T^k 为有限基底动力学控制的探头电流；$\Lambda = k_f d/D$，k_f 是异相反应的表观速率常数（cm/s）；$F(L,\Lambda) = (11+7.3\Lambda)/[\Lambda(110-40L)]$。

5.3.5 SECM的应用

(1) 异相电荷转移反应研究

SECM的探针可移至非常靠近样品电极表面从而形成薄层池，达到很高的传质系数，且SECM探针电流测量很容易在稳态进行，具有很高的信噪比和测量精度，也基本不受 iR 降和充电电流的影响。SECM可以定量地测量在探针或基底表面的异相电子转移速率常数。异相速率常数既可以通过稳态伏安法得到也可以由分析 i-t 曲线而得到。

Bard等用SECM研究了两相互不相溶界面上的异相电子转移，作为界面发生的驱动力，结果发现在较高的驱动力下，随着过电势的增加实验速率常数减小，偏离了Butler-Volmer动力学预测，但这种现象符合Marcus理论反转区，在低的驱动力情况下，电子转移速率常数符合Butler-Volmer理论。Walsh等[66]应用SECM定量地研究了热喷对于防腐超耐热不锈钢的电化学活性的影响，以二茂铁甲醇为电子载体，研究了铬镍铁合金/电解质溶液界面的异相电子转移动力学。Lu

等通过将系列巯基卟啉修饰于金电极表面研究了其异相电子转移行为，发现在电子供体（电活性物质）和电子接受体（自组装膜）之间的双分子反应是动力学循环的过程，这可以用来模拟叶绿素中光系统的电子转移反应。Zoski 等应用 SECM 研究了醌二甲烷的异相电子转移和均相中反应的速率常数。

(2) 均相化学反应动力学研究

SECM 的收集模式、反馈模式及其与计时安培法、快速扫描循环伏安法等电化学方法的联用，已用于测定均相化学反应动力学和其他类型的与电极过程偶联的化学反应动力学。

Baur 等[67]将快速扫描循环伏安法与交流扫描电化学显微镜联用，用于阻抗和法拉第电流的同时监测，发现在碳纤维电极上外加的正弦对循环伏安几乎没有影响，此项技术通过单个的碳纤维作为基底可以提供化学形貌信息，在基底的多维化学成像上有着广阔的应用领域。Unwin 等将 SECM 和双电势阶跃计时电流法（DPSC）结合研究了液/液界面上溶质分区现象，其原理、理论和在 1,2-二氯乙烷/水界面上的二茂铁离子转移，SECM-DPSC 联用可以用来研究两个互不相溶相界面上的电致物质的转移。

(3) 薄膜表征

SECM 可监测微区反应，因此也是研究电极表面薄膜的十分有效的技术。它既可以通过媒介反应进行测量，也可以把探针伸入膜中直接测量。Abruña 等[68]应用 SECM 研究了在水相和非水相中单层石墨烯电极的表面电子转移动力学过程，发现电子载体 FcMeOH 在水合乙腈中的电子转移动力学过程是有限的，其归因于石墨烯的内在特性，在部分吸附锇物种层存在的情况下，FeEDTA 和 $[Ru(CN)_6]^{4-}$ 的电子转移动力学过程得到增强，这表明准可逆电子转移动力学的电子介质可以用来检测少量的吸附物质。Mauzeroll 等将巯基卟啉化合物修饰到多晶电极表面，通过循环伏安法和 SECM 技术，借助氧分子的氧化还原研究了修饰膜的电化学催化活性，以及相关的动力学过程，从探针尖端的产生-收集模式，为研究氧分子的氧化还原反应和过氧化氢的形成提供了可能。Souto 等应用 SECM 研究了铜基底上 2-巯基苯并咪唑形成的抗氧化剂的防腐行为，成功地监测了样品中无抗氧化剂和有抗氧化剂覆盖区域的不同的电化学活性。

(4) 液/液界面研究

SECM 主要应用于研究固体基底。但最近的研究表明，液/液界面是一个稳定的、在尺寸上处于亚微米级的界面，从而可作为 SECM 的基底。

Osakai 等应用 SECM 研究了双分子反应对于油/水界面上电子转移反应速率的影响，油/水界面上自然抗氧化剂氧化的机理研究，以及吸附于极化油/水界面上与膜结合的果糖脱氢酶的电子转移，以及酶的催化活性。Girault 等研究了组装于水/1,2-二氯乙烷界面结合点上的羧基锌卟啉配位方向和反应活性，以及液/液界面上光诱导电子转移反应，通过组装卟啉离子对研究了醌类的异相光致还原动力学过程，借助光学二次谐波的产生研究了极化的水/1,2-二氯乙烷界面上核-壳金属纳米材料的可控、可逆吸附过程。Shao 等研究了多种液/液界面上的异相电子转移动力学，并在液/液界面上发现了电子转移反应的 Marcus 反转区。Lu 等在液/液界面上不同取代基金属卟啉对电子转移的影响，以及稳态情况下石墨电极上的异相多步电子转移过程，通过将氧化铝模板（AAO）修饰在液/液界面模拟了生物过程中的离子通道，结果表明 AAO 修饰的液/液界面很好地模拟了离子传输反应，这为一些药物输送及纳米传感提供了可行性。L'Her 等研究了酞菁铥和 $Fe^{Ⅲ/Ⅱ}$ 在水/二氯乙烷/硝基苯界面上的电子转移，以及耦合离子转移对电子转移的影响，发现只有在 W/DCH 界面上才有电子转移峰，同时伴随着离子转移，酞菁铥在 W/NB 界面上被氧化或者还原，与界面电势产生的离子相关。Colina 等研究了液/液界面上沉积的铂纳米粒子的空间扫描光谱电化学，说明纳米粒子不但可以沉积在界面上，而且可以扩散至本体水相溶液中。

(5) 样品表面扫描成像

探针在三维马达的控制下，在基底上方 x、y、z 三维方向上精确移动，通过相关的数据处理可以得到三维的高分辨率 SECM 图像，从而得到基底表面的信息。

Bard 等[69]利用 SECM 研究了多种 n 型 $BiVO_4$ 光催化剂的组成，用一种新型的光纤电极来代替传统的超微电极，将光纤与超微电极合二为一，实现了快速筛选 Na_2SO_3 和水的氧化光催化剂，结果表明通过对水的光催化氧化考察，当 Bi/V/W 物种的配比达到 4.5∶5∶0.5 时，n 型 $BiVO_4$ 光催化剂在紫外和可见光区域有较高的光电流（如图 5-36 所示）。

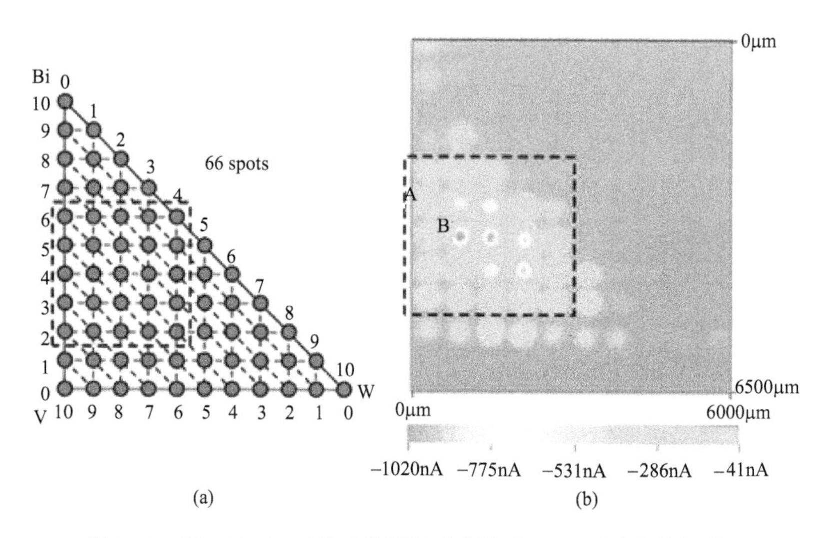

图 5-36 Bi、V、W 三种成分所组成的阵列（a）以及紫外辐射和 0.2V 偏压下 Bi/V/W 氧化物光催化剂的 SECM 成像图（b）[69]

A—Bi/V 为 5/5；B—Bi/V/W 为 4/5/1

在此基础上，Bard 等人[70]又合成了几种卟啉作为光敏化剂，通过在可见光照射下对光敏化剂的光电效应进行快速筛选（如图 5-37 所示），将三种不同的染料修饰在二氧化钛纳米管基底上，分别在紫外和可见光下对三种染料的光电响应做比较，达到快速筛选染料的目的。

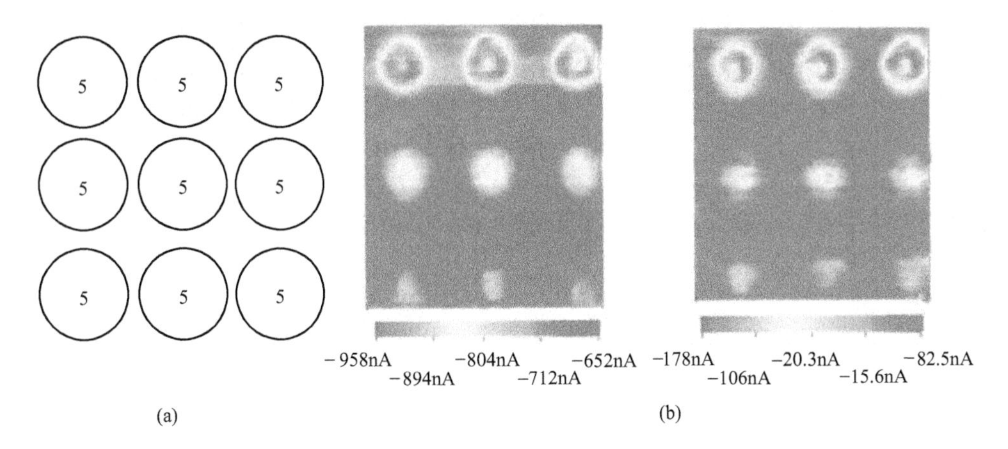

图 5-37　三种染料组成的阵列（a）以及紫外辐射和 0.5V 偏压下的 SECM 成像图（b）[70]

此外，Bard 等还使用一种快速并且有效的滴落涂布法合成了 Bi_2WO_6 薄膜阵列，将单独的金属元素掺杂到薄膜中，用 SECM 成像来快速筛选掺杂不同金属的光电效应。Amemiya 等人[71]将 SECM 成功用于产生单根纳米孔的前所未有的高分辨率的定量成像，利用 SECM 的成像可以定量分析单根纳米孔的结构属性，包括最小的孔隙—41nm，SECM 的成像被认为是便捷的定量分析生物纳米孔的高分辨率的成像方法。张美芹等基于指纹凹处和凸处的差别，使用 SECM 提高了潜在的无标记指纹成像，这种方法的优势在于基底表面的电化学反应速率的微小差别会引起 SECM 灵敏度的变化。

5.3.6 SECM 的展望

SECM 能以较高空间分辨率研究界面电化学过程，应用非常广泛。由于其高灵敏性、要求不高的仪器参数（包括对防震及隔震、探针尺寸、扫描精度的要求）以及可与多种研究方法与技术灵活地联用，SECM 具有广阔的发展前景。

随着 SECM 的快速发展，人们已经把他们的注意力从简单的模型推广到更复杂的系统。例如，染料敏化太阳能电池、仿生系统[72,73]、生物膜和单细胞以及单分子检测等。SECM 已逐渐向自动化、微型化、现场化的方向发展，其研究领域也越发广阔，SECM 势必会成为未来电化学研究的重要技术之一。

5.4 电化学石英晶体微天平

石英晶体微天平（Quartz Crystal Microbalance，QCM），是利用石英晶体谐振器的压电效应，将石英晶振电极表面质量变化转化为石英晶体振荡电路输出电信号的频率变化，从而实现质量、体系性状（密度、电导率、介电常数）等检测，并具有纳克（ng）级质量检测能力的检测器。石英晶体微平（QCM）与电化学技术联用构成了电化学石英晶体微天平（EQCM），对 QCM 的功能进行了放大，不仅可以使用循环伏安、计时电流、计时电势、计时库仑等电化学测量方法，而且能够深入地理解电极表面的电化学响应，实践证明 EQCM 具有更大的优越性，在金属电沉积与腐蚀、吸附与脱附、成核与晶体成长、电化学聚合与溶剂效应、膜的掺杂与去掺杂等基本电化学行为的研究中发挥着重要的作用。

5.4.1 石英晶体微天平的基本原理

石英晶体微天平（QCM）主要由石英谐振器、振荡检测电路、信号检测与数据处理三部分构成，基本组成结构如图 5-38 所示，EQCM 包括电化学池和 QCM 两部分。电化学池中有辅助电极（参比电极）、对电极和温度传感器，EQCM 与电极具有两方面的作用：一是作为 QCM 的电极接入振荡器中，通过检测振荡器的频率获得 QCM 谐振频率、QCM 表面的质量、黏度等信息；二是作为工作电极接入电化学仪器中，获得电化学参数。EQCM 装置示意图如 5-39 所示[2]。

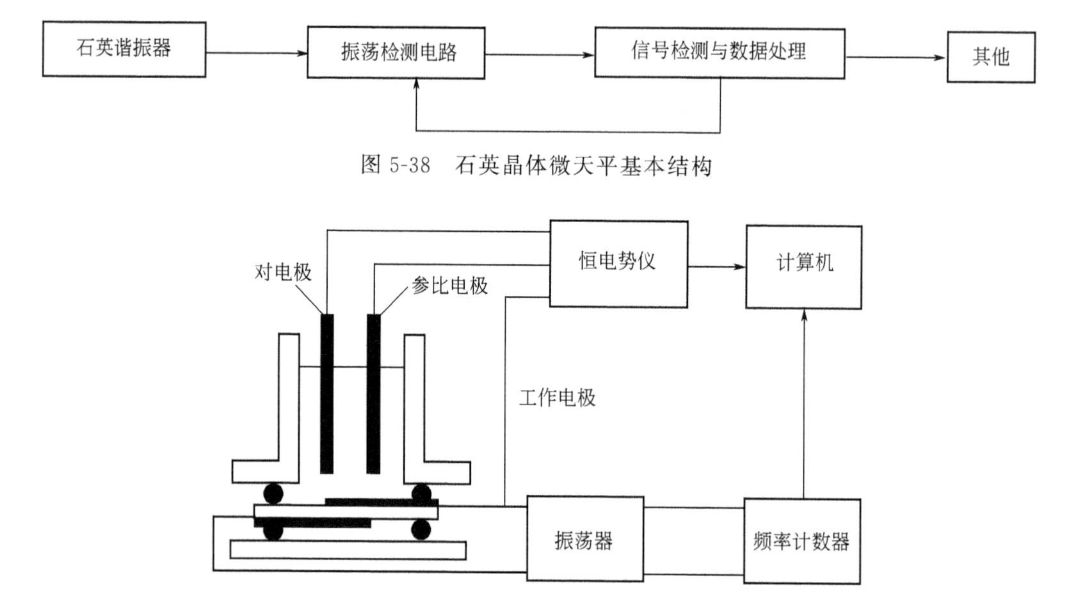

图 5-38 石英晶体微天平基本结构

图 5-39 EQCM 装置示意图

QCM 的核心部件是一个具有压电效应的石英晶体振荡片，是沿着与石英晶体主光轴成 35°15′切割（AT-CUT）而成，以 AT 切型石英晶体作为接收器和能量转换器，是一种非常敏感的传感器。它由很薄的石英晶体片和喷镀于石英片两面的金属电极组成，常用的金属有 Au、Ag、Pt、Ni、Pd 等，镀金电极与 QCM 晶体的侧视图和俯视图如 5-40 所示[2]。

在晶体上施加电场时晶体上通过的声波和变形（剪切波）显示在侧视图中。典型的 5MHz 晶体应有直径 1in（1in=0.0254m）、0.5in 的圆盘状接触点，及两边直径各 0.25in。晶体的活性区由所加电场决定，因此由小电极所限制。

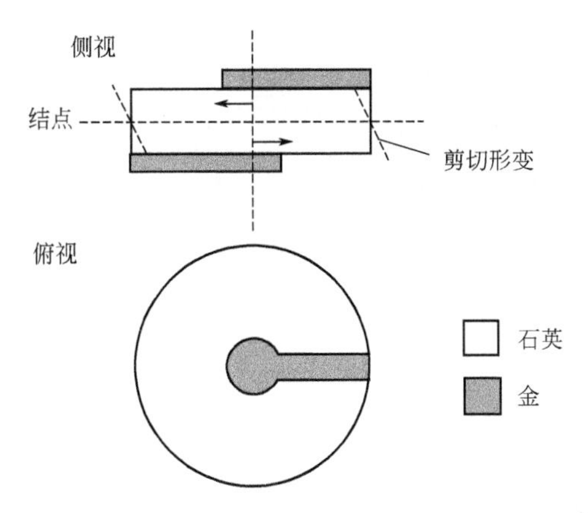

图 5-40　镀金电极与 QCM 晶体的侧视图和俯视图

由于在室温下可以降低温度对实验的影响，我们采用在室温下温度系数接近于零的 AT 切割。假定外附着层与石英晶体有相同剪切模量和密度，其外沉积层单位面积上的质量变化引起的谐振器频率变化 Δf 满足 Sauerbrey 方程式：

$$\Delta f=-[2f_0^2/(\mu_q\rho_q)^{1/2}]\Delta m=-C_f\Delta m \tag{5-23}$$

式中，f_0 为石英晶体的基频；μ_q、ρ_q 分别为石英的模量及密度；Δm 为单位面积上的质量变化；$C_f=2f_0^2/(\mu_q\rho_q)^{1/2}$ 称为 QCM 的质量灵敏度。

当对晶体施加压缩力或拉伸力时，由于形变极化而在相应的晶面上产生等量的正、负电荷（压缩与拉伸产生的电荷极性相反），这就是正压电效应。而在晶片上加以电场时，则在晶体某些方向上会出现与电场强度之间存在线性关系的应变。若电场是交变电场，则在晶体的晶格内引起机械振荡，当振荡的频率及晶体的固有频率与振荡电路的频率一致时便产生共振，此时振荡最稳定，测出电路的振荡频率便可以得出晶体的固有频率。

常规 QCM 仪器一般采用静态检测，使用时样品直接加入检测池中，受操作、环境等因素的影响较大。出于分析与操作的需要，研究者在原 QCM 的基础上增加了流动注射系统，发展了流动注射 QCM 装置（QCM-FIA）。流动注射系统一般包括流动池、流动通道、蠕动泵等，如图 5-41 所示[74]。

检测时样品在蠕动泵的驱动下流经流动池，流动池内置有石英晶片，可实时检测由样品引起的频率降。此外，为减少环境因素对 QCM 检测的影响，研究者还在检测池增加了恒温控制系统，以避免温度波动对频率检测的影响。研究表明，与常规 QCM 相比，流动注射 QCM 检测得到的频率曲线更加稳定[75]。

5.4.2　电化学石英晶体微天平的应用

EQCM 目前在生物医学、药物分析、气味检测等方面都有了应用，且不再局限于简单的浓度测定，它已深入到反应机理、化学反应动力学等方面的研究。常用于金属电沉积与腐蚀、吸附与脱附、电化学聚合与溶剂效应、金属电化学溶解、膜

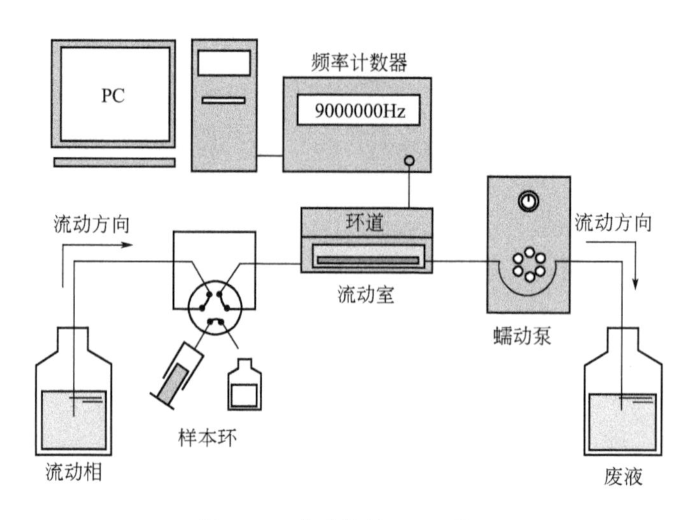

图 5-41 流动注射 QCM 装置

的掺杂与去掺杂等基本电化学行为。下面主要以 EQCM 在腐蚀和电沉积方面、金属电化学溶解及吸附方面的应用为例加以说明。

5.4.2.1 EQCM 在腐蚀和电沉积方面的应用

在腐蚀方面，主要集中在腐蚀的微观机理。Zucchi[76]用 EQCM 研究了氯化苯基喹啉、溴化十二烷基喹啉、三丁基碘化铵、碘化钾等几种腐蚀抑制剂对 Ni 的腐蚀的抑制作用，其中氯化苯基喹啉的抑制作用最小，溴化十二烷基喹啉对 Ni 的腐蚀有一定的抑制作用。在电沉积研究方面，Juzeliunas[77]用铂的旋转圆盘电极研究了含 Fe^{2+} 和 Fe^{3+} 的 EDTA 配合物的极化行为，同时用 EQCM 研究了这两种配合物中铁的沉积过程，并且由电极质量的增加量，计算出了电沉积过程中的电流，该数值与扩散极限电流值很接近。

5.4.2.2 EQCM 在金属电化学溶解方面的应用[78]

林珩等人应用电化学循环伏安法和 EQCM 技术研究了铂电极在 0.1mol/L 硫酸中的表面过程随电位的变化，结论表明，正向电位扫描中氢区表面质量增加是由于水分子取代 H^{ad}，而双电层区则是由于水的吸附模式逐渐由氢端吸附转向氧端吸附所引起。此外，EQCM 在金属溶解机理，尤其是在产物可溶的金属阳极溶解方面也有较多的研究。研究主要集中在金属薄膜溶解速度和介质 pH 值与浓度等因素对反应速度的影响规律以及电极过程机理，对金属钝化以及局部腐蚀也有广泛的研究和应用，包括溶液中金属或合金的钝化机理和钝化膜组成以及侵蚀性阴离子对钝化膜形成和破坏的作用等方面。

5.4.2.3 EQCM 对吸附的研究[4]

EQCM 对吸附的研究是基于吸附物质量的不同会引起电极的质量变化从而引起石英晶体的频率的改变。由质量变化量可求出吸附分子的数量并推测吸附物的种类、吸附结构，然后定量地推测吸附机理。Uchida 用 EQCM 研究了卤素离子（I^-、Br^-、

Cl^-、F^-）在 Au(Ⅲ) 上的吸附行为。随着电极电势的改变，用 EQCM 可以定量地检测到 Au 电极表面的离子浓度、表面水分子数量。对 Br^-、Cl^-、F^- 而言，在 Au(Ⅲ) 电极上，卤素离子在被氧化前的最大平均覆盖度依次是 0.43、0.56、0.53。同时，在吸附过程中卤素离子首先挤出电极表面上紧密排列的水分子，然后再进行吸附。通过用 EQCM 对吸附过程和吸附机理的研究，可以从分子原子水平对吸附的全过程进行解释。EQCM 对吸附机理的研究比其他表征的数据更直观。Xiangqun Zeng 等用 EQCM 通过 Pd 的欠电势沉积过程研究了2,2′-联吡啶和 4,4′-联吡啶在金多晶电极表面的吸附和再定位。在 0.1mol/L $NaClO_4$ 的电解液中这两种联吡啶化合物对 Pd 的欠电势沉积过程的影响表明，2,2′-联吡啶和 4,4′-联吡啶的表面吸附与电势有关，4,4′-联吡啶在金电极表面的吸附是有选择性的。

5.5 其他一些联用技术

联用技术在各项科学研究中发挥着越来越重要的作用，对它的研究也一直是科学工作者关注的焦点。本章的前面部分中就光谱电化学、电致化学发光、扫描电化学显微镜及一些电化学方法作了说明，本节我们简单介绍一些其他的联用技术，比如 SECM 和其他技术的联用、QCM 和其他技术的联用等。

5.5.1 SECM 和其他技术联用

SECM 对电化学信息具有高度的敏感性，并且能够较好地与其他几种光、电化学研究方法和技术联用，研究者们迈出了新的一步，将 SECM 与 QCM、AFM 等技术联用，显示出了 SECM 广阔的应用和发展前景，也使其他一些电化学技术得以更大程度的利用。

5.5.1.1 SECM 与石英晶体微天平（QCM）联用

SECM 与石英晶体微天平（Quartz Crystal Microbalance，QCM）联用，电化学信息的供给由 SECM 负责完成，而 QCM 负责提供质量效应信息用来探究有机或无机薄膜的性质。

Hillier 和 Ward[79] 于 1992 年首次将 SECM 与 QCM 联用；Bard 等[80] 将薄银层沉积在石英微晶上并进行刻蚀，然后应用 SECM-QCM 联用技术对薄银层进行一系列研究。Vivier 等[81] 将 SECM 和电化学石英微晶天平（EQCM）联用，对 Al/Cu电偶对的腐蚀行为进行了研究，SECM 主要用来控制液膜，进而获悉 Cu 的溶解动力学参数。该研究的创新点在于所选用的 SECM 探针是复合型，在常用的 Pt 超微电极内部镶嵌了一个 Al 环微电极，这样一来和基底 Cu 便形成了电偶对。

5.5.1.2 SECM 与原子力显微镜（AFM）联用

SECM 与原子力显微镜（AFM）联用，在保证较高的空间分辨率的前提下，还能够提供电化学与基底上的形貌信息，多用来刻蚀与固/液界面领域的研究。

Sklyar 等[82]将 AFM 与 SECM 技术联用，SECM 探针逼近曲线和形貌用于分析具有形貌和电化学特征的半导体基底模型，实际得到的实验数据和理论计算得到的形貌数据相一致，因此，AFM-SECM 联用技术可以广泛地用于研究电化学与形貌成像。利用 SECM 和 AFM 研究了铋膜电极上的膜/溶液界面上的反应活性，发现在溴离子存在的情况下，基底电极表面长了较密的小铋晶体，但在修饰溶液中无溴离子时晶体很大很稀疏[83]，将 AFM 尖端和环形微电极整合用于交流电模式成像，研究了此种技术在记录成像数据、金/玻璃结构或者微电极阵列的表面导电性等方面的应用[84]。此外，应用 AFM-SECM 同时探究了氧化还原剂标记的乙二醇功能化的约 20nm 大小的金纳米离子的物理及电化学性质[85]。

5.5.1.3 SECM 与扫描光学显微技术联用

SECM 与扫描光学显微技术联用，同时进行扫描电化学、光学研究获得空间分辨信息。通过结合表面等离子共振（SPR）成像与 SECM 技术联用用于微型图像的处理与识别[86]，Matsue 等[87]将扫描离子电导显微镜（SICM）与 SECM 联用，采用离子电流反馈定位控制用于非接触和电化学物种空间分布形貌进行同时成像研究，这项技术也被用于电活性物质通过细胞膜渗透性研究，通过与光学显微镜结合，SECM 可用于导电基底上直接的局部乙烯基单体电接枝，反应物种的传输模式，其主要是迁移影响而不是扩散模式，在化学、生物技术应用领域具有广阔的前景[88]。通过将 SECM 和光学显微镜结合，可以用来同时获得交叉电极的形貌、电化学和光学形貌等信息，SECM 的电流反馈模式也可以提供相对柔软样品的电化学和光学形貌，比如在恒定电流模式下可以提供聚碳酸酯膜过滤器和硅藻的相关形貌，这种模式也可用于生物细胞生化活性的成像[89]。Unwin 等[90]引进阶跃接触扫描（HIC）与 SECM 技术联用，成为氧化还原活性和界面浓度定量研究的新技术。

5.5.2 压电、红外光谱、电化学三维联用技术

张友玉等建立了一种现场压电传感-红外反射光谱-电化学三维联用技术，并应用该技术现场监测了聚邻氨基苯酚在金电极上的沉积过程，研究了邻氨基苯酚的电氧化和电聚合性质以及聚邻氨基苯酚聚合膜在酸性介质中的电化学性质，同步获取并讨论了聚合膜质量、离子掺杂行为和聚合膜的化学结构变化等信息。结果表明，该技术有望广泛用于多种电极表面过程研究。

图 5-42 为压电石英晶体微天平-红外光谱-电化学（PQCI-FTIR-EC）实验装置示意图。由 CHI660A 电化学工作站、Nicolet Nexus 670 FTIR 光谱仪及研究型压电石英晶体微天平 RQCM 组成。计算机同步记录实验过程中电化学、红外、频率以及电阻数据。自制光谱电化学薄层池，详见图 5-43，采用 CaF_2 单晶窗片。为获得最大反射能量，使用 58°入射角，两面镀金（金电极直径为 6.5mm）的 AT-剪切 9MHz PQC 电极，经抛光打磨光亮后用 704 胶封在塑料管一端，PQC 的两个电极

与 RQCM 相连，一面露在空气中作感应电极，触液面同时与电化学工作站相连作为工作电极，Pt 片作为对电极，Ag/AgCl 作为参比电极。实验使用傅里叶变换红外反射差谱法，在电位线性扫描的同时采集红外反射光谱，电位扫描速率为 5mV/s，光谱表示为：

$$\Delta R/R=[R/(ES)-R(ES)]/R(ER) \tag{5-24}$$

式中，R(ER) 和 R(ES) 分别为参比电位 ER 和研究电位 ES 下采集的单光束光谱。每张谱图由 35 张干涉图累加平均而成，分辨率为 8cm^{-1}。

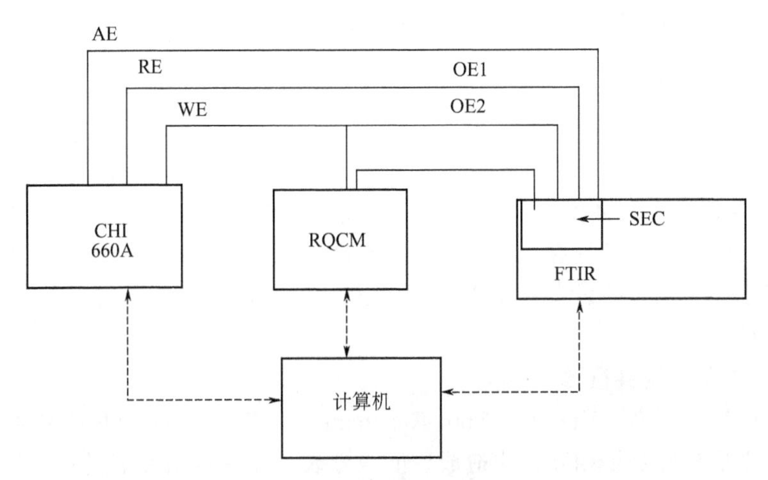

图 5-42　压电石英晶体微天平-红外光谱-电化学实验装置图

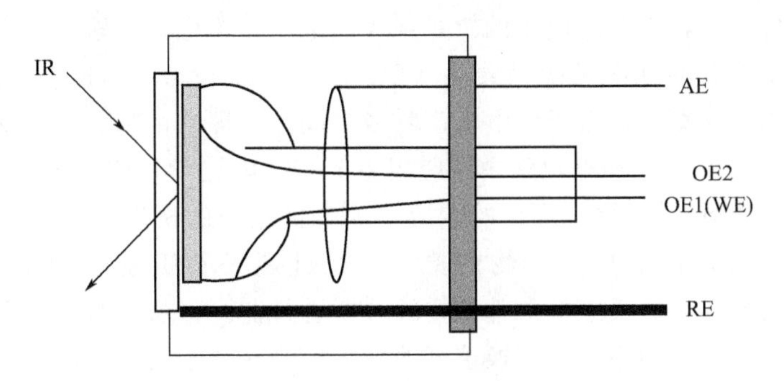

图 5-43　光谱电化学薄层池

5.5.3　电化学-表面等离子体波共振技术

表面等离子体波共振技术（Surface Plasmon Resonance，SPR）基于金属电介质或金属真空界面的电磁波，可对界面性质的变化给出非常敏感的响应。表面等离子体波共振技术（SPR）是一种简单、直接的传感技术，实时监测分子间的相互作用，由于具有体积小、准确度高、抗电磁干扰能力强和可用于遥测等优点，SPR 传感器将有广泛的应用前景。生物分子相互作用分析是基于 SPR 原理的新型生物传感分析技术，无须进行标记，也可以无须纯化各种生物组分。在天然条件下通过传感器芯片实时、原位和动态测量各种生物分子，如多肽、蛋白质以及细菌、病毒、细胞、小分子化合物之间的相互作用过程。表面等离子共振是表面增强拉曼的重要增强机理之一，由于贵金属纳米粒子的尺寸效应及量子效应通过激发光照射能引起表面等离子共振，从而大大增强拉曼散射信号，已达到痕量检测的目的。将电化学技术与表面等离子体波共振技术联用，不仅可以发挥表面等离子体波共振技术的优势，而且电化学技术手段会与其形成互补。

5.5.4 磁共振方法

磁共振指的是自旋磁共振（Spin Magnetic Resonance）现象，其意义上较广，包含核磁共振（Nuclear Magnetic Resonance，NMR）、电子顺磁共振（Electron Paramagnetic Resonance，EPR）或称电子自旋共振（Electron Spin Resonance，ESR）。磁共振是在固体微观量子理论和无线电微波电子学技术发展的基础上被发现的。磁共振成像技术具有无辐射、分辨率高等优点，被广泛地应用于临床医学与医学研究。一些先进的设备制造商与研究人员一起，不断优化磁共振扫描仪的性能、开发新的组件。

5.5.4.1 电子自旋共振谱

电子自旋共振谱（Electron Spin Resonance，ESR）是基于顺磁性物质中未配对电子的磁矩与外磁场相互作用造成磁能级分裂，在一定条件下吸收入射的微波而发生跃迁的一种磁共振技术。将吸收的微波能对外磁场作图就得到电子自旋共振谱谱图。对于自由基，未配对电子的磁矩主要是电子自旋磁矩，轨道磁矩几乎不起作用。电子自旋共振亦称电子顺磁共振（Electron Paramagnetic Resonance，EPR），用来检测和鉴别含有奇数电子的电致产物或中间体，即自由基、自由基阴离子和某些过渡金属物质。ESR 在电化学中的应用主要有：电化学反应动力学与机理研究，通过记录 ESR 信号对电化学扰动的响应，为电极过程的机理研究提供更加全面的信息；电极反应产物和中间产物的检测，通过现场 ESR 技术和自旋俘获技术（Spintrapping）对电极反应自由基产物的浓度进行监测，从而对其产生及衰退动力学和机理进行研究；均相电子交换速度的测定，均相电子交换反应是一类最简单也是最基本的电化学反应，根据 ESR 线宽的变化可以测定均相电子交换速度，这对深入了解电极反应是很有意义的；电极材料及电催化剂的研究，许多电极材料及电化学催化剂都含有缺陷或过渡金属离子、载流子，能给出 ESR 信号，因此可以利用 ESR 技术来研究其机理，从而指导其性能的提高[4]。

顾章愉等人[91]收集成人正畸需要而拔除的四环素前磨牙和正常前磨牙各 10 颗。应用扫描电镜观察牙体表面的牙釉质和剖面的牙本质结构，采用 X-波段电子自旋共振检测牙体的 ESR 信号。通过扫描电镜（SEM）和电子自旋共振（ESR）法分析四环素牙的显微结构和 ESR 信号，并与正常牙进行比较。结果表明与正常牙体结构相比，四环素牙的牙釉质结构疏松，釉柱排列不规则；牙本质小管不明显、形态不规则，管间牙本质质地粗糙，结构无序。四环素牙与正常牙相比，其固有的自由基平衡亦有所不同。结论：四环素牙在显微结构和自由基平衡方面与正常牙有显著差别。

5.5.4.2 核磁共振

核磁共振是处于外磁场中的自旋核接受一定频率的电磁波辐射，当辐射的能量恰好等于自旋核两种不同取向的能量差时，处于低能态的自旋核吸收电磁辐射能跃迁到高能态，这种现象称为核磁共振（Nuclear Magnetic Resonance，NMR）。核磁共振波谱学是光谱学的一个分支，其共振频率在射频波段，相应的跃迁是核自旋在核塞曼能级上的跃迁。利用核磁共振光谱进行结构测定、定性与定量分析的方法为核磁共振波谱法。

核磁共振主要是由原子核的自旋运动引起的，不同的原子核，自旋运动的情况不同，它们可以用核的自旋量子数来表示。自旋量子数与原子的质量数和原子序数之间存在一定的关系，如表 5-2 所示。I 值为零的原子核可以看作是一种非自旋的球体，I 为 1/2 的原子核可以看作是一种电荷分布均匀的自旋球体，^{1}H、^{13}C、^{15}N、^{19}F、^{31}P 的 I 均为 1/2，它们的原子核皆为电荷分布均匀的自旋球体。I 大于 1/2 的原子核可以看作是一种电荷分布不均匀的自旋椭球体。

表 5-2 自旋量子数与原子质量数和原子序数之间的关系

分类	质量数	原子序数	自旋量子数	NMR 信号
1	偶数	偶数	0	无
2	偶数	奇数	1,2,3,…(整数)	有
3	奇数	奇数/偶数	0.5,1.5,…(半整数)	有

产生核磁共振的条件有：

① 自旋量子数不等于 0 的自旋核；

② 有外磁场 H_0；

③ 与外磁场相互垂直的射频场 $\nu=\dfrac{\gamma H_0}{2\pi}$。

其中 γ 为磁旋比，是磁性核的一个特征常数。

核磁共振作为一种重要的现代科学技术手段，被广泛应用于化学、药学、医学、食品、环境等众多领域。核磁共振以其独有的结构解析能力确定了其在现代仪器分析中的地位，随着磁场强度的提高、高灵敏探头的出现、谱仪与实验方法的改进，核磁共振的检测灵敏度得到了大幅度提高。从实验原理、设备功能和方法学等角度分析，核磁共振技术均能满足定量分析要求，完全可作为药物鉴定分析的一种常规检测手段。

药物鉴定分析中核磁共振具有制样方法简单、鉴定和检测同步、对有机物的普遍适用性、对异构体强的分析能力等优点。分别表现为：①NMR 样品预处理环节少，便于质控，因而制样成本低；②NMR 实验可以同时提供物质结构和含量信息，制备一个样品就可以完成对样品中物质的鉴别和含量的测定；③核磁共振实验是一种无偏向性的测试方法，为定量分析中基准物的选择提供了较大的空间；④核磁共振对异构体独特的识别能力是许多测试技术可望而不可及的[92]。

NMR技术于20世纪70年代初期开始在食品科学领域发挥其优势，相比于其他传统的检测方法，核磁共振法能够保持样品的完整性，是一种非破坏性的检测手段；操作方法简单快速，测量精确，重复性高；样品无需添加溶剂，定量测定无需标样；测量结果受材料样本大小与外观色泽的影响较小，且不受操作员的技术和判断所影响，因此，核磁共振技术在食品科学研究中越来越受青睐。NMR技术在食品科学领域中的应用有：水分析中的应用、NMR技术在油脂分析中的应用、在玻璃态转变研究中的应用、在糖类分析中的应用、在蛋白质分析中的应用、在食品品质鉴定中的应用等[93]。

电化学分析仪器是科学仪器的重要组成部分。当前，分析仪器在各个科学技术领域里扮演重要的角色，在电分析化学中表现尤为突出。随着电分析仪器的发展，科学家们为了扩大分析仪器的应用，优化实验条件，开辟了电化学联用技术。这不仅让仪器的功能得以被更大程度地开发，而且也让联用技术发挥着越来越重要的作用。

参 考 文 献

[1] 贾铮，戴长松，陈玲. 电化学测量方法. 北京：化学工业出版社，2006：217.
[2] 张祖训，汪尔康. 电化学原理和方法. 北京：科学出版社，2000：601-602.
[3] 童叶翔，刘鹏，杨绮琴. 配位化合物电化学. 广东：广东科技出版社，2006：135-137.
[4] 谭忠印，周丹红. 电化学分析原理及技术. 辽宁：辽宁师范大学出版社，2001：189-196，225-230.
[5] 高颖，邬冰. 电化学基础. 北京：化学工业出版社，2004：160-193.
[6] 罗瑾，林仲华，田昭武. 电化学原位紫外可见反射光谱法. 化学通报，1994，2.
[7] Murray R W，Heinemann W R，Dom G W. Anal Chwm，1967，39：685.
[8] Robinson J，Pletcher D. Electrochemistry (Specialist Periodical Report). London：The Royal Chemistry，1984.
[9] Strojek J W，Kuwama T. J Electrianal Chem Interfacial Electrochem，1968，16：471.
[10] 郑华均，马淳安. 光谱电化学原位测试技术的应用及进展. 浙江工业大学学报，2003，31 (5).
[11] Gosztola D，Weaver M J. J Electroanal Chem，1989，271 (1-2)：141-154.
[12] [美] 巴德，福克纳. 电化学方法——原理和应用. 邵元华，等译. 北京：化学工业出版社，2005：267-275.
[13] 马礼敦，杨福家. 同步辐射应用概论. 第2版. 上海：复旦大学出版社，2005：269-344.
[14] 邓勃，王辰，汪正范. 分析仪器与仪器分析概论. 北京：科学出版社，2005：54，55.
[15] Shwlley L P Savin，Aaron Berko，et al. Comptes Rendus Chimie，2008，11 (9)：948-963.
[16] Compton R G，Hamnett A. Comprehensive chemical kinetics，Amsterdam. Elsevier，1989，29.
[17] Sherwood P M A. Chem Soc Rev，1985，14：1.
[18] Nebesny K W，Maschhoff B L，Armstrong R N. Anal Chem，1989，61：469A.
[19] Augustynski J，Balsenc L. Modern aspects of electrochemistry. New York：Plenum，1979，13：251.
[20] 李超，杨光. 扫描投射电子显微镜及电子能量损失谱的原理及应用. 实验技术，2014，43 (9).
[21] Davies J C，Hayden B E，Pegg D J. Surf Sci，2000，467：118-130.
[22] 李云辉，王春燕. 电化学发光. 北京：化学工业出版社，2008.
[23] Qi Z J，Wei B，Sun Y M，Hong M X，Tang L L，Yin Shou Gen. An Efficient Electroluminescence Copolymer Based on Vinyl-Linked Donor-Acceptor System. Journal of Applied Polymer Science，2011，

122: 50-54.

[24] Qi Z J, Wang X M, Wei B, Kang F, Tang L L, Hong M X, Sun Y M. Optical and Electronic Properties of 3, 4-Dialkylthiophene-Based p-/n-Alternating Copolymers. Journal of Applied Polymer Science, 2011, 120: 2678-2684.

[25] Qi Z J, Wei B, Sun Y M, Wang X M, Kang F, Hong M X, Tang L L. Comparative Study of Photoelectric Properties of Regiosymmetrical poly (3, 4-dialkoxythiophene) s. Polymer Bulletin, 2011, 66: 905-915.

[26] Qi Z J, Wei B, Shi C, He Y F, Yu J, Wang X M. Kang F, Jin B, Sun Y M, Novel 2,4-Divinyl-3-Alkylthiophene/1,3,4-Oxadiazole Alternating Conjugated Copolymer Synthesized by the Heck Coupling Method: Synthesis, Characterization, and Electronic and Optical Properties. Journal of Applied Polymer Science, 2010, 116: 1392-1399.

[27] 祁争健，韦斌，王雪梅，康凤，洪满心，唐兰兰，孙岳明. 基于3,4-二烷氧基噻吩的D-A-D型有机共轭分子的合成及其光学和电化学性能. 物理化学学报，2010，26 (12)：3310-3316.

[28] Zhang L, Li J, Xu Y, Zhai Y, Li Y, Wang E K. Solid-state Electrochemiluminescence Sensor Based on The Nafion/poly (sodium 4-styrene sulfonate) Composite Film. Talanta, 2009, 79: 454-459.

[29] Bard A J. Electrogenerated Chemiluminescence. New York, 2005.

[30] Pyati R, Richter M M. ECL-Electrochemical luminescence. Annual Reports Section C, 2007, 103: 12-78.

[31] Zhang H R, Xu J J, Chen H Y. Electrochemiluminescence ratiometry: a new approach to DNA biosensing. Anal. Chem, 2013, 85: 5321-5325.

[32] Lu X Q, Wang L, Liu D, Die J, Wang H F. Cathodic electrochemiluminescence of tris (2, 20-bipyridine) ruthenium (Ⅱ) on Ag nanoparticles-modified electrode. Journal of Electroanalytical Chemistry 2013, 702: 60-65.

[33] Fiaccabrino G C, Koudelka-Hep M, Hsueh Y T, Collins S D, Smith R L. Electroche-miluminescence of Tris (2,2′-bipyridine) ruthenium in Water at Carbon Microelectrodes. Analytical Chemistry, 1998, 70: 4157-4161.

[34] Patrovský V. Hydrogen Peroxide Determination with Luminol and A New Catalyst. Talanta, 1976, 23: 553-554.

[35] Havery N. Luminescence during electrolysis. The Journal of Chemical Physics, 1929, 6: 1456-1459.

[36] Haa PakkaK E, Kankare J J. Anal Chim Acta, 1982, 138: 253.

[37] Zhu L D, Li Y X, Zhu G Y. Sensor Actunt B-chem, 2002, 86: 209.

[38] Sun Y G, Cui H. Anal Lett, 2000, 33: 3239.

[39] Sun Y G, Cui H, Li Y H, Lin X Q. Talanta, 2000, 53: 661.

[40] Ding Z, Quimn B M, Haram S K, Pell L E, Korgel B A, Bard A J. Science, 2002, 296: 1293.

[41] Myung N, Bae Y, Bard A J. Nano Lert, 2003, 3: 105.

[42] Okajima T, Ohsaka T. Electrogenerated Chemiluminescence of Lucigenin Enhanced by The Modifications of Electrodes with Self-assembled Monolayers and of Solutions with Surfactants. Journal of Electroanalytical Chemistry, 2002, 534: 181-187.

[43] Maness K M, Bartelt J E, Wightman R M. Effects of solvent and ionic strength on the electrochemiluminescence of 9,10-diphenylanthracene. Phys Chem, 1994, 98: 3993-3998.

[44] Kihara T, Sukigara M, Honda K. Electrochemiluminescence of 9,10-diphenylanthracene-halogen ion systems. Electrochim Acta, 1973, 18: 639-643.

[45] Santhanam K S V, Bard A J. Chemiluminescence of electrogenerated 9,10-diphenylant-hracene anion radical. Am Chem Soc, 1965, 87: 139-140.

[46] Oyama M, Mitani M, Okazaki S. Formation of π-excimer or π-exciplex in Electrogenerated Chemiluminescence Involving Perylene Molecule Revealed Using a Dual-electrolysis Stopped-flow Method. Electrochemistry Communnications, 2000, 2: 363-366.

[47] Brina R, Bard A J. Electrogenerated chemiluminescence: Part XLⅧ. Electrochemistry and electrogenerated chemiluminescence of bis (2, 4, 6-trichlorophenyl) oxalate-luminescer systems. Electroanal Chem, 1987, 238: 277-295.

[48] Heinze K F, Nieman T A. Characterization of electrogenerated peroxyoxalate chemilu-minescence. Anal Chim Acta, 1993, 284: 337-344.

[49] Martin A F, Nieman T A. Glucose quantitation using an immobilized glucose dehydrogenase enzyme reactor and a tris (2,2′-bipyridyl) ruthenium (Ⅱ) chemiluminescent sensor. Anal Chim Acta, 1993,

281：475-481.
[50] Jie G F，Liu P，Wang L，Zhang S S. Electrochemiluminescence Immunosensor Based on Nanocomposite Film of CdS Quantum Dots-Carbon Nanotubes Combined with Gold Nanoparticles-Chitosan. Electrochemistry Communications，2010，12：22-26.
[51] Lu X Q，Liu D，Du J，Wang H F，Xue Z H，Liu X H，Zhou X B. Novel Cathodic Electrochemiluminescence of Tris（bipyridine）ruthenium（Ⅱ）on A Gold Electrode in Acidic Solution. Analyst，2012，137：588-594.
[52] Lu X Q，Wang L，Liu D，Du J，Wan H F. Cathodic Electrochemiluminescence of Tris（2，20-bipyridine）ruthenium（Ⅱ）on Ag Nanoparticles-modified Electrode. Journal of Electroanalytical Chemistry，2013，702：60-65.
[53] Huang B M，Zhou X B，Xue Z H. Quenching of the electrochemiluminescence of $[Ru(bpy)_3]^{2+}$/TPA by malachite green and crystal violet. Talanta，2013，106：174-180.
[54] Huang H P，Zhu J J. DNA Aptamer-based QDs Electrochemiluminescence Biosensor for The Detection of Thrombin. Biosensors and Bioelectronics，2009，25：927-930.
[55] Zhou H，Liu J，Xu J J，Chen H Y. Highly Sensitive Electrochemiluminescence Detection of Single-Nucleotide Polymorphisms Based on Isothermal Cycle-Assisted Triple-Stem Probe with Dual-Nanoparticle Label. Analytical Chemistry，2011，83：8320-8328.
[56] Ndangili P M，Arotiba O A，Baker P G L，Iwuoha E I. A Potential Masking Approach in The Detection of Dopamine on 3-mercaptopropionic Acid Capped ZnSe Quantum Dots Modified Gold Electrode in The Presence of Interferences. Journal of Electroanalytical Chemistry，2010，643：77-81.
[57] Duong H D，Rhee J I. Use of CdSe/ZnS Core-shell Quantum Dots as Energy Transfer Donors in Sensing Glucose. Talanta，2007，73：899-905.
[58] Lu Xiaoquan，Hu Yaqi，Wang Wenting，Du Jie，He Hongxia，Ai Ruixia，Liu Xiuhui. A novel platform to study the photoinduced electron transfer at a dye-sensitized solid/liquid interface. Colloids and Surfaces B：Biointerfaces. 2013，103：608-614.
[59] 邵元华. 扫描电化学显微镜及其最新进展. 分析化学，1999，27（11）：1348-1355.
[60] 卢小泉，王晓强，胡丽娜. 扫描电化学显微镜及其在界面电化学研究中的应用. 化学通报，2004，9：673-678.
[61] Lu Xiaoquan，Hu Yaqi，He Hongxia. "Electron transfer kinetics at interfaces using SECM（Scanning Electrochemical Microscopy）". Recent Trend in Electrochemical Science and Technology（ISBN 978-953-308-13-4）. 2012，127-156
[62] Lu Xiaoquan，Wang Tianxia，Zhou Xibing，Li Yao，Wu Bowan，Liu Xiuhui. Investigation of Ion Transport Traversing the "Ion Channels" by Scanning Electrochemical Microscopy（SECM）. J Phys Chem C，2011，115：4800-4805.
[63] 尹其和. 扫描电化学显微镜的基本原理与应用. 中山大学研究生学刊（自然、科学、医学版），2011，32（2）：48-49.
[64] Lu X，Zhi F，Shang H，Wang X，Xue Z. Investigation of the electrochemical behavior of multilayers film assembled porphyrin/gold nanoparticles on gold electrode. Electrochim Acta，2010，55：3634-3642.
[65] 张志全，钟月红，孙鹏，邵元华. 高等学校化学学报，2001，32：20.
[66] Johnson L，Niaz A，Boatwright A，Voisey K T，Walsh D A. Scanning electrochemical microscopy at thermal sprayed anti-corrosion coatings：Effect of thermal spraying on heterogeneous electron transfer kinetics. J Electroanal Chem，2011，657（1-2）：46-53.
[67] Koch J A，Baur M B，Woodall E L，Baur J E. Alternating Current Scanning Electrochemical Microscopy with Simultaneous Fast-Scan Cyclic Voltammetry. Anal Chem，2012，84（21）：9537-9543.
[68] Ritzert N L，Rodríguez-López J，Tan C，Abruña H D. Kinetics of Interfacial Electron Transfer at Single-Layer Graphene Electrodes in Aqueous and Nonaqueous Solutions. Langmuir，2013，29（5）：1683-1694.
[69] Ye H，Lee J，Jang J S，Bard A J. Rapid Screening of $BiVO_4$-Based Photocatalysts by Scanning Electrochemical Microscopy（SECM）and Studies of Their Photoelectrochemical Properties. J Phys Chem C，2010，114：13322-13328.
[70] Zhang F，Roznyatovskiy V，Fan F F，Lynch V，Sessler J，Bard A J. A Method for Rapid Screening of Photosensitizers by Scanning Electrochemical Microscopy（SECM）and the Synthesis and Testing of a Porphyrin Sensitizer. J Phys Chem C，2011，115：2592-2599.

[71] Shen M, Ishimatsu R, Kim J, Amemiya S. Quantitative Imaging of Ion Transport through Single Nanopores by High-Resolution Scanning Electrochemical Microscopy. J Am Chem Soc, 2012, 134: 9856-9859.
[72] Ning Xingming, Ma Liang, Zhang Shouting, Qin Dongdong, Shan Duoliang, Hu Yaqi, Lu Xiaoquan. Construction of a Porphyrin-Based Nanohybrid as an Analogue of Chlorophyll Protein Complexes and Its Light-Harvesting Behavior Research. Phys Chem C, 2016, 120, 919—926
[73] Jiang Yuan, Qin Dongdong, Fan Yanru, Guo Huixia, Wang Shixia, Ning Xingming, Lu Xiaoquan. Investigation of Photoinduced Electron Transfer on TiO_2 Nanowires Arrays/Porphyrin Composite via Scanning Electrochemical Microscope. RSC Advances, 2015, 5: 56697-56703.
[74] Wu A, Syu M. Biosens Bioelectron, 2006, 21: 231-2353.
[75] Nie L, Yang Y, Li S, et al. J Nanosci Nanotechnol, 2007 (7): 2927-2929.
[76] Zucchi F, Fonsati M, Trabnelli G. J Appl Electrochem, 1999, 29 (3): 347-353.
[77] Juzeliunas E, Juttner K. Electrochem Acta, 1998, 43: 1691-1696.
[78] 汪川，王振尧，柯伟. 石英晶体微天平工作原理及其在腐蚀研究中的应用与进展. 腐蚀科学与防护技术，2008，(20)：368-370.
[79] Hillier A C, Ward M D. Scanning electrochemical mass sensitivity mapping of the quartz crystal microbalance in liquid media. Anal Chem, 1992, 64 (21): 2539-2554.
[80] Cliffel D E, Bard A J. Scanning Electrochemical Microscopy. 36. A Combined Scanning Electrochemical Microscope-Quartz Crystal Microbalance Instrument for Studying Thin Films. Anal Chem, 1998, 70 (9): 1993-1998.
[81] Blanc C, Pebere N, Tribollet B, Vivier V. Galvanic coupling between copper and aluminium in a thin-layer cell. Corrosion Science, 2010, 52: 991-995.
[82] Sklyar O, Kueng A, Kranz C, Mizaikoff B, Lugstein A, Bertagnolli E, Wittstock G. Numerical Simulation of Scanning Electrochemical Microscopy Experiments with Frame-Shaped Integrated Atomic Force Microscopy-SECM Probes Using the Boundary Element Method. Anal Chem, 2004, 77 (3): 764-771.
[83] Hočevar S B, Daniele S, Bragato C, Ogorevc B. Reactivity at the film/solution interface of ex situ prepared bismuth film electrodes: A scanning electrochemical microscopy (SECM) and atomic force microscopy (AFM) investigation. Electrochim Acta, 2007, 53 (2), 555-560.
[84] Eckhard K, Shin H, Mizaikoff B, Schuhmann W, Kranz C. Alternating current (AC) impedance imaging with combined atomic force scanning electrochemical microscopy (AFM-SECM). Electrochem Commun, 2007, 9 (6): 1311-1315.
[85] Huang K, Anne A, Bahri M A, Demaille C. Probing Individual Redox PEGylated Gold Nanoparticles by Electrochemical-Atomic Force Microscopy. ACS Nano, 2013.
[86] Szunerits S, Knorr N, Calemczuk R, Livache T. New Approach to Writing and Simultaneous Reading of Micropatterns: Combining Surface Plasmon Resonance Imaging with Scanning Electrochemical Microscopy (SECM). Langmuir, 2004, 20 (21): 9236-9241.
[87] Takahashi Y, Shevchuk A I, Novak P, Murakami Y, Shiku H, Korchev Y E, Matsue T. Simultaneous Noncontact Topography and Electrochemical Imaging by SECM/SICM Featuring Ion Current Feedback Regulation. J Am Chem Soc, 2010, 132 (29): 10118-10126.
[88] Grisotto F, Ghorbal A, Goyer C, Charlier J, Palacin S. Direct SECM Localized Electrografting of Vinylic Monomers on a Conducting Substrate. Chem Mater, 2011, 23 (6): 1396-1405.
[89] Lee Y, Ding Z, Bard A J. Combined Scanning Electrochemical/Optical Microscopy with Shear Force and Current Feedback. Anal Chem, 2002, 74 (15): 3634-3643.
[90] Lazenby R A, McKelvey K, Unwin P R. Hopping Intermittent Contact-Scanning Electrochemical Microscopy (HIC-SECM): Visualizing Interfacial Reactions and Fluxes from Surfaces to Bulk Solution. Anal Chem, 2013, 85 (5): 2937-2944.
[91] 王庆，赵红莉，郭雪华，余优成，蓝闽波，顾章愉. 应用扫描电镜和电子自旋共振技术分析四环素牙显微结构及其自由基变化. 上海口腔医学，2011 (3).
[92] 邓志威，李璟，许美凤，刘鹏，耿珠峰. 核磁共振技术在药物分析鉴定中的应用. 分析测试学报，2012 (31)：1081-1088.
[93] 周凝，刘宝林，王欣. 核磁共振技术在食品分子检测中的应用. 食品工业科技，2011 (32).

第6章
电化学酶传感器

1962年，Clark[1]采用生物与传感器联用的构想制作了“酶电极”，成为发展最早的一类生物传感器。最原始的酶传感器是由固定化酶和离子选择性电极、气敏电极、氧化还原电极等电化学电极组成的，按构造分为密接型和分离型。密接型为固定化酶膜与基础电极紧密结合，而分离型为将固定化酶填充在反应器内，连同基础电极组成流动分析系统。根据使用的酶和电极的不同从而组成了现在各式各样的酶电极，其中葡萄糖氧化酶电极是研究最早并且最成熟的电极，目前其研究仍然很活跃[2~4]。随着酶和蛋白质固定化技术的发展，出现了各种各样的酶的固定方法，如可以通过吸附法[5]、结合法[6]、交联法[7]以及包埋法[8]将酶和蛋白质固定到电极上，实现了酶与电极之间的直接电子传递，从而进行酶或者蛋白质的直接电化学研究。到目前为止，只发现血红素氧化酶、葡萄糖氧化酶、酪氨酸酶、超氧化物歧化酶（Superoxi de Dismutase，SOD）、黄嘌呤氧化酶、过氧化物酶等少数酶类能在合适的电极上进行直接电催化。如Kang等[9]将各血红素氧化酶包埋在壳聚糖溶胶——凝胶和壳聚糖内，并采用碳纳米管促进了酶与电极的电子传递速率，实现了该酶电极对HZo的检测。Bi等[10]采用吸附法将SOD通过静电吸附在修饰有碳纳米管的玻碳电极上，实现了对超氧负离子的检测。这些方法不仅能够很好地将酶固定在电极表面，加快酶在电极表面的电子传递速率，并且能够很好地保持酶的活性，从而增加酶传感器的使用寿命。因此，开发既能保持酶活性又能实现酶在传感器界面上的电子传递的酶固定化技术是非常重要的。

6.1 酶的化学本质及其组成

酶的分子结构基础是氨基酸序列，酶的空间结构、活性中心的特点和酶催化的专一性都由它的氨基酸序列来决定。例如，在所有哺乳动物中的磷酸甘油醛脱氢酶中，其氨基酸残基的序列几乎完全相同，说明了具有相同的一级结构是酶催化同一反应的前提条件。

酶是具有生物催化功能的生物大分子，即生物催化剂，它能够加快生化反应的速率，但是不改变反应的方向和产物。也就是说，酶只能用于改变各类生化反应的速率，但并不是生化反应本身。酶是一种由氨基酸组成的具有特殊生物活性的物质，它存在于所有活的动植物体内，是维持机体正常功能、消化食物、修复组织等生命活动的一种必需物质。它几乎参与所有的生命活动，思考问题、运动、睡眠、呼吸、愤怒、哭泣或者分泌激素等都是以酶为中心的活动结果。酶催化剂的催化作用催动着机体的生化反应，催动着生命现象的进行。若没有酶，生化反应将无法进行，五大营养素（糖类、脂质、蛋白质、维生素、矿物质）都将变得对机体毫无用处，生命现象将会停止。因此，酶对生命的重要性不言而喻，甚至很多人将它称为“活着的物质”“掌握所有生命活动的物质”。

6.1.1 酶的化学本质

① 酶是高分子的胶体物质，且是两性电解质，酶在电场中能像其他蛋白质一样泳动，酶的活性 pH 曲线和两性离子的解离曲线相似。

② 紫外线、热、表面活性剂、重金属盐以及酸碱变性剂等能使蛋白质变性的因素，往往也能使酶失效。

③ 酶本身能被水解而丧失活性。

④ 对现在所能提供的高度纯化和结晶的酶进行组分分析表明，酶或者是单纯的蛋白质，或者是蛋白质与小分子组成的络合物。

⑤ 人们已于 1969 年第一次用氨基酸人工合成了具有比活性的酶。

6.1.2 酶的组成

目前被普遍接受的酶的种类划分是由国际生化联合会酶委员会提出的系统划分法，它是根据酶的反应性质、催化的反应类型将酶分成六大类：氧化还原酶（如醇脱氢酶）、转移酶（如已糖激酶）、水解酶（如胰蛋白酶）、合成酶（如丙酮酸羧化酶）、裂解酶（如丙酮酸脱羧酶）、异构酶（如顺丁烯二酸异构酶）。

此外，按照酶的化学组成也可以将酶分为单纯酶和结合酶两大类。单纯酶分子中只有氨基酸残基组成的肽链，结合酶分子中则除了多肽链组成的蛋白质外，还有非蛋白质成分，如金属离子、铁卟啉或含 B 族维生素的小分子有机物。结合酶的蛋白质部分称为酶蛋白（Apoenzyme），非蛋白质部分统称为辅助因子（Cofactor），两者一起组成全酶（Holoenzyme）；只有全酶才有催化活性，如果两者分开则酶活力消失。非蛋白质部分如铁卟啉或含 B 族维生素的化合物若与酶蛋白以共价键相连的称为辅基（Prosthetic Group），用透析或超滤等方法不能使它们与酶蛋白分开；反之，两者以非共价键相连的称为辅酶（Coenzyme），可用上述方法把两者分开。

结合酶中的金属离子有多方面的功能，它们可能是酶活性中心的组成成分；有的可能在稳定酶分子的构象上起作用；有的可能作为桥梁使酶与底物相连接。辅酶与辅基在催化反应中作为氢（H^+ 和 e^-）或某些化学基团的载体，起传递氢或化学基团的作用。体内酶的种类很多，但酶的辅助因子的种类并不多。酶催化反应的特异性取决于酶蛋白部分，而辅酶与辅基的作用是参与具体的反应过程中氢（H^+ 和 e^-）及一些特殊化学基团的运载。

酶的化学本质除有催化活性的 RNA 之外几乎都是蛋白质。主要依据是：酶经酸碱水解后的终产物是氨基酸，酶能被蛋白酶水解而失活；酶是具有空间结构的生物大分子，凡使蛋白质变性的因素都可以使酶变性失活；酶是两性电介质，在不同 pH 值下呈现不同的离子状态；酶和蛋白质一样，具有不能通过半透膜等胶体性质；酶也有蛋白质所具有的化学呈色反应。酶的催化活性依赖于它们天然蛋白质构象的完整性，假如一种酶被变性或解离成亚基就失活。因此，蛋白质酶的空间结构对它们的催化活性是必需的。从化学组成来看，酶可以分为单纯蛋白酶和缀合蛋白酶两类。单纯蛋白质的酶类，除了蛋白质外，不含其他物质；属于缀合蛋白质的酶类，除了蛋白质外，还要结合一些稳定的非蛋白质小分子物质或金属离子，前者称为脱辅酶，后者称为辅因子，脱辅酶与辅因子结合后形成的复合物称为全酶。辅因子包括金属离子和一些有机化合物，如：Zn^+、Mg^+、Mn^+、Fe^+、K^+、Na^+、Cu^+、NAD^+、$NADP^+$、CoA、CoQ、FMN、FAD、硫辛酸、四氢叶酸、铁卟啉、磷酸吡哆醛、生物素等。

6.1.3 酶的特点

① 高效性。酶的催化效率比无机催化剂更高，使得反应速率更快。

② 专一性。一种酶只能催化一种或一类底物，如蛋白酶只能催化蛋白质水解成多肽。

③ 多样性。酶的种类很多，大约有 4000 多种。

④ 温和性。酶所催化的化学反应一般是在较温和的条件下进行的。

⑤ 活性可调节性。包括抑制剂和激活剂调节、反馈抑制调节、共价修饰调节和变构调节等。

⑥ 有些酶的催化性与辅因子有关。

⑦ 易变性。由于大多数酶是蛋白质，因而会被高温、强酸、强碱等破坏。

一般来说，动物体内酶的最适温度在 35～40℃之间，植物体内的酶最适温度在 40～50℃之间；细菌和真菌体内酶的最适温度的差别较大，有的酶的最适温度可高达 70℃。动物体内酶的最适 pH 值大多在 6.5～8.0 之间，但也有例外，如胃蛋白酶的最适 pH 值为 1.8，植物体内的酶最适 pH 值大多在 4.5～6.5 之间。

酶的这些性质使细胞内错综复杂的物质代谢过程能有条不紊地进行，使物质代谢与正常的生理机能互相适应。若因遗传缺陷造成某个酶缺损，或其他原因造成酶的活性减弱，均可导致该酶催化的反应异常，使物质代谢紊乱，甚至发生疾病。因此，酶与医学的关系十分密切。每个细胞由于酶的存在才表现出种种生命活性，体内的新陈代谢才能进行。酶是人体内新陈代谢的催化剂，只有酶存在，人体内才能进行各项生化反应。

6.2 酶促反应的电化学研究

酶促反应（Enzyme Catalysis）又称酶催化或酵素催化作用，指的是由酶作为催化剂进行催化的化学反应。酶与一般催化剂一样，只催化热力学允许的化学反应；可以加快化学反应的速率，而不改变反应的平衡点，即不改变反应的平衡常数；作用机理都是降低反应的活化能；在反应前后，酶没有质和量的改变，且微量的酶便可发挥巨大的催化作用。生物体内的化学反应绝大多数属于酶促反应。但是酶也具有不同于其他催化剂的特殊性。

6.2.1 酶促反应的特点

(1) 酶促反应具有高度的催化速率

酶是高效生物催化剂，比一般催化剂的效率高 $10^7 \sim 10^{13}$ 倍。酶能加快化学反应的速率，但酶不能改变化学反应的平衡点，也就是说，酶在促进正向反应的同时也以相同的比例促进逆向反应，所以酶的作用是缩短了到达平衡所需的时间，但平衡常数不变，在无酶的情况下达到平衡点需要几个小时，在有酶时可能只要几秒钟就可达到平衡。酶和一般催化剂都是通过降低反应活化能的机制来加快化学反应速率的。

(2) 酶催化具有高度特异性

酶的催化特异性表现在它对底物的选择性和催化反应的特异性两方面。体内的化学反应除了个别自发进行外，绝大多数都由专一的酶催化，一种酶能从成千上万种反应物中找出自己作用的底物，这就是酶的特异性。根据酶催化特异性程度上的差别，分为绝对特异性（Absolute Specificity）、相对特异性（Relative Specificity）和立体异构特异性（Stereo Specificity）三类。一种酶只催化一种底物进行反应的称绝对特异性，如脲酶只能水解尿素，使其分解为二氧化碳和氨；若一种酶能催化一类化合物或一类化学键进行反应的称为相对特异性，如酯酶既能催化甘油三酯水解，又能水解其他酯键；具有立体异构特异性的酶对底物分子的立体构型有严格的要求，如 L-乳酸脱氢酶只催化 L-乳酸脱氢，对 D-乳酸无作用。

(3) 酶活性的可调节性

有些酶的催化活性可受许多因素的影响，如别构酶受别构剂的调节，有的酶受共价修饰的调节，激素和神经体液通过第二信使对酶活力进行调节，以及诱导剂或阻抑剂对细胞内酶含量（改变酶合成与分解速率）的调节等。

6.2.2 酶促反应的影响因素

米契里斯（Michaelis）和门坦（Menten）[11]根据中间产物学说推导出酶促反应速率方程式，即米门公式。由米门公式可知：酶促反应速率受酶浓度和底物浓度的影响，也受温度、pH 值、激活剂和抑制剂的影响。

（1）酶浓度对酶促反应速率的影响

从米门公式和酶浓度与酶促反应速率的关系图解可以看出：酶促反应速率与酶分子的浓度呈正比。当底物分子的浓度足够时，酶分子越多，底物转化的速率越快。但事实上，当酶浓度很高时，并不保持这种关系，曲线逐渐趋向平缓。根据分析，这可能是高浓度的底物夹带有许多抑制剂所致的。

（2）底物浓度对酶促反应速率的影响

在生化反应中，若酶的浓度为定值，底物的起始浓度较低时，酶促反应速率与底物浓度呈正比，即随底物浓度的增加而增加。当所有的酶与底物结合生成中间产物后，即使再增加底物浓度，中间产物的浓度也不会增加，酶促反应速率也不增加。还可以得出，在底物浓度相同的条件下，酶促反应速率与酶的初始浓度呈正比。酶的初始浓度大，其酶促反应速率就大。

酶在实际测定中，即使酶浓度足够高，随底物浓度的升高，酶促反应速率并没有因此增加，甚至受到抑制。其原因是：高浓度底物降低了水的有效浓度，降低了分子扩散性，从而降低了酶促反应速率。过量的底物聚集在酶分子上，生成无活性的中间产物，不能释放出酶分子，从而也会降低反应速率。

（3）温度对酶促反应速率的影响

各种酶在最适温度范围内，酶活性最强，酶促反应速率最大。在适宜的温度范围内，温度每升高 10℃，酶促反应速率可以相应提高 1～2 倍。不同生物体内酶的最适温度不同。如，动物组织中各种酶的最适温度为 35～40℃；一般微生物体内各种酶的最适温度为 25～60℃，但也有例外，如黑曲糖化酶的最适温度为 62～64℃；巨大芽孢杆菌、短乳酸杆菌、产气杆菌等体内的葡萄糖异构酶的最适温度为 80℃；枯草杆菌的液化型淀粉酶的最适温度为 85～94℃。可见，一些芽孢杆菌的酶的热稳定性较高。过高或过低的温度都会降低酶的催化效率，即降低酶促反应速率。最适温度在 60℃以下的酶，当温度达到 60～80℃时，大部分酶被破坏，发生不可逆变性；当温度接近 100℃时，酶的催化作用完全丧失。所以，人在发烧时，不想吃东西。

（4）pH 值对酶促反应速率的影响

酶在最适 pH 值范围内表现出活性，高于或低于最适 pH 值，都会降低酶的活性。主要表现在两个方面：①改变底物分子和酶的分子的带电状态，从而影响酶和底物的结合；②过高或过低的 pH 值都会影响酶的稳定性，进而使酶遭受不可逆的破坏。人体中大部分酶所处环境的 pH 值越接近 7，催化效果越好。但人体中的胃蛋白酶却适宜在 pH 值为 1～2 的环境中，胰蛋白酶的最适 pH 值在 8 左右。

(5) 激活剂对酶促反应速率的影响

能激活酶的物质称为酶的激活剂。激活剂的种类很多，有：①无机阳离子，如钠离子、钾离子、铜离子、钙离子等；②无机阴离子，如氯离子、溴离子、碘离子、硫酸根离子、磷酸根离子等；③有机化合物，如维生素C、半胱氨酸、还原性谷胱甘肽等。许多酶只有当某一种适当的激活剂存在时，才表现出催化活性或强化其催化活性，这称为对酶的激活作用。而有些酶被合成后呈现无活性状态，这种酶称为酶原，它必须经过适当的激活剂激活后才具有活性。

(6) 抑制剂对酶促反应速率的影响

能减弱、抑制甚至破坏酶活性的物质称为酶的抑制剂。它可降低酶促反应速率。酶的抑制剂有重金属离子、一氧化碳、硫化氢、氢氰酸、氟化物、碘化乙酸、生物碱、染料、对-氯汞苯甲酸、二异丙基氟磷酸、乙二胺四乙酸、表面活性剂等。

对酶促反应的抑制可分为竞争性抑制和非竞争性抑制。与底物结构类似的物质争先与酶的活性中心结合，从而降低酶促反应速率，这种作用称为竞争性抑制。竞争性抑制是可逆性抑制，通过增加底物浓度最终可解除抑制，恢复酶的活性。与底物结构类似的物质称为竞争性抑制剂。抑制剂与酶活性中心以外的位点结合后，底物仍可与酶活性中心结合，但酶不显示活性，这种作用称为非竞争性抑制。非竞争性抑制是不可逆的，增加底物浓度并不能解除对酶活性的抑制。与酶活性中心以外的位点结合的抑制剂称为非竞争性抑制剂。有的物质既可作为一种酶的抑制剂，又可作为另一种酶的激活剂。

6.3 酶电化学生物传感器

自1962年Clark等人提出把酶与电极结合来测定酶底物的设想后[12]。1967年Updike和Hicks研制出世界上第一支葡萄糖氧化酶电极[13]，用于定量检测血清中的葡萄糖含量。此后，酶生物传感器[14]引起了各领域科学家的高度重视和广泛研究，得到了迅速发展。经过几十年的发展，已经成为一个涉及内容广泛、多学科介入和交叉、充满创新活力的领域。

6.3.1 酶电化学生物传感器的工作原理

酶电化学生物传感器（见图6-1），也称为酶电极，是将酶作为生物敏感基元，用电化学电极（如固体电极、离子选择电极、气敏电极）作为信号转换器，通过捕捉目标物与敏感基元之间的反应所产生的与目标物浓度成比例关系的可测信号，实现对目标物定量测定的分析仪器。当酶电极浸入被测溶液，待测底物进入酶层的内部并参与反应，大部分酶反应都会产生或消耗一种可被电极测定的物质，当反应达到稳态时，电活性物质的浓度可以通过电位或电流模式进行测定，根据测量的电化学性质的不同，可分为电位型、电流型和电容型。电位型传感器是指酶电极与参比电极间输出的电位信号，它与被测物质之间服从能斯特关系。而电流型传感器是以酶促反应所引起的物质量的变化转变成电流信号输出，输出电流的大小直接与底物浓度有关。电流型传感器与电位型传感器相比具有更简单、直观的效果。酶电化学生物传感器把固化酶和电化学传感器结合在一起，因而具有独特的优点：①它既有不溶性酶体系的优点，又具有电化学电极的高灵敏度；②由于酶的专属反应性，使其具有高的选择性，能够直接在复杂试样中进行测定。因此，酶电化学生物传感器具有相当广泛的应用前景。

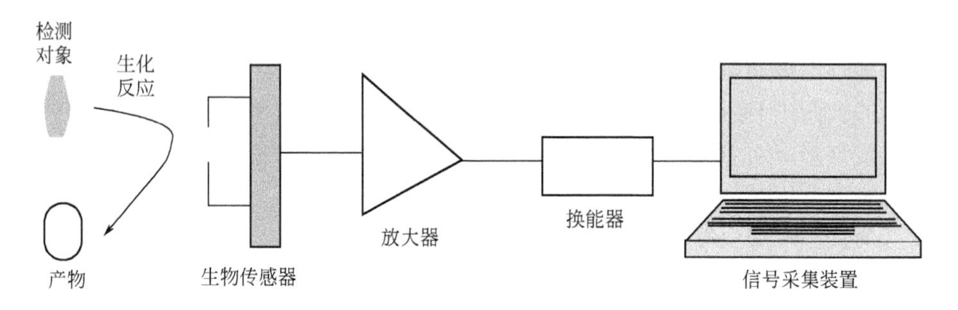

图 6-1　酶电化学生物传感器的工作原理

6.3.2　酶电化学生物传感器的分类

许多学者根据电极反应过程，将酶电极分为经典酶电极和介体酶电极，前者的电极过程由固定化生物膜和基础电极完成，后者的电极过程由化学介体分子介导。许多学者将经典酶电极看作是第一代电化学传感器甚至是第一代生物传感器，而介体酶电极为第二代电化学传感器或第二代生物传感器。还有一类酶电极，酶分子被直接修饰在电极表面，称为直接的电化学生物传感器，有学者将其归为第三代生物电化学传感器。

酶生物传感器的发展历程经历了三个阶段（如图 6-2 所示），即以氧为中继体的电催化、基于人造媒介体的电催化和直接电催化过程。第一代酶生物传感器是以 Clark 的葡萄糖酶电极为代表的经典酶生物传感器。其用葡萄糖酶的天然电子传递体——氧来沟通与电极之间的电子通道，通过对电子传递直接检测酶反应底物的减少或产物的生成。第二代酶生物传感器为介体酶传感器（介体酶电极），采用氧化还原电子媒介体取代氧分子在酶的氧化还原活性中心与电极之间传递电子，解决了对氧的依赖和电极活性的干扰问题。第三代酶生物传感器为直接电化学酶传感器（直接电化学酶电极），是酶的氧化还原活性中心和电极表面直接交换电子的酶传感器（直接电化学），主要用于解决酶等生物识别元件与电极之间的低效率的通信问题。

(1) 第一代电化学酶传感器是以氧作为中继体进行电催化的

氧作为电子受体，待酶与底物发生特异性反应后，将酶氧化使其得以循环使用。反应结果是通过检测氧的消耗量或者 H_2O_2 的浓度变化来得到的。由于其对

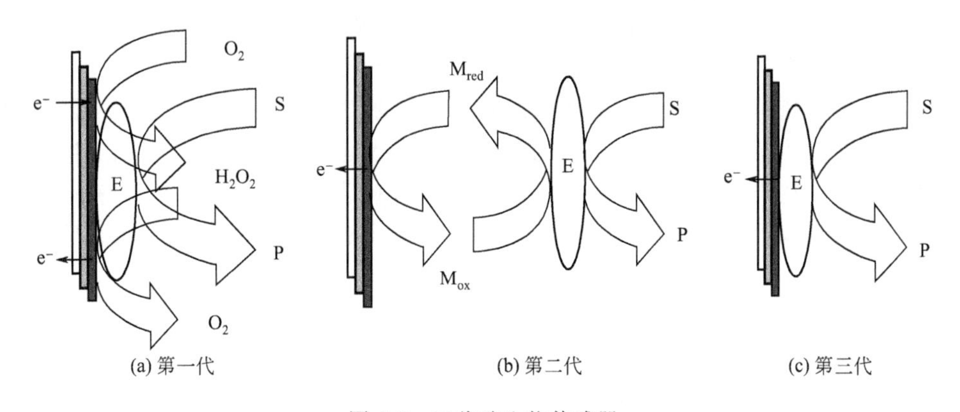

图 6-2　三代酶生物传感器

E—酶；S—底物；P—产物；M_{red}—氧化态媒介体；M_{ox}—还原态媒介体

氧的依赖性较强，使得溶解氧含量的变化也就直接影响了检测结果的好坏，当溶解氧有限时，响应电流明显较小，从而影响检测限。另外，直接氧化 H_2O_2 也需要较高的电压，在高电压反应环境下，试样中的其他氧化还原物质如尿酸、抗坏血酸等也可能被氧化产生电流从而给实验测定带来影响。溶液中的 pH 值和测试环境温度对该类电化学酶传感器也有较大的影响。

(2) 第二代电化学酶传感器又称为介体型电化学酶传感器

第二代电化学酶传感器是用媒介体修饰剂代替第一代中氧的作用为基础的电催化。基体电极经过某种化学物质的修饰形成化学修饰电极，作为电子媒介体，取代了第一代电化学传感器中氧气的作用，也无需 H_2O_2 的参与，则能克服第一代中氧溶解量不足、反应电压高的缺点，也就避免了其他氧化还原物质的干扰，从而大大提高了测定的稳定性和灵敏度。而目前第二代酶传感器中的媒介体主要采用的是含过渡金属的化合物、配合物或者含大 π 键的化合物，它们分别依靠过渡金属价态的变化和大 π 键中双键的打开和再形成来进行电子传递和氧化还原作用。

(3) 第三代电化学酶传感器是无酶介体传感器

它是希望通过酶与电极之间直接的电极转移来实现信号的转换，而不需要修饰外来动态媒介体或者氧的参与，这样就极大地简化了酶的固定过程，也减少了外来物质具有毒性对酶活性造成破坏的可能。但是，由于一般酶的分子量均较大，它们的活性部位都深藏在酶的内部，很难直接与电极表面发生电子交换运输，再加上电极表面张力太大，会破坏酶的活性，所以实现这种酶与电极之间的直接电子转移是很困难的。因此，第三代电化学酶传感器虽然已经有一定的发展，但是它的制备还有一定的难度。

利用电化学方法对酶生物传感器的研究最为普遍，酶生物传感器是以酶为生物敏感基元，通过各种物理、化学信号转换器来捕捉目标物与敏感基元之间的反应，从而产生与目标物浓度成比例关系的可测信号，实现对目标物定量测定的分析仪器。酶生物传感器的工作原理为当酶电极浸入被测溶液，待测底物进入酶层的内部并参与反应，大部分酶反应都会产生或消耗一种可被电极测定的物质，当反应达到稳态时，电活性物质的浓度可以通过电位或电流模式进行测定[15,16]。

酶生物传感器的研制过程有诸多难点，其一是如何高效地筛分出高活性的酶；其二是如何使传感器具有令人满意的灵敏度，关键是保证有足够量的高活性酶尽可能牢固地固定在半导体片上，同时，为了缩短传感器的响应时间及延长寿命，在工艺上将基膜做得尽可能的薄；其三是如何改进传感器对应用条件的适应性与稳定性。

6.3.3 酶在电极上的固定化方法

由于固定化方法和所用载体材料的性质将直接影响固定化酶等的性能，从而影响到传感器的稳定性、灵敏度、选择性等一系列性能指标，因此，酶电极制造的关键技术是酶在电极表面的固定化。固定化的目的是将酶等生物材料束缚于特殊的载体，使它与整体相隔离，但又不妨碍被分析物的自由扩散。这种固定化了的生物材料既具有分子识别能力，又可反复使用，而且与游离相生物材料相比，其热稳定性提高，使用寿命和储存寿命延长。选择固定化方法和所用载体材料时需考虑如下要求：对不同电极表面方法的可用性；处于固定化状态的生物分子应呈现最大的生物活性；具有较高的稳定性；尽量避免或减少生物分子的泄漏；在电极上固定酶有多种途径，常用的固定方法有吸附法、混合组装法、共价键合法、交联法、包埋法、电化学聚合法等。

(1) 吸附法

酶在电极表面的吸附是一种较为简单的固定化技术，一般通过含酶溶液的自然挥发来进行，酶通过静电引力吸附于电极表面。在进行吸附固定之前，通常需要对电极表面进行处理，修饰上一层物质如环氧树脂、二氧化硅纳米粒子等，以增强电极对酶的静电吸附能力。同其他固定化方法相比，吸附法对酶的活性影响较小，但由于酶只是物理吸附在电极上，电极对溶液的 pH 值、离子强度、温度和电极基底等较为敏感，因此，对实验条件的要求较为严苛。另外，此方法固定的酶容易从电极表面脱落，寿命也就较短。

Zhou Ying 等人[17]首先利用 Nafion 吸附硫堇，再将金纳米颗粒通过化学吸附组装到硫堇膜上，最后抗体再次通过化学吸附组装到纳米金上面，实现了对甲胎蛋白的测定。俞汝勤课题组[18]应用静电作用吸附辣根过氧化物酶于电极表面，制备了过氧化氢生物传感器。Chert S. 等[19]借助层层吸附组装法，将纳米金胶体、甲苯胺蓝和 HRP 固定于电极表面，制得了新型辣根过氧化物酶电化学生物传感器。

(2) 混合组装法

顾名思义，就是将酶与电极修饰材料通过简单的混合修饰固定在电极上以得到固定化酶电极的方法。如鞠熀先等用金胶、辣根过氧化物酶（Horse Radish Peroxidase，HRP）、石墨粉以及石蜡油等混合制备成碳糊电极，从而获得了一种新型的

H_2O_2 传感器。这种固定化方法的制备相对简单，但是相对而言，酶也就易泄漏、重现性差，且酶在电极表面不均匀。

Ou 等人[20]利用层层自组装方法将金纳米粒子、硫堇修饰的多壁碳纳米管、壳聚糖固定在 3-巯基丙烷磺酸钠修饰的金电极表面制备成了高灵敏度、非标记的癌抗原（CEA）免疫传感器。白燕等人[21]利用分子间的相互作用来制备自组装膜，发现电化学指示剂的电流响应值在一定范围内与 DNA 的浓度成正比关系，实现了对特定 DNA 序列的定量分析。Gooding 小组[22]将葡萄糖氧化酶与 3-巯基丙酸层层自组装，利用 3-巯基丙酸的羧基和葡萄糖氧化酶的氨基进行缩合反应，制备葡萄糖氧化酶传感器。

(3) 共价键合法

此法是利用酶具有的羧基和氨基之类的氨基酸残基与载体的官能团之间形成共价键，从而使酶固定在电极表面。通常包括基底电极表面的活化、酶与电极的共价偶联以及去除键合疏松的酶这三个步骤。该法通常要求在酶的生理 pH 值、低离子强度、低温等条件下进行，虽然条件较为苛刻，但是固定化后所制备的酶电极的稳定性较好，因此常被采用。李静等[23]在碳纳米管（CNTs）修饰玻碳（GC）电极上分别用吸附法和共价键合法制备了 DNA 修饰的 CNTs/GC 电极。Fang 等人[24]将抗体共价键合固定于压电石英晶体表面，经二乙烯基砜活化，制成测定伤寒沙门菌的免疫传感器。Jiao K. 等人[25]利用玻碳表面修饰掺杂有氯化镁的 2,6-二羧基吡啶聚合物，利用电极上的羧基和 DNA 片段上的氨基进行共价结合来检测 PAT 基因片段。

(4) 交联法

交联法是在共价结合法基础上的改进。它是采用双功能团试剂，在酶分子/电极修饰载体、酶分子之间形成桥接从而交联网状结构使酶固定化的方法。戊二醛[26]是最常用的交联试剂，它能在较为温和的条件下与酶的氨基酸残基发生反应。采用此法能构建起酶与电极之间电子传递的直接通道，有效地加快电子转移速率。但需要注意的是，戊二醛的使用量较低时，酶难以被固定，而戊二醛浓度过高又会让酶失活，通常需要加入如牛血清白蛋白之类的惰性蛋白质来结合过量的戊二醛（见图 6-3）。

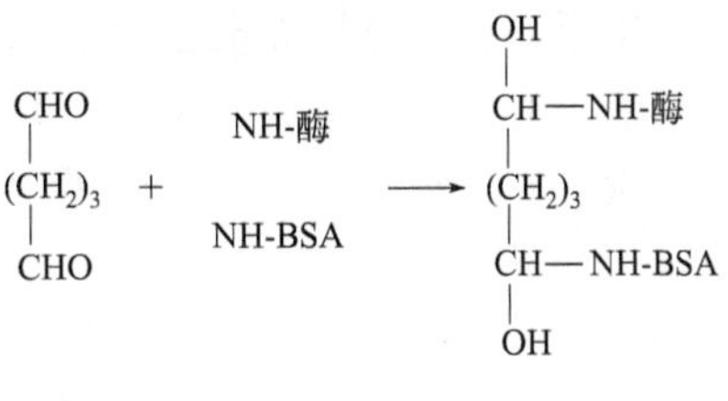

$$\begin{matrix} CHO \\ | \\ (CH_2)_3 \\ | \\ CHO \end{matrix} + \begin{matrix} \text{NH-酶} \\ \\ \text{NH-BSA} \end{matrix} \longrightarrow \begin{matrix} OH \\ | \\ CH\text{—NH-酶} \\ | \\ (CH_2)_3 \\ | \\ CH\text{—NH-BSA} \\ | \\ OH \end{matrix}$$

图 6-3 交联反应原理（其中 NH-BSA 代表惰性蛋白质牛血清白蛋白）

Schuler 等[27]借助交联剂将葡萄糖氧化酶（GOD）交联于带有氨基或环氧基等功能基团的硅胶膜上，实现了酶的固定化。Ivanov 课题组[28]利用戊二醛把丁酰胆碱酯酶和乙酰胆碱酯酶交联固定在尼龙/硝酸纤维素复合膜上，制得的胆碱酯酶生物传感器可有效测定杀虫剂含量。宫志龙等[29]以辣根过氧化物酶（HRP）为辅酶、戊二醛为交联剂，将尿酸氧化酶和葡萄糖氧化酶分别固定于氨基化的硅胶上，制备了尿酸光纤传感器和葡萄糖光纤传感器。Wu等人[30]用戊二醛交联法，将乙醇氧化酶固定在玻纤滤纸上制得了乙醇传感器。

(5) 包埋法

包埋法是利用能形成三维空间网状结构的高分子材料将酶固定化，形成稳定的酶修饰层。用于包埋的高分子材料既有如琼脂糖凝胶、纤维素、壳聚糖等天然高分子材料，也有如聚砜、聚吡咯、聚酰胺、Nafion等合成高分子材料。相比于天然高分子材料，合成高分子材料由于其合成的灵活性、性质的多样性以及结构的可变性和预测性，更适合于酶的固定化。包埋法固定化酶的特点明显，包埋过程中一般不发生化学反应，对酶的活性影响较小；包埋膜的形状和孔径可控，酶不易泄漏，因此可固定高浓度的酶。此法常与其他固定技术如交联和共价结合等协同使用，可进一步改善固定化酶电极的稳定性。

王永先等[31]用海藻酸钠凝胶包埋脂肪酶，再利用PVC保护膜或乙酸纤维素保护膜覆盖，使其固定于pH玻璃电极上，制得三酰甘油酶传感器。黄仰航课题组[32]采用憎水二氧化硅纳米溶胶增强稳定性、亲水纳米金溶胶增加灵敏度，利用聚乙烯醇缩丁醛（PVB）包埋，将蔗糖转化酶（INV）、变旋酶（MUT）、葡萄糖氧化酶（GOD）共同固定于铂电极表面，通过计时电流法对目标样品中的蔗糖和葡萄糖含量进行了测定。Nilanjana等人将脲酶包埋固定于二十六烷基硫酸钠在适当溶剂中形成的反相胶束内，与玻璃电极共同组成脲传感器[33]。Raju Khan等[34]以壳聚糖包埋辣根过氧化物酶和二氧化钛纳米材料固定于电极表面，制备了一种新型的测定双氧水的电化学生物传感器。

(6) 电化学聚合法

此法是将酶、介体、聚合单体和辅酶等加入同一溶液体系，通过恒电位法等电氧化或还原方法聚合到裸电极上。在聚合过程中，酶通过静电或吸附作用同时嵌入聚合膜中，进而完成酶的固定化。与其他固定化方法相比，此法可以一步完成，且酶的用量可控，从而使制得的电极的重现性较好。常用的聚合单体有吡咯单体、苯胺等。

Gamier等人[35]在铂电极上先电聚合3-乙酸吡咯和3-*N*-羟基邻苯二甲酰亚胺吡咯，接下来以氨基寡聚核苷酸取代*N*-羟基邻苯二甲酰胺转接到电极表面。朱晓红等人[36]用循环伏安法电聚合烟酰胺（3-吡啶甲酰胺），在玻碳电极上制备了聚合物膜修饰电极，并用来测定亚硝酸根的浓度。

6.3.4 酶传感器的应用现状

基于酶催化反应的电化学传感器被广泛用于农药传感器的制备，其中乙酰胆碱酯酶制备的电化学传感器检测农药残留是目前研究的热点。

胆碱酯酶是脊椎动物和昆虫体内的一种重要的酶，能水解神经系统中的神经传递素乙酰胆碱。胆碱酯酶分为乙酰胆碱酯酶（AChE）[37]和丁酰胆碱酯酶

(BChE)[38]两种。这两种酶的结构相似，但 AChE 倾向于水解乙酰胆碱类化合物，而 BChE 水解丁酸胆碱。有机磷（Organophosphorus，Ops）和氨基甲酸酯类杀虫剂（Carbamate）是杀虫剂中较为常用的两类。虽然杀虫剂可提高农作物的产量，但它会抑制生物体内胆碱酯酶的活性，引起一系列的环境问题[39,40]。

为了监控残留在环境中的杀虫剂，有效地抑制其对环境造成的影响，准确、快速地检测杀虫剂的含量尤为重要。然而，由于实际样品中基底的复杂性等问题，农残的分析存在一定的困难。电化学生物传感技术、比色法（Colorimetry）[41]、毛细管电泳法（Capillary Electrophoresis，CE）[42]、质谱法（Mass Spectrometry，MS）[43]、气相色谱法（Gas Chromatography，GC）[44]、高效液相色谱法（High-Performance Liquid Chromatography，HPLC）[45]、薄层色谱法（Thin Layer Chromatography，TLC）[46]等普遍应用在农残检测方面。传感器由于其简单、快速、灵敏、廉价等特点受到广泛的关注。基于酶抑制的传感器大体上可以分为以下三种。

① 几种酶共同修饰在传感器上，具有稳定、酶易再生等特点，但这类生物传感器容易受到副反应的干扰。

② 酶基质通过反应器间接固定在传感器上，分析物通过反应器抑制酶，可通过抑制前后酶产物的含量计算酶活性。

③ 单一酶直接固定在传感器设备上，酶可以与传感器紧密接触。

(1) 检测机理

有机磷和氨基甲酸酯类杀虫剂对胆碱酯酶的抑制机理比较复杂，与酶和分析物之间的相互作用有关，大体上可分为可逆抑制与不可逆抑制。可逆抑制反应有以下几种情况。

① 抑制剂与酶的活性中心能发生化学键合形成配合物，从而与基底物存在竞争。其机理反应如式(6-1) 所示，其中 E 代表酶，S 代表基质，I 为抑制剂，P 为产物，ES、EI 分别表示酶与底物、酶与抑制剂形成的复合物。

$$\begin{array}{l} E+S \underset{}{\overset{K_s}{\rightleftharpoons}} ES \xrightarrow{K_p} E+P \\ {\scriptstyle +I}\Big\updownarrow{\scriptstyle K_i} \\ EI \end{array} \tag{6-1}$$

② 抑制剂不仅与酶的活性中心发生配位，而且能与酶-基底复合物发生配位反应。在这种情况下，酶的活性中心的结构发生变化，且酶的活性基本无法修复，反应如式(6-2) 所示。

$$\begin{array}{lcl} E+S & \overset{K_s}{\rightleftharpoons} & ES \xrightarrow{K_p} E+P \\ {\scriptstyle +I}\Big\updownarrow{\scriptstyle K_i} & & {\scriptstyle +I}\Big\updownarrow{\scriptstyle K_i} \\ EI+S & \overset{K_s}{\rightleftharpoons} & EIS \end{array} \tag{6-2}$$

③ 抑制剂与基底之间没有直接的竞争，抑制剂只与酶-基底复合物配位，机理反应如式(6-3) 所示。

$$
\begin{array}{c}
E+S \underset{}{\overset{K_s}{\rightleftharpoons}} ES \xrightarrow{K_p} E+P \\
+I \Big\Updownarrow K_i \\
EIS
\end{array}
\tag{6-3}
$$

④ 对于不可逆反应，酶的活性中心与抑制剂之间的反应形成酶-抑制剂化合物，导致酶的结构完全发生变化，如式(6-4) 所示。

$$
\begin{array}{l}
E+S \overset{K_s}{\rightleftharpoons} ES \xrightarrow{K_p} E+P \\
+I \Big\Updownarrow K_i \\
EI \xrightarrow{K_i'} EI'
\end{array}
\tag{6-4}
$$

(2) 应用现状

目前，用于农药残留检测的酶传感器可分为单通道酶传感器和多通道酶传感器。单通道传感器具有灵敏度高、检测限低、线性范围宽、响应时间短等优点，但仍存在一些问题，例如选择性差、重复使用率低等。实际样品中不同种类的杀虫剂对胆碱酯酶都有一定的抑制作用，而单通道酶传感器只能检测出农残总量，无法确定每种杀虫剂的含量。多通道酶传感器阵列在一定程度上解决了这个问题。将不同种类的胆碱酯酶固定在多通道电极阵列上，制备多通道酶传感器，可同时检测不同种类的有机磷或氨基甲酸酯类杀虫剂的含量。另外，多通道酶传感器阵列是基于丝网印刷技术的，能做到批量生产，且能一次性使用，从而避免了酶难以再生的问题。

近几年来，很多科研工作者致力于开发各种酶传感器，用于环境样品和食品中农残的检测。表 6-1 列举了不同类型的传感器。

表 6-1　用于环境样品和食品中农残检测的酶传感器的研究现状

分析物	固定酶	传感器类型	检测范围和检测限	参考文献
虫螨威	AChE	聚氨酯(PAMAM)-Au-CNTs 多层膜修饰玻碳电极(GCE)	4.8～90nmol/L，LOD=4.0×10^{-9}nmol/L	[47]
乐果	AChE	MWCNTs-β-环糊精沉积在玻碳电极(GCE)	0.01～2.44μmol/L，2.44～10.00μmol/L，LOD=2nmol/L($S/N=3$)	[48]
西维因	AChE	CdS 和石墨的复合材料修饰玻碳电极(GCE)	2ng/mL ～ 2μg/mL，LOD=0.7ng/mL	[49]
抗蚜威	AChE	PB-MWCNTs 修饰丝网印刷电极(SPEs)	10^{-9}～10^{-3}g/mL，LOD=5.32×10^{-11}g/mL	本文中
马拉氧磷、毒死蜱	AChE	金纳米和碳酸钙颗粒通过溶胶基质修饰金电极	马拉氧磷：0.1～100nmol/L，毒死蜱：0.1～700nmol/L，二者的 LOD=0.1nmol/L	[50]
同时检测氧化乐果、马拉氧磷、敌敌畏、安定磷	四种基因突变的 AChE，包括有 B02、B03、B421、B65	酞菁钴和酶修饰的丝网印刷六电极阵列	1.0×10^{-6}～1.0×10^{-8}mol/L	[51]

续表

分析物	固定酶	传感器类型	检测范围和检测限	参考文献
同时检测敌敌畏、马拉氧磷、毒死蜱代谢物、福司吡酯、毒虫畏、嘧啶磷甲基氧	六种基因突变的 AChE,包括有 B03、B04、B65、B131、B394、B421	酞菁钴修饰的丝网印刷十二电极阵列,将不同的酶通过化学交联法固定在阵列表面	$10^{-5}\sim1.0\times10^{-9}$ mol/L	[52]

6.3.5 酶传感器的未来发展趋势

酶传感器是农残检测最有效的手段之一，具有快速、简便、灵敏度高等特点，有很好的发展前景。酶传感器的发展趋势可总结为以下几个方面[53~56]。

① 更快的信号转换。新型的高效电子媒介修饰酶电极可提高电子转移速率，从而加快信号的传递。

② 更好的稳定性。酶载体材料从传统有机合成材料过渡到无机材料和天然有机材料，有助于保持酶的空间构型，提高固定酶的活性。

③ 酶传感器阵列的开发。随着固态技术和微电子技术的进步，小尺度和快速响应的传感器阵列是化学传感器新的发展趋势。

6.4 酶基生物燃料电池

由于酶的生物燃料电池体系比微生物燃料电池相对简单，更利于从基础研究的角度出发分清楚酶的生物催化与电的作用如何协同作用，有效发挥其化学与能量转换的功能。这些信息对设计高效而结构又相对简单的生物燃料电池具有重要的指导意义。

6.4.1 酶基生物燃料电池的电极

酶电极属于一种离子选择电极，实际上它是一种电池。在原电极上覆盖一层由酶制成的膜，许多有机物在酶的催化下与氧反应，放出 NH_3、H_2O_2、CO_2 等，它们溶解到内电解液中，由有关的离子选择电极测出它们的变化，从而测定该有机物。由于酶的专一性强，故酶电极的选择性特别好。目前已有几十种酶电极，它可以测一些生化体系的物质，如尿素、葡萄糖、氨基酸、胆固醇、青霉素、苦味仁苷等。

酶电极是指电极敏感膜表面覆盖有一层很薄的含酶凝胶或悬浮液的离子选择电极。测量时，样品中的待测物质向膜面扩散，在酶的催化作用下发生反应，生成物为离子电极所响应，通过测定相应的电位，即可求出样品中待测物的浓度。酶电极具有选择性，测量速度快，使用方便，不破坏样品，特别是能用于生物溶液活体组织中某组分的连续监控，从而在生化研究、生物监测等方面可发挥重要的作用。

电极设计中包括一种酶，专门用来测定该酶所催化的反应中反应物或产物的浓度。酶经常放置在电极周围的凝胶间质中或电极周围玻璃纸膜中的液膜内。如将固定化葡萄糖氧化酶凝胶膜包在极谱仪氧电极上，就构成酶电极，它放入葡萄糖溶液中可测定葡萄糖的含量。

酶电极是由感受器（如固定化酶）和换能器（如离子选择性电极）所组成的一种分析装置，用于测定混合物溶液中某种物质的浓度，其研究内容包括：酶电极的种类、结构与原理；酶电极的制备、性质及应用。酶电极的设计主要参考酶促反应过程产生或消耗的电活性物质。若酶促反应是一个耗氧过程，就可以使用氧气或过氧化氢电极作为基础电极；若酶促反应是一个产酸过程，则可以使用 pH 电极。

很多的底物分子都可以作为酶基燃料电池的阳极燃料使用，与之相对应的作为阳极的生物电催化剂的酶也就有多种选择。但目前主要研究的酶基阳极主要有：葡萄糖氧化酶（GOx）基阳极[57]、乳酸脱氢酶（LDH）基阳极[58]、葡萄糖脱氢酶（GDHI）基阳极[59]以及纤维二糖脱氢酶（CDH）基阳极等；而阴极的底物通常是 O_2，能用于阴极氧化还原的酶主要有微过氧化酶、辣根过氧化物酶、细胞色素氧化酶、血红蛋白或肌红蛋白、胆红素氧化酶以及漆酶等。用于在生物燃料电池阴极催化氧化还原的酶的种类及其基本性质见表 6-2。无论是用于阳极还是阴极的酶都有一个共同的特点：活性位被绝缘骨架包埋，因此很难发生酶的活性中心与电极之间的直接电荷转移。因此，需要通过特殊的设计制作才能有效实现酶电极的生物与电催化功能。

表 6-2　生物燃料电池阴极使用的氧化还原酶、酶活性中心及其对应的氧化还原式电位

氧化还原酶种类	酶活性中心	活性中心对应的电位(vs NHE)/V
微过氧化酶(MP-11)[60,61]	含铁中心离子的血红素基团	−0.12
辣根过氧化物酶(HRP)[62,63~67]	含铁中心离子的血红素基团	−0.04
细胞色素氧化酶(COx)[68]	细胞色素 C	约−0.30
血红蛋白(Hb)[69]	血红素铁辅基	−0.12
肌红蛋白(Mb)[70~77]	血红素铁辅基	−0.04
漆酶(Laccase)[78~81]	四个不同配位构型的铜离子	T_1 和 T_3:0.78~0.8,T_2 约 0.39
胆红素氧化酶[82~88]	四个不同配位构型的铜离子	T_1 约 0.5,T_2 约 0.4

6.4.2　酶电极的分类

酶基电极按其实现酶的活性中心与导电基底间的电荷转移的机理可分成两大类型：间接电子迁移或中介电子迁移型（MET）酶基电极或是直接电子迁移型（DET）酶基电极。中介电子迁移型酶基电极是指使用电子中介体（Mediator or Electron Relay）实现酶的活性中心与电极间的电荷转移的电极。在反应中，氧化态（或还原态）的酶（活性中心）首先与底物分子作用，将底物分子氧化（或还原）的同时酶的活性中心本身被还原（或氧化），同时电子中介体被还原态（或氧化态）的酶的活性中心催化还原（或氧化），然后氧化态或还原态的电子中介体再迁移到电极表面并在电极上通过电化学还原或氧化恢复为初始状态，恢复初始状态的中介体再扩散到酶的活性中心，使酶恢复到与底物反应前的起始状态，即在酸催化底物的循环中，电子中介体承担着使酶的活性中心再生的任务。上述反应机理也被称为“乒乓型”双分子反应机理[89]。表6-3给出了一些较常用的电子中介体及其相应的氧化还原式电位。

表 6-3 酶基电极中常用的电子中介体

中介体	氧化还原式电位(vs NHE)/V
二茂铁甲酸(Ferrocene monocarboxylic acid)	0.54
2,2′-偶氮-双(3-乙基苯并噻唑啉-6-磺酸)(ABTS)	0.70
亚铁氰化钾[$K_4Fe(CN)_6$]	0.40
8-羟基喹啉-5-磺酸(8-Hydroxyquinoline-5-sulfonic acid)	0.305
四硫富瓦烯(Tetrathiafulvalene)	0.42
聚亚甲基蓝[Poly(methylene blue)]	0.1
尼罗蓝(Nile blue)	−0.15

最初使用的电子中介体基本上都是溶解于一定的溶剂中并和溶解的酶一起使用的[90]，由于这样的电极不能重复使用而且性能很低，后来采用将酶固定到电极表面的修饰层中并在溶液中存在扩散型中介体的情况下完成催化循环[91~94]。近年来开发了将酶和电子中介体一并固定到电极表面的修饰层中以提高重复使用性和使用寿命的新方法[95]。为尽量减小由于中介体引入导致的超电势，在制备中介电子迁移型酶基电极时，首先要求所选用的电子中介体的氧化还原对的式电位最好能较接近相应的酶的活性中心的式电位以及具有良好的电化学氧化还原可逆性[96~101]。另外，电子中介体在所使用的溶液中还需要具有较高的溶解度以及良好的化学/电化学稳定性能。

直接电子迁移型酶基电极是指不引入电子中介体就可以实现酶-电极之间的电子迁移的一类电极。对某些已知结构的氧化还原蛋白酶，实现酶-电极间的有效电子通信的一种有效方法[102~107]是：利用较成熟的酶剪裁方法将酶的活性中心或其辅因子从酶分子中取出，随后将辅因子通过分子导线固定在电极表面制得辅因子功能化电极表面，随后凭借酶-辅因子之间的生物亲和力将去辅基化的酶与电极表面固定的辅因子结合，在恢复酶的原始结构的同时，有效地通过与其活性位或辅基相连的分子导线将酶固定在电极表面，从而实现酶-电极间的直接电子迁移。

典型的实例就是1999年世界上第一个无隔膜型酶站燃料电池的制备。Eugenii Katz的研究小组[68]制作的电解池以去辅基葡萄糖（apo-GOx）重构电极作为阳极[利用吡咯喹啉醌（PQQ）作为电子中介体连接电极和去辅基酶]，以葡萄糖作为燃料，底物反应的速率可以与葡萄糖氧化酶与酶天然电子接受体——氧分子的反应速率相比，因此，避免了阴极氧化剂“穿越”造成阴极反应物损耗的弊端，在阳极底物反应速率较高的前提下就可以避免使用两电极室之间的隔膜。此燃料电池采用氧气作为氧化剂，细胞色素过氧化酶作为阴极催化剂，以其辅因子CytC作为电子中介体连接酶和电极，采用辅因子和酶以生物亲和力结合的方式使得键合在电极上的辅因子与酶偶联并发挥其活力。这种燃料电池虽然无需隔膜，但是由于阳极氧还原电位过低或者说是过电位过高，使得电池输出电压和输出能量比较低（最高输出电压只有 110mV，输出能量仅有 4μV）。而 Adam Heller 小组[108,109]采用碳纤维微电极固定 GOx、漆酶或胆红素氧化酶，以氧化还原聚合物作为分子导线实现葡萄糖氧化电极之间的高效直接电子迁移，大大改善了酶基燃料电池的阳极和阴极的催化性能，如：阳极输出电流密度可高达 $1.0mA/cm^2$，而阴极输出电流密度也超过 $100\mu A/cm^2$。

6.4.3 酶的活性中心

酶属于生物大分子，而它所催化的反应物即底物却大多为小分子，其分子质量要比酶的分子质量小几个数量级。酶蛋白的大部分氨基酸残基并不与底物接触，只是酶分子中的很小部分起到结合底物或催化反应的作用，称为酶的活性中心[110]。它是结合底物并将底物转化为产物的区域，它是由在线性多肽链中可能相隔很远的一些氨基酸残基形成的一个三维实体（如图 6-4 所示）[111]。

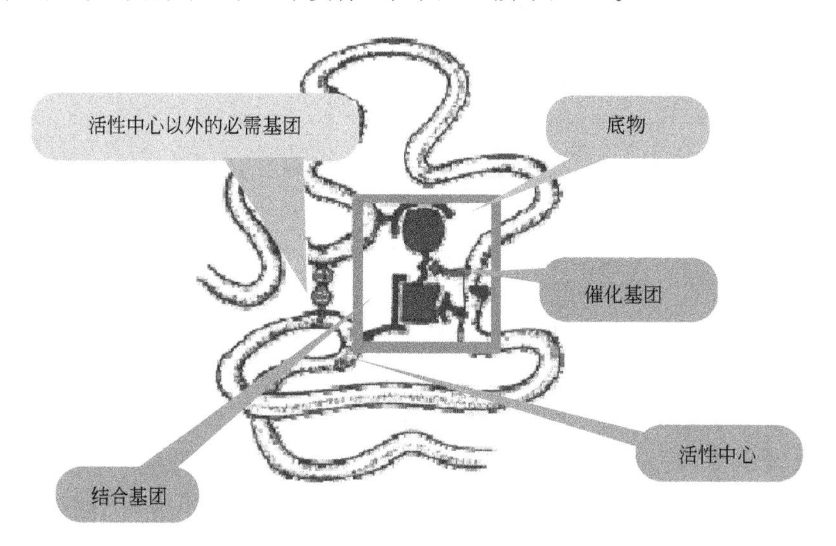

图 6-4　酶的活性中心

氨基酸残基的侧链存在着不同的官能基团，如氨基、羧基、巯基、羟基和咪唑基等共同构成了酶的活性中心。底物在活性部位受到多重的弱的作用力，包括静电相互作用、氢键、范德华键和疏水相互作用等。酶的活性中心的结合基团、催化基团及其空间结构决定了酶催化反应的特异性。活性中心以外的必需基团在形成和维持酶的空间结构上也是必不可少的，也就是说，酶的催化作用依赖于酶的一级结构和空间结构的完整性，因此，酶分子的变性或亚基的解聚均可导致酶丧失活性。

每个生物化学反应都要克服能障才能使反应得以进行。过渡态是指在底物和产物中途存在的不稳定的化学结构，其具有最高的自由能。把底物转化为过渡态所需要的能量为Gibbs活化自由能。在生物化学反应过程中发生的能量变化如图6-5所示，从图中可以看出，酶在没有改变底物或产物能量值的情况下，降低了Gibbs活化自由能，并使反应的过渡态走向稳定。

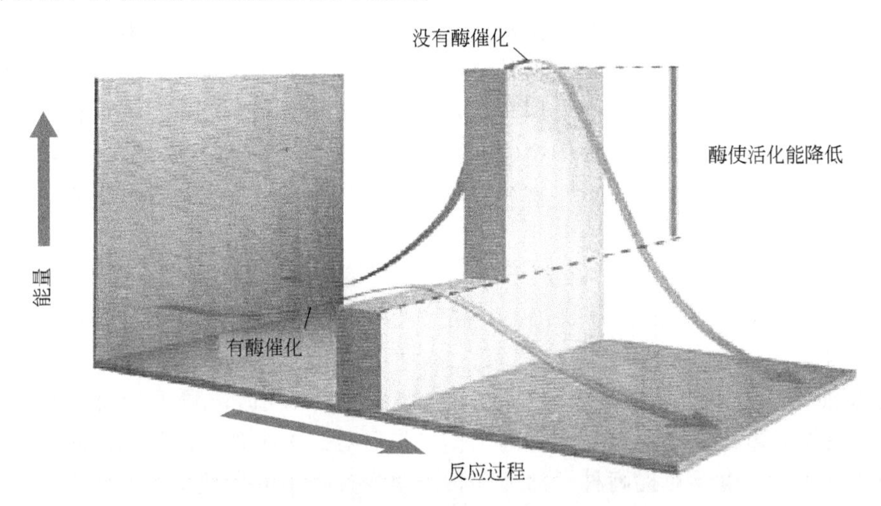

图6-5　酶降低化学反应活化能的图解

6.4.4 外场对酶的影响

酶学自从1887年由Buchner发现以来，一直是现代化学、生物学的重要研究部分，对酶系统深入研究的同时也进一步充实了现代化学和生命科学理论。酶是生命体中的一种重要的大分子物质，生物体内的各种生化反应几乎都是在酶的催化作用下进行的[5]，影响酶及酶促反应的因素有很多，如温度、压力、pH值，此外，主要还有电场、超声波、激光、磁场[111]等。磁场的细胞生物学效应是磁场和细胞共同作用的结果，是与两者的参数密切相连的。磁场参数包括磁场类型、场强大小、均匀性、方向性、作用时间等；细胞因子包括细胞的磁性、种类、敏感性、作用部位等，这些参数都是影响磁场细胞生物学效应的主要因素。

(1) 电场对酶的作用及影响

早在21世纪初，国外就有学者将电场引入食品加工处理。但研究主要集中在杀菌、破壁及融合等方面，而在处理酶方面的报道较少[113]。酶是一种奇特的具有高效、专一特性的生物催化剂，它对人体生理以及食品、生物和化工行业均具有举足轻重的作用。把电和酶结合起来研究具有较高的理论价值和实用价值。

电场在农业育种方面有广泛的应用，侯建华用电场处理油葵种子[114]，研究在干旱胁迫条件下种子的萌发情况以及萌发种子的幼苗叶片中的丙二醛（MDA）含量，超氧化物歧化酶（SOD）、过氧化氢酶（CAT）和酸性磷酸酯酶的活性及脂肪酸组分的变化，结果表明：电场处理能提高油葵种子在干旱胁迫条件下的发芽率、发芽指数和活力指数，减缓萌发种子和幼苗叶片中的超氧化物歧化酶和过氧化氢酶的活性以及膜不饱和脂肪酸的下降程度、丙二醛含量和酸性磷酸酯酶活性的增加幅度，这些变化说明电场处理种子可以减轻发育过程中细胞膜对干旱胁迫的敏感性，降低膜脂的过氧化和磷脂脱酯化作用，进而维持了细胞膜的稳定性和完整性。已有的大量实验研究表明，用电场处理种子明显影响植物的生理生化过程，而且不同处理条件（不同电场强度、不同处理时间）对种子的影响程度也不一样，因此，通过电场处理种子这种方法能改善作物的生理能力，使提高作物的抗旱能力成为可能。用电场处理干旱地区主要油料作物油葵的种子，进一步证实了电场处理对种子抗旱性的影响[115,116]。

Murrl 和 Sidaway[117,118]分别研究了电场对植物细胞的伤害和植物呼吸强度的影响，1988 年，C. Kazimierz 用静电场精选燕麦种子时，发现在电场的作用下提高了种子的发芽趋势，缩短了发芽时间。1994 年，T. Y. Tong 等[119]报道了生物膜 ATP 酶能够从规则的交变电场中吸收自由能并做功。同时，我国的研究工作者在电场对植物的影响方面也做了大量的工作，先后对二十多种不同植物的种子进行电场处理，研究了电场对提高种子活力和种子萌发过程中的生理生化变化以及幼苗生长和发育、产量、质量等各方面的影响，其中一些研究成果已发展成为农业生产技术[120~122]。如杨生指出，利用不同强度的匀强电场处理柠条种子时[123]，电场对柠条种子的萌发、幼苗生长和酶活性都产生影响，实验结果表明，经适当的电场条件处理的种子与对照组相比，种子的发芽率、根冠比、百株鲜重和百株干重明显提高；超氧化物歧化酶（SOD）和过氧化物酶（POD）的活性显著增加，各参数与场强的变化呈现一定的振荡性关系，柠条种子经过一定条件的电场处理后可明显改善植株地上地下部分的抗旱性，提高产量。静电处理后的柠条种子，其休眠被打破，提高了种子活力。在场强为 1.5～2.0kV/cm、4.5～5.0kV/cm 的范围内，发芽率分别提高了 9.0％和 8.5％。场强在 1.5kV/cm 和 4.5kV/cm 时，百株鲜重分别提高了 17.9％和 20.2％，百株干重分别提高了 17.9％和 21.4％，根长提高了 15.6％和 28.9％，含水量分别提高了 17.8％和 19.9％。柠条种子的脂肪含量高、发芽能力低，采用静电技术可提高种子利用率，种子萌发过程中氧自由基会对质膜酶系统蛋白质的合成造成一定的伤害，使种子发芽率降低，而超氧化物歧化酶（SOD）与过氧化物酶（POD）的活力与种子密切相关，经电场处理的种子在萌发过程中这两种酶的活性明显提高，因此，电场处理对柠条种子萌发过程中活性氧自由基引起的过氧化反应起到一定的抑制作用，从而提高了种子发芽率和幼苗活力。在许月英等[124]的研究中，用不同强度的电场处理无芒雀麦种子 5min，在正常的水分和室温（20～24℃）条件下培养，取幼苗测定其丙二醛（MDA）的含量以及超氧化物歧化酶（SOD）和过氧化物酶（POD）的活性，结果也表明：经不同电场处理后的无芒雀麦种子的幼苗中的 MDA 含量、SOD 和 POD 的活性发生不同的变化，变化幅度分别为−15.4%～36.3%、−12.7%～25.1%和−2.5%～20.0%。

(2) 超声波对酶的作用及影响

超声波是机械振动能量的传播形式，频率高于正常声波，是一种物理过程。它能作用于生物体的不同结构层次上，使生物体的状态、功能或结构产生一定的变化或效应[125]。

近年来，超声波技术的应用积极地向生物科学领域扩展，人们根据超声波的生物效应，利用不同剂量的超声波进行超声灭菌、超声破碎细胞、超声裂解生物大分子和超声促进酶的活性等。高大维等[126]用超声波处理固定化的糖化酶来催化分解淀粉，发现在一定的超声作用范围内，酶的活力提高，而酶的 K_m 值下降，该酶的最适温度和最适 pH 值保持不变。Barton 等[127]在研究蔗糖酶水解蔗糖、α-淀粉酶水解淀粉和糖原时发现，当底物处在一个较低的浓度水平时，如果反应系统加以超声能量的作用，这些酶的催化活力都有明显的提高。Marinchenko 等[128]用 22kHz 和 44kHz 的超声波处理麦芽的乳状液时发现，液体中的淀粉酶活力有较大幅度的升高。Ateqad 等[129]利用超声波处理木瓜蛋白酶的催化系统，发现酶的催化活性有较大幅度的提高。而当 Barsegyan 等[130]用超声处理碱性磷酸酶时，酶活性比对照下降了 10%，连续处理 24h 后，酶活性下降了 30%。用微超声处理酵母过氧化氢酶（CAT）和多酚氧化酶（PPO）[125]，结果表明，在一定的参数范围内，CAT 和 PPO 的活性都升高。对 CAT 来说，其最适当的超声参数是 1315kHz、40W/cm^2、处理 10min。对 PPO 来说，其最适当的参数是 1315kHz、25W/cm^2、处理 10min。经光谱分析，PPO 超声处理后紫外示差光谱在一定的波长下呈现出明显的正峰和负峰。

超声波的能量对酶促反应的反应速率有着一定的影响，而其对酶活性的影响可能对不同的酶有不同的作用。超声波对酶促反应的影响，在不同的条件下结果有很大的不同，甚至完全相反。对这些现象的解释也有不少[131]，但目前比较统一的认识有如下几点：①酶反应时所采用的超声波声功率不宜过大，否则将使酶失活；②有机溶剂中一些酶的抗失活能力强，超声波催化这些酶促反应的效果比在水溶液中要好；③固定化酶的抗失活能力强，能适应较高的频率和较大的声功率而获得较好的超声催化效果；④没有底物的酶在超声作用下易失活，较高的底物浓度对酶有保护作用，超声催化效果好；⑤超声波对某些反应可使产物专一化；⑥超声波对酶促反应的催化作用主要源于超声振荡加速了底物与酶的接触和产物的释放。

(3) 激光对酶的作用及影响

激光所产生的生物刺激效应现已被越来越多的学者重视，但其作用机理尚不完全清楚[132]。一般认为激光影响物体的本质是生物分子吸收不同波长的激光或在激光的电磁场作用下，分子内发生能级跃迁，达到一定的振动能和产生自由基，引起生物分子分解或断裂，在修复过程中有可能发生变异，导致分子激活。

这方面已有大量的实验报道。孙新华等[133]的研究指出，经 He-Ne 激光和 CO_2 激光照射后兔正畸牙齿的移动速率明显加快，牙周组织的血管化作用、破骨与成骨活动均活跃。这主要是因为正畸牙齿移动的骨腱与其成骨过程和碱性磷酸酶的活性变化密切相关，用两种不同弱激光照射后对实验的兔牙周组织中碱性磷酸酶活性的变化有明显的影响。

目前，激光技术也已广泛用于农业生产研究中，实验研究表明：在一定的剂量范围内，激光辐射生物体，使生物体内的硝酸还原酶、酯酶、淀粉酶等酶的活性普遍提高，同时产生了有益的生物效应，特别是激光辐射增强作物的抗逆性。赵雪松等[134]指出，用 He-Ne 激光辐射玉米种子幼苗，对其幼苗体内某些保护酶的活性会产生明显的影响，经激光辐射的玉米种子幼苗中的过氧化物酶（POD）和过氧化氢酶（CAT）的活性均增高，抗坏血酸过氧化物酶（AsAPOD）的活性下降，谷胱甘肽（GSH）的含量增加，其综合效果是激光照射玉米种子增强了植物体清除活性氧的能力。此外，激光还可以促进农业增产、诱变育种等，在这几方面都取得了显著的经济效益。

研究结果表明，激光辐射还可提高作物的光合效率，引起同工酶谱的改变，使作物的 DNA、RNA 和蛋白质含量增高，根尖细胞有丝分裂频率增加，这主要是由于激光束像启动器一样，可以使植物细胞本身潜在的能源活化、基因激活，改变生物体的代谢水平。当激光照射植物体时，激光的光、电磁波、热和压力等效应直接作用于植物染色体，可引起染色体形态结构或数量的变化，这些信息又可通过遗传机制传递，直至翻译出新的蛋白质。另外，激光辐射还能够通过间接刺激，促进生物体吸收能量，使生物分子内发生能级跃迁，当达到一定振动后，机体将发生光照活化效应，从而增加生物体内的 DNA-RNA-蛋白质系统活性，使等效应直接作用于植物染色体，可引起染色体形态结构或数量的变化，这些信息又可通过遗传机制传递，直至翻译出新的蛋白质。另外，激光辐射还能够通过间接刺激，促进生物体吸收能量，使生物分子内发生能级跃迁，当达到一定振动后，机体将发生光照活化效应，从而增加生物体内的 DNA-RNA-蛋白质系统活性，使核糖体上的蛋白质合成作用活化，导致生物合成水平的提高。当然，激光的这些生物学效应具体在多大程度上能引起酶活的变化仍需要进行深入的研究。

(4) 磁场对酶的影响

近年来，随着生物磁学的发展，人们对磁场影响生命活动和生命特征的研究日益深入，磁场对酶的影响的研究也越来越多，磁场对酶的影响的主要是酶的活性、结构、酶促反应动力学三个方面。

① 脉冲磁场对酶的活性的影响。脉冲磁场是大小和方向都随着时间变化的磁场，其频率、波形和峰值等均可根据需要调节。脉冲磁场在不同强度、时间和频率下对酶的活性产生不同的影响。

目前，在脉冲磁场下的酶学研究主要包括抗氧化酶系统，例如过氧化物酶（POD）[135,136]、过氧化氢酶（CAT）[137,138]、超氧化物歧化酶（SOD）、谷胱甘肽还原酶（GR）[137]、多酚氧化酶（PPO）、抗坏血酸氧化酶（AO）、硝酸还原酶（NR）[139]；定位于细胞膜上的酶，例如细胞色素 C 氧化酶（CO）[140,141]、Na-

KATP 酶（Na-KATP）[142,143]；与细胞分裂及细胞周期相关，并在肿瘤研究中得到重视的鸟氨酸脱羧酶（ODC）、蛋白激酶（PKC）、腺苷酸激酶（AK）、淀粉酶、烯醇酶[144~146]等。

在生物体细胞内广泛存在着由过氧化物酶（POD）、过氧化氢酶（CAT）和超氧化物歧化酶（SOD）组成的保护酶系统。已有许多研究报道了外加磁场与细胞保护酶系统的关系。2003 年，Portaccio 等[135]研究了 50Hz、1mT 的极低频电磁场对可溶及不可溶辣根过氧化物酶（HRP）活性的影响，发现脉冲磁场会影响可溶性 HRP 的失活率。2005 年，他们继续研究了频率为 50～400Hz 的极低频电磁场对固定及自由的 HRP 活性的影响，130Hz、1mT 的磁场会最大限度地提高可溶性 HRP 的活性；包埋和共价结合的 HRP 的最适活性激发频率分别为 150Hz 和 170Hz，Piacentini 等会影响可溶性 HRP 的失活率。2005 年，他们继续研究了频率为 50～400Hz 的极低频电磁场对固定及自由的 HRP 活性的影响，130Hz、1mT 的磁场会最大限度地提高可溶性 HRP 的活性；包埋和共价结合的 HRP 的最适活性激发频率分别为 150Hz 和 170Hz。Piacentini 等[137]也报道了在 50Hz、0.1mT 的磁场作用下，黄瓜已完全分化的子叶比对照生长更快、生存时间更长，并且发现这与幼苗中的多种抗氧化保护酶如 SOD、CAT 和 CR 的活性都有所提高有关。Blank 等[143]系统地研究了低频磁场对定位于细胞膜上的 Na-KATP 酶和细胞色素 C 氧化酶（CO）的影响。他们在 1995 年发现，0～70Hz、0～0.2mT 的磁场会将 Na-KATP 酶的活性提高 5%～10%，活性的提高与磁场密度无关，1997 年研究了在脉冲磁场中 Na-KATP 酶的活性与频率的关系，并提出移动电荷互作用（Mobile Charge Interaction，MCI）模型[143]。CO 是电子传递链的限速酶，可催化还原型细胞色素 C 的氧化，并影响 ATP 的合成。他们在 1998 年报道，脉冲磁场会提高 CO 的活性，加速细胞色素 C 氧化过程中电子的运动[139]。2001 年提出脉冲磁场会加速 Na-KATP 酶和 CO 的反应，这两种酶的频率与依赖曲线的斜率相似，并且低频部分的斜率比高频部分高 10 倍[142]。此外，Nossol 等[140]也研究了 50Hz 脉冲磁场对牛心组织中 CO 氧化还原活性的影响，发现磁场对 CO 活性的影响具有双向性，此双向性与酶上的两个催化位点——高亲和位点与低亲和位点的改变密切相关。

鸟氨酸脱羧酶（ODC）是真核细胞分裂过程中由中间期进入 S 期的必需酶，是调节 DNA 复制和细胞增殖的一个关键酶。所有快速生长的细胞都表现为 ODC 的活性显著增强，因此，在研究极低频磁场的致癌效应时，往往会测定生物体内 ODC 的活性。研究表明，当小鼠和人类细胞系中的 ODC 暴露在微特斯拉级、50Hz/60Hz 的磁场中时，活性会显著提高，根据细胞系的不同，活性增加 30%～500%[145]。Farrell 等[146]对鸡的胚胎进行研究，发现 4μT、60Hz 的正弦磁场可极大地提高鸡胚胎原肠胚期 ODC 的活性，降低神经胚期 ODC 的活性。

在磁场对酶活性影响效果的研究中，常见磁场与其他化学物质协同作用于酶从而增强酶失活诱变剂效果的报道。例如 Tuinastra 等[147]研究了 60Hz 正弦波磁场单独作用以及与佛波酯同时作用于 HL60 细胞后对细胞中蛋白激酶 C 活性改变的效果。当 1.1mT 的磁场单独作用于细胞培养物或与 21μmol/L 豆蔻酰佛波醇乙酯（PMA）共同作用 1h，酶的活性没有改变。如果先由 PMA 作用于培养物 45min，再由磁场和 PMA 共同作用 15min，胞质酶的活性有较大的下降，膜上的酶的活性有较大的提高。这说明磁场是以增效的方式作用于已激活的酶。Mevissen 等[144]也报道，当雌性大鼠暴露在 50Hz、50mT 的磁场中，并受致癌化学物质 7,12-二甲基苯并蒽（DMBA）的作用时，磁场会显著促进乳腺肿瘤的生长。

关于脉冲磁场影响酶反应的机理，Portaccio[135]认为是因为磁场在酶中介导入了不可逆或缓慢可逆的修饰；在 Blank 等[142]提出的 MCI 模型中则认为，磁场会通过影响可移动的电荷来影响酶反应。在协同作用的反应中，Tuinastra[147]认为磁场可能是通过与已经起作用的反应或途径的相互作用来产生效果的。可见，并没有统一的理论来阐述磁场影响酶反应的机理。

② 恒定磁场对酶的活性的影响。近年来，人们对磁场影响生命活动和生物特性的研究日益深入，恒定磁场对酶活性的影响已有一定的文献报道。

在对固定化乳酸脱氢酶的研究中发现，磁场对酶的影响表现在酶的稳定时间变短，酶活性降低的程度随着磁场强度的增大而增大，当场强达到 0.23T 时，活性降低百分率趋于稳定并接近最大值[148]。在对大肠杆菌及胞内谷氨酸脱羧酶的研究中发现，不同的磁场强度、不同的作用时间下，磁化底物的影响并不一致，活性最高可达 45.2%，且有滞后和恢复效应[149]。磁场作用使碳酸酐酶的活力升高，在 210mT 下作用 4h，其活力增加了 17%，随着磁化时间的延长，其磁场效应基本趋于一致。这种磁酶效应还有可逆性，实验发现磁场能使酶-底物反应的活化能降低[150]。在磁场对固定化葡萄糖异构酶的研究中，发现在不同的磁化时间、温度、磁场强度和 pH 值等条件下，磁化底物的活性增加可达 28.6%，并且具有可逆性，磁化固定化酶或使磁场作用于酶促反应体系，酶的活性明显升高[151]。

张秋霞等[152]研究了磁场对发生在液-液两相界面上的酶促反应的影响。4℃时磁化酶溶液，短时间内酶活性显著提高，0.1T 的磁场作用 1h 可使酶活力提高 76%，但随着作用时间的增长，酶活性逐渐下降。依艳丽等[153]研究了磁场处理对土壤蔗糖酶和淀粉酶活性的影响，系统地研究了不同磁强处理对黑土、白浆土及棕壤的蔗糖酶和淀粉酶活性的影响。研究结果表明，磁强处理可提高这两种酶的活性，但适宜的磁场强度随土壤类型、土壤湿度（风干土及 20%含水量的湿土）及处理时间的不同而差别较大。磁强处理对土壤蔗糖酶活性的影响大于淀粉酶，但对淀粉酶活性的影响有较好的规律性。张雅芬等[154]探讨了在不同温度不同时间下磁化对 α-淀粉酶活性及稳定性的影响，结果表明，发现磁化 30min 能使 α-淀粉酶的活性提高 10%左右，在 40℃、50℃、60℃下分别磁化一定时间，分析磁化酶与天然酶的相对残余酶活，证实磁化对 α-淀粉酶确实有激活作用，且能提高 α-淀粉酶的热稳定性。进一步的实验表明，磁化 α-淀粉酶的滞后热稳定性明显优于天然酶。成凤桂等[155]研究了磁场对漆树酶活性的影响，发现经恒定磁场处理后漆树酶的活性有所增加，以 0.5T 磁场强度处理 20min，活性约增加 20%。磁场能使漆树酶的活性增高，但不同磁场强度、不同处理时间，酶活性的增高率是不同的。磁化后的漆树酶与天然漆树酶在最适催化 pH 值、耐热及热稳定性方面基本一致；而在与底物亲和力以及干态储存活性保留率方面略优于天然酶。林建员等[156]在乙酰胆碱酯酶（AChE）磁效应的研究中，发现 150mT 的恒磁场作用于 AChE 溶液 2h，AChE 的活性会增加 24.0%；但是如果作用 15h，则 AChE 的活性全部丧失。这说明对于酶，恒磁场可提高它们的活性，但是，当作用时间延长，反而会抑制酶的活性，甚至使酶失活。

③ 磁场对酶的结构的影响。酶蛋白的空间结构包括二级结构、三级结构、四级结构。酶蛋白空间结构的基本结构单位包括螺旋结构、折叠结构、转角结构和卷曲结构等。蛋白质的结构是通过各种共价键连接而形成的，主要有：氢键、盐键、二硫键、酯键、金属键和范德华力等[157]。理论研究表明，酶蛋白的空间结构对酶的功能至关重要，即使极其细微的扰乱，也能够极大地影响酶的活性，而且酶蛋白质不是刚性分子，它的功能依赖于结构的这种运动性[158]。

磁场对不同酶的构象有不同的影响，研究发现，以蛋白质分子中色氨酸的荧光行为来考察磁场对酶构象的影响，酶的荧光光谱的最大波长发生红移，且荧光强度也有不同程度的增强，可见在磁场作用下，酶的构象发生了变化。但是这种变化没有一定的规律性，仅与磁化温度、磁场强度和磁化时间有关，似乎基本符合失活越严重，构象变化越大的规律[159]。姚占全等[160]研究了脂肪酶被不同强度的电磁场处理 5min，并使用了圆二色光谱仪（Circular Dichroism，CD）来研究电磁场对脂肪酶（Lipase）二级结构的影响，研究结果表明：在 15～610kV/cm 的范围内，不同强度的电磁场对脂肪酶的 α 螺旋、β 折叠、β 转角及无规卷曲相对含量的影响程度不同，随着场强的增加，各二级结构单元的含量呈非单调变化，电磁场作用可使脂肪酶二级结构中的 α 螺旋、β 折叠、β 转角及无规卷曲发生转化，总体上，α 螺旋和 β 折叠的含量降低幅度分别为 41.6%～48.10%和 13.12%～35.11%，β 转角与无规卷曲的含量增加幅度分别为 21.8%～33.13%和 0.19%～48.11%。

颜流水等[161]利用荧光光谱探讨了恒定磁场对 α-淀粉酶构象的影响。研究发现，经磁场处理 30min，α-淀粉酶的活性无显著性差异，而磁化 10h 的酶比未被磁化的酶的活性增高，磁场对酶反应速率无明显影响。笔者对有关实验结果的解释为：该酶分子中的—OH 和—NH_2 等基团的未成对电子、苯环的离域 π 电子以及对稳定该酶构象具有重要作用的 Ca^{2+} 受到磁场的作用以后，使得维持原构象的次级键发生一定程度的变化，从而导致色氨酸残基的微环境改变，使酶的构象发生了变化。张军等[162]研究了强稳恒磁场对离体牛肝 CAT 酶构象的影响。CAT 酶经 0.23～0.61T 的磁场处理，其紫外光谱和荧光光谱都出现了吸收峰的改变。酶构象变化的同时，酶的活性也有一定程度的增加。笔者认为，CAT 酶构象和活力同时发生变化，可能是由于CAT 活性中心高自旋、顺磁性的三价铁离子 Fe^{3+} 在磁场中受到扰动，同时，具有一定磁矩的酶分子侧链的取向分布发生了变化。贺华君等[159]以荧光光谱法研究了恒磁场对乳酸脱氢酶（LDH）、肌酸激酶（CK）、尿酶（Urease）和超氧化物歧化酶（SOD）构象的影响。改变磁场强度、温度、介质和磁化时间都会影响这几种酶的构象，在酶的荧光光谱中，荧光强度、发射峰位和形状都发生了变化。磁场对酶促反应的影响与酶的存在形式有很大的关系，其实质似乎主要是酶的构象的差异性[163]。

磁场对酶分子构象[164,165]及电荷传递[166]都有一定的影响，很多酶的活性部位含有金属离子，如 CAT 酶的辅酶是铁的卟啉络合物[167]，活性部位存在高自旋 Fe^{3+}[168]，它是磁敏感因子，磁场对其扰动作用可能具有重要的意义。一般认为磁场影响酶的构象的机理在于：a. 一些酶中含有 Co、Fe、Mn、Cu、Mo 等未填满电子壳层的过渡族金属原（离）子，这些金属原（离）子表现为顺磁性，并且位于酶的活性中心部位，磁场会通过对这些原（离）子的作用影响酶的活性，并因而影响到金属离子附近主链、侧链的位置，从而影响酶的构象；b. 磁场致使酶产生了形成生物大分子的共轭结构，二硫桥键上的自由电子发生跃迁；c. 维系磁场活性部位空间结构的次级键的作用力通常较弱，易受环境影响，磁场作用于次级键，使酶的构象改变[169]；d. 与酶结合的水分子在维持酶分子的自然构象中具有重要的作用，已有的研究结果证明，磁场处理会改变水溶液的黏度、表面张力、电导率等物理化学性质[170]，因此也会通过影响水分子的结构改变水中氢键的长度和强度，从而对酶的构象产生影响。

④ 磁场对酶促反应的影响。酶促反应动力学[171,172]和化学反应动力学一样，是研究酶促反应速率的规律以及各种因素对酶促反应速率的影响的科学。研究酶促反应动力学规律对于生产实践、基础理论都有着十分重要的意义。酶促反应比一般的化学反应复杂得多，因为在酶促反应系统中除了反应物外，还有酶这一决定性的因素，以及影响酶的其他各种因素。正是这些因素的多种组合，才构成了不同水平、不同复杂程度的酶促反应体系。描述酶促反应动力学关系的是米氏方程[173]（Michaelis-Menten Equation）。磁场对化学反应体系的影响已有一些研究[170]，但磁场对生物体的酶促反应的影响研究甚少，Vanag V. K. 等[171]分析了磁场对酶促反应速率的影响，并进行了动力学分析。习岗[166]研究了外磁场对小麦 POD 酶促反应的影响，发现磁场能加快反应速率，并使反应体系的 K_m 减小、V_m 增加，研究发现，磁场对酶促反应速率的影响因底物浓度而异。Blank 等[140]在 1998 年关于脉冲磁场对细胞色素氧化酶（CO）活性效果的研究中也探讨了磁场对反应速率的影响。贺华君等[159]在对磁场作用下的纤维素酶活性变化的研究中发现，0.125T 的磁场使米氏常数 K_m 由 1.3×10^{-3}增加到 2.6×10^{-3}，K_m 即酶-底物络合物的解离常数，由此得出磁场影响了酶促反应动力学的结论。实验中最大反应速率 V_m 随场强的增大而降低，其抑制模式表现为竞争抑制模式。而在范秋领等[174]的研究

中，发现磁场并未改变酶促反应的米氏常数 K_m，而最大反应速率 V_m 则有不同程度的增加，抑制模式表现为非竞争性抑制模式。可见磁场对于酶促反应动力学的影响并没有统一的模式。

6.4.5 催化机理

酶的催化机理和一般化学催化剂基本相同，也是先和反应物（酶的底物）结合成络合物，通过降低反应的能来提高化学反应的速率，在恒定的温度下，化学反应体系中每个反应物分子所含的能量虽然差别较大，但其平均值较低，这是反应的初态。

$$S(底物) \longrightarrow P(产物)$$

这个反应之所以能够进行，是因为有相当部分的 S 分子已被激活成为活化（过渡态）分子，活化分子越多，反应速率越快。在特定温度时，化学反应的活化能是使 1mol 物质的全部分子成为活化分子所需的能量（千卡）。

酶（E）的作用是：与 S 暂时结合形成一个新化合物 ES，ES 的活化状态（过渡态）比无催化剂的该化学反应中反应物活化分子含有的能量低得多。ES 再反应产生 P，同时释放 E。E 可与另外的 S 分子结合，再重复这个循环。降低整个反应所需的活化能，使在单位时间内有更多的分子进行反应，反应速率得以加快。如没有催化剂存在时，过氧化氢分解为水和氧的反应（$2H_2O_2 \longrightarrow 2H_2O+O_2$）需要的活化能为每摩尔 18kcal（1kcal=4.187J），用过氧化氢酶催化此反应时，只需要活化能每摩尔 2kcal，反应速率约增加 10^{11} 倍。

6.4.6 酶电极的局限性

迄今为止，在酶的活性中心与电极间构筑分子导线的策略尚存在一些重大的技术局限或困难：①利用现代的酶工程技术在不破坏酶活性的前提下，仅能使少数几种酶，最经典的如葡萄糖氧化酶、葡萄糖脱氢酶以及细胞色素氧化酶等通过去辅基在辅因子功能化电极表面重构的方法实现酶-电极之间的直接电迁移，而多数氧化还原酶特别是阴极还原氧气的多铜氧化酶由于结构过于复杂，活性中心不是一个简单的小分子而是一个庞杂的以金属离子为中心的超分子结构，因此，暂时还不能以这种方法制备酶基阴极；②能有效构筑分子导线的电极基底目前仅限于较光滑的平面电极而且只能通过桥连上一层酶分子，由于酶分子较大，因此单位面积上酶的担载量较低（约为 $pmol/cm^2$）。因此，由这类电极构成的电池的输出电流也有限，难以满足实际需要。

由于上述困难，目前更为常用的方法是以对酶具有良好亲和力且同时具有良好导电性的材料或具有这其中一种性质的两种材料混合，作为固酶载体，直接与酶共混制备酶基修饰电极。通常使用具有高比表面的三维多孔结构的导电载体以提高固酶量以及酶的活性中心与导电基底导通的概率。

参 考 文 献

[1] Clark Jr C, Lyons C. Electrode systems for continuous monitoring in cardiovascular surgery. Ann NY Aead Sei, 1962, 102: 29-45.

[2] Rahman M M, Umar A, Sawada K. Development of amperometric glucose Biosensor based on glucose oxidase co-immobilized with multi-walled carbon nanotubes at low Potential. Sens Actuators B Chem, 2009, 137: 134-138.

[3] Ngeontae W, Janrungroatsakul W, Maneewattanapinyo P, et al. Novel potentiometric approach in glucose biosensor using silver nanoparticles as redox marker. Sens Aetuators BChem, 2009, 137: 320-326.

[4] Jeykumari D R S, Narayanan S S. Functionalized carbon nanotube-bienzyme biocomposite for amperometric sensing. Carbon, 2009, 47: 957-966.

[5] Mateo C, Palomo J M, Fernandez-Lorente G, et al. Improvement of enzyme activity, stability and selectivity via immobilization techniques. Enzyme Microb Technol, 2007, 40 (6): 1451-1463.

[6] Zhang R Y, Wang X M, Shi K K. Accelerated direct electrochemistry of Hemoglobin based on hemoglobin-carbon nanotube (Hb-CNT) assembly. J Colloid Interface Sci, 2007, 316: 517-522.

[7] Lai G S, Zhang H L, Han D Y. A novel hydrogen peroxide biosensor based on hemoglobin immobilized on magnetic chitosan microspheres modified electrode. Sens Actuators B Chem, 2008, 129: 497-503.

[8] Lin J H, He C Y, Zhao Y, et al. One-step synthesis of silver nanoparticles/carbon nanotubes/chitosan film and its application in glucose biosensor. Sens Actuators B Chem, 2009, 137: 768-773.

[9] Kang X H, Wang J, Tang Z W, et al. Direct electrochemistry and electrocatalysis of horseradish peroxidase immobilized in hybrid organic-inorganic film of chitosan/sol-gel/carbon nanotubes. Talanta, 2009, 78: 120-125.

[10] Bi Y H, Huang Z L, Zhao Y D. The interface behavior and biocatalytic activity of superoxide dismutase at carbon nanotube. Biosens Bioelectron, 2006, 21: 1350-1354.

[11] Jorgensen K. P. Determination of enzyme activity of activated sludge by methylene blue reduction. J WPCF, 1984, 56 (1): 89-93.

[12] Updike S J, Hicks G P. The enzyme electrode. Nature, 1967, 214 (5092): 986-988.

[13] Updike S J, Hicks G P. The enzyme electrode. Nature, 1967, 214 (5092): 986-988.

[14] Mitchell K M. Acetylcholine and choline amperometric enzyme sensors characterized in vitro and invivo. Anal Chim Acta, 2004, 76 (4): 1098-1106.

[15] 董绍俊，车广礼，谢远武. 化学修饰电极（修订版）. 北京：科学出版社，2003：501-538.

[16] 池其金，董绍俊. 酶直接电化学与第三代生物传感器. 分析化学，1994，22 (10)：1065-1072.

[17] Zhou Y, Yuan R, Chai Y Q, et al. A reagentless amperometdc immunosensor based on gold nanoparticles/thionine/Nafion-membrane-modified gold electrode for determination of alpha-1-fetoprotein. Electrochem Comm, 2005, 7 (4): 355-360.

[18] 阳明辉，李春香，杨云慧，等. 基于静电吸附多层膜固定酶的过氧化氢生物传感器的研究. 化学学报，2004，62 (5)：502-507.

[19] Chert S H, Yuan R, Chai Y Q, et al. Ampcromctric Hydrogen Peroxide Biosensor Based on the Immobilization of Horseradish Peroxidase (HRP) on the Layer-by-Layer Assembly Films of Gold Colloidal Nanoparticles and Toluidine Blue. Electroanalysis. 2006, 18 (5): 471-477.

[20] Ou C, Yuan R, Chai Y, et al. A novel amperometric immunosensor based on layer-by-layer assembly of gold nanoparticles-multi-walled carbon nanotubes-thionine multilayer films on polyelectrolyte surface. Anal Chim Acta, 2007, 603 (2): 205-213.

[21] 白燕，马丽，刘仲明，等. DNA 电化学传感器的研制. 传感器技术，2002，21 (9)：62-64.

[22] Gooding J J, Praig V, Hall E A H. Platinum catalysed enzyme electrodes immobilised on gold using self-assembled layers. Anal Chem, 1998, 70 (11): 2396-2402.

[23] 李静，韩涛，等. 电化学方法检测 DNA 碳纳米管修饰电极. Chin J Appl Chem, 2008, (25): 1038-1041.

[24] Fang Y S, Si S H, Zhu D R. Piezoelectric crystal for sensing bacteria by immobilizing antibodies on divinylsuiphone activated poly-m-aminophenol film. Talanta, 2000, 51 (1): 151-158.

[25] Jiao K, Yang T, Yang J, et al. Immobilization and hybridization of DNA based on magnesium ion modified 2. 6-pyridinedicarboxylic acid polymer and its application for label-flee PAT genefragment detec-

tion by electrochemical impedance spectroscopy. Sci China Ser B Chem，2007，(50)：1862-2771.
[26] 覃柳，刘仲明，邹小勇. 电化学乙肝免疫传感器中抗体的固定条件探讨. 中国卫生检验杂志，2007，17 (2)：277-278.
[27] Schuler R，Wittkampf M，Chemniyius G C. Modified Gas-permeable Silicone Rubber Membrances for Covalent Immobilization of Enzymes and Their Use in Biosensor Development. Analyst，1999，124 (8)：1181-1184.
[28] Ivanov A N，Evtagyn G A. Comparative investigation of electrochemical cholinesterase biosensors for pesticide determination. Anal Chim Acta，2000，(404)：55-65.
[29] 宫志龙，章竹君，张海. 基于固定化酶的流动荧光法测定血清中的葡萄糖. 分析化学，1996，4 (9)：998-1001.
[30] Wu J，Suls J，Samen W. Amperornetrie Glucose Sensor With Enzyme Covalently Immobilized by Sol-Gel Technology. Anal Scf，1999，15 (10)：1029-1032.
[31] 王永先，李贵荣，吕昌银. 甘油三酯酶传感器的研制及应用. 生物化学与生物物理进展，1999，2 (2)：144-146.
[32] 黄仰航，李忠彦. 纳米颗粒复合材料增强的蔗糖、葡萄糖双功能生物传感器. 蔗糖工业，2008，3：42-48.
[33] Nilanjarla D，Prakash P，Avrind M K. Enzyme entrapped inside the reversed micelle in the fabrication of a new urea sensor. Biotechnol Bioen，1997，54 (4)：329-332.
[34] Raju Khan，Marshal Dhayal. Electrochemical studies of novel chitosan/TiO_2 bioactive electrode for biosensing application. Electrochem Commun，2008，10 (2)：263-267.
[35] Korri Youssoufi H，Gamier E，Srvastava P，et al. Toward bioelectronics：specific DNA recognition based on all oligonucleotide-functionalized polypyrrole. Am Chem Soc，1997，119 (31)：7388-7389.
[36] 朱晓红. 电聚合烟酰胺构建新型亚硝酸盐电化学传感器. 合肥师范学院学报，2009，22624 (1)：287-292.
[37] Raghu P，Madhusudana Reddy T，Kumara Swamy B，et al. Development of AChE biosensor for the determination of methyl parathion and monocrotophos in water and fruit samples：A cyclic voltammetric study. J electroanal chem，2011，665：76-82.
[38] VanDyk J S，Pletschke J. Review on the use of enzymes for the detection oforganochlorine. organophosphate and carbamate pesticides in the environment. Chemosphere，2011，82 (3)：291-307.
[39] Karami-Mohajeri S，Abdoilahi M. Toxic influence of organophosphate. carbamate，and organochlorine pesticides on cellular metabolism of lipids，proteins，and carbohydrates A systematic review. Human & experimental toxicology，2011，30 (9)：1119-1140.
[40] Xione D，Li I L. Colorimctric detection of pesticides based on calixarcne modified silver nanoparticles in water. Nanotechnology，2008，19 (46)：465-502.
[41] Garcfa-Ruiz C，Alvarez-Llamas G，Puerta A，et al. Enantiomeric separation of organophosphorus pesticides by capillary electrophoresis：Application to the determination of malathion in water samples after preconcentration by off-line solid-phase extraction. Anal Chim Acta，2005，543 (1)：77-83.
[42] Ingelse B A，Van Dam R C J，Vreeken R J，et al. Determination of polar organophosphorus pesticides in aqueous samples by direct injection using liquid chromatography-tandem mass spectrometry. J chromatogr A，2001，918 (1)：67-78.
[43] Bavcon Kralj M，Frank M，Trebse P. Photodegradation of organophosphorus insecticides-investigations of products and their toxicity using gas chromatography-mass spectrometry and AChE-thermal lens spectrometric bioassay. Chemosphere，2007，67 (1)：99-107.
[44] Qun X，Rohrer J S. Rapid on-line-SPE HPLC determination of carbofuran and carbaryl in tap and environmental waters. Modern Medicine，2012.
[45] Tanaka T，Kassai A，Ohmoto M，et al. Quantification of phosphatidic acid in food stuffs using a thin-layer-chromatography-imaging technique. J agric Food Chem，2012，60 (16)：4156-4161.
[46] Amine A，Mohammadi H，Bourais I，et al. Enzyme inhibition-based biosensors for food safety and environmental monitoring. Biosens bioelectron，2006，21 (8)：1405-1423.
[47] Qu Y，Sun Q，Xiao R，et al. Layer-by-Layer self-assembled acetylcholinesterase/PAMAM-Au on CNTs modified electrode for sensing pesticides. Bioelectrochemistry，2010，77 (2)：139-144.
[48] Du D，Wang M，Cai J，et al. Sensitive acetylcholinesterase biosensor based on assembly of 3-cyclodextrins onto multiwall carbon nanotubes for detection of organophosphates pesticide. Sens Actuators B：Chemical，2010，146 (1)：337-341.

[49] Wang K, Liu Q, Dai L, et al. A highly sensitive and rapid organophosphate biosensor based on enhancement of CdS-decorated graphene nanocomposite. Anal Chim Acta, 2011, 695 (1): 84-88.
[50] Chauhan N, Narang J, Pundir C S. Fabrication of multiwalled carbon nanotubes/polyaniline modified Au electrode for ascorbic acid determination. Analyst, 2011, 136 (9): 1938-1945.
[51] Crew A, Hart J P, Wedge R, et al. A screen-printed, amperometric, biosensor array for the detection of organophosphate pesticides based on inhibition of wild type, and mutant acetylcholinesterases, from drosophila melanogaster. Anal lett, 2004, 37 (8): 1601-1610.
[52] Crew A, Lonsdale D, Byrd D, et al. A screen-printed, amperometric biosensor array incorporated into a novel automated system for the simultaneous determination of organophosphate pesticides. Biosens Bioelectron, 2011, 26 (6): 2847-2851.
[53] 高俊娥，今盾，刘铭钧. 农药残留快速检测技术的研究进展. 农药，2007，46 (6)：361-364.
[54] 钱军民，奚西峰，黄海燕，等. 我国酶传感器研究新进展. 石化与技术与应用，2002，20 (5)：333-337.
[55] 陈俭霖. 生物传感器在环境监测中的应用及发展前景. 污染防治技术，2006，19 (3)：59-62.
[56] 丁运华，陈勇智. 用于检测农药残留的胆碱酯酶酶源的研究进展. 热带农业科学，2007，27 (5)：73-77.
[57] Rajagopalan R, Aoki A, Heller A. Effect of Quaternization of the Glucose Oxidase "Wiring" Redox Polymer on the Maximum Current Densities of Glucose Electrodes. J Phys Chem, 1996, 100: 3719-3727.
[58] Katz E, Lioiibashevski O, Willner I. Magnetic Field Effects on Bioelectrocatalytic Reactions of Surfacc-Confmcd Enzyme Systems: Enhanced Performance of Biofuel Cells. J Eieclroanal Chem, 2005, 27: 3979-3988.
[59] Igarashi S, Okuda J, Ikebukuro K, et al. Mulecular Hngineering of PQQGDH and Its Applications. Arch Biochem Biophys, 2004, 428: 52-63.
[60] 贾梦秋，杨文胜. 应用电化学. 北京：高等教育出版社，2004：297-299.
[61] Burgdorf T, Lenz O, Buhrke T, et al. [NiFe]-Hydrogenases of Ralstonia Eutropha H16: Modular Enzymes for Oxygen-Tolerant Biological Hydrogen Oxidation. J Mol Microbiol Biotechnol, 2005, 10: 181-196.
[62] 张玲. 无机纳米材料、溶胶凝胶材料在电化学生物传感器中的研究，合肥：中国科学技术大学，2007.
[63] Chattopadhyay K, Mazumdar S. Direct Electrochemistry of Heme Proteins: Effect of Electrode Surface Modification by Neutral Surfactants. Bioelectrochemistry, 2001, 53: 17-24.
[64] Kong Y T, Boopathi M, Shim Y B. Direct electrochemistry of horseradish peroxidase bonded on a conducting polymer modified glassy carbon electrode. Biosens Bioelectron, 2003, 19: 227-232.
[65] Zhang L, Zhang Q, Lu X, et al. Direct Electrochemistry and Eiectrocatalysis Based on Film of Horscradish Peroxidase Intercalated into Layered Titanate Nano-sheets. Biosens Bioelectron, 2007, 23 (1): 102-106.
[66] Welinder K G. Amino-Acid Sequence Studies of Horseradish-Peroxidase. 4. Amino and Carboxyl Termini, Cyanogen-Bromide and Tryptic Fragments, The Complete Sequence, and some Structural Characteristics of Horseradish Peroxidase-C. Eur J Biochem, 1979, 96: 483-502.
[67] Liu Z M, Dubremetz J F, Richard V, et al. Useful Method for the Spatial Localization Determination of Enzyme (Peroxidase) Distribution on Microfiltration Membrane. J Membrane Sci, 2005, 267 (1-2): 2-7.
[68] Katz E, Willner I, Kotlyar A B. A Non-compartmentalized Glucose-O_2 Biofuel Cell by Bioengineered Electrode Surfaces. J Electroanal Chem, 1999, 479: 64-68.
[69] Zhang L, Zhang Q, Li J. Direct Electrochemistry and Electrocatalysis of Hemoglobin Immobilized in Bimodal Mesoporous silica and Chitosan Inorganic-organic Hybrid Film. Electrochem Commun, 2007, 9: 1530-1535.
[70] Kendrew J C, Dickerson R E, Strandberg B E, et al. Structure of Myoglobin-3-Dimensional Fourier Synthesis at 2A Resolution. Nature, 1960, 185: 422-427.
[71] Lu H Y, Hu N F. Salt-Induced Swelling and Electrochemical Property Change of Hyaluronic Acid/Myoglobin Multilayer Films. J Phys Chem B, 2007, 111: 1984-1993.
[72] Zhang L, Zhang Q, Li J H. Layered Titanate Nano-sheets Intercalated with Myoglobin for Direct Electrochemistry. Adv Funct Mater, 2007, 17 (12): 1958-1965.
[73] Lu X B, Zou G F, Li J H. Hemoglobin Entrapped within a Layered Spongy Co_3O_4 Based Nanocompos-

ite Featuring Direct Electron Transfer and Peroxidase Activity. J Mater Chem，2007，17（14）：1427-1432.

[74] Lu X B，Hu J Q，Yao X，et al. Composite System Based on Chiotsan and Room Temperature Ionic Liquid：Direct Electrochemistry and Electrocatalysis of Hemoglobin. Biomacromolecules，2006，7（3）：975-980.

[75] Xian Y Z，Xian Y，Zhou L H，et al. Encapsulation Hemoglobin in Ordered Mesoporous Silicas：Influence Factors for Immobilization and Bioelectrochemistry. Electrochem Commun，2007，9：142-148.

[76] Wang S F，Chen T，Zhang Z L，et al. Direct Electrochemistry and Electrocatalysis of Heme Proteins Entrapped in Agarose Hydrogel Films in Room-Temperature Ionic Liquids. Langmuir，2005，21：9260-9266.

[77] Zhang L，Zhang Q，Yao X，et al. Electrochemical Behaviors and Spectral Studies of Ionic Liquid（1-Butyl-3-melhylimidazolium Tetrafluoroborate）Based Sol-gel Electrode. J Electroanal Chem，2007，603（2）：243-248.

[78] Berezin I V，Bogdanovskaya V A，Yarasevich S D，et al. Bioelectrocatalysis-Equilibrium Oxygen Potential in Presence of Laccase. Doklady Akademii Nauk SSSR，1978，240：615-618.

[79] Varfolomeev S D，Berezin I V. Enzymes as Catalysis of Electrochemical Reactions. J Mol Catal，1978，4：387-399.

[80] Gitsov I，Hamzik J，Ryan J，et al. Enzymatic Nanoreactors for Environmentally Benign Biotransformations. 1. Formation and Catalytic Activity of Supramolecular Complexes of Laccase and Linear-Dendritic Block Copolymers. Biomacromolecules，2008，9（3）：804-811.

[81] Barriere F，Ferry Y，Rochefort D，et al. Targetting Redox Polymers as Mediators for Laccase Oxygen Reduction in a Membrane-less Biofuel Cell. Electrochem Commun，2004，6：237-241.

[82] Soukharev V，Mano N，Heller A. A Four-Electron O_2-Electroreduction Biocatalyst Superior to Platinum and a Biofuel Cell Operating at 0. 88 V. J Am Chem Soc，2004，126：8368-8369.

[83] Mano N，Kim H H，Zhang Y C，et al. An Oxygen Cathode Operating in a Physiological Solution. J Am Chem Soc，2002，124：6480-6486.

[84] Mano N，Mao F，Heller A. A Miniature Biofuel Cell Operating in A Physiological Buffer. J Am Chem Soc，2002，124：12962-12963.

[85] Xu F，Shin W，Brown S H，et al. A Study of a Series of Recombinant Fungal Laccases and Bilirubin Oxidase that Exhibit Significant Differences In Redox Potential，Substrate Specificity，and Stability. Biochim Biophys Acta，1998，1292：303-311.

[86] Guo J，Liang X X，Mo P S，et al. Purification and Properties of Bilirubin Oxidase from Myrothecium Verrucaria. Appl Biochem Biotcchnol，1991，31：135-143.

[87] Solomon E I，Sundaram U M，Machonkin T E. Multicopper Oxidases and Oxygenases. Chem Rev，1996，96：2563-2605.

[88] Shimizu A，Kwon J H，Sasaki T，et al. Myrotheciuiii Verrucaria Bilirubin Oxidase and Its Mutants for Potential Copper Ligands. Biochemsitry，1999，38：3034-3042.

[89] Kano K，Ohgaru T，Nakase H，et al. Electrochemical Evaluation of Redox Enzyme Reaction Kinetics Based on Mediated Bioelectrocatalysis in Solution. Chem Lett，1996：439-440.

[90] Farneth W E，Diner B A，Gierke T D，et al. Current densities from electrocalalytic oxygen reduction in laccase/ABTS solutions. J Electronal Chem，2005，581：190-196.

[91] Osman M H，Shah A A，Walsh F C. Recent Progress and Continuing Challenges in Bio-fuel Cells. Part 1：Enzymatic Cells. Biosens Bioelectron，2011，26：3087-3102.

[92] Hussein L，Rubenwolf S，Stetten F V，et al. A Highly Efficient Buckypaper-based Electrode Material for Mediatorless Laccase-catalyzed Dioxygen Reduction. Biosens Bioelectron，2011，26：4133-4138.

[93] Kim H H，Zhang Y C，Heller A. Bilirubin Oxidase Label for an Enzyme-Linked Affinity Assay with O2 as Substrate in a Neutral pH NaCl Solution. Anal Chem，2004，76：2411-2414.

[94] Gallaway J W，Barton S A C. Kinetics of Redox Polymer-Mediated Enzyme Electrodes. J Am Chem Soc，2008，130：8527-8536.

[95] Trudeau F，Daigle F，Leech D. Reagentless Mediated Laccase Electrode for the Detection of Enzyme Modulators. Anal Chem，1997，69：882-886.

[96] Karnicka K，Miecznikowski K，Kowalewska B，et al. ABTS-Modified Multi-walled Carbon Nanotubes as an Effective Mediating System for Bioeiectro-cataiytic Reduction of Oxygen. Anal Chem，2008，80（19）：7643-7648.

[97] Mao F, Mano N, Heller A. Long Tethers Binding Redox Centers to Polymer Backbones Enhance Electron Transport in Enzyme "Wiring" Hydrogels. J Am Chem Soc, 2003, 125 (16): 4951-4957.

[98] Szamocki R, Flexer V, Levin L, et al. Oxygen Cathode Based on a Layer-by-layer Self-assembled Laccase and Osmium Redox Mediator. Eleclrochimica Acta, 2009, 54: 1970-1977.

[99] Ogino Y, Takagi K, Kano K, et al. Reactions between Diaphorase and Quinone Compounds in Bioelectrocatalytic Redox Reactions of NADH and NAD. J Electroanal Chem, 1995, 396: 517-524.

[100] Habermuller K, Mosbach M, Schuhmann W. Electron-transfer Mechanisms in Amperometric Biosensors. Fresenius J Anal Chem, 2000, 366: 560-568.

[101] Qiu J D, Deng M Q, Liang R P, et al. Ferrocene-modified Multiwalled Carbon Nanotubes as Building Block for Construction of Reagentless Enzyme-based Biosensors. Sens Actuators B: Chemical, 2008, 135: 181-187.

[102] Zayais M, Katz E, Baron R. Rcconstitulion of Apo-Glucose Dehydrogenase on Pyrroloquinolinc Quinone-Functionalized Au Nanoparticles Yields an Electrically Contacted Biocatalyst. J Am Chem Soc, 2005, 127: 12400-12406.

[103] Coman V, Vaz-Dominguez C, Ludwig R, et al. A Membrane-, Mediator-, Co factor-less Giueose/Oxygon Biofuel Cell. Phys Chem Chcm Phys, 2008, 10: 6093-6096.

[104] Patolsky F, Weizmann Y, Willner I. Long-Range Electrical Contacting of Redox Enzymes by SWCNT Connectors. Angew Chem Int Ed, 2004, 43: 2113-2117.

[105] Xiao L, Patolsky F, Katz E, et al. "Plugging into Enzymes": Nanowiring of Redox Enzymes by a Gold Nanoparticle. Science, 2003, 299: 1877-1881.

[106] Katz E, Heleg-Shabtai V, Willner I, et al. Surface Reconstitution of a De Novo Synthesized Hemoprotein for Bioelectronic Applications. Angew Chem Int Ed, 1998, 37 (23): 3253-3256.

[107] Willner I, Riklin A. Electrical Communication between Electrodes and NAD (P)$^{+}$-Dependent Enzymes Using Pyrroloquinolinequinone-Enzyme Electrodes in a Self-Assembled Monolayer Configuration: Design of a New Class of Amperometric Biosensors. Anal Chem, 1994, 56 (9): 1535-1539.

[108] Heller A. Miniature Biofuel Cells. Phys Chem Chem Phys, 2004, 6: 209-216.

[109] Willner I, Yan Y M, Willner B, et al. Integrated Enzyme-Based Biofuel Cells-A Review. Fuel Cells, 2009, 1: 7-24.

[110] 沈同，王镜岩. 生物化学（上册）. 北京：人民教育出版社，1990：8.

[111] Tsou C L. The role of active site flexibility in enzyme catalysis. Biochemistry Biokhimiia, 1998, 63 (3): 253.

[112] 王山彬，李琳，李冰. 磁场对酶学效应的影响研究进展. 现代生物医学进展，2006，6（10）：111-114.

[113] 曾新安，高大维，李国墓，等. 高压电场对液化酶的活性影响及其机理探讨. 食品科学，1997，189（6）：3-5.

[114] 侯建华，杨体强，那日，等. 电场处理油葵种子在干旱胁迫下萌发及酶活性的变化. 中国油料作物学报，1998，25（1）：40-44.

[115] 杨体强，那日，吕军. 电场作用油葵种子后苗期生长抗旱性的试验. 内蒙古大学学报（自然科学版），1998，29（2）：282-283.

[116] 杨体强，那日，郭维生. 电场对油葵种子苗期干旱胁迫后生长的影响. 生物物理学报，2000，16（4）：780-784.

[117] Murrl E. Mechanism of plant-cell damage in an electro-static field. Nature, 1964, (206): 1305-1306.

[118] Sidaway G H, Aspray G F. Influence of electro-static field on plant respiration. IntroBiometeor, 1968, (12): 321-329.

[119] Tong T Y. Electric activation of membrane enzymes, First East Asian Symposium on Biophysics. Sponsored by The Biophysical Society of Japan, 1994, 39.

[120] 张振球. 静电生物效应. 北京：万国学术出版社，1989：1-6.

[121] 王淑惠，黎先栋，宋长铣. 高压静电场处理小麦种子对幼苗生长和有关化学成分的影响. 生物化学与生物物理进展，1991，18（5）：392-393.

[122] 梁运章. 静电研究与进展. 呼和浩特：内蒙古大学出版社，1992：135-137.

[123] 杨生，那日，杨体强. 电场处理对柠条种子萌发生长及酶活性的影响. 中国草地，2000，26（3）：78-81.

[124] 许月英，征荣，杨体强. 电场处理无芒雀麦种子对其幼苗酶活性的影响. 内蒙古大学学报（自然科学版），1999，35（3）：308-311.

[125] 黄卓烈，林茹，何平，等. 超声波对酵母过氧化氢酶及多酚氧化酶活性的影响. 中国生物工程杂志，2000，23 (4)：89-93.
[126] 高大维，陈满香. 超声波催化糖化酶水解淀粉的初步研究. 华南理工大学学报（自然科学版），1994，22 (1)：70-73.
[127] Barton S，Bullock C，Weir D. The effects of ultrasound on the activities of some glycosidase enzymes of industrial importance. Enzyme Microb Technol，1996，18 (3)：190-194.
[128] Marinchenko V A，Kislaya L V，Isaeuho V N，et al. Effect of ultrasound treatment of milky solution of malt on composition and quality of the finished mask. Fermentation Spirt Prom2st，1987，(5)：28-30.
[129] Ateqad N，Iqbal J. Effect of ultrasound on papain Indian. Biochem and Biophys，1985，22 (3)：190-192.
[130] Barsegyan V O，Sarkisyan L V，Adunts G T. Mechanism of the effect of decomposition products of water exposed to ultrasound on purified alkaline phosphatase. Biol Zh Arm，1978，31 (11)：1125-1131.
[131] 林勤保，高大维. 超声波对酶反应的影响. 华南理工大学学报，1994，16 (1)：26-28.
[132] 彭益强，吕凤萍，贺淹才，等. 激光诱变筛选高产植酸酶黑曲霉菌株的研究. 激光生物学报，1996，11 (6)：434-437.
[133] 孙新华，王颖，公柏娟，等. 两种不同弱激光照射对兔牙齿移动牙周组织中碱性磷酸酶活性的影响. 中国激光医学杂志，1998，11 (30)：157-160.
[134] 赵雪松. He-Ne激光辐射玉米种子对其幼苗体内某些保护酶活性的影响. 沈阳农业大学学报，2000，35 (2)：135-137.
[135] Portaccio M，De Luca P，Duranle D，et al. In virtro studies of the influence of ELF electromagnetic fields on the activity of soluble and insoluble peroxidase. Bioelectromagntics，2003，24：449-456.
[136] Portaccio M，De Luca P，Duranle D，et al. Modulation of the catalytic activity of free and immobilized peroxidase by extremely low frequency electromagnetic fields：dependence on frequency. Bioelectromagnetics，2005，26：145-152.
[137] Piacentini M P，Fraternale D，Piatti E，et al. Senescence delay and change of antioxidant enzyme levels in cucumis sativus by ELF magnetic fields. Plant Science，2001，161：45-53.
[138] Ravera S，Repaci E，Morelli A，et al. Effects of extremely low frequency electromagnetic fields on the adenylate kinase activity of rod outer segment of bovine retina. Bioelectromagnetics，2004，25：545-551.
[139] 曹学成，程炳锡，邹琦，等. 脉冲磁场对小麦生理效应的初步研究. 山东农业大学学报，1998，29 (3)：345-350.
[140] Blank M，Soo L. Frequency dependence of cytochrome oxidase activity in magnetic fields. Bioelectrochem Bioenerg，1998，46：139-143.
[141] Blank M，Soo L. Optimal frequencies for magnetic acceleration of cytochrome oxidase and Na，K-ATPase reactions. Bioelectrochemistry，2001，53：171-174.
[142] Blank M，Soo L. Effects of low frequency magnetic fields on Na，K-ATPase activity. Bioelectrochem Bioenerg，1995，38：267-273.
[143] Blank M，Soo L. Frequency dependence of Na，K-ATPase function in magnetic fields. Bioelectrochem Bioenerg，1997，42：231-234.
[144] Mevissen M，Haussler M，Loscher W. Alterations in omithine decarboxylase activity in the rat mammary gland after different periods pf 50Hz magnetic field exposure. Bioelectromgnetics，1999，20：338-346.
[145] Loscher W，Liburdy R P. Animal and cellular studies on carcinogenic effects of low frequency (50/60Hz) magnetic fields. Mutst Res，1998，2：185-220.
[146] Farrell J M，Barber M，Krause D，et al. Effects of low frequency electromagnetic fields on the activity of omithine decarboxylase in developing chicken embryos. Bioelectrochem Bioenerg，1997，43：91-96.
[147] Tuinastra R，Goodman E，Greenbaun B. Protein kinase C activity following exposure to magnetic field and phorbol ester. Bioelectromagnetics，1998，19：469-476.
[148] 朱元保，钟科军，向双蛾. 磁场对固定化乳酸脱氢酶催化活性的影. 湖南大学学报，1996，23 (5)：57-61.
[149] 贺华君，朱元保，范秋领. 磁场对大肠杆菌及胞内谷氨酸脱羧酶的影响. 吉首大学学报（自然科学版），1999，20 (3)：25-29.

[150] 贺华君，朱元保. 磁场对碳酸酐酶的影响. 吉首大学学报（自然科学版），1999，20（2）：1-5.
[151] 贺华君，朱元保，范秋领，等. 磁场影响固定化葡萄糖异构酶活性的研究. 吉首大学学报（自然科学版），1999，20（1）：20-24.
[152] 张秋霞，尹春玲，范秋领，等. 磁场对脂肪酶催化活性的影响. 平顶山学院学报，2005，5：59-61.
[153] 依艳丽，栗杰，张大庚，等. 磁场对棕壤脲酶活性的影响. 土壤通报，2005，4：78-81.
[154] 张雅芬，田亚平，华子安，等. 探讨磁化对 α-淀粉酶活性及其稳定性的影响. 酿酒，2005，2：34-35.
[155] 成凤桂，欧知义，周呈星. 磁场对漆树酶活性的影响. 林产化学与工业，2004，11（1）：53-58.
[156] 林建员，黄志勤，朱元保. 乙酰胆碱酯酶的磁效应研究. 赣南医学院学报，2004，24（3）：241-242.
[157] 李江，胡道道. 磁场对大分子构象的影响研究进展. 高分子通报，2005，5（10）：108-113.
[158] 郝柏林，刘寄星. 理论物理与生命科学. 上海：上海科学技术出版社，1997，3.
[159] 贺华君，朱元保. 磁场对酶构象的影响. 吉首大学学报（自然科学版），1998，19（4）：25-30.
[160] 姚占全，敖敦格日勒，许强，等. 应用圆二色光谱研究电磁场对脂肪酶二级结构的影响. 光谱学与光谱分析，2001，26（12）：2311-2314.
[161] 颜流水，朱元保，何双娥. 恒磁场对 α-淀粉酶构象的影响. 高等学校化学学报，1995，16（9）：1337.
[162] 张军，孙凡，陈德万，等. 强稳恒磁场对离体牛肝过氧化氢酶构象及活力的影响. 中国医学物理学杂志，2001，18：35-36.
[163] 李国栋，周万松. 生物磁学——应用与技术原理. 北京：国防工业出版社，1993：15-20.
[164] 林沁英. 恒定直流磁场对中华猕猴桃蛋白酶生物效应初探. 生物化学与生物物理学报，1992，（3）：253-257.
[165] 刘红兵. 缢蛏碱性磷酸酯酶在磁场作用下构象和活力变化研究. 辐射与环境生物物理研究（第一集）. 北京：科学技术出版社，1992：1-5.
[166] 习岗. 外磁场对小麦过氧化物酶酶促反应动力学影响. 生物物理学报，1992，（3）：512-551.
[167] 休斯 M N. 生物无机化学. 北京：农业出版社，1986：209.
[168] 陈石根，周润琦. 酶学. 上海：复旦大学出版社，2001：28.
[169] 李红，胡道道，房喻，等. 磁场对大分子构象的影响研究进展. 高分子通报，2005，5：108-113.
[170] 郑必胜，郭祀远，李琳，等. 磁场处理强化水溶液蒸发效能的研究. 华南理工大学学报（自然科学版），1995，23（7）：20-25.
[171] Vanag V K. Kinetic analysis of the Possible effect of a constant magnetic field on the rate of enzymatic reaction. Biophysics，1984，29（1）：19.
[172] Engle P C. Enzyme Kinetics. London：Chapman and Hall，1981.
[173] Daniel L P. Enzyme Kinetics and Mechanism. San Diego：Acad Press，1995.
[174] 范秋领，朱元保，何双娥，等. 磁场影响枯草杆菌蛋白酶催化活性的研究. 吉首大学学报（自然科学版），1998，19（1）：47-50.

第7章

电化学微生物传感器和DNA传感器

电化学微生物传感器是指直接利用微生物来作为敏感材料，固定在电化学换能器表面构成的生物传感器。1975 年，Divies[1]第一次提出了微生物-乙醇传感器的设想。随后，Karube 等人[2,3]于 1977 年发展了由固定化活性污泥和氧电极构成的、利用微生物的活体代谢功能检测有机污染物的微生物传感器，由此开辟了生物传感器发展的又一新领域[4~13]。

微生物是一类特殊的生物类型，大多数微生物以单细胞的形式存在，由于微生物在大小、数量、种类、繁殖、遗传改造等方面有其独到之处，使得该类型的传感器在稳定性、体积、响应时间、原位及连续在线监测方面具有独特的优势[14,15]。

由活性微生物构成的电化学传感器，根据其敏感单元的感应机理可分为：呼吸型电化学微生物传感器和代谢型电化学微生物传感器。呼吸型电化学微生物传感器由微生物固定化膜和溶解氧电极构成，通过检测微生物呼吸活性的变化，间接测定待测物的浓度，当待测物通过这一类型的传感器时，微生物因外界刺激而导致其呼吸系统的活性变化，其耗氧量的变化可通过电极转化为电信号。代谢型电化学微生物传感器根据微生物在加入目标分析物后代谢产物量的改变确定待测物的量。微生物传感器中，利用电化学技术进行换频是使用最为广泛的方法，基于电化学信号的不同，传感器可以分为电流型微生物传感器、电位型微生物传感器和阻抗型微生物传感器。微生物燃料电池（Microbial Fuel Cell，MFC）型传感器是近年来得到快速发展的另一类型的微生物电化学传感器，大量的微生物燃料电池型传感器已被开发，应用于环境、食品和生物医学的分析检测，尤其是在生物毒性等综合指标的监测上表现出独特的优势。

7.1 微生物固定化技术

生物传感器中，如何有效地将生化识别反应转化为可检测的物理信号是最为关键的技术之一。在电化学微生物传感器的制备中，作为生物识别元件，微生物细胞必须密切与换能器相关联，微生物固定化技术在构建过程中扮演着重要的角色，决定着传感器的稳定性、灵敏度和选择性等主要性能，也决定着传感器是否具有研究价值和应用价值。

微生物固定化技术是指将活性微生物与载体固定化成为生物敏感化膜，并能反复使用的一项技术，它要求将微生物限制在一定的空间且不流失，保持良好的机械性能，且不妨碍被分析物的自由扩散，同时还要保持微生物的活性。在已出版的多数电化学微生物传感器的研究文献中，微生物固定化方法有物理法和化学法两种，化学固定法有交联法、共价结合法等；物理固定法有包埋法、吸附法等（见图 7-1）。

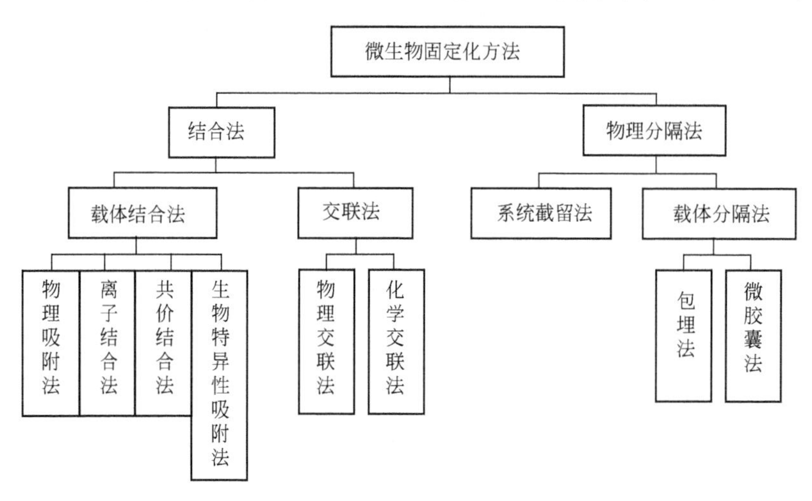

图 7-1　微生物固定化方法

7.1.1　吸附法

吸附法是利用载体与微生物细胞间简单的物理吸附进行细胞固定的技术，是最简单和方便操作的附加微生物到换频器上的方法，主要通过极性键、氢键、疏水力等相互作用将生物组分吸附在载体上。其优点是对微生物活性的影响较小、操作简便、响应时间短、灵敏度高、制备方法简单等，但其缺点是在长时间使用后，生物识别元件易流失泄漏，造成传感器的稳定性差、使用寿命低。

目前，微生物传感器使用的吸附技术主要为物理吸附和离子吸附。物理吸附是使用具有高吸附能力的物质，如硅胶、活性炭、多孔玻璃、碎石、卵石、焦炭、硅藻土等吸附剂[16～19]，将细胞吸附在表面使其固定化。离子吸附是利用细胞在游离状态下，利用离子键合作用，将其固定于带有相反电荷的离子交换剂上[20]，常见的离子交换剂有 DEAE-纤维素、CM-纤维素等[21～24]。

多孔材料在利用吸附法构筑微生物传感器时，特别是在电化学传感器中，受到了早期研究者们的广泛关注，这类材料具有多种尺寸、可变的孔道和较大的比表面积，通过对其物理、化学性质（如疏水性和亲水性）的调控可有效提高微生物细胞的固定效率，增强传感器的灵敏度和使用寿命。Nakamura 等人[25]将多孔的硝化纤维素滤膜构建在平面热解石墨（Basal-plane Pyrolytic Graphite，BPG）电极上，制备了可实现对尿样中埃希氏大肠杆菌（*Escherichia coli*）数量和抗生素双重检测的传感器，此电化学传感器对尿样中的微生物数量检测可达 $5\times10^2\sim5\times10^5$ cells/mL。透析膜同样也被用于微生物的支撑[26]，Takayama 等[27]将固定有荧光假单胞菌（*Pseudomonas fluorescens* TN5）的透析膜加在碳糊电极上，利用细菌的氧化羟基化作用，这个微生物传感器实现了对烟酸的线性电流响应。基于其相对便宜的价格、易于获得和较强的吸附能力，滤纸在微生物传感器制备中也被作为细胞的固定载体[28]。Reshetilov 的研究小组[29]利用简单的物理吸附和黏着方式，将葡萄糖酸杆菌固定在色谱滤纸上，结合克拉克型氧电极（Clark-type Electrodes），构建十分稳定的木糖传感器，在 4℃下储存 35d 后，其对木糖的响应仍能达到 60%。

为了简化微生物细胞的固定过程，一些研究将其直接负载在换频器上，如电极的表面构筑微生物传感装置[18,27,30~39]，最常见的直接固定是使用碳糊电极（Carbon Paste Electrode）为基础换频器[18,32]，例如，Katrlik 等[30]将培养的尼日尔曲霉菌 CCM8004 菌丝体与碳糊简单混合后制备成呼吸型葡萄糖电流传感器，这一方式与将菌体吸附在电极表面制备的传感器相比，其灵敏度与稳定性都得到了大幅提高。孔隙化的贵金属电极同样也被研究用于直接吸附固定微生物细胞构筑电化学传感装置[40]，Konig 等[41]基于微喷溅技术，构建了具有三维微结构的铂电极，在这个电极表面的内部，具有的金字塔状孔道可容易地固定两种不同的酵母菌株，通过对其生化需氧量（Biochemical Oxygen Demand，BOD）和多环芳香烃的代谢，实现了较低检测限下的多目标分析。

7.1.2 包埋法

包埋法是近年来发展迅速的细胞固定化技术，具有操作简单、对细胞活性影响较小、效率高等特点，是目前细胞固定化研究和应用最广泛的方法。包埋法是将酶或细胞包埋在凝胶的微小空格内或埋于半透膜聚合物的超滤膜内，形成的结构可以防止微生物细胞的渗漏，但允许底物进入、产物扩散，是常见的微生物固定化方法。根据载体材料和方法的不同，包埋法的可分为凝胶包埋法和半透膜包埋法两种。凝胶包埋法是将细胞包埋在各种凝胶内部的微孔中而使细胞固定的方法。半透膜包埋法是将细胞包埋在由各种高分子聚合物制成的小球内而使细胞固定的方法，此法简单，条件温和，稳定性好，包埋细胞容量高。包埋法的制备方法简单，具有孔径可调的多孔结构，能使生物分子在较低的温度下被包埋从而使其保持生物活性并且不易泄漏，并保持自身结构、活性和功能。包埋法固定微生物的载体材料有天然高分子多糖类的海藻酸钙凝胶和卡拉胶、聚乙烯醇（PVA）、聚丙烯酰胺（ACAM）等[42]。

聚乙烯醇（Polyvinyl alcohol，PVA）是一种特别适合进行微生物包埋固定化的载体材料，它具有强度高、化学稳定性好、抗微生物生物分解性能强、对微生物无毒、价格低廉等一系列优点[43~53]。PVA是目前最为大规模合成的水溶性聚合物，PVA是一种带羟基的高分子聚合物，其分子主链为碳链，每一个重复单元上含有羟基，由于羟基尺寸小、极性强、容易形成氢键，因此具有良好的水溶性、成膜性、黏结力和乳化性以及良好的耐油脂性和耐溶剂性。PVA具有多元醇的化学结构，可通过物理、化学和辐射法进行改性。物理法中最常见的是冷冻/解冻法，其机理如图7-2所示，通过低温形成PVA链分子间、分子内的氢键和微晶区三维网络。冷冻/解冻法不采用化学交联剂，对微生物活性的影响较小。在电化学微生物传感器的研究中，一些报道采用了此方法[54~56]，如，Rainina等[57]将重组的大肠杆菌与PVA以1∶9（质量比）的比例混合后，在－14℃下利用滴落制备装置，成功制备了固定微生物的PVA微球，利用这个固定化的微生物材料，结合流动装置与pH电极构建了有机磷电化学微生物传感器（结构见图7-3），这个传感器对于有机磷的检测线性范围达到了0.001～1.0mmol/L。尤其值得关注的是，传感器中利用PVA固定的大肠杆菌，在50mmol/L PBS中，4℃条件下2个月后，对有机磷仍具有分解能力。

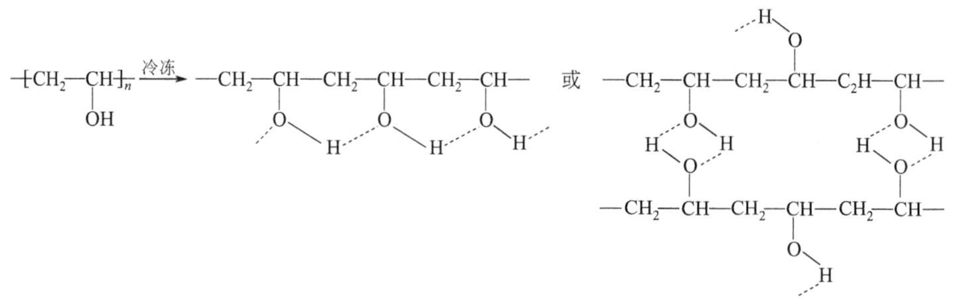

图7-2 PVA的物理制备

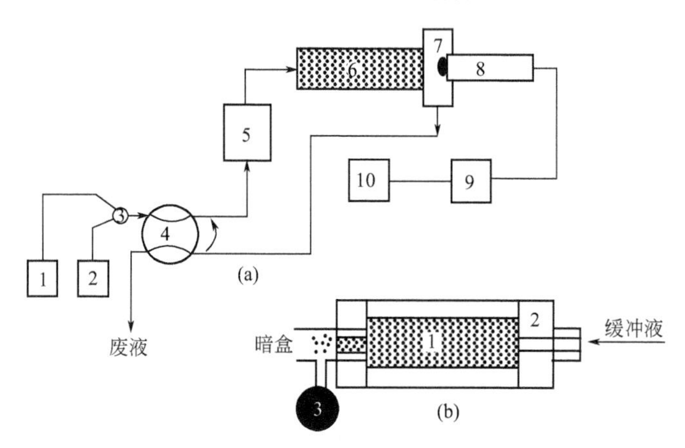

图7-3 基于流动装置的有机磷电化学微生物传感器示意图（引自Rainina等[57]）

(a) 1—缓冲液盒；2—样品盒；3,4—二位阀；5—蠕动泵；6—反应器；

7—测量池；8—pH电极；9—pH计；10—计算机

(b) 1—生物催化内在部分；2—反应器塞；3—球形器

化学法制备PVA载体中最常用的方法是硼酸交联法，基于图7-4所示的反应，PVA中的羟基与硼酸离子反应生成单二醇型的键，从而共价形成多孔凝胶，将微生物包埋在凝胶网格中。硼酸法制备的载体稳定性好、机械强度高，但是由于硼酸的生物毒性，且此方法制备的PVA凝胶具有非常强的附聚倾向，使得颗粒之间相互黏结在一起不易分开等，使其在微生物传感器中的应用受到了一定的限制。因此，在一些电化学微生物传感器的研究中，PVA常与其他固定化基质一起使用，以提高对微生物的固定化效果，增强传感器的检测灵敏度、稳定性和使用寿命。

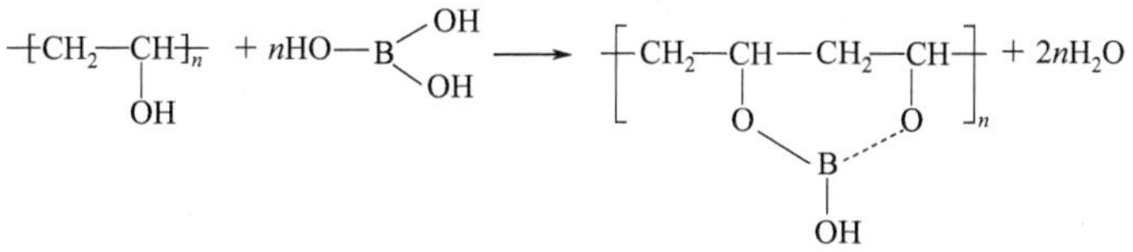

$$\text{-}\!\!\left[CH_2-\underset{OH}{\underset{|}{CH}}\right]_n\!\!\text{-} + nHO-B\begin{matrix}OH\\OH\end{matrix} \longrightarrow \left[-CH_2-\underset{O}{\underset{|}{CH}}-CH_2-\underset{O}{\underset{|}{CH}}-\right]_n (\text{两个O与}\underset{OH}{\underset{|}{B}}\text{相连}) + 2nH_2O$$

图7-4　PVA的化学交联制备

董绍俊研究小组[43,49]将二氧化硅、乙烯吡啶和PVA组合，用于丝孢酵母菌和丝孢酵母菌的共固定，在他们的报道中，这个固定微生物基质被支撑在聚四氟乙烯膜上，构建成BOD电化学生物传感器，实验结果显示这个传感器具有十分优良的性能，在长达3个月的储存后，对于BOD检测的重现性仍能达到80%。Zhang等比较了将活性污泥固定于PVA-硼酸、PVA-硝酸钠和PVA-磷酸盐三种不同类型基质的生物活性和稳定性。通过对三种方式的比较，他们认为，将活性污泥固定于PVA-磷酸盐是最为经济、有效的方法。

生物包埋法则是最受关注的固定化方法之一，一类受到广泛关注的微生物细胞固定基质是溶胶-凝胶[58,59]，与聚乙烯醇类似，它拥有一定的物理刚度、化学惰性、光化学和热稳定性高的特点，同时还具有在水溶液和有机溶剂中溶胀系数小的优点，已被广泛用于在水相和有机相生物传感器的构建中。其中海藻酸盐凝胶是最广泛采用的材料，在一些研究中，海藻酸凝胶吸附固定的微生物电化学传感系统展现了令人满意的检测性能[60,61]。Lee等[62]将固定的假单胞菌NCIMB11764海藻酸钠凝胶与氧电极结合，构筑的反应器型微生物传感系统，在流动装置中，在5min内就可实现对氰化物在0.05～1mg/L范围内的检测，其稳定性甚至可达30d以上。

在传感器研究中，壳聚糖是另一类受到广泛应用的固定基质。壳聚糖(Chitosan)又名脱乙酰几丁质、聚氨基葡萄糖、可溶性甲壳素，是由几丁质(Chitin)经脱乙酰化反应转化而成的生物大分子（见图7-5）。壳聚糖分子的基本单元是带有氨基的葡萄糖，分子内同时含有氨基和羟基，因此性质比较活泼，可进行多种方式的修饰、活化和偶联。壳聚糖具有多孔结构，结构上的特殊性使其具有离子交换、螯合、吸附等性质，分子中的$—NH_2$对各种蛋白质的亲和力非常高，极其适合生物分子的固定化，加上不溶于大多数溶剂，有一定的刚性和抗压性，便于制备各种各样的衍生物，因此，采用壳聚糖制成的多孔膜和多孔微颗粒可作为蛋白质、核酸、细胞等生物活性物质的固定化载体，在生物传感器研究方面得到了广泛的应用[63～66]。

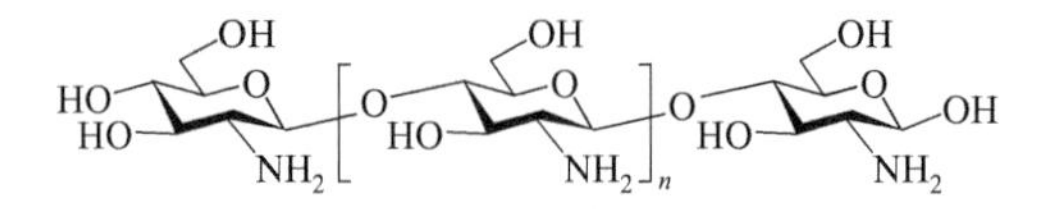

图 7-5　壳聚糖的结构与转化
（引自 https：//en. wikipedia. org/wiki/Chitosan/media/File：Chitosan _ chemical _ structural _ formula. svg）

单纯的壳聚糖作为传感器生物识别元的固定材料有一定的局限性，往往需要对壳聚糖进行改性，合成壳聚糖复合材料以保持壳聚糖所特有的优异性能，同时改进不同固定基质相互作用时的综合性能。利用壳聚糖复合材料将细菌固定于电极表面制备电化学传感装置已被广泛报道，例如，Odaci 等[64,65]设计了几种基于碳纳米管/壳聚糖体系的电化学微生物传感器，讨论了碳纳米管对传感器的影响，在他们的研究中，不同浓度的纳米材料被与壳聚糖复合，实验结果表明，引入碳纳米管后，可有效增强分析物的信号检出，这是因为碳纳米管不仅增加了电极表面的电活性，加速电极和微生物代谢产物间的电子传输，同时，由于纳米材料具有较大的比表面积，可有效提高壳聚糖凝胶的微生物细胞固定数量。

多孔无机物也被用于微生物的固定，与其他无机材料相比，这一类型的固定基质由于多级的孔结构、易于成膜和较好的生物相容性[67]，在电化学微生物传感器的制备中具有很好的应用前景。例如，Chen 等[19]报道的利用无机多孔 Al_2O_3 作为固定材料构建 BOD 微生物传感器，微生物膜的制备可在 15min 内完成，在室温下储存 30d 仍有很好的传感性能。

最近，导电聚合物在电化学生物传感器中用于微生物细胞的固定受到了广泛关注[68]。1986 年，Foulds 和 Lowe 首次将葡萄糖氧化酶包埋固定于聚吡咯（Polypyrrole，PPY）中，构建了酶电极，开创了利用导电聚合物构建电化学生物传感器的先河。此后，许多学者相继将不同的酶、抗体、DNA 甚至细胞等生物活性物质固定于导电聚合物中，制备成了各种电化学生物传感器。导电高聚合物的合成方法大体上可分为化学法和电化学法。化学聚合是通过采用氧化剂对单体进行氧化或通过金属有机化合物偶联的方式得到共轭高分子的。电化学聚合是在电场的作用下电解含有单体的溶液，从而在电极表面获得共轭高分子。将导电聚合物作为固定基质制备电化学微生物传感器具有一系列独特的优势[69~73]：如包埋过程易于控制，与电极表面的黏附力强，导电聚合物膜有选择性透过某些物质的功能，可以提高传感器的抗干扰能力，导电聚合物合成和识别元件的固定化可以一步完成，导电聚合物具有极好的导电性和放大电信号的能力，可以提高传感器的灵敏度等。

利用电聚合方法将生物识别元件固定于聚合物中构建传感器特别受到研究者的广泛关注，这种方法具有快速、固定微生物膜的分布立体可控、所形成的聚合物的膜厚度和致密度可调等优点，尤其适用于生物传感器的微型化。在生物传感器研究中，最常利用的是导电聚合物聚吡咯、聚苯胺和聚噻吩。

Palmqvist 等[74]报道了将聚吡咯覆盖在琼脂糖固定的酵母菌层上进行微生物代

谢活动的研究，在这个研究中，通过对固定微生物层的更换，这个阻抗传感器可以被反复利用，简化了传感器的制备流程。此后，有学者利用电聚合法，在石墨电极表面通过恒电位聚合二氧噻吩构筑了聚噻吩基的微生物电极，在他们的研究中，传感器制备中的电聚合时间、pH 值、传感器响应的温度被优化，以葡萄糖为目标物时，这个传感器呈现较好的线性检测性能[75]。

尽管在早期研究中，导电聚合物在生物传感器中表现了十分诱人的应用前景，但在进一步提高导电聚合物的性能，增强导电聚合物生物传感器的稳定性、重复性，揭示导电聚合物与生物分子间的电荷传递机理等方面还存在可拓展的余地，最近几种功能化的导电聚合膜被用于改进微生物在电极表面的吸附固定和传感器的检测灵敏度。Jha 等[72]设计了一种聚苯乙烯磺酸/聚苯胺（Polystyrene Sulphonate-Polyaniline，PSS-PANI）复合导电聚合物基电化学微生物传感器，在这个研究中，将 0.1mol/L 苯胺、50mmol/L PSS 和 20mg 枯草芽孢杆菌的冻干粉混合在 2mL 磷酸缓冲液中，在 1.2V 恒电位下 60～120min，就可在电极间一步形成固定细胞层，研究结果表明，用这种方法制备的传感器，基于其尿酸酶的活性，对于尿素的线性检测范围在 0～75mmol/L，检测下限为 0.125mmol/L，同时具有非常好的稳定性，在 4℃条件下可储存 7d。

7.1.3 交联法

依靠细胞表面上的功能团和固相支持物表面的反应基团之间形成化学共价键连接从而实现细胞固定的方法称为共价交联法。

明胶是电化学微生物传感器制备中常使用的固相材料，在利用明胶固定微生物细胞时，使用的交联剂有异氰酸盐、氨基硅烷、戊二醛等。最经常使用的交联试剂为戊二醛，它能在温和的条件下与分子的自由氨基反应。采用这种方法的特点是结合牢固，分子不易脱落，载体不易被生物降解，使用寿命长。但是，膜的形成条件不易确定，须仔细控制离子强度、温度及反应时间。交联膜的厚度及戊二醛的含量对传感器的响应具有重要的影响。当膜较厚时，由于扩散受到阻碍，致使响应信号下降，响应时间延长；戊二醛的含量较低时，溶液不会被固定化，而戊二醛的浓度较高又会使生物分子如酶失活；同时，双功能团试剂也可能不是选择性的，既可以发生分子间键合又可能发生分子内键合。

在目前的一些研究中，基于明胶共价交联固定的电化学微生物传感器中，细菌、真菌、藻类细胞作为生物识别元已被广泛报道。在早期的微生物传感器中，假单胞杆菌（*Pseudomonas*）受到了特别的关注，各种不同类型的假单胞杆菌菌株被用于传感器的构建[16,27,54,55,62,76～81]。Timur 等[82]利用戊二醛作为交联剂，将假单胞杆菌固定在明胶膜中，在金电极表面制成了可用于苯酚检测的传感器，这个传感器具有制备简单、灵敏度高、选择性高等特点。Akyilmaz 等人[83]则将热带假丝酵母作为识别元，设计了乙醇的安培型电化学微生物传感器。在这个研究中，他们将细胞培养物与明胶混合后涂布于氧电极的聚四氟乙烯膜上，随后，用0.1%的戊二醛交联，3min后即可制成稳定的细胞固定层，他们还比较了这个微生物传感器与酶传感器对多种不同条件下乙醇的检测性能，结果表明，这个电化学微生物传感器具有更好的灵敏度和抗干扰能力。随后，他们又用类似的方法制备了基于啤酒酵母（*Saccharomyces cerevisiae*）的维生素 B_1（Thiamine）传感器[84]和L-赖氨酸传感器[85]，这些传感器同样具有比较理想的检测性能。

7.1.4 微生物固定中的纳米材料

为改进传感器的性能，最近，随着纳米材料在电化学传感器研究中的发展，一些研究将纳米材料引入了微生物传感器的构建中[36,64,71,73,86~89]。纳米材料能提高电化学生物传感器的灵敏度和再现性，是当前电化学传感器研究的热点之一[90]。纳米粒子的大小在1～100nm之间，纳米粒子的特殊结构导致了它具有表面效应、体积效应、量子尺寸效应和宏观量子隧道效应四方面的独特性质。由于纳米粒子具有比表面积大、表面反应活性高、催化效率高、表面活性中心多、吸附能力强、生物相容性高等优异的物理化学特性，有利于提高对敏感单元的吸附能力，提高生化反应的速率，使纳米粒子在生物传感器的研究中发挥着重要的作用，可用作生物传感器界面的修饰材料和生物分子的固载基质。

贵金属纳米粒子是较早研究的纳米材料，除了吸附能力强、催化效率高以外，许多研究表明，它还具有良好的生物相容性和稳定性，能为生物活性材料提供与本体环境相似的微环境，有助于生物活性识别单元与电极表面之间的直接或间接的电子转移。金纳米粒子是贵金属纳米材料中最受关注的类型之一，金纳米颗粒具有异常优秀的电化学活性、光学性质、生物催化性能、极小的表观活化能、无生物毒性等特点。由于金纳米粒子能通过Au—S键与巯基发生超强共价键合作用，利用此种作用可将金纳米粒子与含巯基生物分子结合。此外，蛋白质分子和细胞也可通过一些非共价结合作用固定到金纳米粒子表面保持长久的生物活性。目前将金纳米粒子应用于改进微生物传感器已有报道[36,88,89]。

最近，Yildirim等[89]报道了基于金纳米电沉积修饰电极表面，进行葡萄糖酸杆菌固定，构建二茂铁硫醇媒介的微生物葡萄糖传感器研究。在这个研究中，他们利用电沉积的方法，首先在电极表面制备了金纳米层，随后在这个金纳米修饰的电极表面通过自组装，将二茂铁硫醇修饰于其上（见图7-6），这个修饰电极在对葡萄糖酸杆菌的吸附固定上表现出极好的效能。在构建的葡萄糖传感器相应的测试中，由于纳米粒子和电子媒介的协同作用，在底物的特异性、稳定性等方面均表现出令人满意的结果。

近年来，碳纳米材料如碳纳米管[91]、石墨烯[92]在微生物传感器中同样也得到了广泛的应用[93]。

碳纳米管是一种纳米尺度的具有完整分子结构的一维量子材料，可根据管壁的

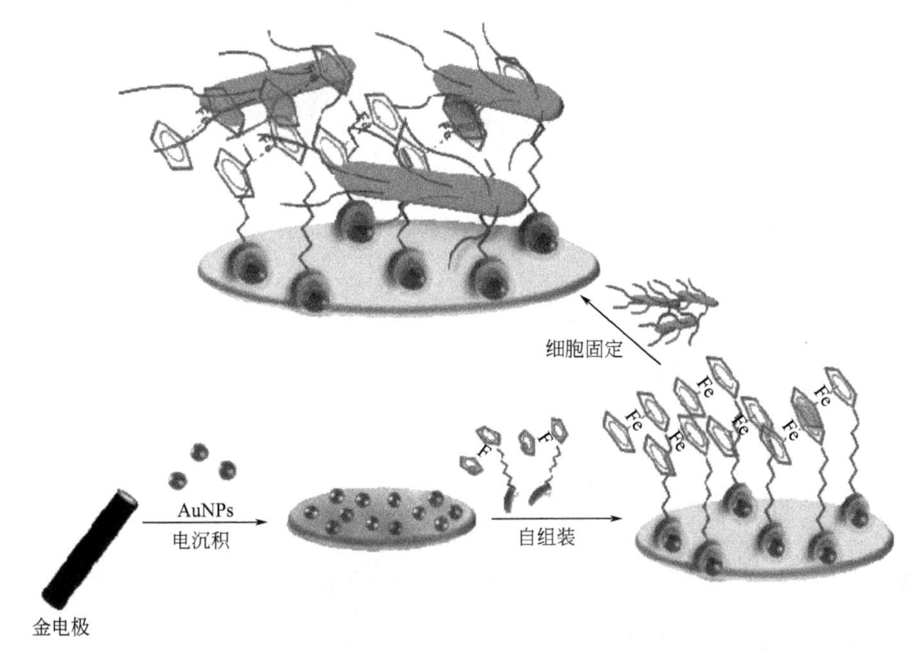

图 7-6 金纳米电沉积修饰电极葡萄糖传感器[90]

层数分为单壁碳纳米管（SWNTs）和多壁碳纳米管（MWNTs）。由于碳纳米管的尺度、结构和拓扑学等方面的特殊性，它具有许多奇特的物理、化学性能和潜在的巨大应用前景，目前已成为物理学、化学和材料学等领域的研究热点之一。利用碳纳米管独特的电学、光学和化学性质，已有不少研究证实碳纳米管可有效增加细胞的固载量和稳定性，同时提高传感器的响应性能。2007 年，Anik 等[94]将碳纳米管-环氧树脂（Carbon-Nanotube Epoxy Composite，CNTEC）电极引入了微生物传感器中，他们将假单胞杆菌培养物滴涂在电极表面后，用明胶-戊二醛交联，比较研究了碳纳米管-环氧树脂基微生物传感器和石墨-环氧树脂基微生物传感器对于葡萄糖的电流响应，结果表明，碳纳米管的引入，可极大地提高传感器的检测信号。利用纳米材料优秀的物理、化学性质，实现生物分子或细胞与电极间直接的电子交换，一直是生物传感器研究领域和生物燃料电池研究领域的重要问题，大量的研究论文已被相继报道，例如 Li 等[95]将碳纳米管通过 Nafion 简单负载在电极表面，将葡萄糖氧化酶和可过表达木糖脱氢酶的大肠杆菌遗传工程菌株（*Escherichia coli* BL21）固定在其上，研究了这个传感器的电化学行为，循环伏安结果表明，传感器在－0.5V 处对于葡萄糖有一个线性相关的电流峰，而在＋0.55V处，则对不同浓度的木糖产生峰电流响应。在另外一些研究中，人们就功能化的碳纳米管对微生物传感器的影响进行了讨论。Kim 等[96]首先采用辐射反应将碳纳米管进行了量子点（CdS 或 Cu_2S）功能化，随后，这个复合的碳纳米管被用于修饰电极，产碱杆菌（*Alkaligenes*）培养物则被直接吸附于其上制备成苯酚传感器（见图 7-7），这个传感装置在对实际葡萄酒进行检测时，呈现了较宽的线性范围（0.5～5.0mmol/L）、高的灵敏度和很好的稳定性。

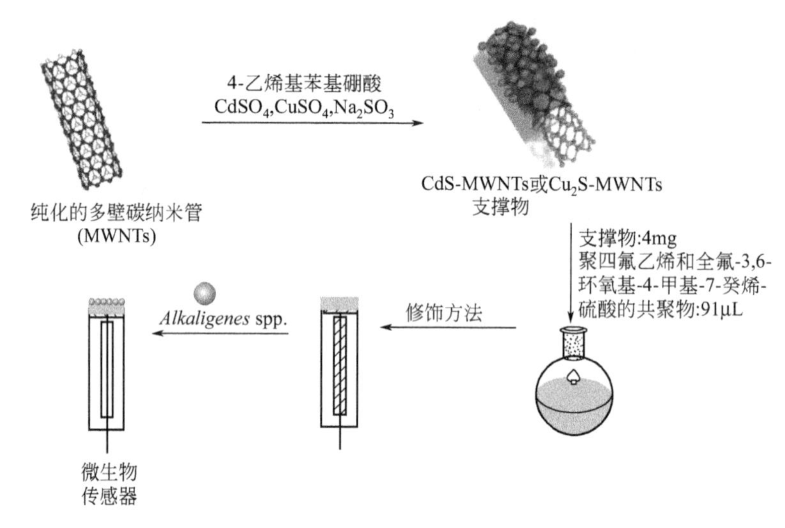

图 7-7　功能化碳纳米管微生物传感器的制备过程[96]

石墨烯作为一种新型碳材料，具有独特的结构和优异的性能[92]，近年来，引起了全球科学家的广泛关注。石墨烯具有完美的二维结构和优异的性能，它的比表面积极大、机械强度超高、电子传导能力超强，且成本低廉。石墨烯作为一种高导电性能的优质材料，能够有效实现电子的高效率传导，并且具备良好的稳定性和重现性，在电化学检测以及电化学传感器的发展中正在得到有效的利用。经过功能化的石墨烯，既可溶于水又可溶于有机溶剂，使其成为固定化生物分子或细胞和电极之间有效的电子媒介，不仅可以实现生物分子活性中心的直接电子传递，还可提高传感器的灵敏度、增大响应电流、减少分析时间，因此，在传感器的应用方面比碳纳米管更有优势，为传感器的研究提供了良好的平台[93]。近年来，石墨烯在微生物电化学研究中的应用研究逐渐成为热门，当前，大多数的研究集中在了利用其改进微生物燃料电池（MFC）性能方面。Huang 等[97]报道了氧化石墨烯修饰阳极在 MFC 中的应用，他们利用生物模拟方法在电极表面修饰了具有网络结构的石墨烯层，当一种金属异化还原细菌——希瓦菌被附着上后，电极表现出极为显著的细胞外电子转换能力，SECM 表征结果显示，这种网状结构的石墨烯层有很大的比表面积和较小的孔隙结构，他们认为，这种结构是微生物与电极间细胞外电子转换显著提高的主要原因（见图 7-8）。

Yong 等[98]对复合型石墨烯修饰电极提高 MFC 微生物装载能力和细胞外电子转移进行了研究，他们将导电聚合物（聚苯胺）和石墨烯结合，在电极表面修饰了一体化、具有大孔隙的三维石墨烯复合层，通过与普通平面碳毡阳极比较，证实这种三维孔隙石墨复合层结构可具有更高的细胞装载能力。更值得注意的是，他们认为这种三维结构可为细胞处电子与电极间的转移提供多个通路和更为有效的传导效率（见图 7-9）。

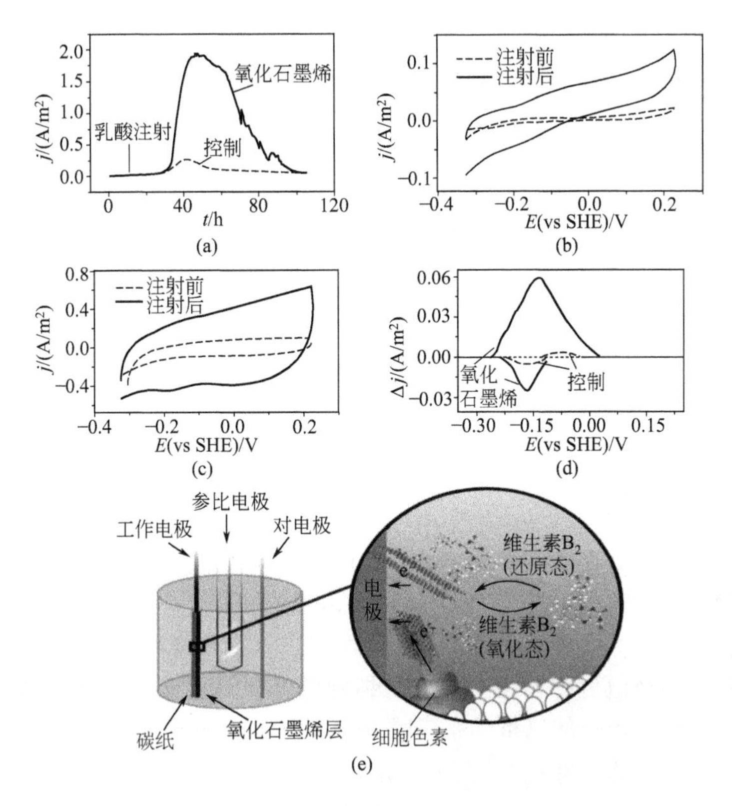

图 7-8 基于氧化石墨烯修饰阳极的 MFC[97]

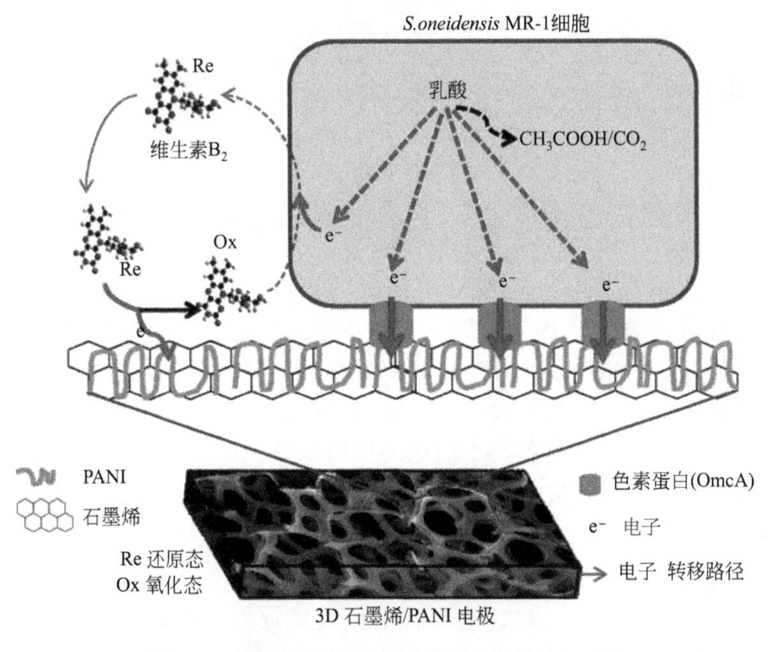

图 7-9 基于复合型石墨烯修饰电极的 MFC[98]

7.2 呼吸型电化学微生物传感器

呼吸型电化学微生物传感器是指利用微生物对化合物的同化作用，通过氧电极测量体系中氧的减少，即以呼吸活性为指标，间接测定分析物浓度的传感器。

由于生物氧化过程对氧的不同要求，微生物可以被分为好氧型微生物、厌氧型微生物及兼性微生物。好氧型微生物具有完整的呼吸链，通过氧化多糖、氨基酸和脂质等有机物或无机物获得能量，以氧作为最终电子受体，必须在有氧环境中才能生长，完成代谢过程。厌氧型微生物指在无氧条件下也可生活的细菌，该类微生物由于缺少 SOD 和过氧化氢酶，由黄素系氧化酶的作用而产生的有害的超氧化物或过氧化氢不能分解，因此不能适应有氧环境。兼性微生物在有氧或无氧的环境中均能生长，一般以有氧生长为主，有氧时靠呼吸产能；兼具厌氧生长能力，无氧时通过发酵或无氧呼吸产能。

基于上述不同的代谢机理，呼吸型电化学微生物传感器一般由好氧型微生物或兼性微生物固定化膜与氧电极或二氧化碳电极组成[99]，其工作原理如图 7-10 所示。当传感器与目标分析物处于同一溶液中时，目标化合物通过扩散进入微生物细胞固定膜中，并被微生物同化，微生物细胞的呼吸活性则在同化有机物后有所提高，这样扩散到电极上的氧量会相应减少，氧电流值降低，便可间接测出被微生物同化的目标化合物的浓度[3,100]。

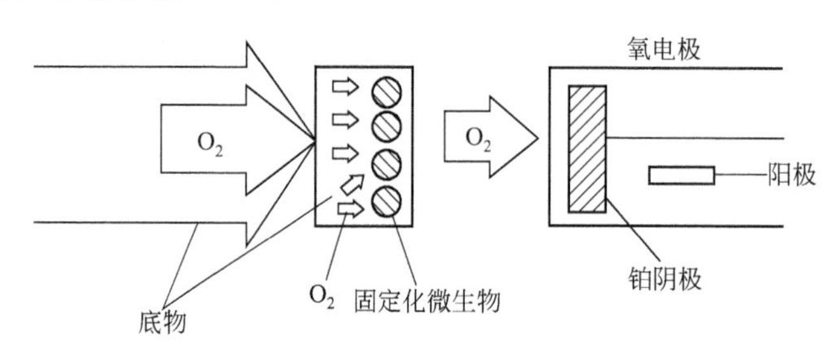

图 7-10 呼吸型电化学微生物传感器的原理

在早期研究中，氧电极一般采用传统的克拉克膜电极，这种电极由 Leland C. Clark 于 1951 年发明，在电化学微生物传感器中的应用已经过 30 多年的发展，具有多种应用方式[101]。克拉克膜氧电极具有检测精确度高和不易受干扰的优点，但是由于其结构复杂、体积较大，在实际实用中，尤其是需要便携、进行现场检测时，受到了极大的限制。目前，小型化、结构简单、便于操作的氧电极的研制逐渐成为此类微生物传感器研究的重要方向。微型化电极是解决传统克拉克氧电极体积较大的问题的一个极好的选择[102,103]，许多研究已就这种电极在微生物传感装置中的应用进行了探索[104,105]。1996 年，Yang 等[106]设计了一种一次性的微生物电化学 BOD 传感器（见图 7-11），他们利用微机械加工技术，在硅基上制备了一个 15mm×2mm×0.4mm 大小、包含两电极的克拉克氧电极，在其表面通过合成树脂 ENT-3400 紫外交联固定了酵母细胞，这个 BOD 对于标准葡萄糖/谷氨酸体系呈现出较好的线性 BOD 响应。

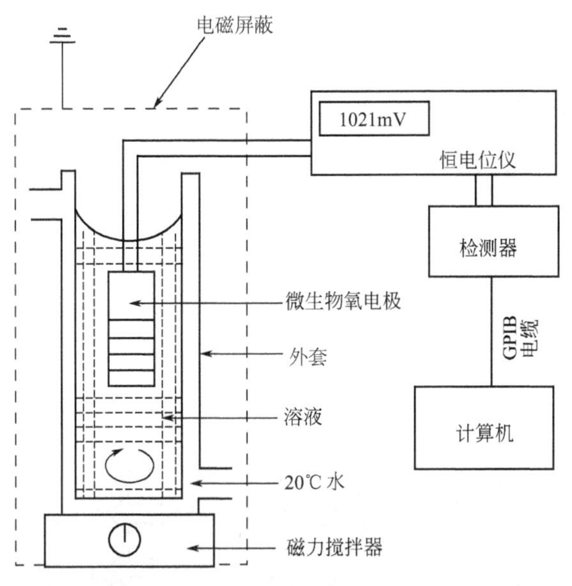

图 7-11　BOD 传感器结构示意图[107]

Chan 等[104]设计了一种“浸入”式的厚膜型 BOD 传感器（见图 7-12），在这个传感器中，印刷电极被利用，在其上黏附了固定的酵母细胞膜，并对制备成的 BOD 传感器的电极表面进行了电化学和 SEM 表征，研究了这个小型化传感器的检测性能，结果显示其具有与酶相类似的动力学特征。

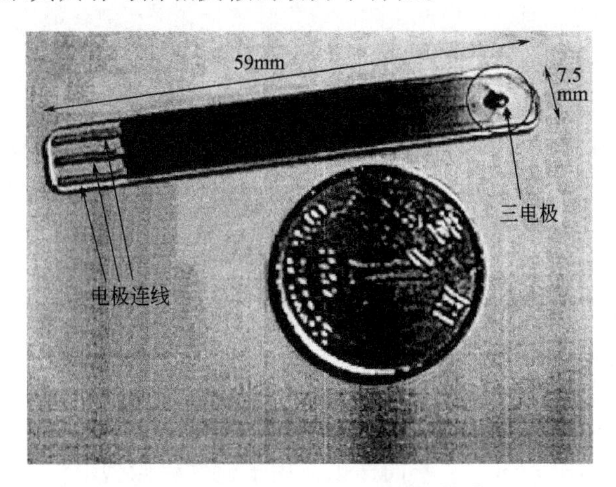

图 7-12　厚膜型 BOD 传感器[105]

除了利用微生物同化目标检测物导致呼吸加强，引起电极周围氧浓度降低设计电化学传感装备外，在另外一些研究中，则利用检测目标物对微生物呼吸作用的抑制，设计抑制呼吸型微生物传感器。Chay 等报道了一个可用于铜离子生物毒性分析的此型传感器，在这个传感器中，念珠藻被用作生物识别元固定于丙烯酸酯聚合物膜中，铜离子的出现能够影响细胞的呼吸活性，结合氧电极，这个传感器可动态分析金属离子对细胞的毒害作用。

7.3 代谢型电化学微生物传感器

代谢型微生物传感器根据微生物在接触外底物后代谢产物的改变来确定待测物的量。微生物在同化过程中会产生各种代谢产物，在这些代谢生成物中含有一些电极活性物质，这些物质可使电极产生电化学反应，形成电流，利用这种原理，该传感器能迅速测定目标物的浓度，在这种类型的传感器中，好氧型微生物、厌氧型微生物及兼性微生物均可被用作识别元件，其基本原理如图 7-13 所示。

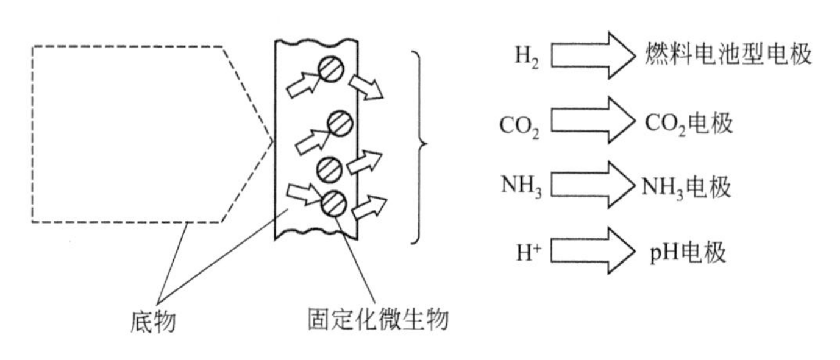

图 7-13　代谢型电化学微生物传感器

代谢型传感器典型的例子是利用细菌细胞，建立对硝基苯酚（*p*-nitrophenol，PNP）电化学微生物传感器[18,24,31,32,107～111]。莫拉菌能够特异性降解硝基苯酚，形成具有较高电活性的氢醌，通过电极对氢醌的电化学氧化，产生氧化电流，即可实现对硝基苯酚的检测。Mulchandani 等[32]报道了基于碳糊电极的微生物传感器，在他们的研究中，*Moraxella* sp 菌培养物干粉与碳糊简单混合制备成的传感器在 0.3V 电压下可实现对 PNP 的检测，其检测下限可达 2.78×10^{-9}，他们认为传感器所具有的良好的检测性能源于细菌降解产生的氢醌比 PNP 有更好的电化学活性（见图 7-14）。

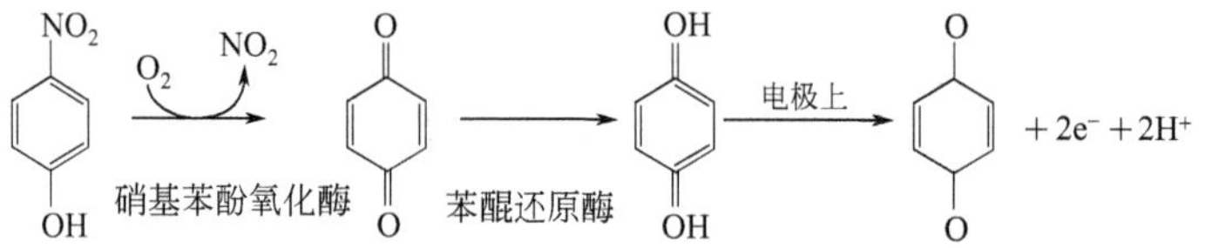

图 7-14　PNA 电化学微生物传感器[32]

节杆菌（*Arthrobacter* sp.）同样也被用于建立代谢型 PNP 电化学微生物传感装置，Lei 等[31,108]设计了基于节杆菌 JS443 菌株为生物识别元的 PNP 传感器，在这个传感器中，JS443 能够高选择性地氧化 PNP，形成硝基儿茶酚（4-nitrocatechol）和苯三酚（1,2,4-benzenetriol），这些中间产物可在电极氧化，产生氧化电流，通过安培检测即可实现 PNP 的检测。利用代谢型电化学微生物传感器为基础，一些复合型的传感器也被研究[18]。Mulchandani 和 Lie[24] 等分别在其建立的 PNP 传感器的基础上进一步组合酶，设计了环境污染物有机磷（Organophosphorus）的传感器。

7.4 中介型电化学微生物传感器

尽管微生物呼吸和代谢可产生能被电极直接检测的氧或电活性中间产物，但是由于传统的氧电极极易受到温度、透气膜和电解质层的厚度的影响，同时，能够代谢产生电活性中间产物的微生物种类和底物种类极为有限，因此，传感器的应用受到了极大的限制。为了解决这一问题，近年来，一种基于媒介体，新的中介型（Mediator-type）电化学微生物传感器由于其快速、灵敏及检测限高等优点受到了研究者的关注[81]，其基本原理如图 7-15 所示。

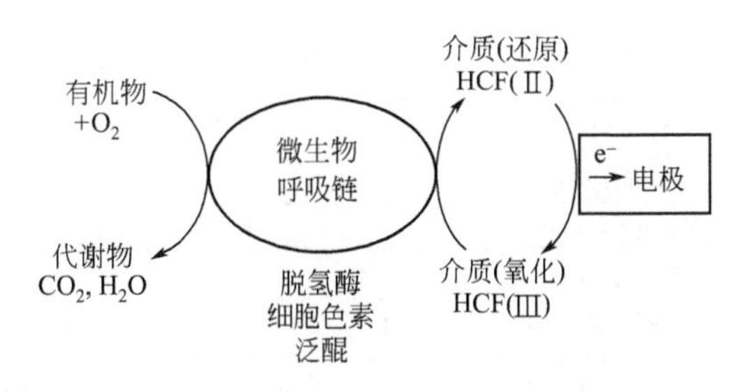

图 7-15　中介型电化学微生物传感器的原理

Katrlik 等报道了基于铁氰化钾和二茂铁的中介型葡萄糖传感器，在这个研究中，铁氰化钾、二茂铁与曲霉菌 CCM 8004 被共同固定在碳糊电极的生物敏感层中，当葡萄糖存在时，这个传感器中的铁氰化钾、二茂铁电子媒介可以有效地实现曲霉菌葡萄糖氧化酶与电极间的电子转换，实验结果表明，这个传感器的检测限可达 6mmol/L。利用电子媒介修饰电极，建筑中介型微生物传感器，人们同样也进行了研究。例如，Skladal 等[112] 将甲基二茂铁、二茂铁、量子点作为修饰材料，制备了 24 种不同组合的修饰印刷电极（Mediator-modified Screen-printed Electrodes），将假单胞菌的多种菌株固定在其上建立了多种传感装置，通过对不同底物的电化学分析，筛选出能进行有效电子传递的组合，他们认为传感设计能够实现对苯酚进行特异性响应。

7.5 电化学微生物传感器的换频方式

电化学微生物传感器是在固定化细胞的作用下，导致目标检测物发生变化，或检测器周围的环境的发生改变，通过换能器记录变化从而间接测定出待测物的浓度。根据测量信号的不同，电化学微生物传感器大致可分为电流型、电位型、电导型，以及最近受到关注的燃料电池型。

7.5.1 电流型微生物传感器

电流型微生物传感器是研究以及应用最广泛的一种传感器，它是利用固定在电极表面上的微生物细胞对底物的代谢，产生可在电极上还原或氧化的组分，获得检测电流信号。电流型传感器具有响应速率快、检测下限低、线性范围宽等优点，但它容易受到样品中电活性物质等的干扰。

电流型微生物传感器的灵敏度极大地依赖于电极电流。在电化学生物传感器中，电极除了保持生物识别元（酶、抗原/抗体、DNA、微生物、细胞）在固定到电极表面后仍有活性外，传感器的灵敏度、响应时间、稳定性和重复性很大程度上都依赖于恰当的电极选择，无论哪种电化学传感器，电极都是其核心部件，电极的发展对传感器起到了至关重要的作用。表 7-1 列出当前研究中所报道的一些电流型传感器所采用的电极类型及其所利用的微生物菌株的情况。

表 7-1 电流型传感器的电极及微生物菌株类型

电极类型	菌株类型	检测目标	参考文献	备注
克拉克电极	*P.alcaligenes*	咖啡因	[113]	
	A.globiformis	胆碱	[114]	
	P.angusta *Activated sludge* *Microbial consortium* *P.putida* JS444	乙醇 BOD BOD EPN	[115] [116] [117] [24，118]	
氧电极	*S.cerevisiae*	Cu^{2+}	[119]	
	A.ferrooxidans	$Fe^{2+}/S_2O_3^{2-}$	[120，121]	
碳糊电极	*P.putida* JS444	对硫磷	[122]	
	M. sp.	对硝基苯酚	[32]	
玻碳电极	*M*. sp	葡萄糖醛酸酶 (β-D-Glucuronidase)	[123]	
	G.oxydans *G.oxydans*	1,3-丙二醇 乙醇	[124] [125]	
铂电极	*P.aeruginosa*＋*K*. sp.	甲烷	[126]	
印刷电极	*S.cerevisiae*	BOD	[127]	
	C.vulgaris	莠去津	[128]	
	P.putida	2,4-Dichloro phenoxy acetic acid	[129]	
微芯片	*E.coli*	萘啶酸	[130]	
	S.typhimurium	2-Amino-3-methyli midazo[4,5-*f*]quinoline	[130]	
石墨电极	*H.polymorphaV* *G.oxydans* *G.oxydans*/*P.fluorescens*/*G.oxydan* *P.fluorescens*	L-乳酸 乙酸 乙醇/葡萄糖 木糖/甘露糖/半乳糖	[131] [132] [73] [64]	

续表

电极类型	菌株类型	检测目标	参考文献	备注
修饰电极	*P.putida*	苯酚	[133]	碳纳米管修饰碳糊电极
	P.putida	儿茶酚	[134]	半胱氨酸修饰金电极
	P.fluorescens	葡萄糖	[75]	PEDOT 修饰石墨电极
溶解氧电极	*S.cerevisiae*	L-赖氨酸	[85]	

7.5.2 电位型微生物传感器

电位型传感器是基于离子选择性电极原理而发展起来的，常见的电位型微生物传感器一般由离子选择性电极如氧电极、CO_2 电极、氯离子电极和 pH 电极与细菌生物膜组成[20,63,135~139]。固定到电极表面的细胞在消耗分析物时会引起离子的积累或损耗变化，使电极电位发生相应的变化，基于测量电位就可实现目标物的检测，其基本原理如图 7-16 所示[136]。电位型传感器中工作电极电位的变化值与待测物浓度之间存在对数关系，因此，该类型传感器具有灵敏度高、线性范围宽、响应时间快等特点。不过，电位分析需要一个非常稳定的参考电极，这种要求可能会限制这类传感器的应用。

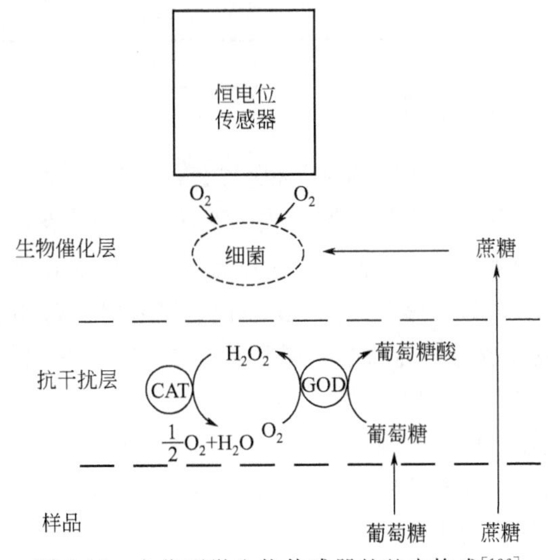

图 7-16　电位型微生物传感器的基本构成[136]

许多电位型微生物传感器是基于 pH 电极建立的[20]。1996 年，Reshetilov 等[135]利用简单的物理吸附，将葡萄糖杆菌（Gluconobacter oxydans）固定在一个 pH 电极的表面，建立了木糖的电位型传感器，基于葡萄糖杆菌菌株中木糖脱氢酶对木糖的催化，当溶液中出现木糖时，细胞外 pH 值会发生显著的变化，通过电位型 pH 电极信号的改变，这个传感器实现了对木糖 5.0～30mmol/L 的线性响应。

在另外一些研究中则报道了利用阴电极建立污染物传感装置的事例，最近，Geng 等[140]利用克雷伯菌对甲基对硫磷的降解，通过聚合膜阴离子选择电极建立了有机磷杀虫剂的电位型传感系统。在这个研究中，甲基对硫磷分子印迹固相萃取膜被引入以提高传感器的选择性，在这个传感器中，5～100nmol/L 浓度的甲基对硫磷表现出线性的电位响应。表 7-2 给出了其他一些电位型传感器。

表 7-2 电位型微生物传感器

电极类型	目标检测物	微生物种类	参考文献
pH 电极	有机磷	*Flavobacteium* sp.	[136]
	有机磷	Recombinant *E.coli*	[141]
	有机磷	Recombinant *E. coli*	[20]
	青霉素	Recombinant *E. coli*	[142]
	青霉素	Recombinant *E. coli*	[143]
LAPS	色氨酸	*E. coli* WP2	[138]
NH_4^+ 选择电极	尿素	*Bacillus* sp.	[144]
氯离子选择电极	三氯乙烯	*P. aeruginosa* JI104	[145]
	三氯乙烯	*P. aeruginosa* JI104	[17]
氯电极	乙醇	*S. ellipsoideus*	[139]
	蔗糖	*S. cerevisiae*	[137]

7.5.3 电导型微生物传感器

电导型微生物传感器是利用微生物细胞与底物发生反应，导致反应体系中离子种类及浓度的变化，从而引起电极修饰层或溶液导电性的改变，以电导率为响应信号间接检测目标物的传感装置[146～149]。典型的电导型微生物传感器被 Anu Prathap 等人[150]报道，他们利用聚苯胺建立了高灵敏的六氯环己烷（γ-hexachlorocyclohexane，HCH）电导型微生物传感器，在这个传感器中，聚苯胺被利用作 H^+ 离子传感器和细菌细胞的固定膜，基因工程改造的 *E. coli* 充当生物识别元件，这个 *E. coli* 菌株在其细胞膜上过表达六氯环己烷脱氢酶（γ-hexachlorocyclohexane dehydrochlorinase，LinA2），当传感器被用于 HCH 检测时，LinA2 能催化 HCH 产生 HCl，从而引起聚合膜电导率的改变，实现对 HCH 的检测。具体原理如图 7-17 所示。

在电导分析中，电化学阻抗是一种十分有效的方法。电化学阻抗谱方法（EIS）是一种以小振幅的正弦波电位（或电流）为扰动信号的电化学测量方法。由于以小振幅的电信号对体系扰动，一方面可避免对体系产生大的影响，另一方面也使得扰动与体系的响应之间呈近似线性关系，这就使测量结果的数学处理变得简单。同时，EIS 又是一种频率域的测量方法，它以测量得到的频率范围很宽的阻抗谱来研究电极系统，因而能比其他常规的电化学方法得到更为丰富的信息。一些研

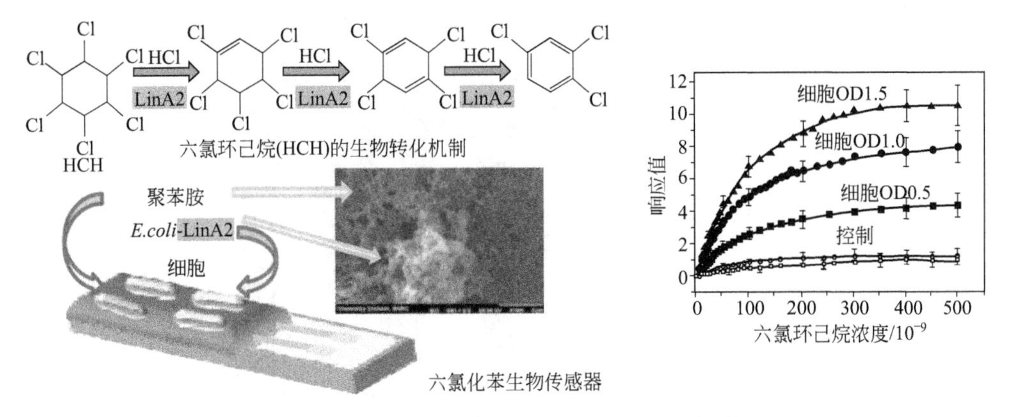

图 7-17　电导型六氯环己烷微生物传感器[150]

究[146,147,149]已经报道了利用电化学阻抗分析微生物细胞活性的事例。基于电化学阻抗技术，通过检测电极表面电导变化或溶液电导变化分析微生物细胞识别事件的研究已被报道[151]。最近，López Rodriguez 等[152]设计了一个基于阻抗的微生物杀虫剂传感器，在这个传感器中，放线菌 M7 突变系孢子被用作杀虫剂六氯化苯的生物识别元，这个孢子可以以有机氯农药为碳源进行生长，当传感器与目标物共同培养时，孢子的生长引起膜阻抗的变化，从而实现目标的阻抗分析。

7.5.4 微生物燃料电池型传感器

微生物燃料电池是以微生物为催化剂，在产电微生物的代谢作用下，将化学能转化为电能的装置。由于产电微生物对目标底物的消耗情况可以影响微生物燃料电池电能的产生，因此，微生物燃料电池可作为微生物传感器中的一种。此外，当有毒物质进入阳极室时，会导致微生物燃料电池产生的电流下降，而电流的下降程度与有毒物质的浓度存在一定的相关性，同样也可被用于对目标化合物进行分析检测构建传感器。MFC 是将活体微生物作为生物元件的传感器，与传统生物传感器如酶传感器相比，MFC 具有重复使用、寿命长、成本低等优点；此外，活体微生物对环境的适应能力强，不需要严格的 pH 值与温度控制，因此，具有维护要求低、稳定性好、自我提供能量、可用于目标物的过程控制和在线监测等优点，这些特点使其获得了广泛的实际应用价值。

典型的 MFC 由阳极区和阴极区构成，中间用质子交换膜或离子交换膜等间隔开。微生物在阳极氧化有机物，将有机物降解并释放出电子（见图 7-18）[153]。在微生物燃料电池中最终电子受体为电极，根据电子传递至电极表面方式的不同，微生物燃料电池的电子传递机理可以分为四种：①依赖外界添加的电子中介体进行电子传递；②通过代谢产物进行电子传递；③通过微生物细胞表面蛋白直接进行电子传递；④通过“导线”进行电子传递。依赖目标分析对 MFC 电子传递过程的影响，各种不同的 MFC 传感器已被研究报道[154]。

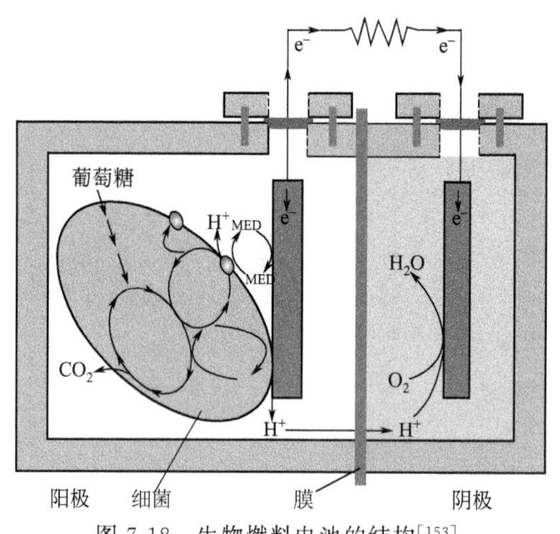

图 7-18 生物燃料电池的结构[153]

MED—电子介体

早期的 MFC 传感器主要是针对 BOD 检测展开的，最早可见的 BOD 检测传感器被 Karube 所报道[2,3]。他们将丁酸梭菌用凝胶固定在电极表面，构建了 MFC 基的 BOD 生物传感器，利用该传感器对食品加工废水的 BOD 进行测定，发现其与标准方法相比具有较好的检测准度，相对误差在 7.5% 以内。随后，Kim 等人[155~162]对 MFC 基的微生物传感器进行了系统研究，其基础结构如图 7-19 所示。2003 年，他们首次报道了将无介体 MFC 应用在 BOD 的测定中的研究，他们发现用活性污泥代替单一菌体对可降解有机物进行降解可大幅提高底物的利用程度，提高电池的转化率，MFC 在能够正常运行之后，系统产电量与 BOD 之间有良好的对应关系，该传感装置可持续运行 5 年之久。在此之后，为满足实际条件更为复杂的环境样品的 BOD 的准确测量，他们又开发了基于叠氮化钠和氰化物等呼吸链抑制剂改进的 MFC 传感器[159,160]，通过对经修饰和未修饰电极电流的比较，他们认为

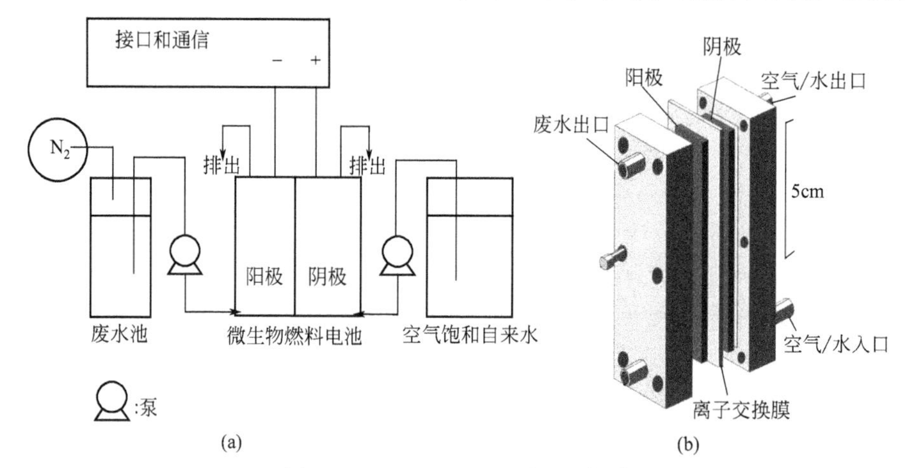

图 7-19 MFC 基 BOD 传感器[158]

这类形式的传感器构成可提高数据的准确性。

在一些研究中，微生物燃料电池还被用于毒性检测传感器的开发，在燃料电池体系中，一旦有毒物质进入电池的阳极后，电化学活性微生物的代谢受到有毒物质的抑制，造成传递到阳极的电子减少，从而导致电池产生的电流骤减，而电流的降低程度与有毒物质的浓度存在一定的关系，据此可检测样品的毒性。Kim 等在系统研究 MFC 的基础上，同时提出了基于有毒物质浓度与电流骤减幅度之间的关系，利用 MFC 构建有毒污染物传感器的设计，他们利用废水活性淤泥作为产电微生物，构建了 MFC 环境污染传感器，并用于现场、在线监控水中的有毒物质。该传感器对废水中的有毒物质具有良好的灵敏度，当有毒物质如有机磷化合物、Pb 及 Hg 和多氯化联苯等进入到该系统后，电池的电流迅速下降，其铬、汞、铅和苯的检测下限分别达到 0.04mg/L、0.03mg/L、0.04mg/L 以及 0.04mg/L。表 7-3 给出了目前一些研究中 MFC 基污染物传感器的参数。

表 7-3　MFC 基污染物传感器的参数

微生物类型	电子媒介	阳极类型	阴极类型	膜类型	检测所需时间	参考文献
Saccharomyces cerevisiae，*Lactobacillus fermentum*	无媒介	铂	过氧化银	阴离子交换	10min	Matsunaga 等(1979)
Escherichia coli，*Flavobacterium arbrescens*，*Bacillus subtilis*，*Pseudomonas aeruginosa*		铂	过氧化银	阴离子交换	15min	Nishikawa 等(1982)
Escherichia coli	PES	碳网	碳网	离子交换	12～17min	Turner 等(1983)
Escherichia coli，*Lactococcus lactis*，*Micrococcus* sp，*Pseudomonas* sp	硫堇	玻碳	铂	阴离子交换	5min	Patchett 等(1988)
Escherichia coli，*Pseudomonas aeruginosa*，被污染的河水	硫堇	铂	铂	阴离子交换	20～60min	Maoyu 和 Zhang (1989)
废水接种培养，真正受污染的地下水	无媒介	碳纤维	碳纤维/铂	阳离子交换	0～180min	Zhang 和 Angelidaki (2011)
Escherichia coli	无媒介	碳布	碳布/铂	阳离子交换		Xia 等(2013)

7.6 电化学微生物传感器的应用

电化学微生物传感器在食品和发酵工业、环境监测等领域的应用十分广泛。

7.6.1 在食品和发酵中的应用

在食品、饮料等生产加工过程中，温度、溶氧、pH 值、培养基成分、细胞浓度、产物组成及含量等均是生产过程的重要控制参数。快速和准确的检测技术对加式过程控制具有重要的意义，目前利用微生物电化学传感器对葡萄糖、谷氨酸、乳酸的实时监控已得到广泛应用[84,86]. 乙醇浓度是发酵、啤酒酿造工业过程中的主要控制参数，乙醇检测在工业上具有特别重要的意义。基于假丝酵母（Candida tropicalis)、嗜有机甲基杆菌（Methylobacterium organophilium）等制备的安培型传感器其对乙醇浓度的具有较宽的响应线性范围和快速的响应时间，已可用于实践中乙醇的检测，取得满意效果。

7.6.2 环境监测

微生物传感器凭借其自身独有的特点，在环境监测领域具有非常重要的地位。微生物传感器可以定性、定量测量被分析物质的信息。微生物传感器的稳定性较好，使用寿命较长且价廉。微生物细胞中的酶处于其自然的生理环境之中，因而增加了其稳定性和活性，免除了昂贵的酶纯化和辅助因素再生步骤，在一定程度上降低了成本。另外，微生物传感器的生物学成分可通过浸入生长基使之再生，因而能长时间地保持其生物催化活性，延长传感器的有效使用期限，同时，微生物传感器还可测量功能性信息，即监测被分析物对活细胞生理功能的影响，从而解决一些与功能性信息相关的问题。

近年来，人们利用从污水和活性淤泥中富集的电化学活性微生物，构建了多种有介体或无介体微生物燃料电池（MFC）生物传感器。

水体有机污染物监测是评价水质的重要指标之一，它直接反映了水体受污染的程度。目前，国标规定的监测方法为5d培养法，即BOD_5，是指在一定条件下，将待检测样品培养5d，通过检测5d前后溶解氧含量的变化进行BOD的计算。这种方法费时、误差大，且平行性差。因此快速BOD监测方法的研究得到了诸多科研工作者的关注。

近年来，随着我国工业和经济的飞速发展，环境污染问题日渐突出。在众多的污染物中，有机物是造成水环境污染的一个重要因素。水中的有机污染物种类繁多、成分复杂，而且很多具有毒性。在自然条件下，可生化降解有机物能够被水中好氧微生物利用，同时消耗水中溶解氧，而溶解氧含量直接关系到水生生物的生命活动。因此，监测水体可生物降解有机物的耗氧量，即生化需氧量（Biochemical oxygendemand，BOD）至关重要。BOD微生物传感器方法发展已有30余年的历史，在众多方面取得诸多进步，得到了许多科研工作者的关注。

具有代表性的微生物BOD传感是基于氧电极的电化学传感器，它将微生物固定成膜后贴于氧电极表面构建微生物传感器，通过比较微生物传感器在可生化降解有机物含量改变时的输出信号的变化程度计算样品的BOD。近年来，人们利用从污水和活性淤泥中富集的电化学活性微生物，构建了多种有介体或无介体 微生物燃料电池（MFC）型BOD微生物传感器，利用这些MFC，同时进行持久性有机污染物的检测和降解也逐渐成为人们研究的热点方向之一[163]。

参 考 文 献

[1] Divies C. Remarks on ethanol oxidation by an acetobacter-xylinum microbial electrode. Annales De Micro-

biologie, 1975, A126 (2): 175-186.
[2] Karube I, et al. Microbial electrode BOD sensors. Biotechnology and Bioengineering, 1977 (10): 1535-1547.
[3] Karube I, et al. Rapid method for estimation of BOD by using immobilized microbial-cells. Journal of Fermentation Technology, 1977, 55 (3): 243-248.
[4] Hikuma M, et al. Ammonia electrode with immobilized nitrifying bacteria. Analytical Chemistry, 1980, 52 (7): 1020-1024.
[5] Aston W J, Turner A P F. Biosensors and biofuel cells. Biotechnology & Genetic Engineering Reviews, 1984, 1: 89-120.
[6] Riedel K, et al. Microbial sensors-fundamentals and application for process-control. Journal of Chemical Technology and Biotechnology, 1989, 44 (2): 85-106.
[7] Scheller F, et al. Research and development of biosensors-a review. Analyst, 1989, 114 (6): 653-662.
[8] D"Souza S F. Microbial biosensors. Biosensors & Bioelectronics, 2001, 16 (6): 337-353.
[9] Nakamura H Karube I. Current research activity in biosensors. Analytical and Bioanalytical Chemistry, 2003, 377 (3): 446-468.
[10] Vanrolleghem P A, LeeD S. On-line monitoring equipment for wastewater treatment processes: state of the art. Water Science and Technology, 2003, 47 (2): 1-34.
[11] Barton S C, Gallaway J, Atanassov P. Enzymatic biofuel cells for Implantable and microscale devices. Chemical Reviews, 2004, 104 (10): 4867-4886.
[12] Lei Y, Chen W, Mulchandani A. Microbial biosensors. Analytica Chimica Acta, 2006, 568 (1-2): 200-210.
[13] Willner I, et al. Integrated Enzyme-Based Biofuel Cells-A Review. Fuel Cells, 2009, 9 (1): 7-24.
[14] Justino C I L, et al. Recent developments in recognition elements for chemical sensors and biosensors. TrAC Trends in Analytical Chemistry, 2015, 68 (0): 2-17.
[15] Wang X, Lu X, Chen J. Development of biosensor technologies for analysis of environmental contaminants. Trends in Environmental Analytical Chemistry, 2014, 2 (0): 25-32.
[16] Nandakumar R, Mattiasson B. A microbial biosensor using Pseudomonas putida cells immobilised in an expanded bed reactor for the online monitoring of phenolic compounds. Analytical Letters, 1999, 32 (12): 2379-2393.
[17] Han T S, et al. Microbial sensor for trichloroethylene determination. Analytica Chimica Acta, 2001, 431 (2): 225-230.
[18] Mulchandani P, et al. Amperometric microbial biosensor for direct determination of organophosphate pesticides using recombinant microorganism with surface expressed organophosphorus hydrolase. Biosensors & Bioelectronics, 2001, 16 (7-8): 433-437.
[19] Chen D D, et al. A BOD biosensor based on a microorganism immobilized on an Al_2O_3s sol-gel matrix. Analytical and Bioanalytical Chemistry, 2002, 372 (5-6): 737-739.
[20] Mulchandani A, et al. A potentiometric microbial biosensor for direct determination of organophosphate nerve agents. Electroanalysis, 1998, 10 (11): 733-737.
[21] Rastogi S, et al. Development and characterization of a novel immobilized microbial membrane for rapid determination of biochemical oxygen demand load in industrial waste-waters. Biosensors & Bioelectronics, 2003, 18 (1): 23-29.
[22] Tkac J, et al. Improved selectivity of microbial biosensor using membrane coating. Application to the analysis of ethanol during fermentation. Biosensors & Bioelectronics, 2003, 18 (9): 1125-1134.
[23] Jantra J, et al. Microbial biosensor for the analysis of 2, 4-dichlorophenol. Analytical Letters, 2005, 38 (7): 1071-1083.
[24] Lei Y, et al. Biosensor for direct determination of fenitrothion and EPN using recombinant Pseudomonas putida JS444 with surface expressed organophosphorus hydrolase. 1. Modified Clark oxygen electrode. Sensors, 2006, 6 (4): 466-472.
[25] Nakamura N, Shigematsu A, Matsunaga T. Electrochemical detection of viable bacteria in urine and antibiotic selection. Biosensors & Bioelectronics, 1991, 6 (7): 575-580.
[26] Subrahmanyam S, et al. Development of a sensor for acetic acid based on fusarium solani. Electroanalysis, 2001, 13 (15): 1275-1278.
[27] Takayama K, et al. Bioelectrocatalytic hydroxylation of nicotinic-acid at anelectrode modified with immobilized bacterial-cells of pseudomonas-fluoresens in the presence of electron-transfer mediators. Journal of

Electroanalytical Chemistry, 1995, 381 (1-2): 47-53.

[28] Verma N, Singh A. A Bacillus sphaericus based biosensor for monitoring nickel ions in industrial effluents and foods. Journal of Automated Methods & Management in Chemistry, 2006: 4.

[29] Reshetilov A N, et al. Evaluation of a Gluconobacter oxydans whole cell biosensor for amperometric detection of xylose. Biosensors & Bioelectronics, 1997, 12 (3): 241-247.

[30] Katrlik J, et al. Mediator type of glucose microbial biosensor based on Aspergillus niger. Analytica Chimica Acta, 1997, 356 (2-3): 217-224.

[31] Lei Y, et al. Arthrobacter sp JS443-based whole cell amperometric biosensor for p-nitrophenol. Electroanalysis, 2004, 16 (24): 2030-2034.

[32] Mulchandani P, et al. Amperometric microbial biosensor for p-nitrophenol using Moraxella sp. -modified carbon paste electrode. Biosensors & Bioelectronics, 2005, 21 (3): 523-527.

[33] Babkina E, et al. Bioelectrocatalytic oxidation of glucose by immobilized bacteria Gluconobacter oxydans. Evaluation of water-insoluble mediator efficiency. Electroanalysis, 2006, 18 (19-20): 2023-2029.

[34] Alpat S, et al. A novel microbial biosensor based on Circinella sp modified carbon paste electrode and its voltammetric application. Sensors and Actuators B-Chemical, 2008, 134 (1): 175-181.

[35] Yeni F, Odaci D, Timur S. Use of Eggshell Membrane as an Immobilization Platform in Microbial Sensing. Analytical Letters, 2008, 41 (14): 2743-2758.

[36] Cubukcu M, Ertas F M, Anik U. Centri-voltammetric determination of glutathione. Microchimica Acta, 2013, 180 (1-2): 93-100.

[37] Gu Y G, et al. High-Power Low-Cost Tissue-Based Biofuel Cell. Electroanalysis, 2013, 25 (4): 838-844.

[38] Zaib M, et al. Voltammetric detection of As(Ⅲ) with Porphyridium cruentum based modified carbon paste electrode biosensor. Biosensors & Bioelectronics, 2014, 62: 242-248.

[39] Biffinger J C, et al. A biofilm enhanced miniature microbial fuel cell using Shewanella oneidensis DSP10 and oxygen reduction cathodes. Biosensors & Bioelectronics, 2007, 22 (8): 1672-1679.

[40] Kloke A, et al. A versatile miniature bioreactor and its application to bioelectrochemistry studies. Biosensors & Bioelectronics, 2010, 25 (12): 2559-2565.

[41] Konig A, et al. Multimicrobial sensor using microstructured three-dimensional electrodes based on silicon technology. Analytical Chemistry, 2000, 72 (9): 2022-2028.

[42] Held M, et al. Microbial biosensor array with transport mutants of Escherichia coli K12 for the simultaneous determination of mono-and disaccharides. Biosensors & Bioelectronics, 2002, 17 (11-12): 1089-1094.

[43] Jia J B, et al. Co-immobilized microbial biosensor for BOD estimation based on sol-gel derived composite material. Biosensors & Bioelectronics, 2003, 18 (8): 1023-1029.

[44] Philp JC, et al. Whole cell immobilised biosensors for toxicity assessment of a wastewater treatment plant treating phenolics-containing waste. Analytica Chimica Acta, 2003, 487 (1): 61-74.

[45] Dai Y J, et al. Comparison of BOD optical fiber biosensors based on different microorganisms immobilized in ormosil matrixes. International Journal of Environmental Analytical Chemistry, 2004, 84 (8): 607-617.

[46] Kwok N Y, et al. An optical biosensor for multi-sample determination of biochemical oxygen demand (BOD). Sensors and Actuators B-Chemical, 2005, 110 (2): 289-298.

[47] Pernetti M, et al. Bacteria immobilization for a bioluminescent biosensor. Minerva Biotecnologica, 2006, 18 (1): 51-56.

[48] Hnaien M, Lagarde F, Jaffrezic-Renault N. A rapid and sensitive alcohol oxidase/catalase conductometric biosensor for alcohol determination. Talanta, 2010, 81 (1-2): 222-227.

[49] Liu L, et al. Viable but nonculturable cells used in biosensor fabrication for long-term storage stability. Talanta, 2010, 83 (1): 31-35.

[50] Liu L, et al. A co-immobilized mediator and microorganism mediated method combined pretreatment by TiO_2 nanotubes used for BOD measurement. Talanta, 2012, 93: 314-319.

[51] Qian J, et al. Development of a Whole Cells Microbial Biosensor Based on E. coli and Its Application to Acute Biotoxicity Determination. Chinese Journal of Analytical Chemistry, 2013, 41 (5): 738-743.

[52] Mirzaei M, et al. An immobilized Thiobacillus thioparus biosensing system for monitoring sulfide hydrogen; optimized parameters in a bioreactor. Process Biochemistry, 2014, 49 (3): 380-385.

[53] Lozinsky V I, et al. Use of PVA-cryogel entrappedCitrobacter intermedius cells for continuous

production of 3-fluoro-L-tyrosine. Biotechnology Letters, 1989, 11 (1): 43-48.
[54] Simonian A L, et al. A biosensor for l-proline determination by use of immobilized microbial-cells. Applied Biochemistry and Biotechnology, 1992, 36 (3): 199-210.
[55] Rainina E I, et al. Cell biosensor for detection of phenol in aqueous solutions. Applied Biochemistry and Biotechnology, 1996, 56 (2): 117-127.
[56] Doretti L, et al. Amperometric biosensor with physically immobilized glucose oxidase on a PVA cryogel membrane. Talanta, 1997, 44 (5): 859-866.
[57] Rainina E I, et al. The development of a new biosensor based on recombinant *E. coli* for the direct detection of organophosphorus neurotoxins. Biosensors and Bioelectronics, 1996, 11 (10): 991-1000.
[58] Slama M, et al. Simultaneous mixture analysis using a dynamic microbial sensor combined with chemometrics. Analytical Chemistry, 1996, 68 (21): 3845-3850.
[59] Lin J, Brown C W. Sol-gel glass as a matrix for chemical and biochemical sensing. Trac-Trends in Analytical Chemistry, 1997, 16 (4): 200-211.
[60] Liu B H, Cui Y M, Deng J Q. Studies on microbial biosensor for DL-phenylalanine and its dynamic response process. Analytical Letters, 1996, 29 (9): 1497-1515.
[61] Peter J, et al. Detection of chlorinated and brominated hydrocarbons by an ion sensitive whole cell biosensor. Biosensors & Bioelectronics, 1996, 11 (12): 1215-1219.
[62] Lee J I, Karube I. Reactor type sensor for cyanide using an immobilized microorganism. Electroanalysis, 1996, 8 (12): 1117-1120.
[63] Peter J, et al. Semicontinuous detection of 1,2-dichloroethane in water samples using Xanthobacter autotrophicus GJ 10 encapsulated in chitosan beads. Analytical Chemistry, 1997, 69 (11): 2077-2079.
[64] Odaci D, Timur S, Telefoncu A. Bacterial sensors based on chitosan matrices. Sensors and Actuators B-Chemical, 2008, 134 (1): 89-94.
[65] Odaci D, Timur S, Telefoncu A. A microbial biosensor based on bacterial cells immobilized on chitosan matrix. Bioelectrochemistry, 2009, 75 (1): 77-82.
[66] Demirkol D, Timur S. Chitosan matrices modified with carbon nanotubes for use in mediated microbial biosensing. Microchimica Acta, 2011, 173 (3-4): 537-542.
[67] Abdallah R, et al. Selective and quantitative nitrate electroreduction to ammonium using a porous copper electrode in an electrochemical flow cell. Journal of Electroanalytical Chemistry, 2014, 727: 148-153.
[68] Le D Q, et al. Development of an Observation Platform for Bacterial Activity Using Polypyrrole Films Doped with Bacteria. Analytical Chemistry, 2015, 87 (7): 4047-4052.
[69] Başkurt E, et al. A conducting polymer with benzothiadiazole unit: Cell based biosensing applications and adhesion properties. Colloids and Surfaces B: Biointerfaces, 2012, 97 (0): 13-18.
[70] Namvar A, Warriner K. Microbial imprinted polypyrrole/poly (3-methylthiophene) composite films for the detection of Bacillus endospores. Biosensors & Bioelectronics, 2007, 22 (9-10): 2018-2024.
[71] Xiao Y H, Li C M. Nanocomposites: From fabrications to electrochemical bioapplications. Electroanalysis, 2008, 20 (6): 648-662.
[72] Jha S K, et al. Entrapment of live microbial cells in electropolymerized polyaniline and their use as urea biosensor. Biosensors & Bioelectronics, 2009, 24 (8): 2637-2642.
[73] Tuncagil S, et al. Design of a microbial sensor using conducting polymer of 4-(2,5-di(thiophen-2-yl)-1*H*-pyrrole-1-l) benzenamine. Sensors and Actuators B-Chemical, 2009, 137 (1): 42-47.
[74] Palmqvist E, et al. Development of a simple detector for microbial metabolism, based on a polypyrrole dc resistometric device. Biosensors and Bioelectronics, 1994, 9 (8): 551-556.
[75] Odaci D, et al. Use of a thiophene-based conducting polymer in microbial biosensing. Electrochimica Acta, 2008, 53 (12): 4104-4108.
[76] Lee J I, Karube I. A novel microbial sensor for the determination of cyanide. Analytica Chimica Acta, 1995, 313 (1-2): 69-74.
[77] Ukeda H, et al. Microbial sensor for estimating organic-acids in wine. Analytical Sciences, 1995, 11 (6): 941-945.
[78] Ikeda T, et al. Measurements of oxidoreductase-like activity of intact bacterial cells by an amperometric method using a membrane-coated electrode. Analytical Chemistry, 1996, 68 (1): 192-198.
[79] Bachmann T T, Bilitewski U, Schmid R D. A microbial sensor based on Pseudomonas putida for phenol, benzoic acid and their monochlorinated derivatives which can be used in water and n-hexane. Analytical Letters, 1998, 31 (14): 2361-2373.

[80] Kirstein D, et al. Amperometric nitrate biosensors on the basis of Pseudomonas stutzeri nitrate reductase. Journal of Electroanalytical Chemistry, 1999, 474 (1): 43-51.
[81] Yoshida N, et al. A mediator-type biosensor as a new approach to biochemical oxygen demand estimation. Analyst, 2000, 125 (12): 2280-2284.
[82] Timur S, et al. Detection of phenolic compounds by thick film sensors based on Pseudomonas putida. Talanta, 2003, 61 (2): 87-93.
[83] Akyilmaz E, Dinckaya E. An amperometric microbial biosensor development based on Candida tropicalis yeast cells for sensitive determination of ethanol. Biosensors & Bioelectronics, 2005, 20 (7): 1263-1269.
[84] Akyilmaz E, Yasa I, Dinckaya E. Whole cell immobilized amperometric biosensor based on Saccharomyces cerevisiae for selective determination of vitamin B-1 (thiamine). Analytical Biochemistry, 2006, 354 (1): 78-84.
[85] Akyilmaz E, et al. Sensitive determination of L-lysine with a new amperometric microbial biosensor based on Saccharomyces cerevisiae yeast cells. Biosensors & Bioelectronics, 2007, 22 (6): 1055-1060.
[86] Deng L, et al. A silk derived carbon fiber mat modified with Au@Pt urchilike nanoparticles: A new platform as electrochemical microbial biosensor. Biosensors & Bioelectronics, 2010, 25 (10): 2189-2193.
[87] Naruse J, et al. Development of biofuel cells based on gold nanoparticle decorated multi-walled carbon nanotubes. Biosensors & Bioelectronics, 2011, 30 (1): 204-210.
[88] Wen G M, et al. Whole-cell biosensor for determination of methanol. Sensors and Actuators B-Chemical, 2014, 201: 586-591.
[89] Yildirim N, Demirkol D O, Timur S. Modified Gold Surfaces with Gold Nanoparticles and 6- (ferrocenyl) hexanethiol: Design of a Mediated Microbial Sensor. Electroanalysis, 2015, 27 (1): 52-57.
[90] Sefcovicova J, Tkac J. Application of nanomaterials in microbial-cell biosensor constructions. Chemical Papers, 2015, 69 (1): 42-53.
[91] Iijima S, Helical microtubules of graphitic carbon. Nature, 1991, 354 (6348): 56-58.
[92] Geim A K. Graphene: Status and Prospects. Science, 2009, 324 (5934): 1530-1534.
[93] Kochmann S, Hirsch T, Wolfbeis O S. Graphenes in chemical sensors and biosensors. TrAC Trends in Analytical Chemistry, 2012, 39 (0): 87-113.
[94] Anik U, et al. Carbon nanotube composite as novel platform for microbial biosensor. Electroanalysis, 2007, 19 (7-8): 893-898.
[95] Li L, et al. Co-immobilization of glucose oxidase and xylose dehydrogenase displayed whole cell on multiwalled carbon nanotube nanocomposite films modified electrode for simultaneous voltammetric detection of d-glucose and d-xylose. Biosensors and Bioelectronics, 2013, 42 (0): 156-162.
[96] Kim S K, Kwen H D, Choi S H. Fabrication of a Microbial Biosensor Based on QD-MWNT Supports by a One-Step Radiation Reaction and Detection of Phenolic Compounds in Red Wines. Sensors, 2011, 11 (2): 2001-2012.
[97] Huang Y X, et al. Graphene oxide nanoribbons greatly enhance extracellular electron transfer in bio-electrochemical systems. Chemical Communications, 2011, 47 (20): 5795-5797.
[98] Yong Y C, et al. Macroporous and Monolithic Anode Based on Polyaniline Hybridized Three-Dimensional Graphene for High-Performance Microbial fuel Cells. ACS Nano, 2012, 6 (3): 2394-2400.
[99] Kawabata N, Teramoto K. Electrochemical sensor for viable microbial cell concentration based on a functional polymer that captures microorganisms alive. Sensors and Actuators B-Chemical, 1993, 13 (1-3): 309-311.
[100] Hikuma M, et al. Amperometric estimation of BOD by using living immobilized yeasts. European Journal of Applied Microbiology and Biotechnology, 1979, 8 (4): 289-297.
[101] Ito S, et al. Measurement of Autoxidation Rate by Oxygen-Membrane Electrode Technique. Nippon Kagaku Kaishi, 1980 (10): 1603-1608.
[102] Prudenziati M, Morten B. Thick-film Sensors - an Overview. Sensors and Actuators, 1986, 10 (1-2): 65-82.
[103] Wiemhofer H D, Gopel W. Interface analysis for solid-state electrochemical devices and chemical sensors. Fresenius Journal of Analytical Chemistry, 1991, 341 (1-2): 106-111.
[104] Chan C Y, et al. Designing an amperometric thick-film microbial BOD sensor. Biosensors & Bioelectronics, 2000, 15 (7-8): 343-353.
[105] Heim S, et al. Development of an automated microbial sensor system. Biosensors & Bioelectronics,

1999, 14 (2): 187-193.
[106] Yang Z, et al. Disposable sensor for biochemical oxygen demand. Applied Microbiology and Biotechnology, 1996, 46 (1): 10-14.
[107] Mulchandani P, et al. Microbial biosensor for p-nitrophenol using Moraxella sp. Analytica Chimica Acta, 2002, 470 (1): 79-86.
[108] Lei Y, et al. A microbial biosensor for p-nitrophenol using Arthrobacter sp. Electroanalysis, 2003, 15 (14): 1160-1164.
[109] Banik R M, et al. Microbial biosensor based on whole cell of Pseudomonas sp for online measurement of p-nitrophenol. Sensors and Actuators B-Chemical, 2008, 131 (1): 295-300.
[110] Stoytcheva M, et al. Amperometric biosensor precision improvement: application to organophosphorus pesticide determination. Analytical Methods, 2014, 6 (20): 8232-8238.
[111] Tang X J, et al. Sensitive electrochemical microbial biosensor for p-nitrophenylorganophosphates based on electrode modified with cell surface-displayed organophosphorus hydrolase and ordered mesopore carbons. Biosensors & Bioelectronics, 2014, 60: 137-142.
[112] Skladal P, Morozova N O, Reshetilov A N. Amperometric biosensors for detection of phenol using chemically modified electrodes containing immobilized bacteria. Biosensors & Bioelectronics, 2002, 17 (10): 867-873.
[113] Babu V R S, et al. Development of a biosensor for caffeine. Analytica Chimica Acta, 2007, 582 (2): 329-334.
[114] Stoytcheva M, et al. Electrochemical sensor based on Arthrobacter globiformis for cholinesterase activity determination. Biosensors & Bioelectronics, 2006, 22 (1): 1-9.
[115] Voronova EA, Iliasov P V, Reshetilov A N. Development, investigation of parameters and estimation of possibility of adaptation of Pichia angusta based microbial sensor for ethanol detection. Analytical Letters, 2008, 41 (3): 377-391.
[116] Kumlanghan A, et al. Microbial BOD sensor for monitoring treatment of wastewater from a rubber latex industry. Enzyme and Microbial Technology, 2008, 42 (6): 483-491.
[117] Dhall P, et al. Quick and reliable estimation of BOD load of beverage industrial wastewater by developing BOD biosensor. Sensors and Actuators B-Chemical, 2008, 133 (2): 478-483.
[118] Lei Y, et al. Biosensor for direct determination of fenitrothion and EPN using recombinant Pseudomonas putida JS444 with surface-expressed organophosphorous hydrolase. 2. Modified carbon paste electrode. Applied Biochemistry and Biotechnology, 2007, 136 (3): 243-250.
[119] Tag K, et al. Amperometric detection of Cu^{2+} by yeast biosensors using flow injection analysis (FIA). Sensors and Actuators B-Chemical, 2007, 122 (2): 403-409.
[120] Zlatev R, et al. Bacterial sensors based on Acidithiobacillus ferrooxidans - Part Ⅱ. Cr(Ⅵ) determination. Biosensors & Bioelectronics, 2006, 21 (8): 1501-1506.
[121] Zlatev R, et al. Bacterial sensors based on Acidithiobacillus ferrooxidans - Part Ⅰ. Fe^{2+} and S_2O_3 2-determination. Biosensors & Bioelectronics, 2006, 21 (8): 1493-1500.
[122] Lei Y, et al. Highly sensitive and selective amperometric microbial biosensor for direct determination of *p*-nitrophenyl-substituted organophosphate nerve agents. Environmental Science & Technology, 2005, 39 (22): 8853-8857.
[123] Togo C A, et al. Novel detection of Escherichia coli beta-D-glucuronidase activity using a microbially-modified glassy carbon electrode and its potential for faecal pollution monitoring. Biotechnology Letters, 2007, 29 (4): 531-537.
[124] Katrlík J, et al. A novel microbial biosensor based on cells of Gluconobacter oxydans for the selective determination of 1,3-propanediol in the presence of glycerol and its application to bioprocess monitoring. Analytical and Bioanalytical Chemistry, 2007, 388 (1): 287-295.
[125] Valach M, et al. Ethanol Gluconobacter biosensor designed for flow injection analysis Application in ethanol fermentation off-line monitoring. Sensors and Actuators B-Chemical, 2009, 138 (2): 581-586.
[126] Wen G, et al. A microbial biosensing system for monitoring methane. Enzyme and Microbial Technology, 2008, 43 (3): 257-261.
[127] Nakamura H, et al. A new BOD estimation method employing a double-mediator system by ferricyanide and menadione using the eukaryote Saccharomyces cerevisiae. Talanta, 2007, 72 (1): 210-216.

[128] Shitanda I, et al. Amperometric screen-printed algal biosensor with flow injection analysis system for detection of environmental toxic compounds. Electrochimica Acta, 2009, 54 (21): 4933-4936.
[129] Odaci D, et al. Pseudomonas putida Based Amperometric Biosensors for 2,4-D Detection. Preparative Biochemistry & Biotechnology, 2009, 39 (1): 11-19.
[130] Ben-Yoav H, et al. A whole cell electrochemical biosensor for water genotoxicity bio-detection. Electrochimica Acta, 2009, 54 (25): 6113-6118.
[131] Smutok O, et al. Permeabilized cells of flavocytochrome b(2) over-producing recombinant yeast Hansenula polymorpha as biological recognition element in amperometric lactate biosensors. Biosensors & Bioelectronics, 2007, 23 (5): 599-605.
[132] Tuncagil S, et al. Electrochemical polymerization of 1-(4-nitrophenyl)-2,5-di(2-thienyl)-1 H-pyrrole as a novel immobilization platform for microbial sensing. Bioelectrochemistry, 2009, 76 (1 - 2): 169-174.
[133] Timur S, et al. Development of a microbial biosensor based on carbon nanotube (CNT) modified electrodes. Electrochemistry Communications, 2007, 9 (7): 1810-1815.
[134] Timur S, et al. Electrical wiring of Pseudomonas putida and Pseudomonas fluorescens with osmium redox polymers. Bioelectrochemistry, 2007, 71 (1): 38-45.
[135] Reshetilov A N, et al. FET-microbial sensor for xylose detection based on Gluconobacter oxydans cells. Biosensors & Bioelectronics, 1996, 11 (4): 401-408.
[136] Gaberlein S, Spener F, Zaborosch C. Microbial and cytoplasmic membrane-based potentiometric biosensors for direct determination of organophosphorus insecticides. Applied Microbiology and Biotechnology, 2000, 54 (5): 652-658.
[137] Rotariu L, Bala C, Magearu V. Yeast cells sucrose biosensor based on a potentiometric oxygen electrode. Analytica Chimica Acta, 2002, 458 (1): 215-222.
[138] Seki A, et al. Microbial assay for tryptophan using silicon-based transducer. Sensors and Actuators B-Chemical, 2003, 94 (3): 253-256.
[139] Rotariu L, Bala C,. Magearu V. New potentiometric microbial biosensor for ethanol determination in alcoholic beverages. Analytica Chimica Acta, 2004, 513 (1): 119-123.
[140] Geng F F, et al. A potentiometric biosensing system based on an isolated degrading bacterium Klebsiella sp MP-6 for the determination of methyl parathion. Rsc Advances, 2015, 5 (43): 34475-34480.
[141] Mulchandani A, et al. Biosensor for direct determination of organophosphate nerve agents using recombinant Escherichia coli with surface-expressed organophosphorus hydrolase. 1. Potentiometric microbial electrode. Analytical Chemistry, 1998, 70 (19): 4140-4145.
[142] Galindo E, et al. Microbial Sensor for Penicillins Using a Recombinant Strain of Escherichiacoli. Enzyme and Microbial Technology, 1990, 12 (9): 642-646.
[143] Chao H P, Lee W C. A bioelectrode for penicillin detection based on gluten-membrane-entrapped microbial cells. Biotechnology and Applied Biochemistry, 2000, 32: 9-14.
[144] Verma N, Singh M. A disposable microbial based biosensor for quality control in milk. Biosensors & Bioelectronics, 2003, 18 (10): 1219-1224.
[145] Han T S, et al. Flow injection microbial trichloroethylene sensor. Talanta, 2002, 57 (2): 271-276.
[146] Yang L J, Li Y B. Detection of viable Salmonella using microelectrode-based capacitance measurement coupled with immunomagnetic separation. Journal of Microbiological Methods, 2006, 64 (1): 9-16.
[147] Yang L J, et al. Interdigitated microelectrode (IME) impedance sensor for the detection of viable Salmonella typhimurium. Biosensors & Bioelectronics, 2004, 19 (10): 1139-1147.
[148] Bhatia R, et al. Combined physico-chemical and biological sensing in environmental monitoring. Biosensors & Bioelectronics, 2003, 18 (5-6): 667-674.
[149] Gomez R, et al. Microfluidic Biochip for Impedance Spectroscopy of Biological Species. Biomedical Microdevices, 2001, 3 (3): 201-209.
[150] Prathap M U A, et al. Polyaniline-Based Highly Sensitive Microbial Biosensor for Selective Detection of Lindane. Analytical Chemistry, 2012, 84 (15): 6672-6678.
[151] Wang N, et al. Simultaneous determination of pesticides, polycyclic aromatic hydrocarbons, polychlorinated biphenyls and phthalate esters in human adipose tissue by gas chromatography-tandem mass spectrometry. Journal of Chromatography B-Analytical Technologies in the Biomedical and Life Sciences, 2012, 898: 38-52.

[152] López Rodriguez M L, et al. A simple Streptomyces spore-based impedimetric biosensor to detect lindane pesticide. Sensors and Actuators B: Chemical, 2015, 207, Part A (0): 447-454.

[153] Logan B E. et al. Microbial fuel cells: Methodology and technology. Environmental Science & Technology, 2006, 40 (17): 5181-5192.

[154] Logan B E. Exoelectrogenic bacteria that power microbial fuel cells. Nature Reviews Microbiology, 2009, 7 (5): 375-381.

[155] Kim H J, et al. A microbial fuel cell type lactate biosensor using a metal-reducing bacterium, Shewanella putrefaciens. Journal of Microbiology and Biotechnology, 1999, 9 (3): 365-367.

[156] Gil G C, et al. Operational parameters affecting the performance of a mediator-less microbial fuel cell. Biosensors & Bioelectronics, 2003, 18 (4): 327-334.

[157] Kang K H, et al. A microbial fuel cell with improved cathode reaction as a low biochemical oxygen demand sensor. Biotechnology Letters, 2003, 25 (16): 1357-1361.

[158] Chang I S, et al. Continuous determination of biochemical oxygen demand using microbial fuel cell type biosensor. Biosensors & Bioelectronics, 2004, 19 (6): 607-613.

[159] Moon H. et al. Improving the dynamic response of a mediator-less microbial fuel cell as a biochemical oxygen demand (BOD) sensor. Biotechnology Letters, 2004, 26 (22): 1717-1721.

[160] Pham T H, et al. Improvement of cathode reaction of a mediatorless microbial fuel cell. Journal of Microbiology and Biotechnology, 2004, 14 (2): 324-329.

[161] Phung N T, et al. Analysis of microbial diversity in oligotrophic microbial fuel cells using 16S rDNA sequences. Fems Microbiology Letters, 2004, 233 (1): 77-82.

[162] Moon H, et al. On-line monitoring of low biochemical oxygen demand through continuous operation of a mediator-less microbial fuel cell. Journal of Microbiology and Biotechnology, 2005, 15 (1): 192-196.

[163] Liu J, Mattisson B. Microbial BOD sensors for wastewater analysis. Water Research, 2002, 36 (15): 786-3802.

第8章

电化学核酸传感器

电化学核酸传感器是指以核酸分子（DNA或RNA）作为识别元件，将核酸探针特异性识别分析物过程中所产生的信号转变为电流信号，从而实现对目标分析物的检测的传感方法。以核酸为识别探针具有结构简单、特异性强、靶目标分子广泛、易于商业化合成等一系列优点。电化学核酸传感器结合了核酸探针和电化学检测方法的优异性能，具有快速、简便、高灵敏度和低成本的特点，已成为现代生物化学分析中的一个十分活跃的研究领域。

电化学核酸传感器根据其分析目标的不同可分为两种类型：一种是用于检测特征核酸序列的传感器；另一种是非核酸检测型传感器，主要用于蛋白质、小分子以及无机离子的分析检测。核酸在电化学核酸传感器中是实现识别的主要元件，因此，根据核酸对目标分子的识别机制，传感器又可分为杂交识别型电化学核酸传感器和构象识别型电化学核酸传感器。此外，根据核酸传感器是否需要电活性物质，又可分为标记型与非标记型两种电化学核酸传感器。

在电化学核酸传感器的研究中，选择合适的核酸识别探针，是利用核酸电化学传感器高选择性检测目标分子的首要条件。同时，这些核酸识别探针在换频器表面的有效固定，决定着电化学核酸传感器的性能。对探针的固定，要求既保证探针与电极的稳定连接，又保证固定化探针对靶分子的结合活性，这两个因素直接影响传感器的使用寿命和灵敏度。核酸探针在电极表面的固定方法与电化学酶传感器中酶分子的固定方法类似，主要有吸附法、自组装法与共价结合法等。

本章将从核酸探针的分类、在电极表面的固定方法、核酸分子识别事件、信号转换方法和近年来电化学核酸传感器的发展状况等方面对其进行讨论。

8.1 核酸探针

8.1.1 核酸简介

核酸是由核苷酸聚合而成的生物大分子化合物，在生物体系中，核酸是一类极其重要的生物活性大分子，在生命活动中起着重要的作用。根据化学组成的不同，核酸可分为两类：脱氧核糖核酸（DNA）和核糖核酸（RNA）。DNA 作为遗传信息的载体，主要参与遗传信息在细胞内的存储、编辑、传递和表达，从而促成代谢过程及其控制。从某种意义上来说，生命中的一切过程都是依照存储在 DNA 中的信息进行的。而 RNA 对生物体的蛋白质合成以及整个生命活动起着重要的作用，如转移核糖核酸（tRNA）具有携带和转移活化氨基酸的作用，信使核糖核酸（mRNA）是合成蛋白质的模板，核糖体核糖核酸（rRNA）与多种核糖体蛋白质共同构成了蛋白质合成的主要场所，而 MicroRNA（miRNA）则在细胞内具有多种重要的调节作用。

DNA 和 RNA 的基本结构单元是核苷酸，如图 8-1 所示，它们都包含了碱基、五碳糖以及磷酸基团，区别在于 DNA 比 RNA 在五碳糖中少了一个氧原子。组成 DNA 的碱基主要是鸟嘌呤（G）、腺嘌呤（A）、胞嘧啶（C）和胸腺嘧啶（T），而 RNA 碱基除了 G、A、C 三种碱基与 DNA 相同外，还有一个尿嘧啶（U）。虽然 DNA 和 RNA 具有极大的结构相似性，但是它们的稳定性却差别很大。

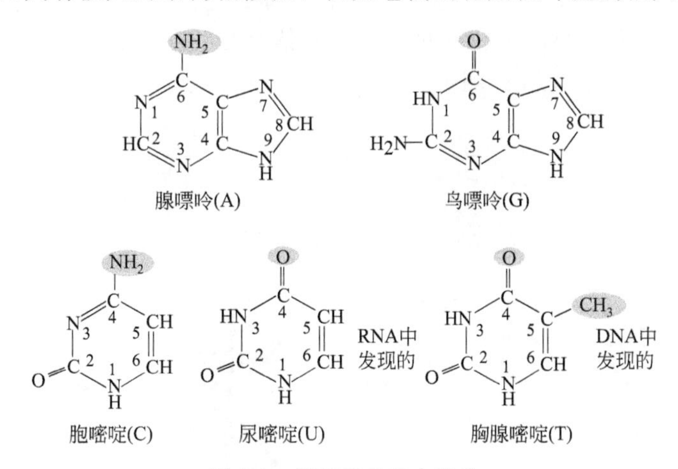

图 8-1 核苷酸的基本结构

在 DNA 分子结构中，由于碱基之间的氢键具有固定的数目和 DNA 两条链之间的距离保持不变，使得碱基配对必须遵循一定的规律，这就是腺嘌呤（A，Adenine）一定与胸腺嘧啶（T，Thymine）配对，鸟嘌呤（G，Guanine）一定与胞嘧啶（C，Cytosine）配对，反之亦然。碱基间的这种一一对应的关系叫作碱基互补配对原则。核酸分子单链之间有互补的碱基顺序，通过碱基对之间非共价键主要是氢键的形成即出现稳定的双链区。单链 DNA 和 RNA 可以根据碱基互补配对原则，以高特异性、强亲和力结合互补的目标单链 DNA 或 RNA，形成杂交分子，杂交分子的形成并不要求两条单链的碱基顺序完全互补，所以不同来源的核酸单链只要彼此之间有一定程度的互补顺序后某种程度的同源性就可以形成杂交双链，这是核酸分子杂交的基础。

核酸一级结构由特定的 4 种碱基以不同的排列方式构成，而其二级结构却显得更加复杂。沃森和克里克在1953年发表了DNA的反向双螺旋结构，螺旋直径为2nm，螺旋周期包含10对碱基，螺距为3.4nm，相邻碱基对平面的间距为0.34nm。虽然一条核酸序列只有4个不同的碱基，但是一个碱基的差别将会极大地影响其二级结构和多级结构，这使得核酸具有多种多样的构型，也为核酸适配子的发展奠定了基础。

8.1.2 核酸杂交探针

单链DNA和RNA可以根据碱基互补配对原则以高特异性、强亲和力结合互补的目标单链DNA或RNA。核酸杂交探针通常是根据目标核酸序列结合碱基互补配对原则而设计的线形核酸，不同来源的核酸单链只要彼此间有一定的互补序列，即可按碱基配对规则以氢键相结合。用于电化学传感系统的线形识别探针一般基于如图8-2所示的机理设计，线形核酸探针首先被固定于电极表面，当固定在电极上的单链DNA探针（ssDNA）与样品中与其互补的目标单链DNA（cDNA）链相遇时，两者发生杂交反应，反应体系的电压、电流、电化学交流阻抗或电导等电化学信号会发生改变，通过对此类电化学信号变化的检测，可对样品中的目标DNA序列和含量等信息加以测定。

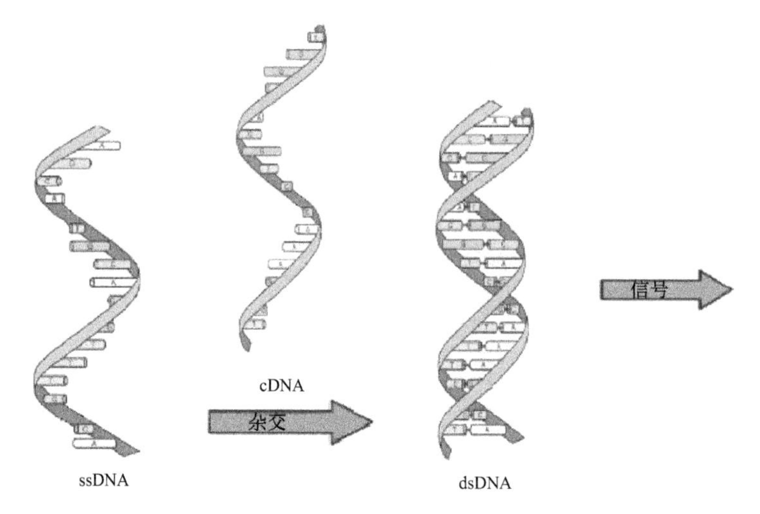

图8-2 核酸杂交探针的基本机理

线形核酸探针的结构简单，与目标核酸的杂交速率快，不足之处在于其特异性有限。由于线形核酸探针主要依靠探针核酸与目标核酸形成的双螺旋结构的热力学稳定性来区分互补目标核酸和含有错配碱基的核酸，因此，线形核酸探针对碱基错配的区分能力较低。特别是在检测较长碱基序列的目标核酸而使用长序列线形核酸探针的情况下，碱基错配对双螺旋结构稳定性的影响程度进一步减小，使得线形核酸探针对碱基错配的区分能力进一步降低。因此，线形核酸探针的长度一般限制在较短的碱基序列范围内。

另一类基于核酸杂交进行识别的探针是发夹形核酸探针。发夹形核酸是一类具有分子内茎环结构的核酸分子，其源于 Tyagi 等[1]在 1996 年提出的分子信标理论(Molecular Beacons，MBs)。核酸分子信标是一种茎环结构的单链寡核苷酸探针，分子信标主要是一个含有茎环结构的发夹形探针，探针由茎环两部分组成，茎端是 5～8 个碱基构成的互补杂交区域，环是由 15～30 个碱基构成的单链识别区，探针的两端分别标记荧光基团和猝灭基团。自然状态下，探针折叠成发夹结构，荧光基团和猝灭基团紧密接触，荧光分子发生共振能量转移，发出的荧光被猝灭分子吸收，荧光被猝灭，当靶标 DNA 与茎环结构杂交打开茎环时，分子信标呈链状，荧光猝灭基团分离开来，荧光恢复。

图 8-3 为典型的基于分子信标杂交识别的核酸检测示意图，自由状态下分子信标茎干区的碱基互补配对形成发夹结构，信标探针末端的荧光基团和猝灭基团相互接近而使荧光几乎完全猝灭，产生极低的背景荧光。当存在互补的目标核酸时，分子信标与之杂交形成更加稳定并且相对刚性的双螺旋结构，使荧光基团与猝灭基团之间的空间距离增大，被猝灭的荧光恢复，从而产生增强的荧光信号，根据杂交前后荧光信号的变化即可实现对目标核酸的定量分析。由于分子信标杂交前以稳定性较高的分子内茎环结构存在，目标核酸通过杂交使分子信标从发夹结构转变为线性双螺旋结构时需要克服更高的能垒，因此，分子信标对碱基错配的区分能力明显高于常规的线形核酸探针。

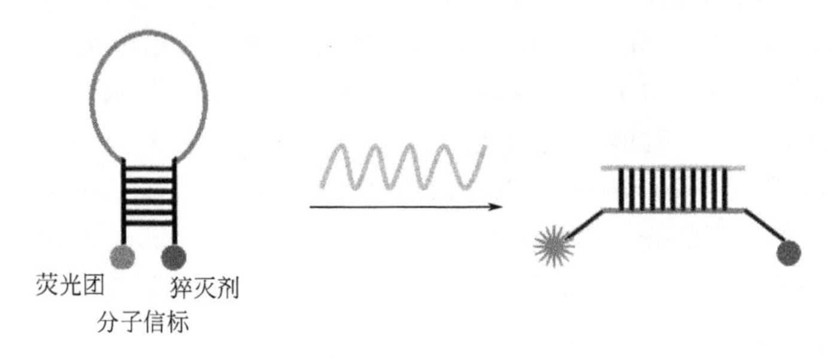

图 8-3　分子信标的工作原理

在分子信标设计思想的启发下，研究者们发展了具有分子内茎环结构、末端标记电化学活性基团的发夹形核酸探针（或称为电化学分子信标），并用于核酸的电化学检测[2～4]。基于电化学活性基团标记发夹核酸探针的电化学传感器的检测，原理如图 8-4 所示[3, 4]，末端分别标记固定基团和电化学活性基团的发夹核酸探针固定于电极表面，目标核酸与固定发夹探针之间的杂交导致电化学活性基团与电极表面之间的距离改变并引起电化学活性基团的电化学信号发生变化，根据杂交前后电化学活性基团的电化学信号的变化即可实现对目标核酸的定量分析。由于用于信号转换和放大的电化学策略十分丰富，如氧化还原信号标记、纳米材料电化学信号标记与酶催化电化学信号放大等，因此，以发夹核酸探针为识别元素的电化学核酸传感器近年来取得了迅速而广泛的发展[5～8]。

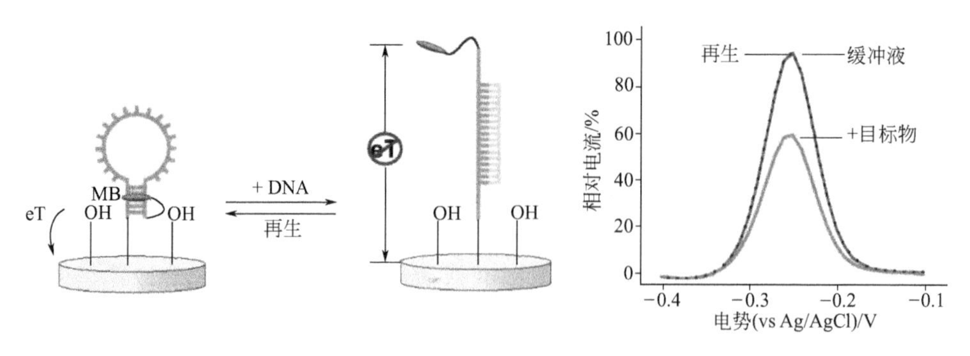

图 8-4 发夹形核酸探针的基本原理[4]

电化学活性物标记型核酸探针是电化学信标中的一类代表。它是在探针的一端标记某种具有电化学活性的基团，探针与目标分子结合后所引起的构型变化将会使电化学活性基团与电极表面的距离发生变化，因为距离的变化将会引起电子传递的变化，进而影响信号的变化。2003 年，Fan 等[3]首次将分子信标与电化学方法结合，他们将标记有电化学活性基团二茂铁的信标通过巯基固定在金电极表面。在杂交之前，二茂铁极度接近电极表面，此时电子的传递速率很快，产生很强的氧化还原信号；而当探针与互补目标杂交后，导致信标的茎环结构被打开，形成刚性的双链 DNA 结构，从而使二茂铁与电极表面的距离加大，因此，其电信号减弱，检测限可低至 10^{-11} mol/L。Liu 等[9]设计了以酶标记的信标电化学核酸传感器，他们以异羟基洋地黄毒苷（Digoxigenin，DIG）作为酶键合亲和标记物，通过生物素-亲和素反应系统，将生物素、DIG 的分子信标固定在亲和素修饰电极上（见图 8-5）。当探针处于茎环结构时，受空间位阻的影响，DIG 不能与辣根过氧化酶-DIG 抗体（Horseradish Peroxidase-linked-anti-DIG Antibody，anti-DIG-HRP）结合；当与目标序列杂交后，茎环结构被打开，使 DIG 标记物远离电极表面，容易与 anti-DIG-HRP 结合，有效地增强了电化学信号。由此构建的 DNA 杂交电化学传感器的检测限达 fmol/L 的水平。

8.1.3 核酸适配子

适配子（Aptamer）又被称为适体、适配体，是利用指数富集的系统进化技术（Systematic Evolution of Ligands by Exponential Enrichment，SELEX）从包含各种寡核苷酸序列的文库中筛选得到的可以特异识别结合底物分子的一段短的寡核苷酸序列[10]。核酸适配子可以是 DNA，也可以是 RNA。将随机寡核苷酸文库与靶分子孵育结合，经过多轮的筛选和扩增，得到能与靶分子高亲和力和特异性结合的寡核苷酸序列。适配子可以折叠成特定的三维结构，通过空间构型互补与靶分子结合，目前核酸适配子的目标物已经覆盖了离子、小分子、蛋白质甚至整个细胞，如重金属离子、可卡因等有毒物质。核酸适配子被认为在化学、生物、医学以及纳米器件等领域具有广阔的应用前景。一些适配子及其目标被列在表 8-1 中。

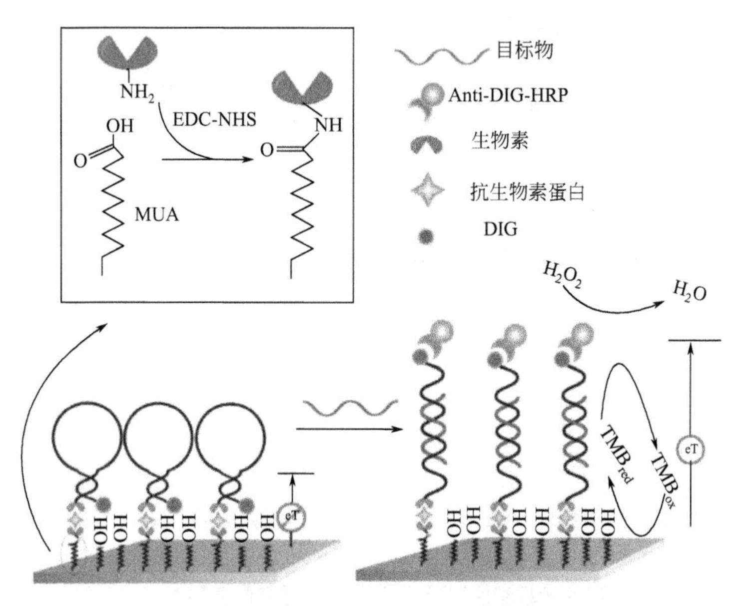

图 8-5 酶标记分子信标电化学传感器[9]

表 8-1 一些适配子及其目标

适配体	目标物	标记物
ARC1905	Factor C5 of the complement cascade	NCT00950638
		NCT00709527
E10030	血小板源性生长因子 B(PDGF-B)	NCT01089517
		NCT00569140
		NCT01944839
		NCT01940900
EYE001	血管内皮生长因子（VEGF）	NCT00021736
		NCT00056199
REG1（RB006/RB007）	Factor Ⅸa	NCT00715455
		NCT00932100
		NCT00113997
EYE001	血管内皮生长因子（VEGF）	NCT00056199
AS1411	核仁素	NCT01034410
NOX-E36	单核细胞趋化蛋白(MCP-1)	NCT00976729
NOX-A12	基质细胞衍生因子(SDF-1)	NCT00976378
		NCT01194934
ARC1779	血友病因子 A1 域（vWF）	NCT00632242
		NCT00694785
BAX499（ARC19499）	组织因子途径抑制物(TFPI)	NCT01191372
NU172	凝血酶	NCT00808964

核酸适配子实质上就是单链核酸，一般具有20～80bp的长度或者更长，它们在溶液中可以形成特定的三维多级结构，对特定的目标物具有高选择性与高亲和性。核酸适配子因其自身结合识别能力堪比抗体，与抗体相比，核酸适配子具有很多更加优越的性质，包括：①亲和性和特异性更高；②作用的靶分子范围更广；③稳定性好，不易降解；④分子量小，组织渗透性强；⑤免疫原性和毒性低；⑥容易合成和易于修饰。因此，核酸适配子的筛选及其应用研究在生物医学领域得到了广泛的关注，为疾病的诊断和治疗研究提供了一种全新的手段。

适配体也可被用于电化学核酸传感器的制备，许多研究已经报道了由固定了适配体的电极和电化学活性识别元素构成生物传感器，其工作原理为：适当条件下在适配体修饰的电极表面将待测靶分子与电极表面共培育，靶分子与适配体作用导致电极表面结构的变化，然后通过检测电极表面电化学活性识别元素的电信号达到识别和鉴定靶物质的目的。

一些研究提出利用电活性分子标记适配体构筑电化学核酸传感器的设想，其基本原理是在寡核苷酸链或配体上修饰一些具有电化学活性或催化活性的无机或生物分子，如小分子标记（亚甲基蓝、二茂铁等）、量子点标记（CdS、PbS 等）、金属纳米粒子标记（Au、Ag）、酶标记（碱性磷酸酶、辣根过氧化物酶）等，把电化学活性物质标记的适配体固定于电极表面，适配体结合靶分子后构象发生变化，导致标记在适配体上的电化学活性物质的电荷转移效率改变，引起检测的电流信号的变化。

Radi 等人[11]报道了一个电化学活性标记适配体传感器（Molecular Beacon Aptasensor），如图 8-6 所示，他将一段标记了电化学活性物质二茂铁的凝血酶适配体序列探针固定于金电极表面，无目标凝血酶时，探针处于自由伸展状态，而且由于电极表面用大量的巯基乙酸占据位点，使得二茂铁难以接触电极表面，阻碍了电信号的产生；而当加入目标时，适体序列以 G 四分体结构与目标物质凝血酶结合，构型的改变将探针末端的二茂铁拉近电极表面，从而产生电化学信号。

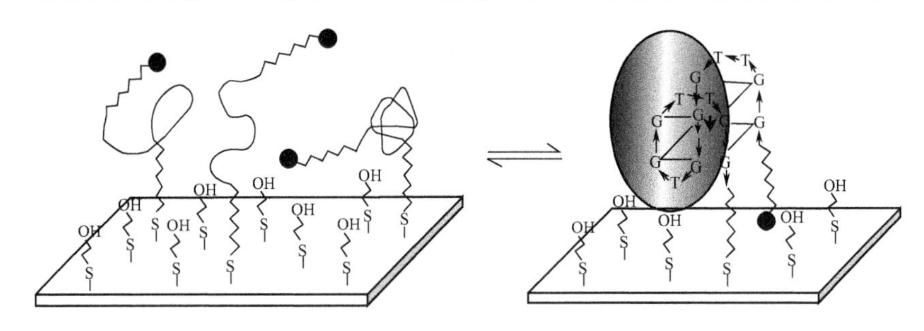

图 8-6　二茂铁标记的凝血酶适配体传感器[11]

White 等[12]用亚甲基蓝标记凝血酶适配体，制备了可用于检测凝血酶的电化学适配体传感器，见图 8-7，他们将凝血酶适配体的 5′端增加 15 个碱基并固定在电极表面，在 3′端标记亚甲基蓝。在空白试验中，电信号较小，当适配体结合凝血酶后发生折叠并形成收紧的姿态，5′端延长的核酸序列迫使亚甲基蓝与电极的距离拉远，导致电信号减弱，从而实现了凝血酶的检测。

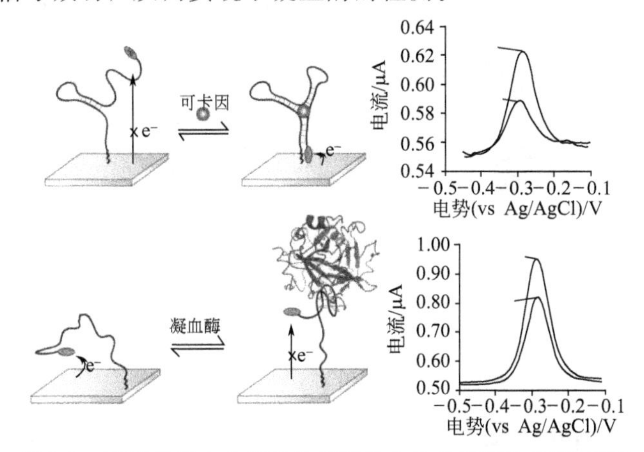

图 8-7　亚甲基蓝电化学活性标记的电化学适配体传感器[12]

Ikebukuro 等[13]则利用凝血酶分子具有两个与适配体结合的位点的特点，通过夹心法构建酶标记电化学适配体传感器，见图 8-8，在这个设计中，他们先后将巯基化适配体固定在金电极表面，在检测中凝血酶、葡萄糖脱氢酶标记适配体与固定的适配体形成夹心结构，利用酶对葡萄糖的电化学响应，实现目标物的检测，这个传感器可测到 10nmol/L 的凝血酶。

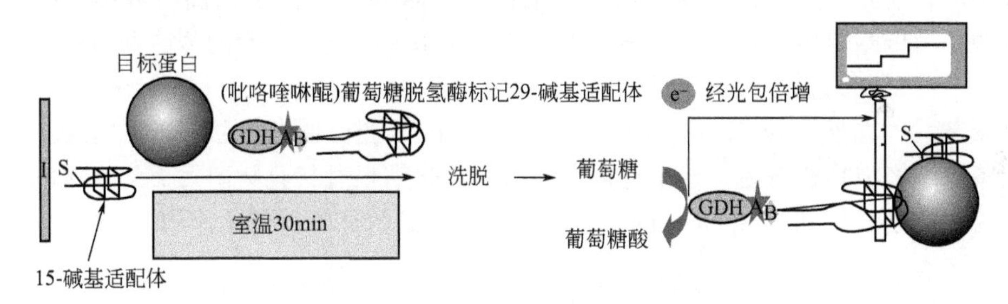

图 8-8　酶标记电化学适配体传感器[13]

另外一些研究则开发了非标记型的电化学适配体传感器，这种类型的传感器是指不对适配体进行标记，根据适配体识别前后所导致的传质或电子传递位阻的变化，或者改变表面电荷的分布，阻碍或促进离子型氧化还原探针到达电极表面，引起电阻、电流或电位的变化，从而实现目标物检测的传感器。Le Floch 等[14]设计了此方式的传感器，其机理如图 8-9 所示，电极表面固定凝血酶适配体制备成传感器，浸入分析样品中与凝血酶反应后清洗电极，去掉未反应的靶分子，再浸入二茂铁修饰的阳离子聚噻吩水溶液中，由于适配体与凝血酶结合之前可以与二茂铁修饰的阳离子聚噻吩因静电作用发生非特异性吸附，此时可以测到较高的电流响应，当凝血酶结合适配体后，阻碍阳离子聚噻吩与适配体的静电吸附，限制了电极表面的电子传递，电流响应降低，通过检测比较前后传感器的电流即可获得目标物的浓度。

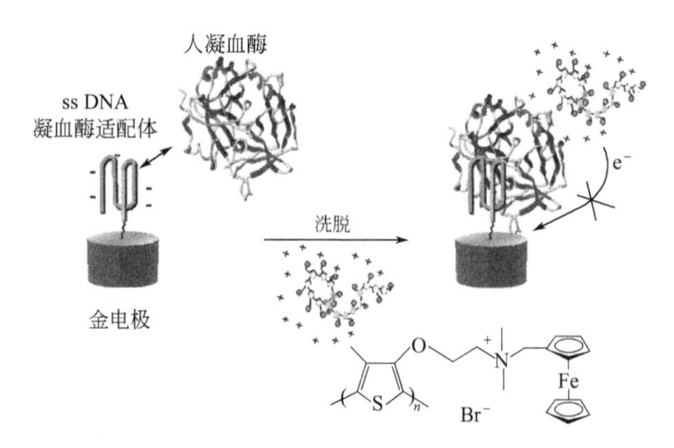

图 8-9　非标记型电化学适配体传感器[14]

8.1.4　G-quadruplex 核酸探针

G-quadruplex（四链体）是一段富 G 的重复序列，最早发现于真核细胞染色体的端粒序列中［$(TTAGGG)_n$］，它们可以与一些结合蛋白构成特殊的结构，对控制细胞生长和防止染色体断裂、降解和重组发挥着重要的作用。1998 年，Travascio 等人[15]报道了 G-quadruplex 与血红素（Hemin）结合后可以显示出较强的过氧化物酶活性，作为一类新兴的人工模拟酶，G-quadruplex 的研究引起了人们的兴趣并得到了迅猛的发展，一系列基于 G-quadruplex 的高特异性、高灵敏度的化学传感器和生物传感器同时也被开发，基于电化学技术的传感器也同样被报道[7,16~21]。最近，Yang 等[22]报道了一个利用 G-quadruplex 的过氧化氢传感器，见图 8-10。在这个研究中，G-quadruplex-Hemin 络合物被直接滴涂在电极表面，制备成了修饰热解石墨，这个电极具有与固定化辣根过氧化物酶类似的直接电化学行为，对过氧化氢（H_2O_2）的电化学还原表现出明显的电催化作用。

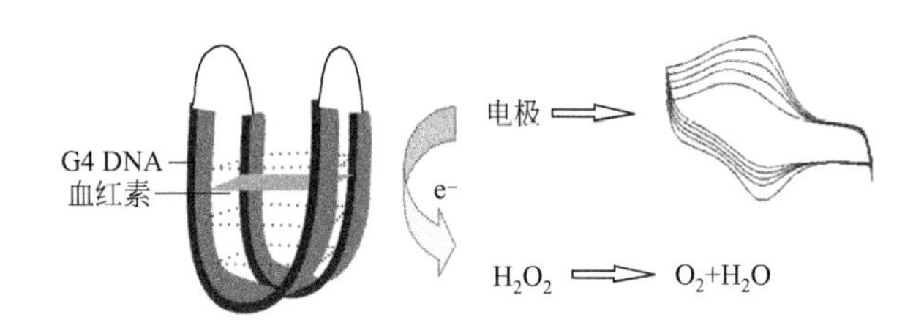

图 8-10　G-quadruplex 过氧化氢传感器[22]

Tang 等人[23]设计了一种利用 HCR 扩增反应可扩增成 G-quadruplex-Hemin 模拟酶的发卡结构 S_1 和一种标记有二茂铁的发夹结构，见图 8-11，实现了对超痕量抗原的检测。这种方法每个抗体只连上一条引发 DNA 用于原位引发 HCR 扩增，界面急剧提高的模拟酶催化活性，因此，还可以通过利用一个材料作为载体负载更多的引发链来引发更多的 DNA 链聚合反应，从而进一步提高信号分子的担载量来提高检测的灵敏度（见图 8-11）。

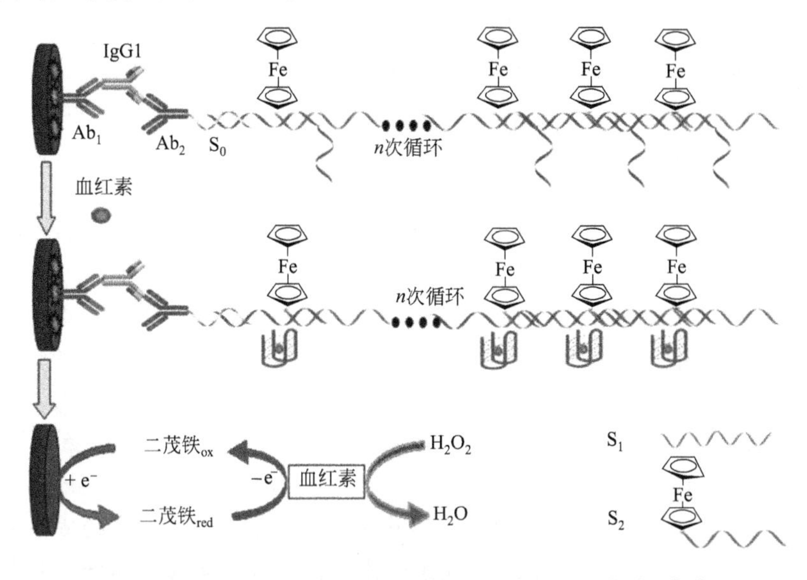

图 8-11　G-quadruplex-Hemin 模拟酶电化学核酸传感器[23]

8.2 核酸探针在电极表面的固定方法

核酸探针在电极表面的有效固定是决定电化学核酸传感器性能的一个关键步骤。如何将具有对目标 DNA 识别能力的 ssDNA 固定于某些特定的材料上（有机材料、无机材料或生物材料等），制备成特异性高的传感器，被称为 DNA 的固定化[24～32]。DNA 的固定化是 DNA 传感器制作中的重要步骤，DNA 的固化量及固定后的活性将会直接影响到下一步的目标识别，从而影响到整个传感器的灵敏度。对固定方法的基本要求是：保证探针与电极的稳定连接和优化固定化探针对靶分子的结合活性，这两个因素直接影响传感器的使用寿命和灵敏度。核酸探针在电极表面的固定方法与电化学酶传感器中酶分子的固定方法类似，近年来已建立了多种有效的 DNA 的固定方法，主要有吸附法、自组装法与共价结合法等。

8.2.1 吸附固定

吸附固定核酸是指通过非共价键作用如静电吸附、物理吸附和恒电位吸附等将核酸探针直接修饰于电极表面。核酸是一种阴离子聚合物，分子骨架中的磷酸基团带负电，因此，核酸探针可通过其与电极表面正电荷修饰层之间的静电吸附作用固定于电极表面。其方法主要为，将固体基质直接浸入含有 DNA 的溶液中吸附一定时间或把少量 DNA 溶液均匀滴加在基质表面，然后在空气中自然晾干、蒸馏水洗涤，DNA 通过与固体基质表面之间的相互吸附作用而被固定在基质表面，然后用于下一步的杂交反应。

静电吸附在DNA固定方法中是较为简单的一种方法，用于核酸静电吸附固定的正电荷修饰层有聚吡咯、聚赖氨酸和壳聚糖等[27~29, 33~51]。例如，Li等[52]利用物理吸附法将DNA探针固定于导电聚合物电极表面，他们首先在玻碳电极表面修饰聚吡咯层（Poly-pyrrole，PPy），然后再将其浸入含有DNA的酸性溶液中1min以吸附固定DNA，发现DNA可稳定吸附在该PPy层上，同时，研究表明电极表面的PPy能够形成三维多孔结构，这种结构可有效降低PPy层与DNA的接触，可提高探针分子与目标间的杂交效率。

复合材料的最大优点是能将不同性能的材料结合起来，从而体现出更多、更特殊的性能。在最近的一些研究中，复合纳米材料已经被引入电化学核酸传感器的应用中，通过对电极表面的复合纳米材料的修饰以改善传感器对探针分子的吸附固定性能。Yang等[53]将聚苯胺、多壁碳纳米管和壳聚糖结合修饰电极作为DNA探针固定和杂交检测的平台，在这个研究中，DNA探针被固定在MWNT/nano-PAN/CHIT复合膜上，应用交流阻抗技术对DNA的固定和杂交进行了表征，结果表明，基于碳纳米管大的比表面积和聚苯胺纳米纤维良好的电子传递性能，这个修饰电极表面对DNA有极好的吸附能力，在$1.0\times10^{-13}\sim1.0\times10^{-7}$ mol/L的浓度范围内，该传感器可成功实现对转基因植物PAT基因片段的检测，同时对NOS基因的PCR扩增产物的实际样品进行了检测，也获得了令人满意的结果。

8.2.2 自组装

自组装膜法是利用分子的自组装作用，在适当的条件下通过化学吸附形成排列有序、结合牢固、分布均匀的单层DNA分子膜。通常利用的是具有较强结合能力和较高选择性的Au—S键。巯基和大多数基团的反应性强，有利于制备巯基衍生物，便于设计自组装体系，因此，也可在探针末端修饰巯基化合物，然后自组装在金电极或纳米金修饰的电极上，或者利用带有羟基、羧基、氨基等活性基团的硫化物、二硫化物等在金表面形成自组装膜，然后利用共价键合法将探针连接在自组装膜的表面[36, 44, 54~71]。如Feng等[72]利用聚苯胺纳米管和纳米金复合膜（Au/nano-PAN）制备了用于转基因植物草丁膦乙酰转移酶（PAT）基因检测的DNA电化学杂交传感器，见图8-12。他们在玻碳电极上滴涂一层均匀分散在壳聚糖溶液中的聚苯胺纳米管（nano-PAN）后，在氯金酸溶液中，电沉积纳米金颗粒制成Au/nano-PAN/GCE电极，借助于Au与氨基之间较强的结合能力，将5′端氨基化的单链DNA通过自组装固定在电极上。应用循环伏安、微分脉冲伏安和电化学交流阻抗技术对Au/nano-PAN修饰电极的电化学行为以及探针的固定和杂交过程进行了表征。聚苯胺纳米管和纳米金两者的协同效应极大地提高了DNA杂交识别的选择性和灵敏度。用此DNA电化学杂交传感器对PAT基因片段实现了免标记交流阻抗谱基因检测，

线性范围为 $1.0\times10^{-12}\sim1.0\times10^{-6}$ mol/L，检测限达到 3.1×10^{-13} mol/L。

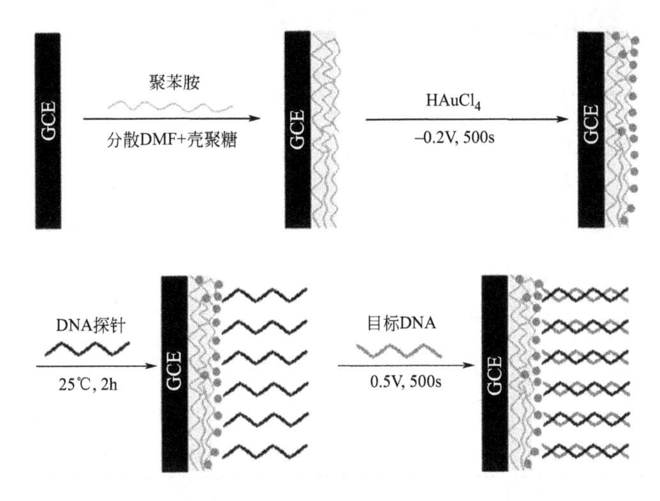

图 8-12 Au/nano-PAN 修饰玻碳电极上 DNA 的杂交与固定[72]

8.2.3 共价键合法

共价键合法是指通过形成共价键如酰胺键、酯键、醚键等使 DNA 与电极表面结合而进行固定的方法。这种方法通常是先对电极进行预处理或功能化修饰，使其表面带有活性官能团，如羟基、氨基、羧基等，然后与特定基团修饰的探针通过共价键结合，从而将探针固定在修饰电极表面。这种方法的优点是 DNA 分子链一端固定，从而使修饰层稳定有序、灵活度高且易于分子杂交，此外，固定的探针可通过热解再生；缺点是对电极除了要进行特殊修饰外还要经过活化连接，从而使得制作过程较为繁琐，而且用这种方法处理过的电极表面的反应活性位点也比较少。

8.2.4 生物素-亲和素结合法

生物素是一种分子量为 244D 的小分子化合物，它可以通过分子骨架上的羧基基团与其他生物分子如酶、抗体和核酸等共价连接而不影响彼此的生物活性。亲和素是一种分子量比生物素相对较大的化合物（6.8×10^{4}D），分子内部包含 4 个生物素特异的结合位点。生物素与亲和素（或链酶亲和素）可发生强亲和力的结合。生物素-亲和素结合系统在生物分子如酶、抗体和核酸的固定化中具有重要的作用。使用生物素-亲和素结合固定核酸探针时，一般先将亲和素分子通过共价偶联或静电作用结合于电极表面，然后将生物素分子修饰的核酸探针通过生物素与固定的亲和素之间的特异性结合而固定在电极表面。生物素-亲和素系统固定核酸探针的方法具有温和、高效的特点。其不足之处在于亲和素分子的体积较大、导电性能低，当其固定于电极表面时常常导致电化学活性指示剂在电极表面的电化学反应活性降低，从而引起检测灵敏度下降。

8.3 电化学核酸传感器的信号检出

核酸传感器的电化学检测可大致分为直接检测和间接检测两种。直接检测依赖于核酸自身与某些电极之间能发生直接的电子转移，DNA 的一些组分包括核糖和碱基在一定的电势下具有电化学活性。间接检测是利用一些电化学活性媒介来进行电子传递，借助这些电化学活性指示剂与 DNA 选择性的结合来实现杂交检测。

8.3.1 基于电化学活性指示剂的杂交检测

电化学活性杂交指示剂能通过不同的方式与核酸分子发生相互作用，根据结合方式和结合力的不同，通过测定其氧化还原峰电流和峰电位就可识别和检测目标分子[45, 57, 59, 73~80]。在选择插入指示剂的方式时，一般要求指示剂与双链的结合能力远大于与单链的结合能力，这样才能获得较高的检测灵敏度。这一类的传感器通常是将杂交反应后的电极浸入含有电化学活性杂交指示剂的溶液中反应一定时间；或在杂交反应之前，先加入电化学活性分子再进行杂交，然后进行电化学检测，所得信号的大小或变化值可以反映电极表面 dsDNA 的多少，从而测定被测溶液中目标 DNA 片段的含量。指示剂与核酸分子的结合方式包括静电结合、亲水/疏水结合，插入到碱基中，或者以独特的化学结构嵌入到核酸双螺旋结构的沟槽中。

常用的杂交指示剂主要有蒽环类的抗生素、染料、金属配合物等。Wong 等[81]利用蒽醌磺酸（AQMS）可以嵌入 dsDNA 的性质分析了 tDNA 与探针 DNA 的杂交情况，从而测定 tDNA 的量，这种方法可以很好地区分单碱基错配的 DNA 序列，他们认为传感器可实现碱基错配检测的主要原因有两个：一是存在碱基错配的 dsDNA 的稳定性比较差，杂交效率低；二是 dsDNA 的导电能力受到碱基配对的影响，随着碱基错配序列的增多，dsDNA 的导电能力急剧下降，导致嵌入剂的氧化还原信号变弱（见图 8-13）。

Millan 等[82]使用了杂交指示剂来检测与囊肿性纤维化病人的相关基因，使用 $Co(bpy)_3(ClO_4)_3$ 作为杂交后的指示剂，对含有 4000 个碱基的 DNA 片段进行了电化学检测，其研究结果表明，这种方法能够得到很好的效果，检测限可以达到 1.8fmol。Takenaka 等[83]利用二茂铁复合物作为指示剂，对特定的 DNA 片段进行了电化学测定，他们将萘二酰亚胺的两端分别接上电化学活性的二茂铁基团，利用萘二酰亚胺与 dsDNA 分子形成稳定的化合物，而所带的二茂铁基团可在电极上发生氧化还原反应，从而产生可被检测的电化学信号，由于这种分子两端所带的两个体积庞大的二茂铁基团，使其从 DNA 分子上脱开的速率大大减慢，因而易于电化学信号的测定，从而获得了更高的灵敏度。一些具有电化学活性的生物大分子如细胞色素 C 同样可以作为核酸杂交指示剂。细胞色素 C 是一种带正电荷的蛋白质分子，可与 DNA 产生静电作用，Bardea 等[84,85]对细胞色素 C 作为电化学活性杂交

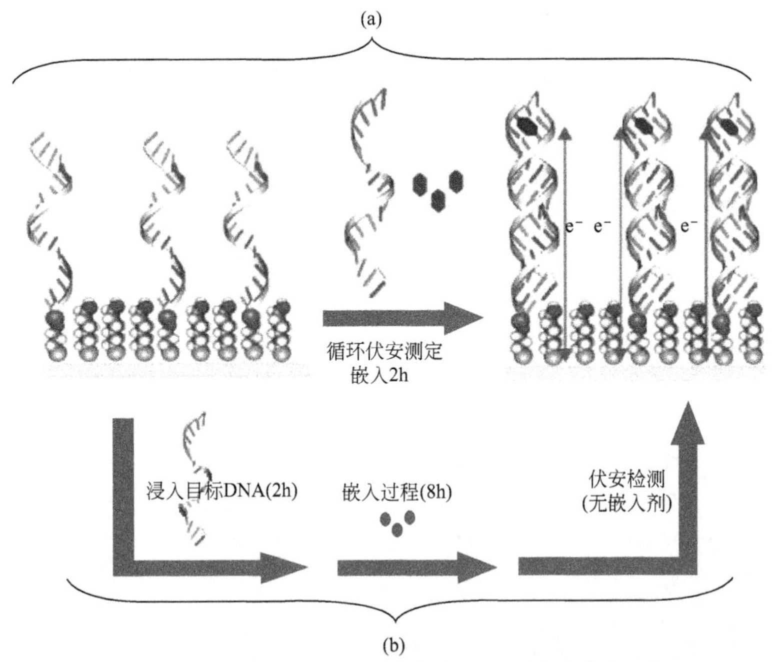

图 8-13　电活性物质嵌入型 DNA 传感器[81]

指示剂的电化学基因传感器进行了研究。在他们的研究中，当传感器识别完成后，检测目标与探针分子间杂合 dsDNA 的形成增加了电极表面所带的负电荷，增强了细胞色素 C 与 DNA 之间的静电作用，通过微分脉冲伏安法可检测到杂交后电流的增大（见图 8-14）。

电化学活性杂交指示剂通过其与单链和双链核酸分子选择性结合产生的电化学电流的差异来实现杂交检测，该类检测方法无需对核酸探针或者目标核酸进行电化学活性信标修饰，具有操作简单、分析速率快的优点。但是，由于该类指示剂还不能对单链或双链核酸表现出单向的结合亲和性，同时，指示剂本身可以通过自由扩散在基底电极表面发生电化学反应，因此，该类检测方法常常存在较高的背景电流而影响传感体系的检测限。

8.3.2　基于酶联反应的信号放大检测

为了提高电化学核酸传感器的灵敏度，有效地区分低目标核酸浓度下的杂交信号与背景信号，有必要使用适当的方法对杂交信号进行放大，以酶分子作为信号分子进行放大是电化学核酸传感器常用的方法之一。

酶分子利用酶的催化作用，可以将酶底物大量转化为电化学活性产物，即一个酶分子可以产生多个信号电子，从而可以得到放大的电化学信号，与电化学活性小分子信号转换的设计类似，酶分子也可通过共价修饰于核酸探针末端，然后通过夹心杂交或者构象变化策略实现杂交信号的放大转换[16,47,58,76,80,86～101]。例如，Liu

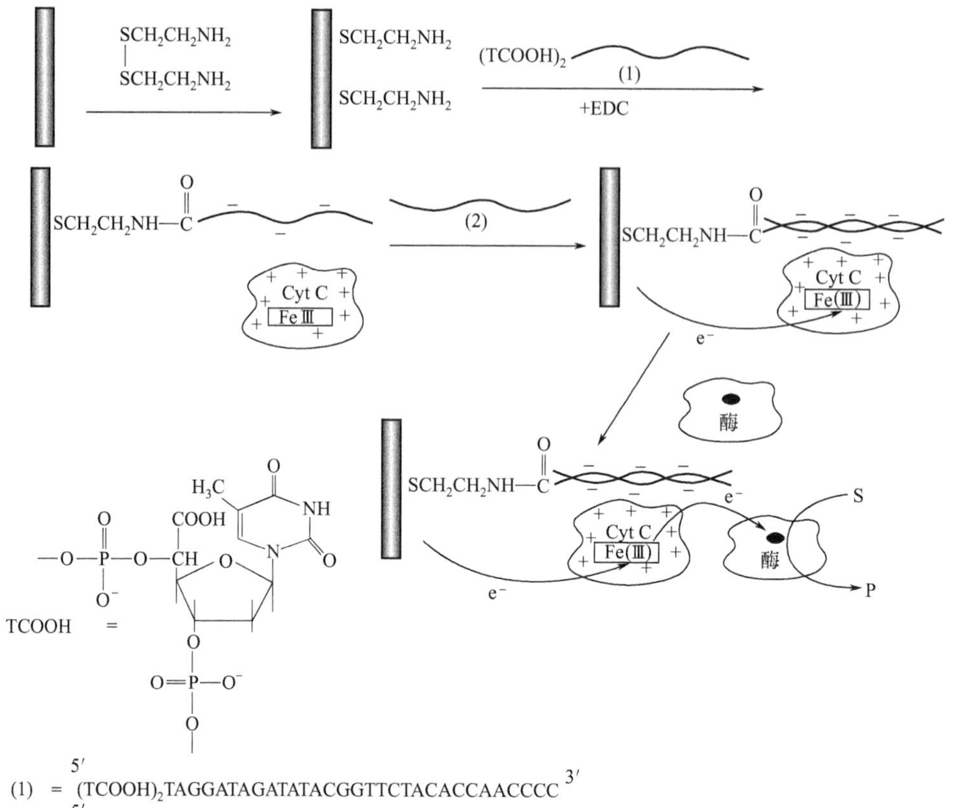

图 8-14　基于细胞色素 C 的电化学核酸传感器[84]

等[9]设计了一个基于发夹形核酸探针和酶催化信号放大的电化学核酸传感器，如图 8-15 所示。末端修饰地高辛单元（Digoxigenin，Dig）和生物素分子（Biotin）的发夹核酸探针通过生物素-亲和素（Biotin-Avidin）结合固定于金电极表面，自由状态下核酸探针的发夹构象使末端的地高辛单元深埋在核酸分子层内部，无法结合抗地高辛标记的辣根过氧化酶；当存在目标核酸时，目标核酸与发夹探针杂交导致发夹环被打开，形成双螺旋结构，使核酸探针末端的地高辛单元暴露于电极表面，暴露的地高辛单元可捕获抗地高辛标记的辣根过氧化物酶，将其固定于电极表面。电极表面固定的酶分子催化过氧化氢，将四甲基联苯胺（Tetramethylbenzidine，TMB）氧化，氧化产物进一步在基底电极表面被电化学还原而产生一个放大的电流信号。通过此酶催化放大信号转换，传感器对目标核酸的检测限可达到 fmol 量级。

8.3.3 基于纳米材料的信号检测

随着纳米技术的发展，具有优良生物相容性、高比表面积、良好化学稳定性、

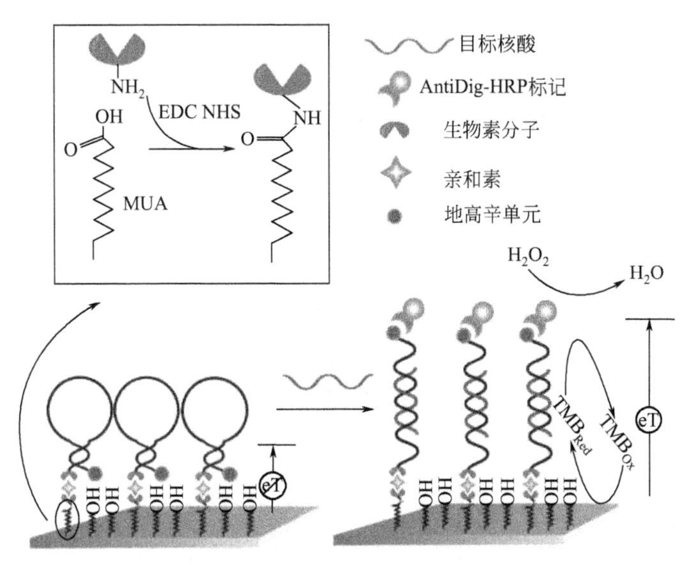

图 8-15 酶放大电化学核酸传感器[9]

催化性及导电性等优越性能的纳米材料被广泛地用于生物传感器界面的构建。纳米材料的使用可大大提高传感器的分析性能，有效放大检测信号，且具有稳定识别探针或生物传感界面的作用。目前，金属纳米粒子、量子点、碳纳米材料、磁性纳米材料等都已用于核酸传感器的构建[19,34,43,53,55,80,88,89,94,97.99,102～127]。

在众多纳米材料中，金纳米材料是各领域应用得最多的纳米材料之一。近年来，金纳米材料在生物传感方面的应用也已经成为研究的热点及焦点。利用金钠米颗粒与 DNA 探针，结合各种电化学方法和技术，一系列快速、操作简单、成本低廉的电化学分析新方法已经被发展，实现了对金属离子、DNA、蛋白质和细胞等的高选择性、高灵敏度的检测。

作为电化学分析的标记物，许多标记在金纳米颗粒上的生物分子能够保持其活性并选择性结合对应物质，然后通过对纳米金的分析来实现对目标物的检测。由于纳米金有独特的电子电化学性能，它不仅是识别核酸分子固定在电极上的一个有效可利用工具，而且还是对杂交反应发出信号的标签。目前，已经发展了各种基于金纳米颗粒的电化学核酸检测方法，例如，Cai 等[128]在电极表面组装巯基修饰 DNA 作为识别分子，通过 DNA 将金纳米粒子组装到电极表面，并负载大量流堇，修饰硫堇后的电极表现极强的电化学氧化还原峰。当目标 DNA 被引入后，识别 DNA 与其杂交，形成双链，能被核酸内切酶剪切，此时负载了硫堇的金纳米粒子从电极表面脱落，硫堇的电化学氧化还原峰将显著降低。结合聚合酶链反应（PCR）的放大作用，该传感器对丙型肝炎病毒基因型 lb(HCV-lb) 的最低检测限可低至 3.1×10^{-22} mol/L，见图 8-16。

在最近，Yu 的团队[129]采用纳米金作为信号分子的载体，以发夹 DNA 为捕获探针，结合探针内部限制性内切酶特异性识别位点的协同放大，构建了一种超灵

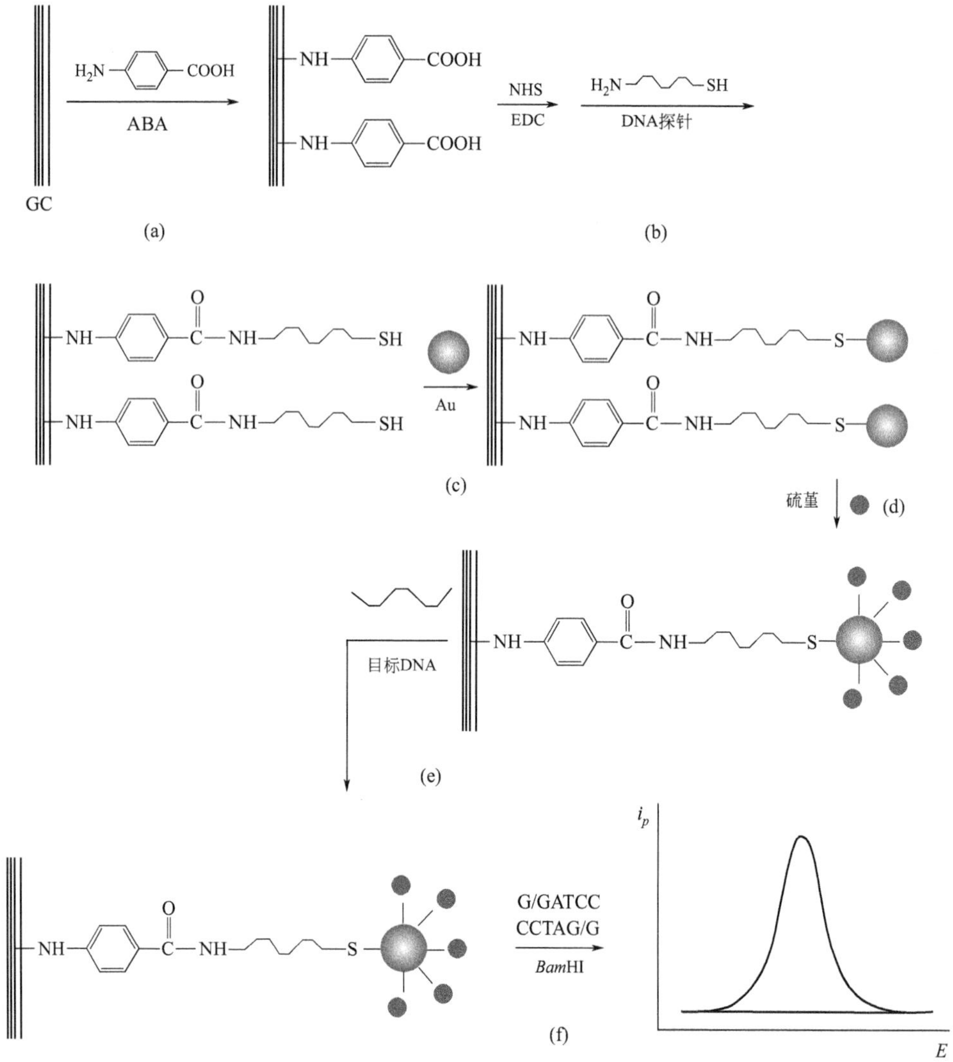

图 8-16 金纳米颗粒结合限制性内切酶的信号放大核酸电化学传感器[128]

敏的核酸电化学传感器。其基本结构如图 8-17 所示，由于酶的高特异性，这个传感器在检测目标分子不存在时，在发夹形捕获探针茎部的识别位点会发生催化剪切反应，从而降低背景信号，但当目标物存在时，目标物可通过杂交，打开发夹探针，从而引发剪切位点构象的改变，迫使生物素标记远离电极表面，通过生物素-链霉亲和素特异性结合作用，捕获修饰了大量二茂铁（Fc）的纳米金颗粒，由于内切酶处理过的捕获探针残基杂交能够拉近与电极表面的距离，从而促进界面电子传递，进一步增强信号，基于多重的放大，该传感器可实现检测限低至 10^{-21} mol/L 级的超灵敏分析，并具有 7 个数量级的宽动态检测范围。

随着纳米材料的不断发展，应用于生物传感器的纳米材料有向更环保、生物相

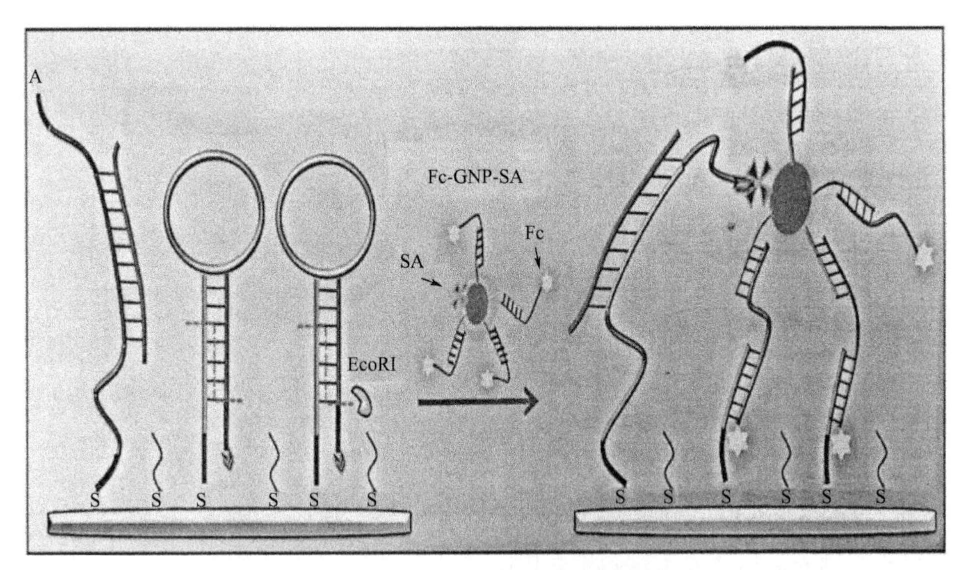

图 8-17　协同信号放大核酸电化学传感器[129]

容性更好的碳纳米材料发展的趋势。碳纳米材料具有一系列特殊的物理性质和化学性质，如碳纳米管和石墨烯等，有较大的比表面积、几乎可以忽略的热膨胀系数和很好的热稳定性、化学稳定性及传热导电性能。在生物传感研究中，利用碳纳米材料能负载更大量的信号分子、有效增加电极比表面积、能极大地降低过电位并加快电子的传递，可实现对传感器响应信号的放大，加上良好的导电性能和电催化性能，使碳纳米材料在生物传感器领域具有了十分广泛的应用。例如，Wang 等[130]利用碳纳米管的显著信号放大作用，实现了蛋白质和 DNA 高灵敏电化学检测，其检测原理如图 8-18 所示。在这个传感设计中，一方面碳纳米管对玻碳电极表面的修饰能够很好地加速电子传导；另一方面，利用碳纳米管作为载体，将碱性磷酸酶修饰到碳纳米管上作为识别元，能够极大提高识别事件的信号输出，基于这个设计的多重信号放大作用，该传感器具有了非常低的检测限。此外，Mao 等[131]报道了使用单壁碳纳米管作为电化学标签，对游离 DNA 进行检测的方法，在这个研究中，碳纳米管作为支持平台，极大增加了探针 DNA 的表面载荷，提高了传感器的检测性能。Akhavan 等[132]则利用氧化石墨（Reduced Graphene Nanosheet，RGNS），构建了具有大比表面积和众多边缘缺损的多孔石墨烯修饰电极，这个传感器极有利于大量碱基和 DNA 链的吸附，能提供高效的异相电子转移能力，因而可实现四种碱基和 DNA 的超分辨电化学检测。

8.3.4　基于核酸体外扩增技术的信号放大检测

滚环扩增技术（RCA）是一种线性等温扩增技术，基本原理是以环状 DNA 为模板，通过一段 DNA 引物与其互补杂交，在 DNA 聚合酶的催化作用下将 dNTPs 沿模板序列转化成 DNA 单链，最后得到的单链 DNA 含有大量与环形模板互补的

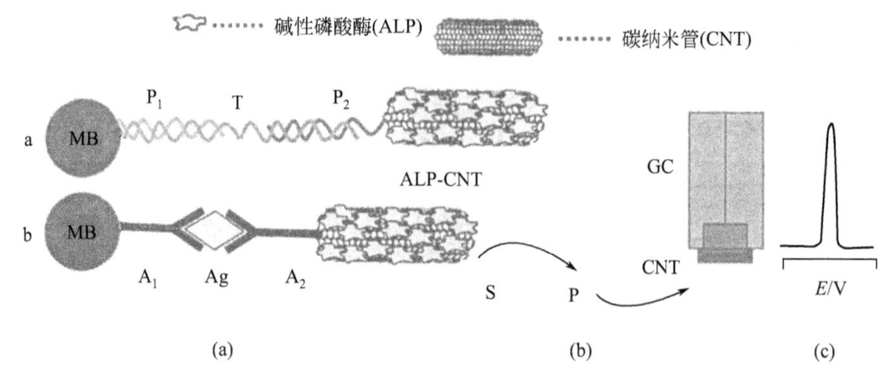

图 8-18　基于碳纳米管的电化学 DNA 和蛋白传感器[130]

重复片段。该方法不仅可实现对核酸分子的扩增，也可以对目标分子进行信号放大，由于具有反应条件简便、反应速率快、高灵敏性和易操作性，使得它在高通量的 DNA 诊断和蛋白质分析过程中有广泛的应用[93,133～135]。

2013 年，Huang 等[134]使用黄曲霉毒素 A(OTA) 的特殊适配子作为识别探针，设计了基于滚环扩增技术提高电化学信号的核酸传感器来检测 OTA（见图 8-19）。在他们的传感器中，扩增引物被设计为两部分，其中一部分序列定向针对 OTA 的适体序列，而另一部分是与电极表面的捕获探针互补的序列，以亚甲基蓝（MB）作为电化学氧化还原指示剂，当存在 OTA 时，原先与锁状模板杂交的

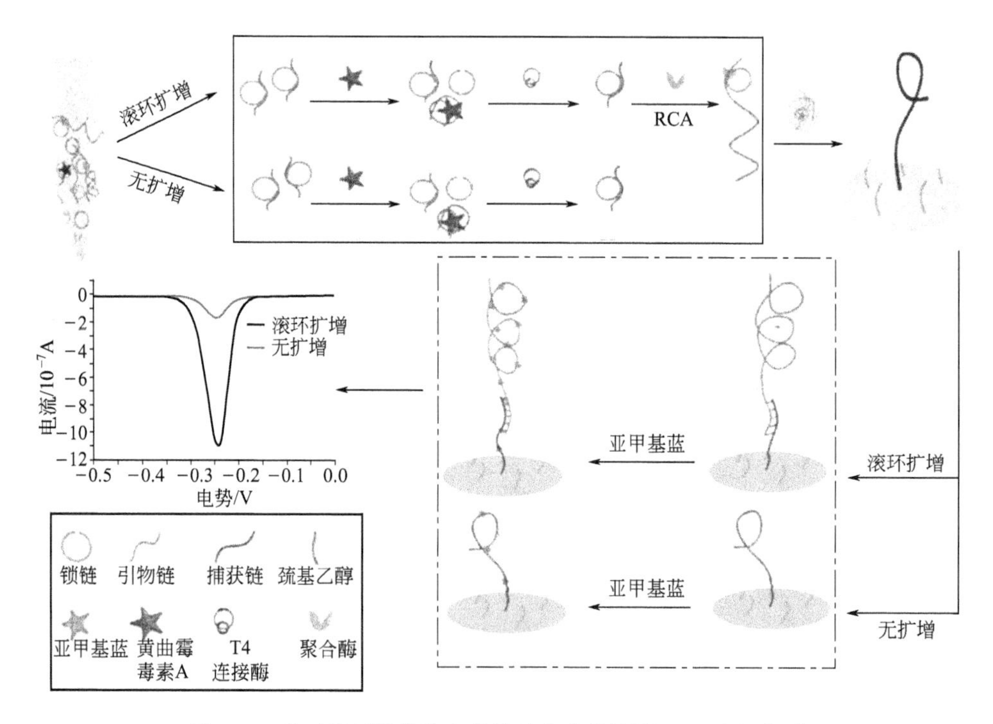

图 8-19　基于滚环扩增放大信号的电化学检测 OTA 原理[134]

引物会被替换下来，转而与黄曲霉毒素 A(OTA) 作用，若进行滚环扩增反应 (RCA)，扩增产物与电极表面的捕获探针作用，此时，亚甲基蓝 (MB) 的氧化还原信号较强；反之，若不进行滚环扩增反应 (RCA)，没有扩增产物与捕获探针作用，亚甲基蓝 (MB) 的氧化还原信号相对要低很多，这种设计可大大提高检测的灵敏度，结果显示，传感器的检测限达 0.065pg/mL，大大低于原先报道的检测浓度。

核酸外切酶是一种能够识别特殊的碱基序列或者特异的功能团从单链或者双链核酸分子的一端对核酸碱基进行逐一降解的酶。尽管大多数核酸外切酶对目标序列的特异性要求不高，但仍有一些核酸外切酶在识别 DNA 末端具有很强的专一性，如核酸外切酶Ⅲ (ExoⅢ) 和 λ 外切酶 (λExo) 等。

在一些研究中，基于这些核酸外切酶的酶切循环信号放大方法已被用于构建高灵敏的核酸传感器。例如，Xuan 等[136]设计了一种利用分子信标和 ExoⅢ的高灵敏核酸电化学传感器。他们设计合成了一条 3′端为突出端且有亚甲基蓝修饰的分子信标，将其修饰于电极表面，由于分子信标具有较大的分子量和较多的负电荷，使电化学活性物质远离电极表面，此时只有很小的电信号；当目标 DNA 与分子信标杂交后，发夹结构打开并引发 ExoⅢ进行循环酶切，亚甲基蓝基团被切下后靠近电极表面，此时会产生增强的电信号，从而实现对目标分子的检测 (见图 8-20)。

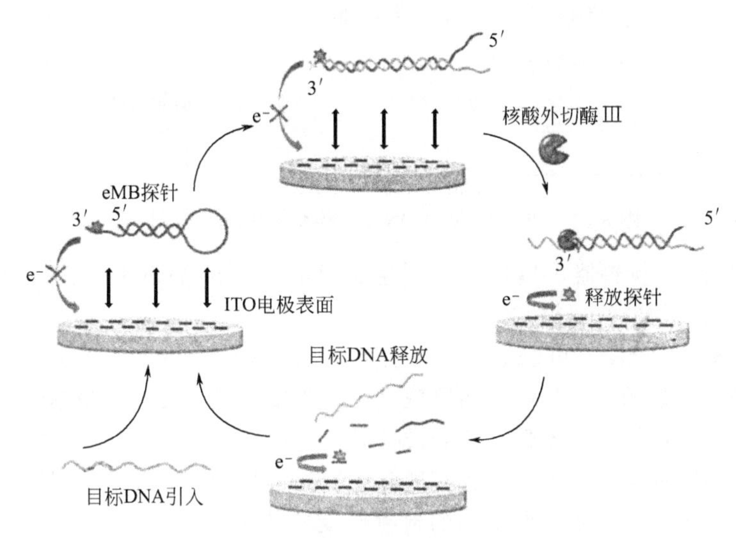

图 8-20 基于核酸外切酶放大的传感器原理[136]

8.4 电化学核酸传感器的应用和发展趋势

随着经济的发展，工业、农业和生活中的废液、废气、废渣污染也随之变得严重，对环境污染物的有效检测也变得越来越重要。电化学核酸传感器已被广泛用于环境检测、药物检测、食品检测、临床疾病的诊断以及新药开发等众多领域。

电化学 DNA 传感器可通过环境中的污染物与电极表面的 DNA 结合后会引起

电化学信号的变化，从而实现对污染物的检测。具有电化学活性的污染物，可以富集在电极的双链 DNA 上，根据这一性质，通过比较污染物富集前后电极的电化学信号的差异来测定污染物。此外，对于没有电化学活性的污染物，可以通过它与某种具有电化学活性的物质在电极表面的结合情况进行测定。例如，Shen 等[137]设计了一个核酸传感器对 Pb^{2+} 进行检测，他们利用 Pb^{2+} 对 DNAzyme 的剪切作用，当 Pb^{2+} 出现在传感器表面时，由于 Pb^{2+} 的剪切，降低电极表面的 DNA 量，从而减弱 $[Ru(NH_3)_6]^{3+}$ 的吸附量，降低电化学信号，实现对 Pb^{2+} 的检出，如图 8-21 所示。

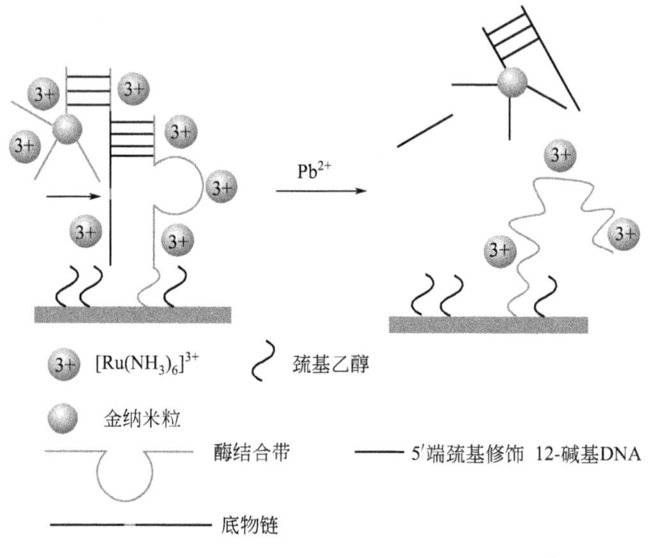

图 8-21 Pb^{2+} 电化学 DNA 酶传感器原理示意图[137]

电化学 DNA 传感器可以根据不同生物具有不同的基因序列实现对细菌、真菌、病毒等微生物的快速检测。

电化学 DNA 传感器可以根据不同生物具有不同的核酸序列，实现对细菌、真菌、病毒等微生物的快速检测。病原微生物严重威胁着人类的生命健康，利用电化学传感器快速、灵敏、成本低，检测设备易于自动化和小型化，通过探针的阵列化修饰或使用不同的信号放大因子有实现多重检测等优点，特异性地识别病原微生物的特异性核酸序列，用于病原生物的检测已受到越来越多的关注，目前，DNA 电化学生物传感器在病原体检测方面已经取得了一系列进展，表 8-2 列出的是一些已报道的病原微生物电化学 DNA 传感器。

表 8-2 一些已报道的病原微生物电化学 DNA 传感器

目标病原微生物	信号模式	灵敏度	参考文献
甲型流感病毒 H5N1	方波伏安法	0.08fmol/L	[138]
铜绿假单胞菌	安培法	10^6～10^7CFU/mL	[139]
人乳头状瘤病 HPV	差示脉冲伏安法	18.75nmol/L	[140]
结核分枝杆菌	方波伏安法	0.125×10^{-18}mol/L	[141]
大肠杆菌	循环伏安法	2CFU/100mL	[142]

参 考 文 献

[1] Tyagi S, Kramer FR. Molecular beacons: Probes that fluoresce upon hybridization. Nature Biotechnology, 1996, 14 (3): 303-308.

[2] Xiao Y, Lai R Y, Plaxco K W, Preparation of electrode-immobilized, redox-modified oligonucleotides for electrochemical DNA and aptamer-based sensing. Nature Protocols, 2007, 2 (11): 2875-2880.

[3] Fan C H, Plaxco K W, Heeger A J, Electrochemical interrogation of conformational changes as a reagentless method for the sequence-specific detection of DNA. Proceedings of the National Academy of Sciences of the United States of America, 2003, 100 (16): 9134-9137.

[4] Lubin A A, PlaxcoK W, Folding-Based Electrochemical Biosensors: The Case for Responsive Nucleic Acid Architectures. Accounts of Chemical Research, 2010, 43 (4): 496-505.

[5] Canete S J P, Yang W W, Lai R Y. Folding-based electrochemical DNA sensor fabricated by "click" chemistry. Chemical Communications, 2009, (32): 4835-4837.

[6] Wu Y, Lai R Y, Effects of DNA Probe and Target Flexibility on the Performance of a "Signal-on" Electrochemical DNA Sensor. Analytical Chemistry, 2014, 86 (17): 8888-8895.

[7] Xiao Y, et al. On the Signaling of Electrochemical Aptamer-Based Sensors: Collision- and Folding-Based Mechanisms. Electroanalysis, 2009, 21 (11): 1267-1271.

[8] Yu Z G, Lai R Y. Effect of Signaling Probe Conformation on Sensor Performance of a Displacement-Based Electrochemical DNA Sensor. Analytical Chemistry, 2013, 85 (6): 3340-3346.

[9] Liu G, et al. An enzyme-based E-DNA sensor for sequence-specific detection of femtomolar DNA targets. Journal of the American Chemical Society, 2008, 130 (21): 6820-6825.

[10] Famulok M, Mayer G. Aptamer Modules as Sensors and Detectors. Accounts of Chemical Research, 2011, 44 (12): 1349-1358.

[11] Radi A E, et al. Reagentless, reusable, ultrasensitive electrochemical molecular beacon aptasensor. Journal of the American Chemical Society, 2006, 128 (1): 117-124.

[12] White R J, et al. Optimization of electrochemical aptamer-based sensors via optimization of probe packing density and surface chemistry. Langmuir, 2008, 24 (18): 10513-10518.

[13] Ikebukuro K, Kiyohara C, Sode K. Novel electrochemical sensor system for protein using the aptamers in sandwich manner. Biosensors & Bioelectronics, 2005, 20 (10): 2168-2172.

[14] Le Floch F, Ho H A, Leclerc M. Label-free electrochemical detection of protein based on a ferrocene-bearing cationic polythiophene and aptamer. Analytical Chemistry, 2006, 78 (13): 4727-4731.

[15] Travascio P, Li Y F, Sen D. DNA-enhanced peroxidase activity of a DNA aptamer-hemin complex. Chemistry & Biology, 1998, 5 (9): 505-517.

[16] Han G C, Feng X Z, Chen Z C. Hemin/G-quadruplex DNAzyme for Designing of Electrochemical Sensors. International Journal of Electrochemical Science, 2015, 10 (5): 3897-3913.

[17] Bang G S, Cho S, Kim B G. A novel electrochemical detection method for aptamer biosensors. Biosensors & Bioelectronics, 2005, 21 (6): 863-870.

[18] Evtugyn G A, et al. Label-free aptasensor for thrombin determination based on the nanostructured phenazine mediator. Talanta, 2012, 102: 156-163.

[19] Fu H, et al. A Hairpin Electrochemical Aptasensor for Sensitive and Specific Detection of Thrombin Based on Homogenous Target Recognition. Electroanalysis, 2013, 25 (5): 1223-1229.

[20] Sanchez J L A, et al. Electronic 'off-on' molecular switch for rapid detection of thrombin. Electroanalysis, 2006, 18 (19-20): 1957-1962.

[21] Shlyahovsky B, et al. Proteins modified with DNAzymes or aptamers act as biosensors or biosensor labels. Biosensors & Bioelectronics, 2007, 22 (11): 2570-2576.

[22] Yang Q L, et al. Study on the electrocatalytic activity of human telomere G-quadruplex-hemin complex and its interaction with small molecular ligands. Electrochimica Acta, 2009, 55 (1): 276-280.

[23] Tang J, et al. Hemin/G-quadruplex-based DNAzyme concatamers as electrocatalysts and biolabels for amplified electrochemical immunosensing of IgG1. Chemical Communications, 2012, 48 (66): 8180-8182.

[24] Brett A M O, et al. Comparison of the voltammetric behavior of metronidazole at a DNA-modified glassy carbon electrode, a mercury thin film electrode and a glassy carbon electrode. Electroanalysis, 1997, 9

(2)：110-114.

[25] Cai W，et al. Direct electrical detection of hybridization at DNA-modified silicon surfaces. Biosensors & Bioelectronics，2004，19 (9)：1013-1019.

[26] Erdem A，et al. Methylene blue as a novel electrochemical hybridization indicator. Electroanalysis，2001，13 (3)：219-223.

[27] Ferapontova E E，Dominguez E. Direct electrochemical oxidation of DNA on polycrystalline gold electrodes. Electroanalysis，2003，15 (7)：629-634.

[28] Ge B X，et al. Electrochemical investigation of DNA-modified surfaces：From quantitation methods to experimental conditions. Journal of Electroanalytical Chemistry，2007，602 (2)：156-162.

[29] Heli H，Bathaie S Z，Mousavi M F. An electrochemical study of neutral red-DNA interaction. Electrochimica Acta，2005，51 (6)：1108-1116.

[30] Kara P，et al. DNA sensing on glassy carbon electrodes by using hemin as the electrochemical hybridization label. Analytical and Bioanalytical Chemistry，2002，373 (8)：710-716.

[31] Ozkan D，et al. DNA and PNA sensing on mercury and carbon electrodes by using methylene blue as an electrochemical label. Bioelectrochemistry，2002，58 (1)：119-126.

[32] Wang J，et al. DNA electrochemical biosensors for environmental monitoring：A review. Analytica Chimica Acta，1997，347 (1-2)：1-8.

[33] Xu C，et al. Characterization of single-stranded DNA on chitosan-modified electrode and its application to the sequence-specific DNA detection. Fresenius Journal of Analytical Chemistry，2001，369 (5)：428-432.

[34] Cai H，et al. Electrochemical detection of DNA hybridization based on silver-enhanced gold nanoparticle label. Analytica Chimica Acta，2002，469 (2)：165-172.

[35] Pang D W，Abruna H D. Micromethod for the investigation of the interactions between DNA and redox active molecules. Analytical Chemistry，1998，70 (15)：3162-3169.

[36] Brett A M O，Chiorcea A M. Effect of pH and applied potential on the adsorption of DNA on highly oriented pyrolytic graphite electrodes. Atomic force microscopy surface characterisation. Electrochemistry Communications，2003，5 (2)：178-183.

[37] Brett A M O，et al. Synthetic oligonucleotides：AFM characterisation and electroanalytical studies. Bioelectrochemistry，2005，67 (2)：181-190.

[38] Danhel A，et al. Nitro-Hydrazine Derivatives-Electrochemically Reducible DNA Labels. Xxxii. Moderni Elektrochemicke Metody，2012：19-22.

[39] Ferancova A，et al. Electrochemical determination of guanine and adenine by CdS microspheres modified electrode and evaluation of damage to DNA purine bases by UV radiation. Biosensors & Bioelectronics，2010，26 (2)：314-320.

[40] Galandova J，et al. Investigation of a DNA-Based Biosensor with Chitosan-Carbon Nanotubes Interface by Cyclic and Elimination Voltammetry. Electroanalysis，2009，21 (3-5)：563-572.

[41] Jiang M，et al. Electrochemically controlled release of lipid/DNA complexes：a new tool for synthetic gene delivery system. Electrochemistry Communications，2004，6 (6)：576-582.

[42] Ju H X，Ye Y K，Zhu Y L. Interaction between nile blue and immobilized single- or double stranded DNA and its application in electrochemical recognition. Electrochimica Acta，2005，50 (6)：1361-1367.

[43] Kerman K，Saito M，Tamiya E. Electroactive chitosan nanoparticles for the detection of single-nucleotide polymorphisms using peptide nucleic acids. Analytical and Bioanalytical Chemistry，2008，391 (8)：2759-2767.

[44] Mateo-Marti E，et al. A DNA biosensor based on peptide nucleic acids on gold surfaces. Biosensors & Bioelectronics，2007，22 (9-10)：1926-1932.

[45] Palinska A，et al. Methylene Blue Interactions with Chromosomal and Plasmid DNA on Screen-Printed Carbon Electrodes. Electroanalysis，2010，22 (12)：1306-1313.

[46] Pedano M L，et al. Characterization of DNA layers adsorbed on glassy carbon electrodes. Electroanalysis，2008，20 (7)：739-749.

[47] Rochelet Dequaire M，et al. Bienzymatic-based electrochemical DNA biosensors：a way to lower the detection limit of hybridization assays. Analyst，2009，134 (2)：349-353.

[48] Steichen M，et al. Electrochemical DNA hybridization detection using peptide nucleic acids and Ru (NH_3) (6) (3+) on gold electrodes. Biosensors & Bioelectronics，2007，22 (9-10)：2237-2243.

[49] Trnkova L，et al. Elimination voltammetry with linear scan as a new detection method for DNA

sensors. Sensors, 2005, 5 (6-10): 448-464.
[50] Wang J, et al. Microfabricated thick-film electrochemical sensor for nucleic acid determination. Analyst, 1996, 121 (7): 965-969.
[51] White S P, Dorfman K D, Frisbie C D. Label-Free DNA Sensing Platform with Low-Voltage Electrolyte-Gated Transistors. Analytical Chemistry, 2015, 87 (3): 1861-1866.
[52] Li Z, et al. Electrochemical investigation of DNA adsorbed on conducting polymer modified electrode. Analytical Sciences, 1997, 13: 305-310.
[53] Yang T, et al. Synergistically improved sensitivity for the detection of specific DNA sequences using polyaniline nanofibers and multi-walled carbon nanotubes composites. Biosensors & Bioelectronics, 2009, 24 (7): 2165-2170.
[54] Berganza J, et al. DNA microdevice for electrochemical detection of Escherichia coli O157 : H7 molecular markers. Biosensors & Bioelectronics, 2007, 22 (9-10): 2132-2137.
[55] Chen X, et al. Enzyme-Free and Label-Free Ultrasensitive Electrochemical Detection of Human Immunodeficiency Virus DNA in Biological Samples Based on Long-Range Self-Assembled DNA Nanostructures. Analytical Chemistry, 2012, 84 (19): 8277-8283.
[56] Fu Y Z, et al. Indicator free DNA hybridization detection via EIS based on self-assembled gold nanoparticles and bilayer two-dimensional 3-mercaptopropyltrimethoxysilane onto a gold substrate. Biochemical Engineering Journal, 2005, 23 (1): 37-44.
[57] Gebala M, et al. Label-Free Detection of DNA Hybridization in Presence of Intercalators Using Electrochemical Impedance Spectroscopy. Electroanalysis, 2009, 21 (3-5): 325-331.
[58] Gupta G, Atanassov P. Electrochemical DNA Hybridization Assay: Enzyme-Labeled Detection of Mutation in p53 Gene. Electroanalysis, 2011, 23 (7): 1615-1622.
[59] He P A, Xu Y, Fang Y Z. A review: Electrochemical DNA biosensors for sequence recognition. Analytical Letters, 2005, 38 (15): 2597-2623.
[60] He X X, et al. Electrochemical detection of nicotinamide adenine dinucleotide based on molecular beacon-like DNA and E. coli DNA ligase. Talanta, 2011, 83 (3): 937-942.
[61] Hejazi M S, et al. Development of a Novel Electrochemical Biosensor for Detection and Discrimination of DNA Sequence and Single Base Mutation in dsDNA Samples Based on PNA-dsDNA Hybridization - a new Platform Technology. Electroanalysis, 2011, 23 (2): 503-511.
[62] Husken N, et al. A Single-Electrode, Dual-Potential Ferrocene-PNA Biosensor for the Detection of DNA. Chembiochem, 2010, 11 (12): 1754-1761.
[63] Josephs E A, Ye T. A Single-Molecule View of Conformational Switching of DNA Tethered to a Gold Electrode. Journal of the American Chemical Society, 2012, 134 (24): 10021-10030.
[64] Kjallman T, et al. DNA-sensors based on functionalized conducting polymers and quantum dots - art. no. 641602, in Biomedical Applications of Micro- and Nanoengineering Ⅲ Bellingham:. Spie-Int Soc Optical Engineering, 2007: 41602-41602.
[65] Kjallman T H M, et al. A neutron reflectivity study of the interfacial and thermal behaviour of surface-attached hairpin DNA. Soft Matter, 2011, 7 (10): 5020-5029.
[66] Kjallman T H M, et al. Effect of Probe Density and Hybridization Temperature on the Response of an Electrochemical Hairpin-DNA Sensor. Analytical Chemistry, 2008, 80 (24): 9460-9466.
[67] Kjallman T H M, et al. A CdTe nanoparticle-modified hairpin probe for direct and sensitive electrochemical detection of DNA. Analyst, 2010, 135 (3): 488-494.
[68] Koev S T, et al. Mechano-transduction of DNA hybridization and dopamine oxidation through electrodeposited chitosan network. Lab on a Chip, 2007, 7 (1): 103-111.
[69] Lee J Y, et al. Label-Free Electrochemical DNA Detection Based on Electrostatic Interaction between DNA and Ferrocene Dendrimers. Bulletin of the Korean Chemical Society, 2010, 31 (11): 3099-3102.
[70] Liu S, et al. Application of peptide nucleic acids containing azobenzene self-assembled electrochemical biosensors in detecting DNA sequences. Science in China Series B-Chemistry, 2009, 52 (7): 1009-1013.
[71] Loaiza O A, et al. Amperometric DNA quantification based on the use of peroxidase-mercaptopropionic acid-modified gold electrodes. Sensors and Actuators B-Chemical, 2008, 132 (1): 250-257.
[72] Feng Y Y, et al. Enhanced sensitivity for deoxyribonucleic acid electrochemical impedance sensor: Gold nanoparticle/polyaniline nanotube membranes. Analytica Chimica Acta, 2008, 616 (2): 144-151.
[73] Bouffier L, et al. Electrochemical transduction of DNA hybridization at modified electrodes by using an

electroactive pyridoacridone intercalator. Analytical and Bioanalytical Chemistry, 2014, 406 (4): 1163-1172.
[74] de-los-Santos-Alvarez P, et al. Electrocatalytic oxidation of NADH by Brilliant Cresyl Blue-DNA intercalation adduct. Electrochimica Acta, 2005, 50 (5): 1107-1112.
[75] Dharuman V, et al. Sensitive label-free electrochemical DNA hybridization detection in the presence of 11-mercaptoundecanoic acid on the thiolated single strand DNA and mercaptohexanol binary mixed monolayer surface. Electrochimica Acta, 2011, 56 (24): 8147-8155.
[76] Gebala M, et al. A biotinylated intercalator for selective post-labeling of double-stranded DNA as a basis for high-sensitive DNA assays. Electrochemistry Communications, 2010, 12 (5): 684-688.
[77] Kerman K, et al. Peptide nucleic acid modified magnetic beads for intercalator based electrochemical detection of DNA hybridization. Science and Technology of Advanced Materials, 2004, 5 (3): 351-357.
[78] Silva T A R, et al. New approach to immobilization and specific-sequence detection of nucleic acids based on poly (4-hydroxyphenylacetic acid) . Materials Science & Engineering C-Biomimetic and Supramolecular Systems, 2009, 29 (2): 539-545.
[79] Syed S N, et al. Cyclic Denaturation and Renaturation of Double-Stranded DNA by Redox-State Switching of DNA Intercalators. Journal of the American Chemical Society, 2013, 135 (14): 5399-5407.
[80] Wei M Y, Guo L H, Famouri P. DNA biosensors based on metallo-intercalator probes and electrocatalytic amplification. Microchimica Acta, 2011, 172 (3-4): 247-260.
[81] Wong E L S, Gooding J J. Charge transfer through DNA: A selective electrochemical DNA biosensor. Analytical Chemistry, 2006, 78 (7): 2138-2144.
[82] Millan K M, Saraullo A, Mikkelsen S R. Voltammetric DNA Biosensor for Cystic-Fibrosis Based on a Modified Carbon-Paste Electrode. Analytical Chemistry, 1994, 66 (18): 2943-2948.
[83] Takenaka S, et al. DNA sensing on a DNA probe-modified electrode using ferrocenylnaphthalene diimide as the electrochemically active ligand. Analytical Chemistry, 2000, 72 (6): 1334-1341.
[84] Bardea A, Dagan A, Willner I. Amplified electronic transduction of oligonucleotide interactions: novel routes for Tay-Sachs biosensors. Analytica Chimica Acta, 1999, 385 (1-3): 33-43.
[85] Bardea A, et al. Sensing and amplification of oligonucleotide-DNA interactions by means of impedance spectroscopy: a route to a Tay-Sachs sensor. Chemical Communications, 1999, (1): 21-22.
[86] Alfonta L, Singh A K, Willner I. Liposomes labeled with biotin and horseradish peroxidase: A probe for the enhanced amplification of antigen-antibody or oligonucleotide-DNA sensing processes by the precipitation of an insoluble product on electrodes. Analytical Chemistry, 2001, 73 (1): 91-102.
[87] Chen F, Zhao Y X. Methylation-blocked enzymatic recycling amplification for highly sensitive fluorescence sensing of DNA methyltransferase activity. Analyst, 2013, 138 (1): 284-289.
[88] Gau V, et al. Electrochemical molecular analysis without nucleic acid amplification. Methods, 2005, 37 (1): 73-83.
[89] Gau V, Wong D. Oral fluid nanosensor test (OFNASET) with advanced electrochemical-based molecular analysis platform, in Oral-Based Diagnostics, Oxford: Blackwell Publishing, 2007: 401-410.
[90] Law J W F, et al. Rapid methods for the detection of foodborne bacterial pathogens: principles, applications, advantages and limitations. Frontiers in Microbiology, 2015, 5: 19.
[91] Liu S F, et al. Enzyme-free and label-free ultrasensitive electrochemical detection of DNA and adenosine triphosphate by dendritic DNA concatamer-based signal amplification. Biosensors & Bioelectronics, 2014, 56: 12-18.
[92] Liu S F, Liu T, Wang L. Label-free, isothermal and ultrasensitive electrochemical detection of DNA and DNA 3′-phosphatase using a cascade enzymatic cleavage strategy. Chemical Communications, 2015, 51 (1): 176-179.
[93] Mailloux S, et al. Bridging the Two Worlds: A Universal Interface between Enzymatic and DNA Computing Systems. Angewandte Chemie-International Edition, 2015, 54 (22): 6562-6566.
[94] Miao P, et al. Signal amplification by enzymatic tools for nucleic acids. Trac-Trends in Analytical Chemistry, 2015, 67: 1-15.
[95] Qiu X P, et al. Biological and Medical Applications of Duplex-Specific Nuclease. Progress in Chemistry, 2014, 26 (11): 1840-1848.
[96] Shipovskov S, et al. Electrochemical sandwich assay for attomole analysis of DNA and RNA from beer

spoilage bacteria Lactobacillus brevis. Biosensors & Bioelectronics, 2012, 37 (1): 99-106.
[97] Voccia D, et al. Alkaline-Phosphatase-Based Nanostructure Assemblies for Electrochemical Detection of microRNAs. Journal of Nanoscience and Nanotechnology, 2015, 15 (5): 3378-3384.
[98] Walter A, Surkus AE, Flechsig G U. Hybridization detection of enzyme-labeled DNA at electrically heated electrodes. Analytical and Bioanalytical Chemistry, 2013, 405 (11): 3907-3911.
[99] Wang J. Carbon-nanotube based electrochemical biosensors: A review. Electroanalysis, 2005, 17 (1): 7-14.
[100] Xia N, et al. An electrochemical microRNAs biosensor with the signal amplification of alkaline phosphatase and electrochemical-chemical-chemical redox cycling. Analytica Chimica Acta, 2015, 878: 95-101.
[101] Zheng Y J, et al. Enzyme-based E-RNA sensor array with a hairpin probe: Specific detection of gene mutation. Sensors and Actuators B-Chemical, 2013, 181: 227-233.
[102] Balan I, et al. Electrocatalytic voltammetric determination of guanine at a cobalt phthalocyanine modified carbon nanotubes paste electrode. Journal of Electroanalytical Chemistry, 2011, 654 (1-2): 8-12.
[103] Chang H X, et al. Electrochemical DNA biosensor based on conducting polyaniline nanotube array. Analytical Chemistry, 2007, 79 (13): 5111-5115.
[104] Das J, Kelley S O. Tuning the Bacterial Detection Sensitivity of Nanostructured Microelectrodes. Analytical Chemistry, 2013, 85 (15): 7333-7338.
[105] Fang L X, et al. A label-free electrochemistry biosensor based flower-like 3-dimensional ZnO superstructures for detection of DNA arrays. New Journal of Chemistry, 2014, 38 (12): 5918-5924.
[106] Fang Z C, Kelley S O. Direct Electrocatalytic mRNA Detection Using PNA-Nanowire Sensors. Analytical Chemistry, 2009, 81 (2): 612-617.
[107] Gao F L, et al. Sub-femtomolar electrochemical detection of DNA using surface circular strand-replacement polymerization and gold nanoparticle catalyzed silver deposition for signal amplification. Biosensors & Bioelectronics, 2013, 39 (1): 199-203.
[108] Hartman M R, et al. Point-of-care nucleic acid detection using nanotechnology. Nanoscale, 2013, 5 (21): 10141-10154.
[109] Huang P J J, Liu M C, Liu J W. Functional nucleic acids for detecting bacteria. Reviews in Analytical Chemistry, 2013, 32 (1): 77-89.
[110] Li D, Song S P, Fan. C H. Target-Responsive Structural Switching for Nucleic Acid-Based Sensors. Accounts of Chemical Research, 2010, 43 (5): 631-641.
[111] Li L L, et al. Electrochemical detection of PCR amplicons using electroconductive polymer modified electrode and multiple nanoparticle labels. Electroanalysis, 2004, 16 (1-2): 81-87.
[112] Liu L, et al. Highly sensitive and label-free electrochemical detection of microRNAs based on triple signal amplification of multifunctional gold nanoparticles, enzymes and redox-cycling reaction. Biosensors & Bioelectronics, 2014, 53: 399-405.
[113] Meng X M, et al. Fabrication of DNA electrochemical biosensor based on gold nanoparticles, locked nucleic acid modified hairpin DNA and enzymatic signal amplification. Electrochimica Acta, 2012, 71: 233-238.
[114] Palchetti I, Mascini M. Electrochemical nanomaterial-based nucleic acid aptasensors. Analytical and Bioanalytical Chemistry, 2012, 402 (10): 3103-3114.
[115] Pelossof G, et al. Amplified Surface Plasmon Resonance Based DNA Biosensors, Aptasensors, and Hg^{2+} Sensors Using Hemin/G-Quadruplexes and Au Nanoparticles. Chemistry-a European Journal, 2011, 17 (32): 8904-8912.
[116] Sage A T, et al. Ultrasensitive Electrochemical Biomolecular Detection Using Nanostructured Microelectrodes. Accounts of Chemical Research, 2014, 47 (8): 2417-2425.
[117] Wang J. Nanomaterial-based amplified transduction of biomolecular interactions. Small, 2005, 1 (11): 1036-1043.
[118] Wang J. Amplified transduction of biomolecular interactions based on the use of nanomaterials, in Biosensing for the 21st Century. Berlin: Springer-Verlag Berlin, 2008: 239-254.
[119] Wang J, Kawde A N, Musameh M. Carbon-nanotube-modified glassy carbon electrodes for amplified label-free electrochemical detection of DNA hybridization. Analyst, 2003, 128 (7): 912-916.
[120] Wang Q O, et al. Dual amplified, sensitive electrochemical detection of pathogenic sequences based on biobarcode labels and functional graphene modified electrode. Sensors and Actuators B-Chemical, 2012,

163 (1): 267-271.

[121] Wang W, et al. Cascade signal amplification for ultra-sensitive impedimetric detection of DNA hybridization using a hairpin DNA as probe. Electrochimica Acta, 2012, 78: 377-383.

[122] Wang Z H, et al. DNA Assembled Gold Nanoparticles Polymeric Network Blocks Modular Highly Sensitive Electrochemical Biosensors for Protein Kinase Activity Analysis and Inhibition. Analytical Chemistry, 2014, 86 (12): 6153-6159.

[123] Wu Y F, Wei W, Liu S Q. Target-Triggered Polymerization for Biosensing. Accounts of Chemical Research, 2012, 45 (9): 1441-1450.

[124] Xia N, Zhang L P. Nanomaterials-Based Sensing Strategies for Electrochemical Detection of MicroRNAs. Materials, 2014, 7 (7): 5366-5384.

[125] Xu K, et al. Recent Development of Nano-Materials Used in DNA Biosensors. Sensors, 2009, 9 (7): 5534-5557.

[126] Yeung S W, et al. A DNA biochip for on-the-spot multiplexed pathogen identification. Nucleic Acids Research, 2006, 34 (18): 7.

[127] Yu Y Y, et al. Ultrasensitive electrochemical detection of avian influenza A (H7N9) virus DNA based on isothermal exponential amplification coupled with hybridization chain reaction of DNAzyme nanowires. Biosensors & Bioelectronics, 2015, 64: 566-571.

[128] Liu S N, Wu P, Li W, Zhang H, Cai C X. Ultrasensitive and Selective Electrochemical Ldentification of Hepatitis C Virus Genotype 1b Based on Specific Endonuclease Combined with Gold Nanoparticles Signal Amplification. Analytical Chemistry, 2011, 83 (12): 4752-4758.

[129] Qiu L P, Qiu Li, Wu zai-sheng, Shen Guoli, Yu Ru-Qin. Cooperative Amplification-Based Electrochemical Sensor for the Zeptomole Detection of Nucleic Acids. Analytical Chemistry, 2013, 85 (17): 8225-8231.

[130] Wang J, Liu G D, Jan M R. Ultrasensitive electrical biosensing of proteins and DNA: Carbon-nanotube derived amplification of the recognition and transduction events. Journal of the American Chemical Society, 2004, 126 (10): 3010-3011.

[131] Zhu N, Lin Y, Yu P, Su L, Mao L. Label-free and sequence-specific DNA detection down to a picomolar level with carbon nanotubes as support for probe DNA Analytica Chimica Acta, 2009, 650 (1): 44-48.

[132] Akhavan O, Ghader, E, Rahighi R. Toward Single-DNA Electrochemical Biosensing by Graphene Nanowalls. ACS Nano, 2012, 6 (4): 2904-2916.

[133] Chang K, Deng S L, Chen M. Novel biosensing methodologies for improving the detection of single nucleotide polymorphism. Biosensors & Bioelectronics, 2015, 66: 297-307.

[134] Huang L, et al. Rolling Chain Amplification Based Signal-Enhanced Electrochemical Aptasensor for Ultrasensitive Detection of Ochratoxin A. Analytical Chemistry, 2013, 85 (22): 10842-10849.

[135] Lee D C, Yip S P, Lee T M H. Simple and Sensitive Electrochemical DNA Detection of Primer Generation-Rolling Circle Amplification. Electroanalysis, 2013, 25 (5): 1310-1315.

[136] Xuan F, Luo X T, Hsing I M. Ultrasensitive Solution-Phase Electrochemical Molecular Beacon-Based DNA Detection with Signal Amplification by Exonuclease Ⅲ-Assisted Target Recycling. Analytical Chemistry, 2012, 84 (12): 5216-5220.

[137] Shen L, et al. Electrochemical DNAzyme sensor for lead based on amplification of DNA-Au bio-bar codes. Analytical Chemistry, 2008, 80 (16): 6323-6328.

[138] Grabowska I, et al. DNA probe modified with 3-iron bis (diarbollide) for electrochemical determination of DNA sequene of Avian Influenza Virus H5N1. Biosensors & Bioelectronics, 2014, 51: 170-176.

[139] Liu T T, et al. Electrokinetic stringency control in self-assembled monolayer-based biosensors for multiplex urinary tract infection diagnosis. Nanomedicine-Nanotechnology Biology and Medicine, 2014, 10 (1): 159-166.

[140] Gampos-Ferreira D S, et al. Electrochemical DNA biosensor for human papillomavirus 16 detection in real samples. Analytica Chimica Acta, 2013, 804: 258-263.

[141] Prabhakar N, et al. Polyaniline based nucleic acid sensor. Journal of Physical Chemistry B, 2008, 112 (15): 4808-4816.

[142] Paniel N, Baudart J. Colorimetric and electrochemical genosensors for the detection of Escherichia coli DNA without amplification in seawater. Talanta, 2013, 115: 133-142.

第9章

电化学免疫型传感器

自免疫学创立几十年以来，随着新的免疫理论、实验技术与检测方法的不断涌现和抗原-抗体结构与功能研究的不断完善，人们致力于发展新的免疫分析方法（Immunoassay）和构建新型的免疫传感器（Immune sensor)。免疫传感器是耦联含有信号转换器与抗原/抗体分子的生物敏感膜的一种新型生物传感器，其将特异性的免疫反应与高灵敏度的传感技术相结合，测定原理基于抗原和其特异性抗体结合形成稳定的抗原-抗体免疫复合物。抗原抗体结合前后可导致多种信号的改变，如：电化学、光学、质量、热学等方面。1990年，Henry等[1]提出了免疫传感器的概念，根据换能器的不同可以划分为：①电化学免疫传感器；②质量检测免疫传感器；③光学免疫传感器；④热量检测免疫传感器。

其中电化学免疫传感器是基于抗原抗体反应的可进行特异性的定量或半定量分析的自给式的集成器件，抗原/抗体是分子识别元件，且与电化学传感元件直接接触，并通过传感元件把某种或者某类化学物质的浓度信号转变为相应的电信号[2]。由于电化学免疫传感器具有成本低廉、操作简单、灵敏度高、稳定性好、易微型化与高通量检测、选择性好、种类多、测试费用低、适合联机化等优点，又具有电化学体系可实现在体检测，不受样品颜色、浊度的影响（即样品可以不经处理，不需分离)，所需仪器设备相对简单，具有简便、快速、体积小等特点[3]，在临床诊断、环境监测、食品安全、药物分析等领域具有良好的应用前景。

9.1 电化学免疫分析

免疫分析是基于抗原-抗体特异性的一种高选择性、高灵敏性的检测抗原或抗体的分析方法。抗原-抗体之间的特异性，即免疫反应，是免疫应答最重要的特点，也是免疫学诊断与防治的理论依据。由于抗原抗体之间存在弱的相互作用力，如氢键、疏水作用、范德华力、离子键等非共价键，这些弱相互作用力使得抗原可以被抗体高特异性地进行“分子”识别，从而形成稳定的复合物。此外，抗原抗体间的相互结合局限于抗原决定簇和抗体结合位点之间的距离和精确的空间结构，这样就决定了抗原抗体结合的特异性[4~6]。

电化学免疫分析法（ECAI）是将免疫技术与电化学检测技术相结合的一种免疫分析新方法。它既具有电化学分析法的高灵敏度，又具有免疫分析的高选择性和专一性，近年来得到了迅速的发展，已在临床检验、环境监测、食品分析等领域得到了广泛的应用[7~14]。1951 年，Bryeer 和 Radcfil 首次用极谱方法测定了由偶氮标记的抗原，这成为电化学免疫分析的开端。虽然这种方法早于 RIA 法，但由于受当时电化学分析技术及仪器的限制，还不能满足抗原测定的需要，所以，该方法在将近 30 年里没有引起科学家的重视，至 1981 年与此相关的论文仅有 16 篇。

20 世纪 60～70 年代后，电化学分析仪器及技术有了突破性的进展，如液相色谱电化学检测、电化学流动注射分析、微分脉冲伏安法、阳极溶出伏安法等方法的发展，可以用现代电化学技术测定小体积的样品中的痕量物质。同时，由于电化学仪器固有的成本相对低廉、灵敏度高、易于微型化等特点，从而使得电化学免疫分析法在临床测定方面发展迅速。

电化学免疫分析法虽然在某些情况下存在临床样品被某些电化学活性物质干扰及被吸附蛋白质膜对电极的污染问题，但它具有几乎所有其他方法无可比拟的高灵敏度、宽检测范围及低检测限；它非常适宜于少量样品的分析，不大容易受生物样品中常遇到的浑浊、黄疸溶血等干扰，且易于实现自动化。因此，可能成为检测各种抗原抗体、激素、药物和微生物的理想选择，成为很有前途的极有竞争力的临床检测方法[13~17]。

根据免疫反应方式的不同，通常可以将免疫分析分为两大类：异相免疫分析和均相免疫分析。由于均相免疫分析容易受到复杂样品中干扰物的影响，因此，多数检测方法均采用异相免疫分析。异相免疫分析，原理是通过物理方法将未结合的抗原、抗体分离后，检测与免疫复合物相结合的标记物，主要包括竞争法、夹心法和间接法三类，如图 9-1 所示。

目前已应用的竞争法检测原理大概有两种。第一种竞争法是用未标记的分析物（抗原）和一定量的标记抗原与抗体竞争进行反应，未标记抗原与标记抗原竞争固定于固相载体的抗体所提供的结合位点上。检测总是在抗原过剩的条件下进行，灵敏度取决于抗体对抗原的亲和性[18]。第二种竞争法是固相抗原与异相抗原竞争结合标记抗体的竞争法，两种抗原竞争标记抗体所提供的结合位点。后者是免疫传感中常用的分析方法，既可以测定大分子如蛋白质，也可以测定小分子如药物、激素等物质。

夹心法是将抗体固定于固相载体上，加入含有抗原的待测样品与抗体反应，再加入对应的标记抗体，使其形成抗体-抗原-酶标记抗体复合物，然后加入底物，再终止反应，并检测结果。夹心法使用了过量的抗体，因此，它比一般的竞争免疫分析法的速度快，此时，扩散过程的作用比抗体的亲和性更重要。夹心法通常用在大分子蛋白质的检测上。

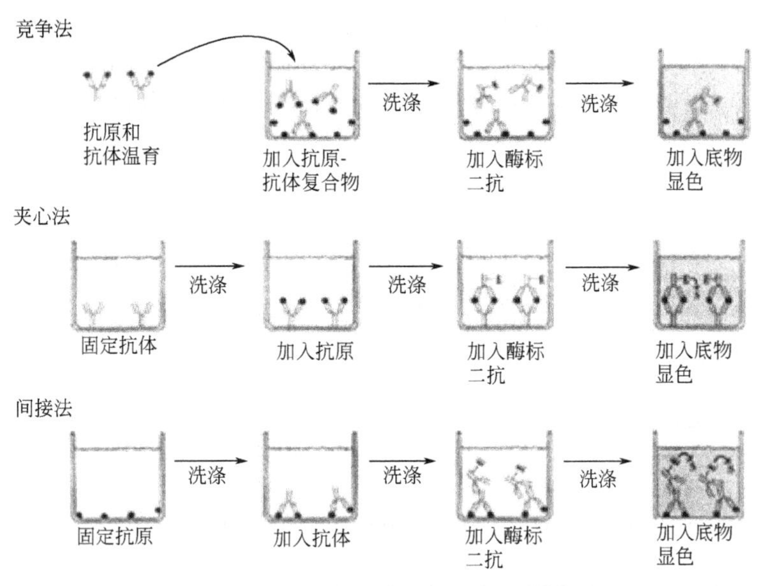

图 9-1 异相免疫分析的基本原理[4]

间接法是先固定抗原，然后与未标识的第一抗体进行反应，接着，再将第二抗体（即以第一抗体为抗原所产生的抗体）进行免疫反应，从而间接证明抗原，该方法容易出现非特异性反应，但敏感度较高，标识抗体的用途也广。

另外，还可以根据所标记探针与相应检测方式的不同将免疫分析分为放射免疫分析、荧光免疫分析、酶联免疫分析、电化学免疫分析、化学发光免疫分析、胶体金标记免疫分析等。随着技术的发展，新的标记技术克服了放射免疫分析对操作人员的健康危害，因此，这些免疫分析方法已逐步取代传统的放射免疫分析成为主流方法，并广泛应用于临床诊断、环境监测、食品安全、药物分析等领域。

9.2 电化学免疫传感器

电化学免疫传感器是以抗原/抗体为特异性分子识别元件，且与电化学传感元件直接接触，并通过传感元件把某种或者某类化学物质的浓度信号转变为相应的电信号的传感器。因其是基于抗原和抗体的特异性反应发展起来的，电化学免疫传感器较其他电化学生物传感器有更高的专一性和选择性。同时，由于它耦联各种电分析技术，如溶出伏安法、脉冲伏安法、脉冲差分法等，大大提高了灵敏度，在短短几十年里，相继开辟了种类繁多的研究领域和应用领域，目前正朝着更加灵敏、特效、微型和适用的方向发展[19]。

9.2.1 电化学免疫传感器的原理

电化学免疫传感器包括识别元件和转换部件，其特征检测信号是电位或电流。

接收器通过免疫反应识别到待测物质时，化学量与电信号通过转换部件进行转换，输出与待测物浓度有关的信号，然后由计算机进行处理并显示出来。其原理结构如图 9-2 所示。由于是以抗原或抗体作为传感器的识别元件，电化学免疫传感器具有高度特异性，是快速获取复杂体系中待测物信息的理想分析工具。

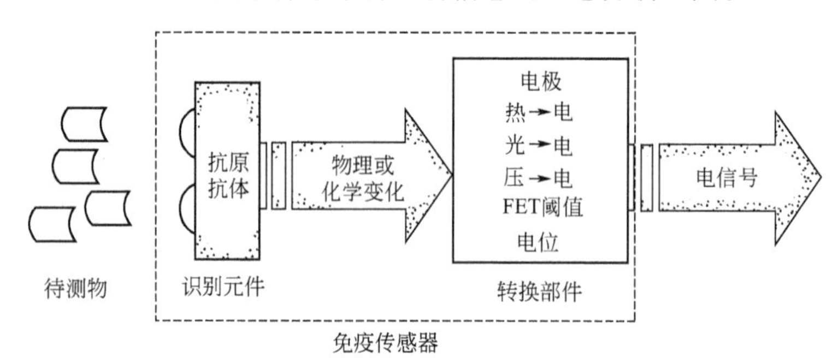

图 9-2　电化学免疫传感器的结构

9.2.2 电化学免疫传感器的分类

电化学免疫传感器按照在免疫分析过程中是否使用标记物可分为非标记型免疫传感器和标记型免疫传感器；按照测量信号的种类则可分为电位型、电容型、电导型和电流型四种[6]。其中电流型免疫传感器是目前研究最成熟、应用最广泛的一种。

(1) 电位型免疫传感器

电位型免疫传感器是基于测量电位变化来进行免疫分析的生物传感器。1975 年 Janata 等首次报告了这种免疫分析方法，他是通过聚氯乙烯膜把抗体固定在金属电极上，当待测抗原与固定在电极表面上的抗体特异性结合后，使电极上的膜电位发生相应的变化，膜电位的变化值与待测抗原的浓度之间存在对数关系。已有报道基于同样原理，使用不同固定方法构制这类电位型免疫传感器用于测量乳腺癌抗原、乙型肝炎表面抗原、甲胎蛋白等。但是上述传感器不可避免的缺点就是灵敏度低、线性范围窄，并且不稳定。

2004 年，袁若等[20]利用吸附在铂电极表面 Nafion 膜中负电性的磺酸基与乙型肝炎表面抗体（HbsAb）分子中的氨基阳离子之间的静电作用实现抗体的结合，同时，通过纳米金增加抗体的固定量，以及聚乙烯醇缩丁醛（PVC）薄膜的笼效应把乙型肝炎表面抗体和纳米金固定在铂电极上从而制得高灵敏、高稳定的电位型免疫传感器，通过循环伏安法和交流阻抗技术考察了电极表面的电化学特性，并对该免疫传感器的性能进行了详细的研究[21]，该免疫传感器具有制备简单、灵敏度高、线性范围宽、响应时间快、稳定性好、寿命长、选择性高等特点。同时，他们还研制了纳米金修饰玻碳电极固载抗体电位型免疫传感器用于检测白喉类毒素[22]，获得了较为满意的结果。

2005年，Fu等[23]将巯基乙胺组装到金电极表面，进而化学吸附纳米金颗粒，再将免疫球蛋白抗体（anti-IgG）吸附在纳米金颗粒表面，从而制得高灵敏的电位型免疫传感器。通过循环伏安法和交流阻抗技术考察表明，裸金电极和纳米金组装电极存在很大的差异，其检出限为12ng/mL，实验结果与ELISA实验结果相近，同样有效地解决了电位型免疫传感器灵敏度低、线性范围窄等缺点。

(2) 电容型免疫传感器

电容型免疫传感器是建立在双电层理论基础上的一种传感技术。物质的吸附和表面电荷的改变对双电层结构都产生显著的影响。一根金属电极插到溶液中时，电极/溶液界面的行为可以近似地看作是一个平板电容器，它能够储存一定的电荷，并能够给出类似于电容器界面区的模型[24]。在给定电势下，金属电极上的电荷为电极/溶液界面的特性，由双层电容 C_d 表征，其典型值为 $10 \sim 40\mu F/cm^2$；但这并非是电容器，其电容值不依赖于所施加的电压，而 C_d 往往是电势的函数。电容传感器的测量原理比较简单，电解电容器的电容值取决于平板表面介电层的厚度及介电性质[6]。电极上的电层电容可以用方程来表达：

$$C = Ae_o e_r / d \tag{9-1}$$

式中，e_o 为真空介电常数；e_r 为电极与移动电荷隔离开的物质介电常数；A 为电极面积；d 为移动电荷同电极表面最近的距离。电解电容取决于电绝缘层和固/液界面的厚度及介电性质[25]，由于在电极表面形成的复合体将导致电容的下降，当电极表面修饰上一层电绝缘性的物质时，d 就会增大，从而电容会相应地降低[6]；同时，介电常数的减小会引起电容的进一步下降[26]。Bataillard[27]认为这种结构是由几个电容器串联在一起组成的，它们之间的关系通过方程表示为：

$$1/C_J = 1/C_i + 1/C_b \tag{9-2}$$

测得的总电容用 C_J 表达，其中 C_i 是起始状态的电容，由介电层和固定在电极表面的分子识别体（抗体）构成，C_b 是特异性结合受体（抗原）后的电容。在受体被接上后，根据式(9-2)，由引起的电容变化就可以得知被测物浓度与电容之间的关系。同其他生物传感器一样，敏感膜的制备技术是电容型免疫传感器中最为重要的环节。它要求首先在金属电极或者半导体表面形成一种电绝缘层，否则就会构成一种所谓的“短路”状态，电容型免疫传感器的成功与否在很大程度上取决于这一电绝缘层[6]。目前随着L-B膜技术、自组装膜（SAMs）技术的不断发展和完善[28~34]，能够实现在分子水平上的定向组装，形成高度致密有序的单分子层或多分子层，为制备高灵敏的电容型免疫传感器提供了很好的途径[6]。目前大多采用固体载体支撑的双层膜系统，因为这种载体支撑的双层膜系统能很好地将具有生物活性的膜蛋白分子固定到电极表面[35~42]。测量电容的方法比较多，通常都是基于电化学交流阻抗谱而进行的。

(3) 电导型免疫传感器

电导型免疫传感器的原理与酶联免疫吸附试验（ELISA）基本相似，只是后者的结果是通过测定加入底物显色后的吸光度值来显示的，而前者则是将结果转换成电信号（即导电率）。通常是通过锚定于电极上的酶标抗体中的酶催化底物产生电化学活性物质，在电场的作用下引起溶液的导电率增加，其增加值与待测抗原的浓度呈正比。如 Yagiuda[43]用电导法测定了尿中的吗啡，解决了原来吗啡测量设备昂贵、费时、麻烦的问题。Sandberg[44]等描述了一种以聚合物为基础的电导率测量式免疫传感器。由于待测样品的离子强度与缓冲液电容的变化会对这类传感器造成影响，加之溶液的电阻是由全部离子移动决定的，使得它们还存在非特异性的问题，因此，电导率测量式免疫传感器的发展比较缓慢。

(4) 电流型（安培分析）免疫传感器

安培分析免疫传感是将免疫技术和电化学检测相结合的一种标记性的免疫分析，其标记物有酶和电化学活性物质两类。常用来作为标记的酶有碱性磷酸酶、辣根过氧化物酶、乳酸脱氧酶、葡萄糖氧化酶、青霉素氧化酶和尿素水解酶等；以酶作为标记物的电化学酶联免疫分析首先将标记酶预先交联在抗体（或抗原）上，然后采用夹心法或者竞争法进行安培分析测定[6]。

无标记电流型免疫传感器是进行实时监测抗原抗体结合的常用方法，这种非标记免疫分析是基于抗原抗体结合时引起电极电流密度的变化进行测定的，电位脉冲技术是最常用的检测手段。溶液导电性的变化引起的欧姆电流、电极表面膜内的离子交换氧化还原反应的法拉第电流、电极的充放电电流以及抗原同固定于膜内的抗体反应引起的电流构成了电极总电流，只要电解质不发生变化，前两者均保持不变，而在整个脉冲后期，充电电流也几乎降为零，此时，电流的变化速率仅由抗原抗体的结合速率决定。

电流型免疫传感器的测量分为两个步骤：首先，通过夹心式（或竞争）免疫反应将标记物结合在传感器上，并除去没有特异性结合的物质，消除非特异性吸附的影响；然后，通过测定标记物的信号来间接检测免疫反应引起的电流变化，对待测物的量进行测定。与其他类型的电化学免疫传感器相比，安培型免疫传感器具有操作简单、成本低廉、灵敏度高、易微型化与阵列化等特点，近年来在医学实验诊断、食品安全、环境检测与工业生产领域受到广泛的重视与应用。

9.2.3 电化学免疫传感器中抗原抗体固定方法

免疫传感器将特异性免疫反应、高灵敏的传感技术与不同的放大策略相结合，其性能的高低主要取决于免疫活性物质抗体或抗原的固定方式、数量及活性和标记物的标记方式、数量及标记物产生的测量信号。由于生物分子具有不稳定性和易变性，固定与标记时必须兼顾传感器制备的稳定性和生物物质的活性保护。根据传感器的表面结构与放大方法的不同，人们发展了不同的方法来固定和标记抗体（或抗原），从而提高免疫传感器的分析性能。

免疫敏感界面的构建是基于免疫分子的固定化技术完成的。作为传感界面的敏感元件，它在电极表面覆盖形成一层蛋白质敏感膜，其均匀度、致密性与分子排列的有序与否都会对传感器的性能有所影响。因此，捕获抗体的固载成为低成本、长寿命、高灵敏性、高选择性免疫传感器研制过程中的关键技术之一。为了让免疫生物分子保持活性，同时兼顾固载的长期稳定性及耐用性，这就要求在敏感界面构建的过程中慎选免疫蛋白分子的固载方法。主要有以下几种基本方法。

(1) 生物亲和作用固定法

生物素-(链霉) 亲和素之间的特异性作用在免疫传感器研究中的应用十分广泛，主要应用于抗体分子在电极表面的有序固定和纳米材料的标记，从而制备稳定、性能优良的免疫传感器。生物素（Biotin）是一种羧化酶的辅酶，它广泛分布于生物体内。通过单一、温和的生化反应，生物素端部的羧基可与酶、蛋白质、抗体、DNA 等通过化学键相连接，这既不影响它本身的闭合环脲基与亲和素的结合，也不会影响相连生物单元的性质。亲和素（Avidin），又称抗生素蛋白或抗生物素，它由四个相同的含有 128 个氨基酸的亚基组成，亚基之间通过二硫键进行连接。亲和素的每一个亚基都含有一个可与生物素结合形成高度稳定化合物的位点（$K_d=10^{15}$ L/mol），这种极强的专一性亲和力使其在免疫传感器领域的应用十分普遍。链霉亲和素（streptavidin）是一种酸性四聚体糖蛋白，它的性质与亲和素类似，与生物素的解离常数为 $K_d=10^{15}$ L/mol 数量级，具有较高的结合自由能。结合复合物耐高温、耐酸碱，且洗涤剂、蛋白质变性剂等化学物质均不影响其结合[45]。

有文献报道通过用生物素-链霉亲和素固定抗体和高灵敏的电化学免疫传感器来检测结核菌（Mycobacterium Tuberculosis），检测限可达 1ng/mL，这与直接将抗体吸附在丝网印刷电极（SPCE）表面的方法的检测限（40ng/mL）相当[46]。利用生物素-链霉亲和素的亲和作用将碳纳米材料[47]、染料[48]、DNA[49]、酶[50]、量子点[51]和金属纳米材料[52,53]等连接在抗体上用作标记物可间接检测抗原。例如，Lai 等[47]利用生物素-链霉亲和素的亲和作用将负载银纳米颗粒的碳纳米管标记上生物素修饰的抗体（见图 9-3），所得的复合物与电极上被捕捉抗体捕获的抗原形成免疫复合物后再进行银沉积放大信号，制备的传感器对癌胚抗原（CEA）和 α-胎甲球蛋白（AFP）两种抗原的检测限分别可达 0.093pg/mL 和 0.061pg/mL。

(2) 金属纳米粒子-蛋白质相互作用

在免疫传感器中应用比较多的抗体固定和标记的方法还有金属纳米粒子-蛋白质复合物，一般是直接将蛋白质吸附于金属纳米粒子之上的。蛋白质是一种复杂的两亲性生物聚合物，表面上具有疏水性和亲水性的碎片。蛋白质中的半胱氨酸、赖氨酸、组氨酸残基中带有巯基、氨基、咪唑基团，这些基团与金属纳米粒子之间具有特定的化学氢键的多重相互作用而导致强烈吸附，从而导致蛋白质很好地吸附在金属纳米粒子上。此外，即使在碱性 pH 值下，蛋白质分子中仍有部分区域带有正电荷，此时疏水和静电相互作用也起到一定的作用[54~56]。因此，利用金属纳米粒子和蛋白质的相互作用对抗体进行标记或固定。最常见的金属纳米粒子是金，Das 等[57]制备了金标记抗体复合物，利用金对对硝基苯酚的催化还原作用发展了一种超灵敏且简单的电化学传感器用于前列腺特异性抗原（PSA）的检测（见图 9-4），该方法的

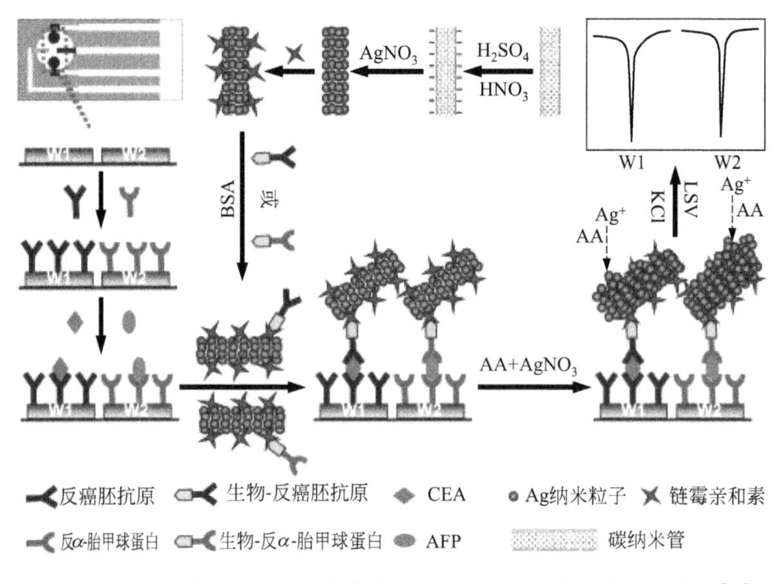

图 9-3　基于银增强的新型免疫传感器用于肿瘤标志物的多通道检测[47]

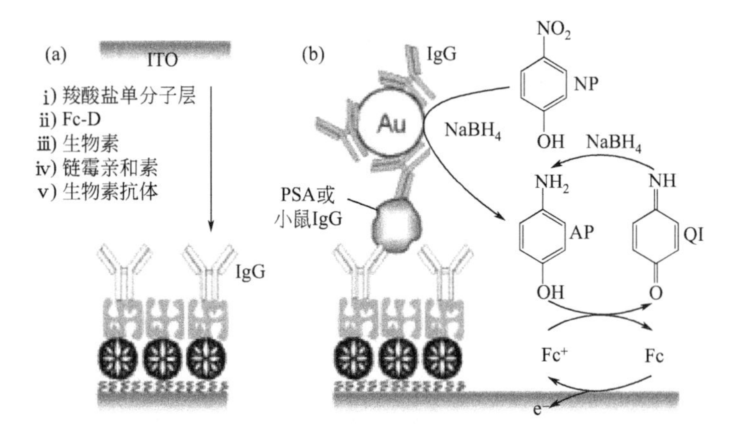

图 9-4　新型安培免疫传感器用于检测 PSA 或小鼠 IgG[57]

检测限为 1fg/mL。

Qu 等[58]在 HIV 抗原修饰的 96 孔板上顺序温育第一抗体和 CuO 标记的二抗，利用 HCl 溶解氧化铜，催化点击反应的发生，使得金聚集发展了一种可视化检测 HIV 抗体的方法。该方法简便，不需要贵重的检测仪器，裸眼即可判断，检测限可达 150ng/mL。

Tang 等[59]利用四氧化三铁（Fe_3O_4）纳米颗粒包被的石墨烯来共同固定 CEA 抗体和 AFP 抗体，并采用反胶束法合成了包裹不同信号分子的信号标记物，采用夹心免疫法的同时电化学检测 CEA 和 AFP 两种抗原分子，制备的传感器对两者的检测限均为 1.0pg/mL。Rusling 等[60]利用超顺磁纳米颗粒直接标记抗体，采用表面等离子体共振 SPR 传感器实现对生物体血清中的特定肿瘤标志物的捕获和超高灵敏度、超低检测限的离线检测，检测限为 ng/L 级别。

(3) 共价偶联反应

由于蛋白质表面带有暴露在外的某些官能团，如氨基、巯基、羧基等，通过简单的化学修饰方法就可以将其与带有特定化学基团的电极表面或是信号标志物共价键合，这也是固定和标记抗体制备传感器常用的方法。共价连接一般分两步：先化学修饰电极表面或信号标志物，使其带上所需的活性基团如羧基、环氧基、氨基、巯基等；再通过化学偶联活化剂或直接与蛋白质所带的基团反应，实现蛋白质的固定与标记。蛋白质标记与固定时最常用的官能团是氨基。常使用的双官能团试剂有戊二醛、马来酰亚胺、二异硫氰酸酯等，而常用的化学偶联活化剂有水溶性碳二亚胺（EDC）和 *N*-琥珀酰亚胺（NHS）等[61]。通常，当电极或信号标志物表面带有氨基时，采用戊二醛作为共价交联剂活化氨基来固定蛋白质[62]；当表面带有环氧基时，无需活化以直接通过环氧基与蛋白氨基间的共价作用来固定和标记抗体[63]；当表面带有羧基时，此时需要采用 EDC 将其活化后再连接抗体[64]。在共价结合方式中，由于蛋白质分子通过其所带功能基团单点进行固定与标记，因此，在固定抗体时可以在电极表面得到稳定的蛋白质修饰层，提高生物分子的牢固度及耐用性；而在标记抗体时可以得到稳定的标志物-抗体复合物，从而提高传感器的性能。

(4) 点击化学

点击化学（Click Chemistry），开辟了以碳-杂原子键合为基础的组合化学新方法，并借助这些反应（点击反应）来简单、高效地获得分子多样性。点击反应是一种比较特别的共价连接方式，它不直接利用蛋白质中的官能基团（氨基、羧基或巯基），而是在蛋白质分子和信号标记物上分别化学修饰点击反应对，从而对待测物或细胞进行检测或成像。点击反应具有区域选择性和化学选择性，并且能够在室温或生理温度下的水介质中进行，因此，点击化学近来成为生物和医学领域中最广泛使用的共价连接工具[65,66]。Haun 等[67]利用反式环辛烯（Trans-cyclooctene，TCO）和四氮杂苯（又称四嗪，Tetrazine，Tz）的点击反应构建了一种快速灵敏的生物正交法用于癌细胞成像分析（见图 9-5）。通过抗体对癌细胞的识别作用连接上制备的 TCO 标记抗体，再利用 TCO-Tz 的点击反应共价连接上 Tz 标记的磁性荧光纳米粒子，从而进行成像分析。由于反应试剂（TCO 与 Tz）的反应不需催化剂，具有良好的生物相容性，且尺寸比 Avidin-Biotin 小很多，降低了空间位阻，使得每个抗体上连接多个荧光纳米粒子，达到信号放大的效果（实验测得每个纳米颗粒上 Tz 的个数为 84 个，抗体上修饰的 TCO 的个数约为 30 个）。因此，该方法与 Avidin-Biotin 相比具有更高的灵敏性，反应更迅速。这种标记方法可以推广应用到其他细胞成像或免疫传感器中。

(5) 超分子主客体相互作用

超分子化学（Supramolecular Chemistry）是基于分子间的相互作用，即两个或两个以上的构造块依靠分子间键进行缔合。分子识别是分子间的专一性结合，是

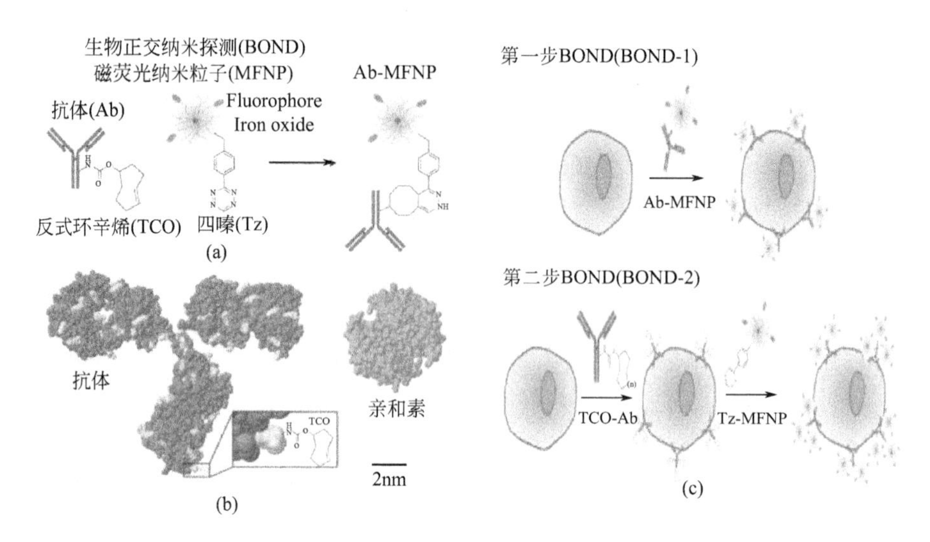

图 9-5　基于点击反应的细胞成像技术[67]

形成超分子结构的基础。所谓的分子识别是指主体（受体）对客体（底物）选择性结合并产生某种特定功能的过程。超分子主客体作用中识别基元的非共价相互作用具有特异性和生物正交性，并且无需额外的催化剂就可相互作用[68]。由于主客体识别作用受扩散控制，所以识别速率［10^9L/(mol・s)］比生物正交共价反应速率［1～10^4L/(mol・s)］更快[69]。

通过主客体识别而结合的复合物在生物体系中十分稳定，快速、特异、稳定和生物正交这些特性使其在传感器和载药等领域得到广泛应用。Agasti U 等[70]利用金刚烷-β-环糊精之间的超分子作用发展了一种用于生物诊断的细胞原位标记方法（见图 9-6）。笔者利用抗体识别作用将环糊精标记的抗体连接到癌细胞上，通过环糊精-金刚烷超分子作用将金刚烷标记的磁性纳米粒子原位标记到细胞上进行成像分析。该方法具有很多优点，如具有良好的生物相容性和稳定性，反应快速从而缩短反应时间，信噪比高，同时对目标物的检测起到了信号放大的作用。超分子作用还常被应用于活性单元的固定。Ortiz 等[71]将带巯基的环糊精固定在金电极表面，然后利用制备的抗麦胶抗体-甲基纤维素-金刚烷复合物中金刚烷与环糊精的超分子作用将抗体固定在电极表面进行电化学检测，该方法的检测范围为 0～0.75μg/mL，检测限为 20ng/mL。

(6) 抗体结合蛋白

细菌抗体结合蛋白是酶联免疫分析中一种常用的基于亲和作用的蛋白质，常用的有蛋白 A、蛋白 G 和蛋白 A/G。由于蛋白 A[72]和蛋白 G[73]与 IgG 分子的非抗体结合区（Fc）有特异性亲和作用，这使得位于 Fab 可变区的抗体活性位点充分暴露，在免疫反应中可以和待测抗原进行有效的结合，因此，不需对抗体进行其他化学修饰。蛋白 A 的—NH_2 端含有 5 个与 Fc 结合的区域，然而它只与人 IgG 亚类（IgG1、IgG2 和 IgG4）结合[74]，而不与山羊和大鼠 IgG 结合，与小鼠 IgG 有较弱的结合力[75]。蛋白 G 在 C 端有 3 个与 Fc 结合的区域，可以与多种物质的抗体亚类特异性结合[74]。往往将抗体结合蛋白固定在电极表面，有效地固定抗体[76]或对 IgG 粗蛋白进行纯化[77]，如图 9-7 所示。而在免疫分析中，通常将一些信号标志物修饰在抗体结合蛋白上，如荧光染料、酶、生物素、胶体金或放射性碘等，通过检测标志物的信号而对抗原或抗体进行间接检测，这也是一种常见的免疫分析方法。

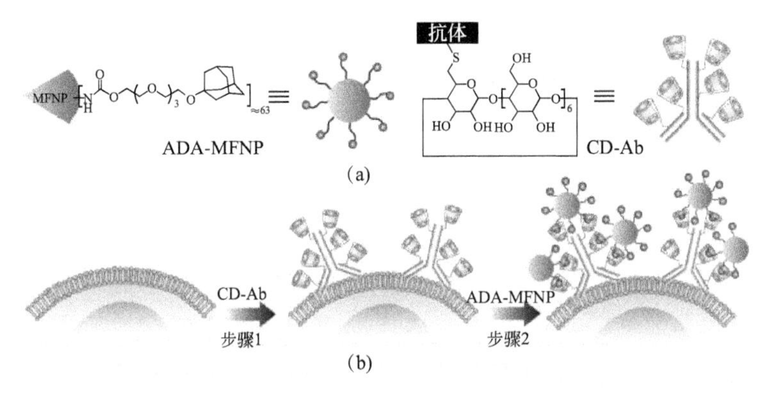

图 9-6　基于环糊精-金刚烷超分子主客体作用的细胞成像技术[70]

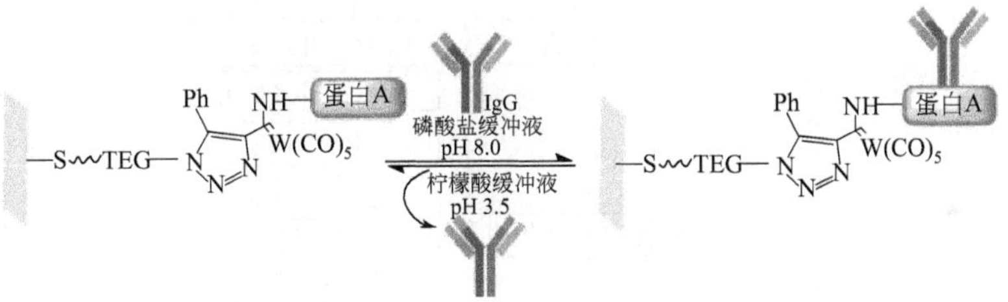

图 9-7　基于抗体结合蛋白对抗体的特异性作用来纯化抗体[77]

(7) 其他固定抗体（或抗原）的方法

采用导电聚合物和自组装膜是一种将抗体有序固定在电极表面的方法。导电聚合物如聚苯胺、聚吡咯和聚噻吩等也已经广泛应用于捕获抗体的固定，导电聚合物可以在酶和电极表面之间提供一条电子转移通道而不需要介质来传递电子。利用导电高分子还容易实现“无试剂”或“无标记”的免疫传感器。通常是将抗体包埋于聚合链中，但这种方式可能会导致免疫单元失活。为克服该缺点，发展了另外一种方法，就是先将导电聚合物膜修饰到电极上，利用其活性基团共价键合免疫单元发展免疫传感器[78]。

自组装单层膜（SAMs）是免疫分析中用于固定活性单元的常用方法。利用烷烃硫醇与 Au、Ag 等金属的固有化学吸附性可形成高度有序的单层膜，然后再通过共价键或静电作用将抗体固定到电极上。Chen 等通过研究表明，可以认为 IgG 通过头部—$F(ab')_2$ 吸附到带有—COOH 的 SAM 上，而以侧面和尾部两种方式吸附到带有—NH_2 的 SAM 上[79]，而在免疫分析中，最好选用后者来固定抗体。

此外，由于抗体的糖残基均不位于其活性区域，还可以通过固定抗体的糖残基来制备传感器。这种固定方式既不影响抗体活性，又有利于抗体活性位点的充分暴露，提高免疫反应效率[61]。

9.2.4 电化学免疫传感器的表征

电化学免疫传感器制备之后，其表面微观结构会发生相应的变化。此时需要借助各种表征技术来探索传感器表面微观结构对其电化学性能的影响。目前，用于表征电极表面性能的方法如图 9-8 所示。

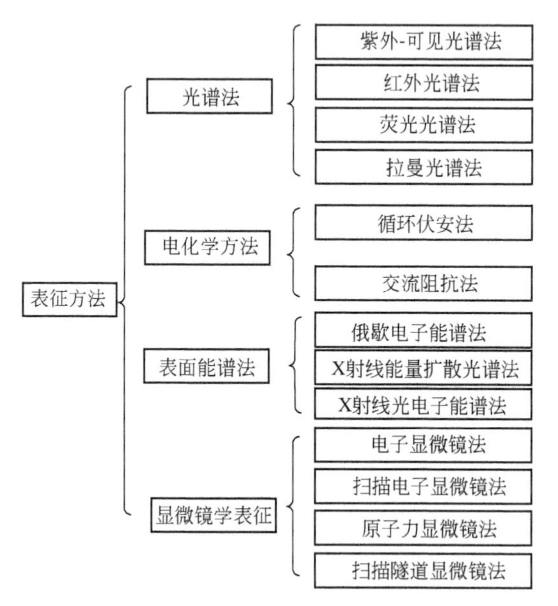

图 9-8　电化学免疫传感器的表征方法

9.2.5 电化学免疫传感器的再生及更新

免疫分析完成后，免疫传感器一般需在强酸性溶液或者高离子强度溶液［如 3mol/L 硫氰化钾、7mol/L 尿素、0.1mol/L（pH＝2.4）甘氨酸[80]等］中洗涤，使抗原-抗体复合物解离，传感器表面得以再生。但此类条件对敏感膜上抗原（抗体）的活性会造成一定的影响，传感器的灵敏度、重现性均受到了很大的限制，极大地限制了免疫传感器的实际应用[6]。而可废弃的（一次性使用）基于丝网印刷电极的[81～87]和可更新的安培分析免疫传感器[88～92]的兴起为解决这一难题提供了一种可能的方法。在可废弃的安培分析免疫传感器的制备中，丝网印刷技术、刻印技术、喷涂技术经常被采用。首先，将含有一定量碳浆丝印在一个面积很小的（3mm×3mm）基底物质上（如 PVC），制备成一个微小的厚膜碳电极。在碳电极上通过吸附或者化学键合的方法固定抗原或抗体，在一次分析后即丢弃。这种一次性的免疫传感器的最大优点是成本低，能够实现批量的生产，但重现性较差。J. Wang[90]等将含有免IgG、石墨粉的溶胶-凝胶溶液用印记技术直接喷涂在玻璃片上，制备成一种用于免IgG的测定的一次性使用的安培分析免疫传感器。可更新的安培分析免疫传感器是采用包埋的技术，将抗原（抗体）、炭粉（石墨粉）、载体材料混合均匀，制备成生物组分，将其压入PVC管或者玻璃管中，一次免疫分析后，挤压去掉传感器最外层的生物组分，通过简单的抛光，得到一个新的免疫组分层用于下一次免疫分析。常用的载体材料有环氧树脂、刚性导电聚合物、磁性颗粒、高分子聚合物等，由于这些载体材料制备的传感器的物理性能和化学性能较好，具有一个比较低的背景电流和宽的工作电位范围。Sole[91]等将抗体首先固定于磁性颗粒上，采用一种类似于流动注射的方法，制备了一种可更新的安培分析免疫传感器。Santandreu[92]等将石墨粉、免IgG、甲基丙烯酸甲酯或者环氧树脂混合，在一定条件下熟化，制备了一种可更新的安培分析免疫传感器用于免IgG的测定。

9.2.6 电化学免疫传感器的信号增强

在临床检测中，一般对单个样品的检测成本较高，而批量检测又会耽误病人的诊断时间，尤其是对于一些急性、恶性疾病，快速、准确的检测更是十分重要。因此，具有较高的灵敏度和短的响应时间的电流型免疫传感器逐渐成为人们关注的课题。而免疫传感器的灵敏度及其他性能与传感器的设计制备过程息息相关。为达到临床诊断及治疗对痕量蛋白质定量测定的要求，在制备过程中利用各种策略增强放大免疫传感器检测信号成为研究者常用的手段。

(1) 抗体的固载对免疫传感器灵敏度的影响

捕获抗体作为传感器敏感界面的生物识别元件，固载的成功与否对免疫识别作用的完成时间及完成程度有极大的影响。稳定、高效的固定抗体对免疫传感器灵敏度的提高起着至关重要的作用。如上所述，抗体在敏感界面的固载方法多种多样且各有利弊，如何大量有效地实现捕获抗体高活性的固载是该领域研究者们的重点研究内容之一。

纳米粒子通常是指粒径在100nm以内的超细颗粒。第一届国际纳米科学技术会议于1990年在美国巴尔的摩召开，标志着纳米科学作为材料科学的一个新分支而正式诞生。纳米材料被誉为“21世纪最有前途的材料”，是因为它具有独特的物理化学性质，主要有表面效应、小尺寸效应、量子尺寸效应和宏观量子隧道效应，使纳米粒子具有特殊的电、热、磁、超导、力、光、催化、化学等特性，使其具有广阔的应用前景。利用纳米材料独特的电学、光学和化学性质，将其引入电化学免疫分析中，具有如下功能：增加敏感界面的导电性；加快电子转移速率；催化底物反应；作为生物分子的固定化材料；标记生物分子；作为信号物质。本节会对纳米材料在电化学传感器中的多功能应用分别阐述。此处重点介绍将其作为蛋白质分子的固定化基质引入免疫传感器的构建，已有不少研究证实纳米材料可在有效增加蛋白质分子的固载量及稳定性的同时还能提高传感器的响应性能。

南昌大学梁汝萍[93]等首先将壳聚糖（CS）与二茂铁（Fc）通过活化交联试剂制得功能化复合材料（CS-Fc），采用恒电位溶出法将该复合材料与多壁碳纳米管混合物在玻碳电极表面形成一层多功能复合膜，该膜表面具有大量的氨基功能团，可与金纳米材料共价结合。最后将抗体分子通过纳米材料的吸附作用及与金之间的共价作用（Au—S 或 Au—N）固定在电极表面（如图 9-9 所示）。由于金纳米材料具有良好的生物兼容性，其表面易于功能化，因此，常用来作为蛋白质分子的固定化材料。同时，金纳米颗粒和纳米碳管的良好导电性和大的比表面积等特点，也使其常用于电化学免疫传感器的构建以提高传感器的响应性能。

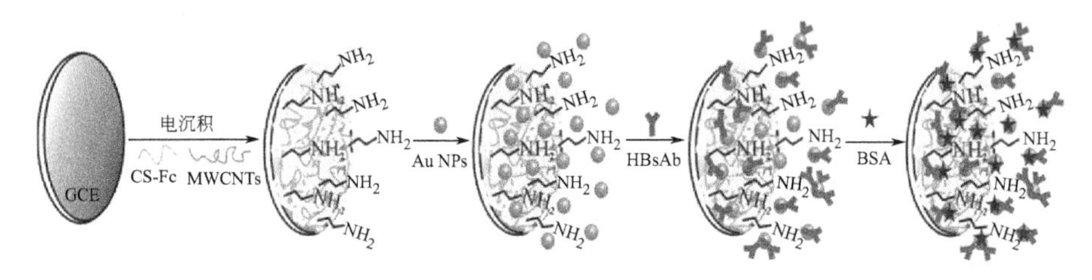

图 9-9 免疫传感器的制备过程（一）[93]

福州大学唐点平教授研究组[94]合成制备了花状金纳米材料，此材料具有“花”一样的结构。与普通金纳米颗粒相比，此材料具有更大的比表面积。他们将其固载在石墨烯和硫堇等功能材料修饰的电极上，用于固定生物抗体分子。通过石墨烯与花状金纳米材料对表面积的双重增大作用，可有效增大生物分子的固载量，提高免疫结合效率。同时，他们还将此新型金纳米材料用于固载酶分子，进一步标记检测抗体，形成夹心免疫模式（见图 9-10），通过酶催化反应产生电子循环增强响应信号。实验表明，该花状金纳米材料可大量固载生物分子，并保持其活性，用此材料构建的癌胚抗原免疫传感器具有高的灵敏度（0.01ng/mL）。

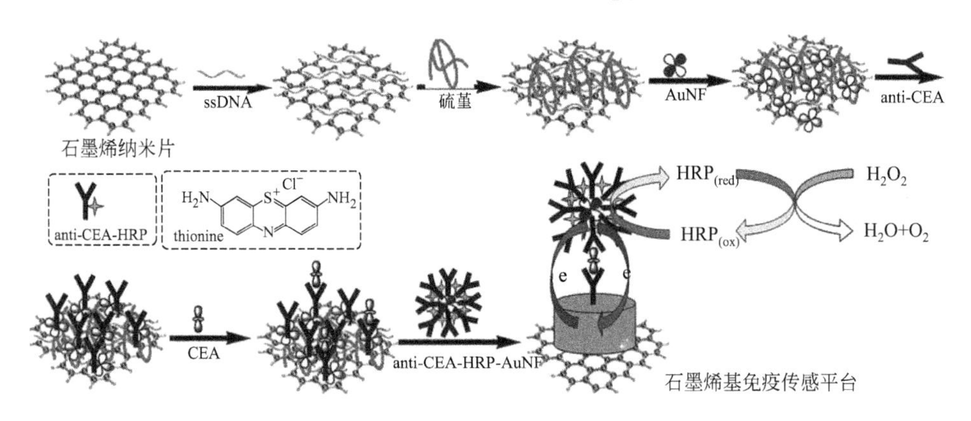

图 9-10 免疫传感器的制备过程（二）[94]

通过纳米材料虽然可以实现对抗体分子固载量的提高，但在电极表面形成的蛋白质层的分子排列杂乱无序，容易隐藏抗体分子的活性位点或增加抗原抗体识别的空间位阻，影响免疫结合效率。而定向固载技术则可以改善这一缺陷，该技术将固载基质或定向固载分子与抗体的重链端结合，使抗体的活性位点（高可变区）暴露于电极外侧，更有利于免疫识别的发生。Tang[95]和Sun[96]分别在处理干净的金电极上首先通过碳纳米球固定一层蛋白 A (Protein A)，蛋白 A 可与抗体分子的重链端结合，从而将抗体分子固载在电极表面。蛋白 A 对抗体的固载是定向的，通过蛋白 A 的固载使抗体上的活性位点朝向外侧（见图 9-11），有利于抗原-抗体特异性识别作用的发生。

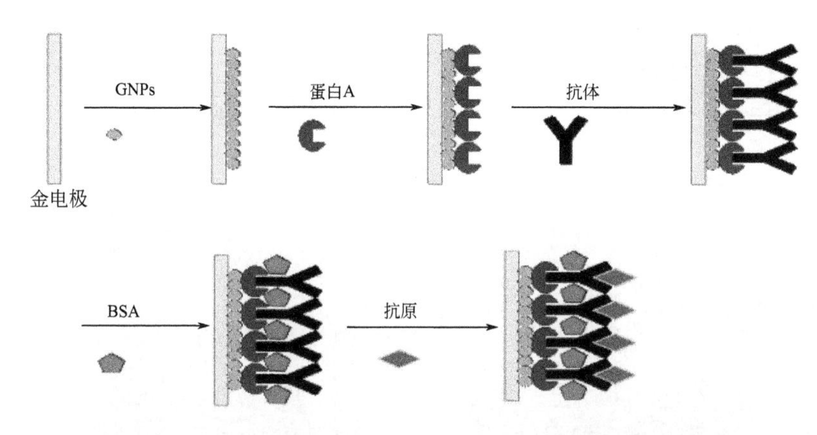

图 9-11　基于蛋白 A 固载抗体分子的免疫传感器的制备过程[95]

美国研究者 Hye Jung Han 和其团队[97]共同合成了一种枝状化合物：羟基/LC-PDP 功能化的 G4-PAMAM，并将其修饰在固载基质表面，用于与抗体的 Fc 片段结合，如此一来，抗体分子在基质上有序排列，分子上的活性位点（Fv 结构域）暴露于电极外侧定向与抗原识别，提高免疫识别效率（见图 9-12)。该研究基于此构建了酶联吸附免疫分析方法，检测限达到 0.13pg/mL。

(2) 各种信号增强在电化学免疫传感器中的应用

信号增强技术是研究者在免疫传感器对痕量蛋白质的定量测定中的常用手段。免疫传感器的响应信号包括两个部分：检出信号和噪声信号。因此，免疫传感器的信号增强可通过两种方式实现，一种是通过底物催化、生物放大等放大传感器识别待测抗原相关的检出信号，还有一种是通过灵敏度更高的检测仪器将检出信号和噪音信号同时放大。目前，新型信号放大技术的研究和多种信号放大技术的联用对检测信号增强的意义十分重大。

① 纳米材料放大策略。纳米材料具有小的尺寸、大的表面积、高的表面能，其表面原子也占有很大的比例。由于其表面原子周围缺少相邻原子，有许多悬空键，具有不饱和的性质，使之极不稳定，因而纳米材料的活性表面得以增大。利用活性表面大的特点，可将其表面功能化修饰后固载标记物（如酶、信号物质等），可提高标记物的固载量。因此，纳米技术通常可以与酶催化放大技术等联用来双

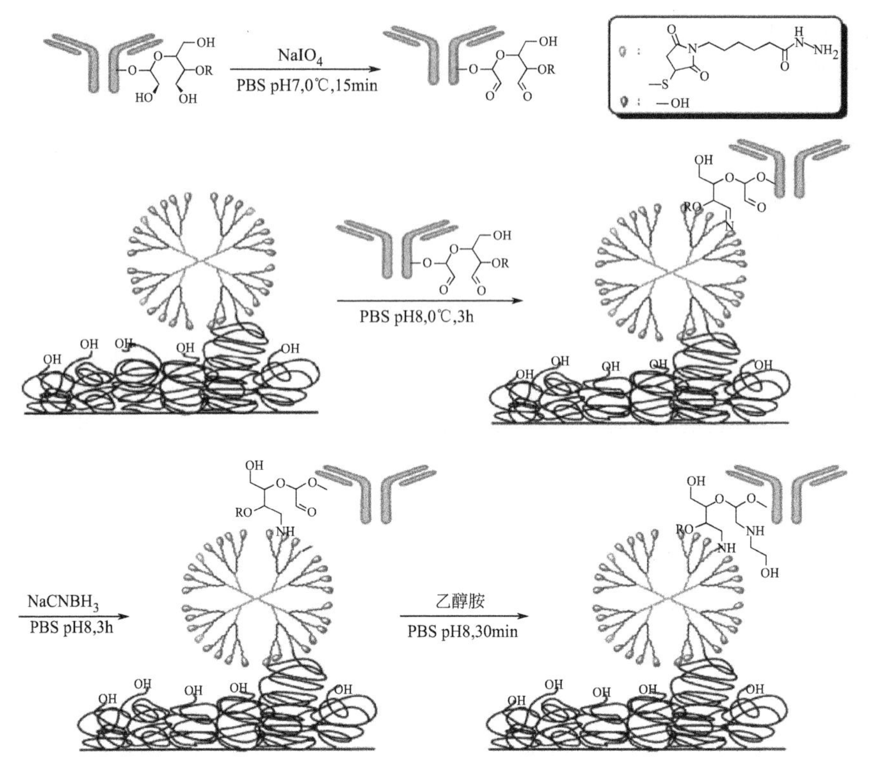

图 9-12 枝状化合物固载抗体过程[97]

(多)重提高传感器的灵敏度。同时，一些纳米材料也被证实对特定的底物有较好的催化活性，如 Pt 纳米粒子、钯纳米粒子、纳米碳管、石墨烯等[98~100]。将其作为传感器的标记物或者标记物的载体对传感器性能的提高起着十分重要的作用。

Shaun M. Alia 与其研究小组[101]成功地在银纳米线的基础上通过伽尔瓦尼还原反应制得铂纳米管，厚度约 5nm，外径 60nm 左右，长 5～20μm。通过循环伏安法和计时电流法对其进行电化学研究发现，该纳米材料对甲醇氧化反应表现出很强的催化活性。Yue Zhang 等[102]成功制得一种新型纳米材料金纳米笼，进一步的实验表明，该纳米材料对葡萄糖氧化作用具有良好的电化学催化活性。Yongxing Fang 等研究者[103]首先合成了 SnO_2 功能化的碳纳米管，将其与金属（Au、Ag、Au-Pt、Au-Pd）纳米材料成功自组装了一种碳纳米管/SnO_2/金属纳米颗粒的纳米复合材料，将其修饰在电极表面制得无酶型过氧化氢传感器，显示出对过氧化氢良好的催化作用，检测限可达 0.21nmol/L。

Qiong Zeng 等[104]将石墨烯和生物酶分子通过层层自组装修饰在电极表面，制得高灵敏电化学生物传感器。由于石墨烯的导电性与纳米结构可大大提高酶的固载量，同时，石墨烯还可以协同催化过氧化氢的还原，此研究表明该传感器具有响应快、灵敏度高、线性宽以及稳定性好的特点。

② 底物催化放大策略。通常的免疫反应，无论是双抗夹心式或竞争式，都是通过在免疫分子（抗原或抗体）上进行标记而实现信号检测或放大的。其中酶催化放大技术是较成熟的技术之一。酶（Enzyme）在生命过程中扮演着重要的角色，是一类由生物体产生的具有生命调节能力的蛋白质，人体中各种代谢反应都离不开酶的参与。酶具有对相应底物高效的催化转化能力和高度的专一性，用于标记电化学免疫传感器的酶必须具有高的活性，可以迅速地将大量的底物转化成产物，且副反应少。在测试体系中，酶与底物都稳定，且底物没有活性。通过酶标记电化学传感器实现的信号增强是通过酶对底物的氧化还原反应产生的电子循环而实现的。常用的标记酶有碱性磷酸酯酶（ALP）、辣根过氧化物酶（HRP）等[105,106]。酶的标记方法通常是通过共价键合和纳米技术来实现的，因此，酶催化底物信号增强往往与纳米技术增强联用，实现信号的双重放大。

Yarui An 等[107]用金纳米颗粒固载辣根过氧化物酶标记的抗体分子，并以此纳米生物配合物作为标记双抗夹心模式，在检测抗原过程中催化底物实现信号放大。

Zhuo 等[108]制得的高灵敏电化学免疫传感器是通过将辣根过氧化物酶（HRP）固载在电极表面以及将 HRP 取代牛血清白蛋白作为免疫传感器封闭剂的（见图 9-13），在执行电化学检测时，在测试底液中加入底物 H_2O_2，通过电极表面 HRP 对底物 H_2O_2 的催化获得增强的电信号，使灵敏度得以提高。

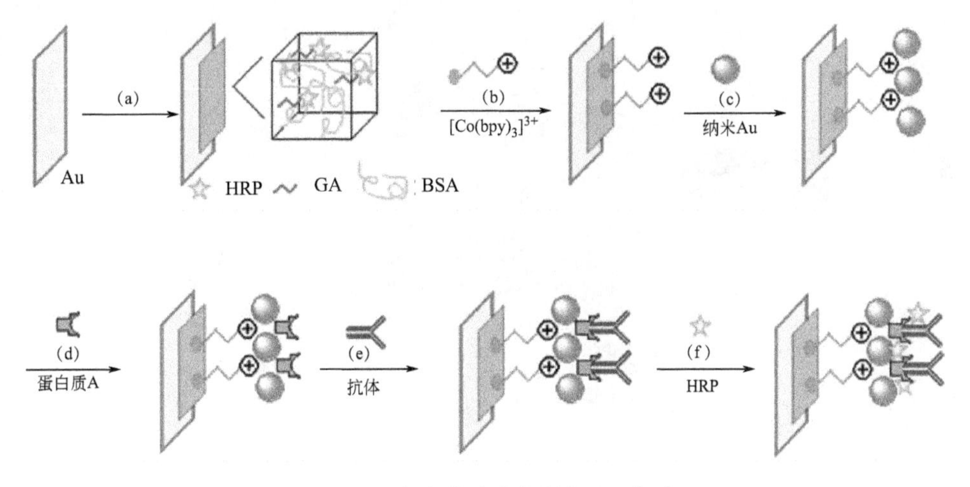

图 9-13　免疫传感器的制备过程[108]

(a) BSA-HRP 膜的滴加；(b) $[Co(bpy)_3]^{3+}$ 的吸附；(c) 纳米金的吸附；(d) 蛋白质 A 单层的形成；(e) CEA 抗体的组装；(f) HRP 阻塞

③ 多酶标记放大。传统的酶标记法是在免疫分子上直接通过交联剂的共价作用标记酶，标记酶量的多少由免疫分子自身含有巯基或氨基的量决定的。此方法操作简单，反应温和，但由于标记过程是通过化学键合作用实现的，免疫分子的活性会被影响，这就与所能标记的酶的数量矛盾。标记的酶量越多，对免疫蛋白活性的

影响就越大，免疫识别的效率就越低。因此，为了增加酶在免疫分子上的标记量，纳米技术与高分子技术做了巨大的贡献，用于固载大量的一种或几种酶而实现多酶标记，在底物存在下产生大量的电子循环，能更有效地增强响应信号[109, 110]。

由于碳纳米材料具有良好的导电性和大的比表面积，Du 等[111]将辣根过氧化物酶（HRP）标记在甲胎蛋白抗体（anti-AFP）上，通过活化交联试剂（EDC/NHS）将 HRP/anti-AFP 固载于功能化的碳纳米球（Carbon Nanospheres，CNSs）表面，间接实现对酶的大量固载（见图 9-14），通过酶对底物的催化形成电子循环，有效提高了检测的灵敏度，其检测限为 0.02ng/mL。

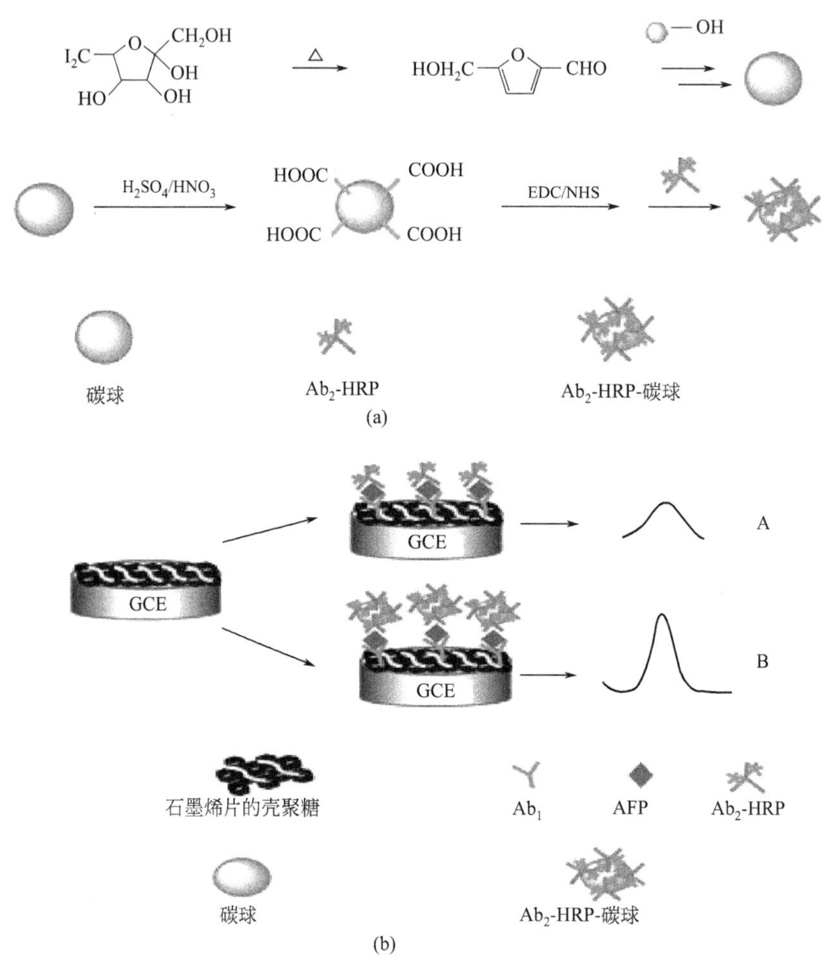

图 9-14　多酶标记生物探针的合成（a）及其用于免疫传感器的制备过程（b）[111]

近年来，石墨烯作为一种新型纳米材料引入免疫传感器的研究中。石墨烯的理论研究已有 60 多年的历史，它是一种二维纳米材料，其厚度只有一个原子，且结构致密稳定，是目前已知的导电性能最出色的材料，其良好的导电性能和宏观隧道效应能使其成为高效的电子传导体，因而可以提高传感器的灵敏度和响应电流，缩短响应时间。并且石墨烯还具有良好的生物相容性，有利于生物蛋白活性的保持，有利于生物敏感膜的固定，因此，石墨烯在生物传感领域有很广阔的应用前景。Zhong 等[112]研究者基于多酶标记放大技术，以癌胚抗原为免疫模型，制得了高灵敏的电化学免疫传感器（见图 9-15）。他们首先在壳聚糖包裹的石墨烯表面成功还原氯金酸制得纳米金功能化的石墨烯，利用金与蛋白分子的共价键合作用将癌胚抗原检测抗体（由辣根过氧化物酶共价标记）结合标记。由此，大量的辣根过氧化物酶标记在电极表面，通过其对底液中过氧化氢还原的催化作用，放大电信号，提高检测的灵敏度。结果表明，该传感器具有线性范围宽（0.05～350ng/mL）和检测限低（0.01ng/mL）等优点。

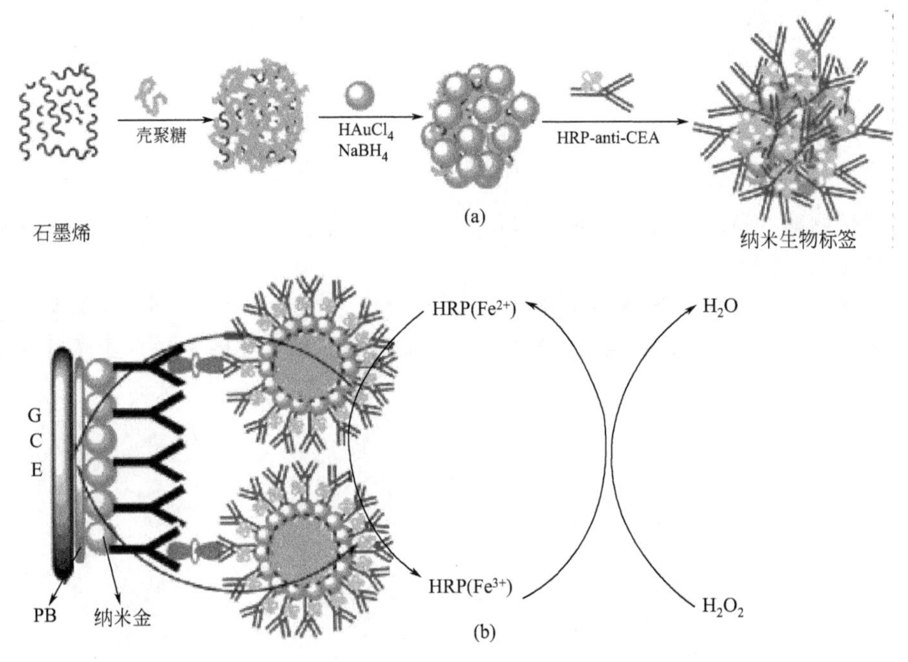

图 9-15　多酶标记生物偶合物的制备（a）与免疫传感器的检测（b）（一）[112]

Liu [113]等将一种纳米金与多孔硅结合制得金硅复合纳米材料［见图 9-16(a)］，该复合材料具有纳米金和多孔硅两种材料的协同效应，可双重增大比表面积。利用金与酶分子的共价键合作用将其与辣根过氧化物酶形成生物偶合物，用于标记检测抗体。如图 9-16(b) 所示，通过夹心免疫模式实现对相应抗原的检测，在酶对底物过氧化氢的催化作用下，增强响应信号、提高检测的灵敏度。

另外，在多酶标记免疫传感器实现信号增强的时候会出现这样一种情况，即同时标记不同种酶的时候，一种酶的催化产物正好是另一种酶催化的底物[114]。比如，葡萄糖氧化酶（GOD）在催化底物葡萄糖的时候会产生 H_2O_2，然而 H_2O_2 刚好是辣根过氧化物酶（HRP）催化的底物，如此葡萄糖氧化酶（GOD）便与辣

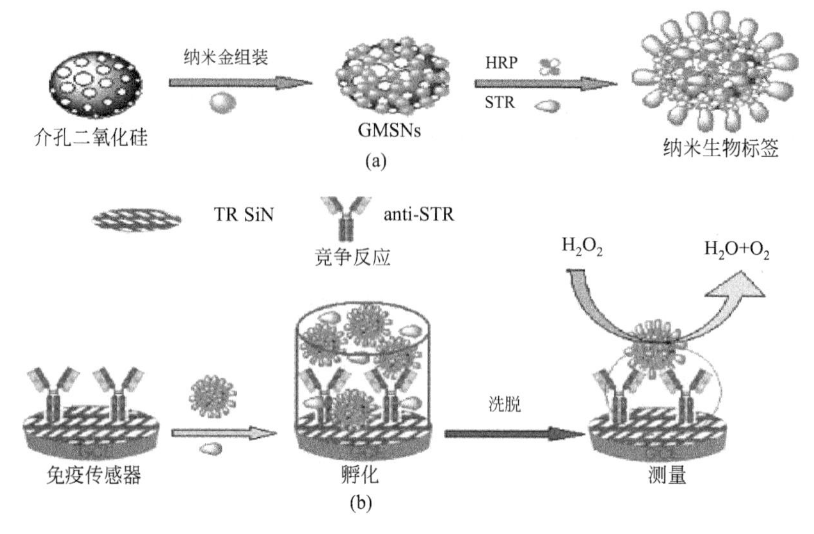

图 9-16　多酶标记生物偶合物的制备（a）与免疫传感器的检测（b）（二）[113]

根过氧化物酶（HRP）形成双酶联级催化，其对于免疫传感器的信号增强作用显著优于只标记一种酶。

青岛科技大学张书圣等和印度马德拉斯大学研究组[115,116]分别将壳聚糖（CS）与ConA制成复合材料，利用ConA对酶的定向固载作用（见图9-17）或通过Nafion

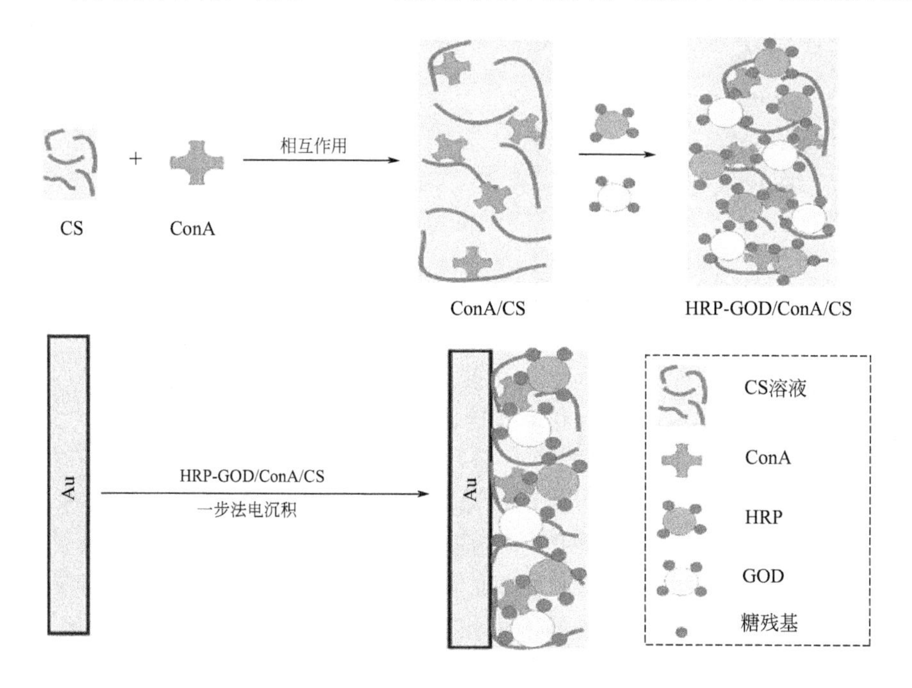

图 9-17　基于双酶循环放大策略的葡萄糖传感器的制备过程[115]

膜与多壁碳纳米管的复合物的包埋作用，将 HRP 和 GOD 同时固载在电极表面制得酶传感器，通过双酶的联级催化反应产生电子循环，提高检测的灵敏度。该传感器检测葡萄糖时，检测限达 6.7×10^{-7}mol/L 与 3×10^{-9}mol/L。

Zhuo 等[114]成功制备了三层磁性纳米粒子（Au-PB-Fe_3O_4），并同时将辣根过氧化物酶（HRP）、葡萄糖氧化酶（GOD）和检测抗体固载到磁性纳米粒子表面，采用双抗夹心模式构建了超灵敏、可再生的双酶循环催化放大的免疫传感器。该免疫传感器检测癌胚抗原时，其检测限达到 4pg/mL（见图 9-18）。

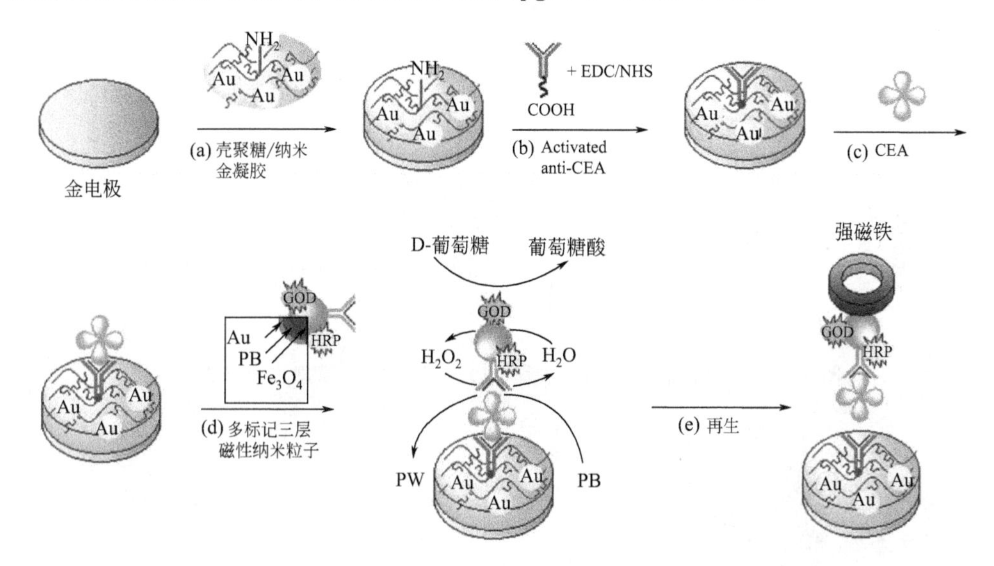

图 9-18 免疫传感器的制备过程及信号放大原理（一）[114]

④ 底物循环放大。底物循环放大策略通常与酶催化放大技术联用，是指电信号物质在测试体系中通过氧化还原作用循环反应来提高检测的灵敏度的方法。

韩国釜山国立大学 H. Yang 研究小组[117]等提出的免疫传感器（见图 9-19）就是通过这种模式实现信号放大的，他们利用碱性磷酸酯酶（ALP）来标记检测抗体（鼠抗 IgG），通过在测试底液中加入底物（*P*-氨基磷酸盐 APP），在碱性磷酸酯酶的催化作用下被还原成对氨基苯酚（AP），此产物与电极表面的二茂铁从电极上得到再生，实现信号放大，其检测限为 0.1pg/mL。

Tang 等[118]用金纳米颗粒功能化的多壁碳纳米管来标记检测抗体形成夹心免疫模式。在测试底液中加入对硝基苯酚可在 $NaBH_4$ 的作用下还原，在纳米粒子的催化下，其产物与电极表面的电化学活性物质（Thionine）产生了如图 9-20 所示的底物循环，放大响应电流，大大提高了检测的灵敏度。

⑤ 脂质体、铁蛋白等生物模型或生物分子的包埋作用。铁蛋白（Ferritin）是一种储铁蛋白，其结构为由 24 条多肽链形成中空的球形壳。研究表明，其中央空穴的内径约为 8nm，可容纳 4500 个铁原子，以正三价的形式存在，主要与羟基和磷酸基团结合。

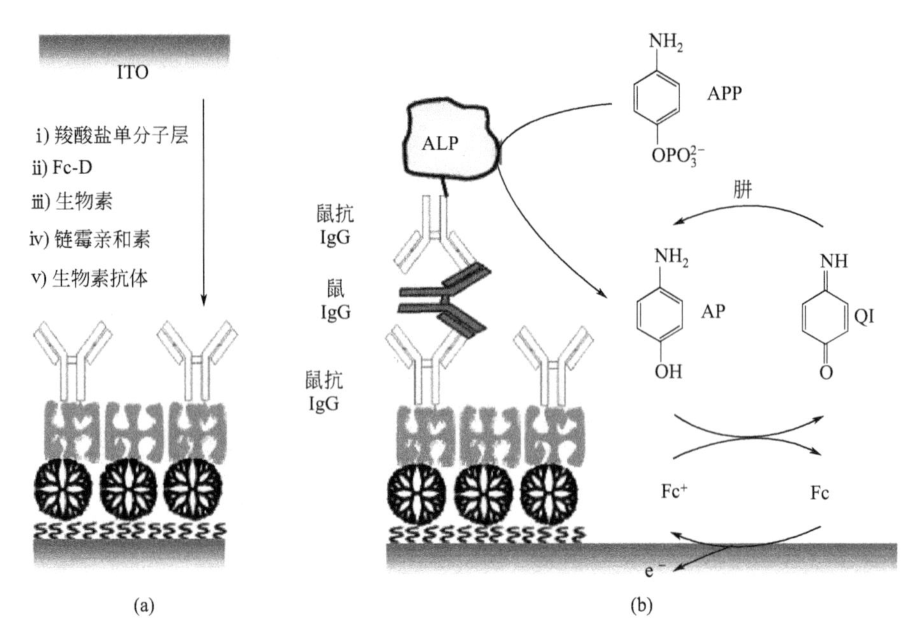

图 9-19 免疫传感器的制备过程（a）及信号放大原理（b）（二）[117]

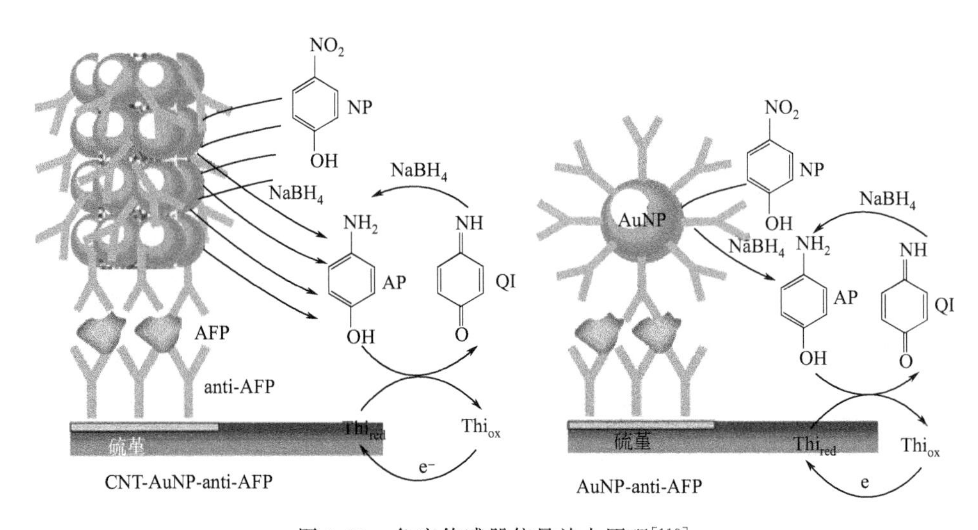

图 9-20 免疫传感器信号放大原理[118]

Byungcheol Ahn 等对脱铁蛋白分子进行了深入的研究，其报道的研究[119]发现，pH 值的变化可以改变脱铁蛋白球壳的空间构型。当 pH 值在 3.40～10.0 的时候，脱铁蛋白能保持其原有的球壳型空间结构，随着 pH 值的降低或升高超出此范围时，其球壳结构变得松散，有利于被包裹物质的进入。同时，该研究还证明了 pH 值对脱铁蛋白空间构型的影响是可逆的，即当 pH 值恢复至 3.40～10.0 的时候，脱铁蛋白可恢复成球壳型结构。如图 9-21 所示。

日本的 Kenji Lwahori 等[120]研究者利用脱铁蛋白的这种结构变化可逆的性质，

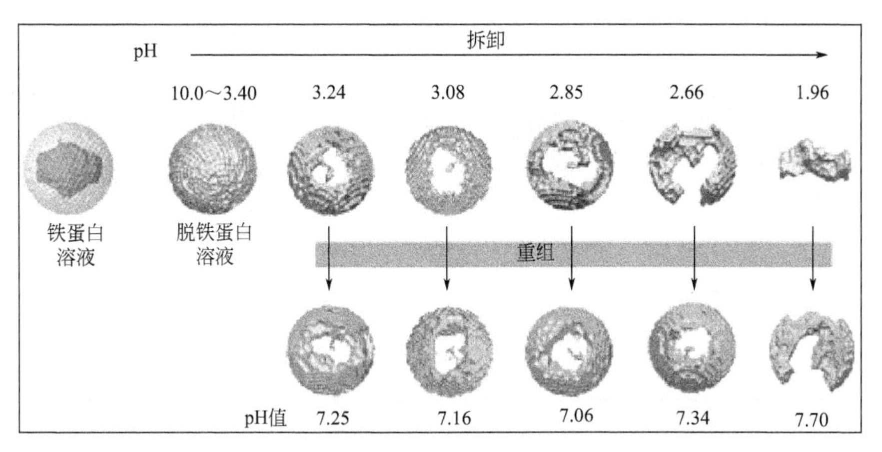

图 9-21　pH 值对脱铁蛋白结构的影响[119]

在其空腔内部成功制备了 ZnSe 纳米颗粒。Liu 等研究者[121]利用脱铁蛋白的这一特殊性质，分别将 CdS、PbS、ZnS 包裹于脱铁蛋白的空腔内，用于分析检测时，调节 pH 值将脱铁蛋白的空腔打开，释放出这三种纳米材料。随后，该研究小组再一次利用脱铁蛋白的这一特性[122]分别将光信号物质和电信号物质包裹于脱铁蛋白分子中，并将其用于蛋白质（IgG）分析检测，其检测限分别为 0.06ng/mL（0.39pmol/L）和 0.08ng/mL（0.52pmol/L）。

另外，脂质体是由脂质双分子层构成的，是内部为水相的密闭囊泡。脂质体是由英国研究者 Bangham 等于 1965 年首先提出的，最初是为研究生物膜而研制的模型。最早合成的脂质体是呈同心球壳的多层脂双层，其大小不均匀。经超声处理后，该多片层会变成小得多的结构，为 25～100nm。脂质体内部水相可包埋大量的信号物质或标记物质。通常将其与其他放大技术相结合引入免疫传感器的制备中，当标记的脂质体与传感器识别后，通过溶胞试剂的溶胞作用将脂质体打开，释放内部包埋的大量标记物（如酶、信号物质、纳米材料等），可以有效增强免疫检测的信号，提高检测的灵敏度，同时可以有效减弱非特异性吸附，提高免疫识别的专一性[123～127]。

Qu 等[128]将脂质体放大技术成功地引入电化学免疫传感器的制备（见图 9-22）。他们将碱性磷酸酯酶包裹于脂质体的腔体内部，将检测抗体标记于脂质体外部，通过与电极表面的捕获抗体以及待测抗原形成双抗夹心后，在溶胞试剂 Triton X-100 的作用下，打开脂质体，释放出碱性磷酸酯酶，使底液中的抗坏血酸磷酸酯还原为抗坏血酸，进一步使溶液中的 Ag^+ 在抗坏血酸的作用下还原为 Ag，通过线性扫描伏安法测定。该方法利用脂质体包裹大量的酶，通过酶的释放实现催化放大的同时原位产生可检测的信号物质，提高检测的灵敏度，其检测限达 0.007ng/mL。

⑥ 亲和素-生物素系统。生物素（Biotin），又称维生素 H，是一种相对分子质量为 244.31 的小分子，它能与亲和素（Avidin）特异性结合，且结合非常稳定。亲和素是一种小分子糖蛋白，由四个亚基组成，即有四个位点与生物素分子亲密结

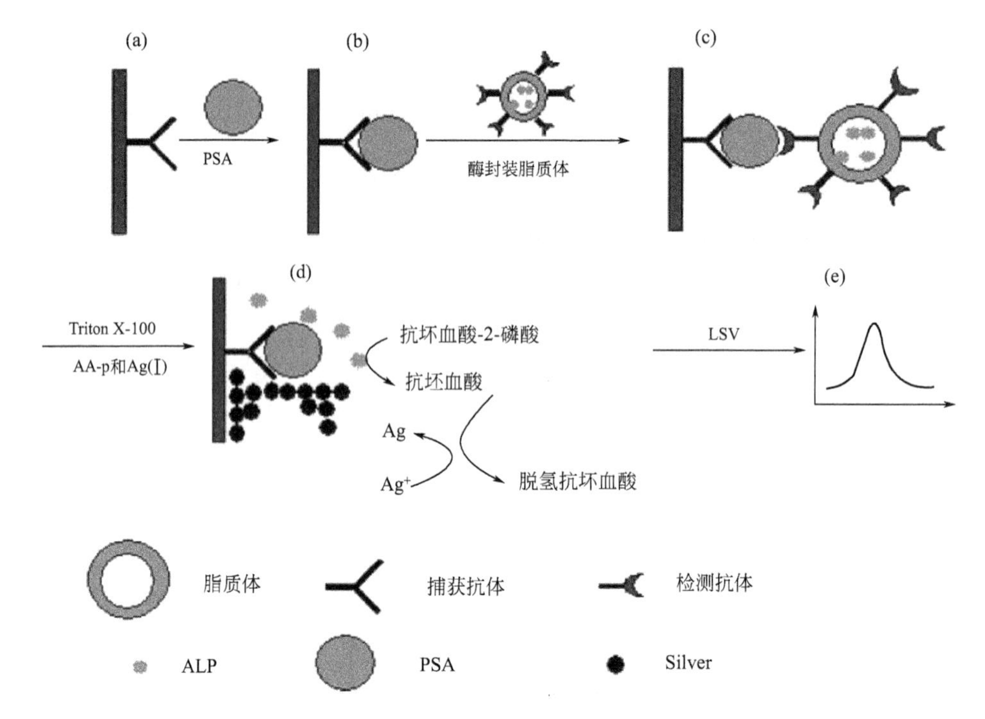

图 9-22　脂质体技术包裹酶多重放大免疫传感器的制备过程[128]

合形成一种类似晶格的复合体，因此可以以此系统为中介，与免疫反应或酶的标记相结合，成倍提高生物分子的固载量，从而提高免疫分析的灵敏度。

Ruchika Malhotra 等[50]提出基于生物素-亲和素放大系统与酶催化放大技术检测 IL-6 的高灵敏免疫分析方法。利用生物素标记抗体和酶同时结合到亲和素分子上，提高酶分子的固载量，使一个抗体分子上标记 14～16 个酶分子，放大响应信号。另外，他们还将纳米技术放大引入传感器的构建中，利用纳米碳管大的比表面积和导电性，将大量的辣根过氧化物酶固载在纳米碳管上，用于标记检测抗体，实现信号的放大。

⑦ 核酸体外扩增技术在免疫传感器中的应用。核酸分子体外扩增技术[129,130]是分子生物学研究的常用方法。随着现代生物技术的发展，新的核酸扩增技术不断涌现，大致可分为两类：一类是信号放大扩增，如侵染探针（Invander）、滚环扩增（RCA）等；另一类是核酸的直接扩增，如聚合酶链式反应（PCR）、连接酶链式反应（LCR）等。近几年来，核酸体外扩增技术与其他放大技术相结合应用到免疫分析技术中，利用其高扩增能力，使扩增产物的量与待测物的量相关，理论上甚至可检测到一个或几个分子，并能有效降低假阳性率，因此，对痕量蛋白质的检测意义重大。

聚合酶链式反应（Polymerase Chain Reaction，PCR），是体外酶促合成特异 DNA 片段的一种方法，通过变性、退火、延伸等几步反应高效循环扩增，得到多拷贝 DNA 变性。PCR 反应具有特异性强、灵敏度高、高效快速及对样品浓度要求低的优点，可以在短时间内将目标 DNA 片段扩增至数倍，且具有可控性。核酸体外扩增技术与其他信号放大技术的联用理论上能使传感器的灵敏度呈几何倍数增长，对痕量蛋白质的检测具有重大意义。

PCR 技术实现的首要条件是要具备 DNA 模板，因此，将 PCR 技术引入蛋白质分析检测领域首先需要将模板标记在检测分子（检测抗体或者检测适体链等）上。Shiqi Liao 等[131]为了增大传感器的灵敏度和提高检测的特异性，将前体 DNA 标记在检测适体链上，通过反转录-聚合酶链式反应（RT-PCR）将其扩增，将待测物的浓度转换成经核酸扩增后放大数倍的信号，使检测灵敏度大大提高，如图 9-23 所示。

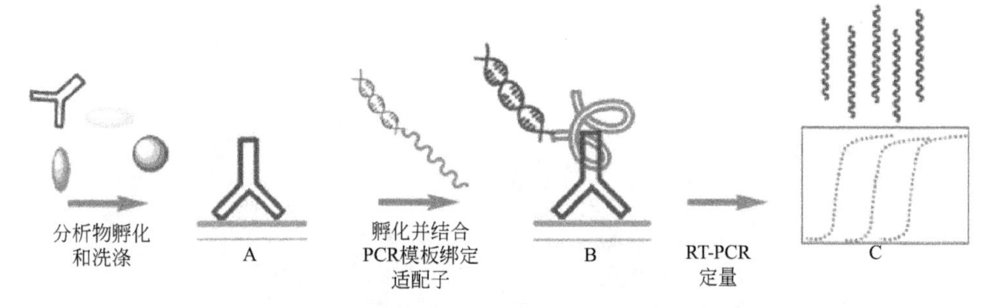

图 9-23　基于反转录-聚合酶链式反应放大技术的传感器制备[131]

核酸体外扩增技术在免疫分析中的应用常常是基于标记技术完成的。最常见的是采用包埋或其他技术标记在检测抗体上。免疫识别后将核酸探针进行体外扩增实现信号放大的目的。较经典的一个研究是 Mason 等[127]设计了将 PCR 体外扩增技术与脂质体技术相结合的免疫分析方法。首先通过脂质体技术将大量的 DNA 双链探针包裹其中并将标记检测抗体共价结合在脂质体表面，形成双抗夹心模式后，在溶胞试剂 Triton X-100 的作用下，打开脂质体腔，释放 DNA 探针并通过 PCR 体外技术进行扩增，将一个抗原分子的检测信号不断放大，理论上可以使检测信号得以无限放大，实现超灵敏的免疫分析。

又如滚环扩增技术（Rolling Circle Amplification，RCA)，它是某些双链环状 DNA 病毒复制的模型之一，也是环状 DNA 分子的一种快速复制方式。在体外执行时，通常以一段小分子单链 DNA 作为前体，加入扣锁探针（一种单链有缺口的环状 DNA）与前体 DNA 配对，在连接酶的作用下环化扣锁探针，继而在聚合酶的作用下恒温扩增，将前体 DNA 延长，其产物为拥有多个重复片段的长单链 DNA。该方法具有可设计性，条件温和，既能直接扩增靶核酸，又能实现对靶核酸的信号放大，且操作简单，可使灵敏度达到一个拷贝的核酸分子。近年来，将滚环复制技术与各种其他放大技术相结合构建的多重信号放大型免疫分析用于蛋白质超灵敏检测成为研究热点之一。

Lee 等[132]提出了一个基于滚环复制放大技术的光学检测血小板源性生长因子-

BB（PDGF-BB）的高灵敏检测方法（如图 9-24 所示）。他们首先构建了一个抗体-抗原-适配体的夹心模式，将一小段单链 DNA 标记在适配体链上作为 DNA 前体，通过扣锁探针、聚合酶、连接酶的共同作用，原位扩增前体 DNA，使信号由原本"一个抗原分子只对应一个 DNA 片段"放大到"一个抗原分子对应大量的 DNA 片段"，通过标记有信号物质的小分子单链 DNA 与这些重复片段结合后，产生几何倍数放大的信号，大大提高检测的灵敏度。

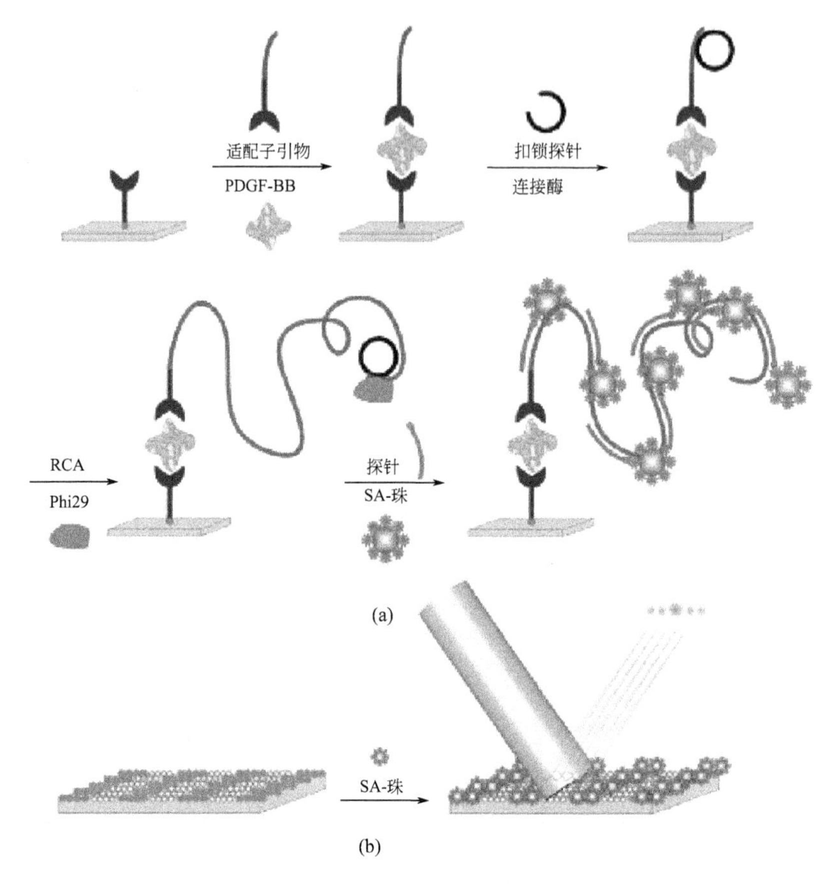

图 9-24　基于滚环复制放大技术的生物传感器的制备[132]

Zhou L 等[133]研究了一种基于"适体-抗原-抗体"模型检测蛋白质分子的超灵敏方法，他们将一条 DNA 单链作为滚环复制的前体标记在检测适体链的末端，以扣锁探针为模板，在 Phi29 聚合酶和 T4 连接酶的作用下进行滚环复制。复制完成后，将信号探针标记的检测单链 DNA 特异性地结合在电极表面。其巧妙之处在于通过亲和素-生物素系统将碱性磷酸酯酶标记在检测单链 DNA 上，通过加入其催化底物产生的抗坏血酸，将溶液中的银离子还原为银单质，多重放大响应信号，制得超灵敏的生物传感器（见图 9-25）。

Wu Z S 等[134]提出将小分子 ssDNA 标记在 PDGF-BB 适体链的末端，目标检测

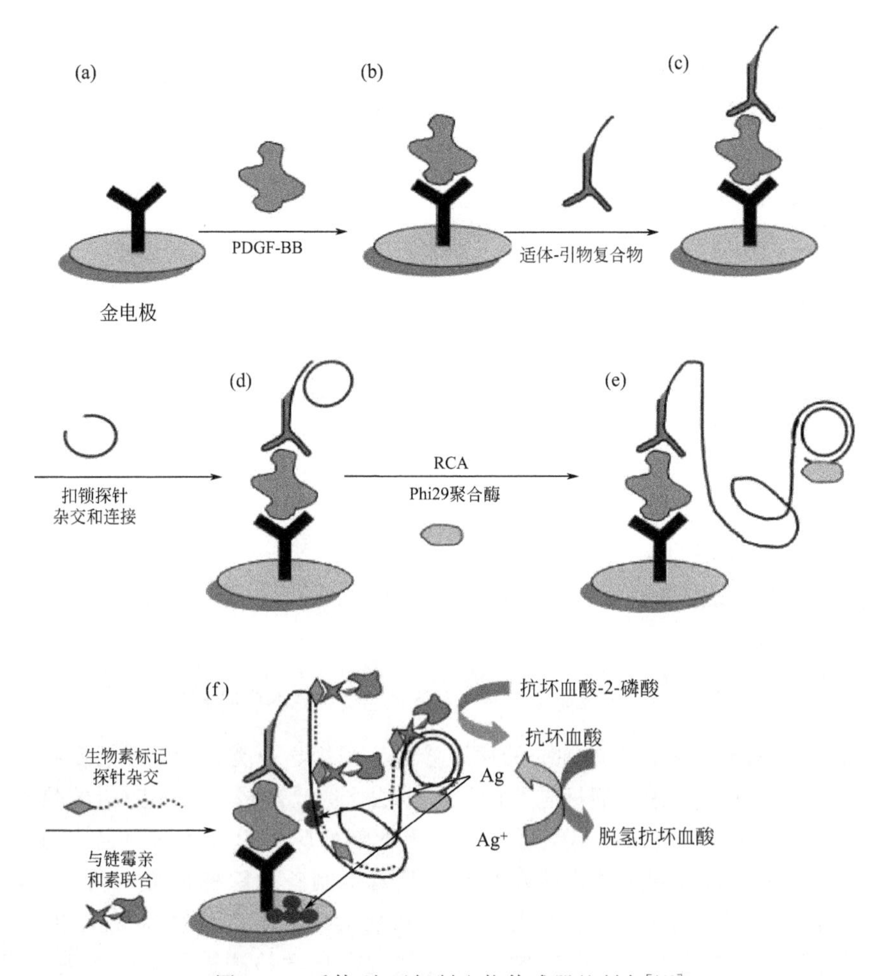

图 9-25 适体-滚环复制生物传感器的制备[133]

分子与适配体链结合后，适配体链的结构发生变化，在聚合酶的作用下，可与适体链上标记的 ssDNA 为模板将适体链补平。加入滚环复制所需的原料后，未补平的适配体链将与新加入的前体 DNA 单链互补配对，使其不能与扣锁探针识别。而补平后的适配体链则不影响滚环复制的进行，最后用固载有检测 DNA（Capture DNA）电极收集滚环复制产物，并以带有信号物质（MB）的单链 DNA 与其配对，实现待测分子的超灵敏电化学检测，其检测限为 6.3×10^{-11} mol/L（见图 9-26）。

9.2.7 电化学免疫传感器的应用

(1) 电化学免疫传感器在肿瘤标志物检测中的应用

肿瘤标志物（Tumor Marker）是指由肿瘤细胞产生的物质，它存在于肿瘤细胞的细胞核、细胞质、细胞膜上或分泌在体液中[135]。当组织中的肿瘤标志物含量超过正常值时，它们的存在或含量变化可以提示肿瘤的性质，同时有助于了解肿瘤

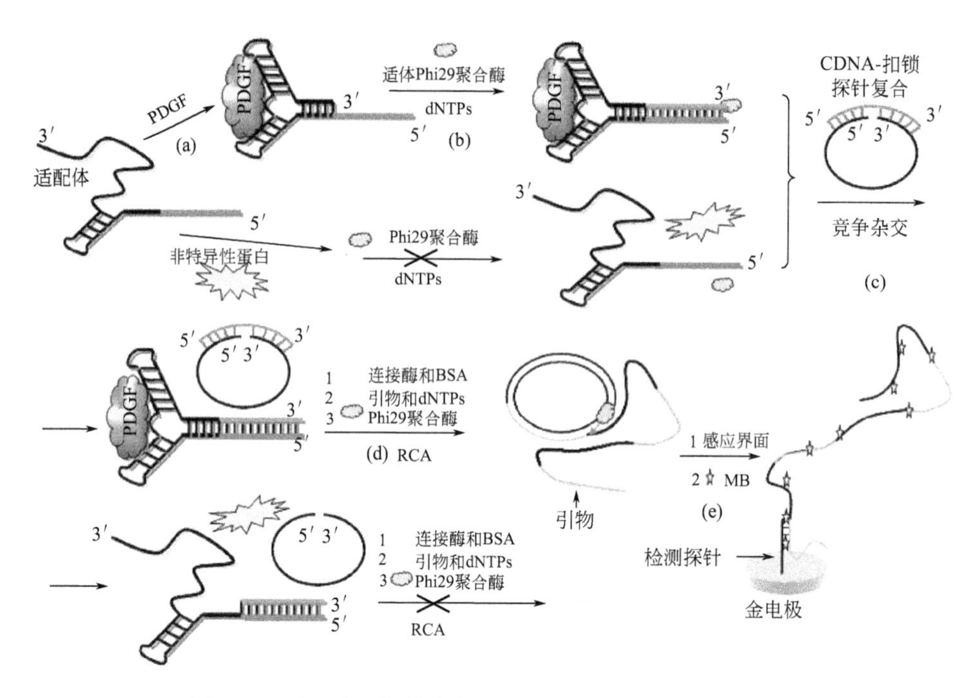

图 9-26 基于滚环复制放大技术的生物传感器的制备[134]

的组织起源和细胞分化，帮助肿瘤的病理诊断、组织学分类、判断预后及指导临床治疗[136]。近年来，关于肿瘤标志物的检测方法研究已经成为肿瘤防治的热点课题之一。Rusling 课题组首次将单壁直立纳米碳管阵列应用于抗体的固定，同时通过共价键将大量的 HRP 和抗体连接在酸化的碳管上制备示踪标记物，利用 HRP 在 H_2O_2 溶液中对底物的催化进行信号放大，从而实现了对前列腺特异抗原 PSA 的高灵敏检测。Ju 课题组[137~139]对肿瘤标志物的电化学检测进行了一系列的研究。基于电化学酶联免疫分析，将硫堇固定在电极上作为癌胚抗原 CEA 抗体上的标记物 HRP 的电子传递体，对 CEA 的检测线性范围为 0.6～17ng/mL 和 17～200ng/mL[137]。随后又合成了性质优良的 TiO_2 溶胶凝胶膜为固定介质，发展了 CA125[138]、HCG[139]无试剂免疫传感器。张书圣课题组[140]利用 avidin-biotin 的亲和作用在磁珠上固定大量的抗体，结合 AuNPs 负载高含量抗体和量子点的标记复合物发展了一种均相夹心免疫方法，联合量子点的溶出伏安分析实现对甲胎蛋白 AFP 的检测。Viswanathan 等[141]制备了基于 CNTs-PEI 固定抗体的一次性免疫传感器，采用反相蒸发法制备了包裹大量羧基二茂铁的脂质体复合物，并用其标记抗体作为信号标志物，通过在夹心免疫反应发生之后加入 Triton X 甲醇溶液分解脂质体，对释放出的羧基二茂铁信号的电化学测定实现了对 CEA 的高灵敏检测。

(2) 电化学免疫传感器在环境监测中的应用

近年来，随着科技水平的发展和人民生活水平的提高，发展中国家的环境污染问题越来越严重，这就要求人们要十分重视环境保护与公共安全问题。一直以来，环境污染物的分析方法常需要繁杂的操作，如萃取、提纯、浓缩、色谱分离等步骤，不仅耗时长，而且试剂用量大、成本高。而电化学免疫传感器集制拆简便、响应快速的电化学技术和专一性好、选择性高的免疫反应于一体，通过将抗原（或抗体）固定在载体上，可方便地对抗体（或抗原）进行实体在线测定。

电化学免疫传感器已成功地应用于分析病毒、微生物、生物毒素、杀虫剂、重金属离子等各种物质，成为有效检测环境污染物的工具。Wan 等[142]构建了一种基于氧化石墨烯片层介导的银增强的电化学平台来实现对硫酸盐还原菌的高灵敏、快速的检测，如图 9-27 所示。采用银的溶出伏安法得到的对细菌的检测范围为 $1.8\times10^{2}\sim1.8\times10^{8}$CFU/mL，溶出响应与细菌浓度的对数呈线性关系。Bender 等[143]采用脉冲加速免疫测定技术发展了一种用于测定土壤和水中的多氯联苯的电流型免疫传感器。Campas 等[144]针对藻类中的微囊藻毒素（MC-LR），采用传统竞争法和 HRP 催化 H_2O_2 氧化邻苯二胺体系来制备免疫传感器，检测限达到 0.1ng/mL。Zhang 等[145]利用电极表面的碳纳米材料与 MC-LR 进行共价连接，再通过与温育液中的抗原竞争 HRP 标记抗体发展了检测 MC-LR 的免疫传感新方法。

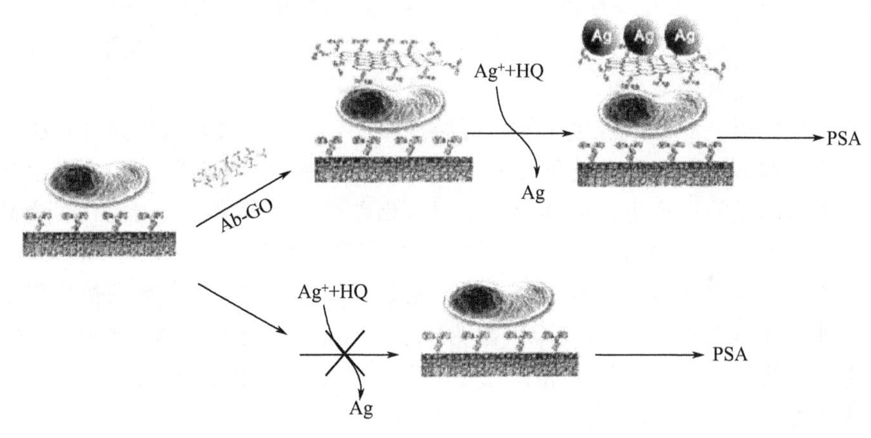

图 9-27 基于氧化石墨烯的生物传感器[142]

由于工业化进程的加快和监管力度的不足，重金属通过食物链逐渐进入人体并积累，对人类健康的威胁日益严重。由于金属离子与含有硫原子、氮原子和氧原子的氨基酸侧链有亲和力作用，而在抗体的互补决定区含有这些氨基酸，因此，抗体具有与金属离子或金属螯合络合物紧密结合的能力。目前市场上仍然可以买到 1991 年所发展的基于离子-抗体的免疫测定法的试剂盒。此外，人们还制备了用于识别汞(Ⅱ)、镉(Ⅱ)、铅(Ⅱ)、铜(Ⅱ)、钴(Ⅱ) 和银(Ⅰ) 等金属-EDTA 复合物的单克隆抗体来对其进行免疫检测[146]。

(3) 电化学免疫传感器在食品安全中的应用

食品安全事关公众身体健康与生命安全，因此，对食品安全的控制与监测具有十分重要的意义。通常对于食品污染物的检测手段有高效液相色谱法（HPLC）和高分辨质谱法、生化试验判定法、培养计数法和血清学抗体检测法等。电化学免疫传感器既不需要昂贵的仪器和专业的操作人员，也不需要耗费很长的时间，同时还具有高灵敏性与特异性、低成本、快速简便等优点，还可以实现现场自动化检测，因此，电化学免疫传感器在食品安全领域得到长足的发展。食品中常见的一些污染物有致病菌、毒素、抗生素、药物残留和化工原料等。一般检测中的致病菌有金黄色葡萄球菌、沙门菌、致病性大肠埃希菌、肉毒梭菌、副溶血性弧菌、蜡样芽孢杆菌、单核细胞增生李斯特菌、霍乱弧菌、致病性链球菌和志贺菌等[147]。Cheng 等[148]制备了具有高灵敏性和选择性的纳米多孔氧化铝膜修饰的电极，对大肠埃希菌进行无标记特异定量检测。首先在膜内修饰上捕获抗体，捕获细菌形成免疫复合物之后，电化学活性物质的响应通道被待测细菌封闭，溶液中的氧化还原探针传输受阻而降低其电化学响应，从而对细菌浓度进行测定。该传感器的检测范围为10～10^6CFU/mL，检测限为 22CFU/mL。

而毒素按来源可分为植物毒素、动物毒素与微生物毒素。由于少量的毒素就可对人体造成致命性的伤害，因此，加强对毒素的检测至关重要。常检测的毒素有金黄色葡萄球调肠毒素 B、黄曲霉毒素 B_1、赫曲霉毒素 A、河豚毒素和烟曲霉毒素等。Kreuzer 等[149]在较早期就采用传统的竞争免疫和酶催化底物的方法发展了一个高灵敏的免疫传感器，并用于测定多种海鲜中存在的毒素（岗甜酸、红潮毒素、软骨藻酸和河豚毒素）。

由于在乳畜饲养业中抗生素使用泛滥，因此，人们需要重视牛奶和禽类中的抗生素残留问题。若长期食用此类食品会使抗生素敏感者出现过敏反应，还会使正常体质者体内的致病菌产生耐药性，一患病就难以用抗生素治疗。因此，对食品中抗生素的监测是十分必要的。Zacco 等[150]通过活化磁性粒子表面的甲苯磺酰基共价结合抗体，以辣根过氧化物酶为标记物，制备了用于测定牛奶中残留抗生素磺胺药物的一种电化学免疫传感器，检出限为 5.92nmol/L。此外，Wang 等[151]构建了一个用于检测猪肉、鸡肉组织和体液中三聚氰胺含量的间接型竞争 ELISA 方法，该方法的检测限为 50ng/mL。

电化学免疫传感器将免疫反应的特异性、传感技术的灵敏性和电化学技术的多样性集于一体，从而发展了各种各样用于癌症早期诊断、环境监测、食品安全和农业等领域的新方法。电化学免疫传感器具有灵敏度高、选择性好、操作简单等优点，正逐步向微型化、阵列化、高通量的自动化检测方向发展。

9.3 电化学酶联免疫分析

免疫分析方法（Immunoassay，IA）是 20 世纪 60 年代发展起来的基于抗原和抗体特异性结合的一种技术[152]。在使用标记抗体和抗原的分析技术后，免疫分析方法发展得很快。继免疫荧光分析技术和放射免疫分析技术之后，在 70 年代初期荷兰学者 Weeman、Schurrs 和 Perlman 几乎同时提出了酶联免疫吸附分析方法（Enzyme Linked Immunosorbent Assay，ELISA），它利用酶的高效生物催化性能使得原来极其微小的抗原抗体特异性结合得以放大从而识别抗体或者抗原[153]。虽然此方法问世比较晚，但是它融汇了免疫荧光分析技术和放射免疫分析技术灵敏度高、特异性强、精确度高等优点，还弥补了二者的某些不足，现已受到广泛的重视，成为目前应用最多的免疫酶技术。

9.3.1 酶联免疫分析方法的基本原理

酶联免疫分析方法的基本原理[154]主要是基于抗原或抗体能物理吸附于某种固相载体表面，并保持其生物免疫活性，测定时将待测标本和酶标抗体或酶标抗原按照不同的步骤与固相载体表面吸附的抗原或者抗体发生反应，然后将抗体-抗原复合物和其他游离物用洗涤的方法分离，接着酶结合物与固相载体相应的抗原或抗体结合，其含量与标本中受检测物质的量呈一定的比例，加入底物显色剂显色，有色产物的量与标样中待测物的量有直接的关系，因此，可根据加入底物的颜色反应来判断是否有免疫反应的存在，若有免疫反应存在，还可以通过颜色变化的深浅来进行定性分析或者定量分析。

由于 ELISA 法一方面是建立在抗体与抗原免疫学反应的基础上，因此具有特异性。另一方面，酶结合物具有酶分子的酶催化性能，它可以催化底物发生反应，可极大地放大反应效果，因而具有很高的敏感性。因此，ELISA 是一种既具有特异性又很敏感的分析方法。该分析方法中常用的酶有辣根过氧化物酶（HRP）和碱性磷酸酶（AKP），与之相应的底物分别是邻苯二胺或者是 TMB 和对硝基苯磷酸，发生颜色变化后，可用目测定性，或者是用酶标仪测定吸光值（OD 值）以直接或者间接得出待测物的含量。

9.3.2 酶联免疫分析方法的常见类型

ELISA 法中涉及三个必要的试剂：固相抗原或抗体；酶标记抗原或抗体；酶反应底物。根据试剂的来源和标本的性状以及检测的具体条件，ELISA 又可分为间接法（Indirect ELISA）、双抗体夹心法（Sandwich ELISA）和竞争法（Competitive ELISA）[155～157]。

(1) 间接法

此法是检测抗体最常用的方法，方法的基本原理见图 9-28：首先将抗原包被于固相载体上，这些包被抗原必须是可溶性的，或者至少是极微小的颗粒，洗涤；然后加入含有被测抗体的样品，经孵育洗涤后，再加入酶标二抗；孵育洗涤，最后加底物显色，底物降解的量即为要测抗体的量，其结果可以用目测或者是酶标仪定量测定。

(2) 双抗体夹心法

此方法常用于测抗原，其基本原理见图 9-29：首先将相应的抗体包被于固相载体，洗涤；接着加入含有能与该抗体结合的抗原的待测样品与之相结合，保温孵

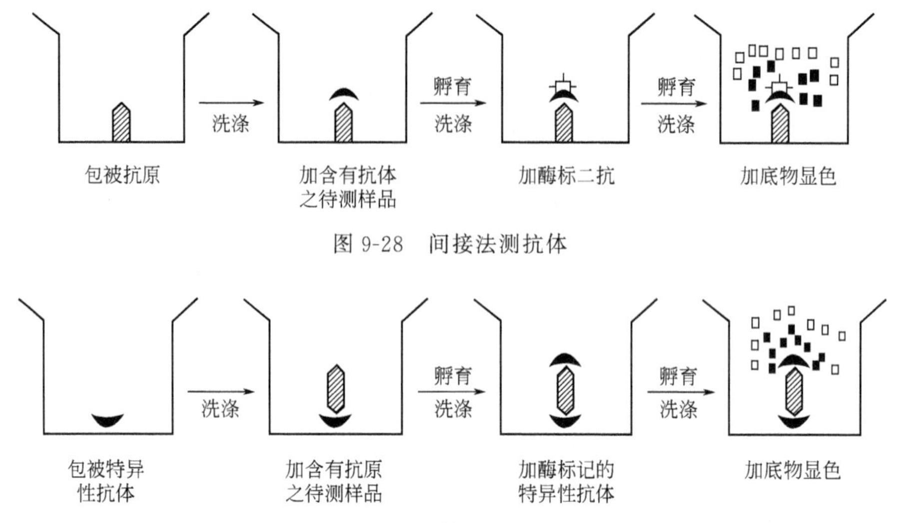

图 9-28　间接法测抗体

图 9-29　双抗体夹心法测抗原

育后洗涤；然后加入用酶标记了的抗体，再保温孵育后洗涤；最后加入底物显色后进行测定，底物的降解量与待测的抗原量呈一定比例。此方法要测的抗原必须含有两个以上与抗体结合的部位，因为抗原既要与固相上的抗体结合，又要与酶标记的抗体结合，因此，相对分子量小于 5000 的半抗原之类的抗原不能用这个方法检测。

(3) 竞争法

此法可用于抗原及半抗原的定量检测，也可用于测定抗体。方法的基本原理：首先是利用标记抗体（抗原）和待测的非标记抗体（抗原）与在固相载体的限量抗原（抗体）形成竞争反应，待测抗体（抗原）多则标记抗体与抗原的结合量就少，其标记物含量就少，因此，显色程度和待测物质呈负相关性。此方法测定的抗原只要有一个与抗体结合的部位即可，因此，小分子物质如药物、有机污染物的测定可以用这个方法。对于检测这些小分子，还可以根据样品的情况、试剂的来源以及检测的具体条件和要求设计出不同类型的竞争 ELISA，目前在试剂盒检测方面比较常用的是间接竞争 ELISA 和直接竞争 ELISA 这两种检测方法。间接竞争 ELISA 法：具体步骤见图 9-30，A 测定组是包被完全抗原，然后同时加入待测抗原和已知抗体，接着加入酶标二抗、显色剂；B 测定组是包被完全抗原，然后加入已知抗体，接着加入酶标二抗、显色剂；AB 两组的吸光值差与待测抗原的量呈负相关性。这种间接法可应用于未知抗原的检测，扩大了间接法的范围，另外，采用商业化的酶标二抗避免了自己合成酶标抗原的标记步骤。直接竞争 ELISA 法：具体步骤见图 9-31，首先用特异性抗体包被固相载体，洗涤后分为两组，一组加入酶标记抗原和待测抗原；另一组加入酶标记抗原，洗涤后加入显色剂，两组的吸光值差与待测抗原的量呈负相关性。这个方法与间接竞争 ELISA 法相比，实验步骤更简化，酶标抗原同时能起到免疫结合反应以及信号放大的作用，还可以更好地降低引入误差的可能性。

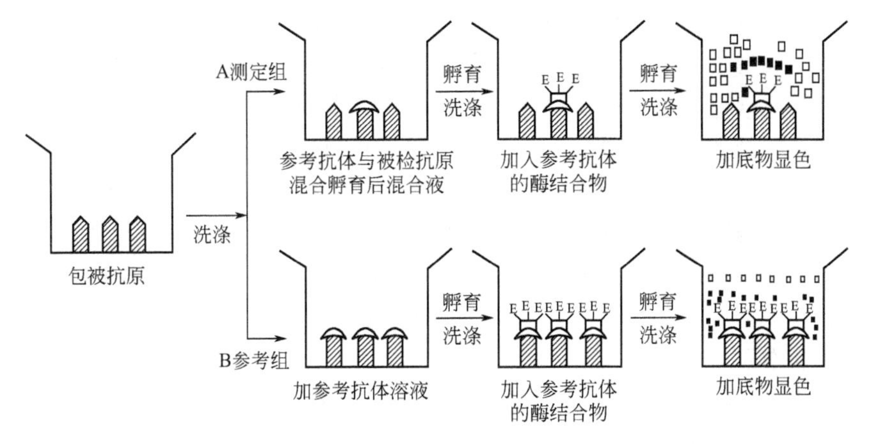

图 9-30 间接竞争 ELISA 法

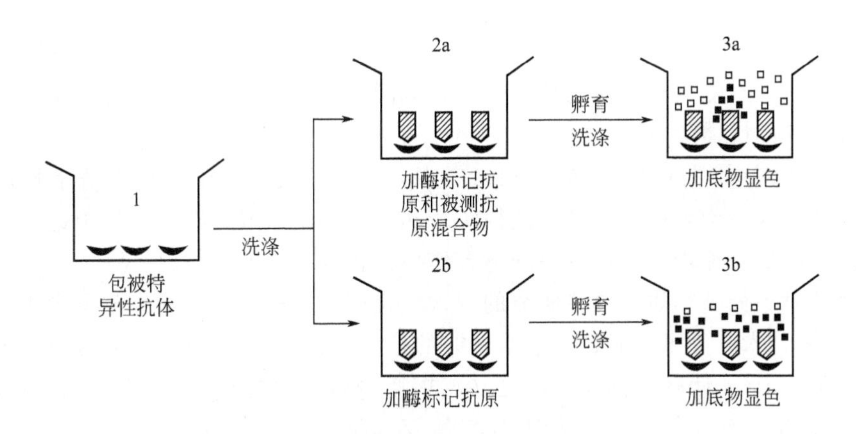

图 9-31 直接竞争 ELISA 法

(4) 酶联免疫分析技术在小分子化合物分析中的应用

酶联免疫分析技术最初是用于病毒和细菌的检测，20 世纪 70 年代后期开始广泛用于抗原抗体的检测，主要范围有药物、激素、毒素等半抗原分子的定性和定量测定。与此同时，Miletein 和他的同事首次在体外合成单克隆抗体，这在很大程度上促进了免疫分析方法的发展和应用[154]。免疫分析方法的特异性强、灵敏度高、操作方法简单、分析容量大、检测成本低、不需要昂贵的仪器、前处理步骤简化等优点是常规仪器分析所不能比拟的，另外，它所具备的选择性强和灵敏度高的特点使之非常适合于复杂基质中痕量组分的分析检测。20 世纪末，美国环保局开始将免疫检测技术应用在环境检测方向[158~161]。1992 年，美国环保局用免疫分析方法在固体废弃物中检测到五氯酚，这意味着免疫检测分析方法开始应用于环境样品的检测。到 1999 年，美国环保局相关部门共批准了 PCP、PCHs、氯丹、DDT、二噁英等 17 种物质的免疫检测。而今，免疫检测技术在农药、兽药、生物毒素、食品添加剂、内分泌干扰物、有机污染物等的检测方面的应用十分广泛，可能成为 21 世纪最具前景和竞争性的分析检测技术。

免疫分析方法中的抗体是必需试剂，所以如何获得效价高、特异性强的抗体是免疫方法的关键。小分子一般相对分子质量小于10000，难以同时拥有两个表位，被称为半抗原（即能与相应的抗体结合，但是不能刺激机体产生抗体），因此，要将其连接到一些大分子蛋白质载体上，形成偶联物就可以诱导机体产生半抗原的抗体，要实现半抗原与大分子物质的偶联，一般而言半抗原必须具备能共价键结合到载体上的活性基团（如氨基、羧基、羟基和巯基等），这样它才能与大分子物质偶联[162,163]。半抗原的设计对抗体的高亲和性和高特异性有很大的影响，因此，其设计方法对该物质的免疫分析技术就显得尤为重要。免疫半抗原的分子设计应遵循以下几个基本原则[164～166]。

① 半抗原结构中必须具备能够和载体蛋白质偶联的活性基团（如氨基、羧基、羟基、醛基、巯基等）。

② 在待测物特征结构与载体间一般需要间隔分子，长度一般为4～6个碳，目的是突出抗原分子上的立体结构和具有免疫活性的基团即抗原决定簇。间隔臂应该为非极性的且不能具有其他高免疫性的官能团如苯环等杂环，这样有利于高亲和力和高选择性的抗体生成。

③ 抗原应模拟待测分子的结构，考虑分析物的物理化学性质如疏水特性、电子特性和立体结构等影响氢键、范德华力和静电作用形成等因素。基于这些因素的分析，可以更好地理解抗体抗原的结合作用，合成理想的半抗原。

随着对小分子物质半抗原研究的深入，应用于农药、兽药等小分子物质的分析的ELISA技术成为了世界各国学术研究的热点。Queffelec等将溴氰菊酯从苯环端引入羧基与BSA偶联制备单抗，建立直接竞争酶联免疫吸附测定法，最低检测限为0.08ng/g，而且所建立的方法对其他菊酯类农药的交叉反应率小于1%[167]；Wang等[168]利用直接竞争酶联免疫法检测benzophenylurea类杀虫剂，检测限范围为0.05～2.3ng/g；Cooper及其同事从代谢物出发，利用混合酸酐法成功合成了呋喃唑酮代谢物的免疫原，并成功地制备了针对AOZ和NPAOZ的抗体，最后利用直接酶联免疫吸附测定法进行检测，IC_{50}可以达到0.065ng/mL，之后利用一种简单的样品处理方法定量检测多个实际样品中AOZ的残留量，检测限可达到0.4ng/g[169]；Chiu及其同事通过制备单克隆抗体，用直接ELISA对PCBs进行检测，结果表明所制备的单克隆抗体有比较高的亲和力，交叉实验证明单克隆抗体的选择性较好，对PCB126和PCB77的检测下限分别达到1.2～3.7ng/mL和0.9～2.7ng/mL[170]；Antonio及其同事制备了DDT的单克隆抗体，所得抗体用于ELISA法测定p,p'-DDT，结果表明抗体对p,p'-DDT的最低响应值可达2～11nmol/L等[171]，这些检测结果都是有法律效力的，且比相应的色谱方法检测都更有优势，不管是在样品预处理方面还是在方法操作方面。另外，ELISA快速检测试剂盒、试纸条已得到广泛的应用，市场上已经出现农兽药、生物毒素等检测的商品化试剂盒。

9.4 电化学酶联免疫传感器

电化学酶联免疫传感器是近年来发展起来的一项新技术，它是将酶电极的化学放大作用与免疫电极的特异性相结合，具有免疫反应的特异性和电化学分析的灵敏性。电化学酶联免疫传感器具有检测设备相对简单、使用方便、构制酶电极方法灵活、体系容易集成化、微型化等优点。发展新型电化学酶联免疫传感器是目前较活跃的研究领域。

9.4.1 电化学酶联免疫传感器的基本原理

电化学酶联免疫传感器是将抗原、抗体的免疫反应和酶的高效催化反应有机结合而发展起来的一种融合性技术。它的基本原理是通过化学方法或生物方法将酶与抗体或抗原结合起来，形成酶标记物或通过免疫学的方法将酶与抗酶体结合起来，形成免疫复合物，这些酶标记物或免疫复合物仍保持其免疫活性，然后它与相应的抗原或抗体反应，形成酶标记的或含酶的免疫复合物。结合在免疫复合物上的酶遇到相应的底物时，催化其发生水解、氧化或还原反应，或形成共价键结合点，通过电化学分析方法进行定性、定量测定。

9.4.2 电化学酶联免疫传感器的种类

根据测量方式不同，电化学酶联免疫传感器分为以下几类。

(1) 电导测量式

采用酶标记技术，通过免疫反应和酶催化反应的放大效应，使溶液中的离子种类或数目发生改变，从而改变溶液的导电性而达到检测目的[172～175]。通常将一种酶固定在某种贵重金属电极上（金、银、铜、镍、铬），在电场的作用下测量待测物溶液中电导率的变化。如用尿酶标记二抗[176]，用来放大溶液的电导率并通过其变化来完成对 hCG 的检测，灵敏度为 30pmol/L，传感器的响应时间为 30s。这类免疫传感器受待测样品中离子强度等非特异性因素的影响较大，故该类传感器的发展比较缓慢。

(2) 电位测量式

电位型酶联免疫传感器是基于离子选择电极原理而发展起来的[178,179]。在零电位下，酶催化反应生成离子产物，能引起电极表面的电位发生改变，电位与活性物质浓度的对数值呈正比，其关系遵循能斯特方程。因此，电位型免疫传感器的灵敏度一般不高。A. Ghindilis 等[179]用乳糖酶标记物作示踪剂，通过竞争免疫分析形式测定胰岛素抗体，乳糖酶能催化电极上的氧化还原反应，从而使电极电位发生改变。常用的离子选择电极如氟离子电极、碘离子电极，气敏电极如 NH_3、CO_2、O_2 等都可以作为转换器应用在酶联免疫分析中[180～184]。电位型酶联免疫传感器的不足之处是：较低的信噪比，线性范围窄，易受其他离子干扰。

(3) 电流测量式

电流型酶联免疫传感器是在恒定电压下监测由于抗原抗体结合或继后反应中电流的变化。该类传感器应用广泛，有持久和广阔的发展空间，是电化学酶联免疫传感器发展的重要方向[185～189]。如用来测定茶碱、GABA、APO-E、HBsAg、葡萄球菌抗原、硝化细菌[190～192]。1980 年，Aizawa 将 AFP 抗体固定在乙酸纤膜上，并将此膜紧贴电流型氧电极的透氧膜表面，用过氧化氢酶标记 AFP，竞争法检测。AFP 的线性范围达到 10^{-11}～10^{-8}。该法易受样品溶解氧及 pH 值的影响，工作电位高，背景干扰较大。改用电化学活性物质如酪胺衍生物、二茂铁衍生物、苯醌等，基本上克服了上述问题。如 Ciana[193]选择对羟基磷酸苯为碱性磷酸酶的底物，结合流动注射分析，使 AFP 的检测下限达到 0.07ng/mL。

根据酶标记物是否分离将电化学酶联免疫传感器分为均相免疫分析法和异相免疫分析法。①均相免疫分析法。均相免疫分析在溶液中进行，不须分离。基本原理是酶标记抗原 Ag^* 与抗体 Ab 反应形成 Ag^*-Ab 后，它的催化活性减少。待测的抗原 Ag 浓度高，Ag^*-Ab 复合物就少，则游离的 Ag^* 量就多，同时，Ag^* 中标记酶的活性高于复合物 Ag^*-Ab 中标记酶的活性，催化效果更明显，响应电流更大，从而间接测定抗原 Ag 的量。均相法的操作比较简单，灵敏度较低，易受干扰。②异相免疫分析法。异相免疫反应是在相界面进行的，反应完成后，需进行洗脱，消除弱吸附，该方法的背景干扰较小，但洗脱过程较费时。目前，人们逐步发展了无需分离的异相免疫分析技术，简化了免疫分析过程，这方面已有报道[194～199]。Kith 和 Reymond 等报道了无需分离的竞争型异相酶联免疫分析，以酶及生物素标记的抗体作示踪物，它与待测的抗体竞争地吸附到固定有抗原的乳胶板上，未参与免疫反应的示踪物由于生物素与亲和素之间强烈的相互作用而结合到固定有亲和素的乳胶板上，这部分酶标物中的酶由于生物素-亲和素的相互作用而失活。在酶的底物溶液中，只有参与免疫反应的酶标物能催化酶底物的反应而产生响应信号，未参与免疫反应的酶标物因失活而无需再分离洗脱。Killard 等[195]发展了基于导电聚合物修饰电极构制的无分离酶联免疫传感器。抗体通过导电聚合物固定在电极表面，采用异相竞争免疫分析法，HRP 酶标抗原作示踪物，H_2O_2 作底物。通过免疫反应结合到电极表面上的 HRP 酶能催化 H_2O_2 的电化学还原，导电聚合物在酶和电极之间起传递电子的作用，而未参与免疫反应的溶液中的游离态酶标物不能催化 H_2O_2 电化学还原，不影响分析信号的产生，省去洗脱和更换溶液等步骤，简化了分析过程（见图 9-32）。

(4) 压电测量式

严格而言，压电传感器主要是属于质量型。但因其传感器件与电化学测量器件组成有一定的相似性，有时也将其归属在广义的电化学传感器中。压电式酶联免疫传感器的基本原理是在晶体表面包被一种抗体或抗原，样品中若有相应的抗原或抗体，则与之发生特异性结合，从而增加了晶体的质量并改变振荡频率，频率的改变

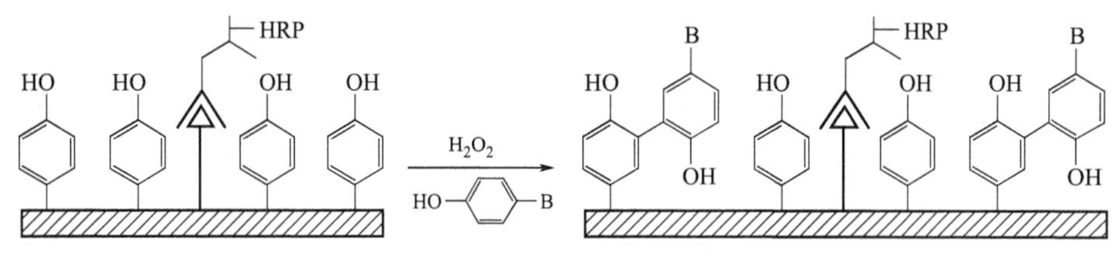

图 9-32　催化信号分子沉积信号放大的原理[195]

与待测抗原或抗体的浓度呈正比。它具有灵敏度较高、选择性好、响应快、小型简便等特点。有论文[200]将抗 IgM 抗体通过氨基烷基化层共价固定在石英晶片上，采用竞争免疫分析形式，HRP-IgM 作示踪剂，结合到晶片上的 HRP-IgM 催化氧化 TMB 生成不溶性二聚物沉淀，使晶片表面质量增加，晶片谐振频率降低，从而测定 HRP 酶的活性。不过除了质量外，一些其他因素如温度、压力和表面导电性引起的非特异性问题使得这类传感器的设计受到了限制。且由于压电传感器本身具有较高的灵敏度，可直接测量电极表面结合的抗原或抗体的量，因此，相关压电式酶联免疫传感器的报道较少，以上借助特异性酶催化反应进行信号放大是该方面研究的主要内容。这一模式在小分子抗原的测定上尤其具有重要的意义。

(5) 电容测量式

电容型酶联免疫传感器是一种建立在双电层理论上的高灵敏度的免疫传感器。将抗体固定在电极表面上，当免疫反应在电极/溶液界面发生时，形成的免疫复合物改变了电极/溶液界面的介电性质，增加了界面的厚度和降低了界面的介电常数，使电极/溶液界面的电容降低，从而定量测定蛋白质。电容测量式可直接高灵敏进行免疫测定，故这一类型的酶联免疫传感器的报道甚少。

9.4.3 电化学酶联免疫传感器的应用

标记酶的选择能直接影响分析的灵敏度和精确度。理想的酶应该具有纯度高、价格低廉、催化反应的转化率快、专一性强、易于标记和保存、稳定性好、酶的活力易于测定等特点。可用作电化学免疫分析的生物酶及反应体系必须满足以下条件。

① 具有高活性，可以在短时间内将大量的底物分子转化为产物。

② 容易与抗体或抗原结合，且不降低活性。

③ 在检测过程中和保存条件下稳定。

④ 在测定条件下体系底物为非活性。

⑤ 酶催化反应产物具有电化学活性。

表 9-1 给出了电化学免疫分析中常用到的酶标记物。在这些酶中，最常用的是碱性磷酸酶（ALP）和辣根过氧化物酶（HRP）。磷酸苯酯和对氨基磷酸苯酯经常用作 ALP 的底物，其酶催化产物苯酚和对氨基苯酚可以用安培法或伏安法检测。邻苯二胺、邻联茴香胺等可以用作 HRP 的底物，在 H_2O_2 的存在下，酶催化氧化

产生的偶氮产物通常以极谱法或伏安法检测。

表 9-1 电化学免疫分析中常用的酶标记物

酶	底物	检测物
葡萄糖-6-磷酸脱氢酶	葡萄糖-6-磷酸	NAD
过氧化氢酶	H_2O_2	O_2
辣根过氧化氢酶	$I^+ + H_2O_2$	I_2
	H_2O_2+对苯二酚	苯醌
	5-氨基水杨酸+H_2O_2	5-Aminosalicylic acid quinoneimine
	邻联茴香胺+H_2O_2	偶氮化合物
碱性磷酸酶	对氨基磷酸苯酯	对氨基苯酚
	磷酸苯酯	苯酚
	磷酸萘酚酯	萘酚
葡萄糖氧化酶	葡萄糖+二茂铁(氧化态)	二茂铁(还原态)
脲酶	尿素	NH^+

辣根过氧化物酶（HRP）是广泛研究的一种过氧化物酶，它以血红素为氧化还原中心。由于来源方便、提纯容易和结构已知，HRP经常作为典型代表用于研究过氧化物酶分子的结构、动力学和热力学性质。它的生理作用是催化 H_2O_2 还原以及以 H_2O_2 为中间产物的众多底物的电子氧化。HRP修饰电极广泛用于分析 H_2O_2、有机过氧化物、酚类化合物、芳香化合物以及一些环境污染物。

碱性磷酸酶（ALP）是一种含Zn的金属酶，广泛存在于动物组织与微生物中。它能催化磷酸单酯、磷酸核苷及磷酸糖类的水解，在释放磷酸盐的同时，生成相应的醇、酚或胺，它还可以催化水解P—F、P—O—C、P—O—P、P—S和P—N键，但不能水解P—C键，反应最适宜pH值为8.0～10.0，且随酶源和底物的不同而变化。

9.4.4 电化学酶联免疫传感器的前景

电化学酶联免疫传感器已被广泛应用于医学、生物学、检疫学等方面的实际测定，经历了由临床检测、环境保护等领域进入了能源开发领域。它是酶电极的催化放大作用与高灵敏度的电化学分析的有机结合，具有结构紧凑、使用方便、成本低、检测限低、可微型化等特点，是分析化学研究中较为活跃的研究课题。今后将在新底物的合成与应用、免疫组分固定化技术的提高、商品化试剂盒的研制及自动化程度更高的仪器的设计与制造等方面发展。

参 考 文 献

[1] 温志立，汪士平，沈国励. 免疫传感器的发展概述. 生物医学工程学杂志，2001，18（4）：642-646.
[2] Daniel R T，Klara T，Richard A D，et al. Electrochemical biosensors：recommended definitions and classification. Biosens Bioelectron，2001，16（1-2）：121-131.

[3] 霍群，蔡豪斌. 电化学免疫传感器. 临床检验杂志，2003，21（3）：181-182.
[4] 鞠熀先. 电分析化学与生物传感技术. 北京：科学出版社，2006，396.
[5] 王重庆. 分子免疫学基础. 北京：北京大学出版社，1997，21.
[6] Korecká L，Bílková Z，Holèapek M，et al. Utilization of newly developed immobilized enzyme reactors for preparation and study of immunoglobulin G fragments. J Chromatogr B，2004，808（1）：15-24.
[7] Yang Z J，Liu H，Zong C，et al. Automated Support-Resolution Strategy for a One-Way Chemiluminescent Multiplex Immunoassay. Anal Chem，2009，81（13）：5484-5489.
[8] Tang D，Yuan R，Chai Y，et al. Magnetic-Core/Porous-Shell $CoFe_2O_4/SiO_2$ Composite Nanoparticles as Immobilized Affinity Supports for Clinical Immunoassays. Adv Funct Mater，2007，17：976-982.
[9] Tang D，Yuan R，Chai Y. Study on electrochemical behavior of a diphtheria immunosensor based on silica/silver/gold nanoparticles and polyvinyl butyral as matrices. Electrochem Commun，2005，7：177-182.
[10] Liu H，Yang Z J，Yan F，et al. Three-Minute-Long Chemiluminescent Immunoassay Using Dually Accelerated Immunoreaction by Infrared Heating and Passive Mixing. Anal Chem，2009，81（10）：4043-4047.
[11] Matsuura H，Sato Y，Niwa O，et al. Electrochemical Enzyme Immunoassay of a Peptide Hormone at PicomolarLevels. Anal Chem，2005，77（13）：4235-4240.
[12] Frew J E，Hill H A. Electrochemical Biosensors. Anal Chem，1987，59（15）：933A-944A.
[13] 焦奎，张书圣，张敏，等. 电化学免疫分析法研究进展. 分析化学，1995，23（10）：1211-1217.
[14] Thomas J H，Kim S K，Hesketh P J，et al. Bead-Based Electrochemical Immunoassay for Bacteriophage MS2. Anal chem，2004，76（10）：2700-2707.
[15] 高小霞. 电分析化学导论. 北京：科学出版社，1991：369.
[16] Warsinke A，Benkert A，Seheller F W. Electrochemical immunoassay Fresenius J. Anal Chem，2000，366：622-634.
[17] Moser I，Shcalkhammer T，Pitter F，et al. Surface technique for an electrochemical DNA biosensor. Biosens Bioelectron，1997，12：729-737.
[18] Zhang J，Lei J P，Pan R，et al. In situ assembly of gold nanoparticles on nitrogen-doped carbon nanotubes for sensitive immunosensing of microcystin-LR. Chem Commun，2011，47（2）：668-70.
[19] 钟桐生，刘国东，沈国励，等. 电化学免疫传感器研究进展. 化学传感器，2002，22（1）：7-14.
[20] 袁若，唐点平，柴雅琴，等. 高灵敏电位型免疫传感器对乙型肝炎表面抗原的诊断技术研究. 中国科学B辑化学，2004，34（4）：279-286.
[21] 缪璐，刘仲明，张水华. 电化学免疫传感器的研究进展. 中国医学物理学杂志，2006，23（2）：132-134.
[22] 唐点平，袁若，柴雅琴，等. 纳米金修饰玻碳电极固载抗体电位型白喉类毒素免疫传感器的研究. 化学学报，2004，62（20）：2062-2066.
[23] Fu Y Z，Yuan R，Fang D P，et al. Study on the immobilization of anti-IgG on Au-colloid modified gold electrode via potentiometric immunosensor，cyclic voltammetry，and electrochemical impedance techniques. Colloids and Surfaces B：Biointerfaces，2005，40（1）：61-66.
[24] Bard A J，Faulkner L. Electrochemical Methods（电化学方法）. Gu Linying（谷林瑛）译. Beijing（北京）：Chemistry Industry Press（化学工业出版社），1986：9.
[25] Gebbert A，Alvarez-Lcaza M，Stocklein W，et al. Real-time monitoring of immunochemical with a tantalum capacitance flow-through cell. Anal Chem，1992，64（9）：997-1003.
[26] Mencil C J，Athey D，Rail M，et al. Electrochemical Sensors Based on Impedance Measarement of Enzyme-Catalyzed Polymer Dissolution Theory and Applications. Anal Chem，1995，67：3928.
[27] Bataillard P，Gardies F，Jaffrezic-Renault N，et al. Direct detection of immunospecies by capacitance measurements. Anal Chem，1988，60（21）：2374-2379.
[28] Park I，Park S，Park H W，et al. Unexpected Hexagonally Perforated Layer Morphology of PS-b-PMMA Block Copolymer in Supported Thin Film. Macromolecules，2006，39（1）：315-318.
[29] Antolini F，Paddeu S，Nicolini C，et al. Heat stable langmuir blodgett film of glutathione-s-transferase. Langmuir，1995，11：2719-2725.
[30] Porter M D，Bright T B，Allara D L，et al. Spontaneously organized molecular assemblies 4 Structural characterization of *n*-alkyl thiol monolayers on gold by optical ellipsometry，infrared spectroscopy，and electrochemistry. J Am Chem Soc，1987，109（12）：3559-3568.
[31] Park H，Park T J，Huh Y S，et al. Immobilization of genetically engineered fusion proteins on gold-decorated carbon nanotube hybrid films for the fabrication of biosensor platforms Original Research Arti-

cle. J Colloid Interf Sci, 2010, 350: 453-458.
[32] Zhang X R, Li S G, Jin X, et al. Aptamer Based Photoelectrochemical Cytosensor with Layer-by-Layer Assembly CdSe Semiconductor Nanoparticles as Photoelectrochemically Active Species. Biosens. Bioelectron, 2011, 26: 3674-3678.
[33] Yuan W Y, Li C M. Direct Modulation of Localized Surface Plasmon Coupling of Au Nanoparticles on Solid Substrates via Weak Polyelectrolyte-Mediated Layer-by-Layer Self Assembly. Langmuir, 2009, 25 (13): 7578-7585.
[34] Yamada M, Shiratori S S. Smoke sensor using mass controlled layer-by-layer self-assembly of polyelectrolytes films. Sens Actuators B, 2000, 64: 124-127.
[35] Taylor R F, Marenchic L G, Cook E J. An acetylcholine receptor-based biosensor for the detection of cholinergic agents. Anal Chim Acta, 1988, 213: 131-138.
[36] Stelzle M, Weissmuller G, Sackmann E. On the application of supported bilayers as receptive layer for biosensors with electrical detection. J Phys Chem, 1993, 97: 2974-2981.
[37] Varlan A R, Suls J, Sansen W, et al. Capacitive sensor for the allatostatin direct immunoassay. Sens Actuators B, 1997, 44 (1-3): 334-340.
[38] Taylor R F, Marenchic I G, Spencer R H. Antibody-and receptor-based biosensors for detection and process control. Anal Chim Acta, 1991, 294: 67-70.
[39] Golshan-Shirazi S, Guiochon G. Analytical solution for the ideal model of chromatography in the case of a Langmuir isotherm. Anal Chem, 1988, 60 (21): 2364-2374.
[40] Daan Zhou, Pietrzyk Donald J. Liquid Chromatographic Separation of Alkanesulfonate and Alkyl Sulfate Surfactants: Effect of Ionic Strength. Anal Chem, 1992, 64 (9): 1003-1008.
[41] Lee J Y, Park S M. Electrochemistry of Guest Molecules in Thiolated Cyclodextrin Self-Assembled Monolayers: An Implication for Size-Selective Sensors. J Phys Chem B, 1998, 102 (49): 9940-9945.
[42] Schoning M J, Kurowski A, Thust M, et al. Capacitive Microsensors for Biochemical Sensing Based on Porous Silicon Technology. Sens Actuators B, 2000, 64: 59-64.
[43] Yagiuda K, Hemmi A, Ito S, et al. Development of a conductivity-based immunosensor for sensitive detection of methamphetamine (stimulant drug) in human urine. Biosens Bioelectron, 1996, 11 (8): 703-707.
[44] Sandberg R G. A conductive Polymer-Based Immunosensor for the Analysis of Pesticide Residues. Am Chem Soc Symp Sel, 1992, 511 (1), 81-88.
[45] Green N M. Avidin and streptavidin. Methods EnzymoL, 1990, 184: 51-67.
[46] Díaz-González M, González-García M B, Costa-García A. Immunosensor for Mycobacterium tuberculosis on screen-printed carbon electrodes. Biosens Bioelectron, 2005, 20 (10): 2035-2043.
[47] Lai G S, Wu J, Ju H X, et al. Streptavidin-Functionalized Silver-Nanoparticle-Enriched Carbon Nanotube Tag for Ultrasensitive Multiplexed Detection of Tumor Markers. Adv Funct Mater, 2011, 21 (15): 2938-2943.
[48] Shen W Z, Li M Z, Xu L, et al. Highly effective protein detection for avidin - biotin system based on colloidal photonic crystals enhanced fluoroimmunoassay. Biosens. Bioelectron, 2011, 26 (5): 2165-2170.
[49] Wen Y L, Pei H, Wan Y, et al. DNA Nanostructure-Decorated Surfaces for Enhanced Aptamer-Target Binding and Electrochemical Cocaine Sensors. Anal Chem, 2011, 83 (19): 7418-7423.
[50] Malhotra R, Palel V, Vaqué J P, et al. Ultrasensitive Electrochemical Immunosensor for Oral Cancer Biomarker IL-6 Using Carbon Nanotube Forest Electrodes and Multilabel Amplification. Anal Chem, 2010, 82 (8): 3118-3123.
[51] Morales-Narváez E, Montón H, Fomicheva A, et al. Signal Enhancement in Antibody Microarrays Using Quantum Dots Nanocrystals: Application to Potential Alzheimer' s Disease Biomarker Screening. Anal Chem, 2012, 84 (15): 6821-6827.
[52] Yao J J, Han X G, Zeng S, et al. Detection of Femtomolar Proteins by Nonfluorescent ZnS Nanocrystal Clusters. Anal Chem, 2012, 84 (3): 1645-1652.
[53] Wang C K, Liu D J, Wang Z X. Gold nanoparticle based dot-blot immunoassay for sensitively detecting Alzheimer's disease related β-amyloid peptide. Chem Commum, 2012, 48: 8392-8394.
[54] Liu J B, Fu S H, Yuan B, et al. Toward a Universal "Adhesive Nanosheet" for the Assembly of Multiple Nanoparticles Based on a Protein-Induced Reduction/Decoration of Graphene Oxide. J Am Chem Soc, 2010, 132 (21): 7279-7281.

[55] Lynch I, Dawson K A, Protein-nanoparticle interactions. Nano Today, 2008, 3: 40-47.
[56] Mahmoudi M, Lynch I, Ejtehadi M R, et al. Protein-nanoparticle interactions: opportunities and challenges. Chem Rev, 2011, 111: 5610-5637.
[57] Das J, Aziz M A, Yang H. A Nanocatalyst-Based Assay for Proteins: DNA-Free Ultrasensitive Electrochemical Detection Using Catalytic Reduction of *p*-Nitrophenol by Gold-Nanoparticle Labels. J Am Chem Soc, 2006, 128 (50): 16022-16023.
[58] Qu W S, Liu Y Y, Liu D B, et al. Copper-Mediated Amplification Allows Readout of Immunoassays by the Naked Eye. Angew Chem Int Ed, 2011, 50 (15): 3442-3445.
[59] Tang J, Tang D P, Niessner R, et al. Magneto-Controlled Graphene Immunosensing Platform for Simultaneous Multiplexed Electrochemical Immunoassay Using Distinguishable Signal Tags. Anal Chem 2011, 83 (13): 5407-5414.
[60] Krishnan S, Mani V, Wasalathanthri D, Kumar CV, Rusling J F. Attomolar Detection of a Cancer Biomarker Protein in Serum by Surface Plasmon Resonance Using Superparamagnetic Particle Labels. Angew Chem Int Ed, 2011, 50 (5): 1175-1178.
[61] Rusmini F, Zhong Z Y, Feijen J. Protein Immobilization Strategies for Protein Biochips. Biomacromolecules, 2007, 8 (6): 1775-1789.
[62] Qu B, Chu X, Shen G L, et al. A novel electrochemical immunosensor based on colabeled silica nanoparticles for determination of total prostate specific antigen in human serum. Talanta, 2008, 76 (4): 785-790.
[63] Wei M, Sun L G, Xie Z Y, et al. Selective Determination of Dopamine on a Boron-Doped Diamond Electrode Modified with Gold Nanoparticle/Polyelectrolyte-coated Polystyrene Colloids. Adv Funct Mater, 2008, 18 (9): 1414-1421.
[64] Koh W C A, Chandra P, Kim D M, et al. Electropolymerized Self-Assembled Layer on Gold Nanoparticles: Detection of Inducible Nitric Oxide Synthase in Neuronal Cell Culture. Anal Chem, 2011, 83 (16): 6177-6183.
[65] Blackman M L, Royzen M, Fox J M. Tetrazine Ligation: Fast Bioconjugation Based on Inverse-Electron-Demand Diels-Alder Reactivity. J Am Chem Soc, 2008, 130 (41): 13518-13519.
[66] Devaraj N K, Upadhyay R, Haun J B, et al. Fast and Sensitive Pretargeted Labeling of Cancer Cells through a Tetrazine/*trans*-Cyclooctene Cycloaddition. Angew Chem Int Ed, 2009, 48 (38): 7013-7016.
[67] Haun J B, Devaraj N K, Hilderbrand S A, et al. Bioorthogonal chemistry amplifies nanoparticle binding and enhances the sensitivity of cell detection. Nat Nanotechnol, 2010, 5 (9): 660-665.
[68] Uhlenheuer D A, Petkau K, Brunsveld L. Combining supramolecular chemistry with biology. Chem Soc Rev, 2010, 39: 2817-2826.
[69] Gomez-Casado A, Dam H H, Yilmaz M D, et al. Probing Multivalent Interactions in a Synthetic Host-Guest Complex by Dynamic Force Spectroscopy. J Am Chem Soc, 2011, 133 (28): 10849-10857.
[70] Agasti S S, Liong M, Tassa C, et al. Supramolecular Host - Guest Interaction for Labeling and Detection of Cellular Biomarkers. Angew Chem Int Ed, 2012, 51 (2): 450-454.
[71] Ortiz M, Fragoso A, O'Sullivan C K. Detection of Antigliadin Autoantibodies in Celiac Patient Samples Using a Cyclodextrin-Based Supramolecular Biosensor. Anal Chem, 2011, 83 (8): 2931-2938.
[72] Lee W, Oh B K, Bae Y M, et al. Fabrication of self-assembled protein A monolayer and its application as an immunosensor. Biosens Bioelectron, 2003, 19 (3): 185-192.
[73] Fowler J M, Stuart M C, Wong D K Y. Self-Assembled Layer of Thiolated Protein G as an Immunosensor Scaffold. Anal Chem, 2007, 79 (1): 350-354.
[74] Bjoerck L, Kronvall G. Purification and some properties of streptococcal protein G, a novel IgG-binding reagent. J Immunol, 1984, 133: 969-974.
[75] Akerstrom B, Brodin T, Reis K, et al. Protein G: a powerful tool for binding and detection of monoclonal and polyclonal antibodies. J Immunol, 1985, 135: 2589-2592.
[76] Wu C, Khanikaev A B, Adato R, et al. Fano-resonant asymmetric metamaterials for ultrasensitive spectroscopy and identification of molecular monolayers. Nat Mater, 2012, 11: 69-75.
[77] Dutta P, Sawoo S, Ray N, et al. Engineering Bioactive Surfaces with Fischer Carbene Complex: Protein A on Self-Assembled Monolayer for Antibody Sensing. Bioconjugate Chem, 2011, 22 (6): 1202-1209.
[78] Darain F, Park D S, Park J S, et al. A separation-free amperometric immunosensor for vitellogenin

based on screen-printed carbon arrays modified with a conductive polymer. Biosens Bioelectron, 2005, 20: 1780-1787.
[79] Chen S F, Liu L Y, Zhou J, et al. Controlling Antibody Orientation on Charged Self-Assembled Monolayers. Langmuir, 2003, 19 (7): 2859-2864.
[80] 余贺，谢少文，杨桂贞，等. 临床免疫技术. 上海：上海科学技术出版社，1982.
[81] Lai G S, Yan F, Ju H X. Dual Signal Amplification of Glucose Oxidase-Functionalized Nanocomposites as a Trace Label for Ultrasensitive Simultaneous Multiplexed Electrochemical Detection of Tumor Markers. Anal Chem, 2009, 81 (23): 9730-9736.
[82] Femandez-Baldo M A, Messina G A, Sanz M I, et al. Microfluidic immunosensor with micromagnetic beads coupled to carbon-based screen-printed electrodes (SPCEs) for determination of Botrytis cinerea in tissue of fruits. J Agric. Food Chem, 2010, 58 (21): 11201-11206.
[83] Wu J, Yan Y T, Yan F, et al. Electric Field-Driven Strategy for Multiplexed Detection of Protein Biomarkers Using a Disposable Reagentless Electrochemical Immunosensor Array. Anal Chem, 2008, 80 (15): 6072-6077.
[84] Laschi S, Mascini M, Scortichini G, et al. Polychlorinated biphenyls (PCBs) detection in food samples using an electrochemical immunosensor. J Agric Food Chem, 2003, 51 (7): 1816-1822.
[85] Wang J, Tian B, Rogers K R. Thick-Film Electrochemical Immunosensor Based on Stripping Potentiometric Detection of a Metal Ion Label. Anal Chem, 1998, 70 (9): 1682-1685.
[86] Barton A C, Davis F, Higson S P J. Labeless Immunosensor Assay for the Stroke Marker Protein Neuron Specific Enolase Based upon an Alternating Current Impedance Protocol. Anal Chem, 2008, 80 (24): 9411-9416.
[87] Barton A C, Davis F, Higson S P J. Labeless Immunosensor Assay for Prostate Specific Antigen with Picogram per Milliliter Limits of Detection Based upon an ac Impedance Protocol. Anal Chem, 2008, 80 (16): 6198-6205.
[88] Fernandez-Sanchez C, Costa-Garcia A. Competitive enzyme immunosensor developed on a renewable carbon paste electrode support. Anal Chim Acta, 1999, 402: 119-127.
[89] Liu G D, Hu K S, Li W, et al. Renewable amperometric immunosensor based on paraffin - graphite-transferrin antiserum biocomposite for transferrin assay. Analyst, 2000, 125 (9): 1595-1599.
[90] Wang J, Femandes J R, Kubota L T. Polishable and Renewable DNA Hybridization Biosensors. Anal Chem, 1998, 70 (17): 3699-3702.
[91] Sole S, Alegret S, Cespedes F, et al. Flow Injection Immunoanalysis Based on a Magnetoimmunosensor System. Anal Chem, 1998, 70 (8) 1462-1467.
[92] Santandreu M, Cespedes F, Alegret S, et al. Amperometric Immunosensors Based on Rigid Conducting Immunocomposites. Anal Chem, 1997, 69 (11): 2080-2085.
[93] Liang R P, Fan L X, Huang D M, et al. A label-free amperometric immunosensor based on redox-active ferrocene-branched chitosan/multiwalled carbon nanotubes conductive composite and gold nanoparticles. Electroanal, 2011, 23 (3): 719-727.
[94] Su B L, Tang J, Yang H H, et al. A graphene platform for sensitive electrochemical immunoassay of carcinoembryoninc antigen based on gold-nanoflower biolabels. Electroanal, 2011, 23 (4): 832-841.
[95] Tang D P, Yuan R, Chai Y Q. Novel immunoassay for carcinoembryonic antigen based on protein Aconjugated immunosensor chip by surface Plasmon resonance and cyclic voltammetry. Bioproc Biosyst Eng, 2006, 28: 315-321.
[96] Sun X, Zhu Y, Wang X Y. Amperometric immunosensor based on a protein A/deposited gold nanocrystals modified electrode for carbofuran detection. Sensors, 2011, 11: 11679-11691.
[97] Han H J, Rangaramanujam M K, Wang S X, et al. Multifunctional dendrimer-templated antibody presentation on biosensor surfaces for improved biomarker detection. Funct Mater, 2010, 20: 409-421.
[98] Willner 1, Katz E. Magnetic control of electrocatalytic and bioelectrocatalytic processes. Angew Chem Int Ed, 2003, 42: 4576-4588.
[99] Zhang J, Ting B P, Khan M, et al. Pt nanoparticie label-mediated deposition of Pt catalyst for ultrasensitive electrochemical immunosensors. Biosens Bioelectron, 2010, 26: 418-423.
[100] Leng C, Wu J, Xu Q N, et al. A highly sensitive disposable immunosensor through direct electro-reduction of oxygen catalyzed by palladium nanoparticie decorated carbon nanotube label. Biosens Bioelectron, 2011, 27: 71-76.
[101] Alia S M, Zhang G, Kisailus D, et al. Porous platinum nanotubes for oxygen reduction and methanol

oxidation reactions. Adv Funct Mater, 2010, 20: 3742-3746.
[102] Zhang Y, Xu F G, Sun Y J, et al. Seed-mediated synthesis of Au nanocages and their electrocatalytic activity towards glucose oxidation. Chem Eur J, 2010, 16: 9248-9256.
[103] Fang Y X, Guo S J, Zhu C Z, et al. One-Dimensional Carbon Nanotube/SnO_2/Noble Metal Nanoparticle Hybrid Nanostructure: Synthesis, Characterization, and Electrochemical Sensing. Chem-Asian J, 2010, 5: 1838-1845.
[104] Zeng Q, Cheng J S, Tang L H, et al. Self-assembled graphene-enzyme hierarchical nanostructures for electrochemical biosensing. Adv Fund Mater, 2010, 20: 3366-3372.
[105] Akanda M R, Choe Y L, Yang H. "outer-sphere to inner-sphere" redox cycling for ultrasensitive immunosensor. Anal Chem, 2012, 84: 1049-1055.
[106] Akanda M R, Aziz M A, Jo K, et al. Optimization of phosphatase-and redox cycling-Based immunosensors and its application to ultrasensitive detection of troponin I. Anal Chem, 2011, 83: 3926-3933.
[107] An Y R, Jiang X L, Bi W J, et al. Sensitive electrochemical immunosensor for synuclein based on dual signal amplification using PAMAM dendrimer-encapsulated Au and enhanced gold nanoparticle labels. Biosens Bioelectron, 2012, 32: 224-230.
[108] Zhuo Y, Yuan R, Chai Y Q, et al. A tris (2. 2′-bipyridyl) cobalt (III) -bovine serum albumin composite membrane for biosensors. Biomaterials, 2006, 27: 5420-5429.
[109] Jiang W, Yuan R, Chai Y Q, et al. A novel electrochemical immunoassay based on diazotization-coupled functionalized bioconjugates as trace labels for ultrasensitive detection of carcinoembryonic antigen. Biosens Bioelectron, 2011, 26 (5): 2786-2790.
[110] Li W J, Yuan R, Chai Y Q. Reagentless amperometric cancer antigen 15-3 immunosensor based on enzyme-mediated direct. Biosens Bioelectron, 2010, 25: 2548-2552.
[111] Du D, Zou Z X, Shin Y S, et al. Sensitive immunosensor for cancer biomarker based on dual signal amplification strategy of graphene sheets and multienzyme functionalized carbon nanospheres. Anal Chem, 2010, 82: 2989-2995.
[112] Zhong Z Y, Wu W, Wang D, et al. Nanogold-enwrapped graphene nanocomposites as trace labeles for sensitivity enhancement of electrochemical immunosensors in clinical immunoassaysicarcinoembryonic antigen as a model. Biosens Bioelectron, 2010, 25: 2379-2383.
[113] Liu B Q, Zhang B, Cui Y L, et al. Mutifunctional gold-silica nanostructures for ultrasensitive electrochemical immunoassay of streptomycin residues. ACS Appl Mater Interfaces, 2011, 3: 4668-4676.
[114] Zhuo Y, Yuan R, Chai Y Q. Bienzyme functionalized three-layer composite magnetic nanoparticles for electrochemical immunosensor. Biomaterials, 2009, 30: 2284-2290.
[115] Li F, Wang Z, Chen W, et al. A simple strategy for one-step construction of bienzyme biosensor by in-situ formation of biocomposite film through electrodeposition. Biosens Bioelectwn, 2009, 24 (10): 3030-3035.
[116] Shobha Jeykumari D R, Sriman Narayanan S. Functionalized carbon nanotube-bienzyme biocomposite for amperometric sensing. Carbon, 2009, 47 (4): 957-966.
[117] Das J, Jo K, Lee H W, Yang H. Electrochemical Immunosensor Using *p*-Aminophenol Redox Cycling by Hydrazine Combined with a Low Background Current. Anal Chem, 2007, 79: 2790-2796.
[118] Tang J, Tang D R, Su B L, et al. Enzyme-free electrochemical immunoassay with catalytic reduction of *p*-nitrophenol and recycling of p-aminophenol using gold nanopaitic 1 es-coated carbon nanotubes as nanocatalyts. Biosens Bioelectwn, 2011 (7): 3219-3226.
[119] Byungcheol A, Sungmin J, Heesoo K, et al. pH-Dependent structures of ferritin and apoferritin in solution: disassembly and reassembly. Biomacromolecules, 2011, 12 (5): 1629-1640.
[120] Lwahori K J, Yoshizawa K K, Muraoka M, et al. Fabrication of ZnSe nanoparticles in the apoferritin cavity by designing a slow chemical reaction system. Inorg Chem, 2005, 44 (18): 6393-6400.
[121] Liu G D, Wu H, Dohnalkova A, et al. Apoferritin-templated synthesis of encoded metallic phosphate nanoparticle tags. Anal Chem, 2007, 79 (15): 5614-5619.
[122] Liu G D, Wang J, Wu H, et al. Versatile apoferritin nanoparticle labels for assay of protein. Anal Chem, 2006, 78 (21): 7417-7423.
[123] Gomez H A, Fernandez R J M. The role of liposomes in analytical processes, Trends. Anal Chem, 2005, 24: 9-19.
[124] Subramanian V, Wu L C, Huang M R, et al. Electrochemical Immunosensor for Cholera Toxin Using

Liposomes and Poly (3,4-ethylenedioxythiophene)-Coated Carbon Nanotubes. Anal Chem, 2006, 78: 1115-1121.
[125] Ho J A, Hung C H. Using Liposomal Fluorescent Biolabels to Develop an Immunoaffinity Chromatographic Biosensing System for Biotin. Anal Chem, 2008, 80: 6405-6409.
[126] Egashira N, Morita S, Hifumi E, et al. Attomole Detection of Hemagglutinin Molecule of Influenza Virus by Combining an Electrochemilumine-scence Sensor with an Immunoliposome That Encapsulates a Ru Complex. Anal Chem, 2008, 80: 4020-4025.
[127] Mason J T, Xu L X, Sheng Z M, et al. Liposome-PCR assay for the ultrasensitive detection of biological toxins. Nat Biotechnol, 2006, 24: 555-557.
[128] Qu B, Guo L, Chu X, et al. An electrochemical immunosensor based on enzyme-encapsulated liposomes and biocatalytic metal deposition. Anal Chim Acta, 2010, 663: 147-152.
[129] 陈庆山，刘燕，刘迎雪，等. 核酸体外扩增技术. 中国生物 I：程浓志，2004，24 (5)：10-14.
[130] Ou L J, Liu S J, Chu X, et al. DNA Encapsulating Liposome Based Rolling Circle Amplification Immunoassay as a Versatile Platform for Ultrasensitive Detection of Protein. Anal Chem, 2009, 81: 9664-9673.
[131] Liao S Q, Liu Y Q, Zeng J Y, et al. Aptamer-based sensitive detection of target molecular via RT-PCR signal amplification. Bioconjugate Chem, 2010, 21 (12): 2183-2189.
[132] Lee J, Icoz K, Roberts A, et al. Diffractoinetric detection of proteins using microbead-bead rolling circle amplification. Anal Chem, 2010, 82: 197-202.
[133] Zhou L, Ou L J, Chu X, et al. Aptamer-based rolling circle amplification: A platform for electrochemical detection of protein. Anal Chem, 2007, 79: 7492-7500.
[134] Wu Z S, Zhou H, Zhang S B, et al. Electrochemical aptameric recognition system for a sensitive protein assay based on specific target binding-induced rolling circle amplification. Anal Chem, 2010, 82: 2282-2289.
[135] Harris J L, Stocum M, Roberts L, et al. Quest for the Ideal Cancer Biomarker: An Update on Progress in Capture and Characterization of Circulating Tumor Cells. Drug Develop Res, 2013, 74 (2): 138-147.
[136] Weinstein B, Joe A K. Mechanisms of Disease: oncogene addiction-a rationale for molecular targeting in cancer therapy. Nat Clin Pract Oncol, 2006, 3: 448-457.
[137] Dai Z, Chen J, Yan F, et al. Electrochemical sensor for immunoassay of carcinoembryonic antigen based on thionine monolayer modified gold electrode. Cancer Detect Prev, 2005, 29 (3): 233-240.
[138] Dai Z, Yan F, Chen J, et al. Reagentless Amperometric Immunosensors Based on Direct Electrochemistry of Horseradish Peroxidase for Determination of Carcinoma Antigen-125. Anal Chem, 2003, 75 (20): 5429-5434.
[139] Chen J, Yan F, Dai Z, et al. An electrochemical immunoassay for protein based on bio bar code method. Biosens. Bioelectron, 2005, 21 (2): 330-336.
[140] Ding C F, Zhang Q, Zhang S S. An electrochemical immunoassay for protein based on bio bar code method. Biosens Bioelectron, 2009, 24 (8): 2434-2440.
[141] Viswanathan S, Rani C, Anand A V, et al. Disposable electrochemical immunosensor for carcinoembryonic antigen using ferrocene liposomes and MWCNT screen-printed electrode. Biosens Bioelectron, 2009, 24 (7): 1984-1989.
[142] Wan Y, Wang Y, Wu J J, et al. Graphene Oxide Sheet-Mediated Silver Enhancement for Application to Electrochemical Biosensors. Anal Chem, 2010, 83 (3): 648-653.
[143] Bender S, Sadik O. Direct Electrochemical Immunosensor for Polychlorinated Biphenyls. Environ Sci TechnoL, 1998, 32 (6): 788-797.
[144] Campas M, Marty J L. Highly sensitive amperometric immunosensors for microcystin detection in algae. Biosens Bioelectron, 2007, 22 (6): 1034-1040.
[145] Zhang J, Lei J R, Xu C L, et al. Carbon Nanohorn Sensitized Electrochemical Immunosensor for Rapid Detection of Microcystin-LR. Anal Chem, 2010, 82 (3): 1117-1122.
[146] Aragay G, Pons J, Merkoci A. Recent Trends in Macro-, Micro-, and Nanomaterial-Based Tools and Strategies for Heavy-Metal Detection. Chem R, 2011, 111 (5): 3433-3458.
[147] Yadav R, Dwivedi S, Kumar S, et al. Trends and Perspectives of Biosensors for Food and Environmental Virology. Food Environ Virol, 2010, 2 (2): 53-63.
[148] Cheng M S, Lau S H, Chow VT, et al. Membrane-Based Electrochemical Nanobiosensor for Esche-

richia coli Detection and Analysis of Cells Viability. Environ Sci Technol，2011，45 (15)：6453-6459.
[149] Kreuzer M P，Pravda M，O'Sullivan C K，et al. Novel electrochemical immunosensors for seafood toxin analysis. Toxicon，2002，40 (9)：1267-1274.
[150] Zacco E，Adrian J，Galve R，et al. Electrochemical magneto immunosensing of antibiotic residues in milk. Biosens Bioelectron，2007，22 (9-10)：2184-2191.
[151] Wang Z Y，Ma X，Zhang L Y，et al. Screening and determination of melamine residues in tissue and body fluid samples. Anal Chim Acta，2010，662 (1)：69-75.
[152] 李俊锁. 兽药残留分析研究进展. 中国农业科学，1997，30 (5)：81-87.
[153] 李会娜，曹远银，孙艳秋，等. 免抗 2,4-D 多克隆抗体的制备. 河北农业大学学报，2006，29 (3)：39-42.
[154] 焦奎，张书圣. 酶联免疫分析及技术. 北京：化学工业出版社，2004.
[155] Dzgoev A，Mecklenburg M，Danielsson B，et al. Microformat imaging ELISA for pesticide determination. Anal Chem，1996，68：3364-3369.
[156] 陈爱华，杨坚. 酶联免疫吸附 (ELIA) 法在食品微生物检测中的应用. 中国食品添加剂，2004，4：109-111.
[157] Lee N，Skerritt J H，McAdam D P. Hapten synthesis and development of ELISAs for detection of endosulfan in water and soil. J Agric Food Chem，1995，43：1730-1739.
[158] Barna-Vetró I，Solti L，Téren J，et al. Sensitive ELISA test for determination of Ochratoxin A. J Agric Food Chem，1996，44 (12)：4071-4074.
[159] Cho Y A，Kim Y J，Lee H-S，et al. Development of a microtiter plate ELISA and a dipstick ELISA for the determination of the organophosphorus insecticide fenthion. J Agric Food Chem，2003，51 (27)：7854-7860.
[160] Wang J，Wang X，Chen F，et al. Development of competitive direct ELISA for gossypol analysis. J Agric Food Chem，2005，53 (14)：5513-5517.
[161] Lesnik B. Immunoassay Techniques in Environmental Analyses//Meyers R A. Encyclopedia of Analytical Chemistry. Chichester：John Wiley and Sons Ltd，2000：2653-2672.
[162] Marco M P，Gee S，Hammock B D. Immunochemical Techniques for Environmental Analysis Ⅱ Antibody Production and Immunoassay Development Trend Anal Chem，1995，14 (8)：415-425.
[163] Vandeflaan M，Stanker L H，Watking B E，et al. Immunoassays for Trace Chemical Analysis：montoring toxic chemicals in humans，ood，and the environment. Washington DC：American Chemical Society，1991：251-259.
[164] Jung F，Gee S J，Harrison R O，Use of Immunochemical Techniques for the Analysis of Pesticides. Pesticide Science，1989，26 (3)：303-317.
[165] Goodrow M H，Hammock B D. Hapten design for compound-selective antibodies：ELISAs for environmentally deleterious small molecules. Anal Chem Acta，1998，376 (1)：83-91.
[166] Chappey O，Niel E，Scherrmann J M. Association constants of monoclonal antibodies for hapten：heterogeneity of frequency distribution and possible relationship with hapten molecular weight. J Immunol Methods，1994，172 (2)：219-225.
[167] Queffelec A L，Nodet P，Haelters J P，et al. Hapten synthesis for a monoclonal antibody based ELISA for deltamethrin. J Agri Food Chem，1998，46 (4)：1670-1676.
[168] Wang S，Allan R D，Skerritt J H，et al. Development of a class-specific competitive ELISA for the benzoylphenylurea insecticides. J Agri Food Chem，1998，46 (8)：3330-3338.
[169] Cooper K M，Caddell A，Elliott C T，et al. Production and characterisation of polyclonal antibodies to a derivative of 3-amino-2-oxazolidinone，a metabolite of the nitrofuran furazolidone. Anal Chim Acta，2004，520 (1)：79-86.
[170] Chiu Y W，Carlson R E，Marcus K L，et al. A monoclonal immunoassay for the coplanar polychlorinated biphenyls. Anal Chem，1995，67 (21)：3829-3839.
[171] Abad A，Manclus J J，Mojarrad F，et al. Hapten synthesis and production of monoclonal antibodies to DDT and related compounds. J Agri Food Chem，1997，45 (9)：3694-3702.
[172] Segeyeva T A，Lavrik N V，Rachkow A E. An approach to conductometric Immunsensor based on phthalo-cyanine thin film. Biosensor and Bioelectrionics，1998，13 (3)：359-369.
[173] Kanungo M，Srivastava D N，Kumar A，et al. Conductimetric Immunosensor based on poly (3,4-ethyl-enedioxythiophene). Chem Commun，2002，8 (4)：680-681.
[174] Kim J H，Cho J H，Cha G S，et al. Conductimetric membrane strip immunosensor with polyaniline-

boumd gold colloids as signal generator. Biosens Bioelectron, 2000, 14 (12): 907-915.
[175] Anderson J L, Coury L A, Leddy J. Dynamic Electrochemistry: Methodology and Application. Anal Chem, 1998, 70 (12): 519-590.
[176] Thompson J C, Mazoh J A. Enzyme amplified rate condutimetric immunoassay. Anal Biochem, 1991, 194 (2): 295-301.
[177] Konchi R, Owczarek A, Dzwolak W, et al. Immunoenzymatic sensitization of membrane ion-selective electrodes. Sens Actuators B, 1998, 47 (1-3): 246-250.
[178] Sergeyeva T A, Soldatkin A P, Rachkov A E, et al. β-Lactamase labek based potentiometric biosensor for α-2 interferon detection. Anal Chem Acta, 1999, 390 (1-3): 73-81.
[179] Ghindilis A, Skorobotko O, Gavnlova V, et al. A new approach to the construction of potentionmetric immunosensors. Biosens Bioelectron, 1992, 7 (2-3): 301-304.
[180] Alexander P W, Maltra C. Enzyme-linked immunoassay of human immunoglobulin G with the fluoride ion selective electrode. Anal Chem, 1982, 54 (1): 68-71.
[181] Alexander P W, Rechnitz G A. Ion-electrode based immunoassay ans antibody-antigen precipitin reaction monitioring. Anal Chem, 1974, 46 (8): 1235-1257.
[182] Solsky R L, Rechnitz G A. Automated immunoassay with a silver sulfide ion-selctrive electrode. Anal Chem Acta, 1978, 99 (2): 241-246.
[183] Orazlo P D, Rchnitz G A. Ion Electrode Measurements of Complement and Antibody Levels using Marker-load-eded Sheep Red Blood Cell Ghosts. Anal Chem, 1977, 49 (10): 2083-2086.
[184] Crowley E, O Sullivan C, Guilbault G G. Amperometric immunosensor for granulocytr-macrophage colony-stimulating factor using screen-printed electrode. Anal Chem Acta, 1999, 389 (1-3): 171-178.
[185] Celestino P, Andreas G, Louis T. Amperometric immunosensing using microperoxidase MP-11 antibody conjugates. Anal Chem Acta, 1998, 374 (2-3): 167-176.
[186] Pemberton R M, Hart J P, Foulkes J A. Development of a sensitive, selective electrochemical immunoassay for progesterone in cow's milk based on adisposable screen-printed amperometric biosensor. Electro chem Acta, 1998, 43 (23): 3567-3574.
[187] Fonong T, Rechnitz G A. Homogeneous potentio-metricenzyme immunoassay for human immuno-lobukin F. Anal Chem, 1984, 56 (14): 2586-2590.
[188] Kalab T, Skladal P. A disposable amperometric immunosensor for 2,4-dichlorophenoxyacetic acid. Anal Chim Acta, 1995, 304 (3): 361-368.
[189] Medyantseva E P, Khaldeeva E V, Glushko N I, et al. Amperometric enzyme immunosensor for the determination of the antigen of the pathogentic fungi Trichophyton rubrum. Anal Chem Acta, 2000, 411 (1-2): 13-18.
[190] Cook G J. Monitoring on-line of extracellalar gamma-amino-4-butyric acid using microdialysis coupled to immunosensor analysis. J Neurosci Methods, 1988, 82 (2): 145-150.
[191] Meusel M, Renneberg R, Spener F, et al. Development of a heterogeneous amperometric immunosensor for the determination of apolipoprotein E in Serum. Biosens Bioelectron, 1995, 10 (6-7): 577-586.
[192] Aanden B, Dalhammar G. Application of an amperometric immumosensor for the enumeration of Nitrobacter in activated sludge. Appl Microbiol Biotechnol, 2000, 54 (3): 413-417.
[193] Ciana L D, Bernalca G, Nittic C D, et al. Highly sensitive amperometric enzyme immunoassay for 2-fetopootein in human serum. J Immunol Methods, 1996, 193 (1): 51-62.
[194] Keay R W, McNeil C J. Separation-free-electrochemical immunosensor for rapid determination of atraxine. Biosens Bioelectron, 1998, 13 (9): 963-970.
[195] Killard A J, Micheli L, Grennan K, et al. Am-perometric separation-free immunosensor for real-time environmental monitoring. Analytica Chimica Acta, 2001, 427 (2): 173-180.
[196] Ducey M W Jr, Smith A M, Guo X, et al. Competitive nonseparation electrochemical enzyme binding immunoassay (NEEIA) for small molecule detection. Anal Chim Acta, 1997, 357 (1-2): 5-12.
[197] Schray K J, Niedbala R S. Separation-free dual solid phase enzyme immunoassay for macromolecules. Anal Chem, 1988, 60 (4): 353-356.
[198] Duan C, Meyerhoff M E. Sparation-free Sandwich enzyme immunoassay using microporous gold electrodes and self-assembled monolayer/immobilized Capture antibodied. Anal Chem, 1994, 66 (9): 1369-1377.

[199] Ivnitski D, Rishpon J. A one-step, Separation-free amperomentric enzyme immunosensor. Biosens Bioelcetron, 1996, 11 (4): 409-417.
[200] 周亚明. 新型电化学免疫传感器技术用于日本血吸虫等蛋白质分子检测的研究. 长沙：湖南大学化学化工学院，2002.

第10章 氧化还原自组装膜界面电子转移研究

自组装膜（Self-assembled Monolayers，SAMs）是指构膜分子通过分子间及其与基底物质间的物理、化学作用自发吸附在固/液或气/液界面，形成热力学稳定和能量最低的有序膜。在自组装过程中不需要人为的干预，它是原子、分子、分子的聚合体与组件自发组合形成排列有序的功能性实体的过程。自组装（Self-asesmbly）是20世纪80年代兴起的一种非常简单的成膜技术，该技术提供了在分子水平上构造理想界面的简单方便的手段，所得到的自组装膜具有优于传统的LB膜的有序性与稳定性，在润滑、防腐、催化、刻蚀、分子器件、非线性光学等众多领域有广泛的应用前景，从而成为近年来界面化学与材料科学等领域研究的前沿热点。此外，自组装膜在组织模型、分子尺寸以及膜的自然形成三个方面都类似于天然双层膜，具有广泛的仿生特点和生物亲和特性，这对于认识生物膜乃至细胞膜的结构与功能的关系，揭示生命体系调控过程的化学本质，实现人工生物模拟催化剂的设计，理解生物电化学过程具有重要的指导意义，在电化学及生物电化学传感器方面有广泛的应用前景。研究自组装膜也有助于我们从本质上了解研究自然界中自组装现象的规律，考察其结构和功能的关系，加深对诸多界面现象的认识。

10.1 氧化还原自组装膜电子传递研究的电化学分析方法

10.1.1 自组装膜

1946年，Zisman提出了在洁净的金属表面通过表面活性剂的吸附（即自组装）制备单分子膜的方法，这拉开了自组装单分子膜研究的序幕。1980年，Sagiv报道了十八烷基三氯硅烷在硅片上形成的自组装膜，自组装现象的研究真正兴起。而后，在1983年Nuzzo和Allara通过从稀溶液中吸附二烷基二硫化物在金表面形成自组装单分子膜，成功地解决了制备自组装单分子膜的两个主要问题：一是避免了对水敏感的烷基三氯硅烷；二是使用了较理想的成膜表面——金表面。他们的工作无疑具有开创性的意义。经过三十余年的发展，它已成为凝聚态物理、材料科学、合成化学、结构化学、微电子学及生物化学等研究领域交叉性的前沿课题，是近代化学发展的一个更高的层次。

组织有序、定向、密集、完好的自组装单分子膜可在分子水平上达到控制电极界面微结构的要求。与传统的修饰电极修饰方法如共价键合法、吸附法、欠电位沉积法、聚合物薄膜法以及气相沉积法等相比，自组装膜具有更好的稳定性。特别是它所特有的明晰的微结构，为电化学研究提供了一个重要的实验平台，借以可探索电极表面分子微结构和宏观电化学响应之间的关系，并可以研究表面功能团的反应性和分子识别问题。可以认为自组装膜化学修饰电极是单分子膜化学修饰电极发展的最高形式，是研究有关表面和界面各种复杂现象的理想模型体系[1]。

10.1.1.1 自组装膜的制备[3]

自组装膜有多种制备方法，常用的有化学吸附法、静涂法和溶剂蒸发法。

化学吸附法主要是利用含有巯基官能团的化合物在金、银、铂等一些惰性金属以及一些如 Al_2O_3、TiO_2、Fe_2O_3 等氧化物上的化学吸附。这种方法能在金属或氧化物表面形成稳定的自组装膜。由于巯基在金属及金属氧化物表面能够形成强的化学键，因此，这种膜十分牢固稳定，基于“巯基-金属/金属氧化物”而形成的单分子层膜结构体系是当前研究得比较深入透彻和得到广泛应用的自组装膜结构体系。PaulG 等人研究了十一烷基硫醇二茂铁［$Fc(CH_2)_{11}SH$］和十一烷基异氰二茂铁［$Fc(CH_2)_{11}NC$］在 Ni、Co、Fe 三种金属基体表面的成膜覆盖度。研究结果表明，组装分子溶液的浓度、成膜条件、金属基底材料及其预处理条件等都会影响自组装膜在电极表面的覆盖度。实际上，大部分的实验条件都能制得重现性良好、具有预期功能的自组装膜，但是为了使自组装膜结构的缺陷程度最小，就需要控制成膜条件。

① 溶液温度。成膜温度控制在 25℃以上，能提高成膜速率，并减少自组装膜的结构缺陷。

② 成膜物质浓度和浸入时间。这两个实验参数是相互影响的，低浓度需要长的浸入时间。一般情况下，成膜物质的最低浓度为 1μmol/L，成膜时间为12～18h。

③ 基体的清洁程度。将基体浸入强氧化剂中除去表面吸附的有机物能提高自组装膜的致密度并减少表面缺陷结构。

静涂法的基本原理是利用基体材料表面与溶液中被组装分子所带的不同电荷类型，通过静电作用将被组装分子沉积到基体表面。例如，将带有正电荷的基体表面浸入带有负电荷的目标聚合物的溶液中，利用静电作用力使得聚合物吸附在基体表面，使基体带有负电荷，然后取出用水清洗后，再放入带有正电荷聚合物的溶液中，取出后基体表面即带有正电荷。重复上述过程即可以形成人为控制膜厚度的自组装膜。这种分子水平层层组装过程使从分子水平控制膜厚度及多层膜结构成为可能，被成功用于各种膜结构电极的组装。Hong H 等采用静涂法组装聚对苯乙炔

(PPV) 和聚对磺化苯乙烯 (SPS)，制得能电致发蓝光的聚合物膜。

溶剂蒸发法就是将目标组装分子与溶剂按一定的化学计量比配制，控制实验条件，滴涂于基体材料上，待溶剂蒸发后，即得到性能优良的自组装膜。

10.1.1.2 自组装膜的特点[1]

(1) 简便易得

当金或其他基底暴露在硫醇分子的溶液或气氛中，自组装膜便可以自发地形成，它不需要特殊的环境和条件，也不需要特殊的仪器。在基底上沉积形成单分子膜的初期过程仅需几秒到几分钟的时间。而且，尽管无有机物的洁净金属是自组装膜的理想成膜表面，但硫对金属基底的强亲和力可以取代许多弱吸附的杂质。金属表面的曲率或可及性也不是影响自组装效率和性质的主要因素，其尺寸和形状可以从宏观到亚微观、从光滑到多孔的范围内变化。

(2) 取向有序

自组装膜是原位自发形成的，其热力学稳定，能量最低。与用分子束外延生长(MBE)、化学气相沉积 (CVD) 等方法制备的超薄膜相比，自组装单分子膜具有较高的分子有序性和取向性，并具有高的密度堆积和低的缺陷浓度等优点。

(3) 稳定可靠

基于硫原子对金属的亲和力及所成键的强度，自组装膜可以在空气中长时间地暴露而不损坏，可以被几乎所有的化学的或物理的表征方法进行结构和性质分析。

(4) 性质多样

无论是在组装分子的合成还是在自组装的过程中都有很大的灵活性和方便性，选择和修饰组装分子中的官能团的范围很广，它不会破坏自组装过程，也不会使自组装膜不稳定。自组装分子的末端或分子链间可以是多种基团，这有利于人们对其进行性质和应用的研究。

(5) 预期结构

通过自组装膜技术的应用，可以达到人为设计分子和表面结构来获得制备预期物理和化学性质界面的目的。如自组装膜在组成上一致并且是密堆积的，单一的官能团暴露在外表面，这一特性可以研究表面组成对表面敏感性质的影响，如润湿、摩擦和吸附现象等。

10.1.2 自组装膜电子传递研究的电化学分析方法[2,3]

电化学测试方法由于其灵敏度高、仪器简单、选择性好等优点得到了广大研究者的关注。它是以界面上电荷传递及相关的过程和现象为主要研究对象，是对带电相之间界面（尤其是电子导体离子导体界面）的结构表征与性质研究。电化学的各种方法已被广泛地应用于自组装的研究，可以给出自组装膜的界面结构和性质的直接信息。如电容法和阻抗法可以给出自组装膜的双电层结构，循环伏安法可以获得自组装膜的表面覆盖。研究自组装膜对溶液中电化学活性物质传递的阻碍作用及其对金属的防腐性，并通过研究含电化学活性基团自组装膜的电化学性质来完善和发展电子转移理论。电化学方法研究自组装膜的另一个主要优点是可以现场给出自组装膜中缺陷大小及形态分布的最直接证据。虽然自组装膜可以完全覆盖金电极的表面，但是一些针孔缺陷总是存在的，而且这些针孔可以引起溶液中的氧化还原活性分子与电极表面的直接接触。因此，电化学方法对于监测单分子膜的性质就显得十分重要。除此之外，电化学方法还可以给出自组装膜上其他有用的信息，如吸附组分的氧化还原性质、动力学和单分子膜的形成机理等。在自组装膜研究中最常用的有循环伏安法和电化学阻抗谱法。

10.1.2.1 循环伏安法

循环伏安法就是对电极施加一个三角波形的电位激励信号，获得电流响应与电位激励信号的关系。循环伏安法能够跟踪自组装的成膜过程、测量计算自组装膜的电化学参数，并研究电极反应机理。当自组装膜形成后，对自组装电极在含有特殊探针离子或分子的溶液中进行循环伏安扫描，通过探针离子的电化学信号的变化来判断自组装膜的成膜情况。由于 $K_3[Fe(CN)_6]/K_4[Fe(CN)_6]$具有灵敏的氧化还原性，经常作为探针离子。Shinn-JyhDing 采用循环伏安法研究了硫醇自组装金电极和裸金电极在 $K_3[Fe(CN)_6]/K_4[Fe(CN)_6]$探针溶液中的电化学性质。结果发现随着裸金电极在硫醇溶液中浸泡时间的延长，电极的氧化还原峰变得越来越钝，经过 2h 后，组装有硫醇分子的金电极较其组装前在 $K_3[Fe(CN)_6]/K_4[Fe(CN)_6]$探针溶液的氧化还原峰几乎消失，表明硫醇分子在裸金电极表面形成了致密的自组装膜。崔晓丽等[6]用循环伏安法测得了正十八烷硫醇（$C_{18}SH$）修饰的金电极表面的标准反应参数，并由此计算了自组装膜的表观有效厚度 d_e。

$$d_e = d_{理} - [\ln(k_{表}/k_{理})]/\beta \tag{10-1}$$

式中，$k_{表}$ 和 $k_{理}$ 分别为有倒伏或塌陷的自组装修饰电极和完全理想的自组装修饰电极的电子转移的标准速率常数；$d_{理}$ 为硫醇分子的链长；β 为电子的隧穿系数。ChenJiang 等人利用 $K_3[Fe(CN)_6]/K_4[Fe(CN)_6]$作为探针离子用循环伏安法追踪了分子在金电极表面的组装过程。他们发现随着金电极表面逐层组装上不同的分子，金电极表面的氧化还原峰变得越来越钝。

10.1.2.2 电化学阻抗谱法

电化学阻抗谱法（EIS）是近年来用于表征自组装膜比较常用的测试方法。它能表征物质在电极表面的吸附和脱附过程，并且不会对电极表面造成不可逆损害。同时也能够有效地表征自组装膜界面上的电子传递行为，准确地测试计算电极动力学参数。用电化学阻抗谱的方法不仅可以研究自组装膜对电极溶液界面上电子传递的阻碍作用，而且可以用来表征自组装膜的成膜效果以及追踪成膜过程。Li Qing-wen 等用电化学阻抗谱法研究了半胱氨酸在金电极上的自组装过程。研究发现，在自组装成膜的开始阶段，电化学反应的电阻迅速下降，30min 后开始趋向稳定。双电层电容随着自组装成膜的进行渐渐变小，但弥散系数却变大，而它们的值在成膜过程中的变化并不大。他们提出用双电层电容的变化来表征自组装膜的致密度。Chen Jiang 等用 EIS 研究了组装分子浓度与成膜致密度之间的关系。他们应用 EIS

对电极的电荷转移电阻进行测量计算，发现成膜后的电荷转移电阻与成膜前的电荷转移电阻之差 ΔR 与组装溶液中组装分子的浓度呈线性关系。Mojtubashamsipu 等用 EIS 研究了尾端带有对二苯酚官能团的十二烷基硫醇修饰到金电极表面的自组装膜的覆盖度，他们假设电子传递反应只发生在裸金电极表面并且溶液中物种的扩散是二维扩散，膜覆盖度可表示为：

$$\theta=1-\frac{R_{ct}^{bare}}{R_{ct}^{SAM}} \tag{10-2}$$

式中，θ 为自组装膜在电极表面的覆盖度；R_{ct}^{bare} 和 R_{ct}^{SAM} 分别为自组装前和自组装后的电极在测试溶液中的电荷转移电阻。R_{ct} 由组装前的 1Ω 变化为组装后的 200kΩ，因此，计算得到自组装膜在电极表面的覆盖度为 0.999。

10.1.3 自组装膜长程电子转移的影响因素[2]

10.1.3.1 电子传递距离对电子转移速率的影响

利用自组装膜的分子设计和结构可控等特点，在自组装过程中使用一系列带有不同长度烷基链的硫醇分子可以精确控制电极与活性基团之间的电子传输距离，进而考察电子转移速率对距离的依赖性，这可以使人们从实验层次上深入了解电子传输的机理。1984 年，Weaver[4] 利用 5 种硫醚分子在金属金和汞表面进行组装，基于线性电位扫描方法求出表面吸附的 Co(Ⅲ) 在 −300mV 条件下的电子转移的速率常数，首次在实验中报道了电子转移速率随电子转移距离呈线性下降关系，并得到了电子隧穿系数 $\beta=14.5\text{nm}^{-1}$。但由于他的体系在结构上没有得到明确的证实，电子转移的正确距离也便无法准确确定。因此，Weaver 结果的定量意义便很难估计。在此之后，围绕自组装膜的界面电子传递与距离的关系等问题的研究工作主要集中在两个方面：一方面是溶液中氧化还原活性中心与电极之间的跨膜电子传递；另一方面是将电化学活性氧化还原中心固定在自组装膜上，考察其与电极之间的跨膜电子转移。

10.1.3.2 膜表面分子的设计和状态对长程电子转移的影响

通过自组装膜表面分子基团的设计，考察影响异相电子转移的速率，从而进一步研究电子转移机制变化方面的工作也是自组装膜的重要研究领域。这一方面不仅能够直接体现界面结构和功能性的关系，同时也是自组装膜在分子识别、传感控制等方面得以应用的基础。较早的工作是 Uosaki[10] 报道的二茂铁自组装膜的电荷中介作用：自组装表面的二茂铁基团是溶液中 Fe(Ⅲ) EDTA 电子转移反应的良好中介体。末端基团分别为 OH、COOH 和 NH_2 的自组装膜对于溶液中铁氰化钾与六氨合钌的氧化还原特性有直接的影响，并对带不同电荷氧化还原活性中心的法拉第过程表现出选择性影响[6]。对于溶液中取代二茂铁衍生物的异相电子转移过程也有同样的作用[7]。Bowden[8] 用交流阻抗法考察了铁氰化钾在硫醇自组装膜表面的电化学过程，并以一个同时考虑跨膜隧穿与缺陷反应的模型进行了解释。另一方面有意义的工作是通过改变溶液的 pH 值调节自组装膜表面基团的状态，进一步考察影响异相电子转移过程的研究。如 Crooks[9] 在 1990 年研究了巯基苯胺自组装膜在不同 pH 值下所显示的对溶液中电化学活性分子的特征吸附行为；Dong[10] 发现了双硫吡啶自组装膜的表面状态对于溶液中亚铁氰根离子氧化还原可逆性的直接影响。Nakashima[11] 等则报道了羧基末端的自组装膜对于溶液中 pH 值相关电化学活性物质所起的“界面质子库”作用等，从本质上通过控制膜的表面状态达到了控制整个分子组装体系电化学行为的目的。

除了可以精确地控制电化学活性中心与电极之间的距离之外，SAMs 赋予人们最大的功能是可以通过膜结构的设计和体系环境的改变来控制氧化还原中心所处的微环境，这对于深入探讨微环境因素与自组装膜功能的关系有直接的帮助。对膜结构的设计一般可以用两种手段来实现，一是混合组装，二是后置换方法，这种方法在理论上可以用来考察电子转移速率对距离、介质和空间阻碍结构的关系。

人们在自组装膜用于研究简单氧化还原活性中心的电子转移方面比较成熟以后，研究重点逐渐转移到自组装膜对复杂分子以及生物蛋白分子的电子传递方面。由于蛋白质等生物分子结构本身的复杂性，目前阶段的研究主要集中在一些结构比较简单和明确的分子如细胞色素 C、紫精及醌类衍生物等。Niki 小组[12~14] 利用多种方法研究了固定在分子末端为羧酸基团的硫醇自组装膜上细胞色素 C 与电极间的电子转移机理和混合自组装膜上细胞色素 C 的电化学行为。实验得到的电子转移速率常数比 Marcus 理论预计的要小，这归结于电子转移是通过键合机制进行的，其电子隧穿系数 $\beta=8.21\text{nm}^{-1}$。董绍俊研究小组在研究紫精自组装膜的双电子转移过程方面也进行了卓有成效的工作，并进一步用紫精作为桥梁接着辣根过氧化物酶或 DNA 等蛋白质分子来研究了酶的直接电子转移行为[15~17]。

从上述自组装膜在电化学电子转移方面的一些研究成果可以看出，自组装膜在研究简单氧化还原活性中心的电子转移方面有不可比拟的优势，研究相对比较透彻。但其在研究生物分子在生命过程中的电子转移方面还有许多问题需要解决，并且受制于其他学科关键技术和理论的突破。目前，该领域一方面在于拓展新的研究体系，如从二维平面扩展到零维、一维和三维空间，或从简单分子扩展到复杂生物分子，在该方面它将与分子电子学、生物传感器等紧密联系，这将会对生命科学中的最基本问题的认识产生非常大的帮助；另一方面它将与纳米科技等领域进行交叉，构筑有机-无机复合体系，更进一步研究异相电子转移机理，并渴望在催化等领域有所作为。随着自组装膜研究的更加完善和深入，尤其是自组装技术在不同领域的应用成果的涌现，自组装膜在电子转移方面的研究将会出现新的高峰[2]。

10.2 自组装膜上的 K_{ET} 电化学测量的氧化还原体系

光谱电化学的重要应用之一是测定电子转移速率常数，其中主要是可逆电子转移反应速率常数的测定。20 世纪 80 年代初有几篇文章测定了一些生物小分子的电子转移速率常数，都看作是不可逆电子转移反应，问题处理比较简单。E. E. Bancroft 等人首次提出了准可逆体系电子转移速率常数的测定方法，推导出归一化吸光度关系式，采用的是光线垂直于电极表面入射的光谱电化学池，光程很短、吸光度太小，实际应用则受到限制[18]。

因此，采用长光程光谱电化学池（光程长 1～2cm），根据其浓度分布规律得到具体公式，选择合适的极化电位，进而测定各类反应中可逆氧化还原反应的电子转移速率常数。

10.2.1 自组装膜长程电子转移理论简介[1]

异相间的长程电子转移机制在化学和生物过程中都具有十分重要的意义，它是许多生命活动的基础步骤。研究者们一直努力寻求理想模型来研究该电子转移的过程及机理。电极表面电子转移方面的研究是从自组装膜出现和发展以后，这类结构上高度有序的单分子膜体系便很快被应用。通过从化学修饰电极方面考虑，利用结构可控、高度有序的自组装膜对电极表面进行修饰或直接设计具有电活性中心的自组装膜体系，给人们从新的角度研究界面电子转移现象及其机理提供了强有力的工具。与电极表面有序分子组装体系的电化学动力学理论的发展相适应，一系列关于电极表面的自组装膜中长程电子转移动力学的研究使人们对于界面电子转移的一些基本问题有了更清晰的认识。通过利用电化学活性的自组装膜进行的研究有其独特的优点：它可以使人们在分子水平上设计和改变电子转移的距离以及电活性中心所处的微环境。因此，关于自组装膜长程电子转移近年来已成为自组装膜领域的一个极其重要的研究方向。自组装膜为考察界面电化学的一些基本问题如界面结构微环境的影响、电子转移速率与距离的关系等提供了较为理想的模型。

有关电化学电极表面长程电子转移的理论研究可以追溯到 20 世纪 70 年代。

Butler-Volmer 理论[2,19]：对于发生在金属电极和溶液中氧化还原中心之间的简单的、可逆的电子转移反应 $\mathrm{Ox}+ne^- \underset{k_a}{\overset{k_c}{\rightleftharpoons}} \mathrm{Red}$，Butler-Volmer 电极反应动力学的速率常数可以表达为：

$$K_{c,\eta}=k^{\ominus}\exp[a\eta/(k_B T)]$$

$$K_{a,\eta}=k^{\ominus}\exp[-(1-a)\eta/(k_B T)]$$

式中，$k^{\ominus}$ 为标准速率常数；a 为电子转移系数；η 为过电位；k_B 为 Boltzmann 常数；T 为热力学温度。由公式可知，速率常数随过电位的增加而呈指数增加，因此，Butler-Volmer 理论不能解释在高过电位下实际观察到的速率常数的减小，也不能准确地显示出速率常数与温度的相互依赖关系。

Marcus 理论[20～22]：Marcus 由于对电子转移动力学理论做出贡献，1992 年获诺贝尔奖，下面方程给出了 Marcus 理论的简化速率公式：

$$K_{c,\eta}=k^{\ominus}\exp[a\eta/(k_B T)-\eta^2/(4\lambda k_B T)]$$

$$K_{a,\eta}=k^{\ominus}\exp[-(1-a)\eta/(k_B T)-\eta^2/(4\lambda k_B T)]$$

式中，λ 为重组能；η 为过电位；k_B 为 Boltzmann 常数。根据公式，当 η/λ 远小于 1 时，Marcus 关系等同于 Butler-Volmer 关系；当 η 接近 λ 时，速率常数并不随过电位的增加连续地呈指数增加，而在 $\eta=\pm\lambda$ 时达到最大值；在较大的 η 时，速率常数事实上是减少的，即所谓的经典 Marcus 翻转区。

Schmickler[23] 认为氧化还原中心固定在电极表面上时，对电子转移影响的主要因素有：与氧化还原电对有关的电子给体与受体的能态密度；金属被占能级与未占能级的能态密度；隔开电极与氧化还原中心的能垒的高度、形状与厚度等。电子传递反应速率常数可由下式计算得到：

$$k_s=k\int\rho(E)n(E)D_{Ox}(E)p(E)d(E)$$

式中，$\rho(E)$ 为金属电极上的电子态密度函数；E 为相对于金属费米能级；$n(E)$ 为金属被占能级的费米分布函数；D 为以（E）为电子受体的能态密度函数；$p(E)$ 为电子穿越能垒的隧穿概率；$d(E)$ 为电子隧穿能垒的厚度函数。在弹性隧穿的条件下，可近似表示为：

$$p(E)=(E_B-E+e\eta/2)\exp(-\beta d)$$

$$\beta=[2(2m)^{1/2}/h](E_B-E+e\eta/2)^{1/2}$$

式中，E_B 为过电位为零时的隧穿势垒的平均高度；β 为隧穿系数；d 为势垒厚度。

10.2.2 标准速率常数 $k_s^{\ominus}$ 的理论计算公式[18]

准可逆电子转移过程可表示为：

$$Ox+ne^- \underset{k_a}{\overset{k_c}{\rightleftharpoons}} Red$$

在半无限扩散条件下小幅度电势阶跃，t 时刻时反应物的浓度分布为：

$$c_O(x,t)=c^*-\frac{k_f c^*}{\sqrt{D}Y}\left[\operatorname{erfc}\left(\frac{x}{2\sqrt{D_O t}}\right)-\exp\left(Y_t^2+\frac{Y_x}{\sqrt{D_O}}\right)\operatorname{erfc}\left(Y_t^{\frac{1}{2}}+\frac{x}{2\sqrt{D_O t}}\right)\right] \tag{10-3}$$

$$Y=\frac{k_f}{\sqrt{D_O}}+\frac{k_b}{\sqrt{D_R}} \tag{10-4}$$

式中，D_O 和 D_R 分别为反应物和产物的扩散系数；c^* 为本体溶液中的浓度。

当电势阶跃幅度很大时，反应可在扩散控制下进行，即

$$c_O(0,t)=0\ \text{时} \qquad c_O(x,t)=c^*\operatorname{erf}\frac{x}{2\sqrt{D_O t}} \tag{10-5}$$

假设体系在波长 λ 下，只有反应物 Ox 有吸收，则在光谱电化学实验中，其吸光度为

$$A_O(\lambda,t)=\frac{X_O b}{l}\int_0^{\infty}c_O(x,t)\mathrm{d}x \tag{10-6}$$

式中，X_O 为 Ox 的摩尔吸光系数；b 为光程；l 为薄层厚度。将式(10-3)、式(10-5) 代入式(10-6)，分别得非扩散控制下和扩散控制下的吸光度公式(10-7)、式(10-8)。

$$A_O(\lambda,t)=A_O^0(\lambda)-\frac{A_O^0(\lambda)k_f}{lY^2}\left[\frac{2Y_t^{\frac{1}{2}}}{\sqrt{\pi}}+\exp(Y_t^2)\text{erfc}(Y_t^{\frac{1}{2}})-1\right] \tag{10-7}$$

$$A_O^d(\lambda,t)=A_O^0(\lambda)-\frac{2A_O^0(\lambda)}{l}\frac{\sqrt{D_O t}}{\pi} \tag{10-8}$$

式中，$A_O^d(\lambda, t)=X_O bc^*$ 定义归一化吸光度，通过式(10-8) 可以求得反应物的扩散系数 D_O

$$A_N(\lambda,t)=\frac{A_O^0(\lambda)-A_O(\lambda,t)}{A_O^0(\lambda)-A_O^d(\lambda,t)} \tag{10-9}$$

将式(10-7)、式(10-8) 代入式(10-9)，可得

$$A_N(\lambda,t)=\frac{\hbar}{2W}\left[\frac{2W}{\pi^{1/2}}+\exp(W)\text{erf}(W)-1\right] \tag{10-10}$$

$$W=a\left[1+\frac{k_b}{k_f}\times\left(\frac{D_O}{D_R}\right)^{1/2}\right] \tag{10-11}$$

式中，$a=k_f(tD_O)^{1/2}$。 (10-12)

由电极反应动力学方程式

$$k_f=k_s^{\ominus'}\exp\left(-\frac{TnFZ}{RT}\right) \tag{10-13}$$

$$k_b=k_s^{\ominus'}\exp\frac{(1-T)nFZ}{RT} \tag{10-14}$$

$$Z\ \text{为过电位},Z=E-E^{0'} \tag{10-15}$$

可得

$$\frac{k_b}{k_f}=\exp\left(\frac{nFZ}{RT}\right) \tag{10-16}$$

即

$$W=a\left[1+\left(\frac{D_O}{D_R}\right)^{1/2}\exp\left(\frac{nF}{RT}Z\right)\right] \tag{10-17}$$

从式(10-10)、式(10-17) 可以看出，已知 D_O、D_R、Z，将 t 时刻的归一化吸光度 $A_N(\lambda, t)$ 对 a 做归一化工作曲线，由实验测得 $A_N(\lambda, t)$，对比工作曲线可求得 k_f。

若反应为：$\text{Red}-ne^- \underset{k_b}{\overset{k_f}{\rightleftharpoons}} \text{Ox}$

经类似的推导，同样可得式(10-10)，不同的是

$$a=k_f(tD_R)^{\frac{1}{2}} \tag{10-18}$$

$$W=a[1+(D_R D_O)^{\frac{1}{2}}\exp(-nFZ/RT)] \tag{10-19}$$

根据式(10-10)、式(10-18)、式(10-19)，由归一化工作曲线即可得 k_f。

求出不同极化电位下的 k_f 值，可根据式(10-13)，由 $\ln k_f$ 对 Z 线性回归，从截距得到标准速率常数 $k_s^{\ominus'}$。

10.2.3 氧化还原体系 $K_3Fe(CN)_6$-$K_4Fe(CN)_6$ 和亚甲基蓝-无色亚甲基蓝的电子转移速率常数的测定

$K_3Fe(CN)_6$-$K_4Fe(CN)_6$ 和亚甲基蓝-无色亚甲基蓝是两个典型的氧化还原体系。

10.2.3.1 $K_3Fe(CN)_6$-$K_4Fe(CN)_6$ 体系[18]

(1) 式电极电位 $E^{\ominus'}$ 和电子转移数 n 的测定

记录 360～500nm 范围内 $K_3Fe(CN)_6$ 的恒电位电解吸收光谱，如图 10-1 所示，每个电位下至少电解 5min，保证达到平衡。将外加电位 E_i 对 $\ln[(A_i-A_8)/(A_1-A_i)](i=2\sim7)$ 线性回归，由截距和斜率分别可求得 $E^{\ominus'}=0.204$V，$n=0.96$，相关系数 $r=0.9999$。

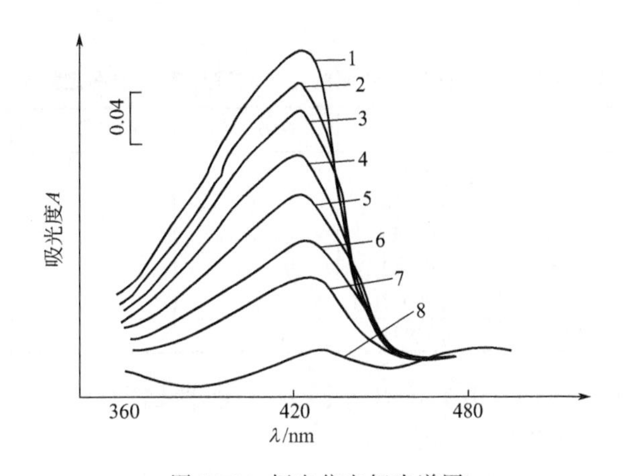

图 10-1 恒电位电解光谱图

体系：0.25mmol/L $K_3Fe(CN)_6$，0.15mol/L KCl

E (vs SCE)/mV：1—700；2—260；3—240；4—220；5—205；6—190；7—175；8—300

(2) 不同极化电位下 k_f 的测定

参考体系的 $E^{\ominus'}$ 值并通过实验，选择不同的还原电位：210mV、190mV、170mV、150mV、115mV，在每一个极化电位下记录 A-t 吸收曲线，见图 10-2。每次极化前，先加氧化电位 700mV，保证薄层中初始反应物全部为 $K_3Fe(CN)_6$。最后将电位阶跃至－370mV，使还原反应在扩散控制下进行，A-t 曲线见图 10-2 中的“6”。

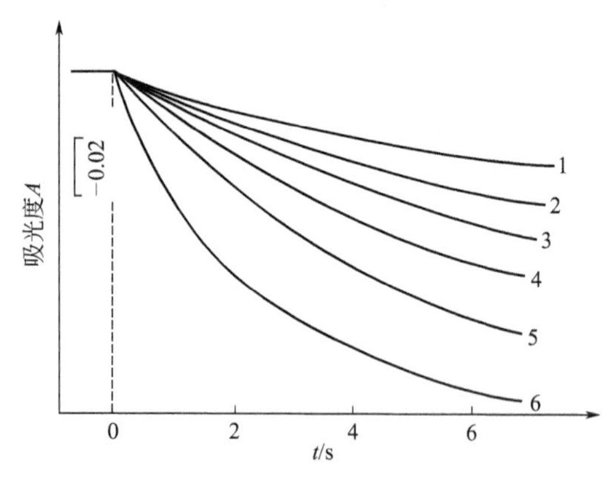

图 10-2 吸光度-时间曲线

体系：0.25mmol/L $K_3Fe(CN)_6$，0.15mol/L KCl，λ=420mm

E/mV：1—210；2—190；3—170；4—150；5—115；6—−370

由计算机绘制 $A_N(\lambda, t)$-a 工作曲线，$[Fe(CN)_6]^{3-}$和$[Fe(CN)_6]^{4-}$分子结构相同，可以为 $D_O=D_R$。从图 10-2 可得出每一个极化电位下不同时刻的归一化吸光度值 $A_N(\lambda, t)$，与归一化工作曲线对比可求得相应的 k_f，实验结果见表 10-1。

表 10-1 $K_3Fe(CN)_6$ 还原的电子转移速率常数测定结果

t/s	210mV	190mV	170mV	150mV	115mV
1.5	0.00055	0.00070	0.00085	0.0012	0.0016
2.0	0.00054	0.00072	0.00087	0.0012	0.0017
2.5	0.00056	0.00069	0.00088	0.0012	0.0017
3.0	0.00056	0.00072	0.00089	0.0012	0.0017
3.5	0.00054	0.00072	0.00090	0.0012	0.0017
k_f/(cm/s)	0.00055	0.00071	0.00088	0.0012	0.0017

得出不同电位下的 k_f 值后，以 $\lg k_f$ 对 Z 线性回归，由截距可求得：$k_s^{\ominus'}=6.0\times10^{-4}$cm/s，相关系数 $r=0.997$。

10.2.3.2 亚甲基蓝-无色亚甲基蓝体系电子转移速率常数的测定[18]

(1) 式电极电位 $E^{\ominus'}$ 和电子转移数 n 的测定

记录 600～740nm 范围内亚甲基蓝的恒电势电解吸收光谱，见图 10-3。同理可求得体系的 $E^{\ominus'}=0.116$V，$n=1.90$，$r=0.9999$。

(2) 扩散系数的测定

① 氧化态扩散系数 D_O 的测定　根据式(10-8)，在扩散控制下，即在极化电位−500mV下记录 A-t 吸收曲线，见图 10-4 中的“7”，薄层厚度 $l=0.052$cm，线性回归可求得 $D_O=1.38\times10^{-6}$cm²/s；然后分别在−600mV、−700mV 的极化电位下重复实验，测得 D_O 分别为：1.01×10^{-6}cm²/s 和 1.36×10^{-6}cm²/s，取其平均，得 $D_O=1.25\times10^{-6}$cm²/s。

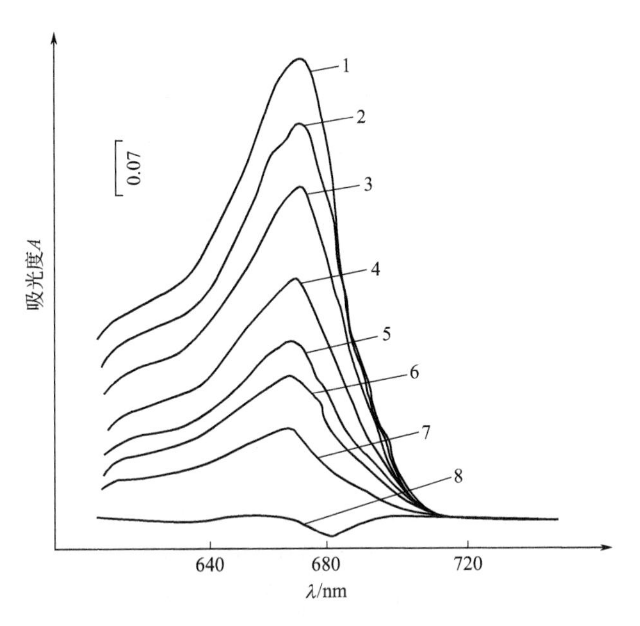

图 10-3 恒电位电解吸收光谱图

体系：3.4×10^{-6}mol/L 亚甲基蓝，pH=2.13

E/mV：1—720；2—138；3—128；4—117；5—110；6—105；7—97；8—−300

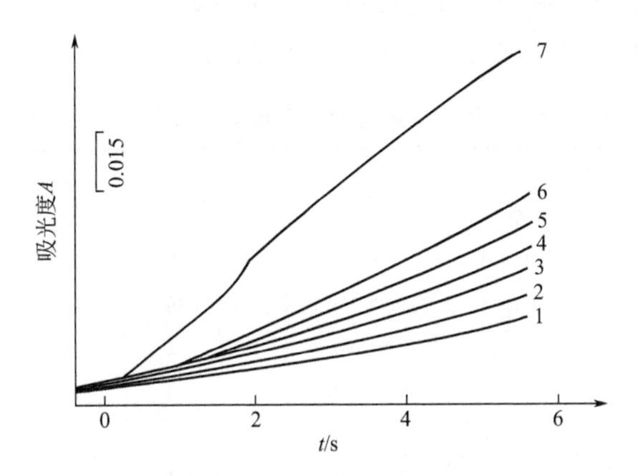

图 10-4 氧化态扩散系数测定的吸光度-时间曲线

体系：3.4×10^{-6}mol/L 亚甲基蓝，pH=2.13，λ=660nm

E/mV：1—70；2—50；3—25；4—0；5—−25；6—−50；7—−500

② 还原态扩散系数的测定。先加还原电位−300mV，使薄层内氧化态的亚甲基蓝还原，至少平衡 6min，保证亚甲基蓝全部还原为无色亚甲基蓝且薄层内无色亚甲基蓝的浓度分布均匀。根据公式(10-8) 可求得 $D_R=8.24\times10^{-5}cm^2/s$（A-t 曲线见图 10-5 中的“7”）。$D_O$ 比 D_R 明显偏小，这可能与氧化态的亚甲基蓝在水溶液中的二聚体有关。

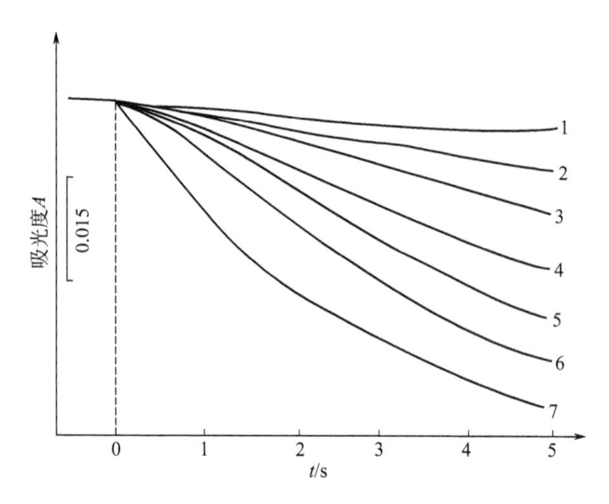

图 10-5　还原态扩散系数测定的吸光度-时间曲线

体系：3.4×10^{-6}mol/L 亚甲基蓝，pH=2.13，λ=660nm

E/mV：1—250；2—270；3—290；4—310；5—330；6—350；7—700

(3) 亚甲基蓝还原的电子转移速率常数的测定

根据体系的 $E^{\ominus'}$ 值并通过实验，选择不同的还原电位：70mV、50mV、25mV、0mV、－25mV、－50mV，在每个极化电位下记录 A-t 吸收曲线，见图 10-4。同理可由归一化法，对比归一化工作曲线求得不同极化电位下的 k_f 值，实验结果见表 10-2。以 $\lg k_f$ 对 Z 线性回归，可求得 $k_s^{\ominus'}=4.3\times10^{-5}$cm/s，$r=0.997$。

表 10-2　亚甲基蓝还原的电子转移速率常数测定结果

t/s	70mV	50mV	25mV	0mV	－25mV	－50mV
1.5		0.00010	0.00014	0.00018	0.00024	
2.0	0.000079	0.00011	0.00016	0.00029	0.00038	0.00061
2.5	0.000086	0.00011	0.00019	0.00036	0.00051	0.00068
3.0	0.000096	0.00013	0.00025	0.00044	0.00058	0.00070
3.5	0.00010	0.00016	0.00028	0.00045	0.00062	0.00072
4.0	0.000098	0.00015				0.00068
k_f/(cm/s)	0.000092	0.00013	0.00020	0.00034	0.00047	0.00068

(4) 无色亚甲基蓝氧化的电子转移速率常数的测定

先加－300mV 的还原电位，使薄层内初始的亚甲基蓝还原，至少平衡 6min。根据 $E^{\ominus'}$ 值并且通过实验，选择不同的极化电位：250mV、270mV、290mV、310mV、330mV、350mV，在每个电位下记录恒电势电解 A-t 吸收谱线，见图 10-5。根据式(10-10)、式(10-18)、式(10-19)，实验数据对比归一化工作曲线，可求得不同极化电位下氧化过程的电子转移速率常数 k_f。实验结果见表 10-3。

表 10-3　无色亚甲基蓝氧化的电子转移速率常数测定结果

t/s	250mV	270mV	290mV	310mV	330mV	350mV
1.5		0.00067		0.0016	0.0017	0.0032
2.0		0.00051	0.0010	0.0016	0.0017	0.0029
2.5		0.00059	0.0010	0.0015	0.0017	0.0026
3.0	0.00033	0.00065	0.0010	0.0015	0.0017	0.0027
3.5	0.00040	0.00066	0.0010	0.0015	0.0018	0.0026
4.0	0.00042	0.00071	0.0011	0.0015	0.0019	0.0026
4.5	0.00044	0.00075	0.0011	0.0016	0.0019	0.0026
5.0	0.00050	0.00077	0.0011	0.0015	0.0019	0.0026
5.5	0.00050	0.00079	0.0012	0.0016	0.0019	0.0026
6.0	0.00055	0.00083	0.0012	0.0016	0.0019	0.0026
6.5	0.00058	0.00086	0.0012	0.0016	0.0019	0.0025
7.0	0.00058	0.00090	0.0013	0.0016	0.0019	0.0025
k_f/(cm/s)	0.00048	0.00072	0.0013	0.0016	0.0018	0.0027

由不同电位下的 k_f 值，同理可求得体系的 $k_s^{\ominus'}=5.5\times10^{-5}$cm/s，$r=0.992$。

由归一化方法求不同电位下的电子转移速率常数 k_f，归一化吸光度 $A_N(\lambda, t)$ 既不能太大，也不能太小，一般在 0.25～0.90 之间，得出的 k_f 值比较准确。小于 0.25 或大于 0.90，误差则比较明显。这就要求必须选择合适的极化电位，使反应既不太快，也不过慢；而且实验的时间一般不大于 7s。

10.3 ET 动力学的微观效应

10.3.1 电子转移机理的基本概念[24]

为进一步理解电子转移过程中过渡态和活化 Gibbs 自由能的实质，需要应用量子力学的概念，这里作简单的介绍。

在量子力学中用波函数 ψ 来反映微粒运动的统计规律。它是空间位置和时间的函数。$|\psi^2|$则表示个别粒子在某时间内和某空间位置处出现的概率密度。由金属中电子在真空中的概率密度$|\psi^2|$表明，电子穿透位垒是完全可能的。粒子穿透位垒的作用就是隧道效应，或称为隧道跃迁、量子力学和导出跃迁概率。位垒的高度越小，宽度越窄，电子在无辐射条件下的隧道跃迁也就越容易。

为了进行原子转移反应，反应物必须靠得很近，一般距离为 10^{-10}m 左右，对于电子的隧道跃迁，在 10^{-9}m 即可发生，其所转移的距离可以比原子大 10 倍。

实验结果表明，在气相中结构相同的两粒子间比较容易发生电子转移反应，而在结构不同的粒子间的电子跃迁则比较困难。这是因为电子在两种结构不同的粒子中的能级相差很大。由于电子跃迁所需的时间极短，在电子能级差别较大的粒子间跃迁时，需要在极短的时间内立即将跃迁过程中所释出的能量被接受电子的粒子所吸收，转变为粒子的动能，而且在这样短的时间内以辐射的形式将能量释放出去的概率也很小，故电子只能在电子能级差不多相等的粒子间才能实现有效的跃迁。这就是弗兰克-康登（Franck Condon）原理。

10.3.2 ET动力学[25]

当电子转移反应在金属电极和溶液中的反应组分之间进行时，对电子来说，电极/溶液界面是其所处环境的一个完整不连续区。在金属内部，导带上的电子是离域的，在金属晶格中自由移动。实际上在金属的费米能级附近分布着大量间隔非常小的能级，既包括紧靠费米能级之下的充满能级，也包括紧靠其上的空能级。因此，向费米能级注入或抽取电子应该是一个很容易的过程。反观溶液一侧，电子驻留在特定的离子或者分子的定域轨道中，电子的最高占有轨道和最低空轨道的能量和金属费米能级上电子的能量既可能相近也可能相差甚远。必须明白，在室温下溶液的环境由于热运动而处于不停的波动之中——溶液中所有的组分都可自由运动，离子（荷电的反应组分和电解质离子）的运动导致静电环境的改变，电化学活性组分内部的化学键处于不停的振动和转动之中，而且溶剂化外壳中的溶剂分子也随之不断地变换取向，其结果是溶液中电化学活性组分的电子能级随时且不断处于变化之中。唯一可能的处理方法是把每一电子能级看作是围绕“最可几能级”的一种分布函数（通常为高斯型分布）。

在考虑界面两侧电子所处的环境时，首先应把注意力集中到溶液一侧，并且由于从反应物转移到产物的几个基元反应的时间相差很大，可以将电子转移反应视作一个分三步进行的反应：①电化学活性组分的局部环境发生重排，使之变为某中间态的构型；②在中间态构型上发生电子转移；③中间态构型调整为稳定的产物形态。

了解电子转移过程一些基元反应的典型时间尺度是有很大帮助的，表10-4列出了这样一些数据。

表10-4 电子转移过程中涉及溶液中电化学活性粒子的一些基本步骤的典型时间尺度

基元步骤	时间尺度/s
电子转移	10^{-6}
分子内键长变化	10^{-14}
溶剂分子重新定位	10^{-11}
离子氛重新定位	10^{-8}
键断裂或结构改变	$>10^{-8}$

电子转移过程远比其他过程快许多，在发生电子转移的瞬间界面溶液一侧的离子结构根本来不及进行调整，好像冻结了一样。图10-6描绘了这一反应机理。电子转移遵循弗兰克-康登（Franck Condon）原理。这个原理指出，当所涉及的始态和终态的能量相等时，电子跃迁的概率最大。在此模型中，中间态就是反应物重排其周围环境，使反应物与产物具有一个能量相等的电子态。电子转移进行后，产物的周围环境进一步发生重排，使之转化为产物的平衡构型。显然中间态必然是处于反应物和产物平衡状态之间的某种构型。

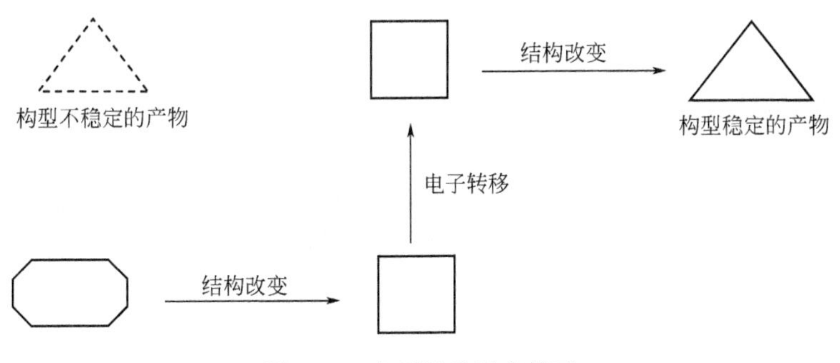

图 10-6　电子转移反应模型

10.3.3 ET 的微观理论[26]

基于宏观概念的异相电子转移动力学的一般理论的方法对于帮助组织实验研究的结果和提供有关反应机理的信息是有用的，但不能够用于预测动力学是如何受反应物质、溶剂、电极材料和电极吸附层的性质及结构等因素的影响的。为了得到这些信息，人们需要一个微观的理论去描述分子结构和环境是如何影响 ET 过程的。

在过去的 45 年中，为发展微观理论已经进行了大量的工作。其目的是使预测的结果能够被实验证实，以便人们可以理解引起反应在动力学上或快或慢的基本结构和环境因素。在此理解的基础上，将会有更加坚实的基础去设计许多有技术应用价值的优越新体系。在此领域，Marcus，Hush，Levish，Dogonadze 和其他人做出了主要的贡献。已有许多全面的综述论述了有关在均相溶液和生物体系中与电子转移反应相关领域的详细处理。Marcus 模型在电化学研究中已有广泛的应用，并已证明通过最少量的计算便有能力进行关于结构对动力学影响的有用预测。Marcus 因此贡献而获得了 1992 年的诺贝尔化学奖。

首先，区分在电极上发生的内层和外层电子转移反应是有益的（见图 10-7）。这些术语是借用描述配合物电子转移分反应所采用的术语。“外层”表示在两个粒子之间的反应，在活化配合物中两者保持各自初始的配合层（电子从一个初始键体系转移到另外一个体系）。相反的，“内层”反应是发生在一个活化配合物中，发

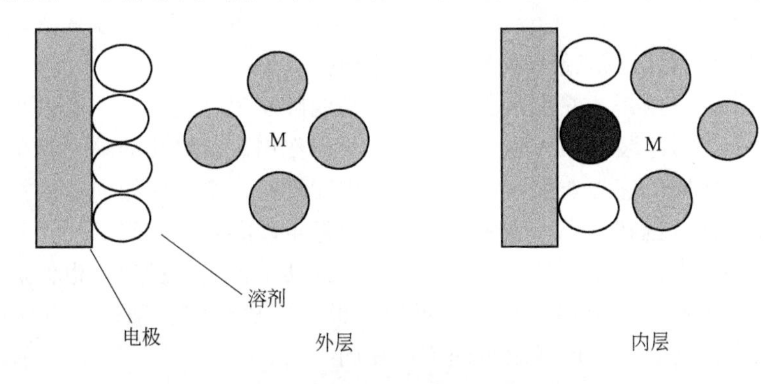

图 10-7　内层和外层电子转移反应

生反应的离子共享一个配合体剂（在一个初始键体系中电子转移）。

同样的，在一个外层电极反应中，反应物和产物与电极表面之间没有很强的相互作用，它们通常在据电极将至少有一个溶剂层。一个典型的例子是异相还原 $Ru(NH_3)_6^{3+}$，在电极表面上的反应物本质上与在本体溶液中一样。在一个内层电极反应中，反应物、中间体或者产物与电极均有较强的相互作用，即这类反应在电极反应中涉及物质的特性吸附。水溶液中的铂电极上的氧还原和氢氧化便是内层反应。另外一类内层反应以特性吸附阴离子作为金属离子的配位桥梁。显然外层反应不如内层反应那么依赖于电极材料的性质。

外层电子转移反应与内层过程相比，可用更加一般的方式进行处理，而在内层过程中，特性化学和相互作用是最重要的。因此，外层电子转移反应的理论得到更加深入的发展，下面的讨论适用于这类反应。然而，如在燃料电池和电池等的实际应用中，更复杂的内层反应亦很重要。

10.4 氧化还原自组装单层膜的结构

自从 Sagiv 等开创性地发现和研究了在固/液界面上物质自然地“自组”成高度有序的单分子层的方法以来，已发展了多种类型的自组装单分子膜（SAMs）：脂肪酸在金属氧化物表面；有机硅烷在羟基化表面（SiO_2/Si、Al_2O_3/Al、玻璃等）；醇和胺类及吡啶类在铂表面；硫醇、二硫化物和硫化物在金、银、铜表面；烷烃分子在硅表面自组成膜以及磷酸盐沉积自组成膜。此外，通过电化学方法也可以进行组装，利用外加电压可将氨基化合物、重氮盐还原或苯乙酸类化合物氧化，共价接枝到电极表面。前面提及的一些方法采用的都是浸泡自组装法，循环电位扫描的电化学方法可以大大改善膜的均匀性，且组装成膜的时间较短，控制精确，重现性好，又可以降低溶液电解质的竞争吸附。利用自组装单层膜的尾基反应，可进一步连接更多样的功能化合物，从而可以有目的的裁剪表面的组成和特性，拓展膜的研究范围和应用范围。尾基反应主要受膜的空间效应及静电作用的影响。其中，研究得最为广泛和最为全面的则是含硫有机化合物在金表面的 SAMs，其原因是由于 Au 化学上的惰性，表面易于清洁以及由于有机硫和硒化合物对过渡金属（Au、Ag、Cu、Pt、Hg 等）表面有强的吸引力、S—Au 键的结合强度、膜的高度有序性、反应条件的易控制性等特点。

需要注意的一点是，并不是所有的分子都能够发生自组装，这个过程的产生需要两个条件：①自组装的动力；②自组装的导向作用。自组装的动力指分子间的弱相互作用力的协同，它为作用分子自组装提供能量；自组装的导向作用指的是分子在空间的互补性，也就是说，要使分子自组装发生就必须在空间的尺寸和方向上达到分子重排的要求。基于各种力的相互作用，推动了自组装过程，也促进了自组装膜分子在电极表面上由无序到有序的重组，最终形成致密、稳定、有序的单分子层，不同体系的自组装膜的成膜机理不尽相同[27]。

本节主要讨论自组装单层膜的结构。

自组装是一个带有一定活性官能团的化合物（Building-Block）在相应固体表面发生反应的化学吸附过程。自组装单分子膜属于高度有序的复杂组装体系，这种高度有序表现为有序的多重性。具体而言，化学吸附在基底表面上的头基在二维平面空间具有准晶格结构，为第一重有序；长链结构的自组装分子在轴方向通过烷基链间的范德华力相互作用有序排列，为第二重有序；镶嵌在烷基链内或其末端的特殊官能团在平面的法线方向上有序排列，为第三重有序。自组装膜有序结构的多重性划分对组装过程的研究和结构的分析具有重要的指导意义，可以使人们更精确地研究膜内分子有序化的驱动力和成膜分子各部分官能团之间的相互作用[1,27]。其结构如图 10-8 所示。

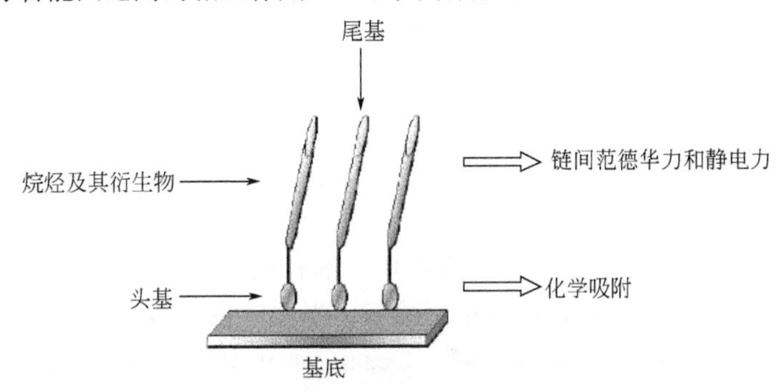

图 10-8　自组装单分子膜（SAMs）的结构

SAMs 从组成结构上可分为三部分[3]：一是分子的头基，它与基底表面上的反应点以共价键（如 Si—O 键及 Au—S 键等）或离子键（如—CO—$2Ag^+$）结合，这是一个放热反应，活性分子会尽可能占据基底表面上的反应点；二是分子的烷基链，链与链之间靠范德华力作用使活性分子在固体表面有序且紧密地排列，相互作用能一般小于 40kJ/mol，分子链中间可通过分子设计引入特殊的基团使 SAMs 具有特殊的物理化学性质；三是分子末端基团，如—CH_3、—COOH、—OH、—NH_2、—SH、—$CHCH_2$ 及—C≡CH 等，其意义在于通过选择末端基团以获得不同物理化学性能的界面或借助其反应活性构筑多层膜[27]。

设计成膜分子的头基和尾基，可以以非常大的自由度来控制自组装膜体系所涉及的主要相互作用：成膜分子与基底、成膜分子之间、特殊官能团之间、成膜分子与溶剂之间的相互作用等等。对这些相互作用的认识可以加深对其密切相关的结构、润湿性、黏结、润滑以及特殊的电化学性质、光化学性质等方面的认识和了解，推动自组装技术在半导体、非线性光学材料、生物传感器以及分子、电子学器件领域的深入研究和发展[21]。

10.5 卟啉自组装膜电化学

10.5.1 卟啉自组装膜的制备

卟啉自组装膜是以自组装技术为基础，将功能化的卟啉或金属卟啉直接自组装于基底表面或间接将卟啉化合物作用于自组装膜上。其制备方法主要包括以下几种。

10.5.1.1 直接法

直接法是以巯基卟啉作为组装分子，在基底上直接形成高度有序的单分子膜[28~30]。显然这种方法需要预先合成巯基卟啉试剂，其制备、分离、纯化的步骤烦琐，而且巯基卟啉的巯基易发生氧化、配位等化学反应，且储存的困难也较大。直接以巯基卟啉合成金属卟啉时，由于巯基与金属离子的配位，对其分离和纯化也造成了极大困难。Porter研究小组合成了对位尾式二巯基金属卟啉和单巯基尾式金属卟啉（图10-9），通过将此卟啉直接在金电极表面自组装成膜，研究了该修饰电极的表面红外光谱性质及其电化学响应。控制巯基团的数目可以定位卟啉平面与电极表面的夹角[28]。利用这一特性，Murray研究小组合成了对称的四巯基尾式钴卟啉（图10-10），并将此化合物自组装于金电极表面，制得了卟啉分子平行定位于电极表面的自组装膜，用X射线电子能谱（XPS）、吸收光谱（UV-vis）以及电化学手段对修饰电极进行了表征[31]。四巯基卟啉在电极表面的空间取向决定了卟啉与电极表面形成配位键的数目，直接用巯基金属卟啉在自组装过程中易通过巯基与金属的轴向配位而形成自组装多层膜。Uosaki研究小组合成了自由巯基尾式卟啉（图10-11），并自组装修饰于金电极表面，通过将卟啉修饰电极在含有金属离子的溶液中回流成功制得了金属卟啉自组装膜修饰电极，使用这种方法避免了不规则单层膜和多层膜的形成[30]。另外，在考察卟啉自组装膜分子信息储存过程中，Lindsey等合成了大量巯基保护的卟啉试剂，研究表明，巯基保护基团在溶液中与金接触时很容易发生断裂，从而以硫-金化学键的形式在金表面形成了金属卟啉自组装膜。Abrantes等人[32,33]则合成了双硫键连接的金属卟啉，这种卟啉结构在自组装过程中可以有效地避免不规则膜的生成（图10-12）[34,35]。

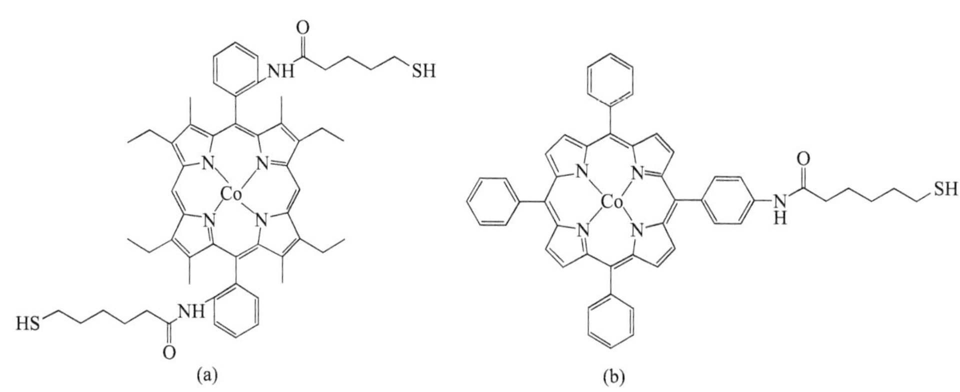

图10-9　Porter研究小组合成的对位尾式二巯基金属卟啉（a）和单巯基尾式金属卟啉（b）分子结构

10.5.1.2 表面合成法

这种方法首先将尾端含有功能基团（—NH_2、—COOH、—OH等）的组装

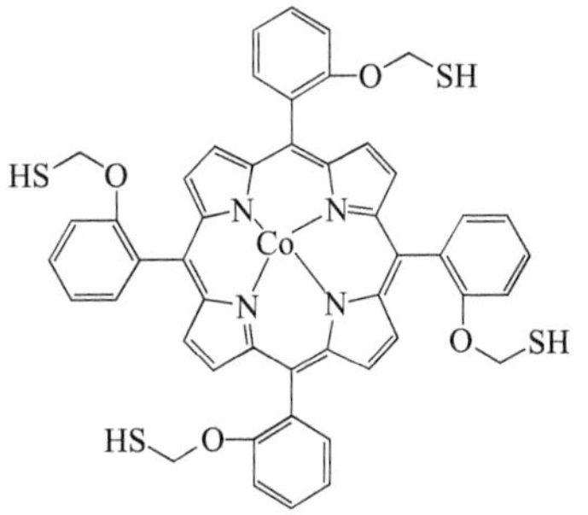

图 10-10　Murray 研究小组合成的四巯基尾式钴卟啉分子结构

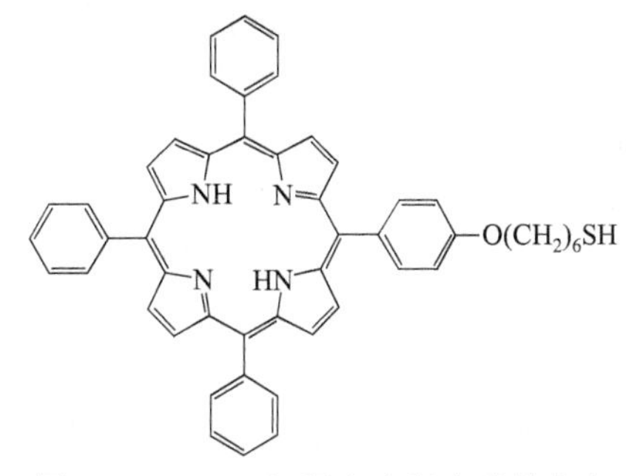

图 10-11　Uosaki 研究小组合成的自由巯基尾式卟啉分子结构

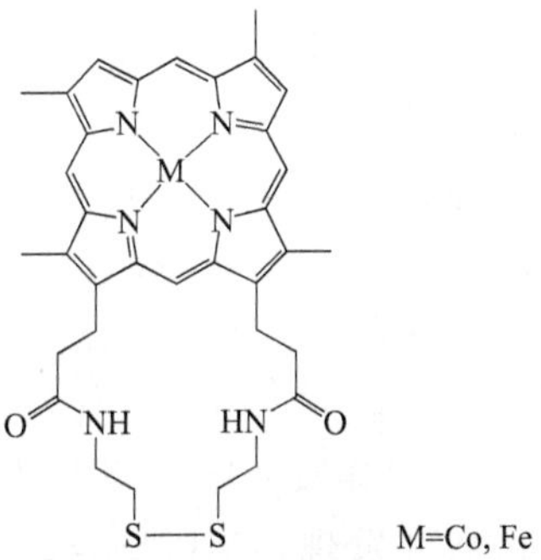

图 10-12　Abrantes 等人研究的双硫键连接的金属卟啉分子结构

分子自组装于电极表面，然后将尾端连有功能基团（—NH_2、—COOH、—OH 等）的卟啉试剂通过表面合成的方法以共价键的形式作用于自组装膜表面。

除此之外，Dietrich 小组研究了一种简单有效的通过电化学阴极扫描得到金属卟啉自组装膜的制备方法[36]，Rubinstein 利用静电相互作用将卟啉化合物作用于羧基尾端的自组装膜表面（图 10-13）。值得一提的是，随着纳米技术的发展，利用纳米粒子良好的表面结构和较大的比表面积，研究者也将其自组装膜修饰电极用于卟啉的固定和组装。另外，光电材料的发展也促使制备含有多种功能基团、多 π 电子的单分子薄膜，许多混合卟啉自组膜的制备及其性质也得到了研究者的关注。研究表明，混合卟啉自组装膜在电催化、光电转换等方面均表现出一定的特性[37,38]。

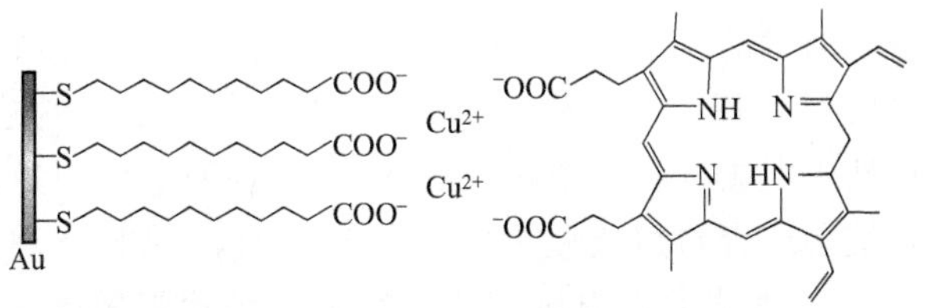

图 10-13　Rubinstein 等人通过静电模式将卟啉试剂作用于羧基尾端的自组装膜表面

卟啉自组装的制备同其他自组装膜的制备一样，同样受到多种因素的影响[39,40]：卟啉自组装液的浓度、选用的溶剂、自组装的时间以及组装分子的结构等都可能使膜的结构和性质发生改变。

10.5.2 基于金属卟啉轴向配位的自组装研究

轴向配位法是将含有配位原子的巯基试剂先自组装于电极表面，然后通过金属卟啉中心金属离子与自组装膜表面的配位原子发生轴向配位作用，从而制得卟啉自组装膜。该方法不需要合成巯基卟啉试剂，只需制得相应的金属卟啉或含有配位原子的巯基试剂，大大简化了操作步骤，也避免了电极表面多层膜的生成。目前，这方面的研究报道已有很多。如刘忠范等利用金属卟啉的轴向配位特性，先在金表面自组装了一层4-巯基吡啶，然后通过金属卟啉中心钴离子与吡啶环上氮原子的轴向配位作用，二次成膜制备了金属卟啉的自组装膜。通过表面增强拉曼光谱和电化学方法研究表明，这种方法制备的卟啉修饰电极，卟啉平面与电极表面基本呈平行定位，且具有较高的电化学活性。

关于通过轴向配位的金属卟啉自组装膜的研究涉及膜的制备、结构表征及金属卟啉自组装膜的性质和应用等，而制备的同时也往往伴随着膜结构的表征。例如，Kitano等人通过配位键制备了有序金属卟啉自组装膜，并通过表面增强拉曼光谱对其进行了表征（图10-14）。研究发现，当吡啶自组装膜上N原子直接面向溶液相时，低浓度水溶性锌卟啉可以通过轴向作用配位于吡啶自组装膜上，于是就产生了对应于卟啉环的拉曼散射光谱；但当吡啶环上N原子面向基底表面时，锌卟啉不能作用于自组装膜表面，这时就不能观察到相应卟啉环的散射光谱，观察到的仅仅是自组装膜自身的散射光谱，这表明卟啉基团作用于自组装膜表面是通过轴向配位联系的，此项研究有望用于分子光学器件的设计[41]。类似的研究是将两种包含有4-吡啶基偶氮苯发色基团的自组装膜沉积于金膜覆盖的玻璃基底表面，其中一种膜包含的发色基团作为单一成分，而另一种膜掺入非光活性成分形成1：1的混合膜。两种自组装膜光开关可逆行为消失的区域可以通过使用适当波长的光照射，以膜产生的吸收光谱和电化学行为进行监控。原理上，反式结构的自组装膜代表配位原子面向溶液，即处于“开”的状态，而其顺式结构，则处于“关”的状态，这可以通过将两种形式的自组装膜分别浸入钴和锌卟啉以及一个辛基取代的钴酞菁溶液来进行说明。在进一步的研究中，将金属大环化合物结合于反式结构自组装膜上，当光开关浸入洁净的甲苯溶液中时，大环化合物将从自组装膜表面释放进入到溶液中，这种释放可以通过吸收光谱对保留在膜结构中的材料进行监控来测量。另外，这项研究也被扩展去发展一个在线的释放/配位循环。例如，使用365nm的光照射结合在反式结构混合自组装膜上的金属卟啉时，ZnTPP将脱落进入甲苯溶液中。进一步用439nm的光照射自组装膜，其顺式结构将转变为反式结构，即反式结构获得再生，又可以重新结合溶液ZnTPP。表明使用一定波长的光去控制自组装膜的分子结构具有潜在的应用价值。

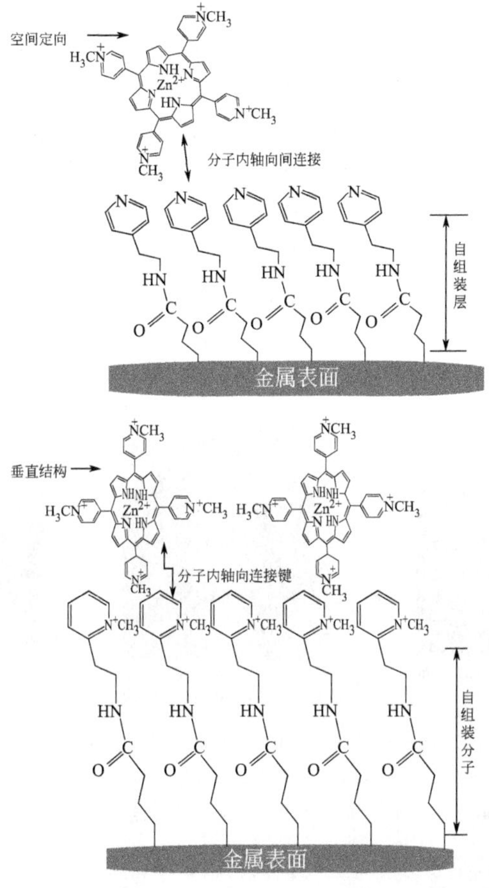

图 10-14 Kitano 等人研究的锌卟啉自组装膜结构

研究者也将锌卟啉通过轴向配位于硅玻璃基底表面的 3-氨基丙基-三硅氧基自组装膜表面，并通过 X 射线光电能谱、紫外-可见光谱对膜的结构及膜对光、酸、碱以及与吡啶的反应活性进行了研究[42]。通过轴向配位，并结合 L-B 膜和自组装膜组织，研究者将钴卟啉作用于长脂肪链 N_{18}CHPy 的自组装膜上，通过红外光谱、紫外光谱、线性二向色性以及 X 射线衍射对膜结构进行的研究，发现 1∶1∶5 混合的 CoPTMS、N_{18}CHPy 和 methyleicosanoate 分散于硝酸银相中，可以形成银-乙炔-聚螯合的卟啉结构。将此卟啉转至固体基底上，大环在基底表面上呈现平面定位[43]。另外，研也发现，金属离子钴 Co(Ⅱ) 卟啉中心并不能通过轴向配位作用于自组装膜表面；但是钴的氧化态为Co(Ⅲ)时，即使 Co(Ⅲ) 被还原为 Co(Ⅱ)，也可以在轴向试剂的自组装膜表面形成非常稳定的连接，这可以通过吸收光谱证明[44]。

吡啶自组装膜修饰金电极表面的金属卟啉膜表面增强拉曼散射（SERS）的研究表明，金属卟啉仅仅与下面的吡啶基团连接成键，配位键相对强度频率的移动归于膜表面吡啶基团结构的改变，这间接地说明了在自组装膜上，金属卟啉和吡啶发生了相互作用。表面增强红外吸收光谱（SEIRA）的研究进一步表明，卟啉基团和吡啶基团产生的配位键非常明显。另外，紫外光谱研究也表明，在吡啶-卟啉自组装膜上还存在着较弱的卟啉基团间的相互作用[45]。

研究者也将各种钌和锇卟啉通过轴向配位覆盖于吡啶自组装膜表面，自组装膜/金属卟啉膜通过俄歇电子能谱、接触角、X射线光电能谱、FT-IR光谱、发射可见光谱以及各种电化学方法进行了表征。结果表明，金属卟啉通过轴向配位作用平行定位于基底电极表面，第二个轴向试剂也以同样的结构定位于电极表面。Ru(TMP)(CO)结合于自组装膜的STM图像确证了这种模式，金属卟啉轴向试剂通过重复以上实验步骤，可以在自组装膜上制备单一金属卟啉或混合金属卟啉多层膜，在这些膜中，二齿配体如对二氮杂苯起到了桥联的作用[46]。

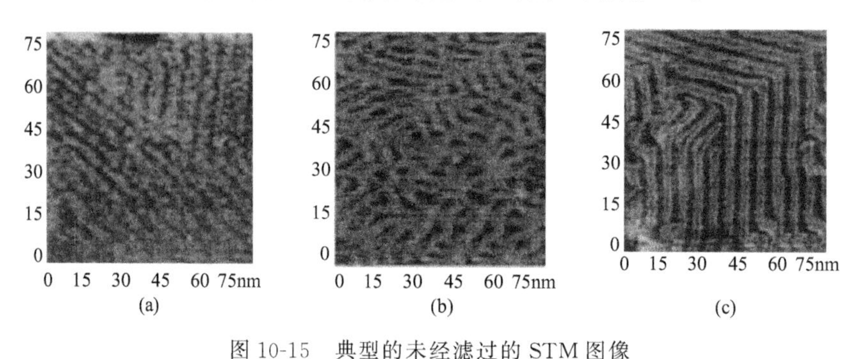

图 10-15　典型的未经滤过的STM图像

(a) 洁净Au(111)(0.5V，0.5nA)；(b) 4-巯基吡啶功能化的Au(111)(0.5V，0.5nA)；(c) 4-巯基吡啶-CoTBPP功能化的Au(111)(0.2V，1nA)

通过金属卟啉的轴向配位作用也可以对金单晶的结构进行研究。如Valentina等应用STM和扫描隧道光谱法（STS）通过在Au(111)表面对金属钴卟啉与半胱胺自组装膜的研究表明，Au(111)的人字形的表面形貌结构经轴向配位作用后被重新构建[47]（图10-15），光电子能谱证实了表面金属卟啉的存在，近角X射线吸收（NEXAFS）测量揭示卟啉环与表面呈70°夹角（图10-16）。上面的影响通过与密度功能理论计算第一原理的对比证实在金属和有机材料之间存在着定位分子偶极层[48]。Israel等通过各种表征技术发现Au(111)表面呈现有织纹的排列，它们的尺寸和光学性质可以通过蒸发和退火条件得到控制。使用这种金基底可以清晰地解释金属卟啉和金属酞菁单层膜的紫外光谱，而且这种方法可以从金晶表面的自组装单分子膜半定量地研究卟啉在单层膜上的

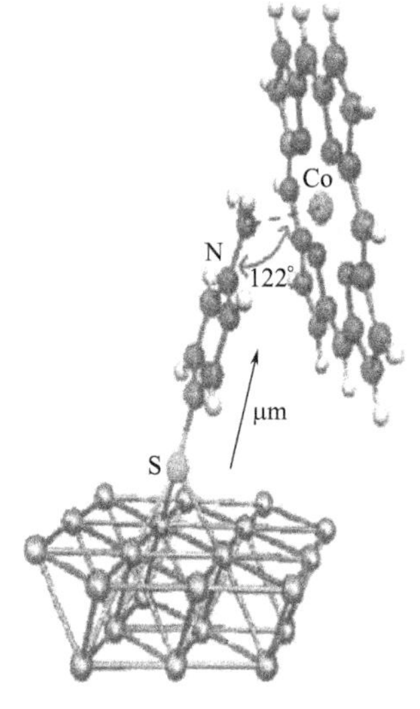

图 10-16　金属钴卟啉与Au(111)表面吡啶自组装膜相互作用的结构模型

结合[49]。

Umezawa 等人另辟蹊径，将 4-巯基吡啶自组装修饰于 STM 金探针表面，从溶液/石墨界面自发形成的锌卟啉、自由卟啉和镍卟啉混合膜中成功地分辨出了锌卟啉。STM 图像中的卟啉中心用修饰探针观察显示出了桥点，而未修饰的探针对卟啉中心观察显示出暗点锌卟啉的中心比自由卟啉和镍卟啉更亮。这可以从卟啉中心和探针上的吡啶基团的配位相互作用来进行解释[50]。

10.6 SECM 表征卟啉自组装膜在金电极上的成膜过程

10.6.1 H_2MPTPP 修饰电极的循环伏安表征

基底电极和自组装分子之间较强的键合能力是自组装过程稳定的前提。我们利用 S-Au 键间强烈的键和作用将卟啉分子修饰到金电极表面。首先采用不同的探针分子，利用循环伏安法表征了卟啉在金电极表面上的成膜过程。实验分两组进行，第一组在水溶液中，分别以在 $K_3Fe(CN)_6$ 和 $FeCl_3$ 作为探针分子。从图 10-17 可见，裸金电极在溶液中体现出良好的可逆电化学行为，我们根据峰电流和扫描速率平方根之间的良好线性关系，证明该过程受$[Fe(CN)_6]^{3-}/[Fe(CN)_6]^{4-}$分子的扩散控制（见图 10-18）。然而，当金电极修饰了 5-[4-(巯基丙氧基)-苯基]-10,15,20-三苯基卟啉（H_2MPTPP）后，随着吸附时间的增加，循环伏安曲线愈显平坦，且在修饰过程初始阶段电流的降低趋势更为明显，主要体现在两个方面峰电流的降低及 ΔE_p 的增加。此外，在 $K_3Fe(CN)_6$ 溶液中，两种现象引起了我们的注意。一是图 10-17(a)，在 150min 时的曲线形状类似微电极在 $K_3Fe(CN)_6$ 中的曲线，这主要是因为，在此修饰条件下，膜在电极表面不致密，由于针孔和缺陷的存在，电极表面可想象成是由众多微电极组成的集合体，故造成了两者之间的相似性。二是在某些时间段内出现了图 10-17(a1) 中所示的反复现象，即峰电流随时间的增加却升高的现象。

我们认为这些现象是符合先前报道的[51]。在成膜过程中，主要存在两步动力学过程：第一步，无序的自组装膜在相对较短的时间内吸附在金电极表面，这一步可以被认为是由 Langmuir 扩散控制的助吸附，组装的速率强烈依赖于吸附物的浓度。一般而言，浓度较大者所需吸附时间较少。动力学过程主要是表面和头基反应点的结合，其反应活化能可能取决于被吸附硫原子的电荷密度。此过程结束时，吸附量接近于饱和吸附量，大部分卟啉分子被无规则地吸附在金电极表面。第二步的组装速度非常慢，需要几小时甚至几天的时间。此过程可以被称为表面结晶过程，较为复杂，亦可以被认为是表面的重组过程。实际上，组装的第二步是卟啉衍生物的头基在基底表面上的物理吸附转变到化学吸附的过程，也是成膜分子由无序到有序、由单重有序到多重有序的复杂过程。在此转变过程中，新的空间暴露出来，为电子转移提供更多的机会，从而导致了图 10-17(a1) 某些时间段内电流的回升。第

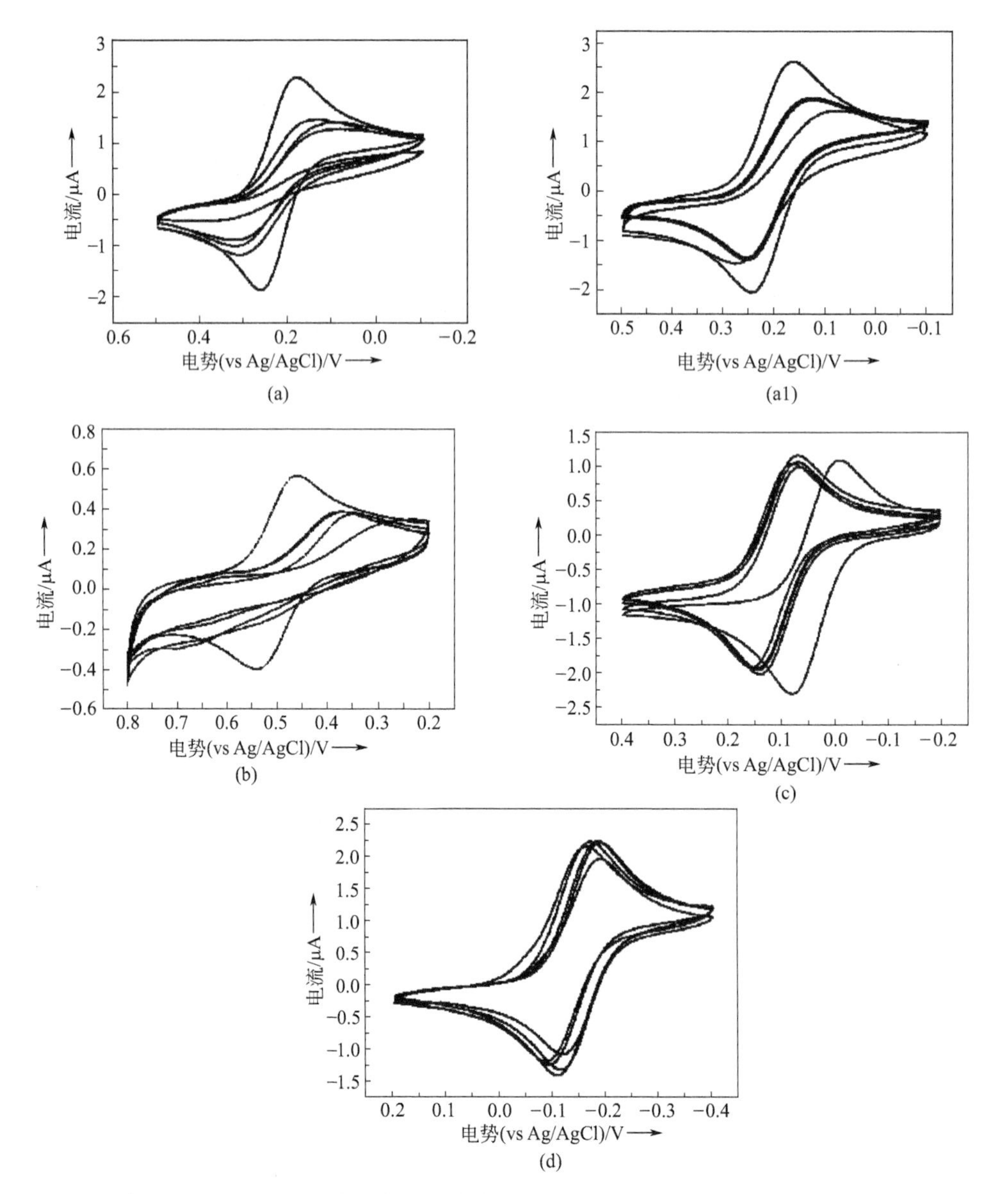

图 10-17　裸金电极及卟啉自组装膜修饰电极在不同组装时间下的循环伏安图

曲线从上到下，修饰时间分别为 0（裸电极）、30min、60min、90min、120min、150min，扫描速率为 0.01V/s

(a) 在 1.0×10^{-3}mol/L $K_3Fe(CN)_6$ 溶液中，支持电解质为 0.1mol/L KCl 溶液；

(a1) SAMs 在金电极表面的重排，黑色粗线是 60min，黑线为 30min；

(b) 在 1.0×10^{-3}mol/L $FeCl_3$ 溶液中，支持电解质为 0.1mol/L KCl 溶液；

(c) 在 1.0×10^{-3}mol/L Fc 的硝基苯溶液中，支持电解质为 0.1mol/L $TBAClO_4$ 溶液；

(d) 在 1.0×10^{-3}mol/L TCNQ 的硝基苯溶液中，支持电解质为 0.1mol/L $TBAClO_4$ 溶液

二步的动力学过程主要和分子链的无序性、分子链间作用形式范德华力相互作用、偶极子与偶极子之间的相互作用等以及分子在基底表面的流动性等因素有关。最

后，卟啉分子紧密有序地排列在电极表面，形成了紧密堆积的单分子层，电极的绝缘性增强，阻碍了电子转移。

再来看另一组实验，我们以硝基苯为溶剂，二茂铁（Fc）和 TCNQ 作探针分子，从图 10-17(c)、(d) 可见，此时 CV 曲线的峰电流值及 ΔE_p 值并未发生明显变化。电子转移几乎未受到卟啉单分子膜的阻碍。差异产生的原因考虑如下：

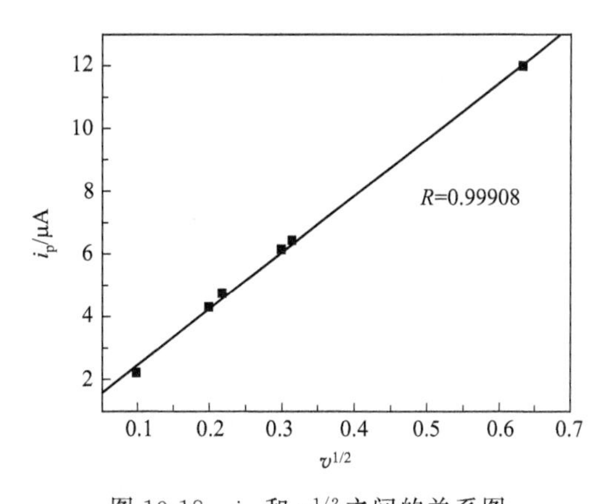

图 10-18　i_p 和 $v^{1/2}$ 之间的关系图

溶液是 0.1mmol/L $K_3Fe(CN)_6$ 和 0.1mol/L KCl

① 溶剂不同造成的差异。硝基苯为有机溶剂，在有机溶剂中，卟啉分子烷基链间的范德华力较在水溶液时弱，致使分子之间的排列比较松散，有利于电子转移[23]。

② 探针分子结构存在差异。Fc 分子的空间结构相当于一个宽为 0.2nm 棱柱[46]，TCNQ 是一个宽度为 0.21nm 的平面分子，这种特殊的空间构象可以使它们较为方便地在卟琳环中穿过[24]。加上溶剂的影响，致使峰电流的变化不明显。

10.6.2　表征卟啉自组装膜在金电极上的成膜过程[52]

图 10-19 是卟啉修饰电极在水溶液中的 CV 曲线，0.74V 处的氧化峰和对应 0.68V 处的还原峰归结为卟啉环的氧化还原所致。这对峰的出现证明了卟啉分子已被成功地组装到金电极表面。相似电位氧化还原峰在玻碳电极上亦被测到。当基底电位为 0.5V 时，卟啉膜在 $K_3Fe(CN)_6$ 溶液中仅充当绝缘膜的角色，反馈电流完全是靠电子隧穿、针孔以及缺陷产生的。图 10-20 为利用电流反馈技术测得的渐

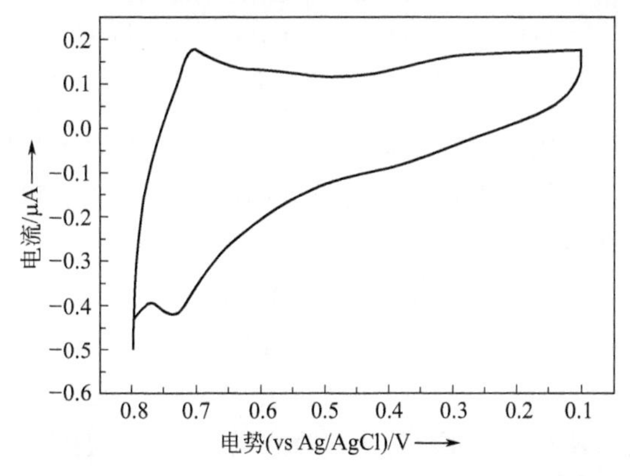

图 10-19　在 0.1mol/L KCl 溶液中，卟啉修饰电极的循环伏安图

扫描速率是 0.01V/s

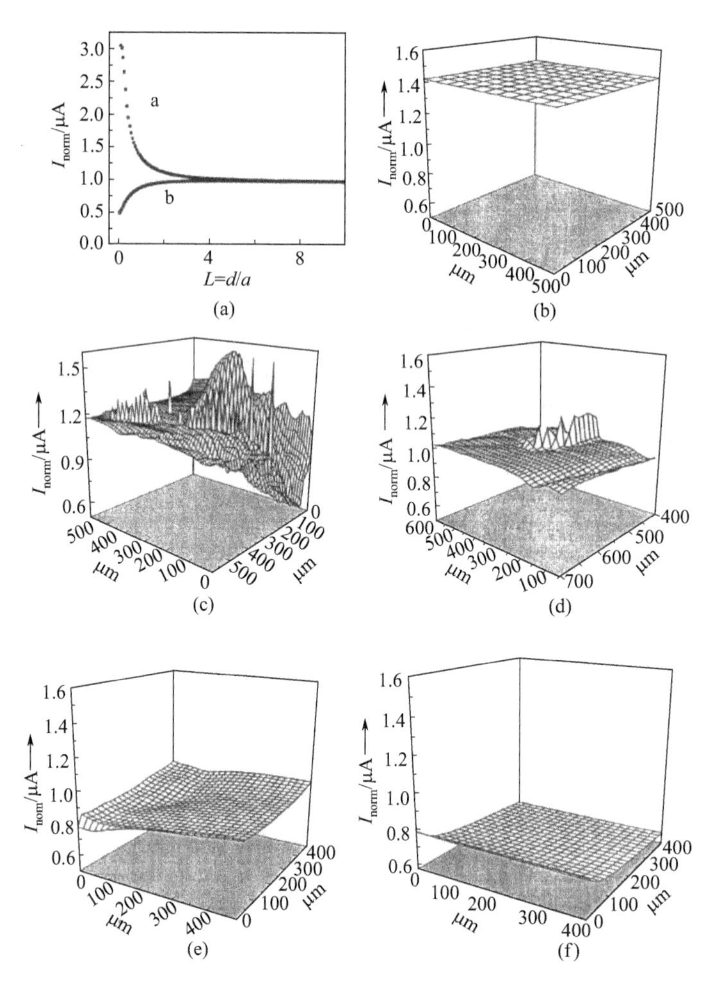

图 10-20 裸金电极与卟啉饱和膜修饰电极的渐近线图（a）以及不同修饰时间下 H_2MPTPP 修饰电极的基底形貌图

（b）裸金；（c）15min；（d）215min；（e）11h；（f）48h；

溶液是 1.0mmol/L $K_3Fe(CN)_6$ 和 0.1mol/L KCl

近线图，可见在裸金电极上反馈电流呈正反馈模式，然而当卟啉自组装饱和膜在金电极形成后反馈电流降低。渐进线的变化证明卟啉自组装饱和膜很好地阻碍了电子转移，基底的绝缘性增强。

以修饰电极作为基底，直径为 25μm 的 Pt 超微电极作 SECM 探针(见图 10-21)，在 1.0mmol/L $K_3Fe(CN)_6$ 溶液中，测得的 SECM 基底形貌图形象直观地表现了成膜过程。图 10-20(b)～(f) 是一系列不同修饰时间下电极的表面形貌图，图 10-22 为相应的循环伏安图。所有的基底形貌图在距电极表面形貌图 10μm 处测得，为了便于比较，所有的结果均经过归一化处理。先来比较一下裸金和饱和修饰电极的形貌图，可见两者之间存在很大的相似性，均很规则和平坦，不同的是饱和修饰电极归一化电流较裸金电极降低很多。再来观察成膜的中间过程，可见归一化电流介于裸金和饱和膜之间，形貌图在成膜的最初过程高低不平、不规则，表明此阶段存在较多的针孔和缺陷。

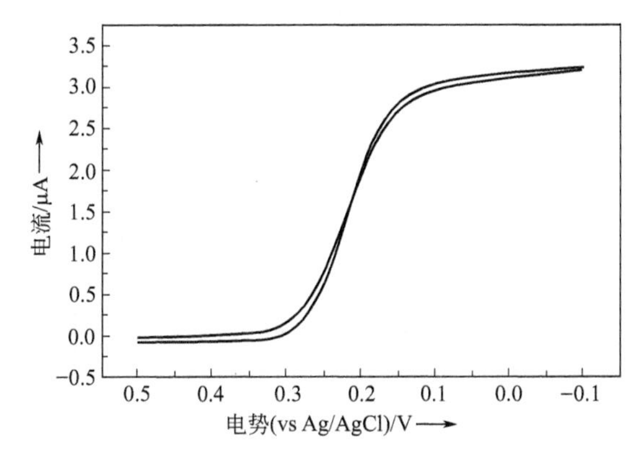

图 10-21　Pt 探针在 1.0mmol/L $K_3Fe(CN)_6$、0.1mol/L KCl 溶液中的循环伏安曲线

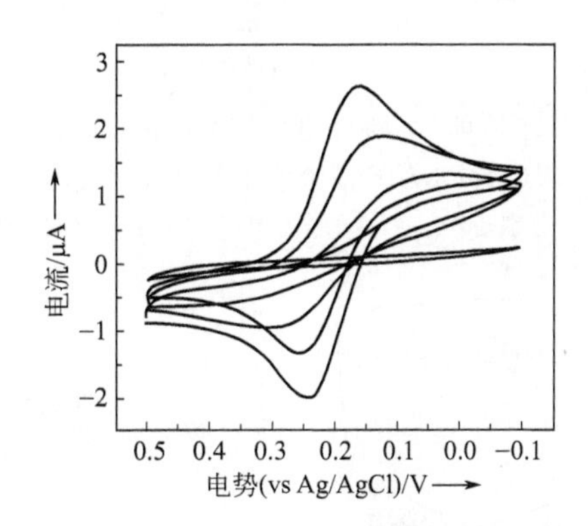

图 10-22　不同修饰时间下金电极的循环伏安图

溶液是 1mmol/L $K_3Fe(CN)_6$ 和 0.1mol/L KCl

曲线从上到下，修饰时间分别是 0、15min、215min、11h、48h，扫描速率是 10mV/s

图中突起、归一化电流较大的部分，对应于金电极表面未被卟啉分子修饰或修饰不完全的地方。相对较平坦，归一化电流较低的部分为膜较致密的地方。从图 10-20(c)～(e)三图可见，随着吸附时间的增加，缺陷和针孔减少，形貌图变得平坦、规则，归一化电流逐渐降低，预示着膜逐渐变得致密。这和报道过的巯基环糊精（CD-SH）修饰电极的研究结果相似。

以上我们采用多种电化学手段研究了成膜过程，为了进一步证实实验结果的可靠性，我们根据 Weisser 等人的报道[53]，通过以下公式计算了不同修饰时间金电极表面的覆盖度（B），定量地表征了膜的密度。

$$B=1-[i_p^f(H_2MPTPP)/i_p^f(Au)]$$

式中，$i_p^f(H_2MPTPP)$ 和 $i_p^f(Au)$ 分别为裸金电极和饱和修饰电极在 $K_3Fe(CN)_6$ 中还原峰的峰电流值。B 值的增加表明被卟啉覆盖的金电极面积越来越大。

10.6.3 卟啉自组装单分子膜长程电子转移过程的SECM的研究

应用SECM技术表征了多种卟啉，从循环伏安法和SECM表征的结果表明各种卟啉的成膜过程和三碳卟啉相似，形貌图都经过了无序到有序，无规则到规则的变化过程（如图10-23及图10-24，以六碳卟啉为例，其他类同未附）。

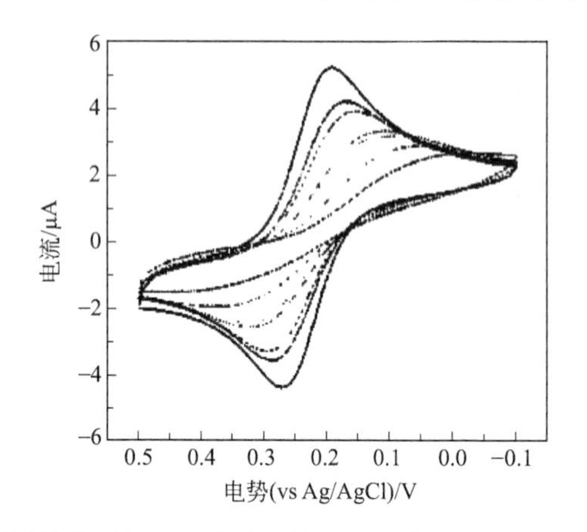

图10-23 不同修饰时间下六碳卟啉修饰电极在1mmol/L $K_3Fe(CN)_6$ 和0.1mol/L KCl溶液中的循环伏安图

曲线从上到下时间，分别是0min（裸的金电极）、30min、60min、120min、11h、24h

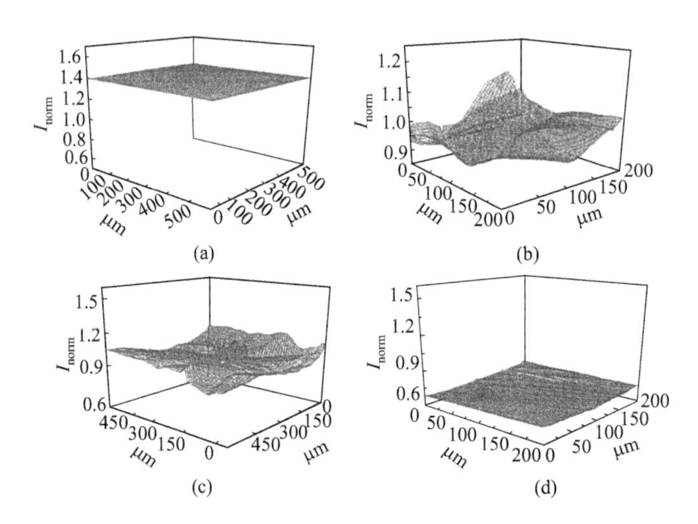

图10-24 卟啉单分子膜在不同修饰时间的基底形貌图

(a) 裸金电极；(b) 30min；(c) 2h；(d) 饱和膜

溶液是0.1mmol/L $K_3Fe(CN)_6$ 和0.1mol/L KCl

10.6.4 巯基卟啉在金电极表面自组装过程中的分子定位

循环伏安法和电化学交流阻抗谱已经给出了巯基卟啉在金电极表面吸附过程的

一些信息，通过卟啉饱和膜的表面覆盖，我们可以进一步推测巯基卟啉在金电极表面吸附过程中的分子定位。

关于自组装饱和膜的表面覆盖量的计算通常使用 Weisshaar 等人的研究方法[54]，根据卟啉自组装膜脱附峰的电量，使用 $Q=nFAr$（Q 是脱附峰的电量，C；A 是电极表面积，cm^2；n 和 F 分别是电子转移数和法拉第常数）可以计算覆盖量。不同链长巯基卟啉饱和膜的覆盖量 r(mol/cm^2) 列于表 10-5 中，覆盖量的范围（$1.10\times10^{-10}\sim2.01\times10^{-10}mol/cm^2$）与文献报道的卟啉自组装膜（$0.40\times10^{-10}\sim2.0\times10^{-10}mol/cm^2$）基本一致[55,56]。从这些计算得到的卟啉饱和膜覆盖量，我们可以估计自组装膜上每一卟啉分子所占的单位面积（S）（表 10-5）。应用 Guassian 03W 软件，我们进一步计算得到四苯基卟啉（H_2TPP）的平面面积为 309Å²（17.6Å×17.6Å），并且假设饱和膜上卟啉基团垂直定位于电极表面时，其在电极表面的横截面积为 77.5Å²（17.6Å×4.4Å）（图 10-25）。从上面这些结果，我们可以推测巯基卟啉在金电极表面上的分子定位。

表 10-5　金表面卟啉自组装饱和膜的覆盖量、卟啉单分子所占的单位面积、硫原子的间距及分子斜置角

样品	C_3 卟啉	C_4 卟啉	C_6 卟啉	C_9 卟啉	C_{10}卟啉	C_{12}卟啉
n	3	4	6	9	10	12
$r\times10^{10}/(mol/cm^2)$	1.10	1.48	1.57	2.01	1.96	1.99
S/Å²	151	112	105	82	85	83
S—S 间距/Å	8.58	6.36	5.96	4.66	4.83	4.72
斜置角(θ)/(°)	58	45	42	19	24	21

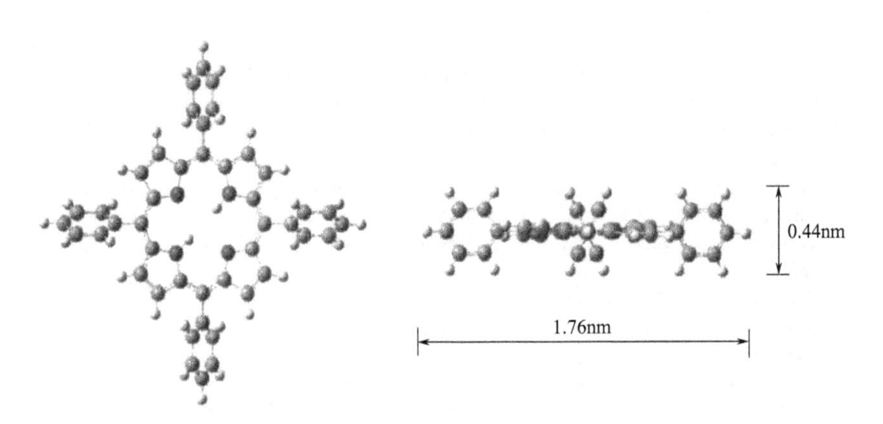

图 10-25　四苯基卟啉（H_2TPP）分子结构的量化计算

从上面计算得到的每一卟啉分子在电极表面所占的单位面积以及四苯基卟啉（H_2TPP）在电极表面的横截面积，我们可以计算电极表面硫原子的间距（表 10-5）。根据硫原子的间距以及自组装膜的三角晶格，Ulman[57]建议脂肪硫醇组装分子烷基链间的距离为 4.4Å，并由此讨论了脂肪硫醇在金表面的斜置角，描述了自组装的聚集情况[58]。假设本系统中的卟啉分子在电极表面排列紧密有序，并且卟啉分子烷基链的间距为 4.4Å，从上面得到的硫原子之间的距离，我们可以计算不同链长巯基卟啉在电极表面的斜置角（表 10-5）。计算得到的卟啉自组装膜斜置角与文献值基本一致[59,60]。因此，卟啉在金电极表面的结构可能如图 10-26 所示，由图也可以看出，卟啉环在电极表面呈重叠状态。

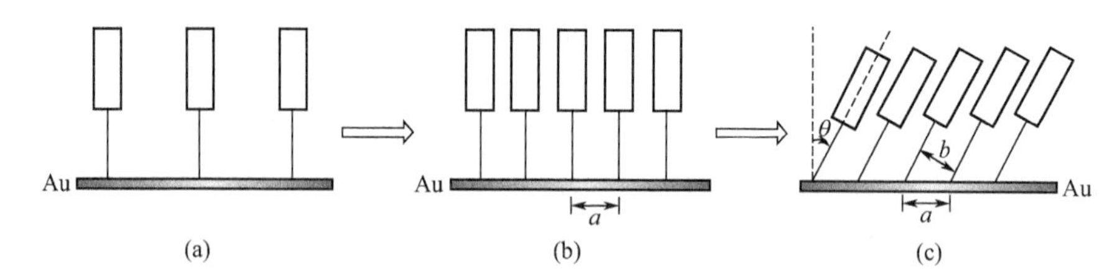

图 10-26　巯基卟啉在金电极表面的吸附过程模型

a—S-S 间距离；*b*—膜上烷基链间距离；*θ*—卟啉膜在电极表面的斜置角

参 考 文 献

[1] 左国防. 卟啉自组装膜电化学［D］. 兰州：西北师范大学，2007，1-10.

[2] J E B Randles，Kinetics of rapid electrode reactions. Part 2. -Rate constants and activation energies of electrode reactions. Trans Faraday Soc，1952，48：828-832.

[3] 洪誉鹏，刘倞，唐科忠，胡吉明. 自组装膜技术及其在电化学分析中的应用［D］. 杭州：浙江大学，2009.

[4] Tomi T T Li，Weaver M J. Intramolecular electron transfer at metal surfaces. 4. Dependence of tunneling probability upon donor-acceptor separation distance. J Am Chem Soc，1984，106：6107.

[5] Kohei Uosaki Y S，Hideaki Kita. Electrochemical Characteristics of a Gold Electrode Modified with a Self-Assembled Monolayer of Ferrocenylalkanethiols. American Chemical Sociery，1991，7：1510.

[6] Takehara Kô，Yasushi Ide H T. Electrochemical studies of the terminally substituted alkanethiol monolayers formed on a gold electrode：Effects of the terminal group on the redox responses of $Fe(CN)_6^{3-}$，$Ru(NH_3)_6^{3+}$ and ferrocenedimethanol. Electrochimica Acta，1994，39（871）.

[7] Takehara K，Takemura H. Electrochemical Behaviors of Ferrocene Derivatives at an Electrode Modified with Terminally Substituted Alkanethiol Monolayer Assemblies. Bull Chem Soc Jpn，1995，68：1289-1296.

[8] Nahir T M，Bowden E F. Impedance spectroscopy of electroinactive thiolate films adsorbed on gold. Electrochimica Acta，1994，39（16）：2347-2352.

[9] Sun Li，Johnson B，Wade Travis，Richard M. Crooks，Selective electrostatic binding of ions by monolayers of mercaptan derivatives adsorbed to gold substrates. J Phys Chem，1990，94（26）：8869.

[10] Xie Y W，Dong S J. Electrochemical behaviour of hexacyanoferrate（Ⅱ）on a gold electrode modified with bis（4-pyridyl）disulfide. J Chem Soc，Faraday Trans，1992，88：2697-2700.

[11] Kunitake M，Deguchi Y，Kawatana K，Manabe O，Nakashima N. ‘Interfacial buffer effect’ of self-assembled monolayers of a carboxylic acid terminated alkanethiol on a gold electrode. J Chem Soc，Chem Commun，1994：563-564.

[12] Amold S，Feng Z Q，Kakiuchi T，Knoll W，Niki K. Investigation of the electrode reaction of cytochrome *c* through mixed self-assembled nonolayers of alkanethiols on gold（Ⅲ）surfaces. J Electroanal Chem，1997，438（1-2）：91-97.

[13] Imabayash S，Mita T，Feng Z Q，et al. Denki Kagaku，1997，65：467.

[14] Feng Z Q，Imabayashi S，Kakiuchi T，Niki K J. Electroreflectance Spectroscopic Study of the Electron Transfer Rate of Cytochrome c Electrostatically Immobilized on the ω-carboxyl Alkanethiol Monolayer Modified Gold Electrode. Electroanal Chem，1995，394：149-154.

[15] Li J H，Cheng G J，Dong S J. Electrochemical study of the interfacial characteristics of redox-active viologen thiol self-assembled monolayers. Thin Solid Filns，1997，293（1-2）：200-205.

[16] Li J H，Cheng G J，Dong S J. Electrochemical study of interactions between DNA and viologen-thiol

self-assembled monolayers. Electroanalysis，1997，9（11）：834-837.
[17] Li J H，Yan J C，Deng Q，Cheng G G，Dong S J. Viologen-thiol self-assembled monolayers for immobilized horseradish peroxidase at gold electrode surface，Electrochimica Acta，1997，42（6）：961-967.
[18] 董静，王雪琳，宋桂兰，奚正楷. 光谱电化学法测准可逆体系电子转移速率常数. 山东建材学院学报，1998，12（1）：17-21.
[19] Conway B E. Theory and Principles of Electrode Processes. New York：Ronald，1965：Chap 6.
[20] Marcus R A. No the Theory of Oxidation-Reduction Reactions Involving Electron Transfer. Ⅰ. The Journal of Chemical Physics，1956，24（5），966-978.
[21] Marcus R A. No the Theory of Electron-Transfer Reactions. Ⅵ. Unified Treatment for Homogeneous and Electrode Reactions. The Journal of Chemical Physics，1965，43（2），679-701.
[22] Marcus R A. Electron Transfer at Electrodes and in Solution：Comparison of Theory and Experiment. Electrochimica Acta，1968，13：995-1004.
[23] Schmickler W. A Theory of Adiabatic Electron-Transfer Reactions. J Electroanal Chem，1986，204：31-43.
[24] 郭鹤彤，姚素薇. 基础电化学及测量. 北京：化学工业出版社，2009.
[25] Pletcher D. 电极过程简明教程. 肖丽芬，杨汉西，译. 北京：化学工业出版社，2013.
[26] Bard A J，Faulkner L R. 电化学方法-原理及应用. 邵元华，等译. 北京：化学工业出版社，2005.
[27] 王琴. 卟啉自组装膜的电化学研究［D］. 兰州：西北师范大学，2008.
[28] Jerzy Zak，Hongping Yuan，Mankit Ho，Keith Woo L，Marc D Porter. Thiol-derivatized metalloporphyrins：monomolecular films for the electrocatalytic reduction of dioxygen at gold electrodes. Langmuir，1993，9（11）：2772-2774.
[29] Timothy A Postlethwaite，James E Hutchison，Kevin W Hathcock，Royce W Murray. Optical，Electrochemical，and Electrocatalytic Properties of Self-Assembled Thiol-Derivatized Porphyrins on Transparent Gold Films. Langmuir，1995，11（10）：4109-4116.
[30] Nishimura N，Ooi M，Shimazu K，Fujii H，Uosaki K. Post-assembly insertion of metal ions into thiol-derivatized porphyrin monolayers on gold. J Electroanal Chem，1999，473（1-2）：75-84.
[31] Hutchison J E，T A Postlethwaite，Murray R W. Molecular films of thiol-derivatized tetraphenylporphyrins on gold：film formation and electrocatalytic dioxygen reduction. Langmuir，1993，9：3277.
[32] Cordas C M，Viana A S，S Leupold et al. Abranter Self-assembled monolayer of an iron（Ⅲ）oprphyrin disulphide derivative on gold. Electrochemistry communications，2003，5：36.
[33] Viana A S，Leupold S，Montforts F P，Abrantes L M. Self-assembled monolayers of a disulphide-derivatised cobalt-porphyrin on gold. Electrochimica Acta，2005，50（14）：2807-2813.
[34] Lu X Q. Jin J，Kang J W，Lv B Q，Lin H D，Geng Z X. The characterization of 5-{[4-(4-mercapto)phenylmethoxy]phenyl}-10，15，20-tris（phenyl）porphyrin cobalt（Ⅱ）self-assembled monolayers（SAMs）and its electrocatalytic oxidation for ascorbic acid，Mater. Chem Phys，2003，77（3）：952-957.
[35] Lu X Q，Lv B Q，Xue Z H，et al. Self-assembled monolayers of a thiol-derivatized porphyrin on gold electrode：Film formation and electrocatalytic dioxygen reaction，Thin Solid Films，2005，488（1-2）：230-235.
[36] Nan T，Kielman U，Dietrich C. Anal Bioanal Chem，2002，373：749.
[37] Imahori H. Hasobe T，Yamada H，et al. Porphyrin-fullerene linked systems as artificial photosynthetic mimics. Organic & Biomolecular Chemistry，2004，2（10）：1425-1433.
[38] Imahori H Arimura M，Hanada T. Yoshinobu Nishimura，Iwao Yamazaki，Yoshiteru Sakata，and Shunichi Fukuzumi，Photoactive Three-Dimensional Monolayers：Porphyrin—Alkanethiolate-Stabilized Gold Clusters. J Am Chem Soc，2001，123：335.
[39] Portet-Koltalo F，P L D，Treiner C. Self-Desorption of Mixtures of Anionic and Nonionic Surfactants from a Silica/Water Interface. Langmuir，2001，17：3858-3862.
[40] Kitaev V，Seo M，Mc Gorern M E，et al. Mixed Monolayers Self-Assembled on Mica Surface. Langmuir 2001，17：4274.
[41] Offord D A，Sachs S B，Ennis M S，et al. Synthesis and Properties of Metalloporphyrin Monolayers and Stacked Multilayers Bound to an Electrode via Site Specific Axial Ligation to a Self-Assembled monolayer（SAM）. J Am Chem Soc，1998，120：4478.
[42] Arima V，Blyth R I R，Della Sala F，et al. Long-range order induced by cobalt porphyrin adsorption on aminothiophenol-functionalized Au（111）：the influence of the induced dipole. Materials Science and En-

gineering C，2004，24：569.
[43] Arima V，Fabiano E，Blyth R I R，et al. Self-assembled monolayers of cobalt（Ⅱ)-(4-tert-butylphenyl) -porphyrins：The influence of the electronic dipole on scanning tunnelin. J Am Chem Soc，2004，126：16951.
[44] Kalyuzhny G，Vaskevich A，Ashkenasy G，et al. UV/Vis Spectroscopy of Metalloporphyrin and Metallophthalocyanine Monolayers Self-Assembled on Ultrathin Gold Films. J Phys Chem B，2000，104：8238.
[45] Ohshiro T，Ito T，Bulhhnann P，et al. Influence of natural，electrically neutral lipids on the potentiometric responses of cation-selective polymeric membrane electrodes. Anal Chem，2001，73：878.
[46] Kanayama N，Kanbara T，Kitano H. Complexation of Porphyrin with a Pyridine Moiety in Self-Assembled Monolayers on Metal Surfaces. The Journal of Physical Chemistry B，2000，104 (2)，271-278.
[47] Zhang Z，Hu R，Liu Z. Formation of a Porphyrin Monolayer Film by Axial Ligation of Protoporphyrin Ⅸ Zinc to an Amino-Terminated Silanized Glass Surface. Langmuir，2000，16 (3)：1158-1162.
[48] Armand F，Albouy P-A，Da Cruz F，Normand M，Huc V，Goron E. Interconnection of Porphyrins in Langmuir-Blodgett and Self-Assembled Monolayers by Means of Silver Acetylide Bridges. Langmuir，2001，17 (11)：3431-3437.
[49] Zou S，Clegg R S，Anson F C. Attachment of Cobalt "Picket Fence" Porphyrin to the Surface of Gold Electrodes Coated with 1-(10-Mercaptodecyl) imidazole. Langmuir，2002，18 (8)：3241-3246.
[50] Zhang Z，Imae T，Sato H，Watanabe A，Ozaki Y. Surface-Enhanced Raman Scattering and Surface-Enhanced Infrared Absorption Spectroscopic Studies of a Metalloporphyrin Monolayer Film Formed on Pyridine Self-Assembled Monolayer-Modified Gold. Langmuir，2001，17 (15)：464-4568.
[51] Ulman A. Formation and structure of self-assembled monolayers. Chem Rev，1996，96：1533.
[52] 张立敏. 卟啉自组装单分子膜的扫描电化学显微镜（SECM）研究. 兰州：西北师范大学论文，2006：29-50.
[53] Weisser M，Nelles Cx，Wohlfart P，Wenz Cx，Mittle-Neher S. Immobilization Kinetics of Cyclodextrins at Gold Surfaces. J Phys Chem B，1996，100：17893.
[54] Imahori H，Norieda H，Ozawa S，et al. Chain Length Effect on Photocurrent from Polymethylene-Linked Porphyrins in Self-Assembled Monolayers. Langmuir，1998，14：5335.
[55] Postlethwaite T A，Hutchison J E，Hathcock K W，et al. Optical，Electrochemical，and Electrocatalytic Properties of Self-Assembled Thiol-Derivatized Porphyrins on Transparent Gold Films. Langmuir，1995，11：4116.
[56] Hutchison J E，Postlethwaite T A，Murra R W. Molecular films of thiol-derivatized tetraphenylporphyrins on gold：film formation and electrocatalytic dioxygen reduction. Langmuir，1993，9：3277.
[57] Ulman A，Formation and structure of self-Assembled monolayers. Chem Rev，1996，96：1533.
[58] Ulman A，Eilers J E，Tillman N. Packing and molecular orientation of alkanethiol monolayers on gold surfaces. Langmuir，1989，5：1147.
[59] Yamamoto H，Waldeck D H. Effect of Tilt-Angle on Electron Tunneling through Organic Monolayer Films. J Phys Chem B，2002，106：7469.
[60] Yasseri A A，Syomin D，Malinovskii V L，et al. Characterization of self-assembled monolayers of porphyrins bearing multiple thiol-derivatized rigid-rod tethers. J Am Chem Soc，2004，126：11944.

索　引

N

P

Q

S

T

W

X

Y

Z

其他